U0795088

21世纪高职高专规划教材·机械专业基础课系列

工程材料

主编　赵　峰

中国人民大学出版社
·北京·

图书在版编目（CIP）数据

工程材料/赵峰主编. —北京：中国人民大学出版社，2011.6
21 世纪高职高专规划教材·机械专业基础课系列
ISBN 978-7-300-13590-8

Ⅰ.①工… Ⅱ.①赵… Ⅲ.①工程材料-高等职业教育-教材 Ⅳ.①TB3

中国版本图书馆 CIP 数据核字（2011）第 062950 号

21 世纪高职高专规划教材·机械专业基础课系列
工程材料
主　编　赵峰

出版发行	中国人民大学出版社		
社　　址	北京中关村大街 31 号	**邮政编码**	100080
电　　话	010-62511242（总编室）		010-62511398（质管部）
	010-82501766（邮购部）		010-62514148（门市部）
	010-62515195（发行公司）		010-62515275（盗版举报）
网　　址	http://www.crup.com.cn		
	http://www.ttrnet.com（人大教研网）		
经　　销	新华书店		
印　　刷	北京密兴印刷有限公司		
规　　格	185mm×260mm　16 开本	**版　　次**	2011 年 9 月第 1 版
印　　张	23	**印　　次**	2016 年 8 月第 3 次印刷
字　　数	552 000	**定　　价**	39.80 元

前　　言

本书以天津中德职业技术学院的国家级精品课程“工程材料”为基础，结合教育部倡导的职业教育课程教学改革精神及国家级示范性高等职业院校重点专业建设课程建设项目，并根据高职高专机械类、材料类与机电类专业人才的培养要求而编写。

工程材料是一门重要的专业技术基础课，涵盖了机械类、材料类和近机械类等相关门类的众多专业，而且，它又是一门理论和实践紧密结合的课程，因此要求学生既要掌握材料的一些最基本的理论知识，又要具备一定的实践技能。所以，本教材一方面要阐述工程材料的基本理论；揭示材料的成分、结构、组织、性能和应用之间的变化规律；论述材料强化途径和性能控制的原理及工艺；介绍各种工程材料的特点及应用；总结各种典型机械零件材料的选用。另一方面要使教材中更多的内容源于机械制造、热处理、铸造、焊接等相关岗位工作过程的典型工作任务，以工程材料相关岗位的具体工作过程为导向，以工作任务为引领，并按照相关国家职业标准的能力要求来设计教学内容，以能力为本位构建模块化、弹性化的教学内容。本书遵循“以掌握概念、强化应用、培养技能为重点”的原则，将理论知识进行了精简，增加了项目、任务、课题、案例等实操性内容，编写时注意简化基本理论的叙述，注意联系生产实际，加强应用性内容的介绍；列举大量了实际案例，根据现代工程材料制造技术的发展趋势更新了有关教学内容，力求反映技术发展的新成果；注重贯彻最新国家标准。本书可作为高职高专机械类、材料类与机电类等相关专业的教材，也可作为企业相关技术人员、技师、操作工、管理人员的培训教材和参考书。

全书包含6个学习模块，其中模块1、模块3、模块4及模块2、模块6的部分内容由天津中德职业技术学院赵峰编写；模块6第1节的内容由天津中德的孙学娟老师编写；模块6第三节的内容由天津中德的戴文婷老师编写；模块6的第4节内容由天津中德的张虹老师编写；模块5和模块2的第三节内容由天津中德的骆鸣老师编写。

本书由天津中德职业技术学院《工程材料》国家级精品课程负责人、教育部高职高专材料类专业教学指导委员会工程材料与成形工艺分委员会特聘专家赵峰主编。由中国热处理协会副理事长、天津热处理协会理事长、天津热处理研究所有限公司董事长兼总经理宋宝敬高工主审。

本书在编写过程中得到了天津热处理协会、天津热处理研究所有限公司、天一热处理有限公司、派克特精液压（天津）有限公司热处理部相关领导和专家的的鼎力支持和帮助，同时我们参阅了许多相关教材、手册以及材料与热处理方面的一些最新的研究成果，在此对相关专家、学者表示衷心的感谢，也对中国人民大学出版社的积极协助表示由衷的感谢。

由于能力、时间和精力所限，教材在基于工作过程方面还有不完美之处，错误和纰漏也在所难免，希望读者批评指正。

编　者

2011年4月

目　　录

模块 1　工程材料基础

1.1　工程材料概述

本单元学习目标

★　材料发展史。

★★　人类文明。

★★★　材料的分类和发展。

★★★★　材料的分类。

注：★了解。　★★理解。　★★★掌握。　★★★★重点掌握。

1.1.1　材料发展简史与人类文明

材料是人类用于制造各种产品的物质。但不是所有物质都可以成为材料，只有当一种物质有可供利用的性质，而且可以被制造成有用的物品时才成为材料。

材料是人类生产和生活所必需的物质基础，材料是人类进步的里程碑，时代的发展需要材料，而材料又推动时代的发展，所以人们把材料视为现代文明的支柱之一。从某种意义上说，材料是一切文明和科学的基础。

自古以来，人类文明的进步都是以材料的发展为标志的。人类已经经历了石器时代、青铜器时代、铁器时代，而今正跨入人工合成材料的时代。

早在一百万年以前，大类开始用石头作为工具，使人类进入旧石器时代。大约一万年以前，人类开始对石头进行加工，使之成为精致的器皿或工具，从而使人类进入新石器时代。在新石器时代，人类开始用皮毛遮身。8000 年前中国就开始用蚕丝做衣服，4500 年前印度人开始种植棉花，这些都是人类使用材料促进文明进步的标志。

新石器时代，人类已发明了用黏土成形，再火烧固化的陶器。陶器，不但可用作器皿，而且可成为装饰品，是对精神文明的一大促进，其对人类文明的贡献是不可估量的。在烧制陶器的过程中，人类偶然发现了金属铜和锡，进而又生产出色泽鲜艳、又能浇铸成形的青铜，从而使人类进入青铜时代。这是人类较大量利用金属的开始，也是人类文明发展的重要里程碑。中国的青铜器在公元前 2700 年前已经被使用了，到商周（公元前 17 世纪到公元前 3 世纪）进入了鼎盛时期，如河南安阳出土的重达 875kg 的鼎、湖北隋县的编钟、西安的青铜车马都充分反映了当时中国冶金技术水平和制造工艺的高超。

公元前 13～14 世纪，人类已开始用铁，人类开始进入铁器时代。中国最早出土的人工冶铁制品约在公元前 9 世纪。到春秋（公元前 700～476 年）末期，生铁技术有了较大突破，遥遥领先于世界其他地区，生铁退火而制成韧性铸铁及生铁炼钢技术的发明，促进了中国生产力的大发展，对战国和秦汉时期的农业、水利和军事的发展起到很大作用。早在公元 2 世纪中国的钢和丝绸已驰名罗马帝国。生铁技术在公元前 5 世纪即春秋末叶已经在黄河长江流域传播。这些技术于公元 6～7 世纪传入朝鲜半岛、日本和北欧，推动了整个世界文明的进步。

随着世界文明的进步，18 世纪发明了蒸汽机，19 世纪发明了电动机，对钢铁冶金技术产生了更大的推动作用。1854 年和 1864 年先后发明了转炉和平炉炼钢技术，使世界钢产量有了一个飞速提升。如 1850 年世界钢产量为 6 万吨，而 1890 年达到 200 万吨，大大促进了机械制造、铁道交通及纺织工业的发展。从电炉冶炼开始，不同类型的特殊钢相继问世，如 1887 年的高锰钢、1900 年的 18—4—1（W18Cr4V）高速钢、1903 年的硅钢及 1910 年的奥氏体铬镍（Cr18Ni8）不锈钢等，人类从此进入了现代物质文明。在此前后，铜、铝也得到大量应用，而后镁、钛和很多稀有金属都相继出现，从而金属材料在整个 20 世纪占据了结构材料的主导地位。

随着有机化学的发展，19 世纪末叶西方科学家仿制中国丝绸发明了人造丝，这是人类改造自然材料的又一里程碑。20 世纪初，人工合成有机高分子材料相继问世，如 1909 年的酚醛树脂（电木），1920 年的聚苯乙烯，1931 年的聚氯乙烯及 1941 年的尼龙等，它们以其性能优异、资源丰富、建设投资少、收效快而得到迅速发展。目前世界三大有机合成材料（树脂、纤维和橡胶）的年产量已逾亿吨。而且随着有机材料的性能不断提高，附加值大幅度增加，特别是特种聚合物正向功能材料的各个领域进军，显示其巨大的潜力。

陶瓷本来用作建筑材料、容器或装饰品等。由于其资源丰富、密度小、模量高、硬度高、耐腐蚀、膨胀系数小、耐高温、耐磨等特点，到了 20 世纪中叶，通过合成及其他制备方法，做出了各种类型的先进陶瓷（如 Si_3N_4、SiC、ZrO_2 等），成为近几十年来材料中非常活跃的研究领域，有人甚至认为“新陶器时代”即将到来。

复合材料是 20 世纪后期发展的另一类材料。但事实上，人类很早就开始制造复合材料，如泥巴中混入碎麻或麦秆用以建造房屋，脆性材料钢筋和韧性材料水泥的复合等。近几十年来，利用树脂和无机非金属材料做成了树脂基复合材料或金属基复合材料。为了改善陶瓷的性能，也制成了陶瓷基复合材料。碳是使用温度最高的材料（可达 2500℃），为了克服热振性能差，并提高其力学性能而制出的碳—碳复合材料已广泛用于军工，并扩展到民用。

功能材料自古就受到重视，早在战国时期（公元前 3 世纪）已利用天然磁铁矿来制造司南，到宋代将钢针磁化制出了罗盘，为航海的发展提供了关键技术。功能材料是信息技术及自动化的基础，特别是半导体材料出现以后，加速了现代文明的发展。1947 年发明了第一只具有放大作用的晶体管，10 余年后又研制成功集成电路，使以硅材料为主体的计算机的功能不断提高，体积不断缩小，价格不断下降，加之高性能的磁性材料不断涌现，激光材料、光导纤维与纳米材料的问世，使人类社会进入了信息时代。因为硅是微电子技术的关键材料，所以有人称之为硅器件为代表的“硅材料时代”，这再一次说明材料对人类文明起了关键的作用。

1.1.2 材料的分类和发展

材料除了具有重要性和普遍性以外，还具有多样性。由于其多种多样，分类也就可以从不同角度来进行。

1.1.2.1 按材料用途分类

1. 结构材料

结构材料是指主要利用材料的强度、硬度、韧性、弹性等力学性能，用于制造在不同环境下工作时承受载荷的各种结构件和零部件的一类材料，当然，结构材料对物理或化学性能也有一定要求，如光泽、热导率、抗腐蚀、抗氧化等。这类材料对国民经济各行业如交通运输、机械制造、能源开发、海洋工程、建筑等的发展影响巨大。

2. 功能材料

功能材料是指具有某种优良的电学、磁学、热学、声学、力学、光学、化学和生物学功能及其相互转化功能的高技术材料。如电功能材料、磁功能材料、热功能材料、声功能材料、光功能材料、能源功能材料、化学功能材料、医用功能材料、机械功能材料、核功能材料等。

还有从专业功能来分，如电子材料、航空航天材料、核材料、建筑材料、能源材料、生物材料等。当然有些材料往往既是结构材料又是功能材料，如铁、铜、铝等。

1.1.2.2 按材料使用现状分类

1. 传统材料

传统材料是指那些已经成熟且在工业中已批量生产并大量应用的材料，如钢铁、水泥、塑料等。这类材料由于其用量大、产值高、涉及面广，又是很多支柱产业的基础，所以又称为基础材料。

2. 新型材料

新型材料是指那些正在发展，且具有优异性能和应用前景的一类材料。与传统材料之间并没有明显的界限，传统材料通过采用新技术，提高技术含量，提高性能，大幅度增加附加值可成为新型材料，新型材料在经过长期生产与应用之后也会成为传统材料。传统材料是发展新型材料和高技术的基础，而新型材料又往往能推动传统材料的进一步发展。

1.1.2.3 按材料的物理化学属性分类

1. 金属材料

金属材料是由金属元素或以金属元素为主形成的具有金属特性的材料的统称。包括金属和金属合金，金属间化学物以及金属基复合材料等。金属材料是最重要的工程材料之一，绝大多数为晶体材料。工业上把金属及其合金分为两大部分：

(1) 黑色金属——铁和以铁为基的合金，又称铁类金属。

黑色金属应用最广，以铁为基的合金材料占整个结构材料和工具材料的90%以上，黑色金属的工程性能优越，价格便宜，是应用最广泛的工程材料。其中钢是历史最悠久的材料之一，具有强度高、延展性好、来源丰富和价格低廉等优点，在今后很长一段时期内仍将占据结构材料的主流。另外还包括工业纯铁、铸铁、铸钢等。

(2) 有色金属——黑色金属以外的所有金属及其合金，又称为非铁金属。

按照性能特点，有色金属大致可分为：

轻金属：Al、Be、Mg等；

易熔金属：Zn、Ga、Ge、Cd、In、Sn、Sb、Hg、Pb、Bi；

难熔金属：Ti、V、Cr、Zr、Nb、Mo、Te、Hf、Ta、W、Re；

贵金属：Cu、Ru、Rh、Pd、Ag、Os、Ir、Pt、Au；

稀土金属：Y、La、镧系（58～71号）；

铀金属：Ac、锕系（90～103号）；

碱金属及碱土金属：Li、Na、K、Rb、Cs、Fr、Ca、Sr、Ba、Ra、Se。

主要的有色金属包括：铝、铜、镍、镁、钛和锌。这六种金属的合金占有色金属总量的90%，每年使用的铝、铜和镁有30%得到了回收利用，这进一步增加了它们的用量。

新金属材料除黑色金属、有色金属外，还包括特殊金属材料，即指那些具有不同用途、结构和功能的金属材料。其中有急冷形成的非晶态、准晶、微晶、纳米晶等金属材料和用于隐身、抗氢、超导、形状记忆、耐磨、减振阻尼等的金属材料。

2. 高分子材料

高分子材料为有机合成材料，又称聚合物材料，它主要指以高分子化合物为基础制得的材料，它由许多相对分子质量特别大的大分子所组成，每个大分子由大量结构相同的单元相互连接而成。它具有良好的塑性、耐蚀性、耐磨性、绝缘性、成形性以及较高的比强度等，是工程材料中发展最迅猛的一类新型材料。高分子材料种类多样，分类复杂，通常根据工程应用中的力学性能和使用状态分为三类：

（1）塑料——以合成树脂和化学改性的天然高分子为主要成分，加入填料、增强剂和其他添加剂，在一定高温和压力下成形的高分子材料。可分热塑性塑料和热固性塑料两种。如按用途可分为通用塑料、工程塑料和特殊塑料。而工程塑料主要指强度、韧性、耐磨性、耐蚀性好的，可用于结构和制造机器零部件的塑料。

（2）合成纤维——由单体聚合而成的，强度很高的，经过机械处理而获得的纤维材料。分天然纤维和化学纤维两种。

（3）橡胶——主要指经过硫化处理，弹性优良的高分子材料，有天然橡胶和合成橡胶之分。橡胶具有良好的物理、力学性能和化学稳定性。

（4）胶黏剂——分树脂型、橡胶型和混合型。

（5）陶瓷材料——是无机非金属材料的统称。它是以某些元素的氧化物、碳化物、氮化物、卤化物、硼化物以及硅酸盐、铝酸盐、磷酸盐、硼酸盐等物质组成的材料。陶瓷是人类应用最早的固体材料，具有硬度高、弹性模量高、化学稳定性和耐热性好、脆性大等特性，可制造工具、用具、耐磨和耐热件等，在一些特殊情况下可作为结构材料。

按组成成分和用途，工业陶瓷材料又可分为：

普通陶瓷（传统陶瓷）——主要为硅、铝氧化物的硅酸盐材料。

特种陶瓷（新型陶瓷）——主要为氧化物、碳化物、氮化物、硼化物等的烧结材料。按用途可分为结构陶瓷材料、功能陶瓷材料和生物陶瓷材料等。

金属陶瓷——是指用陶瓷生产方法制造的金属与碳化物或其他化合物构成的粉末材料，也是一种复合材料。

（6）复合材料——是指由有机高分子、无机非金属或金属等几类不同材料通过复合工艺组合而成的新型材料。

随着航天航空、交通运输、电子通信等行业的快速发展，单一材料的性能特性已不能满足一些产品对各方面性能的综合需要。就需要将不同性能特性的材料结合起来，扬长避短，优势互补。因此就出现了一种前景广阔的新型材料——复合材料。

可分为非金属复合材料（如树脂基复合材料、橡胶基复合材料、陶瓷基复合材料等）

和金属基复合材料。也可分为结构复合材料、功能复合材料和智能复合材料。

1.1.2.4 新材料的发展

随着空间技术、微电子技术、激光技术、传感器技术、电子信息技术、通信技术、生物医学技术等的发展，材料的开发重点已由结构材料转向了功能材料以及纳米材料等新领域。

(1) 功能材料——是指具有一种或几种特定物理性能或功能的材料。它着重要求具备特殊的声、光、电、磁、热等物理性能或功能。

一般可分为电功能材料、磁功能材料、热功能材料、光功能材料、智能功能材料等；如按材料的来源，功能材料可分为功能金属材料、功能陶瓷材料及功能高分子材料等。

(2) 纳米材料——是指在三维空间中至少有一维处于纳米尺度范围（1～100nm）或由它们作为基本单元构成的材料。纳米材料的诞生为常规各种材料的研究增添了新的内容，目前，纳米材料已在电子、通信、航空航天、军事、生物工程、光电、化工、医学等领域得到应用。

按用途可分为纳米电子材料、纳米生物医用材料、纳米敏感材料、纳米光电子材料、纳米储能材料等。按化学组成可分为纳米金属、纳米晶体、纳米陶瓷、纳米玻璃、纳米高分子材料、纳米复合材料等。

(3) 其他新型材料——还包括电磁屏蔽材料、传感材料、隐形材料、智能材料、液晶材料、梯度材料、敏感材料、示色材料、红外材料等。

本书将按以上分类对各类材料进行介绍，重点介绍目前应用最广的金属材料，因为目前非金属材料在工业中应用的比例不超过 8%，金属材料仍然是占主导地位的工程材料。

1.2 材料的性能

本单元学习目标

★ 材料的物理和化学性能，材料应用的意义。

★★ 金属材料力学性能相关的基本概念。

★★★ 拉伸、硬度和冲击实验过程，各种力学性能指标的相关知识。

★★★★ 材料的工艺性能，对材料加工的影响和意义。

注：★了解。 ★★理解。 ★★★掌握。 ★★★★重点掌握。

材料的性能是工程材料应用的重要要素之一，它包含工艺性能和使用性能两方面。工艺性能是指材料在制造过程中对加工工艺的适应能力，如铸造性、锻压性、焊接性、切削加工性和热处理工艺性等；使用性能是指材料在一定使用条件下所表现出来的性能，它包括力学性能、物理和化学性能。在制造行业中，力学性能是材料应用过程中最重要的考虑依据。

1.2.1 材料的物理和化学性能

1.2.1.1 材料的物理性能

物理性能是材料固有的一种属性，主要包括密度、熔点、导电性、导热性、热膨胀性、磁性等，它们对材料的应用都有其独特的重要意义。

1. 密度

单位体积物质的质量称为该物质的密度。密度小于 $5\times10^3kg/m^3$ 的金属称为轻金属，如铝、镁、钛及它们的合金。密度大于 $5\times10^3kg/m^3$ 的金属称为重金属，如铁、铅、钨等。轻金属多用于需要使用轻型材料的汽车、飞机、航天航空器上。

2. 熔点

熔点是金属从固态向液态转变时的温度，纯金属都有固定的熔点并和凝固点是同一温度。

熔点高的金属称为难熔金属，如钨、钼、钒等，可以用来制造耐高温零件，如在灯丝、火箭、导弹、燃气轮机和喷气飞机等方面得到广泛应用。

熔点低的金属称为易熔金属，如锡、铅等，可用于制造保险丝、钎焊料和防火安全阀件等。

3. 导热性

导热性通常用热导率来衡量。热导率越大，导热性越好。金属的导热性以银为最好，铜、铝次之。合金的导热性比纯金属差。在冷热加工过程中，需要考虑金属材料的导热性，防止材料在加热或冷却过程中形成过大的内应力，避免零件变形或开裂。导热性越好的金属散热也越好，在制造散热装置、热交换器等零件时，可选用导热性好的金属材料。导热性差的材料则可用于保温等方面。

4. 导电性

传导电流的能力称为导电性，用电阻率来衡量。电阻率越小，金属材料的导电性越好，金属导电性以银为最好，铜、铝次之。纯金属导电性比合金好。电阻率小的金属（纯铜、纯铝）适用于制造导电零件和电线，纯度越高导电性越好。电阻率大的金属或合金（如钨、钼、铁、铬）适用于作为电加热元件。而电阻率非常大的材料则可作为绝缘材料。

5. 热膨胀性

金属材料随着温度变化而膨胀、收缩的特性称为热膨胀性。由膨胀系数大的材料制造的零件，在温度变化时，尺寸和形状变化较大。有些零件的装配要根据其膨胀系数来控制其间隙尺寸；在热加工和热处理时也要考虑材料的热膨胀影响，以减少工件的变形和开裂。

6. 磁性

铁磁性材料：在外磁场中能强烈地被磁化，并带有强磁场的材料，如铁、钴等。

软磁材料：具有低矫顽力和高磁导率的磁性材料。软磁材料易于磁化，也易于退磁，广泛用于电工设备和电子设备中。应用最多的软磁材料是铁硅合金（硅钢片）以及各种软磁铁氧体等。可用于制造电机、变压器、继电器等的铁芯、磁头、继电器和扬声器磁导体等。

硬磁材料：硬磁材料是指磁化后不易退磁而能长期保留磁性的一种铁氧体材料，又称永磁材料或恒磁材料。按其成分可分为铁基、钴基、锰基和铁氧基四大类。其典型代表是钡铁氧体 BaFe12O19。这种材料性能较好，成本较低，广泛用于电子、电气、机械、运输、医疗及生活用品等各个领域中。

顺磁性材料：顺磁性是一种弱磁性，在外磁场中只能微弱地被磁化，如锰、铬等。

抗磁性材料：能抗拒或削弱外磁场对材料本身的磁化作用，如铜、锌等。可用于要求避免电磁场干扰的零件和结构材料，如航海罗盘。

铁磁性材料当温度升高到一定数值时，磁畴被破坏，变为顺磁体，这个转变温度称为居里点，如铁的居里点是770℃

常见金属的物理性能见表1—1。

表1—1　常见金属的物理性能

金属	铝	铜	镁	镍	铁	钛	铅	锡	锑
元素符号	Al	Cu	Mg	Ni	Fe	Ti	Pb	Sn	Sb
密度（$kg/m^3 \times 10^3$）	2.70	8.94	1.74	8.9	7.86	4.51	11.34	7.3	6.69
熔点（℃）	660	1083	650	1455	1539	1660	327	232	631
线膨胀系数（1/℃）$\times 10^{-6}$	23.1	16.6	25.7	13.5	11.7	9.0	29	23	11.4
电导率（%）	60	95	34	23	16	3	7	14	4
导热系数（J/m·s·℃）	2.09	3.85	1.46	0.59	0.84	0.17	—	—	—
磁化率χ	21	抗磁	12	铁磁	铁磁	182	抗磁	2	—
色泽	银白	玫瑰红	银白	白	灰白	暗灰	苍灰	银白	银白

1.2.1.2　材料的化学性能

材料的化学性能是指材料在常温或高温下抵抗各种化学作用的能力，主要包括耐腐蚀性和抗氧化性。金属材料的耐腐蚀性和抗氧化性统称为化学稳定性。在高温下的化学稳定性称为热稳定性。

1. 耐腐蚀性

材料在常温下抵抗氧、水蒸气及其他化学介质腐蚀破坏作用的能力称为耐腐蚀性，碳钢、铸铁的耐腐蚀性较差；钛及其合金、不锈钢、塑料、陶瓷的耐腐蚀性好。铝合金和铜合金有较好的耐腐蚀性。在化工、食品、制药、医疗器械等行业，材料的耐腐蚀性有重要的应用价值。

2. 抗氧化性

金属材料在高温下抵抗氧化作用的能力称为抗氧化性。加入Cr、Si等元素，可提高钢的抗氧化性。耐热钢、铬镍合金、铁铬合金等抗氧化性好，如4Cr9Si2可制造内燃机排气阀及加热炉炉底板、料盘等。在冶金、热加工、航空航天、动力机械等行业，材料的抗氧化性有重要的应用意义。

1.2.2　材料的工艺性能

工艺性能是指材料在制造过程中对加工工艺的适应能力，如铸造性、锻压性、焊接性、切削加工性和热处理工艺性等。

1.2.2.1　铸造性能

铸造性能是指金属或合金用铸造方法获得合格铸件的能力。铸造性包括流动性、收缩性和偏析倾向等。含碳量高的铸铁铸造性好。

流动性是指液态金属充满铸模的能力，流动性越好，越容易铸造细薄精致的铸件。共晶合金流动性好，纯金属差。

收缩性是指浇注后熔融金属冷却凝固至室温时体积和尺寸缩小的特性，收缩率越小则铸件尺寸越精确、组织越致密，收缩率越大则越易产生缩孔、缩松和铸造应力，变形开裂倾向越大。常用金属中灰铸铁和锡青铜的收缩率较小，而铸钢和黄铜的收缩率较大。

偏析是指化学成分不均匀，偏析越严重，铸件各部位的性能越不均匀，铸件的可靠性越小。

1.2.2.2 焊接性能

焊接性能是指材料焊接时接口处获得良好焊缝的难易程度。焊接性一般根据焊接时产生的裂纹敏感性和焊缝区的力学性能的变化来判断，含碳量越高，焊接性越差。钢材的焊接性一般用碳当量法来评定。在钢材的成分中，影响最大的是碳，其次是锰、铬、钒等。通常把钢中合金元素（包括碳）的含量按其作用换算成碳的相当含量，称为碳当量，用符号 CE 来表示。

$$CE=C+Mn/6+(Cr+Mo+V)/5+(Ni+Cu)/15$$

式中化学元素符号表示该元素在钢中质量分数的上限。实践证明，碳当量越大，钢材的焊接性就越差。根据经验，当：

(1) CE<0.4%时，钢材的淬硬倾向小，焊接性良好，焊接这类材料时一般不需预热。只有在工件厚大或低温下焊接时才考虑焊前预热。

(2) CE=0.4%～0.6%时，钢材的淬硬倾向较大，焊接性较差，需要采用适当的预热、缓冷等工艺措施。

(3) CE>0.6%时，钢材的淬硬倾向严重，焊接性差，需要进行较高温度的预热和采取严格的工艺措施。

1.2.2.3 锻造性能（可锻性）

锻造性能是指金属材料在锻压加工中能承受塑性变形而不破裂的能力。它实际上是金属塑性好坏的一种表现，金属材料塑性越高，变形抗力就越小，则可锻性就越好。锻造性主要决定于金属的化学成分、显微组织、变形温度、变形速度及应力状态等。钢含碳量越高，锻造性越差。低碳钢锻造性较好，合金钢锻造性较差。具有较低的热锻变形抗力，塑性好，锻造温度范围宽，锻裂冷裂及析出网状碳化物倾向低，则锻造性好。

1.2.2.4 切削加工性

切削加工性是指材料被切削加工成合格零件的难易程度。衡量材料切削加工性的好坏可根据刀具耐用度的高低、切削力的大小、切削温度的高低、是否容易获得良好的表面加工质量、是否容易控制切屑的形状或容易断屑来判断。

切削加工性能与金属材料的化学成分、硬度、韧性、金相组织、导热性、加工硬化程度、切削刀具的几何形状、耐磨程度、切削速度等因素都有关系。

对碳钢来说：低碳钢（$w_C<0.25\%$）：硬度低，塑韧性好，粗加工时不易断屑而影响切削加工过程，精加工时因切屑脱离材料时使已加工表面发生严重撕扯而产生大量细裂纹（鳞刺），又因易形成积屑瘤而严重影响精加工质量，故切削加工性较差；一般可通过正火处理使晶粒细化、硬度提高、韧性下降，来提高切削加工性。中碳钢（$w_C0.25\%\sim0.6\%$）：有较好的综合性能，其切削加工性较好；高碳钢（$w_C>0.8\%$）：性硬而脆，切削时刀具易磨损，故其切削加工性差，一般可通过球化退火来改善其切削加工性。合金钢的切削加工性一般低于含碳量相近的碳素钢。灰铸铁与具有相同基体组织的碳素钢相比，切削加工性好。铝、镁等有色金属的合金硬度较低，且导热性好，故具有良好的切削加工性。而高锰钢、高强度钢、不锈钢、高温合金、钛合金、高熔点金属及其合金、喷涂（焊）材料、陶瓷等，切削加工性能差，属于难切削加工材料。

1.2.2.5　热处理工艺性

热处理工艺性是指材料被热处理时达到性能等要求的难易程度。主要包含如下几个方面：

淬硬性：钢淬火时获得高硬度的能力。含碳量越高，钢的淬硬性越好。

淬透性：钢接受淬火的能力，钢获得淬硬层深度的能力。与合金元素含量及种类有关。

氧化、脱碳敏感性：高温加热时抗氧化性能好，脱碳速度慢，对加热介质不敏感，产生麻点倾向小。

淬火变形开裂倾向：常规淬火体积变化小，形状翘曲、畸变轻微，异常变形倾向低。常规淬火开裂敏感性低，对淬火温度及工件形状不敏感。

1.2.2.6　其他变形加工性能

冲压性能：金属材料承受冲压变形加工而不破裂的能力。它包括：延性、展性和冷冲压性。延性是指在外力作用下可以被拉伸的性能。展性是指可以被锤击或碾压成薄箔的性能。冷冲压性是指材料在冷态下受冲压成形时，所表现出来的变形能力。含碳量越低，塑性越好，冲压性越好。

顶锻性：顶锻性能是金属材料承受一定程度的锤击而不破裂的能力。

弯曲性：金属材料受弯曲变形作用而不破裂的能力。

1.2.3　材料的力学性能

材料是现代制造业的基础。在机械、工具、工装夹具等的设计、制造中选用材料时，大多以力学性能为主要依据，因此掌握材料的力学性能有重要的实用意义。

材料的力学性能是指材料在外力作用下表现出来的特性，如强度、塑性、硬度、冲击韧度、疲劳强度等。外力的主要形式有：拉力、压力、弯曲力、扭转力和剪切力。根据外力的性质又可分为：静载荷、冲击载荷、交变载荷、均布载荷、集中载荷、循环和振动载荷等。

静载荷——力的大小不变或变化缓慢的载荷。如静拉力、静压力等。

动载荷——力的大小和方向随时间而发生改变的载荷。如冲击载荷、交变载荷、循环载荷等。

变形——金属在外力的作用下尺寸和形状的变化，分“弹性变形”和“塑性变形”。

物体内部单位截面积上承受的力称为应力。由外力作用引起的应力称为工作应力，在无外力作用条件下平衡于物体内部的应力称为内应力。如：组织应力、热应力、加工过程结束后留存下来的残余应力等。

1.2.3.1　强度（strength）

材料在外力作用下抵抗塑性变形或断裂的能力称为强度，材料的强度越大，材料所能承受的外力就越大，强度大小通常用应力来表示。

根据载荷作用方式不同，强度可分为抗拉强度、抗压强度、抗弯强度、抗剪强度和抗扭强度等。通过拉伸试验可测定弹性极限、屈服极限和抗拉极限强度指标。

1. 拉伸试验（参见 GB/T 228—2002）

试验时，将标准试样（见图 1—1）装夹在拉伸试验机上，以静拉力缓慢进行拉伸，直到拉断为止。试验机自动记录装置可将整个拉伸过程的拉伸力和伸长量描绘出来。这种在进行拉伸试验时，载荷 F（拉伸力）和试样伸长量 Δl 之间的关系曲线叫做力—伸长曲线。图 1—2 是低碳钢的力—伸长曲线，图中纵坐标表示力 F，单位为 N；横坐标表示绝对伸长量 Δl，单位为 mm。图 1—2 中表现出四个变形阶段：

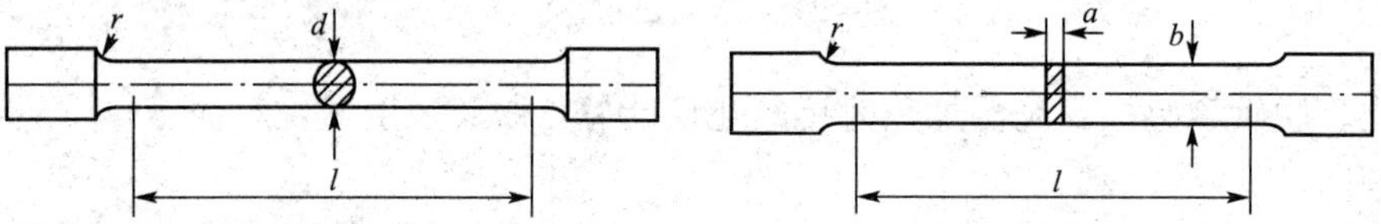

(a) 圆形截面试样　　(b) 矩形截面试样

图 1—1　拉伸试样

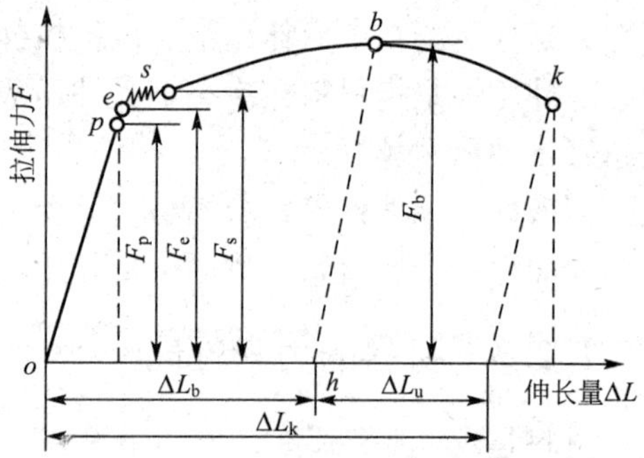

图 1—2　低碳钢拉伸曲线

oe：弹性变形阶段。此阶段内试样变形完全是弹性的，卸载后试样即恢复原状。F_e 是试样保持最大弹性变形的最大拉伸力。

es：屈服阶段。当载荷超过 F_e 时，若卸载的话，试样的伸长只能部分地恢复，而保留一部分残余变形，即为塑性变形。当载荷增加到 F_s 时，图上出现平台或锯齿状，产生屈服现象。即在载荷不增加或略有减少的情况下，试样继续发生变形的现象叫做屈服。此时的载荷 F_s 称为屈服载荷。屈服后，材料将残留较大的塑性变形。

sb：强化阶段。在屈服阶段以后，欲使试样继续伸长，需不断加载。随着塑性变形增大，试样变形抗力也逐渐增加，这种现象称为形变强化。F_b 为拉伸试验过程中试样所能承受的最大载荷。

bk：缩颈阶段。当载荷达到最大值 F_b 时，试样的直径发生局部收缩，称为缩颈。试样变形所需的载荷也随之降低，这时伸长主要集中于缩颈部位，直至断裂。

2. 强度指标

强度一般用拉伸曲线上所对应的某点的应力来表示，单位为 N/mm^2（或 MPa 兆帕）。金属材料抵抗拉伸载荷的强度指标一般有屈服强度（或规定残余延伸强度 $R_{r0.2}$）和抗拉强度 R_m 等。

（1）弹性常数。

在万能试验机上，在弹性范围内采用等量逐级加载方法，每次递加同样大小的载荷增量 ΔF（可选 $\Delta F=2kN$），在引伸仪上读取相应的变形量。若每次的变形增量大致相等，则说明载荷与变形成正比关系，即验证了胡克定律。弹性模量 E 是指金属材料在弹性状态下的应力与应变的比值。工程上将材料抵抗弹性变形的能力称为刚度。

弹性极限（σ_e）表示材料保持弹性变形，不产生永久变形的最大应力，是弹性零件的设计依据。

$$\sigma_e = F_e / S_o \quad (N/mm^2)$$

（2）屈服强度和规定残余延伸强度 $R_{r0.2}$。

试验过程中，试样在力不增加（保持恒定）仍能继续伸长（变形）的现象称为屈服现象。当金属材料呈现屈服现象时，在试验期间达到塑性变形发生而力不增加的应力点，称为屈服强度（yield strength）。分为上屈服强度 R_{eH} 和下屈服强度 R_{eL}。下屈服强度的计算公式为：

$$R_{eL} = F_{eL} / S_0 \quad (N/mm^2) \quad 注：(1N/mm^2 = 1MPa)$$

式中：F_{eL}——试样屈服时的载荷（N）；

S_0——试样原始横截面积（mm^2）。

对于塑性很低的金属材料（如铸铁），不仅没有明显的屈服现象，而且也不产生缩颈。因此，一般测定其规定残余延伸强度 R_r。规定残余伸长应力是指试样卸除拉伸力后，其标距部分的残余延伸达到规定原始标距百分比时的应力。表示此应力的符号应附以下角标说明所规定的百分比。例如 $R_{r0.2}$ 表示规定残余延伸率为 0.2%时的应力。其计算公式为：

$$R_{r0.2} = F_{r0.2} / S_0 \quad (N/mm^2)$$

式中：$F_{r0.2}$——残余延伸率达 0.2%时的载荷（N）；

S_0——试样原始横截面积（mm^2）。

屈服强度是机械工程上极为重要的力学性能指标之一。因为大多数机械零件及结构件在工作中不允许出现塑性变形，而零件承受外力如大过其屈服强度则意味着塑性变形的发生，其精度及功能将受到影响，因此，屈服强度是机械零件设计和选材的重要依据之一。

（3）抗拉强度 R_m（tensile strength）。

材料在拉断前所能承受的最大应力称为抗拉强度。其计算公式为：

$$R_m = F_m / S_0 \quad (N/mm^2)$$

式中：F_m——试样承受的最大载荷（N）；

S_0——试样原始横截面积（mm^2）。

抗拉强度表示材料在拉伸载荷作用下的最大抗力。零件承受外力如大过其抗拉强度则意味着断裂破坏的发生，这是机械零件、模具、刀具等危害性最大的失效形式，因此也是机械零件设计和选材的重要依据之一。

另外，屈强比（屈服强度和抗拉强度的比值）也是衡量结构零件可靠性及强度利用效率的重要指标，如比值低则材料强度有效利用率也低。因此，在保证安全条件下，一般希望屈强比尽量高一些。但比值过高则零件可靠性将降低，断裂破坏将过于突然。不同材料具有不同的屈强比，碳素结构钢一般为 0.4～0.6；普通低合金钢为 0.65～0.75；合金结构钢为 0.85.

1.2.3.2 塑性（plasticity）

在外力作用下，材料发生断裂前产生永久变形的能力称为塑性。常用拉伸试样断裂时的最大相对变形量来表示塑性指标。一般塑性指标是指断后的伸长率和断面收缩率，它们是通过拉伸试验测得的。

1. 断后伸长率 A（percentage elongation after fracture）

试样拉断后，标距的伸长与原始标距的百分比称为伸长率。其计算公式如下：

$$A=(L_u-L_0)/L_0\times100\%$$

式中：L_u——试样拉断后的标距（mm）；

L_0——试样的原始标距（mm）。

注意：在比较不同材料的伸长率时，应采用同样尺寸规格的试样。

2. 断面收缩率 Z（percentage reduction of area）

试样拉断后，缩颈处截面积的最大缩减量与原始横截面积的百分比为断面收缩率。其计算公式如下：

$$Z=(S_0-S_u)/S_0\times100\%$$

式中：S_0——试样的原始横截面积（mm^2）；

S_u——试样拉断处的最小横截面积（mm^2）。

断面收缩率 Z 的大小与试样尺寸因素无关。金属材料的伸长率 A 和断面收缩率 Z 的数值越大，表示材料的塑性越好，越不容易突然断裂。塑性好的金属可以通过压力加工、焊接等加工成形方法加工成形状复杂的零件，其冷冲压、冷镦、冷挤压等变形加工性能好。例如，工业纯铁的 A 可达 50%，Z 可达 80%，可以拉成细丝，轧薄板等。而白口铸铁的 A 和 Z 几乎为零，不能进行塑性加工。$A<2\%\sim5\%$ 属脆性材料，$A\approx5\%\sim10\%$ 属韧性材料，$A>10\%$ 属塑性材料。

1.2.3.3 韧性（toughness）

韧性是指金属在冲断前吸收变形能量的能力，即材料抵抗冲击载荷作用而不破坏的能力。

许多机械零件、构件、模具及刀具在服役时，会受到冲击载荷的作用，如齿轮、冲模和锻模等。为防止其断裂、崩刃等现象的发生，还必须具备足够的冲击韧性。冲击韧性的指标可通过金属夏比缺口冲击试验来测定。

夏比缺口冲击试验是用规定高度的摆锤对处于简支梁状态的缺口试样进行一次性冲击，并测量试样折断时所吸收功 A_k 的试验。$A_k=mgh_1-mgh_2=mg\ (h_1-h_2)$，单位为 J（焦耳）。

冲击试验所用的试样为标准夏比缺口试样，如图 1—3 所示，横截面尺寸为 10mm×10mm、长度为 55mm，试样的中部开有 V 或 U 形缺口。试验时冲击试样的开口背向摆锤的冲击方向置于试验机的支架上，将试样一次冲断。冲击试验机如图 1—4 所示。

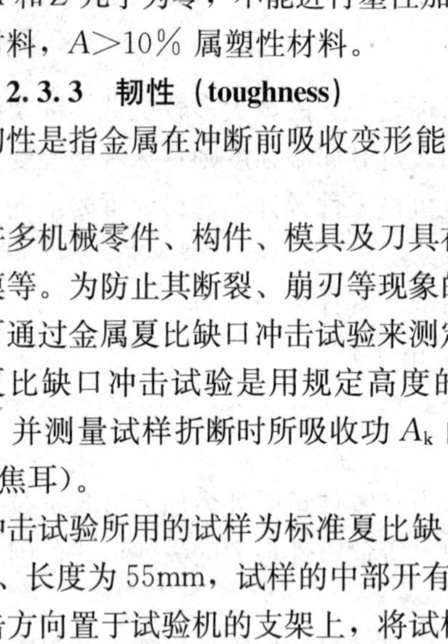

(a) U形缺口冲击试样

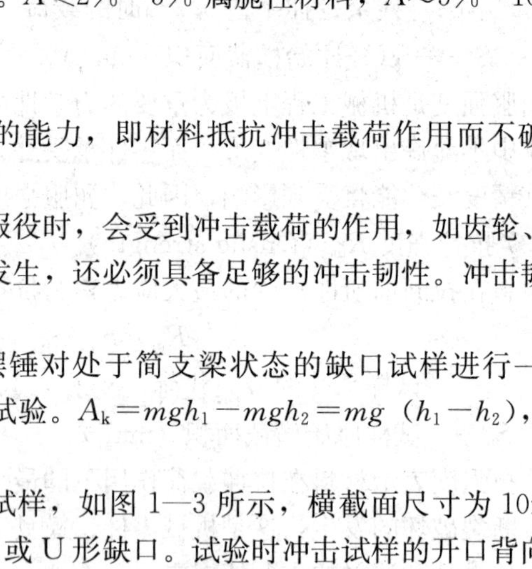

(b) V形缺口冲击试样

图 1—3　标准夏比缺口试样尺寸

冲击试验由于具有试验程序简单、试样加工简便、试样小，易于在构件不同部位取样等一系列优点而获得广泛应用。

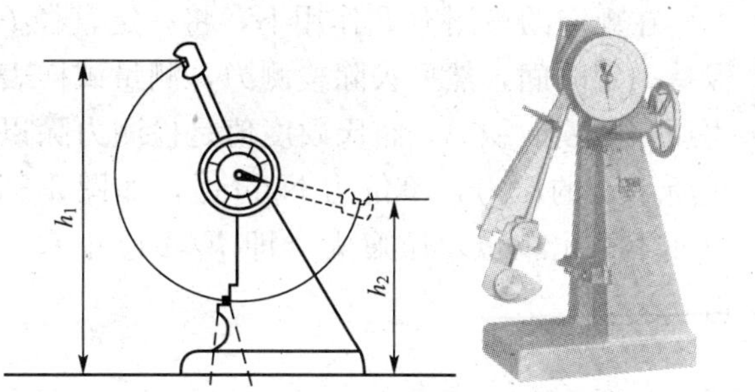

图 1—4 冲击试验机

U 形缺口应力集中较大，应力分布对缺口附近的塑性变形的限制较大而使塑性变形更难进行。V 形缺口参与塑性变形的体积较小，冲击时消耗的冲击功较小，冲击韧度值较低，且脆性转变温度较高、范围较窄，对低温脆性转变反应更灵敏，断口也较清晰，更容易反映金属阻止裂纹扩展的抗力，因此，研究低温脆性和断裂韧性时多采用夏比 V 形缺口冲击试样。

冲击韧度能灵敏地反映材料在宏观缺陷、显微组织、品质等方面的微小变化，且在长期的生产实践中积累了大量的资料和数据，故冲击试验指标在生产中可有效地用来检测材料在冶炼、热加工、热处理等过程的工艺质量。

1.2.3.4 硬度（hardness）

硬度是评定金属材料力学性能最常用的指标之一。硬度检测是评价金属力学性能最迅速、最经济、最简单的一种试验方法。材料的硬度一般被认为是：材料对压入塑性变形、划痕、磨损或切削等的抗力。对压入法来讲：硬度是材料在一定条件下抵抗另一本身不发生残余变形的物体压入的能力。因此，硬度的实质是材料抵抗另一更硬材料压入其内的能力。

硬度检测的目的：测定材料的适用性，或测定材料为使用目的所进行的特殊硬化或软化处理的效果。对于被检测材料而言，硬度是代表着在一定压力和试验力作用下所反映出的弹性、塑性、强度、韧性及磨损抗力等多种物理量的综合性能。由于通过硬度试验可以反映金属材料在不同的化学成分、组织结构和热处理工艺条件下的性能差异，因此硬度试验广泛应用于原材料的检验、机械零件和工模具热处理工艺质量的检验及新材料研制的检验等方面。

硬度检测方法的分类：一类是静态试验方法，这类方法试验力的施加是缓慢而无冲击的。硬度的测定主要取决于压痕的深度、压痕的投影面积或压痕凹印面积的大小。静态试验方法包括布氏、洛氏、维氏、努氏、韦氏、巴氏等。其中布、洛、维三种试验方法是硬度检测中应用最广泛的。而洛氏硬度试验又是应用最多的，目前应用中的硬度计 70%是洛氏硬度计。另一类是动态试验法，这类方法试验力的施加是动态的和有冲击的，包括肖氏和里氏硬度试验法。动态试验法主要用于大型的，不可移动工件的硬度检测。

1. 布氏硬度（Brinell hardness）

布氏硬度检测方法是 1899～1900 年由瑞典工程师布利奈尔（J. A. Brinell）在研究热处理对轧钢组织的影响时提出来的。该方法压印痕较大，因而硬度值受试样组织显微偏析及成分不均匀的影响很小，检测结果分散度小，复现性好，能较准确地反映材料的客观硬度。

（1）基本原理。

在规定的检测力 F 作用下，将一定直径 D 的钢球（或硬质合金球）压入试样表面，保持一定时间，然后去除检测力，测量试样表面上所压印痕的直径 d，根据 d 可以计算出压印凹痕面积 A。布氏硬度值是检测力除以压痕球形表面积 A 所得的商，即单位面积所承受的压力，单位为 N/mm^2，如图 1—5 和图 1—6 所示。但习惯上只写明硬度值而不标出单位，压痕大（即 F/A 值小）表示钢球压入深，硬度值低；反之则硬度值高。

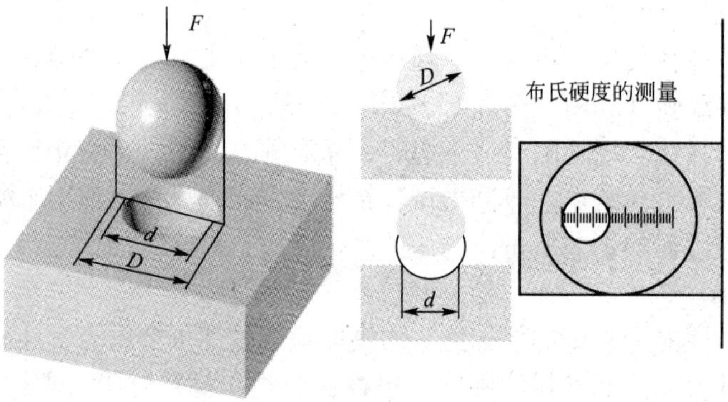

图 1—5 布氏硬度试验原理

图 1—6 布氏硬度计

$$\mathrm{HBS(HBW)}=\frac{F}{A_{凹}}=\frac{2F}{\pi D\left(D-\sqrt{D^2-d^2}\right)}$$

式中：d——压痕平均直径（mm）；

D——钢球（硬质合金球）直径（mm）；

F——检测力（kgf）

（2）表示方法。

用淬火钢球作压头时，布氏硬度用符号“HBS”表示；用硬质合金球作压头时，布氏硬度用符号“HBW”表示。

案例 1：120HBS10/1000/30，即表示用 10mm 的钢球作压头，在 1000kgf（9807N）的检测力作用下，保持 30s 时间后所测得的硬度值为 120。

案例 2：500HBW5/750/10，即表示用 5mm 的硬质钢球作压头，在 750kgf（7350N）的检测力作用下，保持 10s 时间后所测得的硬度值为 500。

（3）适用范围。

淬火钢球用于测定硬度 HBS＜450 的金属材料、半成品及性能不均匀的材料，如钢原材料毛坯、灰铸铁、有色金属，以及退火、正火和调质处理的钢材等。为了避免压头变形，可用硬质合金球压头，它适用于测试 HBW＜650 的金属材料。

（4）优缺点。

布氏硬度试验的优点是：其硬度代表性好，通常采用的是 10mm 直径的球压头，3000kg 的检测力，其压痕面积较大，能反映较大范围内金属各组成相综合影响的平均值，而不受个别组成相及微小不均匀度的影响，因此特别适用于测定灰铸铁、轴承合金和具有粗大晶粒的金属材料。它的试验数据稳定，重现性好，精度高于洛氏，低于维氏。此外布氏硬度值与抗拉强度值之间存在较好的对应关系。

布氏硬度试验的缺点是：对金属表面的损伤较大，不易测试太薄工件的硬度，也不适于测定成品件的硬度。对不同软硬材料进行检测时需要更换压头和检测力，操作效率低。

2. *洛氏硬度*：HR（Rockwell hardness）

洛氏硬度检测法最初是由美国人洛克维尔（S. P. Rockwell 和 H. M. Rockwell）在1914年提出的，1930年维尔逊（C. H. Wilson）进行了更新设计，使该检测方法和设备更加完善，并沿用至今。

（1）基本原理。

如图1—7和图1—8所示，采用120°金刚石圆锥或淬火钢球压头，先施以98.07N的初始压力，这时压痕的深度为h_1，再加上主检测压力，这时压痕的深度为h_2，在总检测力F的作用下，将压头压入材料表面，保持规定时间后，去除主检测力而保留初始压力时的压痕深度为h_3，测出残余压痕深度增量值e（以0.002mm为单位），即$e=h_3-h_1$，然后用100（或130）减去该增量值e，即获得洛氏硬度值。

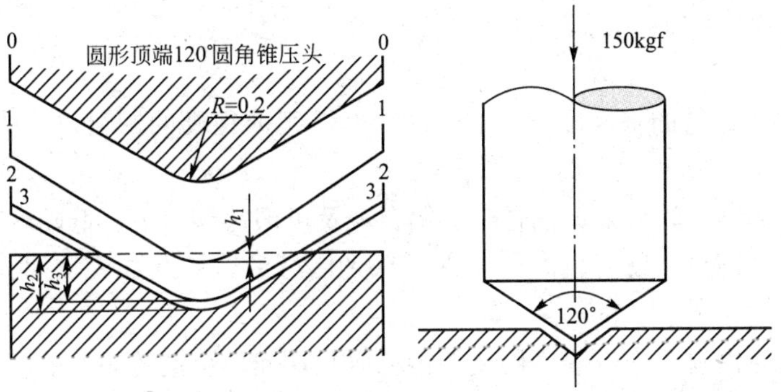

图1—7 洛氏硬度试验原理图

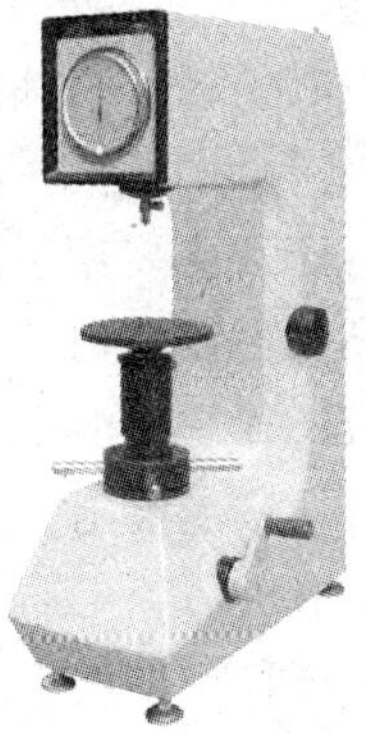

图1—8 洛氏硬度计

（2）计算及表示方法。

洛氏硬度的读数规定如下：金刚石压头（A. C. D标尺）为$100-e/0.002$，钢球压头（B. E. F. C. H. K标尺）为$130-e/0.002$，即$HR=K-e/0.002$，式中K为定义常数，钢球压头对应130，金刚石压头对应100。标尺用不同压头和总检测力的组合加以区分。

不同的压头和不同的检测力的搭配产生了十几种洛氏硬度标尺，常见的有九种，常用的有三种，见表1—2。

案例1：如用金刚石圆锥压头，总检测力为1471N（150kgf）时，是C标尺HRC；如增量值e为0.08，则洛氏硬度值为$100-0.08/0.002=60$，表示为60HRC。

案例2：如用1.587mm钢球作压头，总检测力为980.7N（100kgf）时，是B标尺HRB。如增量值e为0.1，则洛氏硬度值为$130-0.1/0.002=80$，表示为80HRB。

各种标尺的参数及应用范围见表1—2。

表 1—2 洛氏硬度试验标尺、压头、检测力及应用范围

<table>
<tr><th>标尺</th><th>压头类型</th><th>初检测力（N）</th><th>总检测力（N）</th><th>应用范围</th></tr>
<tr><td>A</td><td rowspan="3">金刚石圆锥</td><td rowspan="9">98.07</td><td>588.4</td><td>硬质合金、碳化物、表面淬火钢、硬化薄钢板</td></tr>
<tr><td>D</td><td>980.7</td><td>薄钢板、表面淬火钢</td></tr>
<tr><td>C</td><td>1471</td><td>淬火钢、调质钢、冷硬铸铁</td></tr>
<tr><td>F</td><td rowspan="3">1.587mm 钢球（1/16）英寸</td><td>588.4</td><td>铸铁、铝镁合金、轴承合金、退火铜合金、薄软钢板</td></tr>
<tr><td>B</td><td>980.7</td><td>软钢、铝合金、铜合金、可锻铸铁、退火钢</td></tr>
<tr><td>G</td><td>1471</td><td>磷青铜、铍青铜、可锻铸铁</td></tr>
<tr><td>H</td><td rowspan="3">3.175mm 钢球（1/8）英寸</td><td>588.4</td><td>铝、锌、铅等</td></tr>
<tr><td>E</td><td>980.7</td><td rowspan="2">轴承合金、锡、塑料、硬纸板等很软的材料</td></tr>
<tr><td>K</td><td>1471</td></tr>
</table>

（3）适用范围。

洛氏硬度的压头分为硬质和软质两种。硬质的由顶角为 120°的金刚石圆锥体制成，适于测定淬火钢材等较硬的金属材料；软质的为直径为 1.587mm（1/16 英寸）和 3.175mm（1/8 英寸）的钢球，适于测定钢原材料毛坯、灰铸铁、有色金属，以及退火、正火和调质处理的钢材等。

各标尺的适用范围如下：

HRA 主要用于测定硬质材料的洛氏硬度，如硬质合金、很薄很硬的钢材以及表面硬化层较薄的钢材。

HRB 常用于测定低合金钢、软合金、铜合金、铝合金及可锻铸铁等中、低硬度材料。

HRC 主要用于测定一般钢材，硬度较高的铸件、珠光体可锻铸铁及淬火加回火的合金钢的硬度。

HRD 主要用于测定较薄钢材、中等表面硬化的钢材以及珠光体可锻铸铁等的硬度。

HRE 用于测定铸铁、铝合金、镁合金以及轴承合金等的硬度。

HRF 用于测定硬度较低的非铁金属，如退火后的铜合金等，也可测定软金属薄板。

HRG 用于测定可锻铸铁、铜—镍—锌及铜—镍合金的硬度。

HRH 用于测定硬度很低的非铁金属，如铝、锌、铅等以及轻金属的硬度。

HRK 用于测定轴承合金及较软金属或薄材的硬度。

（4）优缺点。

优点：操作简单迅速，效率高，直接从指示器上可读出硬度值；压痕小，故可直接测量成品或较薄工件的硬度；HRA 和 HRC 采用金刚石压头，可测量高硬度薄层和深层的材料；因有预加载荷，可以消除表面轻微的不平度对试验结果的影响。

缺点：由于压痕小，测得的数值不够准确，常要在试样不同部位测定四次以上，取其平均值为该材料的硬度值。测试结果比较分散，重复性差，因而不适用于具有粗大晶体、不均匀组织的材料的硬度的测定。

3. 维氏硬度 HV（Vickers hardness）

维氏硬度是 1925 年由 R. 斯密思（Smith）和 G. 桑兰德（Sandland）提出的，因在

维克尔斯（Vickers）厂最早使用而得名。

布氏硬度试验只可用来测定小于 450HB 的金属材料，洛氏硬度虽可用来测定各种金属材料的硬度，但采用了不同的压头和总载荷，标度不同，硬度值彼此没有关系，也不能直接换算。为了使从软到硬的各种金属材料有一个连续一致的硬度标度，因而制定了维氏硬度试验法。维氏硬度计见图 1—9。

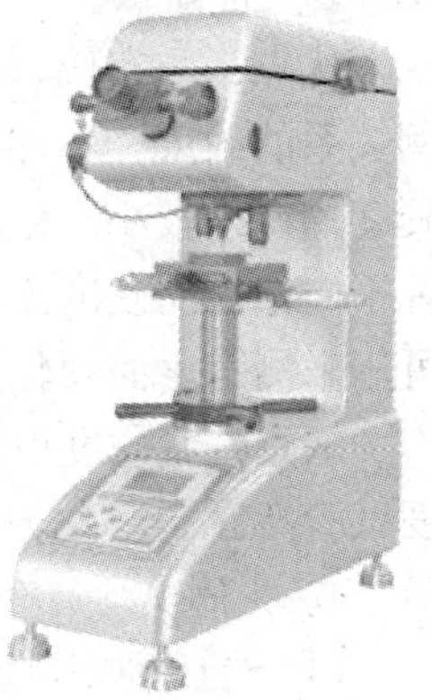

图 1—9 维氏硬度计

（1）基本原理。

维氏硬度的测定原理和方法基本上与布氏硬度相同，也是根据单位压痕表面积上所承受的压力来定义硬度值。维氏硬度试验法是压入试验法中较精确的一种，采用一种顶角为 136°的金刚石角锥压头，在较小载荷 p（kgf）作用下，在试样表面压出一个四方锥形压痕，测量压痕对角线长度 d（mm）以计算压痕面积 $F_{凹}$（mm^2），以 $P/F_{凹}$的数值表示试样的硬度值。如图 1—10 所示，单位面积承受负荷越大，则硬度越高。其计算公式如下：

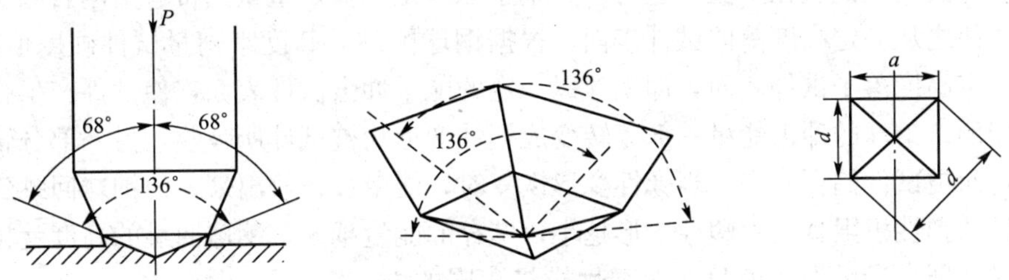

图 1—10 维氏硬度试验原理图

$$HV=\frac{P}{F_{凹}}=\frac{2P\sin\frac{\alpha}{2}}{d^h}=1.854\,4\frac{p}{d^h}$$

式中：P——负荷，大小根据试样厚度和其他条件的不同在 5～100kgf 范围内选用；

d——压痕两对角线的平均值（mm）；

α——金刚石角锥相对两面的夹角，为 136°。

（2）常用检测力及表示方法。

维氏硬度试验所用检测力视试件大小、薄厚及其他条件，可在 49.03～980.7N 的范围内选择。常用的检测力有 49.03、98.07、196.1、294.2、490.3 和 980.7N。

HV 符号前面的数字为硬度值，后面依次用相应数字注明试验力和试验力保持时间（10～15s 不标注）。如 640/HV30/20，表示 30kgf（294.2N）检测力，保持时间 20s 测得的维氏硬度值为 640。

（3）适用范围。

维氏硬度法适用范围宽，尤其适用于测定表面硬化层、金属镀层、薄片材料及化学热处理（如氮化、渗碳等）后的表面硬度，其结果精确可靠。当试验力小于 0.2kgf（1.961N）时，可用于测量金相组织中不同相的硬度。选择载荷时，应使硬化层或试件的厚度大于 1.5D。若不知待测试件的硬化层厚度，则可在不同的载荷下，按照从小到大的顺序进行试验。当待测试层厚度较大时，应尽量选用较大的载荷，以减小对角线测量的相对误差和试件表面层的影响，提高维氏硬度测定的精度。

(4) 优缺点。

优点：与布氏、洛氏硬度试验比较，维氏硬度试验不存在试验力与压头直径有一定比例关系的约束；不存在压头变形问题，压痕轮廓清晰，采用对角线长度计量，精确可靠，硬度值误差较小。维氏硬度法测量范围较宽，软硬材料都可以测试，不存在洛氏硬度法那种不同标尺的硬度无法统一的问题，并且比洛氏硬度法能更好地测定薄件或薄层的硬度，可用来测定表面硬化层以及仪表零件的硬度。

缺点：其硬度值需要先测量对角线长度，然后经计算或查表确定，故效率不如洛氏硬度试验高。

4. 其他硬度简介

(1) 肖氏硬度 (Shore scleroscope hardness)。

肖氏硬度又称回跳硬度，用 HS 表示，由英国人肖尔 (Albert F. Shore) 首先提出。

金属肖氏硬度试验在室温下进行。其基本原理是用一定重量的带有金刚石圆头或钢球的重锤，使之从一定高度落向试件表面，根据钢球回跳的高度来衡量试件硬度值的大小。钢球从一定高度落于试件表面，即钢球以一定的能量冲击试件表面，使试件产生弹性变形和塑性变形。钢球的冲击能量一部分转变成塑性变形功被试件所吸收，另一部分转变成弹性变形功而被试件储存起来，当弹性变形恢复时，能量被释放出来，使钢球回跳到一定高度。试件的弹性极限越高，塑性变形越小，储存的能量越多，钢球回跳的高度就越高，表明该材料越硬。肖氏硬度值只能对弹性模量相同的材料进行测定比较。

肖氏硬度试验适合于在现场测试轧辊、机床床面、导轨、大型锻件等工件的硬度。肖氏硬度试验的优点是：它是一种轻便的手提式硬度计，使用方便，可以现场测量大型试件的硬度。其缺点是：测试结果的准确性受人为因素的影响较大，所以在科学研究中较少使用。

肖氏硬度计（见图 1—11）适用于测定黑色金属和有色金属的肖氏硬度值。用于测定橡胶、塑料、金属材料等的硬度，在橡胶、塑料行业中常称作邵氏硬度。

图 1—11 肖氏硬度计

(2) 表面洛氏硬度。

由于洛氏硬度试验所用载荷较大，不宜用来测定极薄工件及各种表面处理层（如表面渗碳、渗氮层等）的硬度。为了解决表面硬度的测量问题，设计了一种表面洛氏硬度计，它与普通洛氏硬度计的不同之处在于：1）预载荷为 30N，总载荷比较小；2）取压痕残余深度为 0.1mm 时的洛氏硬度为零，深度每增大 0.001mm，表面洛氏硬度减小一个单位。表面洛氏硬度的标尺及试验规范见表 1—3。

表 1—3　　表面洛氏硬度的标尺及试验规范

压头类型	120°金刚石圆锥体			1.588mm 直径钢球		
标度符号	HR15N	HR30N	HR45N	HR15T	HR30T	HR45T
总载荷 10N	15	30	45	15	30	45
测量范围	68～92	30～83	17～72	70～92	35～82	7～72

(3) 里氏硬度。

里氏硬度的概念是由瑞士 Dietmar Leeb 博士提出来的，它是一种动态硬度试验法。硬度传感器的冲击体在冲击被测工件的过程中，距工件表面 1mm 时的反弹速度与冲击速度的比值乘以 1000，定义为里氏硬度值，以 HL 表示。计算公式如下：$HL=V_b/V_a\times1000$（V_b 表示反弹速度；V_a 表示冲击速度）。参照国际标准，我国已颁布 GB/T 17394—1998《金属里氏硬度试验方法》。

图 1—12　里氏硬度计

1) 里氏硬度计的特点（见图 1—12）。

肖氏（HSD）及里氏硬度均属动载测试法，但肖氏考察的是冲击体反弹的垂直高度，因此决定了肖氏硬度计要垂直向下使用，这势必在实际使用中造成很大的局限性；而里氏就不同了，里氏考察的是冲击体反弹与冲击的速度，通过速度修正，可在任意方向上使用，极大地方便了使用者。通常使用的布、洛、维氏硬度计，由于体积庞大，不便于在现场使用，特别是测试大、重型工件时，由于硬度计工作台无法容纳，所以根本无法检测。而里氏硬度计无需工作台，其硬度传感器小如一只笔，可用手直接操作，无论是大、重型工件还是几何尺寸复杂的工件都能容易地检测。

2) 里氏硬度与其他硬度的转换。

里氏硬度值与其他硬度值（HRC、HRB、HB、HV、HSD）之间有对应关系，因此可将里氏值（HL）转换成其他硬度值。里氏硬度计可通过内部的电脑自动进行转换。

(4) 显微硬度（microhardness）。

布氏、洛氏和维氏三种硬度试验法测定的载荷较大，只能测得材料组织的平均硬度值。如果要测定极小范围内物质的硬度，或者研究扩散层组织、偏析相、硬化层深度以及极薄件等，那么上述方法就不适用了，特别是像陶瓷这样的脆性材料，用上述方法所施加的载荷大，陶瓷材料容易破碎。为此，需要用显微硬度试验来进行硬度试验。所谓显微硬度试验，一般是指测试载荷小于 200gf 的硬度试验。常用的有维氏显微硬度和努氏硬度两种。

维氏显微硬度试验实质上就是小载荷的维氏硬度试验，试验力在 1.96N 以下。其测试原理和维氏硬度试验相同。但由于测试载荷小，载荷与压痕之间的关系就不一定像维氏硬度试验那样，符合几何相似原理，因此测试结果必须注明载荷大小，以便能进行有效的比较。试验力有：0.098N（10gf）、0.245N（25gf）、0.49N（50gf）、0.98N（100gf）、1.96N（200gf）等。

显微硬度值也可根据所测压痕对角线值查表求得。显微硬度压痕小而浅，通常采用抛光全相试片，且抛光过程中应尽量避免过热和硬化。一般用于金相组织研究中测定金属各组成相及夹杂物的硬度，用于微小、薄型试件、脆硬件的测试，通过选用各种附件或者升级各种结构可广泛用于各种金属（黑色金属、有色金属、铸件、合金材料等）、金属组织、金属表面加工层、电镀层、硬化层（氧化、各种渗层、涂镀层）、热处理试件、碳化试件、淬火试件、相夹杂点的微小部分，以及玻璃、玛瑙、人造宝石、陶瓷等脆硬非金属材料的测试。

努氏（Knoop）硬度的测量原理与维氏硬度相同，只是压头形状不同。它采用金刚石四角棱锥压头，两长棱夹角为 172.5°，两短棱夹角为 130°，压痕形状是菱形，其中长对角线的长度是短对角线的 7.11 倍。测量时，只测量长对角线的长度，所以测量精度较高，对测量薄层的硬度及检查硬化层的硬度分布很有价值，比维氏硬度好。

（5）超声波硬度计检测。

超声波硬度计（见图 1—13）借助超声波传感器杆谐振频率的变化来测量硬度，主要用于测定金属的洛氏硬度，采用比较法也可用于其他硬度的测量。超声硬度测量的优点是对试件表面的破坏极小、测量速度很快、操作程序简单，特别适合于成品工件的检验，并且可以手握测头直接对工件检测，特别适合于不易移动的大型工件、不易拆卸的部件的测量。可以测试处于任何位置的元件，尤其适合测试大小形状不等的纹理精细的材料以及热处理表面，小巧精细的探头能够对诸如齿面和齿轮根部等难以触及的部位进行测量。

（6）韦氏硬度。

韦氏硬度是将一定形状的硬钢压针，在标准弹簧检测力的作用下压入试样表面，用压针的压入深度确定材料的硬度，定义 0.01mm 的压入深度为一个韦氏硬度单位。韦氏硬度单位为 HW。依据测试范围，韦氏硬度计可分成铝合金、铜合金、低碳钢等类型韦氏硬度计，见图 1—14。

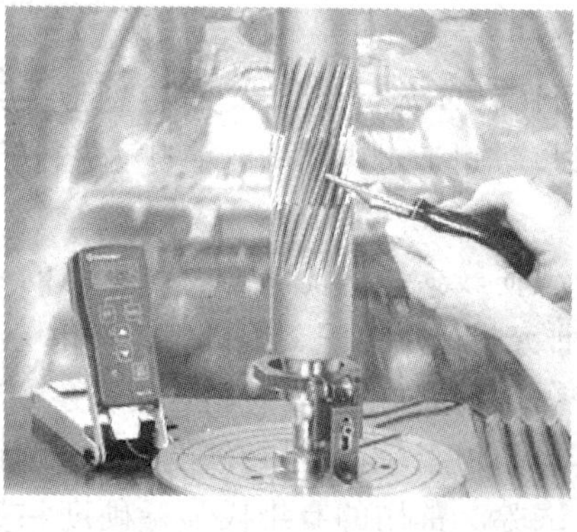

图 1—13　超声波硬度计

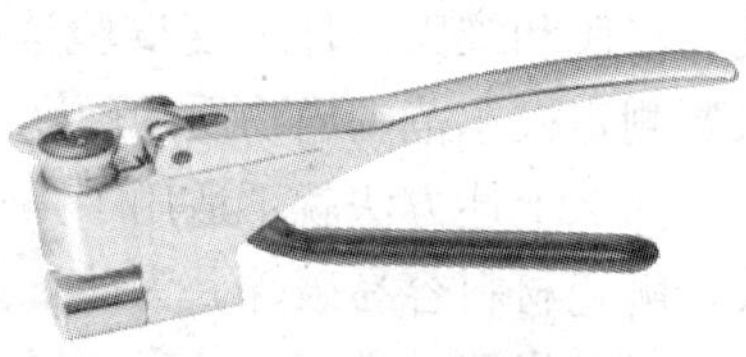

图 1—14　韦氏硬度计

韦氏硬度计的特点：韦氏硬度计便携、体积小、重量轻、可单手操作、一卡即可，可快速、方便、无损地测试材料硬度，硬度值直接读出，不必取样，对操作技能要求不高，非常适于在生产现场对材料进行快速检测。韦氏硬度计的缺点是灵敏度较差，量程较窄，全量程只有 20 个刻度，因此通常一台仪器只能测试 1～2 种金属材料。

韦氏硬度计适用于测试铝、铜合金型材、管材和板材，特别适于在生产现场、销售现场或施工现场对产品硬度进行快速、非破坏性的合格检查。

1.2.3.5 疲劳强度

1. 疲劳的概念

许多机械零件，例如轴、齿轮、轴承、叶片、弹簧等，在工作时承受的是交变载荷。材料、零件、构件在这种载荷作用下，虽然所受应力远低于材料的屈服点，但在长期使用中往往会突然发生断裂，这种破坏过程称为疲劳断裂。

疲劳破坏是长期的过程，在交变应力的作用下，金属材料往往要经过几百次，甚至几百万次循环才能产生破坏。在疲劳断裂过程中，金属材料的内部组织在局部区域内逐渐发生变化。这种变化使材料受到损伤，并逐渐积累起来，当其达到一定程度后，便发生疲劳断裂。因此疲劳断裂是一个损伤积累过程，并且损伤是从局部区域开始的。

2. 疲劳强度

工程上规定，材料经无数次重复交变载荷作用而不发生断裂的最大应力为疲劳强度。图1—15是通过试验测定的材料交变应力σ和断裂前应力循环次数N之间的关系曲线。曲线表明材料受的交变应力越大，则断裂时应力循环次数（N）越少，反之，则N越大。当应力低于一定值时，试样经无限次循环也不破坏，此应力值称为材料的疲劳强度，用σ^r表示；对称循环$r=-1$，疲劳极限用σ^{-1}表示。

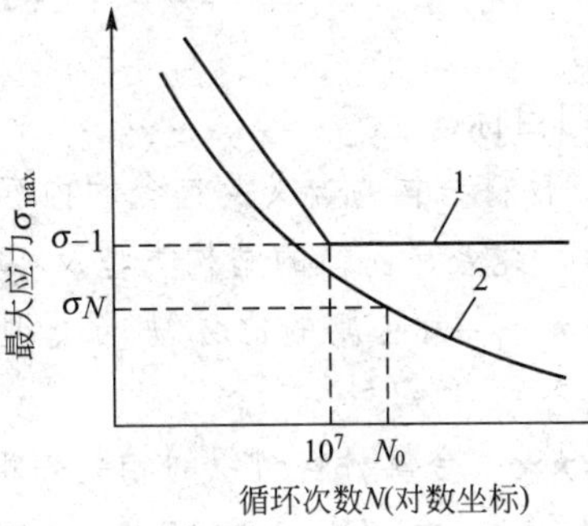

图1—15 疲劳曲线（S—N曲线）示意图

1—一般钢铁材料；2—有色金属、高强度钢等

钢材的循环次数一般取$N=10^7$

有色金属的循环次数一般取$N=10^8$

钢材的疲劳强度与抗拉强度之间的关系：$\sigma^{-1}=(0.45\sim0.55)\sigma$

3. 提高疲劳强度的途径

疲劳断裂一般是从机件表面的某些部位或表面缺陷造成的应力集中开始的，有时也从内部缺陷处开始，因而材料的疲劳极限不仅对材料的组织结构很敏感，而且对工作条件、加工处理条件等外因也很敏感。金属产生疲劳同许多因素有关，目前普遍认为是由于材料内部的缺陷，如夹杂、气孔、疏松等，以及表面划痕、残余应力及其他能引起应力集中的缺陷导致微裂纹产生，这种微裂纹随应力循环次数的增加而逐渐扩展，最后致使零件突然断裂。

因此，提高疲劳强度可采用下列途径：合理的抗疲劳设计减小应力集中；选择高疲劳抗力材料，提高材料纯度，减少夹杂物将大大提高疲劳强度；细化晶粒能显著提高高周疲劳强度和低周疲劳寿命，但在较高的温度下（如在$0.5T_f$，T_f为材料熔点），则适当粗的晶粒更为有利；合理配合材料强度、塑性和韧性，在不同工作条件下，使材料的强度、塑性和韧性都具有相应的最佳配合；表面强化，如表面热处理强化，钢经渗碳、氮化和碳氮共渗等化学表面热处理，或高、中频表面感应淬火，可提高表面硬度及抗疲劳强度；表面冷加工硬化，利用机械的方法使表面产生很大的压缩残余应力，从而使其疲劳强度得到显著提高。

表1—4所示为一些常见金属的力学性能。

表 1—4 一些金属的力学性能

金属	铝	铜	镁	镍	铁	钛	铅	锡	锑
元素符号	Al	Cu	Mg	Ni	Fe	Ti	Pb	Sn	Sb
弹性模量 E（MPa）	72 400	130 000	43 600	210 000	200 000	112 500	—	—	—
抗拉强度 σ_b（MPa）	80～110	200～240	200	400～500	250～330	250～300	18	20	4～10
伸长率 δ（%）	32～40	45～50	11.5	35～40	25～55	50～70	45	40	0
断面收缩率 ψ（%）	70～90	65～75	12.5	60～70	70～85	76～88	90	90	0
布氏硬度 HB	20	40	36	80	65	100	4	5	30

1.3 材料的结构与结晶

学习目标

★ 材料结构的含义及包含的内容，纯金属的结晶过程和影响因素。

★★ 纯金属晶体的结构类型及相关概念，同素异构转变等相关概念。

★★★ 实际金属的晶体缺陷类型及对性能的影响，合金的结构类型及在合金中的作用。

★★★★ 金属材料组织的相关知识，铁碳合金相图及相关知识。

注：★了解。 ★★理解。 ★★★掌握。 ★★★★重点掌握。

1.3.1 材料结构概述

材料的结构是材料科学与工程的核心问题，也是理解材料的性质和掌握材料制备、加工方法的基础。可以从几个不同的角度来描述材料的结构，例如从化学的角度来理解原子的构造和原子之间的结合键，从晶体学的角度来理解对称性在材料结构方面所起的重要作用，从晶体缺陷、显微结构及组织的角度来理解实际材料各种各样的变化等。

1.3.1.1 材料结构的含义

1. 材料结构的定义

材料结构：是指材料的原子（或离子、分子）相互结合的方式或构成的形式，以及各种结构要素之间的相互关系。

材料结构要素构成了材料结构的基本内涵和内在的变化规律。不同材料有各种不同的结构要素。如金属材料的结构要素包括组元、结合键、晶体结构、相（固溶体、化合物）、组织、晶体缺陷等。高分子材料包括单体、链节、聚合度、大分子链等。它们的不同组合、排列、相互关联构成了不同的材料微观结构。它们之间都有内在的变化规律，并对材料的各个方面产生影响。

2. 材料结构包含的内容

(1) 材料原子（或离子、分子）的构造。

材料是由原子组成的，而原子有它本身的结构特点，如原子的半径大小、电负性的强弱、电子浓度的高低等，这些特征会直接影响材料结构及其性能。高分子材料由很多大分子链构成，而大分子链本身也有它的结构特点。

(2) 材料原子（或离子、分子）间的结合力。

材料中的原子是靠着各种键力相互结合起来的。结合键有金属键、离子键、共价键、分子键等。

(3) 材料原子（或离子、分子）的排列形式。

排列形式包括有规则的晶体排列、无规则的非晶体排列和晶体与非晶体的混合排列。

(4) 材料结构内存在的缺陷。

有规则原子排列的晶体内，并不是完全的理想状态，实际存在各种缺陷，按缺陷在空间的形貌特征，可分为点缺陷、线缺陷和面缺陷。

(5) 材料基本组元存在的形式。

组元是构成材料的最基本的单元，它可以是两种原子相互溶解形成的固溶体，也可以是两种原子相互化合形成的化合物。对金属材料来说，它被称为相，是金属学研究的重要对象。

如将材料做成金相试样放在显微镜下，就能看到由各种相组成的不同形态、大小的组织。

1.3.1.2 材料结构与性能的关系

1. 材料的性能

(1) 材料性能的含义

材料的性能是指材料结构反作用于环境的能力。材料在一定的环境中能否存在而不被破坏，就体现出了材料结构对环境的作用有多大的抵抗能力，这就是材料所具有的性能（功能）。材料的性能具有多面性。同一材料可以从物理、化学、力学、工艺等不同侧面来考察它的性能，如可以从强度、硬度、塑性、韧性等多个方面来描绘材料所具有的力学性能。

(2) 材料性能的影响因素。

◆ 材料的结构要素。

材料结构的所有要素和内容都会影响材料的性能，它们是形成材料性能的基础。不同成分、不同结合键、不同晶体结构、不同相（固溶体、化合物）、不同组织、不同晶体缺陷等，都会使材料的性能发生改变。研究其中的变化规律，会对材料的生产、加工和应用产生重要的指导意义。

◆ 材料的环境因素。

材料的性能是可以改变的，当环境中温度、外力、介质条件等发生一定变化时，材料结构的一些要素就会发生变化，从而使性能也发生相应的变化。而其中的变化规律对材料的生产、加工和应用同样具有非常重要的意义。

2. 材料的环境

材料的环境包括生产加工环境和使用环境。

(1) 材料的生产加工环境。

材料要经历生产和加工制造的过程，如金属材料要经历冶炼、铸造、轧制、锻造、焊接、切削加工、热处理等工艺过程，在不同的工艺环境条件下，材料的性能会发生相应的变化。

(2) 材料的使用环境。

材料的使用环境是指材料制成产品后在使用过程中所处的环境，一般称为工作条件或服役条件。环境因素主要包括温度条件、外力条件、介质条件等。

1.3.1.3 材料结构的结合键

组成材料的基本单元是原子，原子通过电磁交互作用结合在一起，结合的方式称为化学键。按其作用机制化学键可分为四类。

1. 离子键

当周期表中相隔较远的正电性元素原子和负电性元素原子接触时，前者失去最外层价电子变成带正电荷的正离子，后者获得电子变成带负电荷的满壳层负离子。正离子和负离子因静电引力相互吸引；同时当它们十分接近时发生排斥，引力和斥力相等时即形成稳定的离子键（见图1—16）。其键合的基本特点是以离子而不是以原子为结合单元。

离子键是一种强键，结合力很大，因此离子晶体的硬度和强度高，热膨胀系统小，但脆性大。离子晶体都是良好的绝缘体。典型的离子晶体是无色透明的。大多数盐类、碱类和金属氧化物主要以离子键的方式结合。

2. 共价键

共价键（见图1—17）是由两个或多个电负性相差不大的原子通过共用电子对而产生的结合键。共价键结合的基本特点是核外电子云达到最大的重叠，形成“共用电子对”。

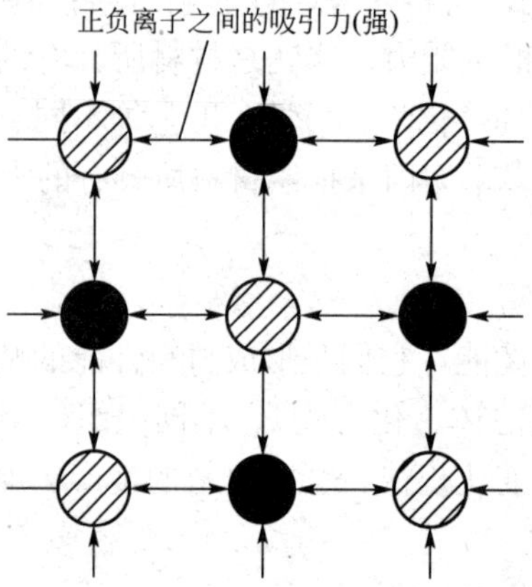

图1—16 离子键

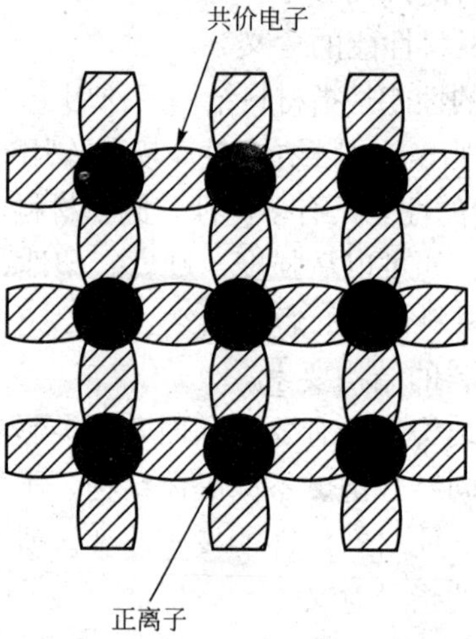

图1—17 共价键

共价键也是一种强键，其结合极为牢固，故共价晶体具有结构稳定、熔点高、高硬度、脆性大等特点。共价形成的材料一般是绝缘体，其导电性能差。共价键在亚金属（碳、硅、锡、锗等）、聚合物和无机非金属材料中均占有重要地位。最具有代表性的共价晶体为金刚石，其他属于共价晶体的还有 SiC、Si_3N_4、BN 等化合物。

3. 金属键

金属中的自由电子和金属正离子相互作用所形成的结合力称为金属键（见图1—18）。

金属键的基本特点是电子的共有化，原属于各金属原子的价电子在原子结合成金属晶体后，可在整个晶体中运动，形成电子云。金属键既无饱和性又无方向性，因而每个原子有可能同更多的原子相结合，并趋于形成低能量的密堆结构。当金属受力变形而改变原子之间的相互位置时，不至于使金属键破坏，因此，金属具有良好的延展性、良好的导电和导热性。另外金属不透明并呈现特有的金属光泽，有正的电阻温度系数。

4. 分子键

原子状态形成稳定电子壳体的惰性气体元素，在低温下可结合成固体。甲烷分子在固态也能相互结合成为晶体。在它们的结合过程中没有电子的得失、共有或公有化，价电子的分布几乎不变，原子或分子之间靠范德华力结合起来，即靠分子偶极之间的作用力结合。

分子键（见图1—19）属物理键，是一种弱键，没有方向性和饱和性，比化学键的键能少1～2个数量级。由分子键结合的固体材料熔点低、硬度低，有良好的绝缘性。

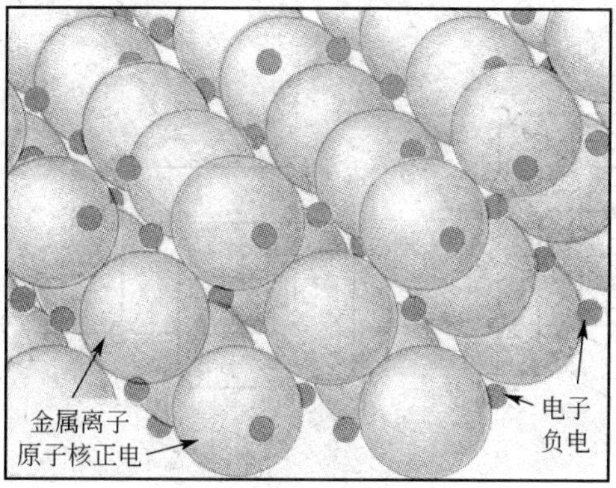

图1—18 金属键

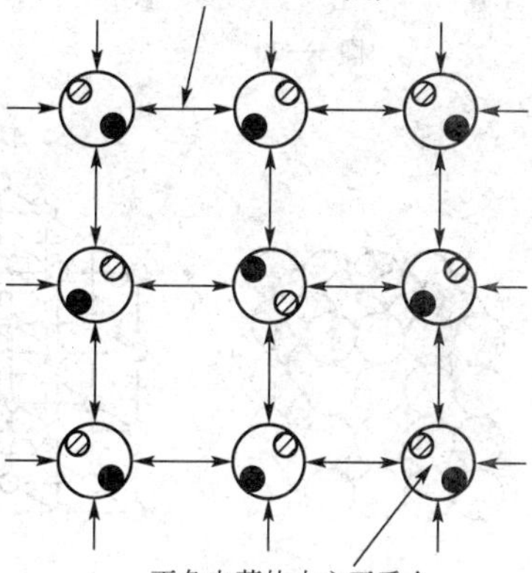

图1—19 分子键

不同的高分子聚合物有不同的性能，分子间的范德华力不同是一个重要的影响因素。

实际材料中的键往往并不是典型的某一类键，大多数是混合键，即可能同时具有不同类键的特征。混合的比例和方式可随材料的组成而变，因此材料的性能也可以在一定的范围内变化，从而满足工程的不同需要。如金属材料的结合键是金属键，四价锡却有共价键的特点，而 Mg_3Sb_2 金属间化合物却显示出强烈的离子键特性。陶瓷材料的结合键主要是离子键与共价键，高分子材料的链状分子间的结合依靠范德华力，而链内是共价键。材料的键型不同，表现出的特性不同。

1.3.2 纯金属的晶体结构与结晶

固态物质按其原子（离子或分子）的聚集状态可分为两大类：晶体与非晶体。

晶体——原子（离子或分子）在三维空间有规则的周期性重复排列的物体。如金属、天然金刚石、宝石、水晶、氯化钠和冰等。晶体具有周期性、对称性，有确定的熔点和各向异性。

非晶体——原子（离子或分子）在空间无规则排列的物体。和液体相似，亦称为“过冷液体”或“无定形体”，如松香、石蜡、玻璃等。非晶体无确定的熔点，有各向同性。

金属材料如果其化学成分不同，则其性能也不同。但对化学成分相同的金属材料来说，改变其内部的组织结构，其性能也将发生很大的变化。因此，了解工程主导材料——金属材料的晶体结构的相关知识，对掌握如何改善和控制金属材料的性能有着十分重要的意义。

1.3.2.1 纯金属常见的晶体结构

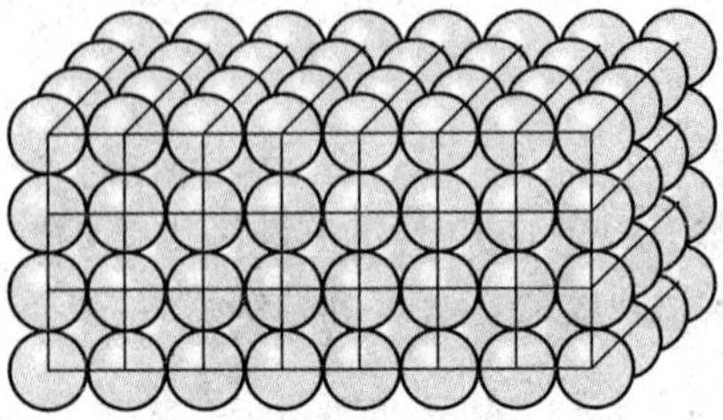

图 1—20

晶体结构——晶体中原子（离子或分子）规则排列的方式。

晶格——是指假设通过金属原子（离子）的中心划出的许多空间直线所形成的空间格架。

晶胞——是能反映晶格特征的最小组成单元。

晶格常数——晶胞的三条棱边 a、b、c。

晶体、晶格、晶胞如图 1—20、图 1—21 所示。

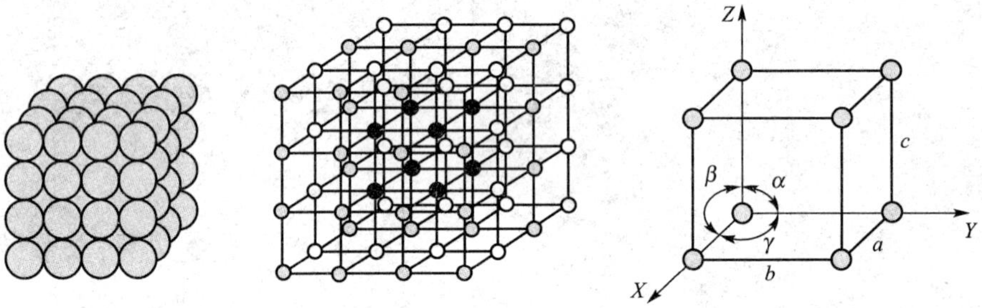

(a) 晶体　(b) 晶格　(c) 晶胞

图 1—21

晶胞的几何特征可以用晶胞的三条棱边 a、b、c 和三条棱边之间的夹角 α、β、γ 等六个参数来描述。不同元素的金属晶体因晶格类型及晶格常数的不同，表现出不同的物理、化学和力学性能。自然界中的晶体有上万种，晶体结构也各不相同，按几何特征和特点的不同，可分为 14 个点阵和 7 个晶系。但工业上常用的金属元素中，除少数具有复杂的晶体结构外，大多数都是简单的晶体结构，其中最典型的晶体结构有三种。

1. 金属常见的晶体结构

(1) 体心立方晶格（胞）(BCC：body - centered cube)。

体心立方晶格的晶胞模型见图 1—22。晶胞中 $a=b=c$，$\alpha=\beta=\gamma=90°$ 构成立方体，立方体的八个角上各有一个原子，而其中心有一个原子。具有体心立方晶格的金属有钼（Mo）、钨（Wu）、钒（V）、铌（Nb）、α - Fe 等 30 余种。

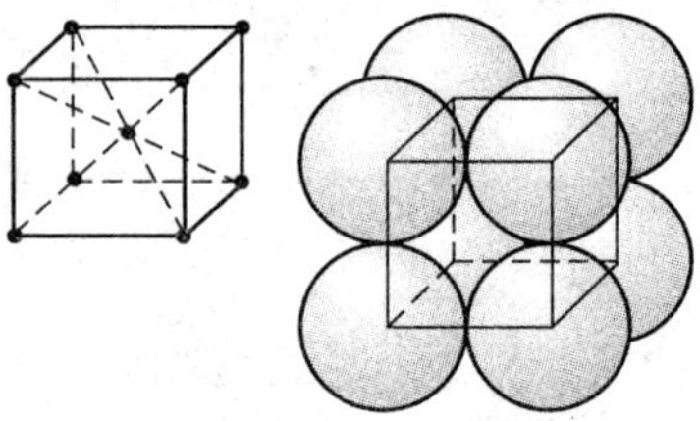

图 1—22　体心立方晶格

(2) 面心立方晶格（胞）(FCC：face-centered cube)。

面心立方晶格的晶胞模型见图 1—23。晶胞中 $a=b=c$，$\alpha=\beta=\gamma=90°$ 构成立方体，立方体的八个角上各有一个原子，而其六个面的中心各有一个原子。具有面心立方晶格的金属有铝（Al）、铜（Cu）、镍（Ni）、金（Au）、银（Ag）、γ - Fe 等 20 余种。

(3) 密排六方晶格（胞）(HCP：hexagonal close-packed)。

面心立方晶格的晶胞模型见图 1—24。晶胞为六方柱体，六方柱体的 12 个角上各有一个原子，上下两个面的中心各有一个原子。上下底面之间均匀分布三个原子。常见的密排六方晶格金属有：镁、镉（Cd）、锌、铍（Be）、α-Ti 等。

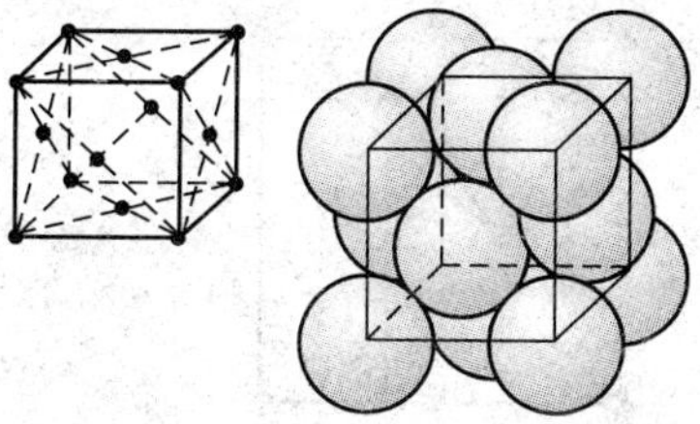

图 1—23　面心立方晶格

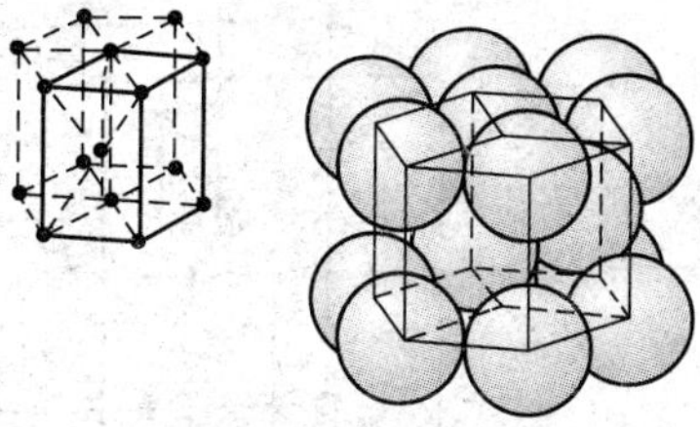

图 1—24　密排六方晶格

2. 金属常见晶体结构的特征要素

（1）晶胞原子数：晶胞中所包含的原子个数。如：体心立方晶胞所含的原子数为 1/8×8+1，即 2 个。其他参见图 1—25 和表 1—5。

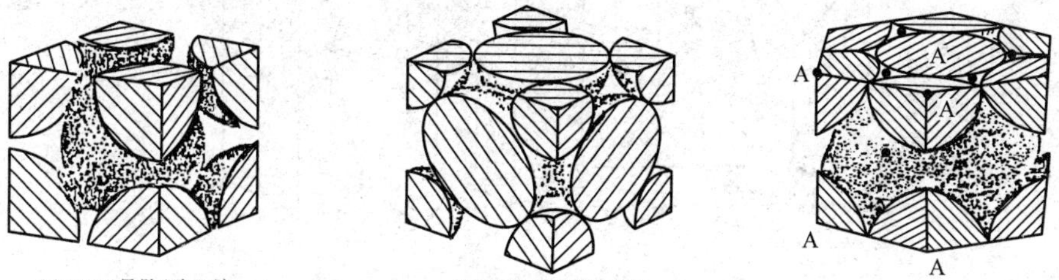

(a) BCC晶胞原子数　　(b) FCC晶胞原子数　　(c) HCP晶胞原子数

图 1—25

表 1—5　BCC、FCC、HCP 晶胞的特征参数

晶体结构类型	晶胞原子个数	原子半径	致密度	配位数	空隙半径	
					四面体空隙	八面体空隙
体心立方晶格	2	$\frac{\sqrt{3}}{4}a$	68%	8	$0.29r_{原子}$	$0.15r_{原子}$
面心立方晶格	4	74%	$\frac{\sqrt{2}}{4}a$	12	$0.225r_{原子}$	$0.414r_{原子}$
密排六方晶格	6	$a/2$	74%	12	$0.225r_{原子}$	$0.414r_{原子}$

（2）原子半径：晶胞中相距最近的两个原子之间距离的一半，或晶胞中原子密度最大的方向上相邻两原子之间距离的一半称为原子半径。如：体心立方晶胞中原子相距最近的方向是体对角线，所以原子半径与晶格常数 a 之间的关系为 $r_{原子}=\frac{\sqrt{3}}{4}a$。

（3）致密度：晶胞中所包含的原子所占有的体积之比称为致密度。如：体心立方晶胞的致密度为 68%，其余为空隙。致密度越大，原子排列紧密程度越大。

（4）空隙半径：若在晶胞空隙中放入刚性球，则能放入球的最大半径为空隙半径。

空隙有四面体空隙和八面体空隙两种，空隙半径的大小会影响到晶体结构的致密度及能溶入其内的其他元素的大小和数量。图 1—26 和图 1—27 中，●为金属原子，○为空隙。

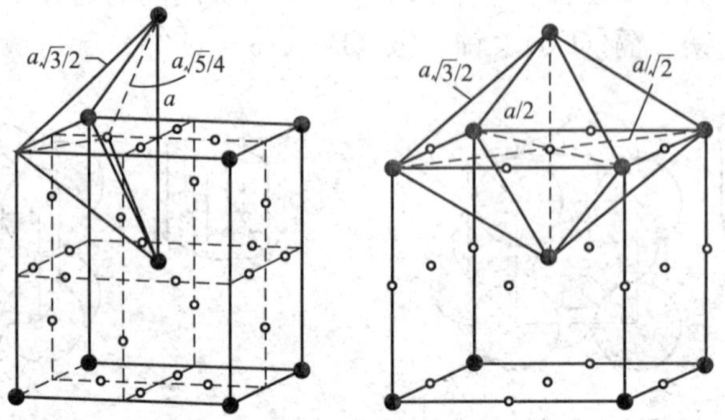

图 1—26　BCC 四面体空隙和八面体空隙

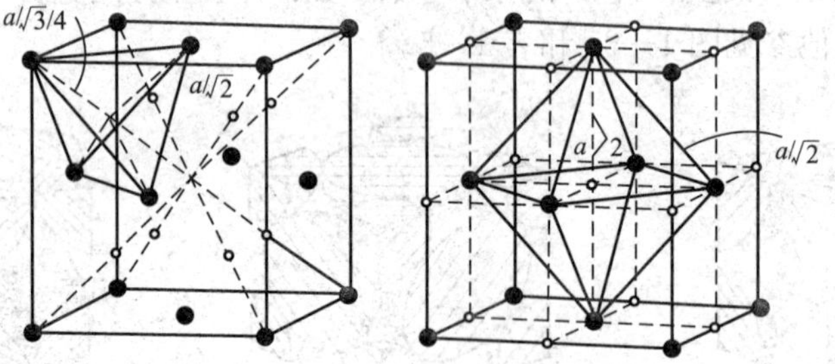

图 1—27　FCC 四面体空隙和八面体空隙

(5) 配位数：配位数为晶格中与任一个原子相距最近且距离相等的原子数目。如：体心立方晶胞的配位数为 8 个。配位数越大，原子排列的紧密程度就越大。

3. 金属晶体结构中的晶面和晶向

晶面（crystallographic planes）——通过晶体中原子中心的平面。

晶向（crystallographic directions）——通过原子中心的直线原子列所代表的方向。

晶体结构的规律也反映在晶面和晶向上。金属的许多性能和金属中发生的许多现象都和晶体中的特定晶面和晶向有密切关系。晶面或晶向可分别用晶面指数或晶向指数来表达。

(1) 晶面指数的确定。

以立方晶系为例来确定各晶面的晶面指数。步骤如下：

1) 以某一原子为原点，通过该点平行于晶胞的三棱边作 OX、OY、OZ 三坐标轴，建立空间坐标系。以图 1—28 中的晶面 $ABB'A'$ 为例。

2) 将晶格常数 a 作为长度单位，写出所需确定晶面在三条坐标轴上的截距：1∞∞。

3) 截距取倒数：100。

4) 截距的倒数化为最小整数：100，并加上一圆括号，(100) 即为晶面指数。

以此类推晶面 $ACC'A'$ 和 ACD' 的晶面指数分别为

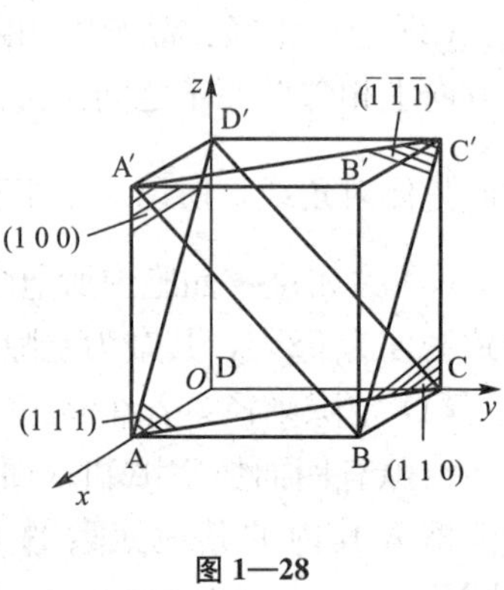

图 1—28

(110)、(111)。

★ 晶面指数的相关知识：

◆ 晶面指数的一般标记为（*hkl*）。（*hkl*）实际表示一组原子排列相同的平行晶面。

◆ 晶面的截距可以为负数，在指数上加“—”号，如（$\bar{1}$11）面或（$\bar{1}$00）面。

◆ 若某个晶面（*hkl*）的指数都乘以－1，则得到（$\bar{h}\,\bar{k}\bar{l}$）晶面，两晶面属于一组平行晶面，如（$\bar{1}$00）和（100），这两个晶面一般用一个晶面指数（100）来表示。

◆ 晶面族——立方晶系中，原子排列完全相同但空间位向不同（即不平行）的晶面的总称。用大括号表示，即｛*hkl*｝。如面心立方晶胞中｛111｝＝(111)＋($\bar{1}$11)＋(1$\bar{1}$1)＋(11$\bar{1}$)。

(2) 晶向指数的确定。

以立方晶系为例来确定各晶向的晶向指数。步骤如下：

1) 以欲定晶向的某一结点为原点，通过该点平行于晶胞的三棱边作 *OX*、*OY*、*OZ* 三坐标轴，建立空间坐标系。以图 1—29 中的晶向 *OC* 为例。

2) 将晶格常数 *a* 作为长度单位，写出所需确定晶向上另一结点的空间坐标值：100。

3) 将坐标值按比例化为最小整数：100。并加上一方括号，[100] 即为晶向指数。

以此类推晶向 *OP* 和 *OD* 的晶向指数分别为 [110]、[010]。

★ 晶向指数的相关知识：

◆ 晶向指数的一般标记为 [*uvw*]。[*uvw*] 实际表示一组原子排列相同的平行晶向。

◆ 晶向指数可以为负数。在指数上加“—”号，如 [$\bar{1}$11] 或 [$\bar{1}$00]。

◆ 若两组晶向的全部指数数值相同而符号相反，如 [110] 与 [$\bar{1}$00]，则它们相互平行或为同一原子列，但方向相反。

◆ 晶向族——立方晶系中，原子排列完全相同但空间位向不同（即不平行）的晶向的总称。用尖括号表示，即＜*uvw*＞。如图 1—30 中，＜100＞＝[100]＋[010]＋[001]。

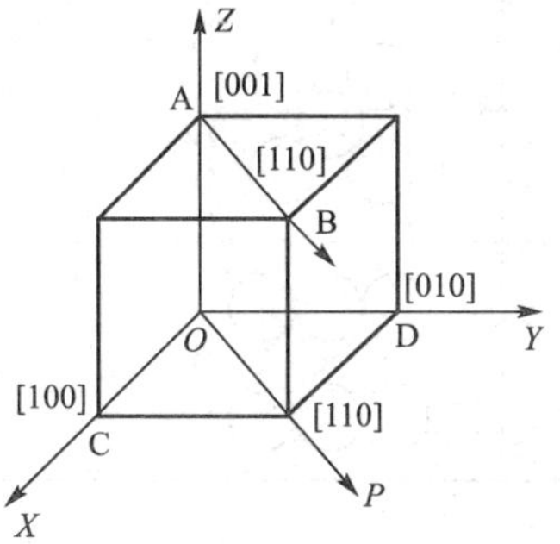

图 1—29

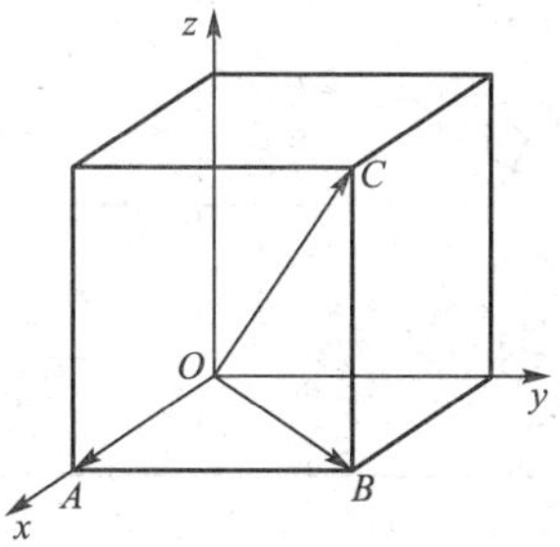

图 1—30

☆ 晶面指数与晶向指数的关系：

晶面指数与晶向指数数值和符号相同，则二者互相垂直，如（110）⊥[$\bar{1}\bar{1}$0]。

(3) 密排面和密排方向。

晶体结构中不同晶面、不同晶向上的原子排列方式和排列密度是不完全一样的。表 1—6 和表 1—7 给出了体心立方晶格和面心立方晶格中三个主要晶面族和晶向族上的原子排列方式和排列密度。

表 1—6　　体心立方晶格、面心立方晶格主要晶面的原子排列和密度

晶面指数	体心立方晶格		面心立方晶格	
	晶面原子排列示意图	晶面原子密度（原子数/面积）	晶面原子排列示意图	晶面原子密度（原子数/面积）
{100}	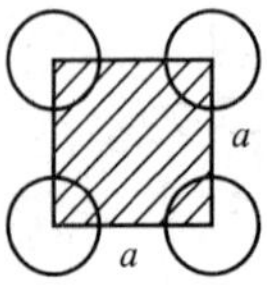	$\frac{4\times\frac{1}{4}}{a^2}=\frac{1}{a^2}$	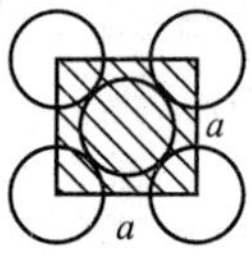	$\frac{4\times\frac{1}{4}+1}{a^2}=\frac{2}{a^2}$
{110}	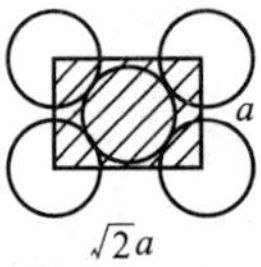	$\frac{4\times\frac{1}{4}+1}{\sqrt{2}a^2}=\frac{1.4}{a^2}$	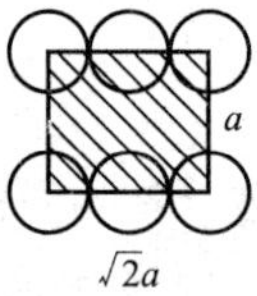	$\frac{4\times\frac{1}{4}+2\times\frac{1}{2}}{\sqrt{2}a^2}=\frac{1.4}{a^2}$
{111}	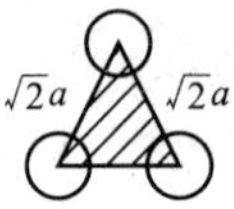	$\frac{3\times\frac{1}{6}}{\frac{\sqrt{3}}{2}a^2}=\frac{0.58}{a^2}$	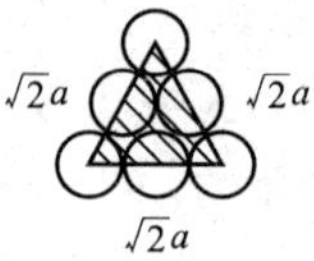	$\frac{3\times\frac{1}{6}+3\times\frac{1}{2}}{\frac{\sqrt{3}}{2}a^2}=\frac{23}{a^2}$

表 1—7　　体心立方晶格、面心立方晶格主要晶向的原子排列和密度

晶向指数	体心立方晶格		面心立方晶格	
	晶向原子排列示意图	晶向原子密度（原子数/长度）	晶向原子排列示意图	晶向原子密度（原子数/长度）
<100>	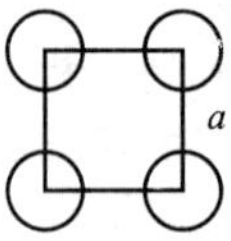	$\frac{2\times\frac{1}{2}}{a}=\frac{1}{a}$	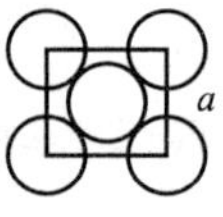	$\frac{2\times\frac{1}{2}}{a}=\frac{1}{a}$
<110>	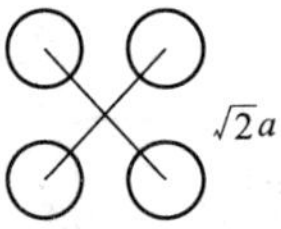	$\frac{2\times\frac{1}{2}}{\sqrt{2}a}=\frac{0.7}{a}$	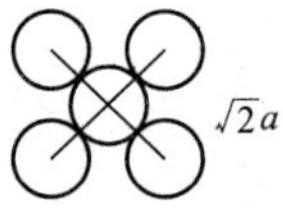	$\frac{2\times\frac{1}{2}+1}{\sqrt{2}a}=\frac{1.4}{a}$
<111>	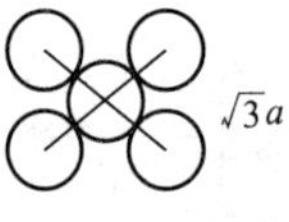	$\frac{2\times\frac{1}{2}+1}{\sqrt{3}a}=\frac{1.16}{a}$		$\frac{2\times\frac{1}{2}}{\sqrt{3}a}=\frac{0.58}{a}$

◆ 在体心立方晶格中，原子密度最大的晶面为｛110｝，称为密排面；原子密度最大的晶向为〈111〉，称为密排方向。

◆ 在面心立方晶格中，密排面为｛111｝，密排方向为〈110〉。

◆ 密排面和密排方向与金属的塑性变形性能有直接的关系。

1.3.2.2　实际金属中的晶体缺陷

以上所讲述的金属晶体结构都是理想的结构，而实际金属的结构远不是理想完美的单晶体，结构中会有许多不同类型的缺陷。包括点缺陷、线缺陷和面缺陷三类，每类缺陷都对晶体的性能产生重大影响。

1. 点缺陷

点缺陷是指在三维尺度上都很小的，不超过几个原子直径的缺陷，在晶格结点处或间隙处，会产生偏离理想晶体的变化。点缺陷的种类有空位、间隙原子和异类原子。

(1) 空位——在晶体晶格中，某结点上没有原子，则这点称为空位（见图 1—31)。

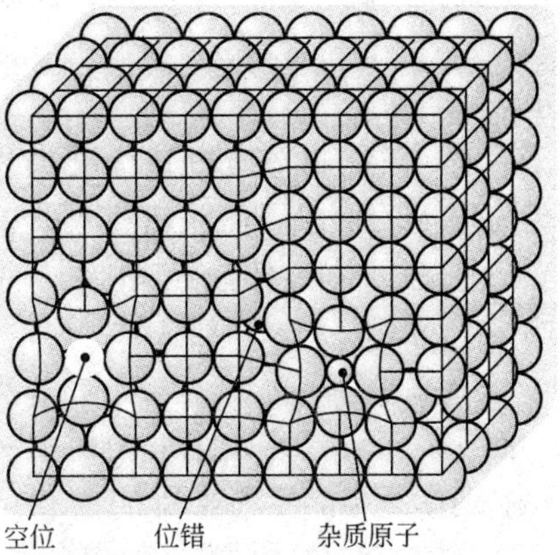

图 1—31

塑性变形、高能粒子辐射、热处理等都能促进空位的形成。空位的存在会使附近原子的相互作用失去平衡而向空位靠拢，造成晶格畸变。

(2) 间隙原子——位于晶格间隙之中的原子叫间隙原子。

间隙原子的存在会使附近原子的相互作用失去平衡而向外撑开，也会造成晶格畸变。

(3) 异类原子——占据金属晶体晶格某结点或位于晶格空隙的其他杂质元素原子。它们同样都会导致晶格产生局部畸变，如图 1—31 所示。

◆ 点缺陷产生的影响：

不论那类点缺陷，都会产生晶格畸变，都会对金属的性能产生影响，使屈服强度提高，电阻增大，体积膨胀。

2. 线缺陷

线缺陷——是指二维尺度很小而第三维尺度很大的缺陷，又称位错，是由晶体中原子平面的错动引起的。位错有两种，刃型位错和螺型位错。

(1) 刃型位错——金属晶体中，一部分晶体相对于另一部分晶体的局部滑移造成的位错。滑移部分与未滑移部分的交界线即为位错线。晶体的一部分相对于另一部分出现一个多余的半原子面。这个多余的半原子面犹如切入晶体的刀片，刀片的刃口线即为位错线。这种线缺陷称刃型位错。半原子面在上面的称正刃型位错，用符号“⊥”表示。半原子面在下面的称负刃型位错，用符号“⊤”表示，见图 1—32。

(2) 螺型位错——晶体右边的上部原子相对于下部的原子向后错动一个原子间距，即右边上部相对于下部晶面发生错动，若将错动区的原子连接起来，则具有螺旋性特征，这种线缺陷称为螺型位错，见图 1—33。

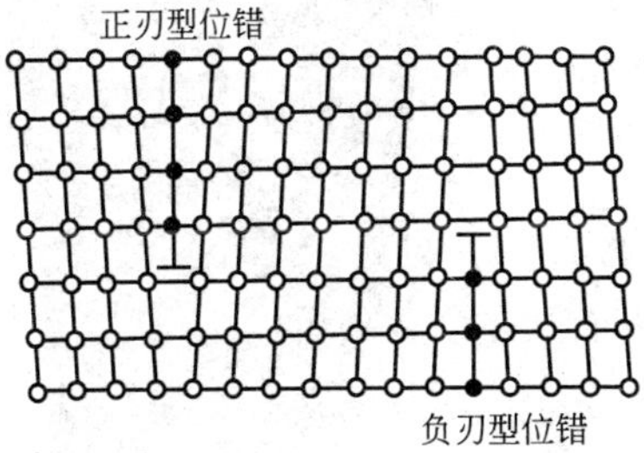

图 1—32 刃型位错

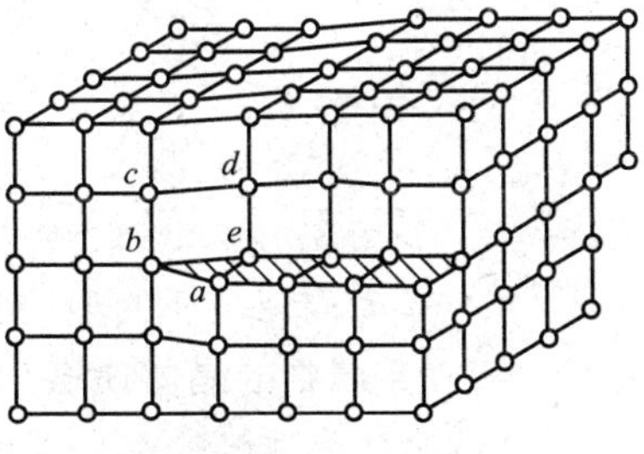

图 1—33 螺型位错

◆ 线缺陷产生的影响：形成位错对金属的机械性能影响很大，当金属为理想晶体或位错极少时，金属屈服强度很高，而退火状态强度最低，从退火态开始随位错密度增大，金属强度提高，如图 1—34 所示。

目前，仅能制造出直径为几微米的晶须，不能满足使用上的要求，而位错密度提高容易实现，如冷变形加工可使位错密度增加，使材料强度大大提高。

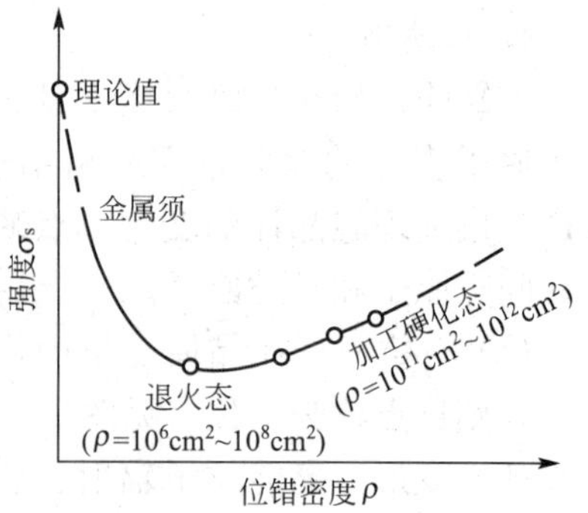

图 1—34

3. 面缺陷

面缺陷——二维尺寸很大而第三维尺寸很小的缺陷。通常是指晶界和亚晶界。

实际使用的金属材料，包含有许多外形不规则的小晶体，每个小晶体内部的晶格位向都是一致的，而各小晶体之间的位向却不相同，外形不规则、呈颗粒状的小晶体称为晶粒。由许多晶粒组成的晶体称为多晶体。

(1) 晶界——晶粒与晶粒之间的接触界面。

在多晶体中两个相邻晶粒之间的晶格位向是不同的，位向差为几十分、几度或几十度。所以晶界处原子排列是不规则的，它是从一个晶粒位向逐渐过渡到另一个晶粒位向的过渡层，其晶界宽度为 5～10 个原子距离。晶界在空中呈网状，见图 1—35、图 1—36 和图 1—37。

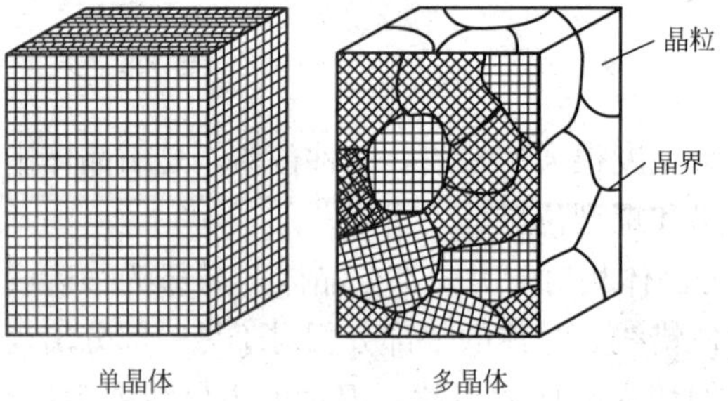

图 1—35

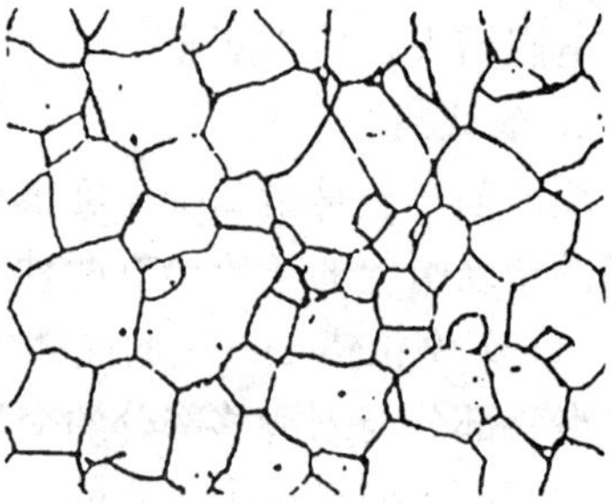

图 1—36　晶粒和晶界

(2) 亚晶界——亚晶粒之间的边界叫亚晶界。

亚晶界也不是完全理想的晶体，而是由许多位向差很小的所谓亚晶粒组成的。亚晶粒之间的位向差只有几秒、几分，最多达 1°～2°。实际上是由一系列刃型位错所组成的小角度晶界，见图 1—38。

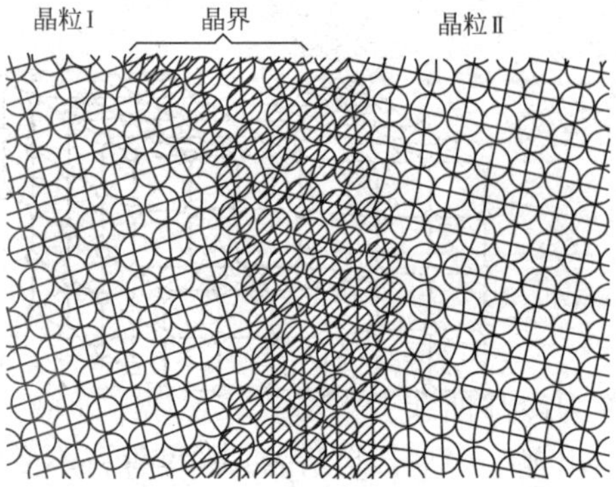

图 1—37　晶界

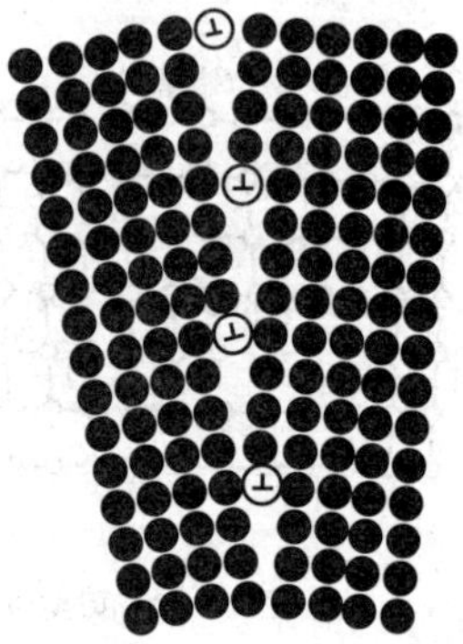

图 1—38　亚晶界

◆ 面缺陷产生的影响：

晶界和亚晶界都使晶格产生畸变，位错密度增大，塑性变形抗力增大，强度和硬度提高。晶粒越细小，晶界越多，强度越高，塑性越好。

1.3.2.3 金属晶体的特性

1. 金属晶体具有确定的熔点

纯金属缓慢加热时，在一定的温度下，固态金属会熔化成为液态金属。在熔化过程中，温度保持不变。其熔化温度（T_0）称为熔点。而非晶体材料在加热时，由固态转变为液态时，其温度是逐渐变化的一个过程。

2. 金属晶体具有各向异性

在晶体中，不同晶面和晶向上原子排列的方式和密度不同，它们之间的结合力的大小也不相同，因而金属晶体在不同方向上的性能不同。这种性质叫做晶体的各向异性。因此金属晶体中密排面和密排方向的存在会对金属的性能产生很大的影响。

实际使用的金属一般都是多晶体，是由许多晶粒组成的，每个晶粒在晶体中的位向不同，因此对金属晶体来说，沿各个方向上的性能是趋于相同的，晶体的各向异性就体现不出来了。

1.3.2.4 纯金属的结晶

1. 基本概念

一切物质从液态到固态的转变过程称为凝固。那么结晶和凝固有何区别呢？

◆ 物质从液态经凝固后形成晶体的过程称为结晶。又称为一次结晶，如金属的冶炼和铸造。液态金属无一定形状，易流动，原子间的距离大，但存在短程有序的不稳定的原子集团。固态金属属于晶体材料，金属原子是规则排列、长程有序的，如图1—39和图1—40所示。

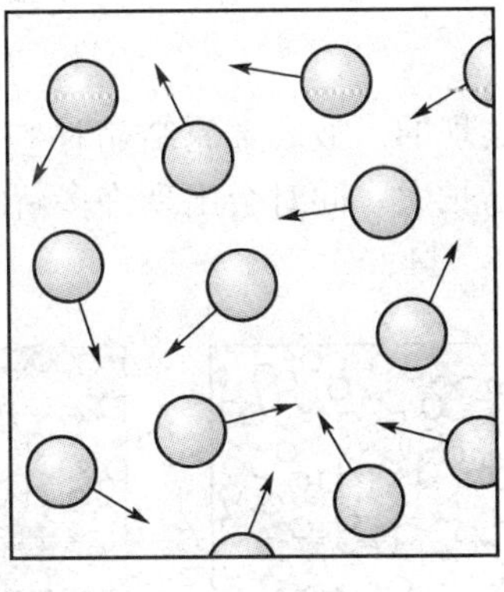

图1—39 液态金属

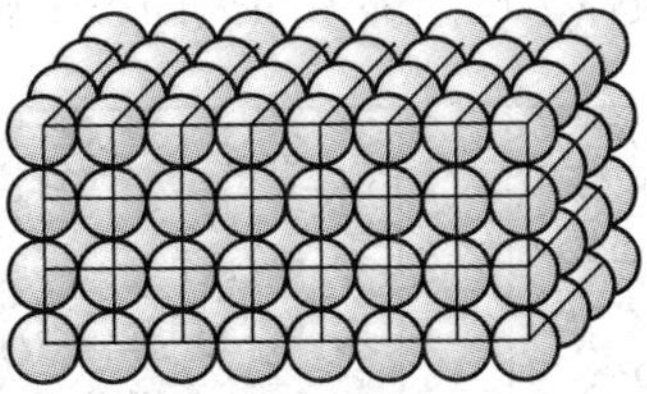

图1—40 固态金属

◆ 金属从一种排列的固态晶体转变为另一种排列的固态晶体的过程也称为结晶，又称为二次结晶或重结晶。如金属的热轧、锻造和热处理等工艺过程。

2. 金属结晶的过冷现象

液体金属结晶时的温度—时间曲线称为冷却曲线。大多数纯金属（如铜、铝、银等）的冷却曲线如图1—41所示。冷却曲线中出现一个平台，结晶时温度保持不变。这是由于原子由液态无序状态转变为晶态时放出的结晶潜热抵消了向外界散发的热量，而保持结晶过程为恒温过程。

冷却曲线中 T_0 为熔点（又称理论结晶温度），T_n 为实际开始结晶温度。T_n 低于 T_0 的现象称为过冷现象。理论结晶温度 T_0 与实际开始结晶温度 T_n 之差叫做过冷度，用 ΔT 表示，$\Delta T=T_0-T_n$。冷却速度越大，则开始结晶温度越低，过冷度也就越大，见图 1—42。

3. 纯金属结晶的条件

从热力学观点来分析，自然界的一切自发转变过程，总是由一种较高能量的状态向能量最低的稳定状态转变，金属结晶前后的两个状态是由两个不同的相组成的，即液相和固相。两种不同聚集状态自然有两种不同的自由能。金属结晶时，必须建立同液体相隔开的晶体界面而消耗能量，当液态金属处于 T_0 温度以下时，液态金属与固态金属之间存在一个自由能差（ΔF），这个能量差 ΔF 就是促使液体结晶的驱动力。只有当液体的过冷度 ΔT 达到一定大小，使晶体的动能 F 大于建立界面所需要的表面能 A 时，结晶过程才开始进行，见图 1—43。

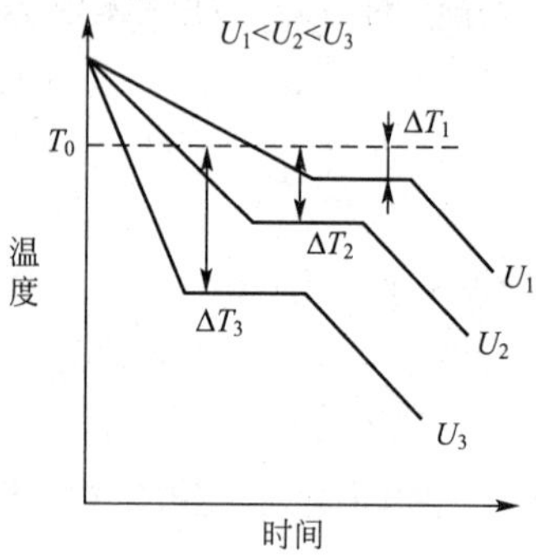

图 1—41　纯金属冷却曲线

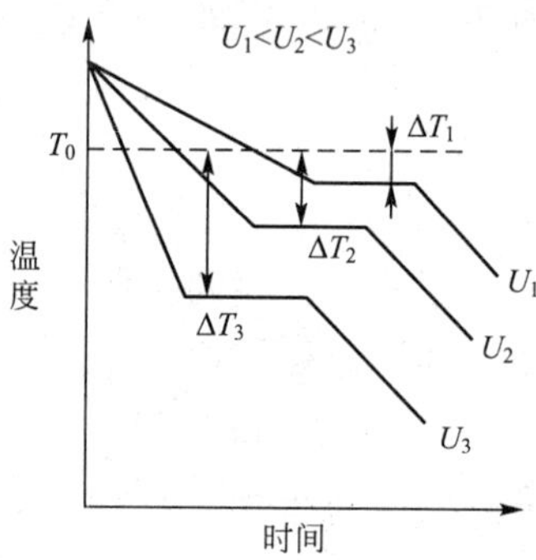

图 1—42　不同冷速下的过冷度

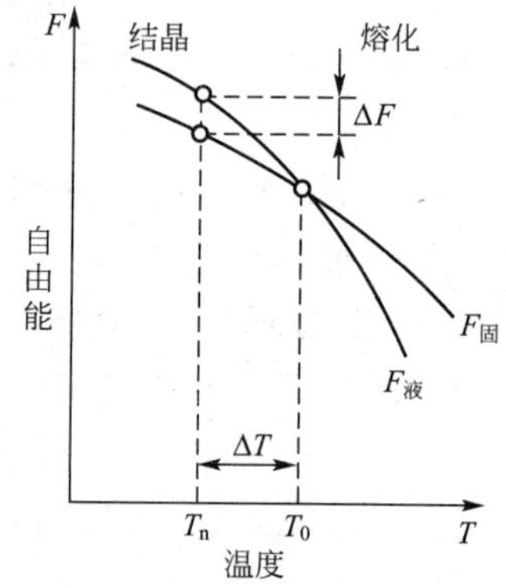

图1—43　自由能与温度的关系曲线

4. 金属结晶的过程

液态金属结晶是由形核和长大两个基本过程实现的。液态金属结晶时，首先在液体中形成一些极微小的晶核，然后再以它们为核心不断长大。同时会出现许多新的晶核并逐渐长大，直至液体金属全部结晶为固态金属，见图 1—44。

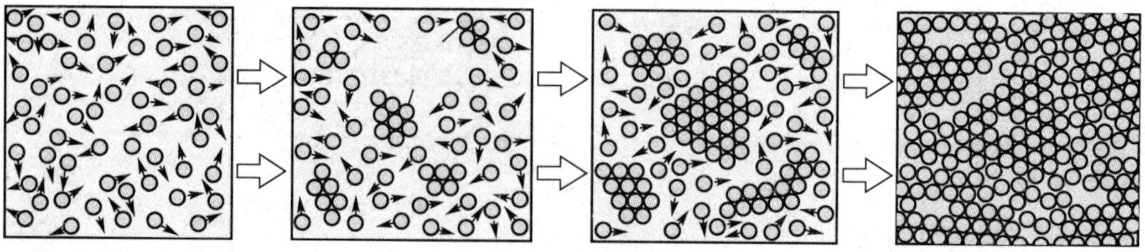
图 1—44　纯金属的结晶过程

(1) 形核。

晶核的形成有自发形核和非自发形核两种方式：

1) 自发形核。

自发形核是指依靠液态金属本身在一定过冷度下由其内部自发长出结晶核心的现象。

液态金属中存在大量短程有序的不稳定的原子集团。当温度降低到结晶温度以下，且过冷度达到一定大小后，液体结晶的条件便具备了，那些超过一定大小（大于临界晶核尺寸）的短程有序原子集团开始变得稳定，成为结晶的核心。

2）非自发形核。

实际金属往往是不纯净的，内部总含有一些外来杂质。杂质的存在能够促进晶核在其表面上的形成。这种依附于金属液体中未溶的固态杂质表面而形成的晶核叫做非自发形核（见图1—45）。

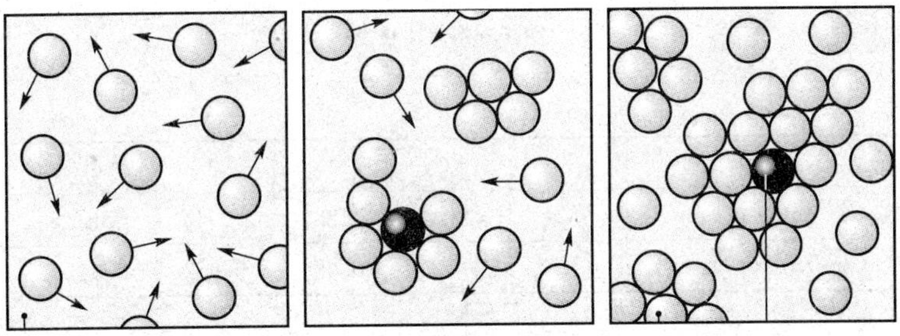

图1—45　非自发形核

自发形核和非自发形核是同时存在的，在实际金属和合金中，非自发形核比自发形核更重要，金属结晶过程中晶核的形成主要以非自发形核方式为主。

（2）晶核长大。

晶核长大的实质就是由液态原子向先结晶的固态晶体表面转移的过程。晶体的长大有平面长大和树枝状长大两种方式。

1）平面长大。

在冷却速度较小的情况下，纯金属晶体主要以其表面向前平行推移的方式长大，即平面式的长大。在以这种方式长大的过程中，晶体一直保持规则的形状，只是在许多晶体彼此接触之后，规则的形状才遭到破坏。应该指出，晶体的平面长大方式在实际金属的结晶中是较少见到的。

2）树枝状长大。

当冷却速度较大，特别是存在有杂质时，金属晶体往往以树枝状的形式长大。开始时，晶核可以生长为很小的但形状规则的晶体，然后，在晶体继续长大的过程中，优先沿一定方向生长出空间骨架。这种骨架形同树干，称为一次晶轴。在一次晶轴增长和变粗的同时，在其侧面生出新的枝芽并发展成枝干，称为二次晶轴。二次晶轴成长的同时又可以长出三次晶轴，等等。如此不断成长和分枝下去，直至液体金属全部结晶为固态金属，得到一个具有树枝形状的树枝晶（见图1—46）。

由于金属容易过冷，因此实际金属结晶时，一般均以树枝状长大方式结晶，得到树枝晶。

5. 金属结晶过程的控制

实际金属结晶一般获得由大量晶粒组成的多晶体。多晶体金属的晶粒一般都是由一个晶核以树枝状长大方式形成的，金属的晶粒在显微镜下呈颗粒状。晶粒大小用晶粒度来表示，所谓晶粒度是指单位面积上晶粒的数目，或指晶粒的平均直径，如表1—8所示，晶粒度号越大晶粒越细。

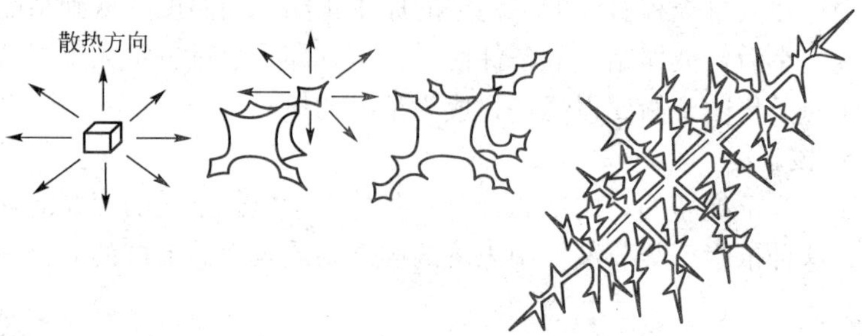

图 1—46　树枝晶

表 1—8

晶粒度号	1	2	3	4	5	6	7	8
单位面积的晶粒数（个/mm²）	16	32	64	128	256	512	1024	2048
晶粒平均直径（mm）	0.250	0.177	0.125	0.088	0.062	0.044	0.031	0.022

金属晶粒度是决定其性能的主要结构因素之一。晶粒越小，则金属的强度、塑性和韧性越好。所以，细化晶粒是提高金属机械性能的重要途径之一。这种方法称为细晶强化。可见了解影响金属结晶过程的因素及变化规律是很重要的，尤其对金属材料的冶炼和铸造过程有着重要的指导意义。那么有哪些因素影响金属的结晶过程呢？

（1）液态金属结晶时的过冷度。

液态金属结晶过程中，形核率 N 越大，则结晶后的晶粒越多，晶粒就越细小；晶粒长大速度 G 越快，则晶粒越粗。

从图 1—47 可以看出，随着过冷度的增大，形核率和长大速度均会增大。但当过冷度超过一定值后，形核率和长大速度都会下降。其实如此大的过冷度，实际生产中很难达到，一般都处于曲线的左边上升部分。所以，随着过冷度的增大，形核率和长大速度都增大，但前者增大得更快，因而比值 N/G 也增大，结果是过冷度越大，晶粒越细化。

而增大过冷度的主要办法是提高液态金属的冷却速度。

以形状简单的大铸锭为例（见图 1—48），由于铸锭表面和中心的冷却条件不同，因而铸件内外的晶粒特征是不同的，明显地分为了三个各具特征的晶粒区，从铸锭表面到中心依次为细等轴晶粒区 1、柱状晶粒区 2、粗等轴晶粒区 3。

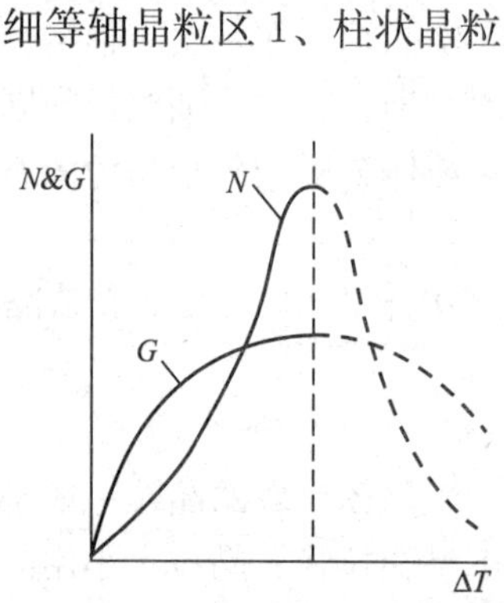

图 1—47　形核率、长大速度和 ΔT 的关系图

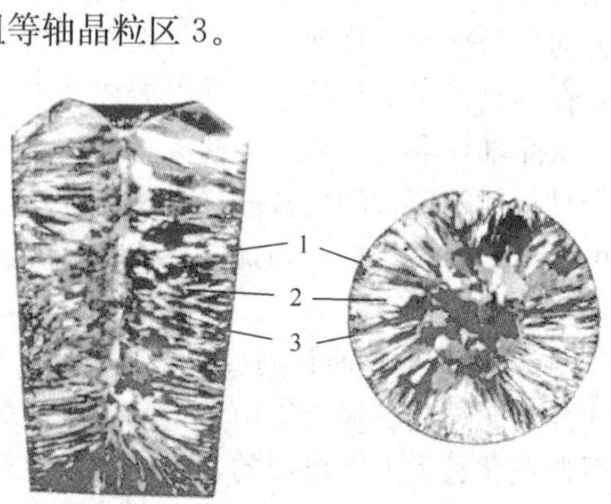

图 1—48　铸锭结构图

(2) 变质处理。

金属的尺寸较大时，获得大的过冷度是困难的。对于形状复杂的铸件，过多地提高冷却速度，容易产生变形开裂等质量问题，因此，生产中多采用变质处理来细化晶粒。

变质处理是指在液体金属中加入孕育剂或变质剂，来增加非自发形核的数量或阻碍晶核的长大以细化晶粒和改善组织，从而提高性能。

(3) 振动和电磁搅拌。

在金属结晶的过程中采用机械和超声波振动等方法，可以破碎正在生长中的树枝状晶体；也可以将正在结晶的金属置于一个交变的电磁场中，由于电磁感应的作用，液态金属会翻滚起来，破碎正在结晶的树枝状晶体。这些方法都可增加形核的数量，达到细化晶粒的目的。

1.3.2.5　金属的同素异构转变

大多数金属结晶结束后，在继续冷却过程中，其晶体结构不再发生变化，如铝、铜、银等金属在固态时无论温度高低，均为面心立方晶格。钨、钼、钒等金属则为体心立方晶格。但某些金属在固态下，因所处温度的不同，会具有不同的晶体结构。

同素异构转变是指金属在固态下随温度的变化，由一种晶格转变为另一种晶格的现象。

以纯铁为例（见图 1—49）：液态纯铁在 1538℃进行结晶，得到体心立方晶格的 δ－Fe。冷却到 1394℃时发生同素异构转变，变为面心立方晶格的 γ－Fe。再冷却到 912℃时又发生一次同素异构转变，成为体心立方晶格的 α－Fe。

δ－Fe（体心立方晶格）$\xrightarrow{1394℃}$ γ－Fe（面心立方晶格）$\xrightarrow{912℃}$ α－Fe（体心立方晶格）

同素异构转变是在固态下进行的，转变需要较大的过冷度。γ－Fe 转变为 α－Fe 时，铁的体积会膨胀约 1%，产生内应力，严重时导致工件变形和开裂。

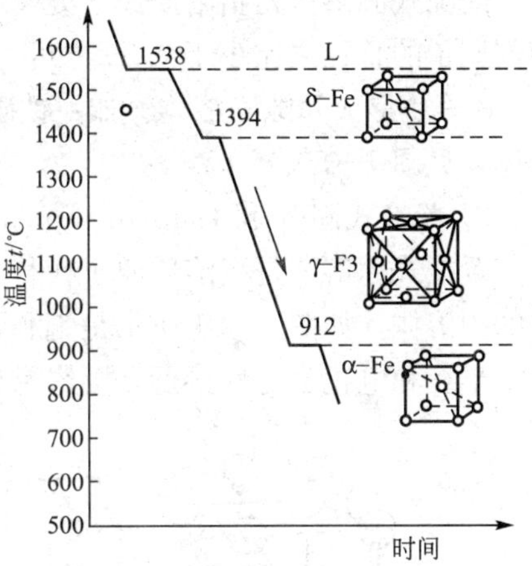

图 1—49　纯铁的同素异构转变

1.3.3　合金的结构与结晶

由于纯金属在强度、硬度、耐磨性、耐热性、耐腐蚀性等性能方面不能满足工业上的使用需要，因此，工业上应用更多的是合金材料。合金的结构和结晶过程要比纯金属更复杂，但其中规律性的知识对实际生产更有指导意义。首先介绍几个基本概念。

◆ 合金（alloy）是指由两种或两种以上的元素经熔炼、烧结等方法结合而成的具有金属特性的物质。如：碳钢、不锈钢、黄铜、青铜、硬铝等。

◆ 组元——组成合金的独立的、最基本的物质单元。组元可以是金属、非金属元素或稳定化合物。如 Fe_3C，在铁碳合金中也可以作为组元之一。

◆ 二元合金——由两个组元组成的合金。如：铁碳合金、铜镍合金、铝硅合金等。

◆ 相——在金属或合金中，化学成分相同、晶体结构相同并有界面与其他部分分开的均匀组成部分。在固态下，物质可以是单相的，也可以是多相的。如：固态普通白铜（铜与镍二元合金）是单相的，而钢一般是双相或是多相的。铁在同素异构转变过程中，会出现相的变化，有 δ-Fe 相、γ-Fe 相和 α-Fe 相等。因此，合金中不同的结构类型也可以说成是不同的相。

1.3.3.1　合金的结构类型

合金中有两类基本相：固溶体和金属化合物。

1. 固溶体（solid solution）

固溶体——合金组元通过溶解形成一种成分和性能均匀，且结构与组元之一相同的固相。与固溶体晶格相同的组元为溶剂，另一组元为溶质，如：普通黄铜中，铜为溶剂，锌为溶质。固溶体有多种分类方法。

（1）固溶体的分类。

按溶质原子在溶剂晶格中占据的位置，可将固溶体分为间隙式固溶体和置换式固溶体。

1）间隙式固溶体（interstitial solid solutions）。

间隙式固溶体是指溶质原子处于溶剂晶格的空隙中而形成的固溶体。一般溶质原子与溶剂原子的直径之比小于 0.59 方可。过渡族金属元素（溶剂）与尺寸较小的元素 C 、N、H、B 等易形成间隙固溶体。如：铁碳合金的结构类型之一就是碳在 α-Fe 中的间隙式固溶体，见图 1—50。

2）置换式固溶体（substitutional solid solution）。

置换式固溶体是指溶质原子代替一部分溶剂原子而占据溶剂晶格中某些结点位置而形成的固溶体，如图 1—51 所示是铜和金形成的置换式固溶体。一般两组元晶体结构相同，原子半径和电化学特性接近，则容易形成置换固溶体，甚至形成无限互溶的固溶体。

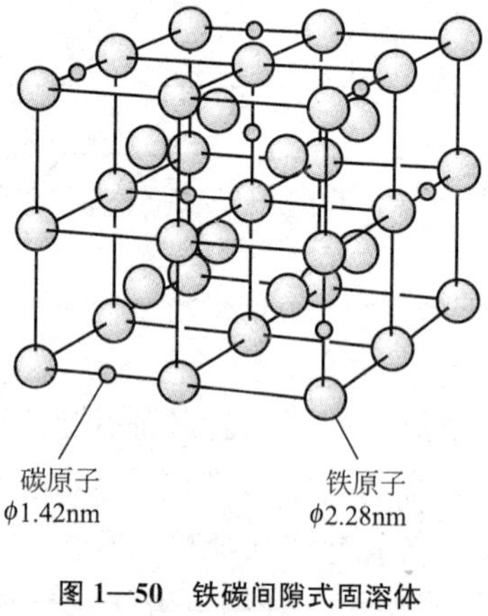

图 1—50　铁碳间隙式固溶体

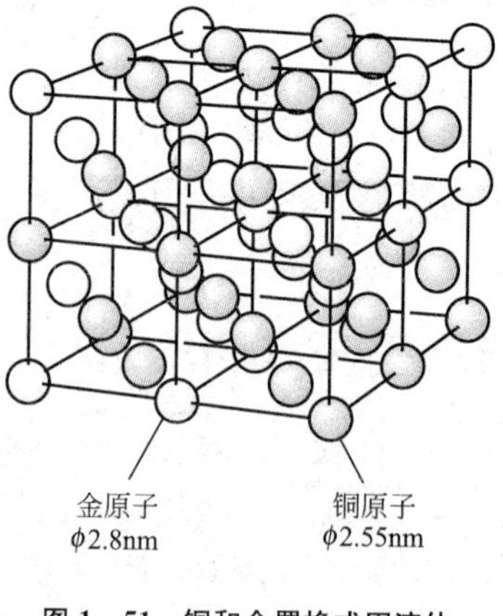

图 1—51　铜和金置换式固溶体

按溶质原子在溶剂中的溶解度，也可将固溶体分为有限固溶体和无限固溶体。如：碳在 Fe 中只能形成有限溶解的固溶体。铜和镍能形成无限溶解的固溶体。

按溶质原子在固溶体中的分布是否有规律，又可将固溶体分为有序固溶体和无序固溶体。溶质原子有规律分布的为有序固溶体，无规律分布的为无序固溶体。间隙固溶体都是无序的有限固溶体。无限固溶体和有序固溶体一定是置换固溶体。

(2) 固溶体的性能。

无论什么类型的固溶体，当溶质原子溶入晶格后都会使晶格产生畸变，塑性变形抗力增大，从而提高合金的强度和硬度，而塑性和韧性没有明显降低。这种现象又叫固溶强化，是金属强化的一种重要形式。由于固溶体的综合机械性能较好，故常作为合金材料的基体相。

2. 金属化合物

金属化合物——合金组元相互作用形成的晶格类型和特性完全不同于任一组元的新相，或称中间相。

(1) 金属化合物的分类。

1) 正常价化合物 (normal valence compounds)。

严格遵守化合价规律的化合物称为正常价化合物。它们由元素周期表中相距较远，电负性相差较大的两元素组成，如 Mg_2Si、Mg_2Sn、AlP、β-SiC 等。

2) 电子化合物 (electron compounds)。

不遵守化合价规律但符合一定电子浓度（化合物中价电子数与原子数之比）的化合物叫做电子化合物。它们由ⅠB族或过渡族元素与ⅡB族、ⅢA族、ⅣA族、ⅤA族元素所组成。一定电子浓度的化合物相应有确定的晶体结构，并且还可溶解其他元素，形成以电子化合物为基的固溶体，如 CuZn、$CuZn_3$、Cu_3Al 等。

3) 间隙化合物 (interstitial compounds)。

由过渡族金属元素与碳、氮、氢、硼等原子半径较小的非金属元素形成的化合物为间隙化合物。尺寸较大的过渡族元素原子占据晶格的结点位置，尺寸较小的非金属原子则有规则地嵌入晶格的间隙之中。根据结构特点，间隙化合物分为间隙相和复杂结构的间隙化合物两种。

● 间隙相。当非金属原子半径与金属原子半径之比小于 0.59 时，形成具有简单晶格的间隙化合物，称为间隙相。如：TiC、VC（见图 1—52）、WC、MoC 等。

● 复杂结构的间隙化合物。

当非金属元素的原子与金属元素的原子的半径比值大于 0.59 时，形成具有复杂晶体结构的间隙化合物，如 Fe_3C、$Cr_{23}C_6$、Cr_7C_3、Fe_4W_2C 等，见图 1—53。

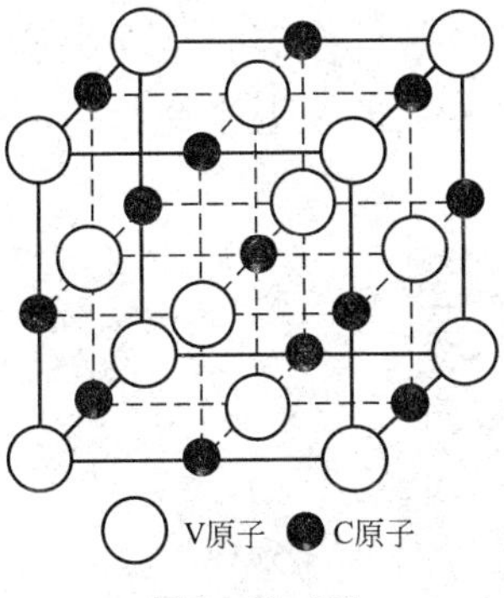

图 1—52 VC

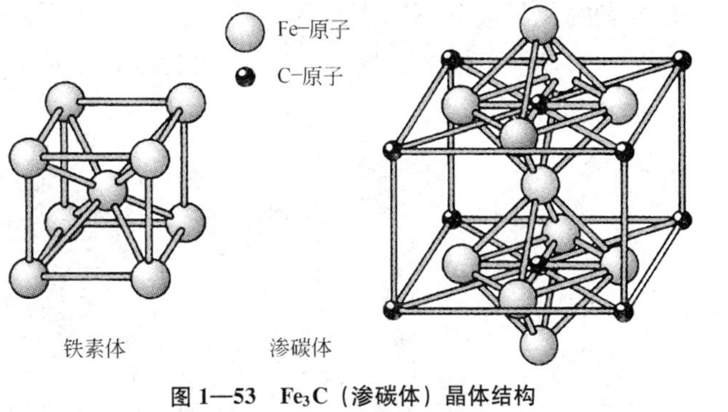

图 1—53 Fe_3C（渗碳体）晶体结构

(2) 金属化合物的性能。

金属化合物一般熔点高，硬度高，脆性大。合金中含有金属化合物时，强度、硬度和耐磨性会提高，而塑性和韧性降低。金属化合物是许多合金材料的重要强化相。一般与固溶体组成机械混合物。正常价化合物硬度高、脆性大，应用较少。电子化合物主要以金属键结合，有明显的金属特性，可以导电。它们的熔点和硬度较高，塑性较差，是许多有色金属中的重要强化相。

间隙相具有金属特性，有极高的熔点和硬度（见表1—9），非常稳定。它们的合理存在，可有效地提高钢的强度、热强性、红硬性和耐磨性，是高合金钢和硬质合金中的重要组成相。

复杂结构的间隙化合物 Fe_3C 具有复杂的斜方晶格，是铁碳合金的重要组成相。

表1—9 **钢中常见碳化物的硬度和熔点**

类型	间隙相							复杂结构间隙化合物	
成分	TiC	ZrC	VC	NbC	TaC	WC	MoC	$Cr_{23}C_6$	Fe_3C
硬度/HV	2850	2840	2010	2050	1550	1730	1480	1650	～800
熔点/℃	3080	3472±20	2650	3608±50	3983	2785	2527	1577	1227

1.3.3.2 合金的组织

金属的结构和相与金属的性能有着很密切的关系，但由于其概念过于抽象，不能直观地反映材料的内部状况与性能的关系，因此，工业上更多的是运用组织的概念来分析材料的内部状况与性能的关系。在冶金、热加工、铸造、锻造、焊接、热处理等领域得到广泛应用。

1. 组织的概念

组织——将金相样品放在金相显微镜下所观察到的金属材料内部的微观形貌。

◆ 金相样品的制作：将一小块金属材料用不同粒度的金相砂纸磨光后进行抛光，然后用侵蚀剂侵蚀，即获得一块金相样品。

◆ 组织的组成：组织是由数量、形态、大小和分布方式不同的各种相组成的。组织可以由单相组成，也可以由多相组成，所以组织的种类也是多种多样的。

2. 组织的种类

合金的组织种类主要取决于它的化学成分和工艺过程。

◆ 合金的化学成分不同则其组织不同。如：不同碳质量分数的铁碳合金在平衡状态下的室温组织是不一样的。图1—54所示为四种不同碳质量分数的室温平衡组织的显微照片。

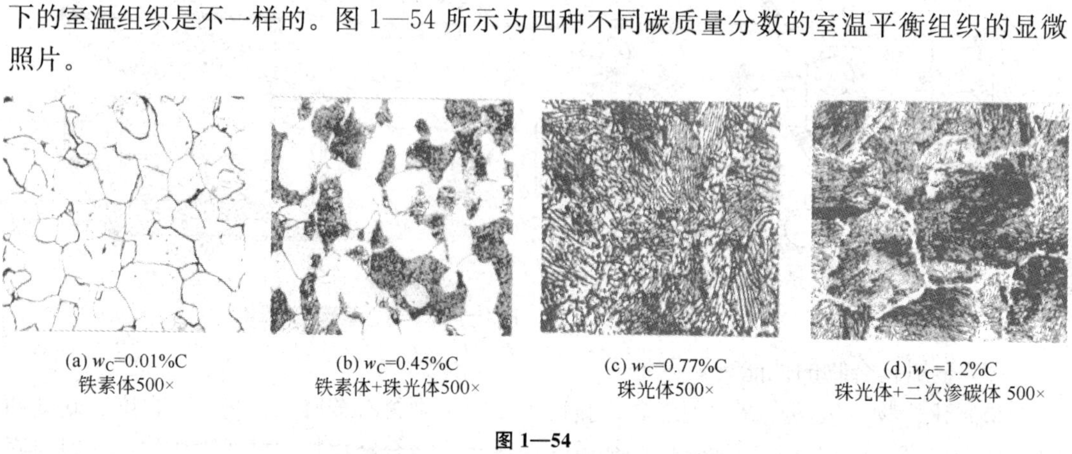

(a) w_C=0.01%C 铁素体500×　(b) w_C=0.45%C 铁素体+珠光体500×　(c) w_C=0.77%C 珠光体500×　(d) w_C=1.2%C 珠光体+二次渗碳体 500×

图1—54

◆ 工艺过程是影响组织最重要的因素。当金属材料的化学成分一定时，不同的工艺可以得到不同的组织。如热轧、冷拔、锻造、铸造、热处理等，其中热处理工艺影响最大。

◆ 组织种类：同一成分的钢，在不同的热处理工艺下可分别得到铁素体、珠光体、渗碳体、索氏体、屈氏体、贝氏体、马氏体等组织。同一组织按形态又可分类，如片状珠光体和球状珠光体（见图1—55），板条状马氏体和针状马氏体等。它们也可在不同的工艺下获得。

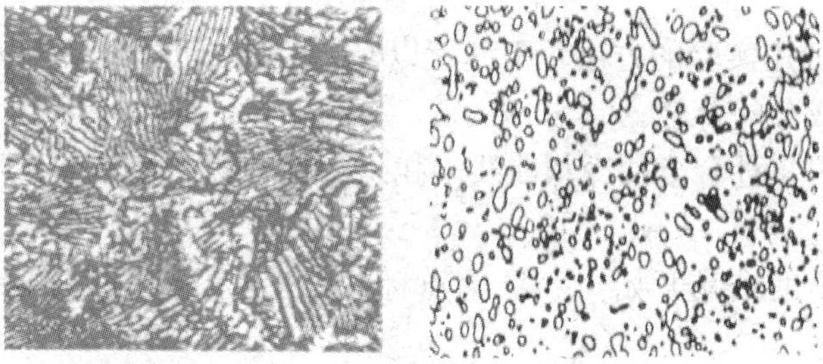

图1—55　片状珠光体和球状珠光体

3. 组织与性能的关系

金属材料的性能与金属内部的组织结构有着密切的关系。其变化关系如下：

◆ 同一种金属材料，组织不同则性能不同。即通过不同的工艺获得不同的组织来获得不同的性能。如：T8钢分别进行退火、正火和淬火，可分别得到珠光体、索氏体和马氏体，硬度也越来越高。

◆ 组织相同，但其数量、大小、形态和分布不同，则它们的性能也不相同。如图1—56所示：(1) 铸钢组织为铁素体＋珠光体；(2) 可锻铸铁组织为铁素体＋团絮状石墨；(3) 球墨铸铁组织为铁素体＋团絮状石墨；(4) 灰铸铁组织为铁素体＋片状石墨。四种材料由于组织不同，组织大小、形态和分布不同，其性能有很大的差异。

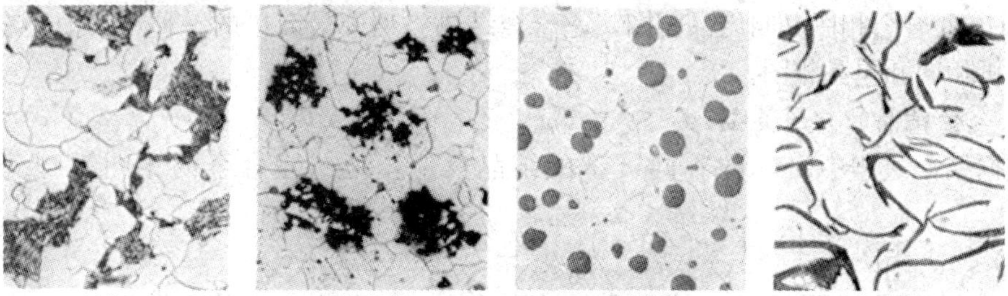

铸钢　可锻铸铁　球墨铸铁　灰铸铁

图1—56　铸钢和灰口铸铁组织

◆ 某些合金，其组织相同，且形状、大小无明显差异，但成分不同，则其性能也不相同。如：同样是针状马氏体，如碳质量分数不同，则其硬度是有差异的。

综上所述，金属材料的成分、工艺、组织和性能之间有着十分密切的关系。掌握材料中各种组织的形成及各种因素的影响规律，对实际生产中金属材料的应用和加工有着十分重要的指导意义。

1.3.3.3 合金的结晶

合金的结晶过程较为复杂，通常运用合金相图来分析合金的结晶过程。

◆ 合金相图是指某合金系在平衡条件下合金的成分、温度与其相和组织之间关系的一种简明示图，也称为平衡图或状态图。

◆ 平衡状态是指在一定条件下合金系中发生相变产生的各相的成分和相对重量不再变化所达到一种状态。合金在极其缓慢的冷却条件下发生的相变，可认为是平衡的相变过程。

1. 相图的建立

相图的建立一般用实验的方法，下面就以 Cu－Ni 二元合金系为例介绍其步骤：

(1) 配制不同成分的合金。

(2) 测定和画出每种合金的冷却曲线，找出每种合金的临界点（即结晶开始点和结束点，见图 1—56）。

(3) 将所有合金的结晶开始点和结束点标注在温度—成分坐标图中相应成分的合金线上。

(4) 把所有合金的结晶开始点和结束点连成曲线即可（见图 1—57）。

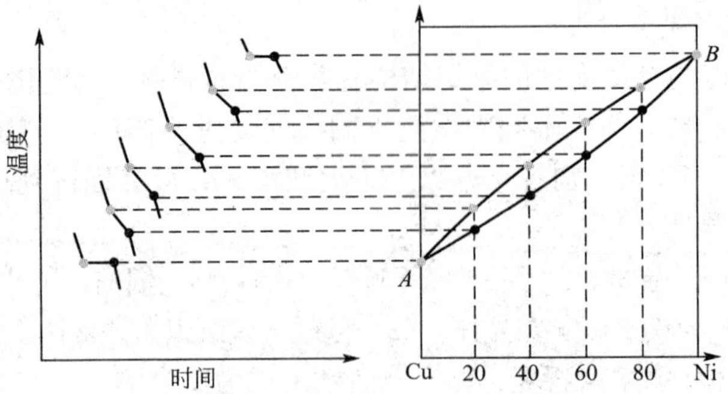

图 1—57 Cu－Ni 合金相图的建立

Cu－Ni 合金相图又叫匀晶相图，是合金结晶类型中最简单的一种，其他还有共晶相图、共析相图和包晶相图。

2. 合金结晶的相图类型

根据结晶过程中出现的不同类型的结晶反应，把二元合金的相图类型分为下列几种：

(1) 匀晶相图。

匀晶相图是指两组元在液态和固态均能无限互溶，且固态只为一种晶体所构成的相图。其结晶反应的特征是由一种液相转变为一种固相，即 L（液相）→α（固溶体）。

Cu－Ni 相图为典型的匀晶相图，如图 1—58 所示，上面一条曲线为液相线，表示各成分的 Cu－Ni 合金在冷却过程中开始结晶出固相的温度，液相线上方为液相 L；下面一条曲线为固相线，表示结晶的结束温度，下方为固相 α（是 Cu 和 Ni 组成的无限固溶体），两条曲线之间为双相区 L＋α。a 点的温度为纯铜的熔点，T_a＝1083℃，c 点的温度为纯镍的熔点，T_c＝1455℃。

◆ 合金的结晶过程。

如图1—58所示，以 b 点成分的Cu-Ni合金（Ni质量分数为 $b\%$）为例分析结晶过程，在1温度以上，合金为液相L。缓慢冷却至1点时，开始发生匀晶反应：L→α，1—2温度之间时，继续发生匀晶反应。2点温度以下，合金全部结晶为α固溶体，其他成分合金的结晶过程与其类似。

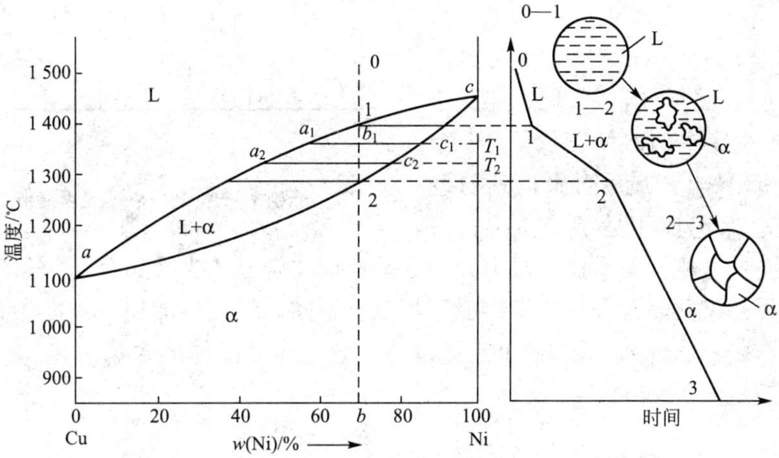

图1—58 Cu-Ni合金共晶相图

◆ 双相量的确定与杠杆定律。

如图1—58所示，仍以 b 点成分的Cu-Ni合金为例，以 T_1 温度作水平线，分别交液相线和固相线于 a_1 点和 c_1 点，则 a_1 点和 c_1 点在成分轴上的投影点即为L相和α相的成分。随着温度的下降，液相成分沿液相线变化，固相成分沿固相线变化。在两相区内，温度一定时，两相的质量比是一定的。如在 T_1 温度时，两相的质量比可用下式表达：$Q_L : Q_a = b_1c_1 : a_1b_1$，式中，$Q_L$ 为L相的重量；Q_a 为α相的重量；b_1c_1、a_1b_1 为线段长度，可用其成分坐标上的数字来度量。上式也可写成 $Q_L \cdot a_1b_1 = Q_a \cdot b_1c_1$，因与力学中的杠杆定律相似，所以又被称作杠杆定律。杠杆的支点为 b_1 点，杠杆两端为 a_1 点和 c_1 点，另外，b 点成分的合金在 T_1 温度时，L相和α相的总重量 $Q_{合金} = Q_L + Q_a$，并可计算出合金中液相和固相在合金中所占的相对质量。

$$\begin{cases} Q_L \cdot a_1b_1 = Q_a \cdot b_1c_1 \\ Q_{合金} = Q_L + Q_a \end{cases} \quad \text{由这两个公式推得} \begin{cases} Q_L / Q_{合金} = b_1c_1 / a_1c_1 \\ Q_a / Q_{合金} = a_1b_1 / a_1c_1 \end{cases}$$

注意：杠杆定律只适用于相图中的两相区，并且只能在平衡状态下使用。

(2) 共晶相图。

两组元在液态无限互溶，在固态有限溶解（或不溶），并在结晶时发生共晶转变所构成的相图称为二元共晶相图。一种液相在恒温下同时结晶出两种固相的反应叫做共晶反应，所生成的两相混合物叫共晶体。发生共晶反应时三相共存，它们各自的成分是确定的，反应在恒温下平衡地进行。

以Pb-Sn合金相图为例：如图1—59所示，adb 为液相线，$acdeb$ 为固相线。合金系有三种相：Pb 与 Sn 形成的固溶体 L 相，Sn 溶于 Pb 中的有限固溶体 α 相，Pb 溶于 Sn 中的有限固溶体 β 相。相图中有三个单相区（L、α、β），三个双相图（L＋α、L＋β、α＋β），*cde* 为共晶线，*d* 点为共晶点。只有 *ce* 区间成分的合金会发生共晶反应，如合金Ⅰ冷却到 1 点温度后，发生匀晶结晶过程，至 2 点温度后，合金完全结晶成 α 固溶体，从 3 点温度开始，由于 Sn 在 α 中的溶解度沿 *cf* 线降低，从 α 中析出 βⅡ，最后合金得到的组织为 α＋βⅡ。其组成相是 *f* 点成分的 α 相和 *g* 点成分的 β 相。整个过程没有发生共晶反应。合金Ⅱ为共晶合金，合金Ⅲ是过共晶合金，合金Ⅳ是过共晶合金，三者结晶过程虽有不同，但在冷却到 *cde* 共晶线后，都会发生共晶反应：L→(α＋β)，成分越靠近共晶点，合金中共晶体的含量越多。三者结晶完成后的金相组织见图 1—60。

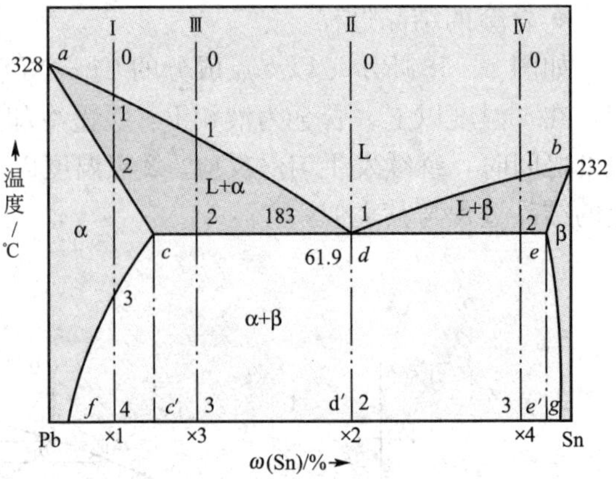

图 1—59　Pb－Sn 合金共晶相图

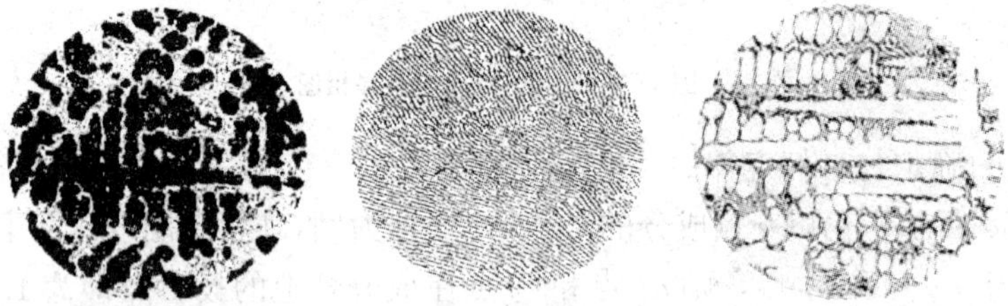

亚共晶合金组织　　共晶合金组织　　过共晶合金组织

图 1—60

（3）包晶相图。

两组元在液态下无限互溶，在固态下有限溶解，并在结晶时有包晶转变发生的相图，称为包晶相图。先结晶出的一种固相和液相在恒温下结晶出另外一种固相的反应叫做包晶反应。即 L＋α→β 为包晶反应。

以 Pt－Ag 合金相图为例：如图 1—61 所示，水平线 *ced* 为包晶反应线，*e* 点为包晶点，*e* 点成分的合金Ⅰ冷却到 *e* 点所对应的包晶温度时发生包晶反应 L＋α→β。发生包晶反应时三相共存，它们的成分确定，反应在恒温下平衡地进行。

合金的结晶过程，这里不作详细的分析和描述，应重点了解包晶相图和包晶反应的特征。

（4）共析相图。

二元合金在较高温度时，液相先结晶得到单相固溶体（如通过匀晶转变得到某种单相固溶体），在冷却到某一温度时，一定成分的该单相固溶体同时转变为另外两种固相，这种转变称为共析转变。具有共析转变的二元合金相图称为共析相图。

图 1—62 中的下半部为共析相图，其形状与共晶相图类似，*d* 点成分（共析成分）的

合金从液相经过匀晶反应生成γ相，继续冷却到 d 点温度（共析温度）时，发生共析反应：$\gamma \rightarrow (\alpha+\beta)$。由一种固相转变成完全不同的两种相互关联的固相，此两相混合物称为共析体。共析相图中各种成分合金的结晶过程的分析与共晶相图相似，但共析反应是在固态下进行的，其共析产物比共晶产物要细密得多。

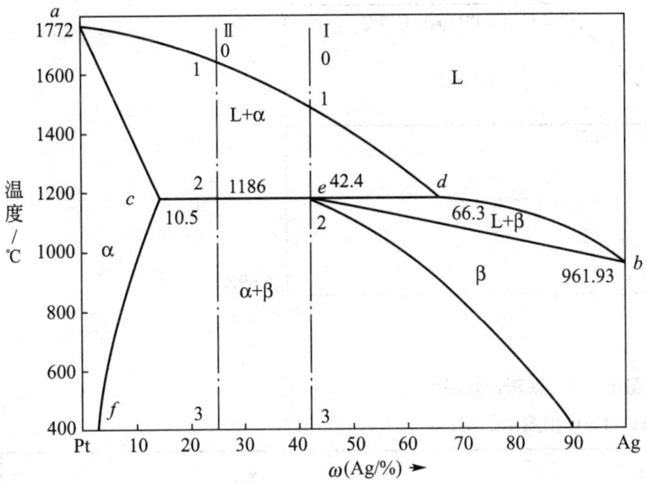

图 1—61 Pt-Ag 合金相图

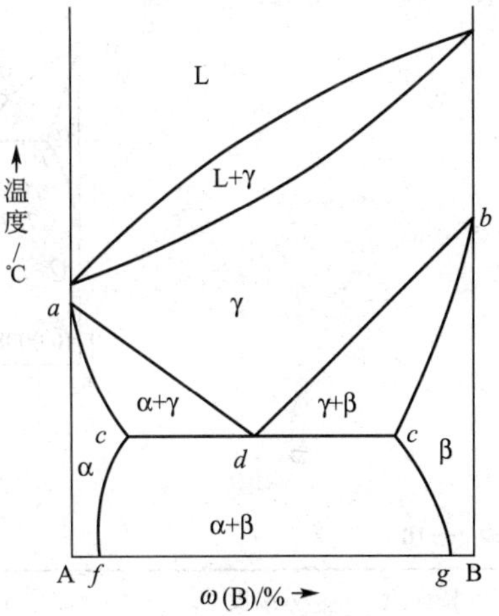

图 1—62 共析相图

3. 合金相图的意义

◆ 通过了解合金相图及其类型等相关知识，将为下面重点学习铁碳相图打好基础。

◆ 合金的性能取决于它的成分和组织，而相图可以反映不同成分的合金在室温时的平衡组织。因此，具有平衡组织的合金的性能与相图之间存在着一定的对应关系。即合金的使用性能和工艺性能与相图存在着一定的变化规律。这些规律对选材和实际生产具有重要的指导意义。将在下面对其作重点描述。

1.3.3.4 铁碳合金相图

碳钢和铸铁是工业生产中使用最广泛的金属材料，都是以铁和碳为主组成的合金。钢铁的成分不同，则组织和性能不同，其在工业上的应用也不一样。下面将介绍铁碳相图的相关知识，并分析铁碳合金的成分、温度、组织、性能之间的关系。

1. 铁碳合金相图概述

在铁碳合金中，铁与碳可形成一系列稳定的化合物（Fe_3C、Fe_2C、FeC），当碳的质量分数超过 6.69%时铁碳合金的脆性极大，没有实用价值。所以在铁碳合金相图中，仅研究 Fe-Fe_3C 这一部分的相图就足够了，铁碳合金相图实际上是 Fe-Fe_3C 相图。

Fe-Fe_3C 相图是由包晶相图、共晶相图和共析相图所组成的。如图 1—63 所示，由于左上角的包晶转变对常用材料的性能影响不大，因此可将 Fe-Fe_3C 相图左上角部分简化。相图中各点的温度、碳质量分数及含义可见表 1—10。各特性线的含义可见表 1—11。

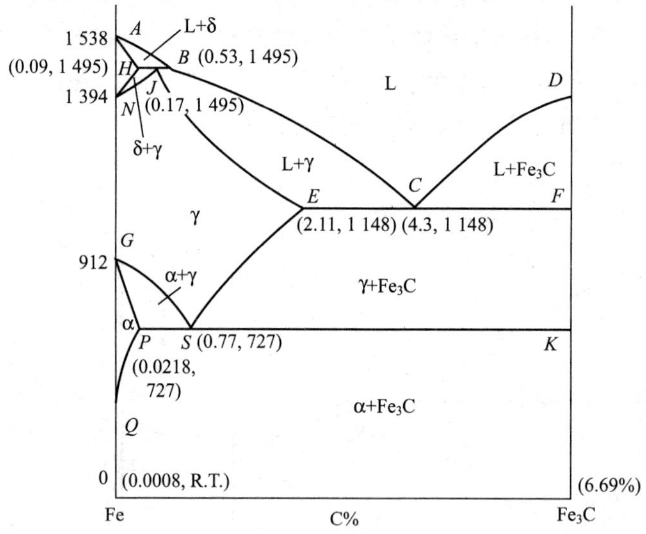

图 1—63　铁碳合金相图

表 1—10　　$Fe-Fe_3C$ 相图中的特性点

特性点	温度/℃	碳质量分数/%	含　　义
A	1538	0	纯铁的熔点
B	1495	0.53	包晶转变时液态合金的成分
C	1148	4.30	共晶点 $L_C \rightleftharpoons AE+Fe_3C$
D	1227	6.69	Fe_3C 的熔点
E	1148	2.11	碳在 $\gamma-Fe$ 中的最大溶解度
F	1148	6.69	Fe_3C 的成分
G	912	0	$\alpha-Fe \rightleftharpoons \gamma-Fe$ 同素异构转变点（A_3）
H	1495	0.09	碳在 $\delta-Fe$ 中的最大溶解度
J	1495	0.17	包晶点 $L_B+\delta H \rightleftharpoons AJ$
K	727	6.69	Fe_3C 的成分
N	1394	0	$\delta-Fe \rightleftharpoons \gamma-Fe$ 同素异构转变点（A_3）
P	727	0.021 8	碳在 $\alpha-Fe$ 中的最大溶解度
S	727	0.77	共析点（A_1）$A_S \rightleftharpoons F_P+Fe_3C$
Q	600	0.005 7	600℃（或室温）碳在 $\alpha-Fe$ 中的溶解度
	（室温）	（0.000 8）	

表 1—11　　$Fe-Fe_3C$ 相图中的特性线

特性线	含　　义
ABC	铁碳合金的液相线，液态合金开始结晶出奥氏体
HJB	$L+\delta \rightleftharpoons A$ 包晶转变线
CD	铁碳合金的液相线，液态合金开始结晶出一次渗碳体
AHJE	铁碳合金的固相线，即奥氏体的结晶终了线

（续前表）

特性线	含 义
ECF	铁碳合金的固相线，即 $L_c \rightleftharpoons Ae + Fe_3C$ 共晶转变线，在 *EF* 间的铁碳合金都有共晶反应
GS	奥氏体析出铁素体的开始线，又称 A_3 温度线
GP	奥氏体转变为铁素体的终了线
ES	碳在奥氏体中的溶解度线，又称 A_{cm} 温度线
PQ	碳在铁素体中的溶解度线
PSK	$A_S \rightleftharpoons Fp + Fe_3C$ 共析转变线，又称 A_1 温度线，在 *PK* 间的铁碳合金都有共析反应

（1）Fe－Fe_3C 相图的组元。

1）铁 Fe。

铁是过渡族元素，溶点或凝点为 1538℃，密度是 7.87g/cm^3。纯铁在 1394℃及 912℃时，发生两次同素异构转变。工业纯铁的机械性能特点是强度低、硬度低、塑性好。

2）Fe_3C（Cem，Cm）。

Fe_3C 是 Fe 与 C 形成的一种具有复杂结构的间隙化合物，又称为渗碳体，碳质量分数约为 6.69%，用 Cm 表示。渗碳体的机械性能特点是硬而脆，参见表 1—12。

表 1—12　铁素体、渗碳体和珠光体的主要力学性能指标

组织种类	抗拉强度（σ_b）MPa	延伸率（δ）%	断面收缩率（ψ）%	硬度 HBS	冲击韧度（a_k）J/m^2
铁素体 F	180～230	30～50	70～80	50～80	1.6×10^6～2×10^6
渗碳体 Fe_3C	30	0	0	～800	0
珠光体 P	770	20～35	20～35	180	3×10^5～4×10^5

（2）铁碳合金中的相和组织。

1）δ 相（又称高温铁素体）：是碳在 δ－Fe 中的间隙固溶体，为体心立方晶格，在 1394℃以上存在，在 1495℃时溶碳量最大。

2）α 相（又称铁素体 ferrite）：用符号 F 或 α 表示，是碳在 α－Fe 中的间隙固溶体，为体心立方晶格。在显微镜下，铁素体呈明亮的多边形晶粒（见图 1—64）。铁素体中碳的固溶度很小，室温时碳的质量分数约为 0.0008%，600℃时为 0.0057%，在 727℃时溶碳量最大，为 0.0218%。铁素体的性能特点是强度低、硬度低、塑性好。其机械性能与工业纯铁大致相同，参见表 1—12。

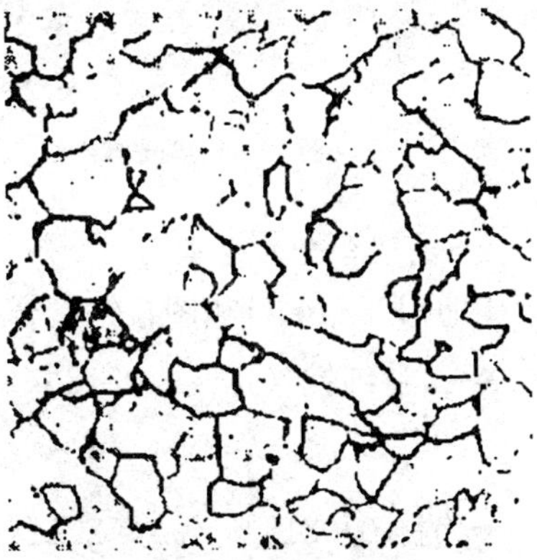

图 1—64　铁素体组织

3）γ 相（又称奥氏体 austenite）：用符号 A 或 γ 表示，是碳在 γ－Fe 中的间隙固溶体，为面心立方晶格（见图 1—65）。奥氏体中碳的固溶度较大，在 1148℃时溶碳量最大，其碳质量分数达 2.11%。奥氏体的强度和硬度较低，塑性很好，易于塑性变形。

4）Fe_3C 相（又称渗碳体）：用 Cm 表示，组元中

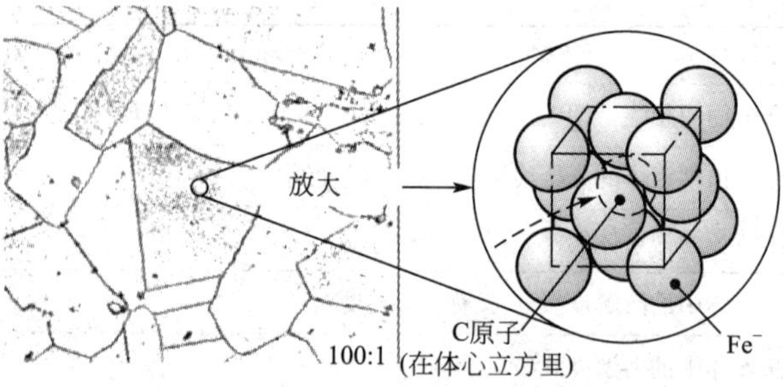

图 1—65　奥氏体组织

已有介绍，渗碳体根据生成条件不同有条状、网状、片状、粒状等形状，对铁碳合金的机械性能有重要影响。

5）珠光体：用符号 P 表示，是铁素体与渗碳体的共析混合物。合金在平衡结晶过程中冷却到 727℃时，*S* 点成分的 A 发生共析反应，生成 *P* 点成分的 F 和 Fe_3C。即 $A_{0.77} \rightleftharpoons (F_{0.0218}+Fe_3C)\ P$。在显微镜下珠光体组织的形态呈层片状（见图 1—66）。珠光体的强度较高，塑性、韧性和硬度介于渗碳体和铁素体之间，参见表 1—12。

6）莱氏体：是奥氏体与渗碳体的共晶混合物，又称高温莱氏体，以符号 Le 表示，是碳质量分数为 4.3%的铁碳合金缓慢冷却到 1148℃时发生共晶转变的产物。冷却到 727℃时，奥氏体将转变为珠光体，所以室温下莱氏体由珠光体和渗碳体组成，称为低温莱氏体，如图 1—67 所示，用符号"Le′"表示。莱氏体中由于有大量渗碳体存在，故其性能与渗碳体相似，即硬度高、塑性差。

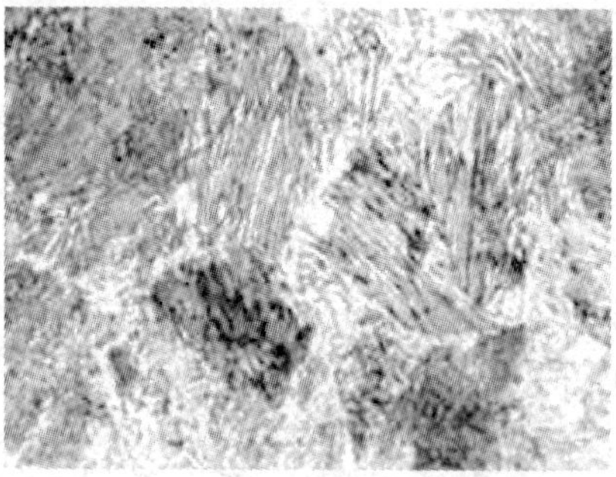

图 1—66　珠光体组织

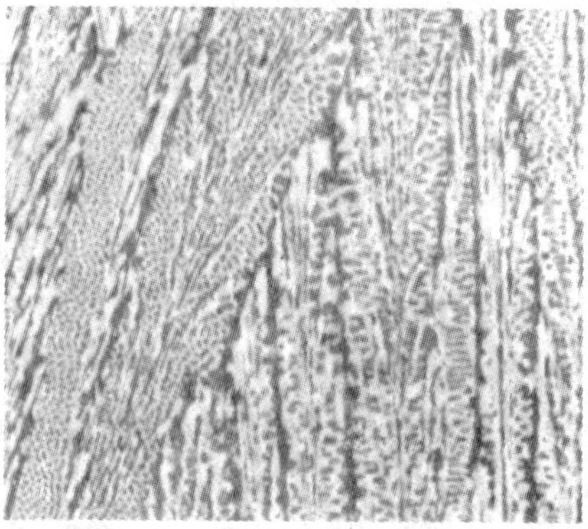

图 1—67　低温莱氏体

2. 铁碳合金的分类

根据 $Fe-Fe_3C$ 相图，铁碳合金可分为三类：

◆ 工业纯铁（$\omega_C \leqslant 0.0218\%$）

◆ 钢（$0.0218\% < \omega_C \leqslant 2.11\%$）
- 亚共析钢　$0.0218\% < \omega_C < 0.77\%$
- 共析钢　$\omega_C = 0.77\%$
- 过共析钢　$0.77\% < \omega_C \leqslant 2.11\%$

◆ 白口铸铁（2.11%<ω_C<6.69%）
- 亚共晶白口铸铁 2.11%<ω_C<4.3%
- 共晶白口铸铁 ω_C=4.3%
- 过共晶白口铸铁 4.3%<ω_C<6.69%

常见的碳钢的钢号和平均碳质量分数如表1—13所示。

表1—13 几种常见碳钢的钢号和平均碳质量分数

类型	亚共析钢			共析钢	过共析钢	
钢号	20	45	60	T8	T9	T12
平均碳质量分数/%	0.20	0.45	0.60	0.80	0.90	1.20

3. 典型铁碳合金的结晶过程

下面根据简化的Fe-Fe_3C相图（见图1—68）对七种典型铁碳合金的结晶过程进行分析。

(1) 工业纯铁（ω_C≤0.021 8%）。

如图1—69所示，合金冷却至稍低于1点时，开始从L中结晶出A，至2点合金全部结晶为A。2—3点间A冷却不变，自3点始，从A中析出F。至4点时A全部转变为F。在4—5点间F冷却不变。在5—6点间，从F晶界析出$Fe_3C_{Ⅲ}$。因此合金的室温平衡组织为F+$Fe_3C_{Ⅲ}$。F呈白色块状；$Fe_3C_{Ⅲ}$量极少，呈小白片状分布于F晶界处。若忽略$Fe_3C_{Ⅲ}$，则组织全为F。

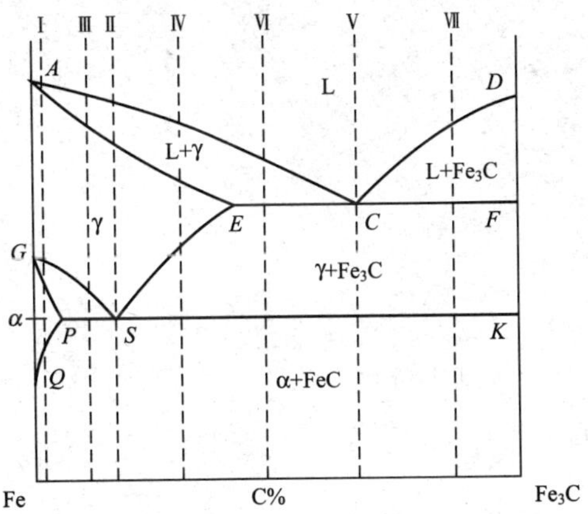

图1—68 典型铁碳合金在简化的Fe-Fe_3C相图中的位置

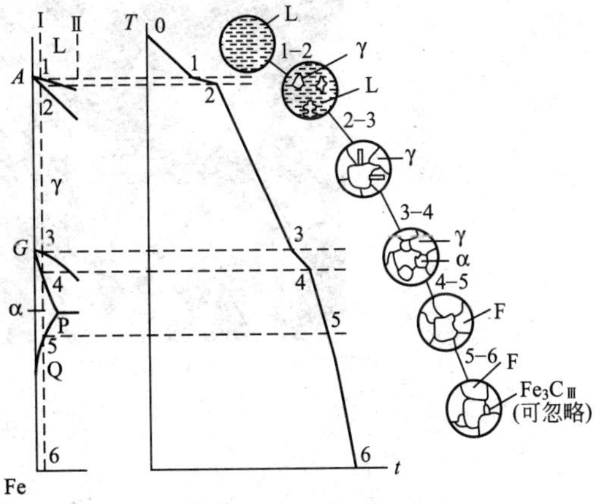

图1—69 工业纯铁的结晶过程

(2) 共析钢（ω_C=0.77%）。

碳质量分数为0.77%的钢为共析钢，其冷却曲线和平衡结晶过程如图1—70所示。合金冷却至1点时从L中结晶出奥氏体A，至2点全部结晶成A。在2—3点间A成分不变。至3点时，A发生共析反应生成珠光体P。从3′点继续冷却至4点，P不发生转变。因此，共析钢的室温组织全部是P，P呈层片状组织。而组成相为F和Fe_3C，它们的质量分数符合杠杆定律。

(3) 亚共析钢（0.021 8%<ω_C<0.77%）。

以碳质量分数为0.4%的铁碳合金为例，如图1—71所示。合金冷却时，从1点起自

L 中结晶出 A，随着温度的下降，自 L 中不断结晶出 A，冷至 2 点时，合金全部变成 A。在 2—3 点间 A 冷却不变，从 3 点起，冷却时由 A 中析出 F，F 在 A 晶界处优先形核并长大，而 A 和 F 的成分分别沿 *GS* 和 *GP* 线变化，至 4 点时，A 的成分变为 $\omega_C=0.77\%$，F 的成分变为 $\omega_C=0.0218\%$。此时 A 体发生共析反应，转变为 P 体，F 体不变化。从 4 点继续冷却至 5 点，合金组织不发生变化，因此室温平衡组织为 F+P。F 呈白色块状，P 呈层片状，放大倍数不高时呈黑色块状，见图 1—72。

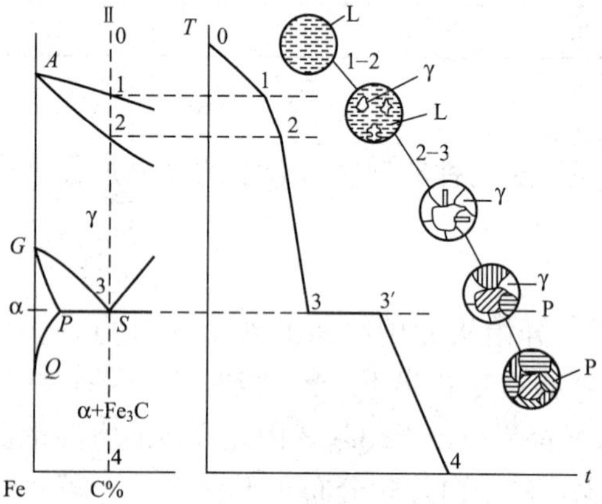

图 1—70　共析钢的结晶过程

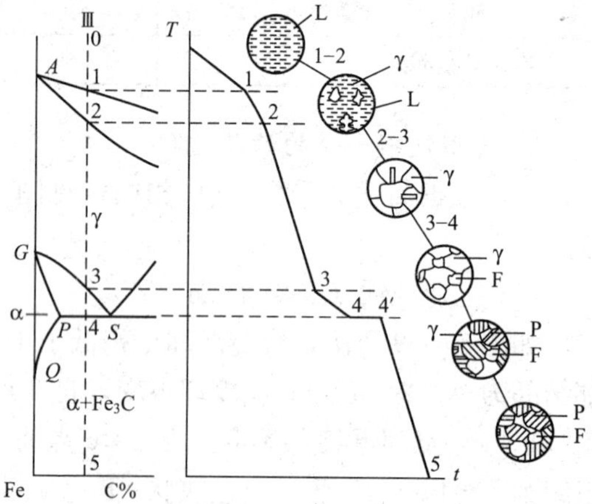

图 1—71　亚共析钢的结晶过程

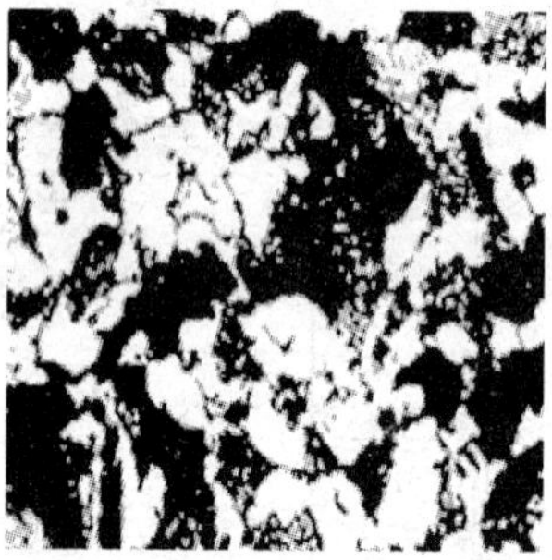

F+P组织

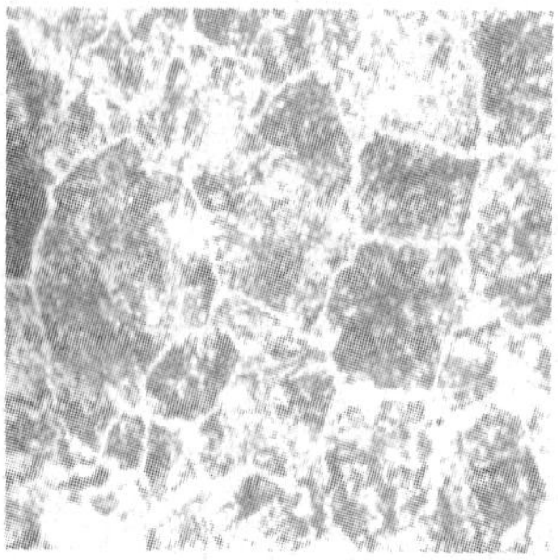

P+FeCⅡ组织

图 1—72

$$P(\%)=\frac{0.4-0.02}{0.77-0.02}\times 100\%=51\%$$

$$F(\%)=1-51\%=49\%$$

含 0.4%C 的亚共析钢的组织组成物为 F 和 P，它们的质量分数分别为：49% 和 51%。

(4) 过共析钢 $(0.77\%<\omega_C\leqslant 2.11\%)$。

以碳质量分数为 1.2% 的铁碳合金为例，其冷却曲线和平衡结晶过程如图 1—73 所示。

合金至 1 点时自 L 中结晶出 A，至 2 点全部变成 A。在 2—3 点间 A 不变，从 3 点起，由 A 中析出 Fe_3C_{II}，Fe_3C_{II} 呈网状分布在 A 晶界上。至 4 点时 A 的碳质量分数降为 0.77%，在 4 点时发生共析反应 A 转变为 P，而 Fe_3C_{II} 不变，在 4—5 点冷却时组织不发

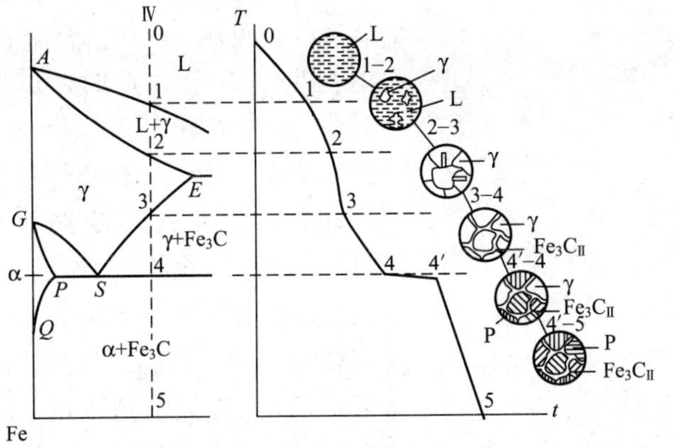

图 1—73 过共析钢的结晶过程

生转变，因此室温平衡组织为 $Fe_3C_{Ⅱ}$ +P。在显微镜下，$Fe_3C_{Ⅱ}$ 呈网状分布在层片状 P 周围，如图 1—72 所示。

碳质量分数为 1.2%的过共析钢的组成相为 F+Fe_3C，组织组成物为 $Fe_3C_{Ⅱ}$ 和 P。它们的质量分数分别为：

$$Fe_3C_{Ⅱ}\ (\%)=\frac{1.2-0.77}{6.69-0.77}\times100\%=7\%$$

$$P\ (\%)=1-7\%=93\%$$

(5) 共晶白口铸铁（$\omega_C=4.3\%$）。

共晶白口铸铁的结晶过程如图 1—74 所示，当 L 相冷却至 *C* 点时发生共晶转变，1—2 点间，Le 的 A 中不断析出 $Fe_3C_{Ⅱ}$，$Fe_3C_{Ⅱ}$ 与 Fe_3C 相连，在显微镜下无法分辨。但此时的莱氏体由 A+$Fe_3C_{Ⅱ}$ +Fe_3C 组成。由于 $Fe_3C_{Ⅱ}$ 的析出，至 2 点时 A 的碳质量分数降为 0.77%，并发生共析反应转变为 P；高温莱氏体 Le 转变成低温莱氏体 Le′（P+$Fe_3C_{Ⅱ}$ +Fe_3C 共晶）。从 2 点至 3 点组织不变化，室温平衡组织仍为 Le′，由黑色条状或粒状 P 和白色 Fe_3C 基体组成，见图 1—75。

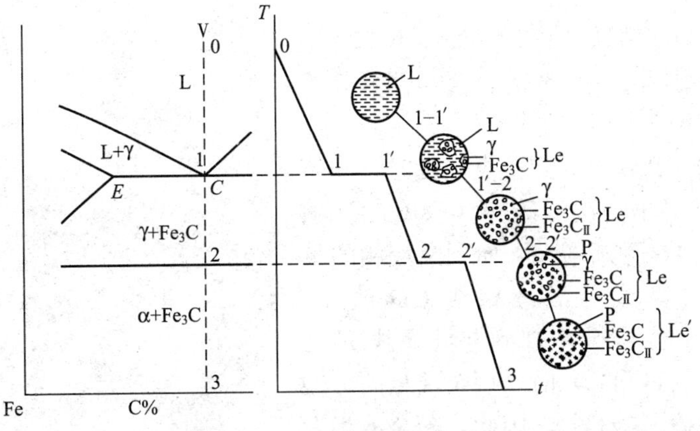

图 1—74 共晶白口铸铁的结晶过程

(6) 亚共晶白口铸铁（2.11%<ω_C<4.3%）。

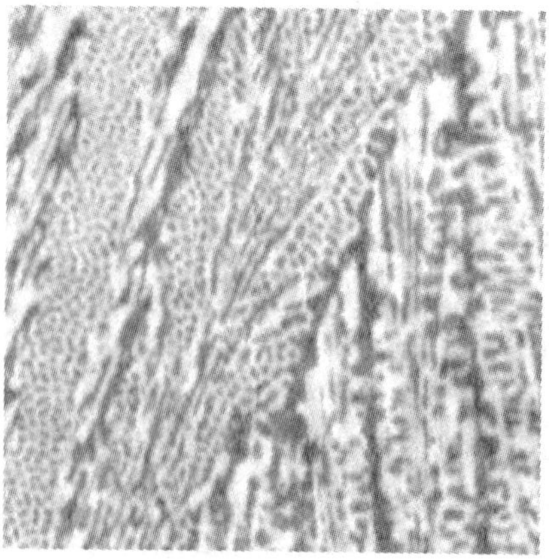

图 1—75 共晶白口铸铁组织 200×

以碳质量分数为 3%的铁碳合金为例，分析其结晶过程，见图 1—76。合金自 1 点起，从 L 中结晶出初生 A，至 2 点时，L 相的成分变为 ω_C＝4.3%，A 的成分变为 ω_C＝2.11%，发生共晶反应转变为 Le，而 A 不参与反应，在 2—3 点间继续冷却时，初生 A 不断在其晶界上析出 Fe_3C_{II}，同时 Le 中的 A 也析出 Fe_3C_{II}，至 3 点温度时，所有 A 的成分均为 ω_C＝0.77%，初生 A 发生共析反应转变为 P，高温莱氏体 Le 也转变为低温莱氏体 Le′。在 3 点以下到 4 点，冷却不引起转变。因此室温平衡组织为 P＋ Fe_3C_{II} ＋Le′。网状 Fe_3C_{II} 分布在粗大块状 P 周围，Le′则由条状或粒状 P 和 Fe_3C 基体组成，见图 1—77。

亚共晶白口铸铁的组成相为 F 和 Fe_3C；组织组成物为 P、Fe_3C_{II}、Le′。

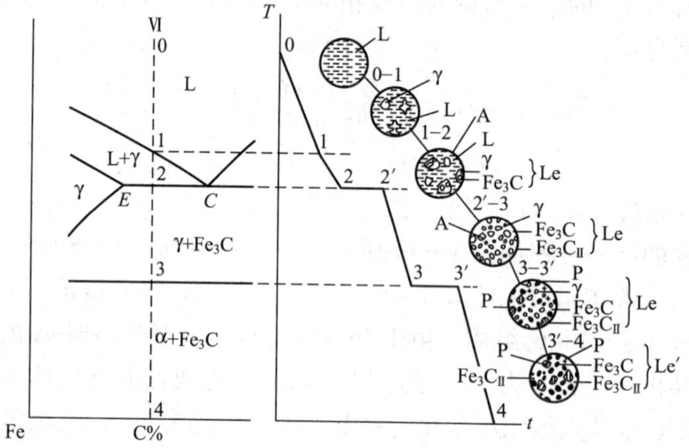

图 1—76 亚共晶白口铸铁的结晶过程

（7）过共晶白口铸铁（4.3%＜ω_C＜6.69%）。

以碳质量分数为 ω_C＝5%的合金为例，分析其结晶过程，见图 1—78。

当过共晶白口铸铁冷却到 1 点温度时，开始从液态合金中结晶出一次渗碳体（Fe_3C_I）。随着温度降低，Fe_3C_I 逐渐增多，而剩余液相的量逐渐减少，并且其成分沿液相线 *CD* 改变，Fe_3C_I 成分不变。当合金冷却到与共晶线 *ECF* 相交的 2 点温度（1148℃）时，剩余液相的含碳量正好是共晶成分（4.3%）。因此，剩余液相发生共晶反应形成高温莱氏体（Le）。共晶反应结束时，合金的组织为 Fe_3C_I 和 Le。

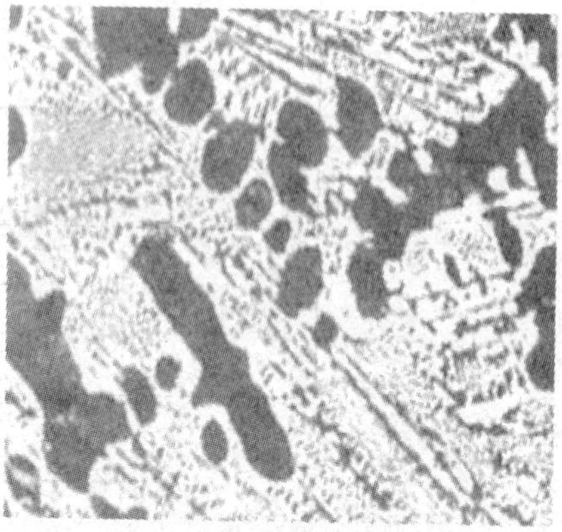

图 1—77 亚共晶白口铸铁组织 200×

合金在 2 点和 3 点间冷却时，Le 中的 A 同样要析出 Fe_3C_{II}，并在 3 点温度（727℃）时，该 A 发生共析反应形成珠光体，此时，Le 变为低温莱氏体。所以，过共晶白口铸铁的室温组织，由 Fe_3C_I 和 Le′组成，如图 1—79 所示。

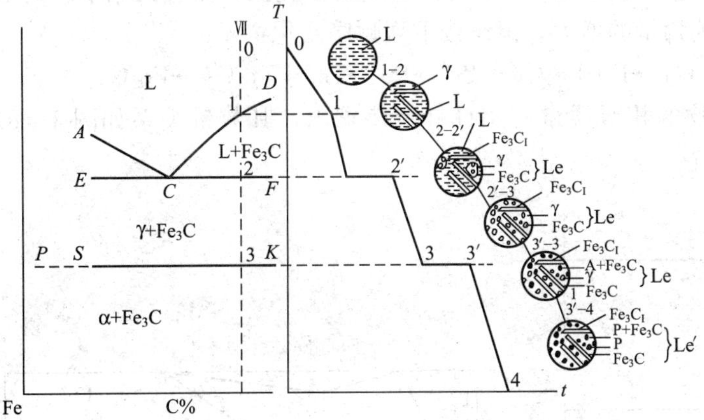

图 1—78　过共晶白口铸铁的结晶过程

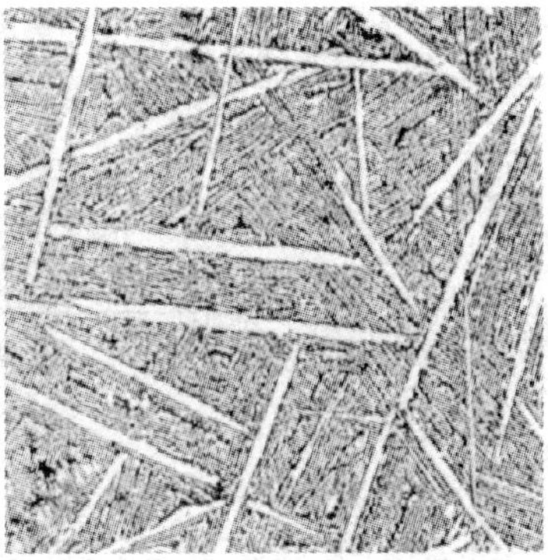

图 1—79　过共晶白口铸铁组织 200×

图 1—79 中白色长条状的组成物是一次渗碳体，基体为低温莱氏体。

根据以上对各种铁碳合金结晶过程的分析，可将铁碳合金相图按组织组成物来填写，如图 1—80 所示。

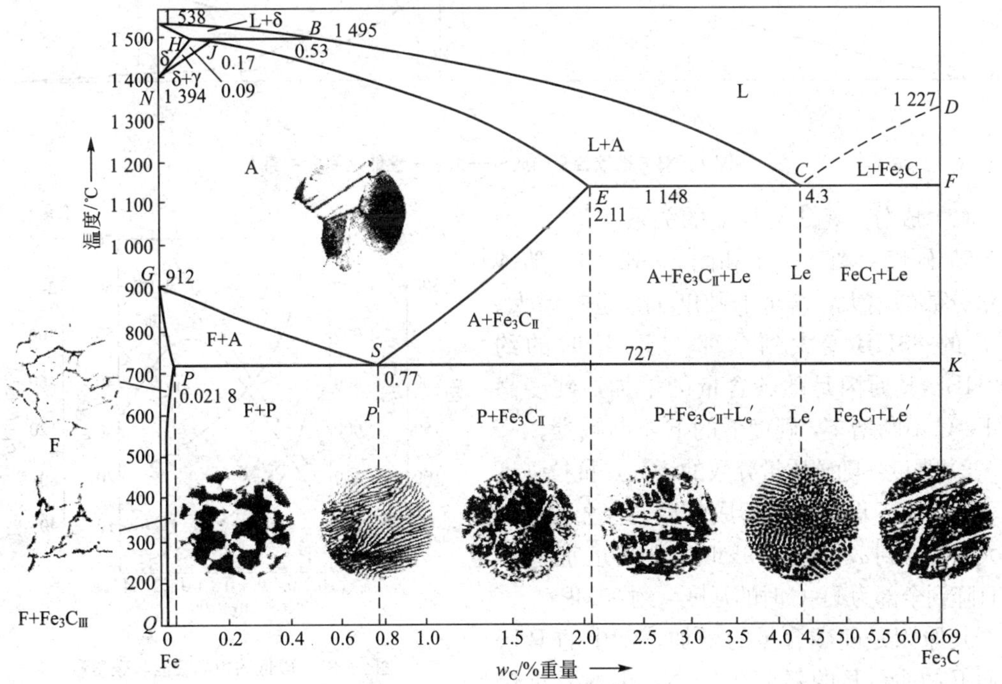

图 1—80　标注组织的铁碳合金相图

4. 铁碳合金的成分—组织—性能之间的关系

(1) 成分与组织的关系。

Fe－Fe_3C 相图中铁碳合金室温下的组织都由 F 和 Fe_3C 两相组成，两相的质量分数由杠杆定律确定。随碳含量的增加，F 的量逐渐变少，由 100％按直线关系变至 0（含 6.69％C 时）；Fe_3C 的量则逐渐增多，由 0 按直线关系变至 100％。

在室温下，随碳含量的不同，不仅 F 和 Fe_3C 的相对重量在变化，而且两相组合的形态即合金的组织也在变化。随碳含量的增大，组织按下列顺序变化：

$$F \to F+P \to P \to P+Fe_3C_{Ⅱ} \to P+Fe_3C_{Ⅱ}+Le' \to Le' \to Le'+Fe_3C_{Ⅰ} \to Fe_3C$$

各个双相区间的组织组成物的相对质量可用杠杆定律求出，其数量关系如图 1—81 所示。

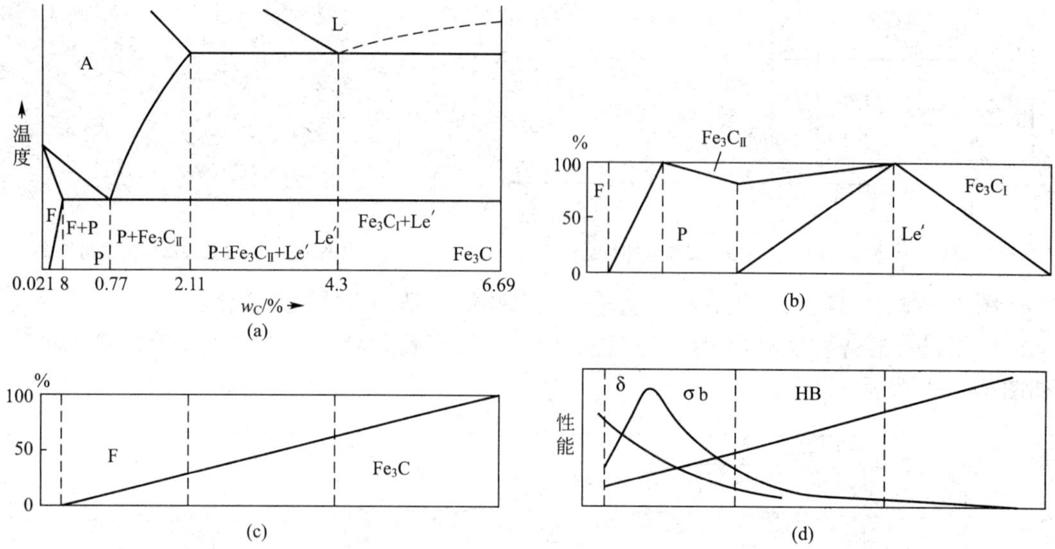

图 1—81　铁碳合金的成分—组织—性能之间的关系

（2）成分、组织与性能的关系。

1）硬度：图 1—81 和图 1—82 中，随碳质量分数的增大，合金的硬度 HB 也在增大。由 F 的 80HB 增大到全部为 Fe_3C 时的约 800HB。其原因是随碳含量的增加，硬度高的 Fe_3C 不断增多，硬度低的 F 不断减少。

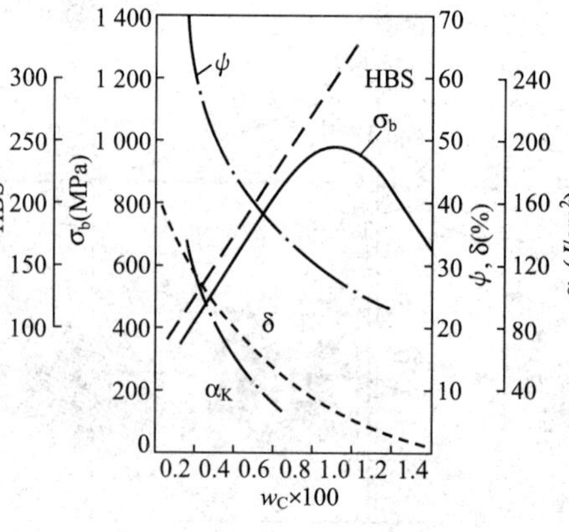

图 1—82　碳钢的力学性能与碳质量分数的关系（正火）

2）强度：随碳质量分数的增大，抗拉强度 σ_b 不断增大。但超过共析成分后，合金强度的增大变慢，到 ω_C 约为 0.9％时，强度迅速降低，一直降到全部为 Fe_3C 时的强度（约 30MPa）。

其原因是随碳含量的增加，钢中的 P 增多而 F 减少。P 的强度比较高，因此，抗拉强度 σ_b 增大。但当碳质量分数超过共析成分之后，由于强度低、脆性大的 $Fe_3C_{Ⅱ}$ 沿晶界出现，合金强度的增高变慢，到 ω_C 约为 0.9％时，$Fe_3C_{Ⅱ}$ 沿晶界形成完整的网，使强度迅速降低，到 ω_C＝2.11％后，合金中出现

Le′时，强度已经降到很低的值，一直降到全部为 Fe_3C 时的强度。

3）塑性和韧性：随碳质量分数的增大，合金的塑性指标延伸率 δ 和韧性指标 A_k 值，一直在降低，降到全部为 Fe_3C 时，合金的塑性和韧性指标全部降为零值。

其原因是随碳含量的增加，钢中的 F 在减少，而合金的塑性和韧性全部由 F 提供。因此，合金的塑性会连续下降，到合金为白口铸铁时，塑性和韧性就降到近于零值了。

（3）力学性能指标的计算。

在平衡状态条件下，运用杠杆定律和铁碳合金相的相对量与性能的关系，铁碳合金的力学性能指标是可以计算的。在分析铁碳合金结晶的过程时，已介绍过如何运用杠杆定律计算三类钢的两相质量分数，再参考表 1—12 中铁素体、渗碳体和珠光体的主要力学性能指标，就可以计算铁碳合金的力学性能指标了，以亚共析钢为例，列算式如下：

$$\text{硬度} \approx 80\times\omega(\mathrm{F})+180\times\omega(\mathrm{P})\ (\mathrm{HB})$$

$$\text{或硬度} \approx 80\times\omega(\mathrm{F})+800\times\omega(\mathrm{Fe_3C})\ (\mathrm{HB})$$

$$\text{强度}\ (\sigma_b) \approx 230\times\omega(\mathrm{F})+770\times\omega(\mathrm{P})\ (\mathrm{MPa})$$

$$\text{延伸率}\ (\delta) \approx 50\times\omega(\mathrm{F})+20\times\omega(\mathrm{P})\ (\%)$$

式中的数字相应为 F、P 或 Fe_3C 的大致硬度、强度和延伸率；符号 $\omega(\mathrm{F})$、$\omega(\mathrm{P})$、$\omega(\mathrm{Fe_3C})$ 相应表示组织中 F、P 或 Fe_3C 的质量分数。

5. $Fe-Fe_3C$ 相图的应用

（1）在钢铁材料选用方面的应用。

$Fe-Fe_3C$ 相图所表明的成分、组织与性能的变化规律，为钢铁材料的选用提供了根据。建筑结构和各种型钢需要用塑性、韧性好的材料，因此选用碳质量分数较低的钢材。各种机械零件需要强度、塑性及韧性都较好的材料，应选用碳质量分数适中的碳钢。各种工具要用硬度高和耐磨性好的材料，则选用过共析钢。白口铸铁硬度高、脆性大、不易切削加工，不能锻造，但其耐磨性、铸造性能好，适用于制作要求耐磨、不受冲击、形状复杂的铸件，如拔丝模、冷轧辊、犁铧、球磨机的磨球等。

（2）在铸造工艺方面的应用。

依据 $Fe-Fe_3C$ 相图可以确定合金的浇注温度。浇注温度一般在液相线以上 50～100℃。从 $Fe-Fe_3C$ 相图上可以看出，纯铁和共晶白口铸铁的铸造性能最好，它们的凝固温度区间最小，因而流动性好，分散缩孔少，铸件不易出现缺陷，因此，铸铁件在生产上总是选在共晶成分附近。而在铸钢生产中，碳质量分数规定在 0.15%～0.6%之间。

（3）在热锻、热轧工艺方面的应用。

钢在奥氏体状态时强度低，塑性好，因此，锻造或轧制适合在单相奥氏体区内进行。一般始锻、始轧温度控制在固相线以下 100～200℃范围内，但温度不能过高，以防止钢严重烧损或发生晶界熔化（过烧）。温度也不能过低，以免钢材塑性差而出现裂纹。亚共析钢热加工终止温度多控制在 *GS* 线以上一点，避免变形时出现大量铁素体，形成带状组织而使韧性降低。过共析钢变形终止温度应控制在 *PSK* 线以上一点，以便把呈网状析出的二次渗碳体打碎。终止温度不能过高，否则热加工后组织粗大，性能降低。一般始锻温度为 1150～1250℃，终锻温度为 750～850℃。

（4）在热处理工艺方面的应用。

$Fe-Fe_3C$ 相图是铁碳合金制定热处理工艺的重要依据。尤其是碳钢在进行一些热处理时，如退火、正火、淬火，其加热温度都是依据 Fe－Fe_3C 相图确定的。这将在热处理一节中具体阐述。

6. Fe－Fe_3C 相图的局限性

（1）Fe－Fe_3C 相图只反映铁碳二元合金中相的平衡状态，如含有其他元素，相图将发生变化。尤其对中高合金钢不适用。

（2）Fe－Fe_3C 相图反映的是平衡条件下铁碳合金中的组织变化规律，如果冷却或加热速度加快，用 Fe－Fe_3C 相图来分析其组织转变就不适用了。

模块 2　材料性能的控制

2.1　材料性能的控制途径

本单元学习目标

★　金属塑性变形的方法、形式和实质，滑移和孪生的概念和特点。

★★　多晶体塑性变形的特点，金属材料的热加工和冷加工。

★★★　塑性变形对金属组织和性能的影响，回复和再结晶的特点和应用。

★★★★　材料工艺性能包括哪些方面，对材料加工的影响和意义。

注：★了解。　★★理解。　★★★掌握。　★★★★重点掌握。

2.1.1　金属的塑性变形加工

金属材料通过冶炼、铸造，获得钢锭或铸锭后，可通过塑性变形加工的方法获得具有一定形状、尺寸和机械性能的棒材、型材、板材、管材、线材及零件毛坯或零件。塑性变形加工包括锻压、轧制、挤压、冲压、拉拔等方法（见图 2—1 和图 2—2）。金属在承受塑性变形加工时，会产生塑性变形，这对金属的组织结构和性能会产生重要的影响。

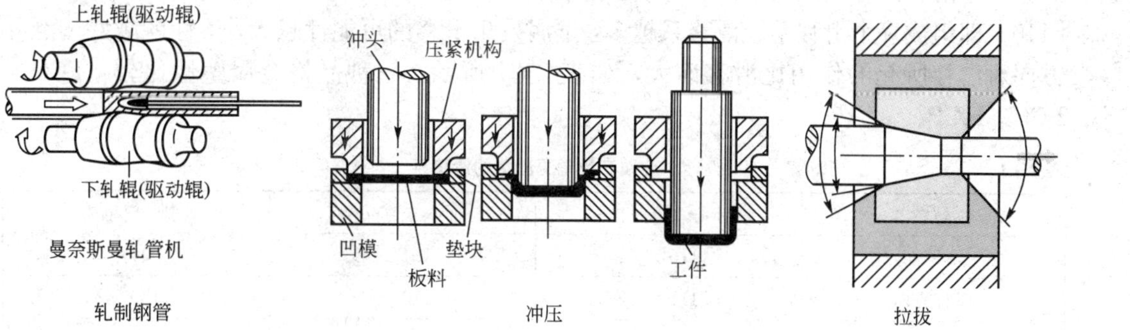

图 2—1

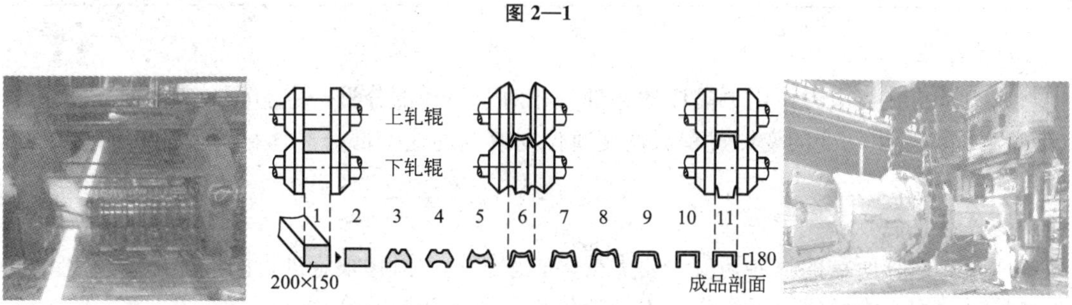

图 2—2

2.1.1.1 金属的塑性变形

1. 单晶体的塑性变形

单晶体塑性变形的基本方式有两种：滑移和孪生。而金属塑性变形的实质是金属在切应力的作用下，以滑移或孪生的方式通过位错运动或切变来进行塑性变形。

(1) 滑移。

滑移是晶体在切应力的作用下，晶体的一部分沿一定的晶面（滑移面）上的一定方向（滑移方向）相对于另一部分发生滑移的现象。滑移是金属塑性变形最常见的方式。

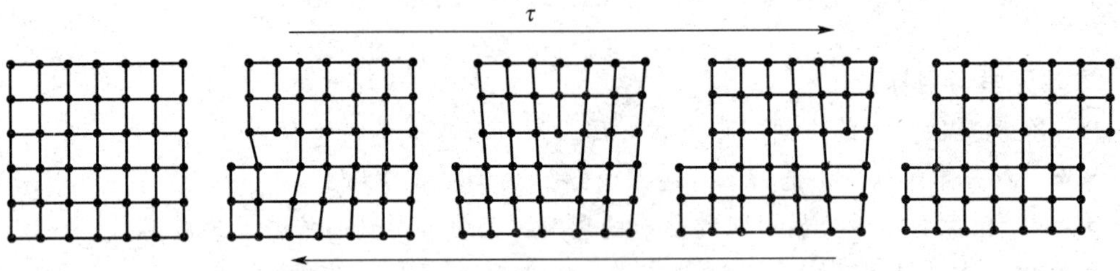

图 2—3 位错运动造成滑移

◆ 滑移的特点：

滑移是晶体内部位错在切应力作用下运动的结果，如图 2—3 所示。而滑移一般沿着晶体中原子密度最大的晶面（密排面）和其上密度最大的晶向（密排方向）进行，且晶体发生的总变形量是这个方向上的原子间距的整数倍。

◆ 滑移系：

一个滑移面与其上的一个滑移方向组成一个滑移系。如面心立方晶格中，(111) 和 [110] 即组成一个滑移系。滑移系越多，金属发生滑移的可能性越大，塑性就越好。滑移方向对滑移所起的作用比滑移面大，如表 2—1 所示，三种晶格金属塑性比较：FCC＞BCC＞HCP。

表 2—1 金属三种常见晶格的滑移系

晶格	体心立方晶格	面心立方晶格	密排六方晶格
滑移面	{110}×6	{111}×4	{0001}×1
滑移方向	<111>×2	<110>×3	<1120>×3
滑移系数目	6×2=12	4×3=12	1×3=3

(2) 孪生。

孪生是指在切应力作用下晶体的一部分相对于另一部分沿一定晶面（孪生面）和晶向（孪生方向）发生切变的变形过程。切变时位向改变的这一部分晶体称为孪晶，如图 2—4 所示。

◆ 孪生的特点：

孪生比滑移所需的临界切应力要大得多。孪生只在滑移很难进行的情况下才发生。孪生变形时，孪生中每层原子沿孪生方向的位移是原子间距的分数倍。

由上所述，面心立方晶格的金属一般塑性良好，塑性变形时一般发生滑移，体心立方晶格的金属塑性也较好，塑性变形时也会发生滑移，但在室温或受冲击时一般会发生孪生。密排六方晶格的金属塑性一般较差，塑性变形时一般发生孪生。

2. 多晶体的塑性变形

工程上使用的金属绝大多数是多晶体。其塑性变形可以看成是由组成多晶体的许多单个晶粒产生变形的综合效果。多晶体的塑性变形虽然是以单晶体的塑性变形为基础的，但取向不同的晶粒彼此之间在变形过程中有约束作用，晶界的存在对塑性变形也会产生很大影响，所以多晶体变形有其复杂性和自己的特点，如图 2—5 所示。

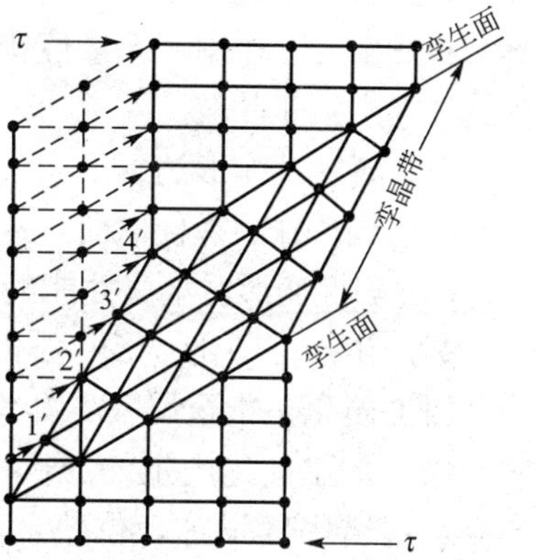

图 2—4 孪生产生的孪晶带

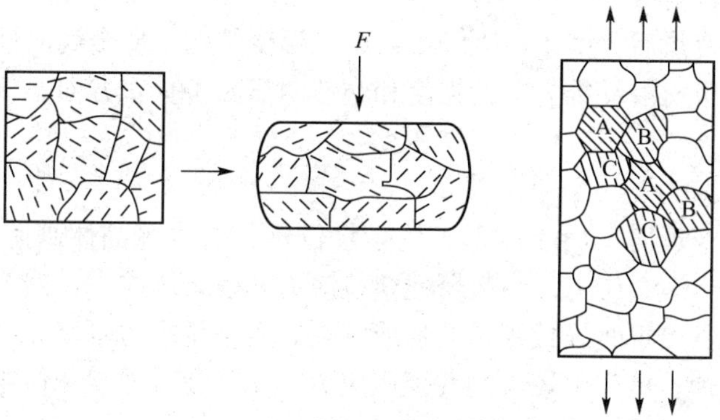

图 2—5 多晶体塑性变形示意图

◆ 在多晶体金属中，晶界原子的排列是不规则的，局部晶格畸变十分严重，当位错运动到晶界附近时容易受到晶界的阻碍，使变形抗力增大，金属的强度增加。

◆ 多晶体中每个晶粒位向不一致。因此晶粒的滑移就存在“软位向”和“硬位向”的问题，在发生滑移时，软位向晶粒先开始。当位错在晶界受阻时，其他晶粒发生滑移。因此多晶体变形是晶粒分批地逐步地均匀变形，变形分散在材料各处。晶粒越细，金属的变形越分散，减少了应力集中。另外，晶粒越细，晶界越多，可推迟裂纹的形成和扩展，这些都使金属的塑性提高。

◆ 晶粒越细，金属的强度越高，塑性也越好，因此，断裂时需要消耗较大的功，因而韧性也较好。因此细晶强化是金属的一种很重要的强韧手段。

◆ 实际塑性变形是各个晶粒内部滑移和孪生的总和，构成了整体塑性变形。塑性变形以晶内变形为主，晶间变形较困难，各个晶粒间的变形，易使金属产生内应力和开裂现象。

3. 塑性变形对金属组织和性能的影响

(1) 塑性变形对金属组织结构的影响。

◆ 产生纤维组织。金属发生塑性变形后，晶粒沿变形方向被拉长或压扁。当变形量很大时，晶粒变成细条状（拉伸时），金属中夹杂物也被拉长，形成所谓的纤维组织。

◆ 产生亚结构（亚晶粒）和形变结构。当金属经过大的塑性变形时，由于位错密度增大和发生交互作用，大量位错相互缠结，使晶粒分化成许多位向略有不同的小晶块，而在晶粒内产生亚晶粒。

当金属塑性变形达到很大程度（70%）时，由于晶粒发生转动，使各晶粒的位向趋于一致，形成特殊的择优取向，这种有序化的结构称为形变结构。

(2) 塑性变形对金属性能的影响。

◆ 产生加工硬化（形变强化）。

加工硬化是指金属发生塑性变形时，其强度和硬度显著提高，塑性和韧性明显下降的现象。加工硬化产生的原因是：金属发生塑性变形时，产生的大量新位错造成晶格畸变，位错密度增加，位错间的交互作用增强，相互缠结，造成位错运动阻力增大，使塑性变形抗力提高。加上亚晶界的增多，使强度得以提高。该现象对工业生产有利也有弊。

◆ 性能产生各向异性。

金属发生塑性变形后，由于产生纤维组织和形变结构，使金属的性能出现各方向不一致的现象。如热轧板材沿纤维方向的强度和塑性明显高于垂直方向。该现象对工业生产有利也有弊。

◆ 产生残余内应力。

金属发生塑性变形时，由于变形不均匀，位错、空位等晶体缺陷增多，当外力去除后，金属内部会产生残余应力。一般分残余拉应力和残余压应力，残余拉应力会使材料脆性增加、强度降低，严重时导致零件变形或开裂。残余拉应力可提高材料疲劳强度，如齿轮表面通过喷丸处理，可产生较大的残余压应力，使其疲劳强度和使用寿命提高。

2.1.1.2　塑变金属加热时组织和性能的转变

由前所述，金属塑性变形后，组织结构和性能发生很多的变化。有些变化对工业生产有利，有些是不利的。那么如何保留有利的变化而消除不利的变化呢？金属塑性变形后，晶体的晶格畸变处于不稳定状态，它虽有自发地恢复到原来稳定状态的趋势，但在室温下，原子活动能量小，不可能自行恢复到未变形前的稳定状态。当加热后，原子活动能力增加，就能恢复到原来的稳定状态，消除晶格畸变和降低残余应力。随着加热温度的升高，变形金属将相继发生回复、再结晶和晶粒长大三个过程，如图 2—6 所示，其组织结构和性能又会发生变化。其中的变化规律将给出答案。

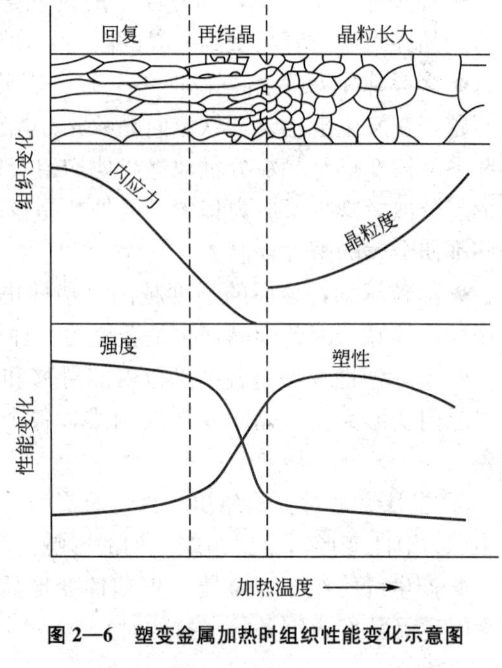

图 2—6　塑变金属加热时组织性能变化示意图

1. 回复

(1) 回复过程。

将塑性变形后的金属在较低温度加热，

$$T_{回复}=(0.25\sim0.3)T_{熔点}\quad(K)$$

由于加热温度不高，原子扩散能力有限，只是晶粒内部位错、空位、间隙原子等缺陷通过移动、复合消失而大大减少，而晶粒仍保持变形后的形态，其显微组织不发生明显的变化，仍保持流线分布。

(2) 回复带来的性能变化。

塑变金属经过回复过程后，其强度和硬度略有下降，塑性略有提高，力学性能变化不大。但残余应力大大降低，脆性降低。

(3) 回复过程的应用。

工业上对塑性变形后的金属进行去应力退火就是利用了回复过程的变化规律。其目的是为了让冷加工产品消除残余应力，保留加工硬化效果。如冷轧、冷冲压、冷拔等工艺生产的半成品和成品。

2. 再结晶

(1) 再结晶过程。

塑性变形后的金属在较高温度加热时，由于原子扩散能力增大，被变形、破碎的晶粒通过重新生核、长大变成新的均匀、细小的等轴晶。这个过程叫做再结晶。再结晶不是相变过程，其过程并没有改变晶格的类型。

(2) 再结晶温度。

金属发生再结晶的温度是一个温度范围。一般是指最低再结晶温度，用变形量大于70%以上的冷塑性变形的金属，经一小时加热后能完全再结晶的最低温度来表示：

$$T_{再}=(0.35\sim0.4)T_{熔点}\quad(\mathrm{K})$$

常见金属和合金的再结晶温度见表 2—2。为了缩短处理时间，实际采用的再结晶退火温度比该金属的最低再结晶温度要高 100～200℃。

表 2—2　　常见金属和合金的再结晶温度

材料	再结晶温度/℃	材料	再结晶温度/℃
铜（无氧铜）	200	铜锌合金，5%	320
铝（99.999%）	80	铝（9.0%）	290
镍（99.99%）	370	镍（9.4%）	600

(3) 再结晶过程带来的性能变化。

塑变金属经过再结晶过程后，其强度和硬度大大降低，塑性大大提高，恢复到了塑性变形前的水平，残余应力基本完全消除。

(4) 再结晶过程的应用。

工业上对塑性变形后的金属进行再结晶退火就是利用了再结晶过程的变化规律。其目的是为了消除加工硬化和残余应力，恢复金属塑性变形的能力，以便继续进行塑性变形加工。一般穿插应用于冷轧、冷冲压、冷拔等冷加工过程中，因此又称为“中间退火”。

3. 晶粒长大

对冷变形金属进行再结晶退火后，一般得到细小均匀的等轴晶粒。如温度继续升高，或延长保温时间，则再结晶后的晶粒会长大成粗大晶粒，使金属的强度、硬度和塑性降低。该现象没有实用意义，生产中应尽量避免，因此要正确选择再结晶温度和加热时间的长短。

2.1.1.3 金属材料的热加工和冷加工

塑性变形加工在工业生产上是一种重要的成形加工方式。一般分为热加工和冷加工两种。热加工和冷加工不是根据变形时是否加热来区分，而是根据变形时的温度是处于再结晶温度以上还是以下来划分的。

1. 热加工

热加工是指在金属的再结晶温度以上进行的塑性变形加工。如钢的热锻和热轧等。

(1) 金属的热加工对其组织、性能的影响。

◆ 钢热加工产品一般没有加工硬化的结果。这是由于热加工温度处于再结晶温度以上，钢发生塑性变形后，随后也会发生再结晶过程。因此塑性变形引起的加工硬化现象被随后的再结晶过程所消除，使钢保持良好的塑性状态。

◆ 热加工可打碎铸态金属中的粗大树枝晶和柱状晶，并通过再结晶获得等轴细晶粒，使金属的综合力学性能得到提高。

◆ 热加工能消除铸态金属中的气孔、疏松、微裂纹、树枝晶偏析等缺陷，改善夹杂物、第二相的分布等，使金属的力学性能得到提高，尤其提高塑性和韧性，降低脆性。

◆ 热加工能使金属产生纤维组织，通过热加工使工件纤维组织流线合理分布，可提高工件的相应的使用性能，如图 2—7 所示。

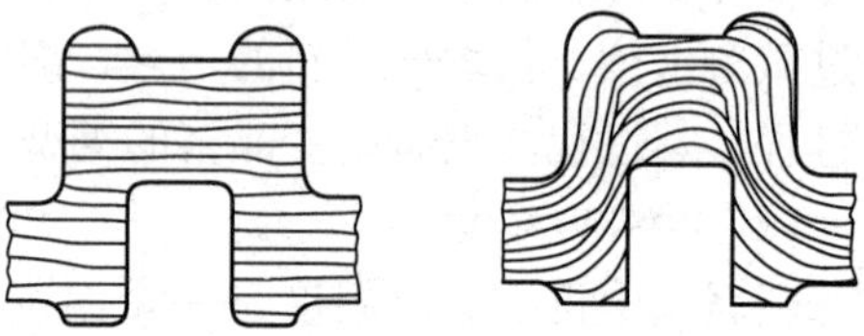

图 2—7 切削和锻造曲轴的流线分布

(2) 热加工的应用。

由于热加工变形力小，变形程度大，并可使金属的组织和性能得到改善，在生产中应用非常广泛，如热轧、热锻、热挤压、热冲压、热拔等，常用于受力复杂、载荷较大的重要件的毛坯或半成品的生产制造。

2. 冷加工

冷加工是指在金属的再结晶温度以下进行的塑性变形加工，如钢的冷轧、冷冲压、冷拔等。

冷加工由于加工温度处于再结晶温度以下，金属材料发生塑性变形时不会伴随再结晶过程。因此冷加工对金属组织和性能的影响即是前面所述塑性变形的影响规律，即冷加工产生加工硬化的现象。钢材的切削加工也属于冷加工，也会产生加工硬化。这在奥氏体不锈钢和高锰钢的切削加工中尤为显著，由于产生强烈的加工硬化而使它们的切削非常困难。

冷加工有利于提高金属的强度和表面质量，但变形程度不宜过大，以免产生裂纹。冷成形在生产中的应用如冷轧、冷锻、冷冲压、冷拔等，常用于制造薄钢板、钢丝等半成品或成品。

3. 温变形加工

温变形加工：金属在高于回复温度和低于再结晶温度范围内进行的塑性变形加工过程。

温变形过程中有形变强化和回复现象，但无再结晶过程，加工硬化只得到部分消除。温变形加工与冷变形加工相比可降低金属变形力，提高金属塑性，与热变形加工相比可降低能耗且减少加热缺陷，在生产中的应用如温锻、温挤压、温拉拔等，常用于尺寸较大、材料强度较高、不适合高温加热或无条件高温加热的零件或半成品的生产制造。

2.1.2 金属材料强化的途径

通过合金化、塑性变形和热处理等方法提高金属材料的强度，称为金属的强化。强度的种类有很多，如屈服强度、抗拉强度、断裂强度、抗压强度、抗弯强度、疲劳强度、持久强度等。每一种强度都有其特殊的物理本质，因此，金属的强化不是笼统的概念，而是具体地反映到某个强度指标上。一种方法对提高某一强度指标可能是有效的，而对另一强度指标未必有效。影响强度的因素很多，主要有材料的成分、组织结构和表面状态等，因此金属的强化机制和方法与这些因素有着必然的联系。

2.1.2.1 金属材料的强化机制

1. 金属强化的理论基础

金属的强度来源于原子间的结合力。如果一个金属晶体，在切应力作用下沿一定晶面和晶向发生滑移形变，根据理论计算，此时金属的理论切变强度一般是其切变模量的1/10～1/30。而金属的实际强度只是这个理论强度的几十分之一，甚至几千分之一。产生如此大差异的原因是什么呢?

位错理论揭示了晶体实际切变强度低于理论切变强度的本质。在有位错存在的情况下，切变滑移是通过位错的运动来实现的，所涉及的是位错线附近的几列原子。而对于无位错的理想单晶体，切变时滑移面上的所有原子将同时滑移，这时需克服的滑移面上下原子之间的结合力无疑要大得多。金属的理论强度可以说是它的最硬的状态，其与实际强度之间的巨大差别，为金属的强化提供了可能性和必要性。那么如何充分发挥金属的理论强度呢?

2. 金属的强化机制

金属材料的强化机制主要有两个方面。

(1) 提高合金的原子间结合力，完全消除金属内的位错和其他缺陷。

原子间结合力大的过渡族金属铁、镍等，其临界切应力和屈服强度都较高。作为合金基体是有利于强化合金的。

屈服强度还与晶格类型有关，原子密度大的面心立方金属如铜、铝、银等和密排六方金属镁、锌等都具有较小的晶格阻力和屈服强度。而体心立方金属铁的临界切应力和屈服强度都较高。这与密排金属的晶格阻力较小等因素有关。

完全消除金属内的位错和其他缺陷，可将晶体内应力集中的因素清除，会使金属的屈服强度接近理论值。现在已能制得无位错和缺陷的完整晶体——金属须（晶须），但实际生产和应用的难度很大，目前只有少数几种晶须作为结构材料得到了应用。

(2) 增加金属内的晶体缺陷，增大位错运动的阻力。

向金属晶体内引入大量晶体缺陷，如位错、点缺陷、异类原子、晶界、高度弥散的质点或不均匀性等，这些缺陷可以阻碍位错的运动，使塑性变形抗力提高。会明显地提高金属强度。另外，位错运动过程中还要与晶体中其他的位错发生交互作用，还必须克服这些位错所产生的阻力。在位错密度较高的晶体中，位错间交互作用的这种阻力会更明显，随着位错密度的增大，位错运动的阻力也增大，金属的屈服强度会越高。

这种与位错理论有关的强化机制，是目前应用最广，提高金属强度最有效的机理。有很多强化方法和途径都应用了这种机理，如固溶强化、形变强化、细晶强化、沉淀强化和弥散强化及马氏体强化等。在实际的工程材料中，一切阻碍位错运动的因素都会使金属的强度提高，造成硬化。

实际金属中，一般不会只利用一种强化效果，而是让几种强化效果同时起作用，相互叠加，综合强化。对工程材料来说，一般是通过综合的强化效应来达到所需的综合性能。

2.1.2.2 金属材料强化的途径

1. 固溶强化

固溶强化：合金元素固溶到基体金属中形成固溶体使金属强度和硬度提高的现象。

(1) 固溶强化的原因。

1) 理论基础。

合金元素对基体的固溶强化作用决定于溶质原子和溶剂原子在尺寸、弹性性质、电学性质和其他物理化学性质上的差异，此外，也和溶质原子的浓度和分布有关。

固溶体中溶质原子与溶剂金属原子大小不同，随着溶质原子的溶入而使晶格发生畸变，并在周围造成了一个弹性应力场，此应力场与运动位错的应力场发生交互作用，增大了位错运动的阻力，这种弹性交互作用力就是固溶原子所提供的阻碍位错运动的力。其最大值取决于溶质原子的大小、浓度和分布，特别是使点阵发生畸变的对称程度。对于置换固溶体，溶质原子较大时造成正畸变，较小时引起副畸变。而形成间隙固溶体时，晶格都是产生正畸变。晶格畸变随溶质原子浓度的增高而增大。

2) 原因总结。

固溶体随着溶质原子的溶入而使晶格发生畸变，晶格畸变增大位错运动的阻力，使金属的滑移变形变得更困难，塑性变形的抗力增大，从而提高合金的强度和硬度。

(2) 固溶强化的应用。

工程结构用金属材料很少是纯金属，一般都要合金化。合金化的主要目的之一就是产生固溶强化，也就是说纯金属中加入某些合金元素就可以产生固溶强化的效果，提高金属的强度。因此，固溶强化广泛应用于各种合金材料中。另外，固溶强化也是钢淬火马氏体强化的重要机理之一。需要注意的是固溶强化是以牺牲塑性和韧性为代价的，固溶强化效果越好，塑性和韧性下降也越多。

2. 细晶强化

细晶强化是指通过细化晶粒来提高材料的强度、塑性和韧性的方法。

(1) 细晶强化的原因。

有关多晶体的塑性变形及晶粒粗细对金属性能的影响已在前面有过阐述，现总结如下：多晶体金属中，晶界处晶格畸变严重，当位错运动到晶界附近时容易受到晶界的阻碍，使塑性变形抗力增大，金属的强度提高。晶粒越细，晶界越多，塑性变形抗力越大，金属的强度越高。晶粒越细，金属的变形越分散，越推迟裂纹的形成和扩展，越有利于塑性变形，金属的强度越高，塑性越好，断裂时越需要消耗更大的功，因而韧性也越好。

(2) 细晶强化的应用。

在所有的金属强化方法中，细化晶粒是目前唯一可以做到既提高强度，又改善塑性和韧性的方法。所以细化晶粒的工艺方法受到高度重视和广泛应用。

◆ 在金属材料的生产过程中就把细晶强化作为提高其力学性能的基础方法。如在金属材料的冶炼和铸造过程中会采取各种措施增加形核数目，如增大过冷度、变质处理、振动和搅拌等，来提高金属材料的基础力学性能。

◆ 在金属材料中加入能细化晶粒的合金元素，如能强烈阻碍晶粒长大的元素 V、Ti、Nb、Zr、Al 等，及中等阻碍晶粒长大的元素 W、Cr、Mo 等。形成细晶粒度钢。

◆ 在热轧、锻造、焊接等工艺中，控制冷却速度来细化晶粒，达到提高性能的目的。

◆ 在各种热处理工艺中，控制组织晶粒度级别是提高热处理工艺质量、满足零件性能要求的重要环节，不论是预先热处理，还是最终热处理，晶粒越细，越有利于零件的质量和性能，尤其是重要的机械零件、模具、刀具、量具等。在各种国家、行业标准和技术手册中，都有详细的晶粒度级别标准和检测方法。

3. 沉淀强化与弥散强化（又称第二相强化）

沉淀强化：金属材料中的过饱和固溶体随温度下降或在长时间保温过程中（时效）发生分解，析出一些细小的沉淀物分散于基体之中，阻碍位错运动而产生强化作用的现象。又称时效强化。

弥散强化：在金属材料中人为地加入或产生一些坚硬的细质点，弥散于基体中，阻碍着位错运动而产生强化作用的现象。

(1) 沉淀强化与弥散强化的原因。

从利用基体相之外第二相弥散质点引起强化这一机理来说，沉淀强化与弥散强化并没有多大区别。因此，又可统称为第二相强化。

在时效前期，沉淀相和基体之间往往保持共格或半共格关系，在每个细小沉淀物附近存在着一个较大范围的应力场，与位错发生交互作用，产生十分显著的强化作用。而在基体中散布的第二相质点，本身会对位错运动产生阻碍作用，第二相质点一般以两种方式阻碍位错的运动。

◆ 当质点小而软，或为软相时，位错能切开它并使其变形，如图 2—8 所示，使基体和质点之间的界面增大，增加表面能，即使第二相结构改变来强化。该强化效果较小。

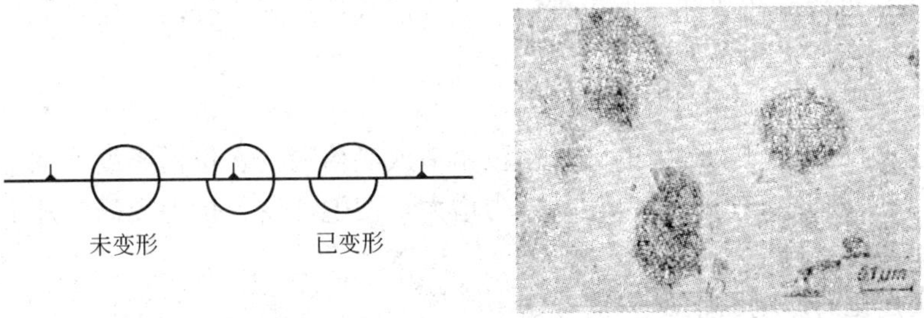

图 2—8 位错切过质点

◆ 当质点坚硬而难于被位错切开时，位错不能直接越过这种第二相质点，但在外力作用下，位错线可以环绕第二相质点发生弯曲，最后在质点周围留下一个位错环而让位错通过。这样将增加位错影响区的晶格畸变能，增加位错移动的阻力，使滑移抗力提高。位错线弯曲的半径越小，所需外力越大。因此，第二相质点越细小、越弥散，数量越多，则滑移抗力越大，合金的强化效果越好，如图 2—9 所示。

（2）提高第二相强化效果的措施。

◆ 增加第二相质点的体积百分数，第二相质点数量越多，合金的强化效果越好。

◆ 使第二相质点弥散均匀地分布。越弥散均匀，合金的强化效果越好。

◆ 选用或形成硬度高的第二相质点，第二相质点硬度越高，位错移动的阻力越高，合金的强化效果越好。而且可提高合金材料的其他性能。

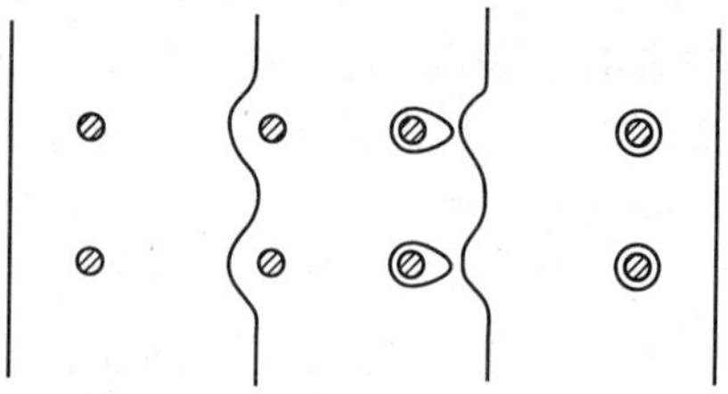

图 2—9　位错绕过质点留下位错圈

需注意的是，第二相质点细化，对合金强化的贡献是有限度的，当质点太细小时，质点间的空间间距太小，这时位错线不能弯曲，但可“刚性的”扫过这些极细小的质点，因而强化效果反而降低。

（3）第二相强化的应用。

工程上使用的合金材料，特别是高强度合金和高合金钢等，一般都存在第二相，且多是熔点和硬度高于基体的化合物，因此，合金第二相除有强化效果外，还可提高合金材料的耐磨性、耐热性、红硬性和热强性等。在各种合金材料中被广泛应用。

◆ 各种合金材料如滚动轴承钢、合金刃具钢、冷作模具钢、硬质合金等，利用第二相质点来提高强度、硬度和耐磨性。

◆ 各种合金刃具钢、热作模具钢、耐热刚、高温合金和硬质合金等，利用第二相强化来提高红硬性、热强性和高温持久强度。

◆ 固溶时效第二相强化，也是各种铝合金、铜合金等有色金属合金的重要强化方法。

需要注意的是：沉淀强化时效处理温度过高或时效时间过长，有可能会使强化效应下降，合金强度降低，产生“过时效”现象，最后组织产生平衡相。因为沉淀引起合金元素的贫化，此时合金材料的强度甚至低于固溶体状态。弥散强化时，外加的质点在高温使用过程中也会聚集、长大以减少颗粒的表面能，同样会引起软化。

4. 形变强化（加工硬化）

形变强化是指金属在塑性变形过程中，其强度和硬度显著提高，塑性和韧性明显下降的现象。

（1）形变强化的原因。

金属发生塑性变形时，产生的大量新位错造成晶格畸变、位错密度增加，位错间的交互作用增强，相互缠结，造成位错运动阻力增大，使塑性变形抗力提高。加上亚晶界的增多，使强度得以提高。

（2）形变强化的影响因素。

◆ 形变强化的效果取决于位错运动受阻的程度，因而强化效应与位错类型、数目、分布、固溶体的晶格类型、合金化情况、晶粒度和取向，以及沉淀颗粒大小、数量和分布等有关。

◆ 金属材料晶粒越细，越有沉淀第二相存在时，形变强化效应越强烈。

◆ 金属材料在高速形变和低温形变时表现出较高的形变强化效应。

（3）形变强化的应用。

◆ 形变强化是金属强化的重要方法之一，广泛应用于各种钢的冷加工产品，如冷轧薄钢板、冷拔钢丝及各种冷冲压件等。

◆ 形变强化广泛应用于各种不宜热处理强化的金属制品，如不锈钢制品、铝合金和其他有色金属制品等。

◆ 形变强化是结构件和机械零件的重要安全保证。其可以阻止材料发生塑性变形部位的继续变形，防止断裂破坏。

◆ 形变强化是冷冲压时使产品得到截面均匀形状的必要条件之一。由于形变强化，金属哪里变形，哪里就发生强化，使变形转移到别的地方，这样有利于得到截面均匀的冲压产品。

（4）形变强化的弊病。

◆ 对需要多次冷变形加工才能成形的产品来说，第一次塑性变形产生的形变强化会给后面的冷变形加工带来一些问题，如变形抗力增大、工件变形困难、模具易磨损、工件易裂等。

此时的形变强化对工艺的进行产生了不利影响。对一些复杂的冲压件、拉深件等需要多次冷变形加工的工件，在工序中间需要进行再结晶退火来消除加工硬化，以利于继续变形。

◆ 金属在切削加工过程中，也会产生加工硬化。这在奥氏体不锈钢和高锰钢的切削加工中尤为显著，加工硬化会使切削抗力增大，切削热加大，从而导致刀具易变形且磨损加快、工件的精度和质量下降等一些问题。

5. 相变强化

相变强化：通过一定的工艺使金属材料中的相或组织发生转变而产生强化效应的现象。

（1）相变强化的原因。

如前面的章节所述，金属材料中的相主要有固溶体和金属化合物两种类型，而组织是由数量、形态、大小和分布方式不同的各种相组成的。相或组织转变的过程中，会体现出产生固溶体时的固溶强化效应；产生不同金属化合物沉淀相时的沉淀强化效应；产生细小相或组织时的细晶强化效应；产生不同位错密度相或组织时的位错强化效应。因此，相变不仅能产生强化效应，而且能综合多种强化效应。

（2）相变强化的影响因素。

与组织的影响因素一样，主要取决于金属材料的化学成分和工艺过程。

◆ 金属材料的化学成分不同则其相变组织是不同的，组织不同则其性能不同。

◆ 工艺过程是影响组织最重要的因素。如热轧、冷拔、锻造、铸造、热处理等，尤其是热处理工艺影响最大。工艺过程中的各项参数如加热温度、冷却速度等对强化效果有直接的影响。

（3）相变强化的应用。

◆ 以钢淬火马氏体相变强化为例，淬火形成的马氏体是一种过饱和的固溶体，因此有强烈的固溶强化效应。马氏体中的位错密度较高，又有位错强化效应，如低碳板条状马氏体的位错密度与经过大量冷加工变形金属的位错密度相近，因此，屈服强度较高。马氏体形成时被分割成许多较小的、取向不同的区域（马氏体束），有细晶强化的作用。如高碳针状马氏体（或称孪晶马氏体），有明显的细晶强化效应。如将淬火马氏体再回火，可析出大量细小弥散分布的碳化物产生强烈的第二相强化。因此，淬火并回火是钢最经济和最有效的综合强化方法。被广泛应用于各种金属的机械零件、刀具、模具、量具等的强化工艺中。

◆ 其他的相变强化热处理工艺还有正火、调质、表面淬火、化学热处理等。

综上所述，固溶强化、形变强化、细晶强化、沉淀强化、弥散强化及相变强化是金属材料最主要的几种强化方法，实际金属材料可根据不同的条件和要求，采取不同的强化方法，也可综合几种强化效果来达到所需的性能。如不能热处理强化的一些低碳钢、不锈钢和有色金属可采用固溶强化和形变强化。不能形变强化的铸铁可采用细晶强化和相变强化。性能要求高的钢和有色金属合金一般采用热处理相变强化。

其他的强化方法还有纤维强化及应力强化等，这里不做重点描述。

2.2 钢的热处理

本单元学习目标

★ 金属热处理的特点和相关概念。

★★ 金属热处理的基本原理。

★★★ 钢各种热处理工艺的种类、概念、特点和工艺过程。

★★★★ 钢各种热处理工艺的目的和应用，热处理常见的质量缺陷和检验。

注：★了解。★★理解。★★★掌握。★★★★重点掌握。

2.2.1 概述

2.2.1.1 热处理的概念和特点

1. 热处理（heat treatment）

热处理是将金属或合金工件放在一定的介质中加热到适宜的温度，并在此温度保持一定时间，然后以不同速度冷却来获得各种组织和性能的一种工艺，如图 2—10 所示。

2. 热处理的特点

◆ 金属热处理是机械制造中的重要工艺之一，其工艺质量的好坏将直接影响各种零件、模具、刀具和量具等的最终使用性能和寿命。

◆ 很多热处理工艺带有最终性和批量性，如出现工艺事故，其后果无论是经济损失还是生产进度损失，对企业生产的影响都非常大。再加上对工件使用性能和寿命的影响，可以看出，热处理工艺是企业全面质量管理体系中非常重要的一环。

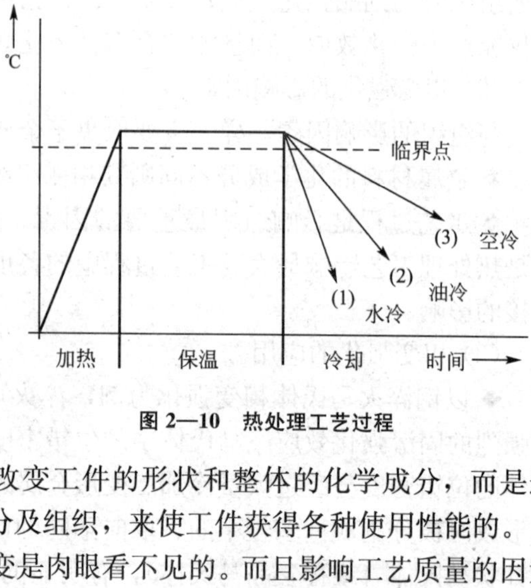

图 2—10 热处理工艺过程

◆ 与其他加工工艺相比，热处理一般不改变工件的形状和整体的化学成分，而是通过改变工件内部的组织或工件表面的化学成分及组织，来使工件获得各种使用性能的。

◆ 热处理工艺过程中，组织和性能的转变是肉眼看不见的。而且影响工艺质量的因素多而复杂，其工艺质量有一定的不稳定性。因此，要求操作者具备较高的专业技能、专业理论水平和高度的责任心。

◆ 钢铁的热处理是金属热处理的主要内容。另外，铝、铜、镁、钛等及其合金也都可以通过热处理来获得各种使用性能。

2.2.1.2 热处理的作用

1. 热处理可提高或改善钢的力学性能

◆ 通过恰当的热处理工艺，可提高各种机械零件、刀具、模具、量具的硬度和耐磨性。

◆ 恰当的热处理工艺，可使一些承受复杂载荷的重要零件、模具等获得良好的综合性能。

◆ 恰当的热处理工艺，可使一些弹性零件获得良好的弹性和高的屈服极限。

◆ 恰当的热处理工艺，可使一些零件获得表面高硬度、高耐磨性、高疲劳强度，而芯部强韧性好的复合性能。

◆ 恰当的热处理工艺，可消除各种铸件、锻件、焊件、冲压件、淬火件等的残余应力，消除脆性，提高塑性。

2. 热处理可提高或改善钢的工艺性能

◆ 恰当的热处理工艺，可降低或提高一些钢的硬度，改善切削加工性能。

◆ 恰当的热处理工艺，可提高一些钢的塑性，改善冲压等变形加工性能。

3. 热处理可提高或改善钢的化学性能和一些特殊性能

◆ 恰当的热处理工艺可提高一些不锈钢的耐腐蚀性能。

◆ 恰当的热处理工艺还可提高一些钢的耐热性能，如红硬性、热强性等。

4. 热处理可消除钢的一些缺陷

◆ 恰当的热处理工艺可消除各种钢坯的原始组织缺陷和成分偏析，为后续加工做组织准备。

◆ 恰当的热处理工艺可消除铸、锻、焊等热工艺的各种缺陷、细化晶粒、均匀组织和性能。

2.2.1.3 热处理工艺的种类

钢热处理工艺大体可分为普通热处理、表面热处理和化学热处理三大类。根据加热介质、加热温度和冷却方法的不同，每一大类又可区分为若干不同的热处理工艺。同一种金属采用不同的热处理工艺，可获得不同的组织，从而具有不同的性能。

1. 普通热处理

它是指工业上应用最广泛、最常规的热处理工艺，包括退火、正火、淬火、回火和调质等。

2. 表面热处理

它是指针对工件表面进行淬火的热处理工艺，如感应加热表面淬火、火焰加热表面淬火等。

3. 化学热处理

它是通过改变工件表面的化学成分来改变其性能的热处理工艺，如渗碳、渗氮、碳氮共渗、渗硼、渗金属等。

其他热处理工艺还有真空热处理、可控气氛热处理、形变热处理等。

2.2.1.4 热处理的工艺过程

热处理工艺一般包括加热、保温、冷却三个过程，有时只有加热和冷却两个过程。这些过程互相衔接，不可间断。

1. 加热

加热是热处理的重要工序之一。金属热处理的加热方法很多，最早是采用木炭和煤作为热源，进而应用液体和气体燃料。电的应用使加热易于控制，且无环境污染。利用这些热源可以直接加热，也可以通过熔融的盐或金属，以及浮动粒子进行间接加热，现代加热技术还有感应加热、激光加热、离子束加热等。不同的加热形式带来不同的加热速度和工艺特点。

2. 保温

当金属工件表面达到要求的加热温度时，还须在此温度保持一定时间，使内外温度一致，并完成组织转变过程，这段时间称为保温时间。不同的热处理工艺，其保温时间也不同，采用高能束加热和表面热处理时，加热速度极快，一般没有保温时间，而化学热处理的保温时间往往较长。箱式炉加热比盐浴炉加热保温时间长。

3. 冷却

冷却也是热处理工艺过程中不可缺少的步骤，冷却方法因工艺不同而不同，主要是通过采用不同的冷却介质来控制冷却速度。不同的冷却速度，可得到不同的组织，从而得到不同的性能。

2.2.2 钢热处理的基本原理

热处理就是使固态金属通过加热、保温、冷却的方法，改变其内部组织，从而获得预期性能的工艺过程。因此，热处理工艺过程中的加热、保温、冷却等过程都发生了哪些组织转变，是钢热处理基本原理的重要组成部分。

2.2.2.1 钢加热时的组织转变

大多数热处理工艺都要将钢加热到临界温度以上，获得全部或部分奥氏体组织，即进行奥氏体化，加热时形成的奥氏体的质量，对冷却转变过程及组织、性能有非常大的影响。

1. 钢在加热时的临界温度

Fe—Fe_3C 相图是表示铁碳合金在接近平衡状态下相与成分和温度间的关系图，然而，生产中不可能以无限缓慢的速度加热和冷却，其相变是在非平衡的条件下进行的，这种非平衡的组织转变有滞后现象。实际热处理中，加热时相变温度偏高，冷却时偏低，且加热和冷却速度越大偏差越大。通常将加热时的临界温度标为 Ac_1、Ac_3、Ac_{cm}，冷却时标为 Ar_1、Ar_3、Ar_{cm}，见图 2—11。

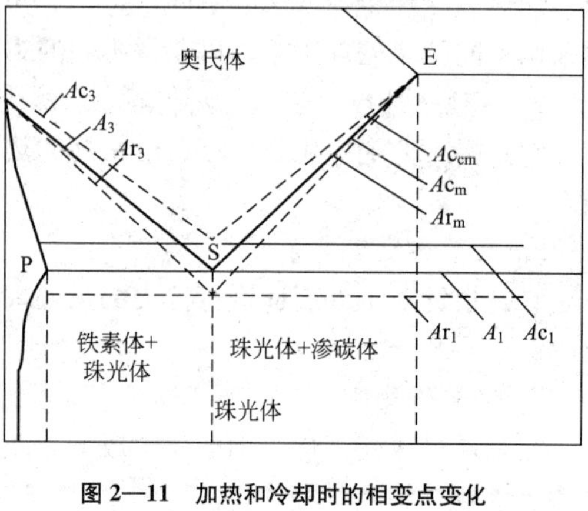

图 2—11 加热和冷却时的相变点变化

2. 钢加热时的组织转变

以共析钢（T8）为例，其室温平衡组织为珠光体，当加热到 Ac_1 以上时，珠光体将转变为奥氏体。这包括奥氏体晶核的形成，奥氏体晶核长大，残余渗碳体的溶解及奥氏体成分均匀化四个基本过程，见图 2—12。

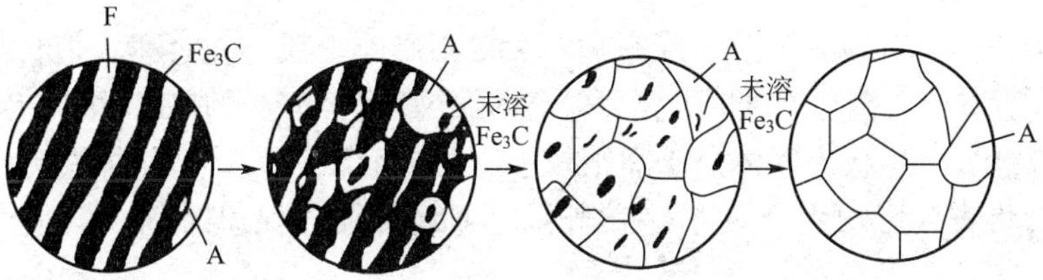

图 2—12 共析钢奥氏体化过程

(1) 奥氏体形核。

铁素体的 ω_C＝0.0218％，具有体心立方晶格；Fe_3C 的 ω_C＝6.69％，具有复杂立方晶格；在它们的相界面上 ω_C 最容易达到 0.77％，变成面心立方晶格的奥氏体，因此在两相的相界面上形成了奥氏体晶核。

(2) 奥氏体晶核长大。

奥氏体晶核长大是依靠珠光体中铁素体向奥氏体转变和渗碳体不断溶入奥氏体而进行的，奥氏体同时向 Fe_3C 和 F 两方向长大，并通过碳原子扩散以保持奥氏体稳定的碳浓度。

(3) 残余 Fe_3C 的溶解阶段。

当铁素体全部转变奥氏体后，组织中还有一部分残余渗碳体存在，随保温时间的延长，残余渗碳体不断溶入奥氏体。

(4) 奥氏体成分均匀化。

残余 Fe_3C 完全溶解后，奥氏体中碳浓度仍然是不均匀的，需要保温一段时间，奥氏体成分才能均匀化。

只有完成了上述四个过程，奥氏体转变才全部完成。因此，热处理加热保温的目的就是为了完成奥氏体转变及成分均匀化的过程，简称完成奥氏体化过程。

亚共析钢和过亚共析钢的奥氏体形成过程与共析钢基本相同，但其完全奥氏体化的过程有所不同。亚共析钢加热到 Ac_1 以上时还存在有铁素体，这部分铁素体只有继续加热到 Ac_3 以上时才能全部转变为奥氏体；过共析钢只有在加热到 Ac_{cm} 以上时才获得单一的奥氏体组织。这种区别对不同碳钢热处理加热温度的确定带来重要影响。

钢热处理后的组织和性能，不仅取决于钢的化学成分，而且还要依赖于钢加热时所得到的奥氏体状态，很多热处理质量问题都是与加热工序有关的。因此，加热温度、速度、方式的选择，如何确保工件的奥氏体转变质量以及强化加热过程，缩短加热时间，以提高生产率等，都是生产实际中制定加热工艺规范时所必须考虑的。

3. 影响奥氏体转变速度的因素

(1) 加热温度：随加热温度的提高，碳原子扩散速度增大，奥氏体化速度加快。

(2) 加热速度：加热速度越快过热度越大，发生转变的温度越高，转变所需时间就越短。

(3) 钢中碳质量分数：碳质量分数增加时，渗碳体量增多，铁素体和渗碳体的相界面增大，因而奥氏体的核心增多，转变速度加快。

(4) 合金元素：

◆ 钴、镍等增大碳在奥氏体中的扩散速度，因而加快奥氏体化过程。

◆ 铬、钼、钒等对碳的亲和力较大，能与碳形成较难溶解的碳化合物，显著降低碳的扩散能力，所以减慢奥氏体化过程。

◆ 硅、铝、锰等对碳的扩散速度影响不大，不影响奥氏体化过程。但自身的扩散速度比碳慢得多，所以合金钢热处理时，需要较高的加热温度，较长的保温时间，以利于其扩散。

(5) 原始组织：片状渗碳体由于间距较小、相界面积较大，因而加快奥氏体化过程。

上述因素将直接影响生产效率，恰当利用可缩短加热保温时间，但须注意晶粒粗大问题。

4. 奥氏体晶粒度及其影响因素

钢的奥氏体晶粒大小直接影响冷却后所得到的组织和性能。奥氏体晶粒越细，其后不同冷却热处理工艺得到的组织越细，如退火、正火、淬火后所得的组织亦细，则钢的强度、塑性、韧性越好。

(1) 奥氏体晶粒。

生产中一般采用标准晶粒度等级图，用比较等方法来测定钢的奥氏体晶粒大小。晶粒度通常分 8 级，1～4 级为粗晶粒度，5～8 级为细晶粒度，见图 2—13。

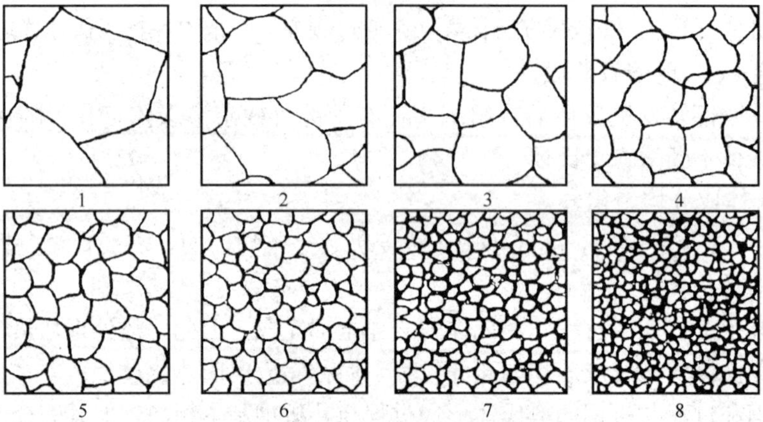

图 2—13 奥氏体晶粒度等级示意图

◆ 实际晶粒度：某一具体热处理或热加工条件下的奥氏体晶粒度。

◆ 本质晶粒度：钢加热到 930℃±10℃，保温 8 小时，冷却后测得的晶粒度。

如果晶粒细小，则该钢称为本质细晶粒钢，如粗大则称本质粗晶粒钢，见图 2—14。本质细晶粒钢的热处理加热工艺性好，晶粒不宜粗大，而本质粗晶粒钢加热时，需严格控制加热温度，以防晶粒粗大。晶粒粗大将使工件强度、塑性和韧性下降，脆性增大，淬火变形开裂倾向增大。

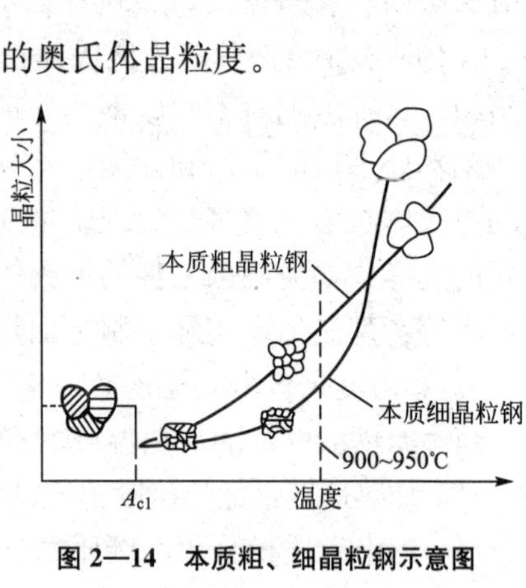

图 2—14 本质粗、细晶粒钢示意图

(2) 影响奥氏体晶粒度的因素。

◆ 加热温度：温度越高，晶粒长大越明显。应控制加热温度：一般在相变点以上30～50℃。

◆ 保温时间：保温时间越长，奥氏体晶粒越粗大。

◆ 碳含量：碳含量增加，奥氏体晶粒长大倾向也增大，当超过奥氏体饱和碳浓度后，有残余 Fe_3C 存在，起阻碍作用，奥氏体晶粒长得慢。

◆ 合金元素：钢中加入能形成稳定碳化物的元素和能生成氧化物和氮化物的元素，有利于得到本质细晶粒钢，促进石墨化的元素（Si、Ni、Co）阻碍奥氏体晶粒长大。Mn、P 促进奥氏体晶粒长大。

2.2.2.2 钢冷却时的组织转变

热处理工艺中，钢在奥氏体化后进行冷却，冷却的方式通常有两种（见图 2—15）。冷却后的组织转变将对钢的性能产生重要的影响。

◆ 等温冷却：将钢迅速冷却到临界点以下的某一温度保温，使其在该温度下恒温转变。

◆ 连续冷却：将钢以某种速度连续冷却，使其在临界点以下变温连续转变。

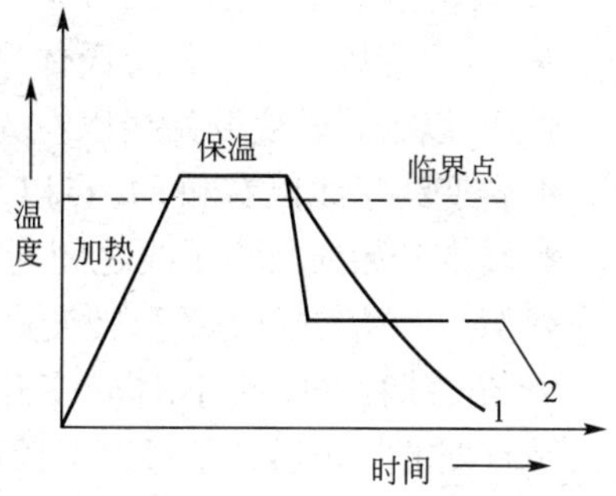

图 2—15

1—连续冷却；2—等温冷却

1. 过冷奥氏体的等温转变

◆ 过冷奥氏体：在实际冷却条件下，处于临界点 A_1 以下的奥氏体。

当温度在 A_1 以上时，奥氏体是稳定的。当温度降到 A_1 以下后，奥氏体即处于过冷状态，过冷 A 是不稳定的，会转变为其他的组织。钢在冷却时的转变，实质上是过冷 A 的转变。

(1) 共析钢过冷奥氏体等温转变。

以共析钢为例，对一组试样进行不同的等温冷却实验，并测出过冷奥氏体在恒温下开始转变和转变终了的时间，画到“温度—时间”坐标系中，然后，把开始转变的时间点和转变终了的时间点分别连接起来，即得到共析钢的奥氏体等温转变曲线，如图 2—16b 所示，因形状像英文字母 C，因此称“C”曲线，又称“TTT”图（time temperature transformation curve）。

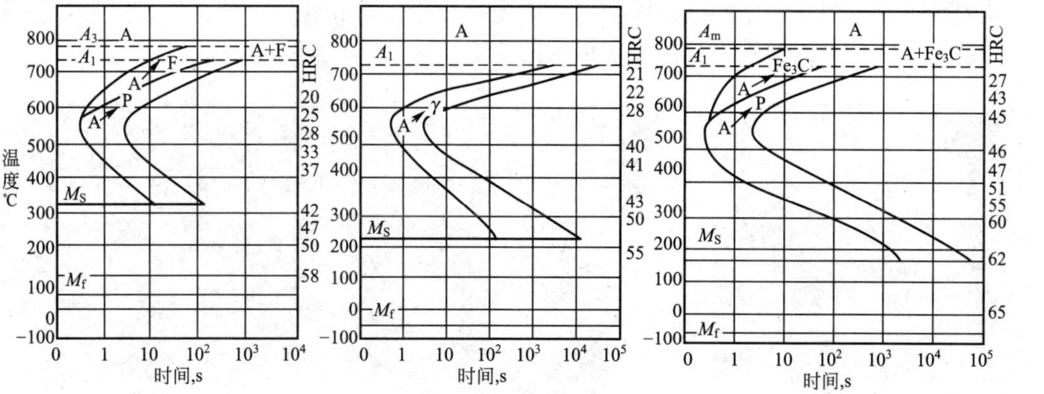

(a) 亚共析钢C曲线　(b) 共析钢C曲线　(c) 过共析钢C曲线

图 2—16　碳素钢 C 曲线

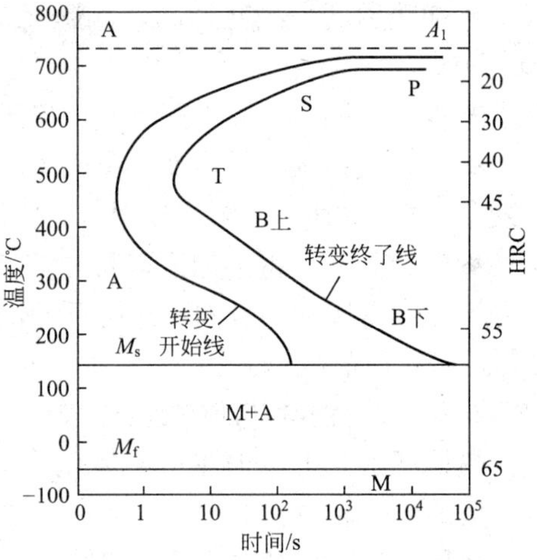

图 2—17　共析钢 C 曲线图

1）共析钢C曲线图中的五条线（见图2—17）。

◆ A_1 线是奥氏体向珠光体转变的临界温度；

◆ 左边的一条“C”曲线，为奥氏体转变开始线；

◆ 右边的一条“C”曲线，为奥氏体转变终了线；

◆ M_s 线表示过冷奥氏体向马氏体转变的开始温度；

◆ M_f 线表示过冷奥氏体向马氏体转变的终了温度。

2）共析钢C曲线图中的五个区域。

◆ A_1 温度以上区域是奥氏体稳定区；

◆ A_1 以下，转变开始线以左为过冷奥氏体区；

◆ 转变终了线以右和 M_s 点以上为中高温转变产物区；

◆ 转变开始线与终了线之间为过冷奥氏体和中高温转变产物的共存区；

◆ M_s 与 M_f 之间为低温转变产物马氏体转变区

※ 孕育期：过冷奥氏体转变开始之前所经历的等温时间称为孕育期。

孕育期的长短反映了过冷奥氏体的稳定性大小。孕育期越长，过冷奥氏体越稳定，在C曲线的“鼻尖”处孕育期最短，过冷奥氏体的稳定性最小。

3）过冷奥氏体转变的三个温度区域。

① 高温转变区（珠光体类型转变）。

A_1～550℃之间，称为珠光体类型转变产物区。珠光体是铁素体和渗碳体的机械混合物，渗碳体呈层片状分布在铁素体的基体上。由于过冷度从小到大，原子活动能力由强到弱，致使析出的渗碳体和铁素体层片越来越薄。转变温度越低，层间距越小。按层间距大小珠光体组织一般分为珠光体（见图2—18）、索氏体（见图2—19）和屈氏体（见图2—20）三种（详见表2—3）。它们无本质区别，只是形成温度区间、层片状粗细形态及性能不同。珠光体的片间距对其性能有很大的影响。片间距越小，珠光体的强度和硬度就越高，同时塑性和韧性也有所增加。珠光体转变是扩散型的生核、长大过程，是通过碳、铁的扩散和晶体结构的重构来实现的。

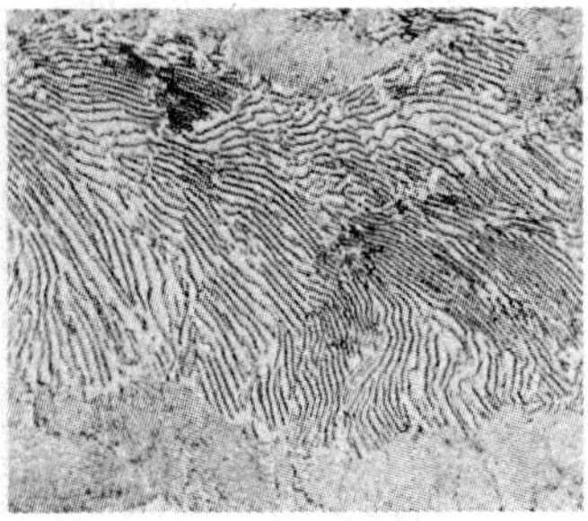

图 2—18　珠光体 500×

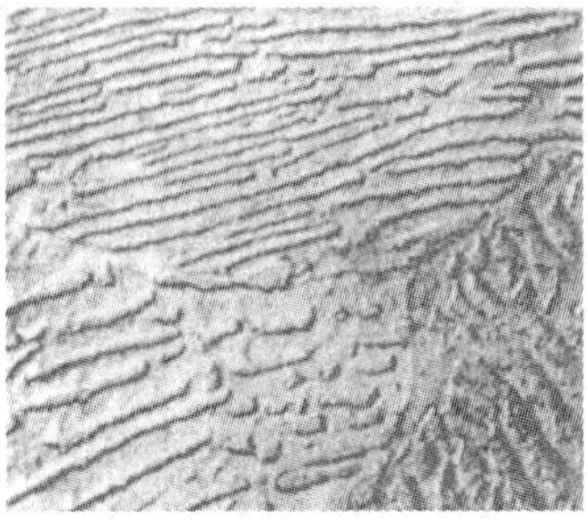

图 2—19　索氏体 8000×

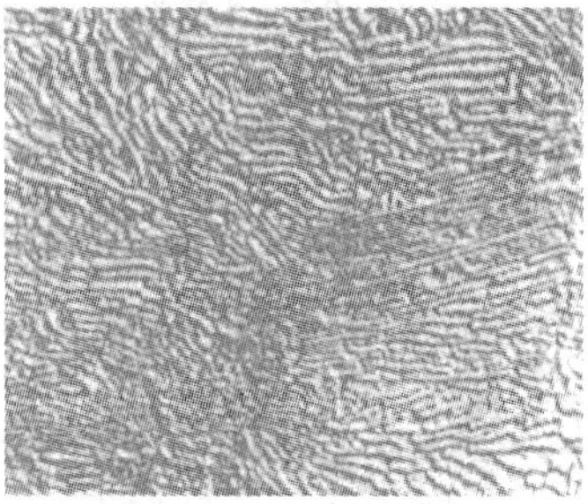

图 2—20　屈氏体 8000

表 2—3　　共析钢过冷奥氏体高温转变的三种产物

组织名称	符号	形成温度范围℃	组织特征和可分辨的显微倍数	硬度
珠光体	P	A_1～650	片间距大，又称粗片状珠光体。＞500×	170～250HBS
索氏体	S	650～600	片间距较小，又称细片状珠光体＞1000×	25～35HRC
屈氏体	T	600～550	片距更小，又称极细片状珠光体 ＞2000×	35～40HRC

② 中温转变区（贝氏体转变，transformation of Banite）。

550℃～M_s 之间，转变产物为贝氏体（B）组织。贝氏体是渗碳体分布在碳过饱和的铁素体基体上的两相混合物。贝氏体转变属于半扩散型转变，铁原子不扩散而碳原子有一定扩散能力。贝氏体根据转变温度不同可以分为上贝氏体和下贝氏体，分别用符号 B上、B下来表示，（详见表 2—4）

表 2—4　　共析钢过冷奥氏体中温转变的两种产物

组织名称	符号	形成温度范围℃	组织特征	硬度	塑性
上贝氏体	B上	550～350	过饱和碳 F 条和 Fe_3C 条组成，呈羽毛状	40～48HRC	较差
下贝氏体	B下	350～M_s	过饱和碳 F 片和 Fe_3C 粒子组成，呈针片状	48～55HRC	较好

◆ 上贝氏体转变：在过冷 A 中的贫碳区可孕育出过饱和碳的 F 晶核，随 F 晶核长大及碳原子的析出，便在条间沿条的长轴方向析出断续分布的条状碳化物，形成羽毛状的 B 上组织。电镜下观察，渗碳体不连续，短杆状，分布于许多平行而密集的铁素体条之间，见图 2—21。

光学显微照片400×

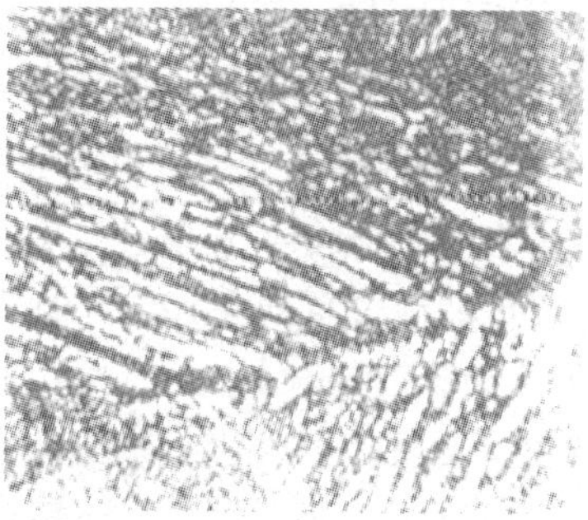

光学显微照片5000×

图 2—21　上贝氏体

◇ 上贝氏体性能：上贝氏体中铁素体片较宽，塑性变形抗力较低；同时硬脆的渗碳体呈短杆状分布在铁素体片之间，容易引起脆断，因此强度和韧性都较差。基本上无应用价值。

◆ 下贝氏体转变：随温度下降，碳扩散能力下降，只有在片内沿一定晶面偏聚起来，并沿与片的长轴成 55°～65°夹角方向上沉积出碳化物粒子，形成针片状下贝氏体，见图 2—22。

◇ 下贝氏体性能：下贝氏体中铁素体针细小，无方向性，碳的过饱和度大，位错密度高，且碳化物分布均匀、弥散度大，所以硬度高，韧性好，具有较好的综合机械性能。

光学显微照片400×　　电子显微照片12000×

图 2—22　下贝氏体

生产中有时对中碳合金钢和高碳合金钢采用“等温淬火”方法获得下贝氏体，以提高钢的强度、硬度、韧性和塑性。

③ 低温转变区（马氏体转变）。

M_s～M_f 之间，为马氏体转变区，马氏体是碳在 α－Fe 中的过饱和固溶体。用 M 表示，因它是在极快的连续冷却过程中形成的，故将在过冷奥氏体的连续冷却转变内容中讲解。

（2）亚共析钢过冷奥氏体等温转变。

亚共析钢的过冷奥氏体等温转变过程与共析钢类似。只是在高温转变区过冷奥氏体将先析出一部分铁素体，剩余的过冷奥氏体再转变为珠光体型组织。因此，在其上方多了一条过冷奥氏体转变为铁素体的转变开始线。亚共析钢随着含碳量的减少，C 曲线位置往左移，同时 M_s、M_f 线往上移，如图 2—16a 所示。

（3）过共析钢过冷奥氏体的等温转变。

过共析钢的过冷 A 在高温转变区，将先析出一部分 Fe_3C_{II}，其余的过冷 A 再转变为珠光体型。因此，在其上方多了一条过冷奥氏体转变为 Fe_3C_{II} 的转变开始线。过共析钢随着含碳量的增加，C 曲线位置向左移，同时 M_s、M_f 线往下移，如图 2—16c 所示。

2. 过冷奥氏体的连续冷却转变

在实际生产中，奥氏体的转变大多是在连续冷却过程中进行的，如一般的水冷或油冷淬火、空冷正火和炉冷退火等。因此，了解过冷奥氏体在连续冷却时的转变规律，更有实际意义。

下面以共析钢为例介绍连续冷却转变曲线的转变规律。

（1）共析钢过冷奥氏体的连续冷却转变。

连续冷却转变曲线又称 CCT 图或 CCT 曲线（continuous cooling transformation curve），如图 2—23 所示，它也是由实验方法测定的，图中 P_s 线为过冷 A 转变为珠光体型组织的开始线，P_f 为转变终了线。KK'线为过冷 A 向珠光体转变的终止线，当冷却到达此线时，过冷 A 终止转变。将共析钢 C 曲线与 CCT 曲线比较时（见图 2—23），就可发现连续冷却转变有很大不同。

1）CCT 曲线的主要特点。

① CCT 曲线只有 C 曲线的上半部分，而没有下半部分。说明，共析碳钢在连续冷却

时，只有珠光体转变和马氏体转变，而没有贝氏体转变。

② KK′线是珠光体转变中止线，即冷却曲线碰到KK′线时，过冷奥氏体就不再发生珠光体转变，而一直保留到 M_s 点以下转变为马氏体。

③ 马氏体临界冷却速度：奥氏体在连续冷却过程中，全部过冷到马氏体区进行马氏体转变的最小冷却速度。如图 2—23 中的 V_k，又称上临界冷却速度。该临界冷却速度对热处理淬火等工艺具有重要的指导意义。图 2—23 中的 V_k'称为上临界冷却速度，当冷却速度小于 V_k'时，钢将全部转变为珠光体。其意义不如 V_k 重要。

④ 在连续冷却过程中，由于过冷奥氏体不是等温转变。有时会得到几种组织的混合物。

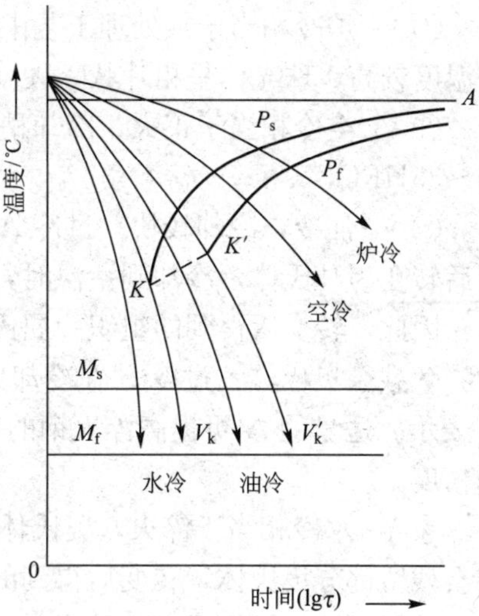

图 2—23 共析钢 CCT 曲线

2）共析钢过冷奥氏体连续冷却转变产物。

下面以热处理工艺中最常见的四种冷却速度为例，来说明其转变产物，见图 2—23 和图 2—24。

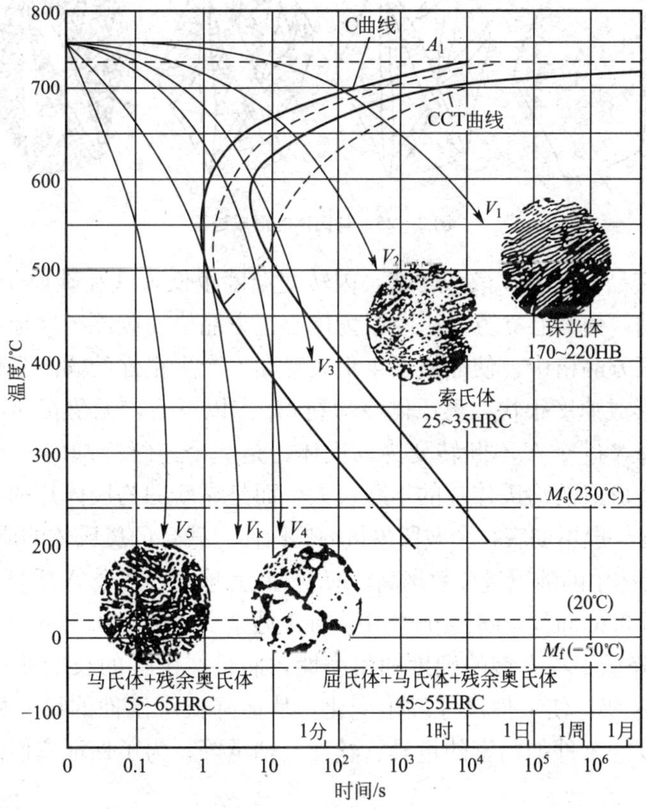

图 2—24 共析钢 C 曲线与 CCT 曲线图比较

① V_1 炉冷相当于热处理工艺中的退火，冷却最缓慢，过冷 A 将转变为珠光体，其转变温度较高，珠光体呈粗片状，硬度为 170～220HB。

② V_2 空冷相当于正火，冷却稍快，过冷 A 将转变为索氏体，为细片状组织，硬度为 25～35HRC。

③ V_4 油冷，冷却较快，过冷 A 先有一部分转变为屈氏体，剩余的 A 在冷却到 M_s 以下后转变为马氏体，冷却到室温时，还会留有少量的残余奥氏体。

因此，转变后得到的组织为屈氏体＋M＋A′，硬度为 45～55HRC。

◆ 残余奥氏体：过冷 A 在冷却到 M_s 以下直至室温时，残留少量未转变的奥氏体。用 A′表示。适量的 A′可提高淬火钢的韧性，但也会降低钢的硬度，降低工件的尺寸稳定性和精度。

④ V_5 水冷相当于淬火，奥氏体将过冷到 M_f 点以下，发生马氏体转变，冷却到室温也会残留部分奥氏体，转变后得到的组织是马氏体＋A′。硬度为 55～65HRC。

获得马氏体是钢最有效的强化方法，因此马氏体是钢各种组织中，非常重要的一种组织。下面将着重介绍一下马氏体。

（2）马氏体转变。

1）马氏体转变的特点（见图 2—25）。

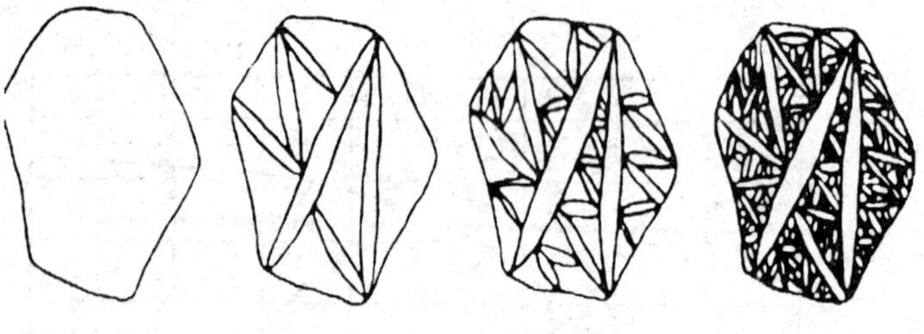

图 2—25　马氏体的形成过程

◆ 马氏体转变是一种非扩散型转变，因转变温度很低，铁和碳原子都不能进行扩散。铁原子短距离移动，使面心立方晶格改组为体心正方晶格而碳原子原地不动，过饱和地留在新组成的体心正方晶格中。使晶格发生很大畸变，产生很强的固溶强化。

◆ 马氏体的形成速度很快，奥氏体冷却到 M_s 点以下后，无孕育期，瞬时转变为马氏体。随着温度下降，过冷 A 不断转变为马氏体，是一个连续冷却的转变过程。马氏体量的增加不是靠已经形成的马氏体片的不断长大，而是靠新的马氏体片的不断形成。

◆ 马氏体转变一般不彻底，会残留少量的奥氏体。残余的奥氏体的质量分数与 M_s、M_f 的高低有关。奥氏体中的碳质量分数越高，M_s、M_f 就越低，残余 A 质量分数就越高。通常在碳质量分数高于 0.6%时，在转变产物中应标上残余 A，少于 0.6%时，残余 A 可忽略。

残余 A 不仅降低了淬火钢的硬度和耐磨性，而且在工件的长期使用过程中，由于残余 A 会继续发生转变，使工件尺寸发生变化，从而降低了工件的尺寸精度。因此，工业上，对一些高精度的工件如精密的量具、丝杠、轴承等，为了保证它们的使用精度，要进行冷处理。

冷处理：将淬火工件冷却到室温后，又随即放到零度以下温度的冷却介质中冷却（如干冰＋酒精可冷却到－78℃，液态氧可冷却到－183℃），以最大限度地消除残余奥氏体，达到增加硬度，耐磨性与稳定尺寸的目的，这种处理称为“冷处理”。

◆ 马氏体形成时体积膨胀，在钢中造成很大的内应力，是造成零件淬火时变形开裂的主要原因之一。

2）马氏体的形态与性能。

① 马氏体的形态。

钢中马氏体的组织形态主要有板条状和针状两种基本类型。

● 板条马氏体：含碳量在0.25%以下时，淬火钢组织基本上是板条马氏体，亦称低碳马氏体，在显微镜下为一束束成群平行排列的细板条。板条马氏体内有大量位错缠结的亚结构，所以也称位错马氏体（见图2—26）。

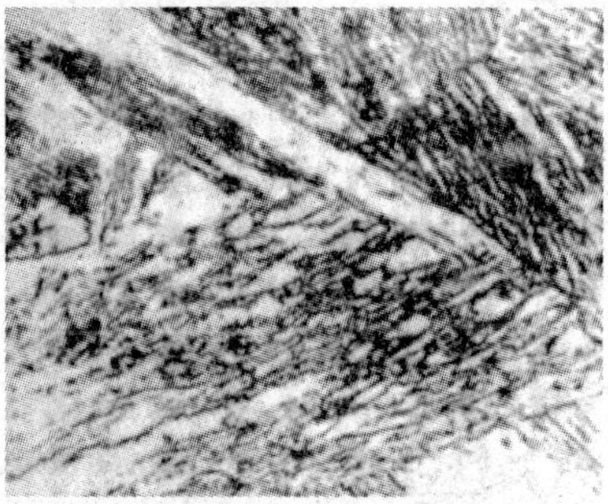

板条马氏体 1000×

图2—26 低碳马氏体组织形态

● 针状马氏体：碳含量大于1.0%时，主要是针状马氏体。亦称高碳马氏体，针状马氏体在光学显微镜中呈竹叶状或凸透镜状，在空间形同铁饼。马氏体针之间形成一定角度（60°）。针状马氏体内有大量孪晶，因此亦称孪晶马氏体（见图2—27）。

针状马氏体 500×

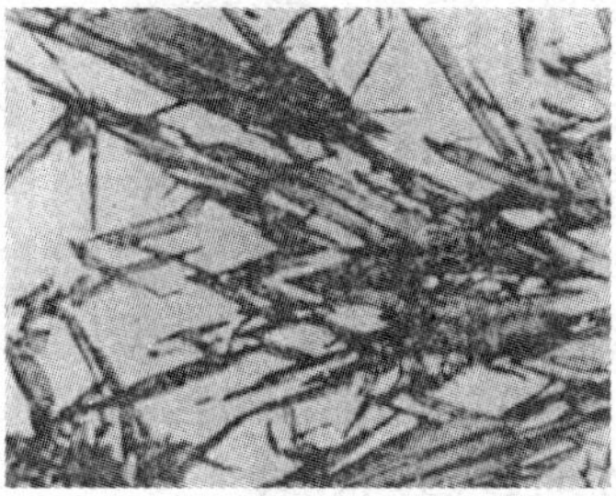

针状马氏体 1500×

图2—27 高碳马氏体组织形态

● 碳含量在0.25%～1.0%时：是板条马氏体和针状马氏体混合的组织状态。奥氏体中碳的含量越高，淬火组织中针状马氏体量越多，板条马氏体量越少。

② 马氏体的性能。

● 马氏体的强度与硬度：马氏体的强度和硬度主要取决于马氏体中过饱和的含碳量，随着马氏体含碳量的增加，其强度与硬度也随之增加，尤其在含碳量较低时，强度、硬度增加比较明显，但碳含量大于0.6%时，就逐渐趋于平缓。强度在碳含量大于1.0%时，逐渐下降。

● 马氏体的塑性和韧性：马氏体的塑性和韧性随其含碳量增加而急剧降低。低碳的板条马氏体具有良好的塑性与韧性，是一种强韧性很好的组织。而高碳马氏体硬度高，耐磨性好，但塑性和韧性较差。

原因分析：马氏体的性能主要取决于马氏体中碳的过饱和程度，高碳马氏体由于过饱和度大、内应力高和存在孪晶结构，所以硬度高、脆性大，塑性和韧性差，但晶粒细化的隐晶马氏体有一定的韧性。低碳马氏体，由于过饱和度小，内应力低和存在位错亚结构，则不仅强度高，塑性、韧性也较好，但硬度较低，耐磨性差。

（3）亚共析钢过冷奥氏体的连续冷却转变。

与共析钢不同，亚共析钢过冷 A 在高温时有一部分先转变为铁素体，在中温转变区会有少量上贝氏体产生。如油冷的产物为 F+T+B 上+M，但 F 和 B 上量少，有时也予以忽略。

图 2—28 表示了亚共析钢过冷 A 的连续冷却转变过程和产物。

(4) 过共析钢过冷奥氏体的连续冷却转变。

过共析钢过冷 A 在高温区，将首先析出二次渗碳体，而后转变为其他组织组成物。由于奥氏体中碳含量高，所以油冷、水冷后的组织中应包括残余奥氏体。与共析钢一样，其冷却过程中无贝氏体转变。图 2—29 表示了过共析钢过冷 A 的连续冷却转变过程和产物。

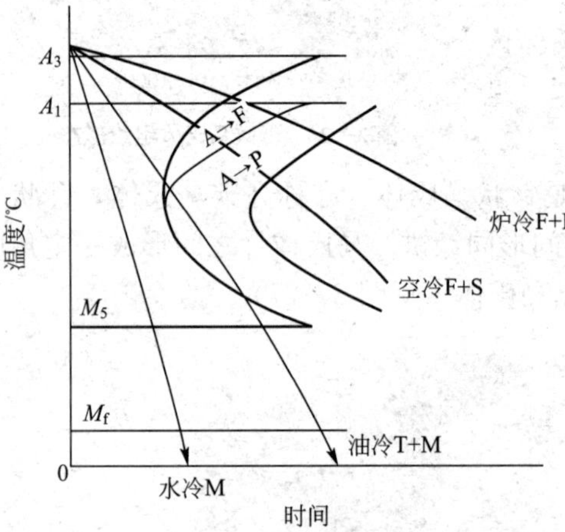

图 2—28　亚共析钢过冷 A 的连续冷却转变

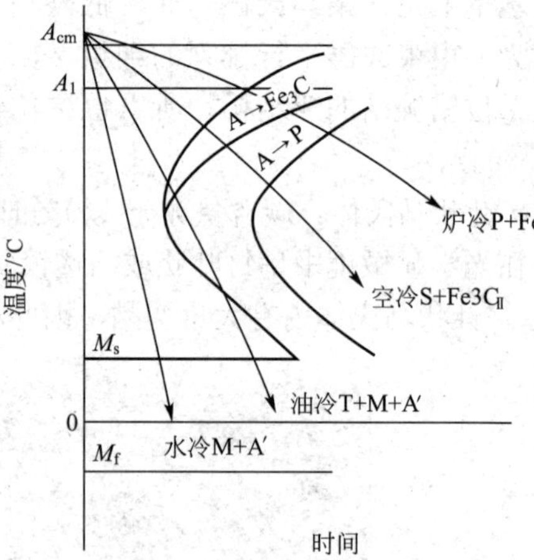

图 2—29　过共析钢过冷 A 的连续冷却转变

2.2.3　钢的普通热处理

钢的普通热处理通常都属于整体热处理。对工件整体进行穿透加热的热处理工艺，称为整体热处理。它主要包括退火、正火、淬火、回火等工艺。

2.2.3.1　钢的退火

退火（annealing）：是将钢件加热到适当温度，保持一定时间，然后缓慢冷却的热处理工艺。

退火工艺种类：分为完全退火、不完全退火、等温退火、球化退火、去应力退火、扩散退火、再结晶退火、稳定化退火等。退火工艺的选用要根据钢的成分、工件的技术要求和目的以及工艺路线的需要等因素来安排。下面介绍几种常见的退火工艺。

1. 完全退火

(1) 概念：完全退火又称重结晶退火，是把钢加热至 Ac_3 以上 20～30℃，保温一定时间后缓慢冷却（随炉冷却）。以获得接近平衡状态组织的热处理工艺。亚共析钢经完全退火后得到的组织是 F+P。

(2) 目的：使热加工造成的粗大、不均匀的组织均匀化和细化，降低硬度，改善切削加工性能，消除内应力。

(3) 应用范围：主要用于亚共析钢（如中碳钢、中碳合金钢等）的铸、锻、焊、轧制件等。过共析钢不宜采用，因为加热到 Ac_{cm} 以上慢冷时，二次渗碳体会以网状形式沿奥氏体晶界析出，使钢的韧性大大下降，并使最终热处理变形开裂倾向增大。

（4）完全退火工艺：

◆ 加热温度：理论为 Ac_3 +（20～30℃），实际生产中一般偏高 20～50℃，常见钢完全退火加热温度可参见表 2—5。

表 2—5 常见结构钢完全退火加热温度和硬度

钢号	退火温度/℃	退火后硬度/HBS
40Cr	860～890	≤205
40MnVB	850～880	≤207
35CrMo	830～850	197～229
50CrVA	810～870	179～255
65Mn	790～840	196～229
60Si2Mn	840～860	185～225
38CrMoAlA	900～930	≤229

◆ 加热炉和保温：一般采用箱式电炉加热，可低温装炉，随炉升温。到温后保温，保温时间与装炉量、工件成分和尺寸等因素有关，一般堆放情况下，可取 2～3h。

◆ 冷却：保温完成后，停电关闭炉门并随炉降至 500℃以下出炉空冷。

2. 等温退火

（1）概念：是将钢件或毛坯加热到高于 Ac_3（或 Ac_1）温度并保温适当时间后，较快地冷却到珠光体区的某一温度，再等温保持，使奥氏体转变为珠光体组织，然后缓慢冷却的热处理工艺。

（2）目的：等温退火的目的与完全退火相同但转变较易控制，能获得均匀的组织和硬度。

（3）应用范围：主要用于奥氏体较稳定的合金钢，可大大缩短退火时间。如中碳合金钢、合金工具钢、高合金钢的大型铸、锻、冲压件等。

（4）等温退火工艺：

◆ 加热温度——亚共析钢：Ac_3 +（30～50℃），共析或过共析钢：Ac_1 +（20～40℃）。

◆ 加热炉和保温——与完全退火工艺基本一样。奥氏体化后迅速转移到等温炉内等温。

◆ 等温温度和等温时间——一般为 Ar_1 −（30～40℃），等温时间：3～4h，高合金钢为：5～10h 或更长。表 2—6 列出了一些常见钢的加热温度和等温温度。

表 2—6 一些常见钢等温退火工艺的加热温度和等温温度

钢号	加热温度/℃	等温温度/℃	钢号	加热温度/℃	等温温度/℃
40Mn2	830～850	620	20Cr	885～900	690
40CrNi	830～850	650	30Cr	845～860	675
50CrNi	830～850	660	40Cr	830～850	675
30CrMo	855～870	675	50Cr	830～850	675
40CrMo	845～860	675	20CrNiMo	885～900	660
12Cr2Ni4	870～890	595	30CrNiMo	845～860	660
60Si2Mn	860～870	660	40CrNiMo	830～850	650

◆ 冷却——完成等温转变后，小型、简单件可出炉空冷。大型或形状复杂件可随炉降至 500℃以下出炉空冷。对内应力要求小时可随炉降至 350℃以下出炉空冷。

3. 球化退火

(1) 概念：球化退火是将钢件加热至 Ac_1 以上 20～30℃，保温一定时间，然后随炉缓冷或在略低于 Ar_1 的温度下保温之后再出炉空冷以获得球状珠光体（见图 2—30）的退火工艺。

(2) 目的：降低硬度，改善切削加工性。并为以后淬火做准备，减小变形和开裂的倾向。

(3) 应用范围：主要用于共析和过共析钢如碳素工具钢、合金工具钢、滚动轴承钢的锻轧件等。

(4) 球化退火工艺的种类：

◆ 普通球化退火：是将钢件加热至 Ac_1 以上 10～20℃，保温，然后随炉以 10～20℃/h 速度缓冷至 500℃以下出炉空冷。主要用于共析和过共析碳钢，球化充分，周期长，如图 2—31 所示。

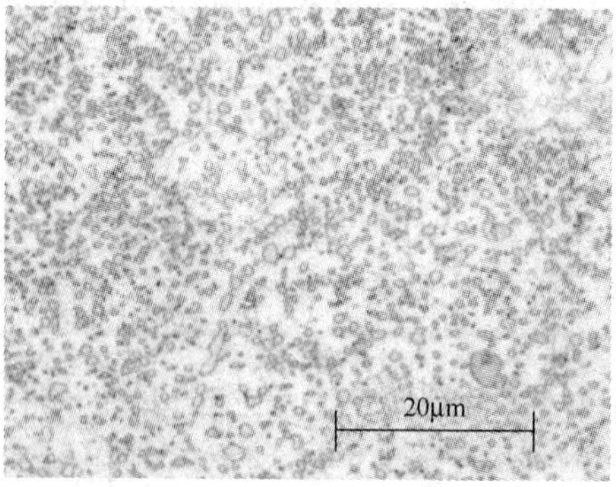

图 2—30　粒状珠光体　1000×

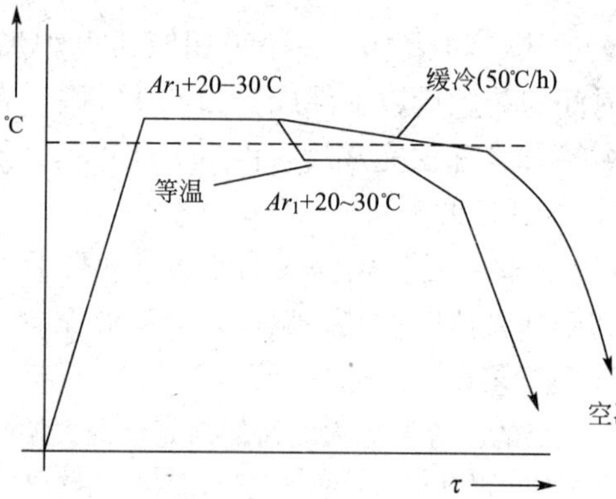

图 2—31　球化退火工艺示意图

◆ 等温球化退火：将钢件加热至 Ac_1 以上 20～30℃，保温 2～3h，然后冷至 Ar_1 以下 20～30℃等温 3～4h，然后随炉缓冷至 500℃以下出炉空冷，见图 2—31。主要用于合金工具钢、滚动轴承钢等。球化充分，周期较短，易控制，适宜大件。

表 2—7 列出了一些常见钢等温球化退火的工艺参数和退火后硬度。

表 2—7　一些常见钢等温球化退火的工艺参数和退火后硬度

钢号	加热保温温度/℃	等温温度/℃	等温时间/h	退火后硬度/ HBS
T8A	740～760	650～680	2～3	187
T10A　T12A	750～770	680～700	2～3	163～197
9SiCr	790～810	700～720	3～4	197～241
CrWMn	780～800	690～700	3～4	207～255
GCr15	790～810	680～710	3～4	207～229
Cr12MnV	850～870	720～750	3～4	207～255
W18Cr4V	850～880	730～750	4～5	207～255

4. 扩散退火（又称均匀化退火）

(1) 概念：将钢加热到略低于固相线的温度，长时间保温并进行缓慢冷却的热处理工艺。

(2) 目的和应用：减少钢锭、铸件或锻坯的化学成分和组织不均匀性。消除偏析。

(3) 扩散退火工艺：加热温度一般在钢的熔点以下100～200℃，保温时间一般为10～20h。随炉缓冷（碳钢≤100～200℃/h、合金钢≤50～100℃/h、高合金钢≤20～60℃/h）至350℃以下出炉空冷。

扩散退火后钢的晶粒粗大，因此要再进行完全退火或正火处理来细化晶粒。

5. 去应力退火

(1) 概念：是将钢件加热至低于 Ac_1 的某一温度，长时间保温并随炉缓慢冷却的热处理工艺，见图2—32。

(2) 目的和应用：为消除铸、锻、焊和机加工、冷变形、热处理等冷热加工在工件中造成的残留内应力。这种处理不会引起组织变化。

(3) 工艺：加热温度一般为500～650℃，应比最后一次回火温度低20～30℃。保温和冷却要看工件具体情况。不同工件去应力退火工艺参看表2—8。

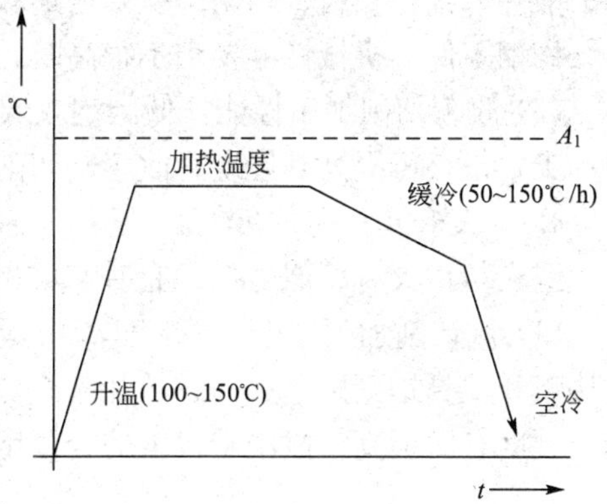

图2—32 去应力退火工艺示意图

表2—8 不同工件去应力退火工艺及低温时效工艺

工件类别	加热速度	加热温度/℃	保温时间/h	冷却速度
焊接件	≤300℃装炉 ≤100～150℃/h	500～550	2～4	炉冷至300℃ 出炉空冷
消除加工应力	到温装炉	400～550	2～4	炉冷或空冷
镗杆、精密轴承（38CrMoAl）	≤200℃装炉 ≤80℃/h	600～650	10～12	炉冷至200℃出炉（350℃以上冷速≤80℃/h）
精密丝杠（1、2级）	≤200℃装炉 ≤80℃/h	550～600	10～12	炉冷至200℃出炉（350℃以上冷速≤80℃/h）
一般丝杠、主轴（45、40Cr）	随炉升温	550～600	6～8	炉冷至200℃出炉
精密丝杠、量具（T10、GCr15、CrMn）	随炉升温	130～180	12～16	空冷（时效多在油浴中进行）

2.2.3.2 钢的正火

1. 概念

钢材或钢件加热到 Ac_3（对于亚共析钢）和 Ac_{cm}（对于过共析钢）以上30～50℃，保温适当时间后，在空气中（或以适当冷速）冷却的热处理工艺称为正火。

2. 正火后组织

亚共析钢为 F+S，共析钢为 S，过共析钢为 S+Fe_3C_{II}。

3. 目的和应用范围

(1) 作为预先热处理：可应用于低、中碳钢和某些低合金结构钢的铸、锻件来消除应力、魏氏组织和带状组织，细化和均匀组织。为后面的淬火或调质作组织准备。也可作为淬火返修件的预先热处理。对一些过共析钢可消除或减少网状碳化物，为球化退火作组织准备。

(2) 作为最终热处理：可应用于低、中碳钢（$\omega_C \leqslant 0.4\%$）和某些低碳合金结构钢的铸、锻件来细化晶粒、均匀组织、增加珠光体数量，从而提高强度、硬度和韧性。对于普通结构钢零件，机械性能要求不很高时，可用正火所得性能作为最终使用性能。

(3) 改善切削加工性能：低碳钢或低碳合金钢退火后硬度太低，韧性太好，不利于切削加工。正火可提高其硬度，改善其切削加工性能。

4. 退火和正火的选用

退火与正火有相似之处，有时又可相互替代，选用时可从以下三方面予以考虑：

(1) 从切削加工性上考虑：低、中碳钢和某些低碳合金结构钢，一般选用正火，高碳结构钢和工具钢则以退火为宜，如表 2—9 所示。对于合金钢，由于合金元素的加入，使钢的硬度有所提高，故中碳以上的合金钢一般都采用退火以改善切削加工性。

表 2—9　退火与正火后硬度比较

钢含碳量 / 工艺	优质碳素结构钢/HB			碳素工具钢/HB
	≤0.25%	0.25%～0.65%	0.65%～0.85%	0.7%～1.3%
退火	≤150	150～220	220～229	187～217（球化）
正火	≤156	150～228	230～280	229～341

(2) 从使用性能上考虑：如工件性能要求不高，不必淬火和回火，一般可用正火来提高其机械性能。如零件形状比较复杂，正火的冷却速度有形成裂纹的危险，应采用退火。

(3) 从生产成本上考虑：正火比退火的生产周期短，耗能少，且操作简便，故在可能的条件下，应优先考虑以正火代替退火。

5. 正火工艺

(1) 加热温度：亚共析钢 Ac_3+30～50℃，过共析钢 Ac_{cm}+30～50℃。常见钢的正火加热温度及硬度见表 2—10。

表 2—10　常见钢的正火加热温度及硬度

钢号	加热温度/℃	正火后硬度/HB	备注
35	860～900	146～197	
45	840～880	170～217	
20Cr	870～900	143～197	渗碳前的预备热处理
20CrMnTi	920～970	160～207	渗碳前的预备热处理
20MnVB	880～900	149～179	渗碳前的预备热处理
40Cr	870～890	179～229	

(续前表)

钢号	加热温度/℃	正火后硬度/HB	备注
40MnVB	860～890	159～207	正火后 680～720℃高温回火
50Mn2	820～860	192～241	正火后 630～650℃高温回火
40CrNiMoA	890～920	220～270	
38CrMoAlA	930～970	179～229	正火后 700～720℃高温回火
9Mn2V	860～880		消除网状碳化物
GCr15	900～950		消除网状碳化物
CrWMn	970～990		消除网状碳化物

(2) 保温时间：保温时间与装炉量、工件成分和尺寸等因素有关，与淬火工艺接近。工件一般采用工作温度或高于工作温度装炉。若重叠装料，应适当延长保温时间。

(3) 冷却：正火工件的冷却一般为空冷，大件正火也可采用风冷、喷雾冷却等，以获得预期的效果。

2.2.3.3 钢的淬火

淬火是钢的最重要、最有效的强化方法。它是一种复杂的热处理工艺，又是决定产品质量的关键工序之一。

1. 淬火概念

将钢加热到相变温度以上，保温一定时间，然后快速冷却以获得马氏体或下贝氏体（B下）组织的热处理工艺称为淬火。

2. 淬火的目的和应用

目的就是获得马氏体，再通过和回火相配合，使各种零件、刃具、模具和量具等得到高硬度、高耐磨性；使弹性元件获得弹性；使重要的结构件、模具等获得高强度等。

3. 淬火工艺

(1) 加热温度：亚共析钢：Ac_3＋(30～50℃)；过共析钢：Ac_1＋(30～50℃)，见图 2—33。

亚共析钢加热到 Ac_3 以下时，淬火组织中会保留自由铁素体，使钢的硬度降低。过共析钢加热到 Ac_1 以上两相区时，组织中会保留少量二次渗碳体，而有利于钢的硬度和耐磨性，并且，由于降低了奥氏体中的碳质量分数，可以改变马氏体的形态，从而降低马氏体的脆性。此外，还可减少淬火后残余奥氏体的量。若淬火温度太高，会形成粗大的马氏体，使机械性能恶化；同时也增大淬火应力，使变形和开裂倾向增大。

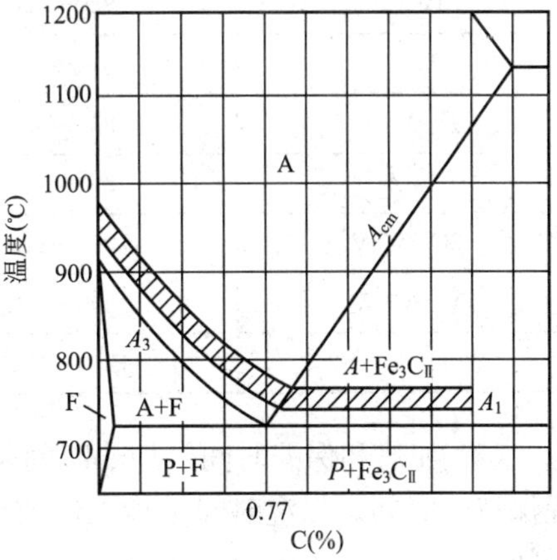

图 2—33 碳钢淬火温度范围

合金钢淬火加热温度适当提高。空气炉中加热比盐浴炉中加热温度适当提高 10～30℃，真空炉加热可取淬火温度下限；形状复杂、截面变化大、易变形开裂的工件，一般可选择淬火加热温度下限；低碳钢及中碳钢淬火可略高于淬火加热温度上限；采用冷速较慢的淬火介质（油、硝盐等）冷却时，淬火加热温度应取上限。等温淬火和分级淬火一般取淬火加热温度范围的上限或略高。常用钢种的淬火温度与淬火后的硬度见表 2—11。

表 2—11 常见钢的淬火加热温度及淬火后硬度

钢号	加热温度/℃	冷却剂	淬火后硬度（≥）/HRC
15，20（渗碳后）	780～800	水	59
45	820～850	水或盐水	50
T7～T12	770～800	水淬或水淬油冷	60
20Cr（渗碳后）	790～820	油淬或水淬油冷	55
20CrMnTi（渗碳后）	850～870 允许渗碳后直接淬火	油	55
38CrMoAlA（渗氮后）	930～950	油	55
40Cr	840～860	油淬或水淬油冷	50
40MnVB	830～850	油	45
40CrMnMo	850～870	油	52
35CrMoSiA	880～900	油	45
35CrMo	830～860	油	45
42CrMo	840～860	油	45
50CrVA	850～870	油	52
CrWMn	830～850 820～840	硝盐	60
		油	60
60Si2Mn	840～870	油	60
GCr15	830～850	油	60
9SiCr	850～870	油、硝盐	60
5CrNiMo	830～850	油	52
65Mn	790～820	油	55
3Cr2W8V	1050～1100	油	50
W18Cr4V	1200～1300	油或熔盐	63
W6Mo5Cr4V2	1210～1240	油或熔盐	63

（2）加热和保温时间：加热时间是指从工件装炉合闸通电加热起至出炉的整个加热过程保持的时间。保温时间是指工件加热到最高温度时等温保持的时间。加热时间包含保温时间。

加热时间与工件的有效厚度、钢种、装炉方式、装炉量、装炉温度、加热炉种类等因素有关。工件加热时间可按下列公式计算：

$$t=K\alpha D$$

式中：t——加热时间（min）；

K——反映装炉时的修正系数，通常在 1.0～1.3 范围内选取；

α——加热系数（min/mm），加热系数 α 可根据钢种与加热介质和温度参照表 2—12 选取。

D——工件有效厚度（mm）。（圆棒形工件以直径计算；扁平工件以厚度计算；实心圆锥体按离大端 1/3 高度处的直径计算；阶梯轴或截面有突变的工件，按较大直径或较大截面计算；当工件形状较复杂时，应以工件的主要部分的有效厚度计算；垫圈类工件：$H \leqslant 1.5(D-d)/2$ 时，以 H 为有效厚度，H 为工件的高度或厚度，D 为工件的外径，d 为工件的内径。）

表 2—12　加热系数 α 的选用

加热设备	加热系数 α			
	碳素钢	合金钢	高合金钢	铸铁
500～650℃箱式电炉预热			1～1.5min/mm	
780～900℃盐浴炉加热或预热	15～20s/mm	20～25s/mm	20～30s/mm	40～50s/mm
1000～1050℃高温盐浴炉加热			20～25s/mm（需经预热）	
1200～1300℃盐浴炉加热			8～15s/mm（需经预热）	
780～900℃箱式或井式电炉加热	0.7～0.8min/mm	0.9～1.0min/mm		2～3min/mm
960～980℃盐浴炉快速加热	齿轮、蜗杆：6～12s/mm；一般工件：4～8s/mm			

（3）淬火冷却：

淬火冷却是决定淬火质量的关键，为了使工件获得马氏体组织，淬火冷却速度必须大于临界冷却速度 $V_{临}$，而快冷又会产生很大的淬火应力，导致钢件的变形与开裂。因此，淬火工艺中最重要的一个问题是既能获得马氏体组织，又要减小变形、防止开裂。冷速不能过大又不能过小，理想的冷却速度应是如图 2—34 所示的速度，但目前为止还没有找到十分理想的冷却介质能符合这一理想的冷却速度的要求。为此，合理选择冷却介质和冷却方法是十分重要的。

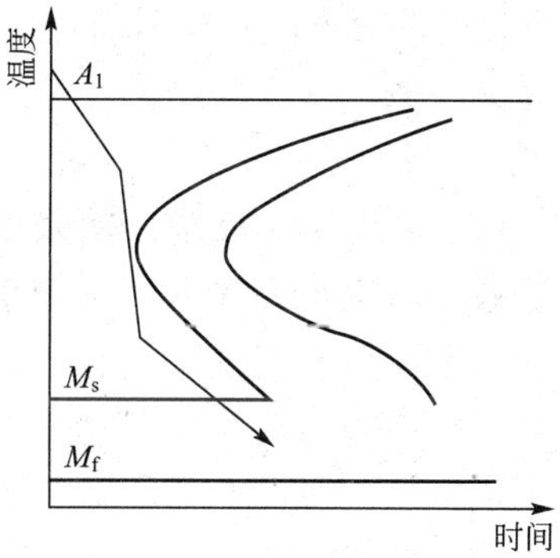

图 2—34　理想淬火冷却曲线

◆ 常用的冷却介质：

● 水：水在 650～550℃范围内具有很大的冷却速度（>600℃/s），可防止珠光体的转变，但在 300～200℃时冷却速度仍很快（约为 270℃/s），这时正发生马氏体转变，如此高的冷速，必然会引起淬火钢的变形和开裂。提高水温又容易发生珠光体转变，所以淬火用水的温度控制在 30℃以下。水在生产上主要用于形状简单、截面较大的碳钢零件的淬火。

● 盐水和碱水：在水中加入 10%的盐（NaCl）或碱（NaOH），可将 650～550℃范围内的冷却速度提高到 1100℃/s 以上，但在 300～200℃范围内冷却速度基本不变，由于冷却能力强，工业上常用盐水作为大批量、形状简单碳钢件的淬火冷却介质。

● 矿物质油：机油和柴油等也是工业上应用非常普遍的淬火介质，其优点是在 300～200℃范围内冷却能力低（约为 20℃/s），有利于减少工件的变形开裂倾向；缺点是在

650～550℃范围内冷却能力较低（约为 150℃/s），不利于钢的淬硬，所以一般用作淬透性好的合金钢的淬火介质。

● 碱浴和硝盐浴：这些介质主要用于分级淬火和等温淬火。其特点是沸点高，冷却能力介于水和油之间。常用于处理形状复杂、尺寸较小、变形要求严格的工具等。常用碱浴、硝盐浴的成分、熔点及使用温度见表 2—13。

表 2—13　常用碱浴、硝盐浴的成分、熔点及使用温度

熔盐	成分	熔点/℃	使用温度/℃
碱浴	80%KOH+NaOH+6%H_2O	130	140～250
硝盐	55%KNO_3+45%$NaNO_2$	137	150～500
硝盐	55%KNO_3+45%$NaNO_3$	218	230～550
中性盐	30%KCl+20%NaCl+50%$BaCl_2$	560	580～800

● 其他淬火介质：其他淬火介质还有聚乙烯醇水溶液（浓度为 0.1%～0.3%）和三硝水溶液（25%$NaNO_3$+20%KNO_3+20%$NaNO_2$+35%H_2O）等，它们的冷却能力介于水与油之间，适用于油淬不硬，而水淬开裂的碳钢零件。也适用于表面淬火零件。

4. 淬火方法

为了使工件淬火得到马氏体并防止变形和开裂，单靠选择淬火介质是不行的，还必须采取正确的淬火方法。最常用的淬火方法有如下四种：见图 2—35，（1）单介质淬火，（2）双介质淬火，（3）分级淬火，（4）等温淬火。

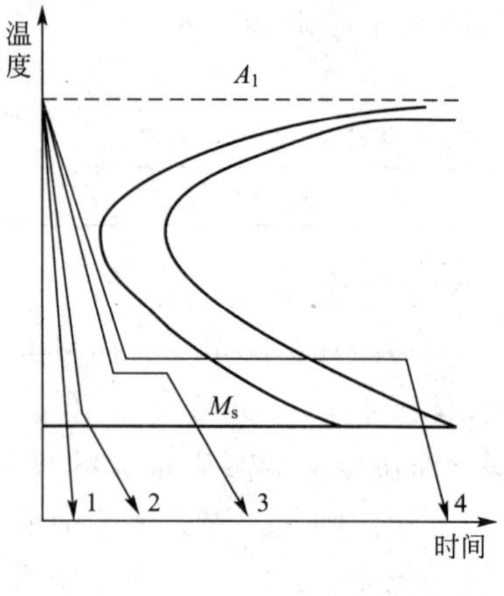

图 2—35　不同淬火方法示意图

（1）单介质淬火法：是采用一种介质冷却的淬火方法，如碳钢水冷淬火，合金钢油冷淬火。这种方法操作简单，容易实现机械化，自动化。缺点是水淬变形开裂倾向大；油淬冷却速度小，淬透直径小，大件淬不硬，易产生硬度不足或硬度不均等现象。

（2）双介质淬火法：将加热的工件先在快速冷却的介质中冷却到 300℃左右，立即转入另一种缓慢冷却的介质中冷却至室温的方法。其目的是降低马氏体转变时的应力，减少工件变形开裂倾向。如水—油双液淬火，即先在水中冷却到 300℃后立即转入油中冷却，适合形状复杂的碳钢工件或大截面合金钢件。一般合金钢则采用油淬空冷，即先在油中冷却后在空气中冷却，也可减少工件变形开裂倾向。

（3）分级淬火法：将加热保温后的工件先放入温度稍高于 M_s 的硝盐浴或碱浴中，保温 2～5min，使零件内外温度均匀后，立即取出在空气中冷却的方法。其目的可以减少工件内外的温差和减慢马氏体转变时的冷却速度，从而有效地减少内应力，减少工件变形和开裂倾向。但由于硝盐浴或碱浴的冷却能力低及盐浴炉的规格受限制，因此只能适用于零件尺寸较小，尺寸精度高，要求变形小的工件，如精度高的小型模具、刀具等。

（4）等温淬火法：将加热保温后的工件放入温度稍高于 M_s 的硝盐浴或碱浴中，

保温足够长的时间使其完成B转变。从而获得B下组织的淬火方法。其目的是降低钢件的淬火应力，减少变形，适用于处理形状复杂、精度高、要求硬度较高、韧性好的小件，如弹簧、螺丝刀、螺栓、小齿轮、轴及丝锥等。缺点是生产周期长、生产效率低。

5. 钢的淬透性与淬硬性

(1) 钢的淬透性。

淬透性是指钢接受淬火时形成马氏体的能力及在淬火时获得淬硬层深度的能力。

含义解析：不同的钢在同样的淬火冷却条件下有的能得到马氏体、有的不能得到马氏体，说明不同的钢接受淬火时形成马氏体的能力不同，较慢冷速就能得到马氏体的钢淬透性好；不同的钢在同样的淬火条件下淬硬层深度不同，说明不同的钢淬透性不同，淬硬层越深的钢淬透性越好。

淬硬层深度：从淬硬的工件表面至50%马氏体组织的垂直距离定为淬硬层深度。

钢淬火时，表面冷却速度最快，越到中心冷却速度越慢，形成的马氏体数量越少，在距表面某一深度处的冷却速度小于该钢的马氏体临界冷却速度，则将有非马氏体组织出现。如图2—36所示，半马氏体组织比较容易由显微镜或硬度的变化来确定。淬火组织中含非马氏体组织量不多时，硬度变化不大；非马氏体组织量增至50%时，硬度陡然下降，曲线上出现明显的转折点，如图2—36和图2—37所示。

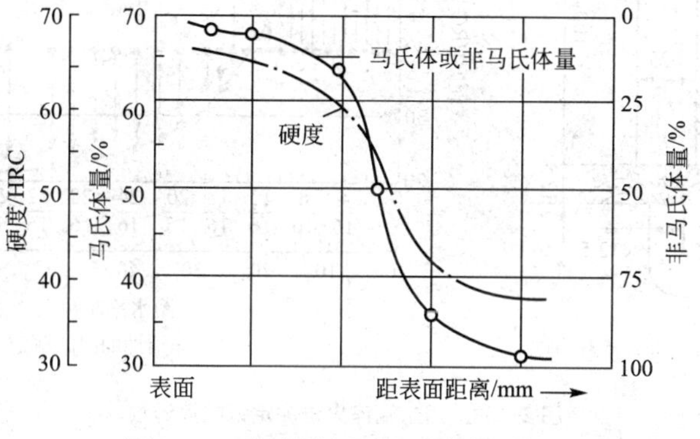

图2—36 冷速和淬硬层深度变化示意图

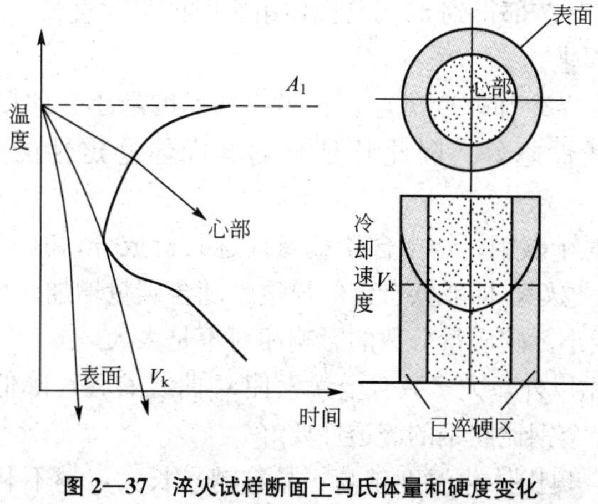

图2—37 淬火试样断面上马氏体量和硬度变化

1）淬透性的测定。

① 末端淬火法

淬透性曲线：用“末端淬火法”来测定标准试样沿长度方向上的硬度变化所得的曲线。

淬透性曲线的测绘方法：将标准试样（ϕ25mm×100mm）加热奥氏体化后，迅速放入末端淬火试验机的冷却孔中，喷水冷却。规定喷水管内径12.5mm，水柱自由高度65±5mm，水温20～30℃，如图2—38a所示。显然，喷水端冷却速度最大，距末端沿轴向距离增大，冷却速度逐渐减小，其组织及硬度亦逐渐变化。在试样侧面沿长度方向磨一深度0.2～0.5mm的窄条平面，然后从末端开始，每隔一定距离测量一个硬度值，即可测得试样沿长度方向上的硬度变化，所得曲线称为淬透性曲线，如图2—38b所示。

淬透性值：钢的淬透性值用J. HRC/d表示。其中J表示末端淬火试验，d表示距水冷端的距离，HRC为该处的硬度。例如，淬透性值J. 50/6表示距水冷端6mm，试样硬度为50HRC。

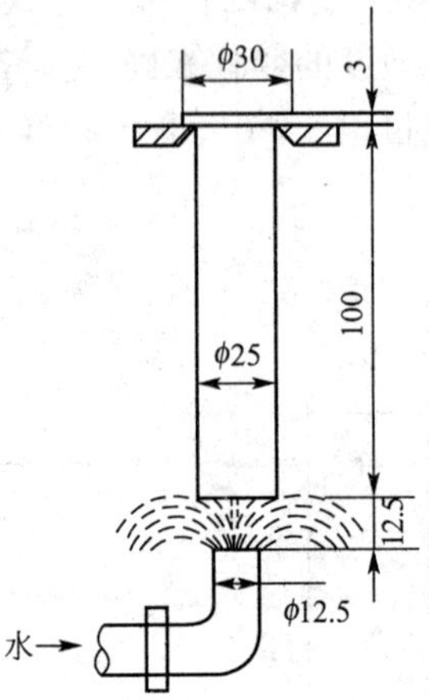

(a) 试样尺寸及冷却方法

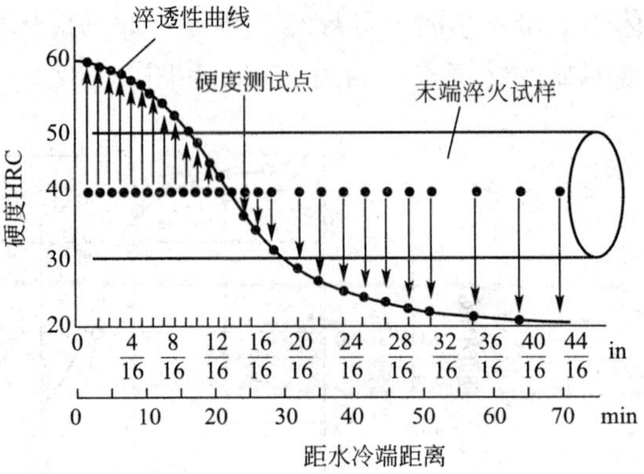

(b) 淬透性曲线的测定

图2—38 用末端淬火法测定钢的淬透性

② 确定临界直径法：用临界直径D_c也能直观地衡量淬透性。所谓临界直径是指钢材在某种介质中冷却后，其芯部得到50%马氏体组织时的最大直径。

2）影响淬透性的因素。

钢的淬透性由其临界冷却速度决定。临界冷却速度越小，即奥氏体越稳定，C曲线右移越多，则钢的淬透性越好。因此凡是影响奥氏体稳定性的因素，均影响钢的淬透性。

① 碳质量分数：对于碳钢，钢中含碳量越接近共析成分，其C曲线越靠右，临界冷却速度越小，则淬透性越好，即亚共析钢的淬透性随含碳量增加而增大，过共析钢的淬透性随含碳量的增加而减小。碳质量分数的影响相对不是太大。

② 合金元素：除钴以外，大多数合金元素使C曲线右移，降低临界冷却速度，提高钢的淬透性，因此，合金钢比碳钢的淬透性要好。

③ 奥氏体化温度：奥氏体化温度越高，晶粒越易长大，越不利于珠光体的形核，降

低钢的临界冷却速度，增加其淬透性。但实际生产中要慎用，防止变形开裂等问题。

④ 钢中未溶第二相：钢中未溶入奥氏体中的碳化物、氮化物及其他非金属夹杂物，可成为奥氏体分解的非自发核心，使临界冷却速度增大，降低淬透性。

3）淬透性的应用意义。

① 淬透性是机械零件、模具等设计时选择材料的重要依据。

利用淬透性曲线，可比较不同钢种的淬透性。淬透性好的钢如 40CrNiMo 经调质处理后，整个或大部分截面都是回火索氏体，机械性能均匀，强度高，韧性好。适用于截面较大、形状复杂以及受力复杂和重载的螺栓、拉杆、锻模、锤杆、齿轮、轴等工件，以及中大型的模具、刀具和量具等。

② 淬透性是制定热处理工艺的重要依据。

淬透性好的钢，热处理工艺性好，可采用较缓慢的冷却介质进行淬火，变形开裂倾向小，因此，对形状复杂，精度高、易变形开裂的零件、刀具、模具和量具等，应选用淬透性好的钢，有利于热处理工艺的实施，从而保证工件的质量。

（2）钢的淬硬性。

淬硬性：钢淬火时获得高硬度的能力。不同的钢在同样的淬火冷却条件下有的钢硬度高，有的钢硬度低，说明不同的钢获得高硬度的能力是不同的。钢的淬硬性主要取决于马氏体的含碳量，即取决于淬火时溶解在奥氏体中的碳含量。显然，钢的碳含量越高，淬火后其硬度越高，其原因在前节已有过描述。

淬硬性是机械零件、工具等设计时选择材料的重要依据。淬硬性好的钢，淬火时可获得高硬度，可以满足要求高硬度、高耐磨性的各种零件、刀具、模具、量具等的需要。淬硬性差的钢，一般只用于要求强度、韧性好的零件、模具等。

2.2.3.4　钢的回火和调质

回火：是把淬火后的零件加热到 Ac_1 以下的某一温度，适当保温后，冷却到室温的热处理工艺。

基本原则：淬火后的零件必须要回火。其原因是：淬火钢硬度高，脆性大，存在着淬火内应力，性能不能满足各种零件性能的需要，且淬火后 M 和 A' 组织是不稳定的，在室温下就能缓慢分解，产生体积变化而导致工件变形。这对精密零件是不允许的。因此，淬火后的零件必须进行回火才能使用。

1. 回火的目的

（1）消除或降低淬火产生的组织应力、热应力和脆性，防止变形和开裂。

（2）稳定组织，从而稳定尺寸和形状，保证各种零件、工具精度和尺寸的稳定性。

（3）通过不同温度的回火，来调整淬火件达到所需要的强度、硬度、韧性、塑性和弹性。

2. 钢在回火时的组织转变

回火时的加热和保温将促使淬火马氏体与残余奥氏体向稳定组织转变，随着回火温度的提高，淬火钢的组织转变可分为四个阶段：

（1）马氏体的分解（200℃以下）。

当温度在 100～200℃时，固溶在马氏体中的过饱和的碳以 ε 碳化物析出，使马氏体过饱和度减小，正方度降低。但仍是碳在 $\alpha-Fe$ 中的过饱和固溶体，通常把这种过饱和

α-Fe+ε 碳化物的组织称为回火马氏体 M′（见图 2—39）。在显微镜下高碳回火马氏体为黑针状，低碳回火马氏体为暗板条状，中碳回火马氏体为两者的混合物。这一阶段内应力逐渐减小。

（2）残余奥氏体分解（200～300℃）。

随着温度升高，马氏体不断分解，残余奥氏体开始发生分解。在 200～300℃转变为与回火马氏体形态近似的下贝氏体。而 α 固溶体中仍含有 0.15%～0.20%C，此时的组织主要是回火马氏体。

（3）渗碳体的形成（250～400℃）。

随着温度继续升高。碳原子析出、扩散能力增强，过饱和 α 固溶体含碳量下降至正常含碳量，转变为铁素体。但形态仍是马氏体针叶状形态，而亚稳定状态的 ε 碳化物也逐渐转变为稳定的细颗粒状的渗碳体，这种由针叶状 F 和极细粒状渗碳体组成的机械混合物称为回火屈氏体（见图 2—40），这阶段马氏体的内应力大大降低。

（4）渗碳体聚集长大（400℃以上）。

当温度继续升高，内部组织发生回复和再结晶转变时，产生位错密度较低的铁素体等晶粒，而渗碳体也不断聚集长大，固溶强化作用逐渐减弱。回火温度越高，渗碳体质点越大，弥散度越小，则钢的硬度和强度越低，塑性、韧性较高。此时的组织主要是回火索氏体（见图 2—41）。

图 2—39　回火马氏体

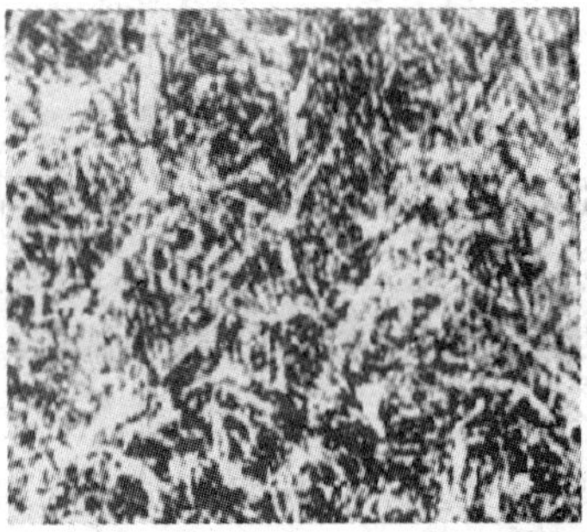

图 2—40　回火屈氏体

图 2—41　回火索氏体

3. 钢在回火时的性能变化

基本规律：随着回火温度的升高，淬火件的硬度和强度下降，塑性、韧性升高。如图 2—42 所示，是 40 号钢随回火温度升高其力学性能的变化规律。

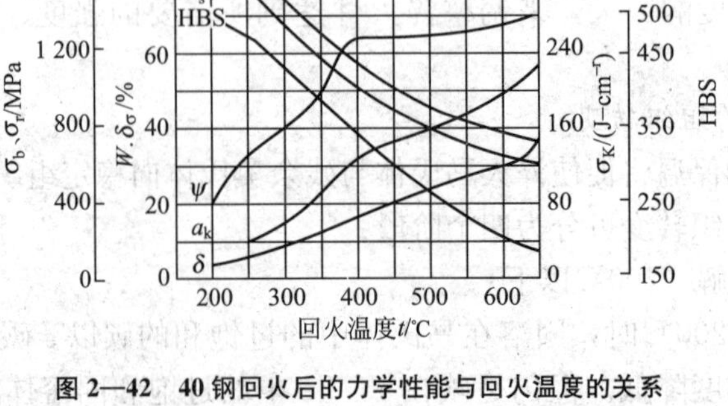

图 2—42　40 钢回火后的力学性能与回火温度的关系

◆ 不同的钢回火稳定性不一样，其性能变化规律也是不一样的，而这些变化规律也是制定钢淬火回火工艺规范的重要依据。它们在钢手册中会以曲线和列表的形式体现出来。

◆ 回火稳定性是指钢随回火温度的升高，抵抗硬度和强度下降的能力。碳钢回火稳定性最差，合金钢优于碳钢，尤其高合金工具钢则更好，如高速钢。

◆ 回火组织与过冷奥氏体直接分解的组织相比，均具有较优的性能。在硬度相同时，回火马氏体比淬火马氏体塑性和韧性要好。回火屈氏体与回火索氏体比屈氏体、索氏体具有较高的强度、塑性和韧性。其主要原因是过冷奥氏体直接分解出来的是片状渗碳体，而回火转变的是粒状渗碳体。片状渗碳体在受力时易产生应力集中，脆性大且易形成裂纹。

4. 钢的回火脆性

回火脆性：淬火钢在某些温度区间回火或从回火温度缓慢冷却通过某温度区间时，冲击韧性值显著下降的现象。回火脆性有以下两种：

(1) 第一类回火脆性。淬火后的钢，在300℃左右回火时，其韧性下降、脆性增大的现象。

◆ 产生原因：在300℃左右薄片状碳化物沿马氏体板条或针叶间界面析出，形成脆性薄壳，从而破坏了马氏体之间的连接，导致了冲击韧性的降低。

◆ 措施：目前尚无有效方法来完全消除第一类回火脆性，只有尽量避开该回火温度范围。

(2) 第二类回火脆性。在500～650℃温度范围内回火或经更高温度回火后缓慢冷却通过该温度区间时，冲击韧性值下降的现象。

◆ 产生原因：一般认为是由于某些杂质元素（如磷、锡、锑等）沿奥氏体晶界偏聚，削弱了晶界上原子间的结合力，使钢变脆，或者是由于某些化合物（如铬、锰的碳化物、氮化物等）沿晶界析出，降低了晶界的强度所致。

◆ 措施：回火后快冷（水或油中冷却）或在钢中加入适量的钼、钨等元素来消除或延缓杂质元素在晶界的偏聚。如果工件已产生回火脆性，可重新加热到550℃以上，然后快速冷却即可消除脆性。

5. 钢的回火方法及应用

根据回火温度的不同，回火方法主要有以下三种。

(1) 低温回火。回火温度150～250℃，回火组织是回火马氏体。硬度一般大于58HRC。

◆ 目的：降低钢的淬火应力和脆性，提高韧性，并保持淬火后的高硬度和高耐磨性。

◆ 应用：适用于各种要求高硬度和高耐磨性的刃具、量具、模具、滚动轴承，以及渗碳、表面淬火的零件。

(2) 中温回火。回火温度范围为350～500℃，回火组织是回火屈氏体。硬度为35～45HRC。

◆ 目的：获得高的弹性极限和屈服强度，并具有一定的韧性和疲劳抗力。

◆ 应用：主要应用于各种弹簧钢制造的各类弹簧及要求高屈服强度的结构件和模具等。

(3) 高温回火。回火温度范围为500～650℃，回火组织是回火索氏体。硬度为

25～35HRC。

◆ 调质：钢淬火后高温回火称为调质处理。

◆ 目的：获得较高的强度及良好的塑性和韧性。具有综合性能好，强韧性好的特点。

◆ 应用：广泛应用于处理各种重要的零件，特别是受交变和冲击载荷的各种轴、连杆、曲轴、齿轮等。也常作为精密零件、模具、量具、表面淬火件、渗氮件的预备热处理，以获得均匀组织、减小淬火变形，并保证其芯部具有良好的强韧性。

6. 时效

(1) 时效种类：包括自然时效和人工时效。

◆ 自然时效：将工件长时间（一般 60～360 天）放置在室温或露天条件下，不需任何加热的工艺方法。

◆ 人工时效：将工件加热至低温（钢一般 100～150℃，铸铁 500～600℃），经长时间（8～15h）保温后，缓慢冷却到室温的工艺方法。

(2) 目的：消除各种内应力，减少工件在加工和使用过程中的变形和开裂倾向。稳定工件尺寸，保证其在长期使用过程中的尺寸精度。

(3) 应用：主要用于精密的工具、量具、模具和滚动轴承等精度要求高的机械零件，及大型铸、锻、焊件等。

2.2.4 钢的表面热处理

机械产品中，有许多零件在弯曲、冲击、扭转载荷下工作，同时还承受磨损和交变应力的作用。因此零件的性能要求较复杂，单靠选材或普通热处理满足不了其性能的要求。表面热处理则是满足这类零件性能要求的工艺方法之一。它仅对钢的表面加热、冷却而不改变其成分，即表面淬火。

表面淬火：是利用快速加热使钢件表面奥氏体化，当热量还没有传导到工件内部时迅速予以冷却，表层被淬硬为马氏体，而芯部仍保持原来预先热处理组织的工艺方法。

表面淬火的目的：使工件获得较一定的淬硬层深度，及表面高硬度、高耐磨性、高的疲劳强度，而工件芯部具有良好的强韧性。

应用：广泛应用于承受交变、冲击、扭转、弯曲、表面磨损等复杂载荷的各种齿轮、轴、销、杆、凸轮、导轨、铲刀板等工件。

种类：按照加热的方式，表面热处理分为感应加热、火焰加热、激光加热、电接触加热和电解加热等，最常用的是感应加热和火焰加热表面淬火。

2.2.4.1 感应加热表面淬火

1. 感应加热表面淬火的基本原理

当给感应圈通以交流电时，在其内部和周围产生一个与电流相同频率的交变磁场。处于该磁场中的工件内部将会产生感应电流，由于交流电的集肤效应和邻近效应，靠近工件表面的感应电流密度大，而中心几乎为零。所以形成了一个电流透入深度，并产生电阻热来使工件表层快速加热，再经过快速冷却，从而达到工件表面淬火的目的，如图 2—43 所示。

电流透入工件表层的深度，与电流频率有关。对于碳钢：感应加热的深度 $\Delta_{热}$ 与电流频率 f 之间有如下经验公式：

$$\Delta_{热} \approx \frac{500-600}{\sqrt{f}}$$

式中，$\Delta_{热}$为电流透入深度（mm），f为电流频率（Hz）。

不同频率，可得到不同的加热层深度。f越大，电流透入深度越小，表层电流密度越大，加热速度越快，加热层也越薄。快速冷却时，得到的淬硬层深度δ也越浅。f越小，则相反。

淬硬层深度δ与电流透入深度的关系一般为：$1/4\Delta_{热}<\delta<\Delta_{热}$，即$\delta$不应小于$\Delta_{热}$的1/4，而以电流透入深度$\Delta_{热}$的1/2为佳。

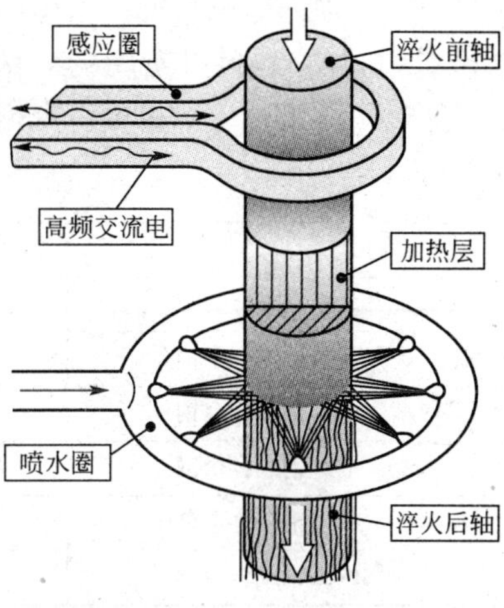

图 2—43　连续感应加热和冷却过程

2. 感应加热表面淬火方法

按所用电流频率的不同，感应加热表面淬火主要分为以下四种：

（1）高频淬火：电流频率在100～1000kHz进行的感应加热表面淬火。

◆ 应用范围：适用于淬硬层深度为0.5～2mm的各种零件，如中小型的轴、销、杆、套类件；小模数齿轮，如机床齿轮；机床导轨和主轴等。

（2）中频淬火：电流频率在1～10kHz进行的感应加热表面淬火。

◆ 应用范围：适用于淬硬层深度为3～15mm的各种零件，如中大型的轴、销、杆、套类件；中大模数齿轮，如工程机械、拖拉机用齿轮、凸轮轴；推土机和平地机铲刀板等。

（3）工频淬火：电流频率在50kHz进行的感应加热表面淬火。

◆ 应用范围：适用于淬硬层深度大于15mm的大型的轧辊和轴类件。

（4）超音频淬火：电流频率在20～100kHz进行的感应加热表面淬火。

◆ 应用范围：应用于淬硬层深度为1～2.5mm的凸轮、链轮及模数为3～6的齿轮等。

图 2—44　花键轴连续感应加热和冷却过程

3. 感应加热表面淬火工艺规范

（1）加热方法。

感应加热淬火有同时加热一次淬火和移动加热连续淬火（见图2—44）两种方法。二者可视设备条件和零件种类选择。

◆ 硬化区短的轴类零件、模数小于5及齿宽不大的齿轮，一般采用同时加热一次淬火。

◆ 较长的轴类、销类零件，内孔淬火零件，齿宽大的中模数齿轮，板条状零件，如铲刀板，可采用移动加热连续淬火方法。

◆ 特大齿轮等亦可采用单齿连续淬火方法。

（2）加热参数。

◆ 淬火温度是指感应加热时零件表面的加热温度。它和钢的成分、原始组织和加热速度等因素有关。由于感应加热速度快，为完成奥氏体化转变，淬火温度应比一般热处理的淬火温度高30～50℃，如果温度过高，易造成组织粗大、变形开裂、力学性能降低等不良后果。淬火温度过低，则组织转变不完全，降低硬度和强度。推荐的感应淬火加热温度见表 2—14。如材料为含 Cr、Mo、W、V 等多种元素的合金钢时，其淬火温度要再高些。实际生产中，一般也可以根据经验或试淬来确定。

表 2—14　钢和铸铁的感应加热淬火温度

材料	淬火温度/℃	材料	洋火温度/℃
ω_C 0.30%的碳钢或合金钢	900～930	$\omega_C \geqslant$0.90%的碳钢或合金钢	820～840
ω_C 0.35%的碳钢或合金钢	900	3Cr13	1090～1150
ω_C 0.40%的碳钢或合金钢	870～900	灰铸铁	870～890
ω_C 0.45%的碳钢或合金钢	870～900	可锻铸铁	870～930
ω_C 0.50%的碳钢或合金钢	870	球墨铸铁	900～930
ω_C 0.60%的碳钢或合金钢	840～870		

◆ 加热时间和速度：要根据零件的材料、技术要求、形状、尺寸、电流频率、比功率、感应器与工件的间隙、感应器效率等多种因素而定。在实际生产中在给定的功率下以能达到的零件的表面硬度、硬化层深度和金相组织等技术要求为准来确定。

◆ 电参数：感应加热的输出功率取决于设备的类型、频率，以及各种电压、电流、功率因子等电参数的调整。合理的调整可保证输出功率正确有效，从而保证加热温度和加热速度及淬硬层深度，最终保证表面淬火质量。

(3) 冷却方法及冷却介质。

◆ 冷却方法：感应加热的淬火冷却方式通常采用喷射冷却和浸入冷却。一般连续加热淬火采用连续喷射冷却，同时加热一次淬火则采用浸入冷却或一次整体喷射冷却。

◆ 冷却介质：根据淬火零件的材料、几何形状可分别选用水、油、聚乙烯醇水溶液及聚醚水溶液等为淬火液。推荐用水溶性合成淬火介质取代油。水和聚乙烯醇水溶液适合喷射冷却，油只适用于合金钢的埋油冷却。

(4) 回火：感应加热淬火的零件常用的回火方法有自行回火、炉中回火和感应回火。

◆ 自行回火：是采用控制零件淬火冷却时不冷透，利用余热来回火的方法。

◆ 炉中回火：将工件放入加热炉中加热（一般 150～200℃），保温（1.5～2h），然后出炉空冷至室温。如表面淬火件不要求高硬度，回火温度可按正常回火温度执行。

◆ 感应回火：采用低的电流频率和比功率来感应加热进行回火的方法。

工业生产中，批量件一般都采用炉中回火，质量稳定。小批量时可采用另外两种方法，能提高生产效率、节约能源，但质量有一定的不稳定性。且不适合小尺寸的零件。

4. *感应加热表面淬火适用的金属材料*

(1) 中碳钢和中碳低合金钢：即各类调质钢，如 40、45、40Cr、40MnB、40CrMo 钢等。

这类钢经预先热处理（正火或调质）后表面淬火，芯部保持较高的综合机械性能，而表面具有较高的硬度、耐磨性和疲劳强度。

(2) 铸铁：如球墨铸铁、可锻铸铁、灰铸铁及合金铸铁。

也有一些高碳钢也可表面淬火，主要用于受较小冲击和交变载荷的工具、量具等。

5. 感应加热表面淬火的工艺特点

(1) 表面的硬度和耐磨性比一般淬火要高。

高频感应加热时，过热度大，因此晶核多，且不易长大，淬火后组织为细隐晶马氏体。其硬度比一般淬火马氏体高2～3HRC，而且脆性较低。

(2) 能提高表面的疲劳强度。

表面层淬得马氏体后，由于体积膨胀使工件表层形成较大的残余压应力，显著提高工件的疲劳强度。小尺寸零件可提高2～3倍，大件可提高20%～30%。

(3) 加热速度快，氧化脱碳少，工件的淬火变形也小。

(4) 加热温度和淬硬层厚度容易控制，便于实现机械化和自动化。

由于以上特点，感应加热表面淬火在机床、汽车、工程机械、矿山机械等制造行业的热处理生产中得到了广泛的应用，其缺点是设备较贵，形状复杂的零件实现表面淬火较困难。

2.2.4.2 火焰加热表面淬火

火焰加热表面淬火：是用乙炔一氧或煤气一氧等燃烧火焰加热工件表面，并快速冷却的淬火方法。其目的与表面淬火一致。

1. 火焰加热表面淬火的特点

火焰加热表面淬火和高频感应加热表面淬火相比，具有设备简单，场地灵活、成本低，操作方便灵活等优点。缺点是生产率低，劳动强度大，零件表面容易过热，淬火质量不易控制。表面硬度和淬硬层深度不均匀和不稳定。

2. 火焰加热表面淬火的应用范围

主要适用于各种形状的单件、小批量生产及大型零件（如大型齿轮、轴、轧辊等）的表面淬火或者局部淬火。

3. 火焰加热表面淬火的过程及操作注意事项

(1) 淬火前准备：使用的主要设备有喷枪、喷嘴、乙炔发生器、氧气瓶、淬火机床等。淬火件要做预先热处理如正火或调质；淬火前对工件进行检查和清理。

(2) 预热：对合金钢件、铸钢件、铸铁件可提前预热，减少变形开裂倾向。

(3) 淬火加热：火焰加热表面淬火温度比常规淬火温度要高，一般在 $Ac_3+(80\sim100℃)$，常取880～950℃。操作时多凭经验及调整喷嘴移动速度来控制。

(4) 冷却：冷却介质多采用水或聚乙烯醇水溶液。冷却方式与感应加热淬火冷却方式类似，如连续喷射冷却是将喷水嘴置于喷火嘴的下方，从而实现连续加热和连续冷却。

(5) 回火：淬火后应立即回火，以消除应力，防止变形开裂。回火温度根据硬度要求来定，一般为180～200℃，保温时间一般为1～2h。

2.2.5 钢的化学热处理

2.2.5.1 概述

能够满足零件承受复杂载荷性能要求的工艺方法除了表面淬火外还有化学热处理。而且化学热处理比表面淬火在性能等方面有独特的优势。

(1) 概念。化学热处理是把钢件放在含有预渗元素的活性介质中，加热到预定的温度，保温一定的时间，使该元素渗入到工件的表层中，从而改变表层的成分、组织、性能的工艺方法。

(2) 目的：使工件获得表面高硬度、高耐磨性、高的疲劳强度，而工件芯部具有良好的强韧性。还可提高零件的抗腐蚀性、抗氧化性等。

(3) 应用：广泛应用于承受交变和冲击载荷、表面磨损等复杂载荷的各种零件。

(4) 化学热处理的基本原理。大多数化学热处理方法的物理化学过程基本相同，都要经过分解、吸收和扩散三个过程。

◆ 介质分解：加热时炉内的化学介质分解，释放出欲渗入元素的活性原子。

◆ 表面吸收：分解出的活性原子在钢件表面被吸收并溶解，超过溶解度时则形成化合物。

◆ 原子扩散：渗入的原子在浓度梯度的作用下由表向里扩散，形成一定厚度的扩散层。

形成的渗层使钢表层的化学成分发生了很大的变化，有的化学热处理还需进行淬火、回火等热处理工艺才能提高工件表面的性能，有的则直接提高了工件表面的性能。

(5) 种类：按照表面渗入的元素不同，化学热处理可分为渗碳、渗氮、碳氮共渗、渗硼、渗铝、渗铬等。

2.2.5.2 钢的渗碳处理

渗碳：将钢件在渗碳介质中加热并保温，使碳原子渗入钢件表层的化学热处理工艺。

目的：为了增加钢件表层的碳质量分数和获得一定碳浓度梯度，再经过淬火和回火后，可提高钢件表面的硬度、耐磨性和疲劳强度，而使芯部仍保持良好的强韧性和塑性。

应用：用于承受大的交变接触应力、严重磨损和较大冲击载荷的零件，例如各种变速变向齿轮、凸轮轴、活塞销、套筒、缸套等。

渗碳用钢：$\omega_C=0.15\%\sim0.25\%$的低碳钢和低碳合金钢，如 20、20Cr、20CrMnTi、20Cr2Ni4A、20SiMnVB 等。

渗碳工艺种类：主要有气体渗碳、固体渗碳、液体渗碳、真空渗碳、高频加热渗碳等。

1. 气体渗碳

(1) 气体渗碳过程。

将工件置于密封的气体渗碳炉（见图 2—45）中，加热到 900～950℃，向炉内滴入易分解的有机液体（如煤油、甲醇、丙酮等），或直接通入渗碳气体（如煤气、石油液化气等），通过一系列反应产生活性碳原子，在保温过程中，活性碳原子被工件表面吸收、扩散，形成渗碳层。

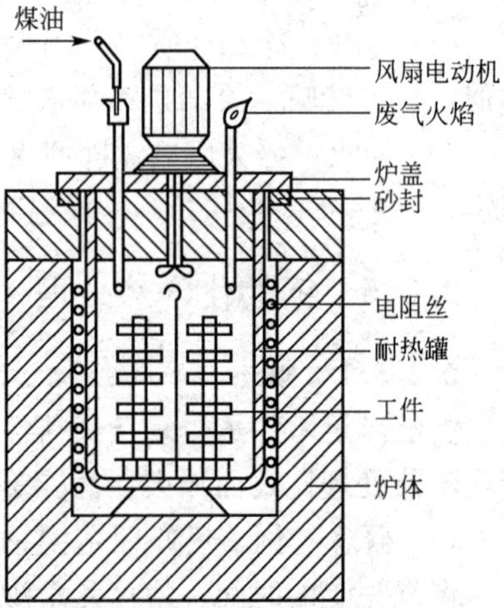

图 2—45 井式气体渗碳炉示意图

炉中主要的反应：

$$2CO \rightarrow CO_2+[C] \quad CO_2+H_2 \rightarrow H_2O+[C]$$

$$C_nH_{2n} \rightarrow nH_2+n[C] \quad C_nH_{2n} \rightarrow (n+1)H_2+n[C]$$

(2) 工艺特点。

气体渗碳的优点是生产效率高，劳动条件好，渗碳过程中的碳势等参数易于控制，不受零件形状的限制，有利于进行直接淬火。渗碳层的质量和机械性能较好。应用广泛，是汽车、工程机械、机床制造等行业主要的渗碳方法。

(3) 工艺。

1) 加热温度：一般在900～950℃，渗碳后零件表面含碳量在0.85%～1.05%范围内最好，如含碳量低则零件表层硬度低，耐磨性差；过高则脆性大，易剥落，淬火后残余A多，表面性能下降。

2) 渗碳时间：取决于渗层厚度的要求。在900℃渗碳，保温1h，渗碳厚度为0.5mm，保温4h，渗层厚度可达1mm。渗碳时间越长，渗碳层越厚。

标准：一般规定从渗碳表面到过渡区一半组织处作为渗碳层厚度。

渗碳后如缓冷至室温，钢的组织表层为P+Fe_3C_{II}的过共析钢，芯部为F+P的亚共析钢，中间为过渡区，如图2—46所示。

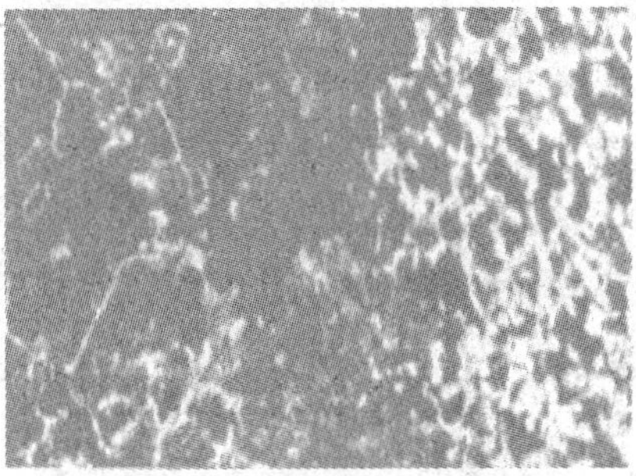

图2—46 低碳钢渗碳缓冷后的组织

3) 渗碳后的热处理。

◆ 直接淬火：渗碳后将工件缓冷至830～850℃后保温一些时间，然后出炉直接油冷。

其特点是工艺简单，生产效率高，节约能源，成本低，脱碳倾向小，但由于渗碳温度高，奥氏体晶粒长大，淬火后马氏体较粗，残余奥氏体也较多，工件易变形，只适用于合金渗碳钢中的本质细晶粒钢。

◆ 一次淬火：渗碳缓慢冷却之后，重新加热到临界温度以上保温后淬火。

该方法主要用于渗碳后还需切削加工的零件；易过热的碳钢和单含锰的钢件；不易直接淬火，但为了减少变形而在压床上淬火的零件等。

◆ 回火：渗碳、淬火后要进行低温（150～200℃）回火，以消除淬火应力和提高韧性。

(4) 钢渗碳、淬火、回火后的组织和性能。

◆ 组织：硬化层为高碳回火马氏体+碳化物+残余奥氏体，芯部主要为低碳回火马氏体。

◆ 性能：表面高硬度，一般58～64HRC、高的耐磨性和疲劳强度，芯部强韧性较好，淬硬后得到低碳马氏体，低温回火后硬度可达30～45HRC。

(5) 渗碳件的技术要求。

渗碳件一般属于比较重要而又易损的零件，也是企业生产质量管理中，重点监测的对象。因此，其对性能、组织和变形等方面的技术要求比其他零件相对较高和复杂。一般技术要求主要有下面几项：

◆ 外观和变形：不能有裂纹、碰伤、氧化皮及变形超标。

◆ 硬度：渗碳件的表面硬度一般要求56～64HRC，芯部硬度一般为33～48HRC。

◆ 渗碳层厚度：零件的渗碳层含碳量在0.85%～1.05%范围内最好，渗碳层厚度（见图2—47）决定于其尺寸及工件条件，一般为0.5～2.5mm。例如，齿轮的渗碳厚度由其工作条件及模数等因素来确定。表2—15和2—16列举了汽车齿轮和一些机床零件的渗碳层厚度。

◆ 显微组织：要求渗层淬火后马氏体、残余奥氏体和碳化物及芯部铁素体的组织级别要达到相关标准要求。这些组织的数量和大小将直接影响零件的表面耐磨损和抗疲劳等性能。

◆ 喷丸：重要的渗碳件一般都要求最后进行喷丸处理，其目的是为了提高表面疲劳强度。

喷丸就是将渗碳件放入喷丸机中，用一定压力喷射的铁丸轰击渗碳件的工艺方法。

经过喷丸处理后可在渗碳件表面产生残余压应力，提高表面疲劳强度，并可清洁工件。

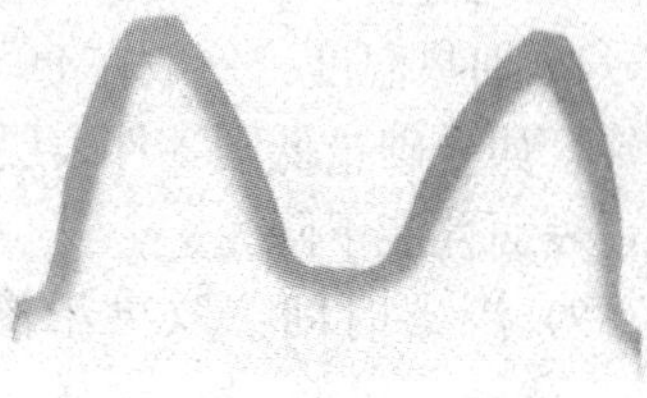

图2—47　齿轮渗碳层厚度

表2—15　汽车齿轮的模数和渗碳层厚度要求

齿轮模数 m	2.5	3.5～4	4～5	5
渗碳层厚度/mm	0.6～0.9	0.9～1.2	1.2～1.5	1.4～1.8

表2—16　一些机床零件的渗碳层厚度要求

渗碳层厚度/mm	应用举例
0.2～0.4	厚度小于1.2mm的摩擦片、样板等
0.4～0.6	厚度小于2mm的摩擦片、小轴、小型离合器、样板等
0.7～1.1	轴、套筒、支撑销、活塞、离合器等
1.1～1.5	主轴、套筒、活塞、大型离合器等
1.5～2.0	大模数齿轮、凸轮、齿轮轴、大直径轴、大轴承环等

2. 固体渗碳

固体渗碳：是将工件与固体渗碳剂一起装入渗碳箱内，密封后于炉中加热进行渗碳的一种工艺。

(1) 工艺特点：缺点是生产效率低，劳动条件差，表面含碳量不易控制。但是由于这种渗碳方法不需要特殊的渗碳设备，操作简单，适应性强，特别适于那些有细小内孔需要渗碳的零件。因此，目前在某些企业仍然有所采用。

(2) 工艺。

◆ 固体渗碳剂：主要由两类物质组成：一类是产生活性碳原子的物质，如木炭、焦炭、木屑、煤粉、食用醋等，约占90%；另一类是催渗剂，如碳酸钠、碳酸钡等。

◆ 加热温度：一般在920～950℃。

◆ 渗碳时间：若在920～930℃进行渗碳，则要求渗碳层厚度为0.8～1.6mm，可以按0.12～0.15mm/h的渗碳平均速度来计算总的保温时间（工件透热的时间已经计算在内）。实际采用的保温时间还要通过检查试样的渗碳层厚度来调整。

◆ 渗碳后的热处理：一般渗碳后缓慢冷却，然后重新加热淬火，及低温回火。

2.2.5.3 钢的渗氮（氮化）处理

1. 概述

渗氮：是将工件在渗氮介质中加热并保温，使氮原子渗入钢件表层的化学热处理工艺。

(1) 目的：使钢件表面获得更高的硬度、耐磨性、疲劳强度，还可提高钢件表面的抗腐蚀性和耐热性。使芯部仍保持良好的强韧性和塑性。

(2) 应用：用于耐磨性和精度要求较高的零件，或要求耐热、耐腐蚀的耐磨件，如发动机气缸、排气阀、精密机床丝杠、镗床主轴、高速柴油机曲轴、汽轮机阀门、阀杆、工具等。

(3) 渗氮用钢：碳钢氮化时形成的氮化物不稳定，加热时易分解并聚集粗化，使硬度明显降低。因此，氮化钢中常加入 Al、Cr、Mo、V 等合金元素。它们的氮化物 AlN、CrN、MoN 等都很稳定，并在钢中均匀分布，产生弥散强化，使钢的硬度提高，热硬性提高，在 600～650℃ 也不降低，常用的氮化专用钢有 35CrAlA，38CrWVAlA，38CrMoAlA 等。一些合金调质钢如 40Cr、40CrMo 也可以进行氮化处理。

2. 渗氮工艺的特点

氮化与渗碳都是能强化工件表面的热处理工艺，两者相比，氮化有如下特点：

(1) 更高的表面硬度和耐磨性：表面硬度可达 1000～1200HV，相当于 66～72HRC。

(2) 更高的疲劳强度：钢氮化后，渗层体积增大，造成表面压应力，使疲劳强度大大提高。

(3) 提高了工件表面的热硬性：可达到 500～600℃。也使抗咬合性能得到提高。

(4) 提高了工件表面的耐腐蚀性：工件氮化后表面形成致密的化学稳定性较高的 ε 相层，所以耐腐蚀性好，在水中、过热蒸汽和碱性溶液中均很稳定。

(5) 变形非常小：氮化温度低，一般为 500～600℃。而且氮化后不需要淬火。因此，氮化零件变形很小，是氮化工艺的一大优势。

(6) 生产周期长、成本高，氮化层薄而脆：如气体渗氮有时需要 50h，一般情况下，氮化件不能承受大的接触压应力和冲击。

3. 预先热处理

零件渗氮前要进行调质处理，使芯部具有综合力学性能好的回火索氏体组织。对于形状复杂或精度要求高的零件，在氮化前精加工后还要进行消除应力退火，使渗氮前零件基本没有残余应力存在。

4. 渗氮工艺的种类

渗氮工艺主要有气体渗氮、离子氮化、液体渗氮、高频渗氮等。

(1) 气体渗氮。

将工件放入通有氨气（NH_3）的井式渗氮炉中，加热到 500～570℃，使氨气分解出活性氮原子 [N]，反应式为：$2NH_3 \rightarrow 3H_2 + 2[N]$，活性氮原子 [N] 被工件表面吸收，并向内部扩散形成渗氮层。氮化结束后，随炉降温到 200℃以下，停止供氨、工件出炉。渗氮件正常颜色为银灰色。

渗层组织：氮化后，工件的最外层为一白色 ε 或 γ 相的氮化物薄层，很脆，但耐腐蚀性较好，常用精磨磨去一些；中间是暗黑色含氮共析体（$\alpha+\gamma'$）层；芯部为原始回火索氏体组织，见图 2—48。

一般把从工件表面到 γ′+α 层终止处的深度作为氮化层的深度，一般为 0.15～0.75mm，见图 2—49。

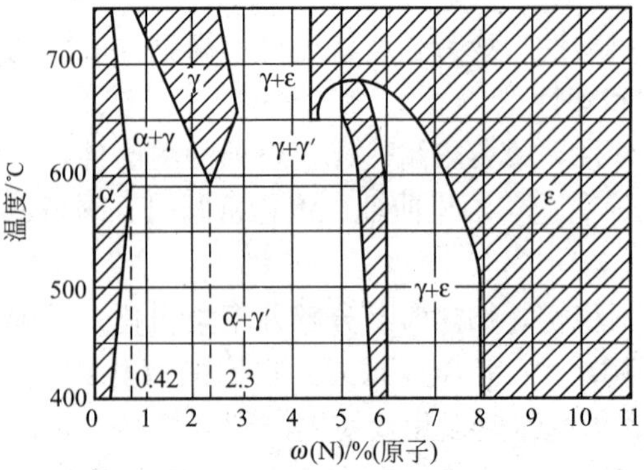

图 2—48 铁—氮相图

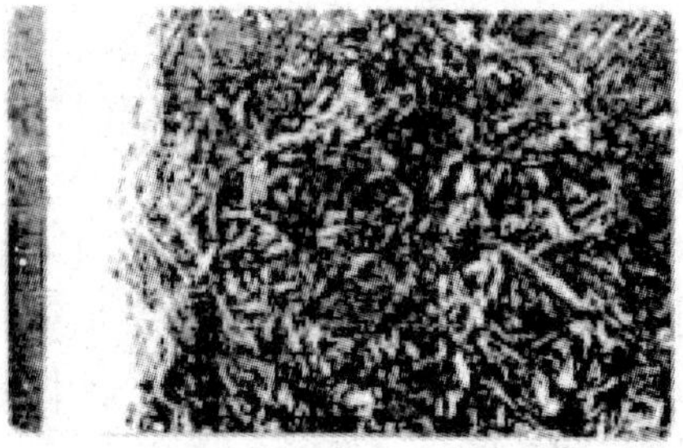

图 2—49 38CrMoAl 钢氮化层的显微组织 400×

(2) 离子氮化。

◆ 基本原理：把清洗过的工件放入离子氮化炉内的阴极盘上，阴极盘接直流电源的负极；真空室壳和炉底板接直流电源的正极并接地。用真空泵将真空室抽至一定真空度，通入氨气，压强保持在 1.3×10^2～1.3×10^3Pa，当在阴阳极间加高压直流电到一定电压时，炉内出现辉光放电现象，氨气被电离，氮正离子轰击表面渗入并扩散到工件表面，形成 Fe_2N、Fe_4N 等氮化物渗层。

◆ 工艺特点：渗速快，是气体渗氮的 3～4 倍；渗层组织易控制、脆性小；工件变形小、表面质量高，呈银白色；应用材料范围广泛，渗氮前不需任何去钝化膜处理，因此不锈钢也可离子氮化；容易实现局部渗氮；耗电量低，渗剂消耗少，对环境几乎无污染。缺点是离子氮化设备操作复杂、成本高。不太适合不同形状、不同尺寸零件混装，精确测温有一定难度。

◆ 应用范围：能进行离子氮化工艺的材料范围非常广泛，如结构钢、工具钢、不锈钢、铸铁、钛合金、硬质合金等。广泛用于轻载、高速条件下工作的需要耐磨耐腐蚀的零件；精度要求较高的细长杆类零件，如镗床主轴，精密机床丝杠、阀杆、阀门等；以及精密的齿轮、轴、缸套、镗杆、蜗轮等零件（参见表 2—17）；还适用于各种精密的模具和刀具。

表 2—17 机床零件渗氮层的标准深度及应用范围

公称深度/mm	深度范围/mm	应用举例
0.15	0.10～0.25	模数<1.25mm 的齿轮
0.30	0.25～0.40	套、环、垫圈、模数 1.5～2.5mm 的齿轮
0.40	0.35～0.50	直径<100mm 的镗杆、主轴、套筒、蜗杆、镶钢导轨、模数 3～4mm 齿轮
0.50	0.45～0.55	直径>100～250mm 的镗杆、模数 4.5～6mm 的齿轮
0.60	>0.50	直径>250mm 的镗杆、主轴、大型蜗杆、模数>6mm 的齿轮

2.2.5.4 钢的碳氮共渗

碳氮共渗是同时向零件表面渗入碳和氮的化学热处理工艺。目前以气体碳氮共渗应用较广。其主要目的是提高钢的表面硬度、耐磨性、疲劳强度和抗咬合性等。

气体碳氮共渗又分高温碳氮共渗、中温碳氮共渗和低温碳氮共渗三种。高温碳氮共渗以渗碳为主，应用已不多，中温碳氮共渗是碳和氮同时渗入，低温碳氮共渗以渗氮为主，实质上是软氮化。

1. 中温碳氮共渗

(1) 工艺过程：将工件放入井式共渗炉内，加热到共渗温度830～850℃，向炉内滴入煤油，同时通以氨气，经保温后，工件表面获得一定深度的共渗层。

渗层厚度与共渗时间有关，表2—18为850℃碳氮共渗时间与渗层厚度的关系（介质为70％～80％渗碳气＋20％～30％氨气）

表2—18 850℃碳氮共渗时间与渗层厚度的关系

共渗时间/b	1～1.5	2～3	4～5	7～9
渗层厚度/mm	0.2～0.3	0.4～0.5	0.6～0.7	0.8～1.0

◆ 渗后热处理：淬火＋低温回火。由于共渗温度较低，无晶粒长大，一般可直接淬火。

◆ 渗层组织：碳氮共渗零件经淬火＋低温回火后其表层组织为含氮的细针状回火马氏体＋颗粒状碳氮化合物$Fe_2(C、N)$＋少量残余奥氏体。

(2) 工艺特点：比渗碳处理加热温度低、生产周期短、零件变形小、生产效率高。一般气体渗碳设备稍加改装和添置供氨系统，便可用于共渗处理。生产中还常用来代替渗碳处理。缺点是中温碳氮共渗处理后的工件表层易出现孔洞和黑色组织，碳氮共渗的气氛较难控制，容易造成工件出现氢脆等。

(3) 性能特点：工件经淬火＋低温回火后得到组织是含氮回火马氏体，硬度可达60～65HRC。其耐磨性比渗碳高，而且疲劳强度和耐腐蚀性也比渗碳好。

(4) 应用：主要用于处理汽车、机床上的齿轮、凸轮、蜗杆、蜗轮和活塞销等耐磨零件。

2. 低温气体碳氮共渗（气体软氮化）

(1) 工艺过程：将工件放入炉内，加热温度为550～570℃，常用的共渗介质有尿素、氨气、甲酰胺和三乙醇胺等，处理时间一般为1～4h。由于尿素低温时加热分解的氮原子比碳原子多，氮原子在铁素体中的溶解度比碳原子大，故此过程以渗氮为主，又称为氮碳共渗。

(2) 工艺和性能特点：软氮化的实质是以渗氮为主的氮碳共渗过程，而渗碳过程形成的碳化物能促进氮化过程的进行。所以软氮化速度快，时间短，零件变形小。在570℃经1～4h软氮化，表层可形成0.01～0.02mm的碳氮化合物$Fe_3(C、N)$层。

软氮化的$Fe_3(C、N)$层，硬度比氮化时形成的Fe_2N和Fe_4N低一些，一般为50～70HRC，但其韧性好，硬而不脆，不易剥落，有高的耐磨性、抗疲劳、耐腐蚀、抗咬合、抗擦伤等性能。

(3) 应用：软氮化不受钢种的限制，碳钢、合金钢、工具钢、模具钢、不锈钢、铸铁、粉末冶金材料等都可进行。广泛用于模具、量具、刀具（如：高速钢刀具等）、曲轴、齿轮、气缸套、机械结构件等耐磨工件的处理。如高速钢刀具经其处理后，寿命可提高20%～200%。3Cr2W8压铸模处理后寿命可提高3～5倍，中低碳钢处理后，疲劳强度可提高60%以上。

2.2.5.5 钢的渗硼处理

（1）渗硼：是在高温下使硼原子渗入工件表面形成硼化物硬化层的化学热处理工艺。

（2）目的：提高钢的表面硬度、耐磨性、疲劳强度和抗咬合性。

（3）种类：有固体渗硼、液体渗硼和气体渗硼三种。目前我国最常用的是液体渗硼法（盐溶渗硼）和固体渗硼法。

（4）液体渗硼工艺过程。

将工件放入熔融状态的硼砂盐浴中，高温下硼砂发生热分解：$Na_2B_4O_7 \rightarrow Na_2O + 2B_2O_3$，然后用活泼元素（硅、铝、钙等）或碳化硅将硼从$B_2O_3$中置换出来，产生活性硼原子并渗入工件表层与铁反应生成Fe_2B或FeB渗层。盐浴渗硼温度在950℃左右，渗硼时间以4～6h为宜。

渗硼件一般不需淬火。对芯部强度要求较高的渗硼件，需要淬火时，应先将渗硼后的工件在中温盐浴中预冷以减少应力，然后用油冷或分级淬火，并及时进行回火。

（5）渗硼的性能特点及应用。

渗硼使零件表面具有很高的硬度（1200～2000HV）和耐磨性，良好的耐腐蚀性、红硬性和抗氧化性。例如对履带销、拉伸模等进行渗硼处理，其寿命可提高7～10倍。

2.2.5.6 渗金属简介

渗金属的基本原理和其他化学热处理相似，因为渗入的金属原子与基本原子半径相差小，原子在晶格中的迁移扩散比较困难，要得到足够的渗层，就必须有较高的温度和较长的保温时间。

渗金属主要是为了获得所需要的特殊性能。例如渗铬可以提高工件的耐腐蚀、抗高温氧化和耐磨性，并有较好的抗疲劳性能，可代替不锈钢；渗铝可以提高抗高温氧化性，可代替耐热钢；渗锌可以提高正常大气环境中的耐腐蚀性能；渗硅零件对各种介质（海水、硝酸、硫酸、盐酸等）都具有良好的耐腐蚀性。

2.2.6 钢的其他热处理工艺简介

除了上几节介绍的一些热处理工艺外，工业上还应用了很多其他热处理工艺技术，其目的和原则都是围绕如何提高零件的机械性能和表面质量；节约能源，降低成本，提高经济效益；减少或防止环境污染等。

2.2.6.1 可控气氛热处理

将工件放入炉气成分可以控制的炉内加热进行的热处理称为可控气氛热处理。

1. 工艺特点

能减少和避免工件在加热过程中氧化和脱碳，节约钢材，提高工件质量；可实现光亮热处理，保证工件的尺寸精度和表面质量；可进行控制表面碳浓度的渗碳和碳氮共渗，可使脱碳的工件表面复碳等。

2. 可控气氛的种类和应用

(1) 吸热式气氛。

◆ 概念：燃料气（天然气、煤气等）按一定比例和空气混合后，通入发生器进行加热，在触媒的作用下，经吸热而制成的气体称为吸热式气氛。

◆ 应用：主要用于渗碳气氛和高碳钢的保护气氛。

(2) 放热式气氛。

◆ 概念：燃料气按一定比例和空气混合后，靠自身燃烧反应而制成的气体，由于反应时放出大量的热量，故称为放热式气氛。它是所有制备气氛中最便宜的一种。

◆ 应用：主要作为各种钢件防止加热时氧化用的保护气氛。

(3) 滴注式气氛。

◆ 概念：用液体有机化合物（煤油、乙醇等）滴入热处理炉内所得到气氛称滴注式气氛。

◆ 应用：主要用于渗碳、碳氮共渗、软碳化、保护气氛淬火和退火等。

2.2.6.2 真空热处理

工件在真空中加热进行的热处理称为真空热处理。包括真空淬火、真空退火、真空回火和真空化学热处理等。

1. 工艺特点

(1) 工件表面质量高：真空热处理可防止工件表面氧化，使工件表面的污物发生分解，并得到光亮的表面，提高耐磨性和疲劳强度。

(2) 工件变形小：工件在真空中加热，升温速度很慢，可减少工件变形。

(3) 有脱气作用：有利于改善钢的韧性，提高工件的使用寿命。

(4) 设备较复杂，成本高。

2. 真空热处理的种类和应用

(1) 真空退火：将工件在真空中加热、保温然后缓慢冷却的退火工艺方法。

真空退火可使工件避免氧化、脱碳，有去气、脱脂的作用，除了钢、铜及其合金外，还可以用于处理一些与气体亲和力较强的金属，如钛、钽、铌、锆等。

(2) 真空淬火：将工件在真空中加热、保温然后快速冷却的淬火工艺方法。

真空淬火可用于各种渗碳钢、合金工具钢、高速钢和不锈钢的淬火，以及各种时效合金、硬磁合金的固溶处理。可进行模具、刃具、轴承、精密机械零件的光亮淬火。

(3) 真空渗碳（低压渗碳）。

这是在高温渗碳和真空淬火的基础上发展起来的工艺。与普通渗碳相比，可显著缩短渗碳周期，减少渗碳气体的消耗，能精确控制炉内碳势及工件表层的碳浓度、浓度梯度和渗碳层深度，防止组织异常和晶间氧化，工件表面光亮，环境污染小，能改善劳动条件等。

2.2.6.3 形变热处理

形变热处理是一种复合热处理工艺，它是将塑性变形工艺和热处理工艺结合起来，更加有效地提高材料机械性能的一种热处理工艺方法。

1. 工艺特点

能获得单一强化方法所不能达到的综合力学性能，可省去热处理的重新加热，从而节约能源，可省去一些加热设备的投资，减少材料的氧化损失和脱碳等缺陷。另外，形变热处理适用材料范围广，除铸铁外，几乎所有的金属材料都可以进行形变热处理。

2. 形变热处理的种类和应用

(1) 高温形变热处理：是将钢件加热到稳定的奥氏体区域，保温适当时间并进行塑性变形，然后立即淬火和回火的复合热处理工艺。

高温形变热处理可提高钢的强度、塑性和韧性，使钢的综合性能得到明显改善。另外，由于钢件表面有大量残余应力，还可提高疲劳强度。主要适用于碳钢、低合金钢结构零件以及机械加工量不大的锻件或轧材，如连杆、曲轴、弹簧、叶片及各种农机具零件。锻轧余热淬火是用得较成功的高温形变热处理工艺。

(2) 中温形变热处理：是将钢加热到稳定的奥氏体区域，保温适当时间后迅速冷却到过冷奥氏体的亚稳区进行塑性变形，然后淬火和回火的复合热处理工艺。

中温形变热处理可大大提高钢的强度，而塑性不降低，甚至略有提高。还可提高钢的回火稳定性和疲劳强度。由于工艺较难控制，一般只应用于高强度弹簧钢丝、轴承和刀具等。

(3) 亚温形变淬火：是将亚共析钢加热到 $Ac_1 \sim Ac_3$ 温度区间保温适当时间并进行塑性变形，然后立即淬火和回火的复合热处理工艺。

亚共析钢经亚温形变淬火后，铁素体和马氏体均沿形变方向拉长，形成了以铁素体为软基，马氏体为强化纤维的类似于纤维增强复合材料类型的组织，从而提高钢的强度、塑性和韧性。可大大改善合金结构钢的冷脆性能，降低冷脆温度，适用于低温工作条件下的结构件及冷冻设备构件的热处理。

2.2.6.4 激光表面热处理

激光是进行表面淬火的一种特殊热源，其能量密度高、与材料作用时间短，适用于局部、要求变形微小的工件的表面处理。激光表面淬火的主要目的是为了获得淬硬组织以改善耐磨性能。此外冲击强度和疲劳强度也会因表面产生的残余压应力而获得提高。从热处理角度说，激光表面淬火与其他表面淬火并无根本不同。

激光表面淬火过程为用高能量的激光束快速扫描工件表面，在扫描极薄一层的小区域内极快吸收能量而使温度极快上升，升温速度可达 $10^5 \sim 10^6$ ℃/s。此时工件基体仍处于冷态，由于热传导的作用，表面热量迅速传到工件其他部位，其冷却速度可达 10^4 ℃/s。因而，在瞬间可进行快速自冷淬火，实现工件表面的相变硬化，如图 2—50 所示。

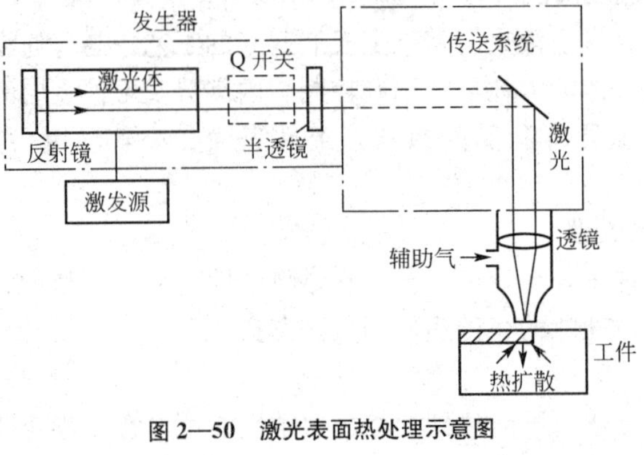

图 2—50 激光表面热处理示意图

由于激光聚焦深度大，在离焦点75mm范围内的能量密度基本相同，所以激光淬火处理对工件尺寸及表面平整度没有严格的要求，能对如拐角、沟槽、盲孔等形状复杂件进行处理。激光淬火变形非常小，甚至难以检查出来，处理后的零件可直接送至装配线进行装配。

表2—19列举了一些其他热处理工艺及相关解释。

表2—19　　其他热处理工艺名词解释

序号	名词	对应英语（参考）	意义
1	中间退火	process annealing	（1）使冷轧加工而硬化的钢材软化以便于继续冷轧而在再结晶温度以上、Ac_1点以下的适当温度进行的退火。 （2）在制造锻造钢件的过程中，于最终热处理前所进行的一次或几次退火。也可叫做中间退火。
2	闭箱退火	box annealing, pot annealing	为了防止退火时造成表面氧化，将钢件放在密闭的容器里进行的退火。
3	可锻化退火	malleablizing	将白口铸铁的全部化合碳或其一部分通过长时间加热，而使其石墨化，或者进行表面脱碳以得到有韧性的铸铁为目的退火。
4	石墨化退火	graphitizing	将钢铁的全部碳或其中的一部分碳变成石墨为目的退火。
5	脱碳退火	decarburizing annealing	将钢铁表面的碳退去，以增加延展性而进行的退火。
6	加压淬火	press quenching	在加压状态下进行淬火。适用于要求淬火变形很小的机械零件。也称为模压淬火。
7	渗硫	sulphurizing	钢在含硫浴中加热，使硫在钢表面吸收扩散的操作。由此可降低摩擦系数。
8	渗硅	siliconizing	使硅在钢的表面扩散，而在钢的表面形成耐腐蚀性膜的操作。
9	固体渗锌	sheradizing	将钢在粉末锌或含有锌的混合粉末里加热，使锌在钢表面扩散而形成耐腐蚀性膜的操作。
10	水蒸气处理	steam treatment	将淬火、回火的高合金工具钢在550摄氏度附近进行蒸汽处理，而使表面生成四氧化三铁，该处理可提高润滑能力。
11	固体渗铝	calorizing	为了提高钢的耐热性及耐腐蚀性，将钢在粉末铝或含有铝的混合粉末中加热，使铝在钢的表面扩散的操作。
12	渗铬	chromizing	为了提高钢的耐腐蚀性，在高温下使铬在钢的表面扩散的操作。
13	液体渗铝	aluminizing	为了提高钢的耐腐蚀性，将钢浸渍在熔融铝浴中，使钢的表面被铝覆盖的操作。
14	细化淬火	slack quenching	钢从奥氏体化温度淬火的硬化过程中，以稍低于钢的临界冷却速度来淬火；此时钢不完全硬化，易生成一种或一种以上的非马氏体产物。
15	锻造淬火	ausforging	在奥氏体状态下进行锻造后马上进行淬火。锻造淬火有两种：第一种在稳定的奥氏体状态下进行；第二种在介稳定奥氏体状态下进行。

2.2.7 热处理常见质量缺陷

热处理通过加热和冷却，使零件获得所需的使用性能，达到充分发挥材料潜力、提高产品质量、延长使用寿命的目的。如果出现热处理缺陷，热处理就无法达到预期的目的，成为不合格品或废品，造成经济损失；如果热处理缺陷不能及时发现，带有缺陷的零件或产品投入使用，会引发严重机械事故，造成重大损失。由于热处理是通过改变材料内部微观组织结构，达到零件宏观性能要求的特种工艺，所以热处理缺陷除除一部分是宏观的外，大部分是微观的，必须进行金相组织等方面的检查，这给热处理缺陷检查和发现带来了困难。另外，热处理属于批量连续生产，一旦发生热处理缺陷，造成的损失大，对生产的影响大，因此，热处理缺陷是危害性大的缺陷，是机械零件质量管理中最重要的部分。

2.2.7.1 热处理常见质量缺陷分类

热处理质量缺陷按缺陷性质分类，可分为热处理裂纹、变形、残余应力、组织不合格、性能不合格、脆性及其他缺陷等七大类。并可按危害程度分为如下三类：

1. 第一类热处理缺陷

第一类热处理缺陷是裂纹，它是热处理缺陷中最危险的，属于不可挽救的缺陷，一般只能将裂纹零件报废处理，如漏检带到使用中去，很容易造成重大事故，所以热处理生产中要特别注意设法避免产生裂纹，并严格检验，防止漏检。

热处理裂纹：包括淬火裂纹、放置裂纹、延迟裂纹、回火裂纹、时效裂纹、冷处理裂纹、感应加热淬火裂纹、火焰加热淬火裂纹、剥落、分层、鼓包、磨削裂纹、电镀裂纹等。

2. 第二类热处理缺陷

第二类为热处理变形，是最常见的热处理缺陷，如淬火变形占淬火缺陷的40%～50%，虽然热处理变形一般可用校正法校正，但耗时费工，经济损失严重，所以在热处理生产中要认真研究变形规律，尽量设法减少或避免变形。

热处理变形：包括尺寸变形：有尺寸胀大、缩小、伸长、缩短；形状变形：有弯曲、扭曲、翘曲；还有微小变形。

3. 第三类热处理缺陷

它包括残余应力、组织不合格、性能不合格、脆性及其他缺陷。这类缺陷的发生频率及严重性低于前两类，特点是一般需用专门仪器和方法来检测，漏检可能性较大，对使用带来较大的潜在危害，在生产中要重视全面质量控制，加强检验，严防漏检。

(1) 残余应力：包括组织应力、热应力、综合应力。

(2) 组织不合格：包括氧化、脱碳、过热、过烧、粗晶、魏氏组织、碳化物石墨化、网状碳化物、共晶组织、萘状断口、石状断口、鳞状断口、球化组织不良、反常组织、内氧化、黑色组织、渗碳层碳化物过多及大块状或网状分布、残余奥氏体过多、马氏体粗大、渗氮前组织铁素体过多、渗氮白层、渗氮化合物层疏松、针状组织、网状和脉冲氮化物、渗硼层非正常组织、硼化层孔洞、螺旋状回火带等。

(3) 性能不合格：包括硬度不合格、软点、硬化不均匀、软化不均匀、拉伸性能不合格、疲劳性能不好、耐腐蚀性能不良、持久蠕变性能不合格、渗碳表面硬度不足和芯部硬度不合格、渗氮表面硬度不足和芯部硬度不合格、感应加热淬火硬度不足和不均匀、火焰加热淬火硬度不足和不均匀等。

(4) 脆性：退火脆性、回火脆性、氢脆、300℃脆性、渗碳层剥落、渗氮脆性、渗氮层剥落、渗硼层脆性、低温脆性、电镀脆性。

（5）其他缺陷：化学热处理和表面热处理的硬化层深度不合格，真空热处理和保护热处理的表面不光亮与氧化色、表面增碳或增氮、表面合金元素贫化和粘连，铝合金热处理的高温氧化、起泡、包铝板铜扩散、腐蚀或耐腐蚀性能降低，镁合金热处理的熔孔、表面氧化、晶粒畸形长大、化学氧化着色不良，钛合金热处理的渗氢、表面氧化色，铜合金热处理的黑斑点、黄铜脱锌、纯铜氢脆，铍青铜淬火失色、粘连，高温合金热处理的晶间氧化、表面成分变化、腐蚀点和腐蚀坑、粗大晶粒或混合晶粒等。

2.2.7.2 普通热处理常见质量缺陷

普通热处理工艺主要包括退火、正火、淬火和回火等，由于加热、冷却条件不同，产生的缺陷也不完全相同，主要的热处理工艺常见的缺陷如下。

1. 退火和正火常见质量缺陷

主要有软化不充分、退火脆性、渗碳体石墨化、氧化、脱碳、过热、过烧、魏氏组织、网状碳化物、球化组织不良、萘状断口、石状断口、反常组织。

2. 淬火常见质量缺陷

主要有淬火裂纹、淬火变形、硬化不充分、软点、氧化、脱碳、过热、过烧、鳞状断口、表面腐蚀、放置裂纹、放置变形等。

3. 回火常见质量缺陷

主要有回火裂纹、回火脆性、回火变形、性能不合格、表面腐蚀、残余应力过大等。

4. 冷处理常见质量缺陷

主要有冷处理裂纹、冷处理变形、冷处理不充分等。

2.2.7.3 化学热处理常见质量缺陷

化学热处理主要包括渗碳、渗氮、碳氮共渗、氮碳共渗、渗金属等。常见缺陷如下：

1. 渗碳与碳氮共渗常见质量缺陷

主要有渗碳过度、反常组织、渗碳不均匀、内氧化、剥落、表面硬度不足、表面碳化物不合格、芯部组织不合格、渗碳层深度不足、芯部硬度不合格、表面硬度不足、表面脱碳等。

2. 渗氮与氮碳共渗常见质量缺陷

主要包括白层、剥落、渗层硬度低及软点、渗层深度不足、渗层网状或脉冲组织、变形、芯部硬度低、渗层脆性、耐腐蚀性差、表面氧化等。

3. 渗金属常见质量缺陷

主要包括渗层过厚或不足、漏渗、渗层损伤、氧化、腐蚀、渗层分层、鼓包等。

2.2.7.4 表面热处理常见质量缺陷

表面热处理工艺主要包括：感应加热表面淬火、火焰加热表面淬火等。

1. 感应加热表面淬火常见质量缺陷

主要包括变形，裂纹，表面硬度过高、过低、不均，硬化层不足，烧伤，晶粒粗化（过热），螺旋状回火带等。

2. 火焰加热表面淬火常见质量缺陷

主要包括变形、裂纹、过热、过烧、表面硬度不合格、硬化层深度不足等。

2.2.7.5 其他热处理常见质量缺陷

1. 真空热处理常见质量缺陷

主要包括表面合金元素贫化、表面增碳或增氮、表面不光亮、淬火硬度不足、表面晶粒长大、粘连等。

2. 可控气氛保护热处理常见质量缺陷

主要包括表面增碳或增氮、表面不光亮、氢脆、表面腐蚀、氧化、脱碳等。

2.2.7.6 有色金属及合金热处理常见质量缺陷

1. 铝合金热处理常见质量缺陷

主要包括高温氧化、起泡、包铝板铜扩散、腐蚀或耐腐蚀性能降低、力学性能不合格、过烧、翘曲、裂纹、晶粒粗大等。

2. 铜合金热处理常见质量缺陷

主要包括黑斑点、黄铜脱锌、纯铜氢脆、铍青铜淬火失色、粘连、淬火硬度不足、硬度不均匀、过热、过烧等。

3. 镁合金热处理常见质量缺陷

主要有熔孔、表面氧化、晶粒畸形长大、化学氧化着色不良、变形、力学性能不合格等。

4. 钛合金热处理常见质量缺陷

主要包括渗氢、表面氧化色、过热、过烧、力学性能不合格等。

5. 高温合金热处理常见质量缺陷

主要包括晶间氧化、表面成分变化、腐蚀点和腐蚀坑、粗大晶粒或混合晶粒、氧化剥落、翘曲、裂纹、过热、过烧、硬度不合格、力学性能不合格等。

2.2.7.7 热处理质量缺陷产生的原因

热处理质量缺陷产生的原因是多方面的，概括起来可分为热处理前、热处理中、热处理后三方面的原因。

1. 热处理前的原因

主要包括设计不良、原材料选材不当及毛坯或原材料缺陷等原因。

(1) 设计不良、原材料选材不当。

零件设计中可能因选材不当、热处理技术要求不当、断面急剧变化、锐角过渡、打标记处应力集中等不合理设计，导致热处理缺陷。如零件出现淬火裂纹，淬火变形，硬度过高、过低、不均，硬化层不足，晶粒粗大，力学性能不合格等。

(2) 原材料或毛坯缺陷。

原材料各种缺陷及热处理前各种加工工序缺陷，在热处理时也可导致热处理缺陷。可能导致热处理缺陷的原材料缺陷有化学成分波动和不均匀、杂质元素偏多、严重偏析、非金属夹杂物、疏松、带状组织、折痕、白点、微裂纹、氧化脱碳、划痕等；可能导致热处理缺陷的铸造、锻造、焊接、机械加工的缺陷主要有裂纹、组织不良、外观缺陷等。

上述原材料或毛坯缺陷会造成热处理过程中出现各种质量缺陷，如淬火裂纹、淬火变形、硬度不均、软点、硬化层不足、晶粒粗大、组织不合格、力学性能不合格等。

2. 热处理中的原因

热处理中产生缺陷的原因可能有工艺不当、操作不当、设备和环境条件不合适等。

(1) 工艺不当。

工艺制定中出现的热处理工艺方法选择错误，热处理加热温度过高或过低，保温时间过长或过短，工装使用不当，装炉不当，冷却介质选择不当，冷却方法不当，各种工艺参数选择不当（如电参数、碳势参数、压力参数等）及设备选择不当等。

上述原因会造成热处理过程中出现各种质量缺陷，如淬火裂纹，淬火变形，硬度过高、过低，硬化层不足，晶粒粗大，氧化，脱碳，过热，过烧，组织不合格，力学性能不合格等。

(2) 操作不当。

包括没有严格执行工艺规程，技术水平低，操作失误，责任心不强等，造成的质量问题将是多方面的，什么质量缺陷都有可能出现，因此对热处理工艺操作者要强化责任和质量意识。提高专业理论和实际操作技术水平。

(3) 设备和环境条件不合适。

包括设备选用不当和使用不当，设备出故障，控制失灵或误差大等因素。环境条件包括室温温度、空气流动、湿度等因素。都易造成热处理出现质量缺陷。

3. 热处理后的原因

热处理后，因后续加工工序不当或使用不当，还可能产生与热处理有联系的缺陷，如：磨削裂纹、磨削烧伤、磨削淬火、电火花加工裂纹、电镀或酸洗脆性等；使用不当可能产生与热处理有关的缺陷有：应力集中过大产生裂纹、使用温度过高产生热裂或变形、修补裂纹等。这些缺陷的责任不完全在热处理。

通过图 2—51 所示热处理质量管理体系也有利于分析找到产生热处理质量缺陷的原因，并采取针对性的措施解决，也可根据体系中的关键因素加强管理，避免质量缺陷的出现。

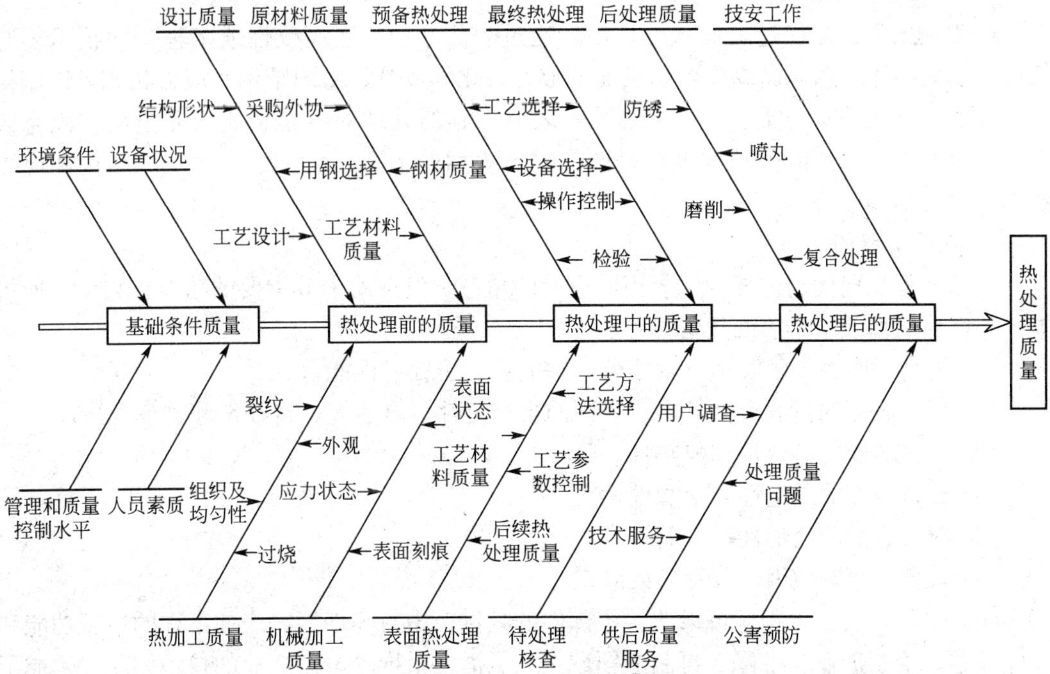

图 2—51 热处理质量管理体系

2.3 表面工程技术

本单元学习目标

★ 表面工程的内涵、功能和分类。

★★ 热喷涂、电刷镀、纳米表面工程技术、激光表面处理原理及特点。

★★★ 热喷涂、电刷镀、纳米表面工程技术、激光表面处理的应用。

★★★★ 物理气相沉积和化学气相沉积的原理、特点和应用。

注：★了解。★★理解。★★★掌握。★★★★重点掌握。

2.3.1 概述

表面工程是改善机械零件、电子电器元件基质材料表面性能的一门科学技术。对于机械零件，表面工程主要用于提高零件表面的耐磨性、耐腐蚀性、耐热性、抗疲劳强度等力学性能，以保证现代机械在高速、高温、高压、重载以及强腐蚀介质工况下可靠而持续的运行。

在当代，表面工程已经广泛应用于现代机电产品，成为现代制造技术的重要组成部分。同时表面工程也在节能、节材、环境保护、支持社会可持续发展等方面发挥着重要的作用。专家们预言，表面工程将成为21世纪工业发展的关键技术之一。表面工程已成为从事机电产品设计、制造、维修、再制造工程技术人员必备的知识，成为机电产品不断创新的技术源泉。

2.3.1.1 表面工程技术的含义与功能

1. 表面工程的含义

◆ 表面工程：是经过表面预处理后，通过表面涂覆、表面改性或多种表面技术复合处理，改变固体金属表面或非金属表面的形态、化学成分、组织结构和应力状态，以获得所需要表面性能的系统工程。由此可见，表面工程的处理对象是金属或非金属的固态表面，获得所需表面性能的基本途径是改变固态表面的形态、化学成分、组织结构和应力状态。

2. 表面工程的功能

表面工程在现代制造技术中充当着重要的角色，发挥着十分重要的功能。它可以使机电零部件在局部或整个表面具备如下功能：

(1) 提高耐磨性、耐腐蚀、耐疲劳、耐氧化、防辐射性能；

(2) 提高表面的自润滑性，实现表面的自修复性（自适应、自补偿和自愈合）；

(3) 改善表面的传热性和隔热性；

(4) 改善表面的导电性和绝缘性；

(5) 改善表面的吸油性和干磨性；

(6) 改善表面摩擦因数（提高或降低）。

除此之外，表面工程还可以改善零部件的减振、密封等性能，表面工程的广泛功能和低廉成本，给制造业和维修、再制造领域注入了活力，推动着制造业的技术创新并构成了有中国特色的再制造技术。

2.3.1.2 表面工程技术的分类

表面工程以各种表面技术为基础。现代表面工程技术，综合采用了最新的电子技术、真空技术、冶金、物理、化学、材料等各学科的最新知识和等离子体、离子束、电子束、激光束、微波等研究的最新成果。把材料表面与基体视作一个统一的系统进行设计与改性，以最经济和最有效的方法改变材料表面及近表面区的形态、化学成分和组织结构，赋予其新的复合性能，从而获得许多新构思、新材料、新器件和新应用。

国家自然科学基金委员会、自然科学学科发展战略调研报告《金属材料科学》一书将将表面工程技术分为表面改性、表面处理和表面涂覆。近几年来随着表面工程技术及其相关学科技术的发展，又出现了复合表面工程技术和纳米表面工程技术。先将这些方法归类如下：见表 2-20。

表 2—20 表面工程技术分类

	分类名称	技术定义	具体应用
表面工程技术	表面改性	指通过改变基体表面的化学成分以达到改善表面结构和性能目的的表面工程技术。	扩散渗入 离子注入 转化膜技术
	表面处理	是不改变基质材料的化学成分，只通过改变表面的组织结构达到改善表面性能目的的表面工程技术。	表面变形处理 表面淬火 表面纳米化加工
	表面涂覆技术	是在基质材料表面上制备涂覆层，涂覆层的化学成分、组织结构可以和基质完全不同，以满足表面某些工作要求的表面工程技术。	电化学沉积 化学沉积 气相沉积 热喷涂、堆焊 熔覆、热浸镀 粘涂、涂装
	复合表面工程技术	是对上述三类表面工程技术的综合应用，它是在一种基质材料表面上采用两种或多种表面工程技术，用以克服单一表面工程技术的局限性，发挥多种表面工程技术间的协同效应的表面工程技术。	
	纳米表面工程技术	指充分利用纳米材料的优异性能，将传统表面工程技术与纳米材料、纳米技术交叉、综合、融合制备出含纳米颗粒的复合覆层或纳米结构的表层的表面工程技术。	

在上述 5 种表面工程技术中，表面改性和表面处理已经在前面的章节中做了介绍，本节将重点介绍在机械制造及维修中应用广泛的表面涂覆技术，并对复合表面工程技术和纳米表面工程技术作简单介绍。

2.3.2 热喷涂技术

◆ 热喷涂技术：用火焰、等离子射流、电弧等热源将粉末状（或丝状、棒状）材料加热至熔融或半熔融状态，并加速（或雾化后加速）形成高速熔滴，以高速撞击基体，经过扁平化、快速冷凝固并沉积在基体表面形成覆盖层，这种材料成形方法称为热喷涂技术。它是表面涂覆层技术中较为重要的一种技术方法，具有涂层基体材料不受限制、涂层材料种类选择范围广等诸多优点，主要的应用领域有航空、航天、钢铁、石化、钢结构防腐、机械、轻工、纺织、造纸、能源、船舶等，下面从热喷涂涂层形成原理入手，对热喷涂技术进行介绍。

2.3.2.1　热喷涂涂层形成原理

如图 2—52 所示，将需喷涂材料经高温加热成高温熔融粒子后，使高温熔融粒子以高速撞击基体表面时，这些粒子将发生液体的横向流动，导致扁平化，与此同时经过快速冷却、凝固黏附在基体表面。整体涂层由大量粒子逐次沉积而形成。在涂层的形成过程中，单个熔融粒子为形成涂层的基本单位，其行为基本反映了涂层的形成特点。

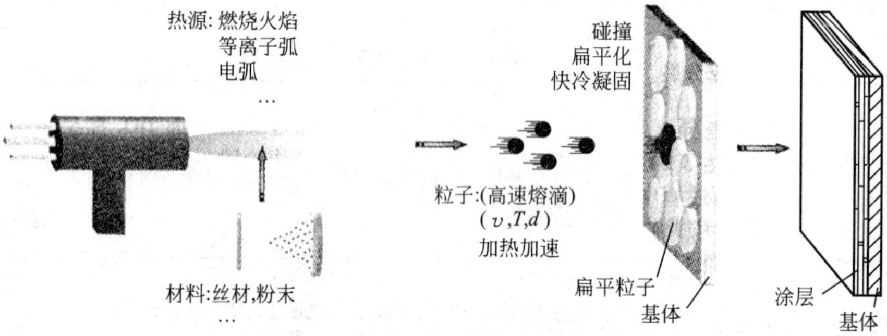

图 2—52　热喷涂涂层形成原理

综上所述，我们可以将热喷涂技术成形的整个过程划分为三个过程：(1) 喷涂粒子的产生过程，(2) 喷涂材料的粒子与热源的相互作用过程，(3) 高温高速熔融粒子与基体（或已沉积形成的涂层）的作用，包括熔融粒子与基体碰撞并发生横向扁平化以及急速冷却的过程。

需要注意的是上述热喷涂成形过程是在数十微秒的短时间内完成的。这些基本过程对形成的涂层的组织结构以及性能影响较大。

2.3.2.2　热喷涂技术的特点

热喷涂技术作为表面涂覆技术的方法之一，从具体操作和经济角度来看，具有如下特点：

(1) 涂层的基体材料几乎不受限制。可制备涂层的基体包括金属材料、无机材料（玻璃、陶瓷、石膏等）、有机材料（也包括木材、布、纸类等）。拥有广泛的适用群。

(2) 涂层材料的种类选择范围广泛。只要是具有熔点、且熔点远低于沸点或拟熔态的材料均可喷涂，如金属及其合金、陶瓷、塑料以及它们的复合材料，此外，还能制成具有特殊性能的不同材料构成的复合涂层或叠加涂层。

(3) 喷涂施工对象基体的尺寸大小和形状不受限制，可以在整体表面进行喷涂，也可以在大型构件的限定表面上进行喷涂。

(4) 基体母材的性能在喷涂过程中一般不变化。除火焰喷熔工艺外，在喷涂施工中母材受热温度低，从而使母材的组织结构与性能不发生变化，工件的变形可以忽略，因此热喷涂也可以称为一种“冷工艺”。

(5) 涂层厚度可在较大范围内变化。由喷熔形成的涂层厚度可达数毫米。

(6) 可喷涂成形。热喷涂技术不仅可在材料表面形成涂层，还可以用来制造机械零件实体，即喷涂成形。该方法是先在成形模表面形成涂层，然后采用合适的方法去除成形模后成为涂层成形品。

结合上述的喷涂技术的特点，我们在实际应用热喷涂技术时应根据表面涂层产品的形状、尺寸精度及其所需要的表面性能、设备经费和运行经费、作业地点的环境条件等，来综合考虑是否采用热喷涂方法。这样才能在保证涂层性能与质量的基础上获得热喷涂技术的最佳经济效益。

2.3.2.3 热喷涂技术的分类

热喷涂方法一般按照热源性质进行分类，并根据热源种类进行命名。常用的热喷涂方法可分为：火焰喷涂、等离子喷涂和电弧喷涂与其他方法等，如图 2—53 所示。

- 热喷涂
  - 火焰喷涂
    - 粉末火焰喷涂
    - 线材火焰喷涂
    - 气体爆燃喷涂
    - 超声速火焰喷涂
  - 等离子喷涂
    - 大气等离子喷涂
    - 低气压等离子喷涂
    - 高频等离子喷涂
    - 水稳等离子喷涂
  - 电弧喷涂
  - 其他喷涂法
    - 激光喷涂，线爆喷涂法等
    - 冷喷涂，液料热喷涂，悬浮液热喷涂

图 2—53

在上面的各种热喷涂方法中，火焰喷涂是利用乙炔等燃料与氧气燃烧时所释放的化学能产生热源，实现喷涂制备涂层的；等离子喷涂是利用钨极与水冷铜电极（通常作为阳极）之间产生非转移型压缩电弧，获得高温高速的等离子射流进行喷涂的；电弧喷涂是通过相互呈 15°～30°的两根金属丝之间产生的电弧将线材端部熔化，利用高压气流将熔化的涂料雾化后加速，获得熔融粒子流实现涂层的沉积。激光喷涂、线爆喷涂是利用激光或线材在短时间内爆炸产生的热源进行喷涂的；冷喷涂为采用温度远低于材料熔点的超声速气流（一般低于 600℃），将具有一定塑性变形能力的粉末加速到某一临界温度之上，通过与基体的塑性碰撞实现涂层沉积的方法。

2.3.2.4 几种典型的热喷涂方法与设备

1. 线材火焰喷涂

◆ 线材火焰喷涂操作简便，设备转运费用低，因而在各种热喷涂方法中得到广泛的应用。特别适合在大型钢铁构件和机械零部件上制备保护涂层、防腐蚀涂层和耐磨涂层。

(1) 线材火焰喷涂原理。

线材火焰喷涂原理如图 2—54 所示，喷枪通过气阀分别引入乙炔、氧气和压缩空气，乙炔与氧气混合后在喷嘴出口处产生燃烧火焰，喷枪内的驱动机构通过送丝滚轮带动线材连续地通过喷嘴中心送入火焰，在火焰中被加热熔化。压缩空气通过空气帽形成锥形的高速气流，使熔化的材料从线材端部脱落，并雾化成细微的颗粒，在火焰及气流的推动下，沉积到经过预处理的基材表面形成涂层。在特殊场合下，也采用惰性气体作雾化气体。棒材火焰喷涂的方法原理与线材火焰喷涂相同，所不同的只是它采用的喷涂材料为氧化物系的陶瓷棒。

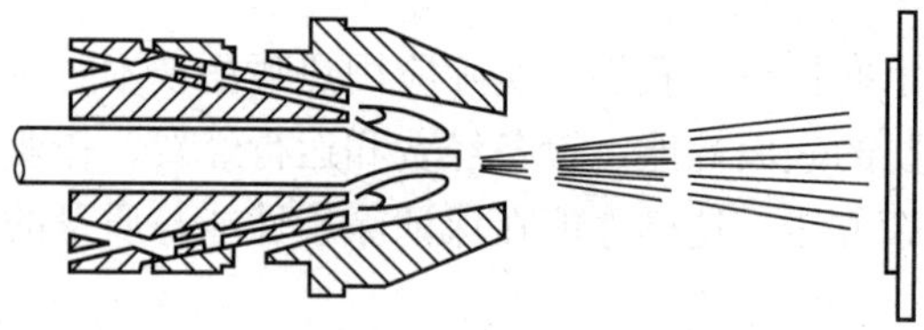

图 2—54　线材火焰喷涂基本原理示意图

(2) 线材火焰喷涂的设备组成。

典型线材火焰喷涂的设备组成如图 2—55 所示，它由线材火焰喷枪、氧气、燃气与压缩空气控制装置、送丝机构、空气压缩机及辅助装置、燃气与氧气的汇流装置等 5 部分组成。其中的控制装置用于调节燃料气体、氧气、压缩空气的压力与流量；空气压缩装置用于对空气进行干燥和净化。

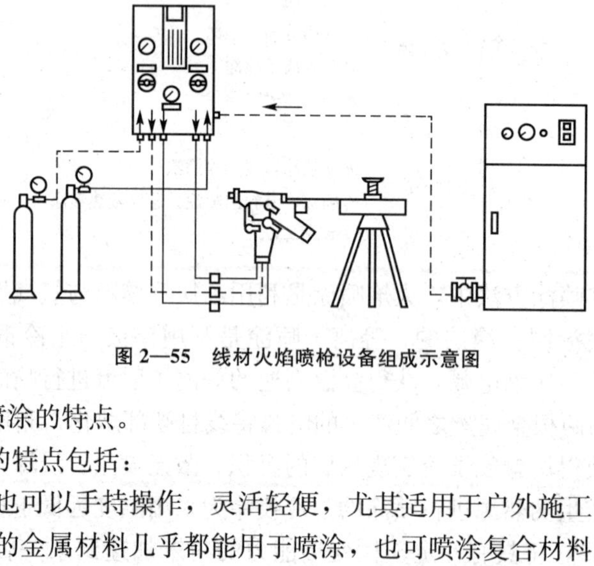

图 2—55　线材火焰喷枪设备组成示意图

(3) 线材火焰喷涂的特点。

线材火焰喷涂的特点包括：

1) 可以固定，也可以手持操作，灵活轻便，尤其适用于户外施工。

2) 凡能拉成丝的金属材料几乎都能用于喷涂，也可喷涂复合材料。

3) 火焰的形态、性能及喷涂工艺参数调节方便，可以适应从低熔点的锡到高熔点的钼等材料的喷涂。

4) 采用压缩空气雾化和推动熔滴，喷涂速率、沉积效率高。

5) 工件表面温度低，不会产生变形，甚至可以在纸张、织物、塑料上进行喷涂。

2. 等离子喷涂

◆ 等离子喷涂是采用刚性非转移型等离子弧为热源，以喷涂粉末材料为主的热喷涂方法。近年来，等离子喷涂技术有了飞速的发展，一些新工艺，新设备已经广泛应用于航空、航天、原子能、能源、交通、先进制造业和国防工业中，对社会的生产发展发挥着十分重要的作用。

(1) 等离子喷涂原理。

等离子喷涂原理如图 2—56 所示，图的左侧是等离子体发生器又叫等离子喷枪，产生等离子射流。喷枪的电极（阴极）和喷嘴（阳极），分别接整流电源的负极和正极，根据喷涂工艺的需要，向喷枪供给工作气体氮气和氩气，也可以再通入5%～10%的氢气。这些工作气体进入弧柱区后，将发生电离，成为等离子体。为产生电弧，还需在前枪体与后枪体间并联一个高频电源以引燃电弧，当电弧产生后，切断高频电源。引燃后的电弧在喷嘴孔道内受到三种压缩效应，被加热到很高的温度，体积剧烈膨胀，从喷嘴喷射出时射流速度很高，冲力很大。此时向前枪体的送粉管中输送粉状材料，粉末在等离子焰流中很快加热到熔融状态，并高速喷打在工件基体表面上。当熔滴高速撞击基体表面时，发生强烈塑性变形，在表面铺展开来，迅速冷却，并黏附在基材表面。无数颗扁平颗粒堆叠起来，互相衔接，在工件表面就形成了一定厚度的等离子喷涂层。

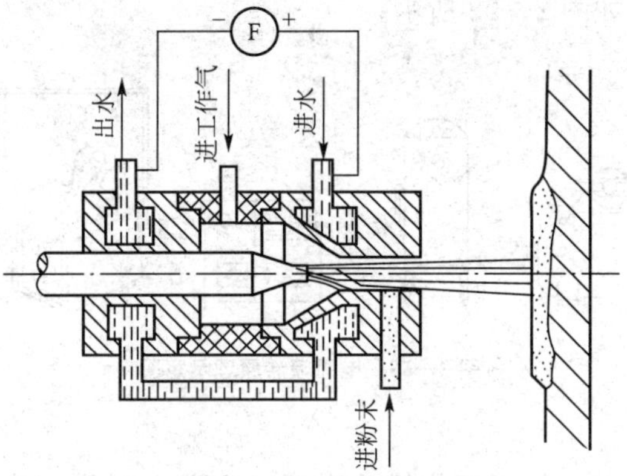

图2—56 等离子喷涂原理示意图

（2）等离子喷涂特点。

与其他热喷涂技术相比，等离子喷涂具有下列显著特点：

1）可以喷涂一些高强度钢或一些薄壁的、细长的零部件。

2）等离子焰流温度高，可喷涂材料非常广泛，即可喷涂金属或合金涂层，也可喷涂陶瓷和一些高熔点的难熔金属。这是各种燃烧火焰或电弧热喷所难以达到的。

3）由于等离子射流速度高，射流中粒子飞行速度一般可达到200～300m/s，最新开发的超声速等离子喷涂可达600m/s以上，因此形成的涂层更致密，结合强度更高，显著提高了涂层的质量，特别是在喷涂高熔点的陶瓷粉末或难熔金属等方面更显示出独特的优越性。

3. 电弧喷涂

◆ 电弧喷涂是以电弧为热源，将熔化的金属丝用高速气流雾化，并以高速喷射到工件表面形成涂层的一种工艺。拥有效率高、经济性好、安全性好等优点。在航天、航空、能源、交通、军事等领域得到了广泛的应用。

（1）电弧喷涂的原理。

如图2—57所示，进行电弧喷涂时，两根丝状喷涂材料经送丝机均匀、连续地送进喷枪的两个导电嘴内，导电嘴分别接喷涂电源的正、负极，并保证两根丝材端部接触前的绝缘性。当两根丝材端部接触时，由于短路产生电弧。高压空气将电弧熔化的金属雾化成微熔滴，并将微熔滴加速喷射到工件表面，经冷却、沉积过程形成涂层。

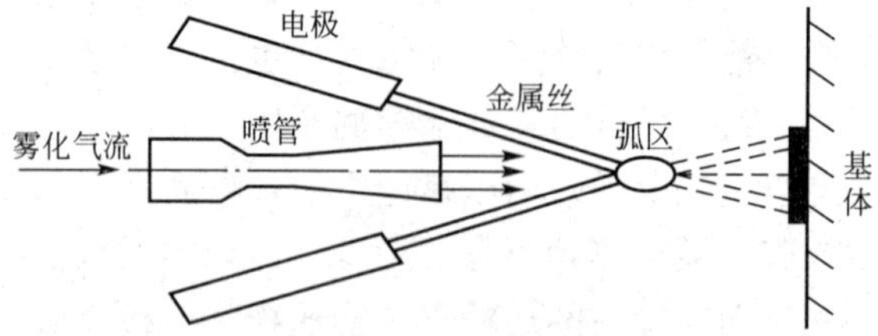

图 2—57　电弧喷涂原理示意图

(2) 电弧喷涂的系统组成。

电弧喷涂的系统的结构与丝材火焰喷涂类似，由电弧喷枪、控制箱、电源、送丝机构和压缩空气系统组成，如图 2—58 所示。

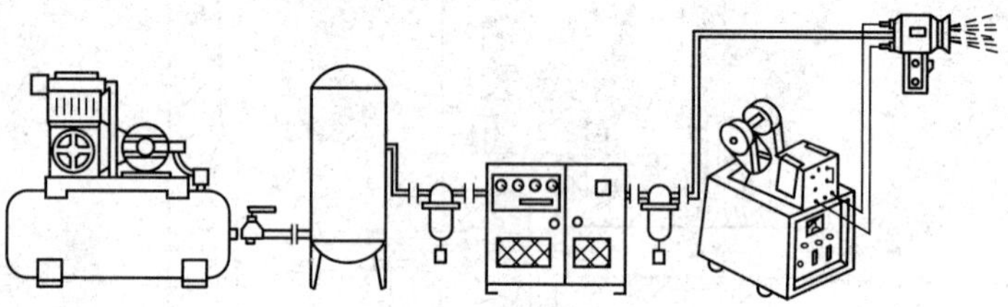

图 2—58　电弧喷涂原理示意图

(3) 电弧喷涂的特点。

电弧喷涂技术可赋予工件表面优异的耐磨、防腐、防滑、耐高温等性能，在机械制造、电力电子和修复领域中得到广泛的应用，其特点有：

1) 涂层性能优异。应用电弧喷涂技术，可以在不提高工件温度、不使用贵重底材的情况下获得性能好、结合强度高的表面涂层。一般电弧喷涂涂层的结合强度是火焰喷涂涂层的 2.5 倍。

2) 喷涂效率高。电弧喷涂单位时间内喷涂金属的重量大。其生产效率正比于电弧电流，一般比火焰喷涂高数倍。

3) 节能。电弧喷涂的能源利用率明显高于其他喷涂方法，电弧喷涂的能源利用率达 57%，而等离子喷涂和火焰喷涂的能源利用率分别为 12%和 13%。

4) 经济性好。电弧喷涂的能源利用率很高，加之电能的价格又远远低于氧气和乙炔，其费用通常约为火焰喷涂的 1/10，设备投资一般为等离子喷涂的设备的 1/5 以下。

5) 安全性好。电弧喷涂技术仅使用电和压缩空气，不用氧气、乙炔等助燃、易燃气体，安全性高。

6) 设备相对简单，便于现场施工，电弧喷涂设备体积小，总量轻，使用、调试简便，使用设备能方便地运到现场，对不便移动的大型零部件进行处理。

2.3.3　气相沉积技术

气相沉积技术是一种利用气相之间的反应，在各种材料表面沉积单层或多层薄膜，从而使材料获得所需的各种优异性能的一种镀膜技术。

气相沉积技术在进行的过程中一般包含三个环节，即需镀物料→气相输送→沉积成固相薄膜。它的主要特点在于不管原来需镀物料是固体、液体还是气体，在输运时都要转化成气相形态进行迁移，最终到达工件表面沉积凝聚成固相薄膜。

为研究方便，人们按照构成薄膜元素在基体表面的成形过程将气相沉积技术分为物理气相沉积（PVD）和化学气相沉积（CVD）两种，下面分别对这两种技术进行介绍。

2.3.3.1 物理气相沉积

1. 物理气相沉积技术及其特点

◆ 物理气相沉积（physical vapor deposition，PVD）：通过高温加热金属或化合物，使之蒸发成气相，或者通过电子、离子、光子等荷能粒子的能量把金属或化合物靶（"靶"指被轰击的材料）溅射（指飞溅出的粒子的散射过程）出相应的原子、离子、分子（气态），且在固体表面上沉积成固相膜，其中不涉及物质的化学反应（分解或化合），这种技术方法称为物理气相沉积。

物理气相沉积技术相较于化学气相沉积技术，拥有诸多优势，包括：

（1）镀膜材料广泛，容易获得：包括纯金属、合金、化合物，导电或不导电，低熔点或高熔点，液相或固相，块状或粉末，都可以使用或经加工后使用。

（2）镀料汽化方式，可用高温蒸发，也可用低温溅出。

（3）沉积粒子能量可调节，反应活性高：通过等离子体或离子介入，可以获得所需的沉积粒子能量进行镀膜，提高膜层质量，通过等离子体的非平衡过程提高反应活性。

（4）低温型沉积：沉积粒子的高能量高活性，不需遵循传统的热力学规律的高温过程，就可实现低温反应合成和在低温基体上沉积，扩大了沉积基体的适用范围。

（5）可沉积各种类型薄膜：如纯金属膜、合金膜、化合物膜等。

（6）无污染，利于环境保护。

目前物理气相沉积技术已经广泛应用于各行各业，包括装饰膜、装饰耐磨膜、装饰耐硬膜、减磨润滑膜、刀具 TiN 和 TiC 涂层、光学膜等的制备，都无一例外的应用了物理气相沉积技术。

2. 几种常见的物理气相沉积技术

（1）真空蒸镀。

真空蒸镀：是指在真空条件下，用蒸发器加热蒸发物质，使之汽化，蒸发粒子流直接射向蒸镀物质并在蒸镀物质上沉积形成固态薄膜的方法，如图 2—59 所示。

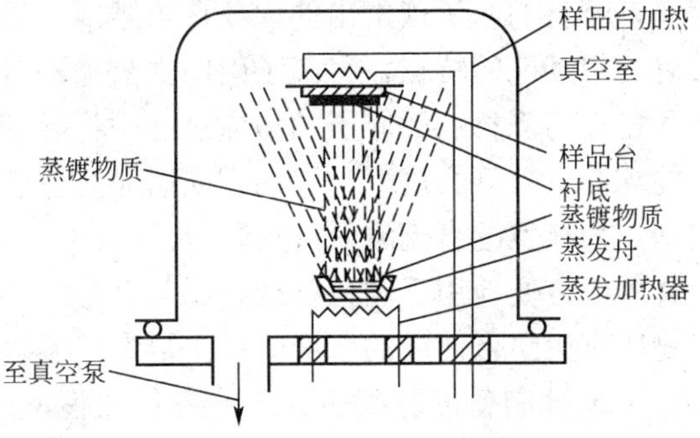

图 2—59 真空蒸镀装置示意图

与其他薄膜制备方法相比，真空蒸镀具有薄膜沉积速率高、薄膜纯度易于保证的特点，特别是后一个特点。由于真空蒸镀一般在较高的真空度下进行薄膜的沉积，所以热蒸发出来的物质分子或原子具有较长的平均自由程，因而可以从源物质表面呈直线状转移、沉积到衬底的表面，在此过程中不会与杂质气体或其他气体分子进行碰撞和化学反应，因此，利用真空蒸镀可以制备纯度较高的薄膜材料。

真空蒸镀的蒸发装置多种多样，如图 2—60 所示，包括电阻式蒸发装置、电子束蒸发装置、电弧蒸发装置、激光蒸发装置等。在使用过程中，应根据具体的蒸镀物和蒸镀装置的特点进行选择。

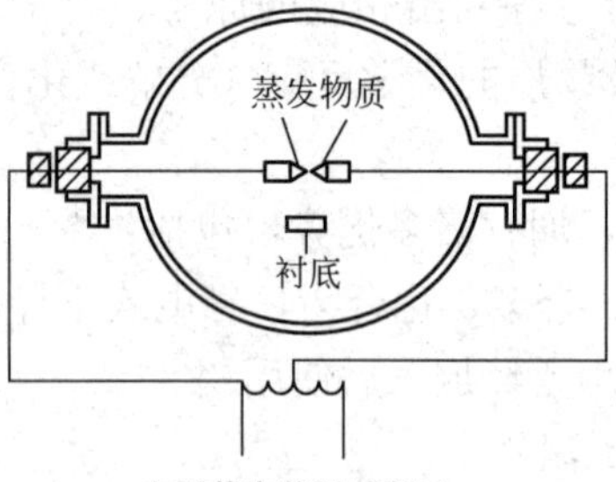

电弧蒸发装置示意图

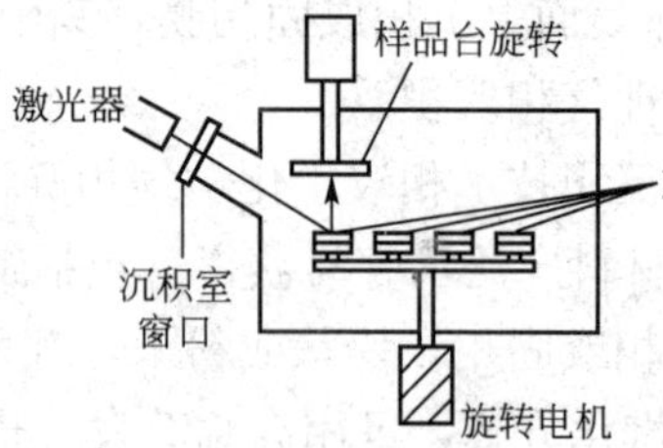

激光蒸发装置示意图

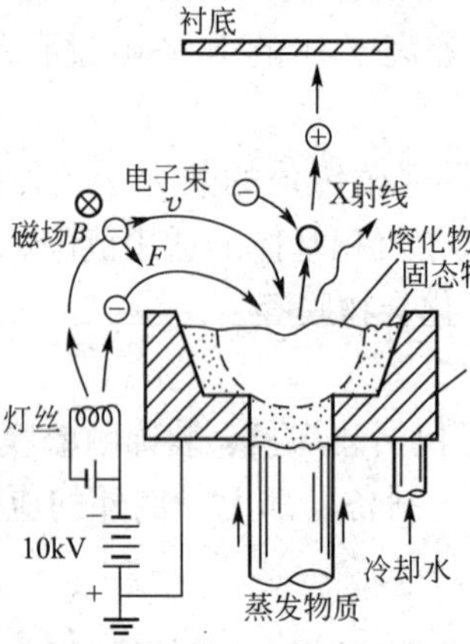

电子束蒸发装置示意图

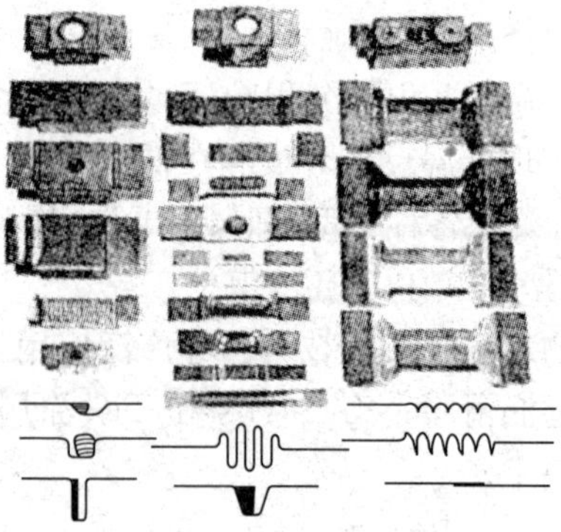
各种电阻式蒸发装置示意图

图 2—60　各种真空蒸镀蒸发装置

（2）溅射镀。

用离子轰击靶材表面，靶材的原子被击出的现象称为溅射。溅射镀是利用带有电荷的离子在电场中加速后具有一定动能的特点，将离子引向由欲被溅射的靶电极。在离子能量合适的情况下，入射离子将在与靶材表面原子的碰撞过程中将后者溅射出来。这些被溅射出来的原子将带有一定的动能，并且会沿着一定的方向射向衬底，从而达到沉积成为薄膜的目的。如图 2—61 所示，为典型的直流溅射沉积装置。

溅射镀的特点在于其可以方便地用于制备各种金属与合金的薄膜，还可被用于制备各种化合物以及多种不同物质有机组合而成的多层薄膜。再者，溅射镀很适合用于薄膜的大面积沉积，利用它可以很方便地制备出宽度达数米的各种薄膜材料，其厚度的均匀性可以达到很高水平。特别值得指出的是，由于溅射镀在制备薄膜的过程中参与的粒子一般均带有相当的能量，因此，相对于真空蒸镀法，它可以制备更为致密，且附着力更高的薄膜。这些方法使溅射镀称为众多薄膜材料制备技术中的一种重要方法。可用于沉积金属、合金、化合物、陶瓷等。真空溅射沉积碳化钛的速度为1.1～1.5μm/h。一般刀具的溅射时间为3～5h，碳化钛厚度达4～6μm；模具溅射时间为4～6h，厚度达6～8μm。碳化钛表面硬度为2500～4000HV，具有很高的耐磨性、抗咬合性和良好的抗氧化性，大大提高了使用寿命。

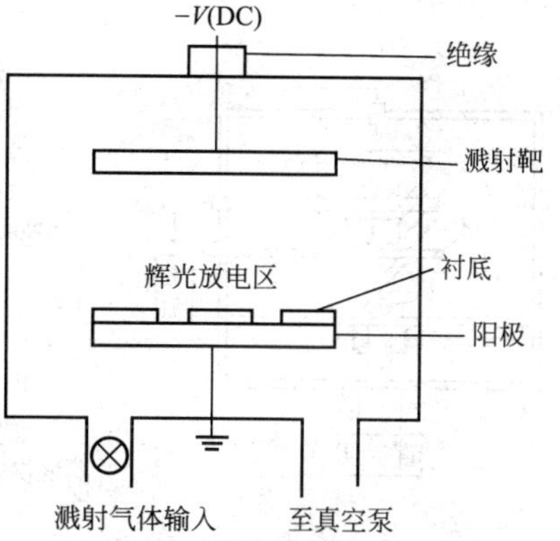

图 2—61 直流溅射沉积装置

(3) 离子镀。

离子镀是在基体上施加偏压，产生离子对基体和覆盖层的持续轰击作用的真空镀膜方法。由于离子镀是一种混合真空镀膜方法，因而它兼具真空蒸发和溅射镀的优点。如今离子镀技术已发展成为在工业中广泛应用的一种重要镀膜技术。

离子镀是真空蒸镀和溅射镀相结合的成膜技术，可以有多种形式，如图2—62所示。其原理为，将真空室抽至一定压强后，通入一定真空度的惰性气体氩，接通高压电源，在蒸发源（阳极）和基片（阴极）之间建立起一个低压气体放电的低温等离子区。基片成为辉光放电的阴极，其附近成为阴极暗区。在负辉区附近产生的惰性气体离子进入阴极暗区被电场加速并轰击基片表面，可有效地清除基片表面的气体和污物。随后，让镀料汽化，蒸发的粒子进入等离子区，并与等离子区的正离子和被激发的惰性气体原子以及电子发生碰撞，其中一部分蒸发粒子被电离成正离子，而大部分原子达不到离化的能量，处于激发状态。被电离的镀料离子和惰性气体离子一起受到负高压电场加速，以较高的能量轰击基片和镀层表面，并沉积成膜。离子镀的特点包括：

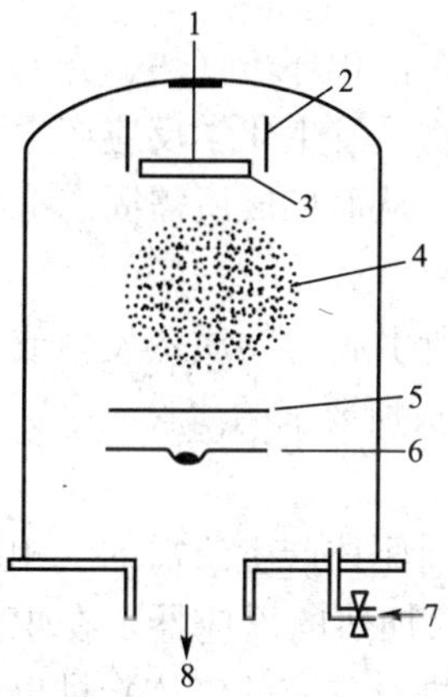

图 2—62 离子镀原理图

1—接负高压；2—接地屏蔽；3—基板；4—等离子体；5—挡板；6—蒸发器；7—氩气阀；8—真空系统

◆ 涂层的附着力强。得益于离子的轰击效应，离子镀的镀膜具有较强的附着力。

◆ 良好的绕射性。因为蒸发粒子和离子在到达基体之前，受到气体分子的多次碰撞而散射，使蒸发粒子散布在基体周围。同时基体处于负偏压，部分蒸发原子被电离成离子，它们将沿电场的电力线运动，凡是电力线分布之处，离子都能到达。因此，基体的各个表面包括孔，由于都处于电场中，所以当采用离子镀时，这些复杂的孔洞也可较好地被镀覆。

◆ 致密的组织。这其中，高能氩离子起到了十分重要的作用。

◆ 广泛的可镀材质。利用离子镀技术可以在金属或非金属表面，包括石英、陶瓷、玻璃、塑料、橡胶等表面上涂覆具有不同性能的单一镀层、化合物镀层、合金镀层及各种复合镀层。

◆ 高的沉积速率。离子镀的沉积速率一般可达1～59μm/min。

如图2—63所示，为几种典型的离子镀装置。

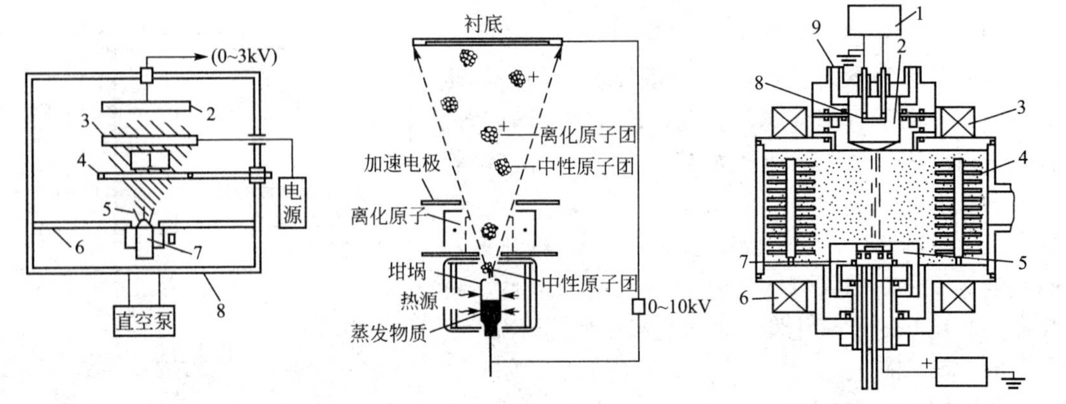

活性反应离子镀装置示意图　　离化团束沉积装置示意图　　热阴极离子镀原理示意图

1—等离子体；2—基体；3—活化极；
4—反应气体导入；5—氩气流束；6—差压板；
7—电子束蒸发源；8—真空室

1—热灯丝电源；2—离化室；3—上聚焦线圈；
4—基体；5—蒸发源；6—下聚焦线圈；
7—阳极（坩埚）；8—灯丝；9—氩气进气口

图 2—63　几种典型离子镀装置

2.3.3.2　化学气相沉积

◆ 化学气相沉积（chemical vapor deposition，CVD）是通过在活化环境（热、光或等离子）中使含有构成薄膜元素的挥发性化合物分解或与其他气相物质发生化学反应产生非挥发性的固相物质并使之以原子态沉积在置于适当位置的衬底上，从而形成所需固态沉积物的过程。

化学气相沉积与物理气相沉积的不同点在于后者是利用高温所引起的物质蒸发，或电子、离子、光子等荷能粒子的能量所造成的靶物质溅射在衬底上形成所要求的薄膜或涂层。

1. 化学气相沉积的原理

化学气相沉积的原理如图 2—64 所示，通过加热液相或固相前驱体产生所需的气相反应物（也可以直接采用气相前驱体），在压差的作用下被输运进入加热的反应器，在炽热的衬底表面通过化学反应沉积薄膜，废气（反应副产品和还没有进行反应的气体）排出反应器，在经过处理后排放。

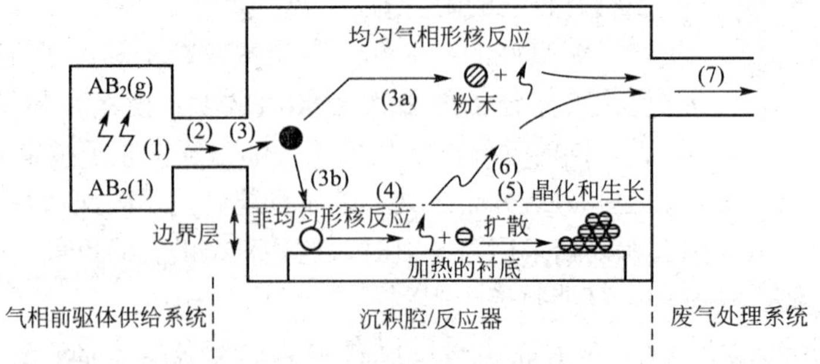

图 2—64　化学气相沉积原理图

2. 化学气相沉积的过程

如图 2—65 所示，通常情况下，CVD 过程包含以下几个主要步骤：

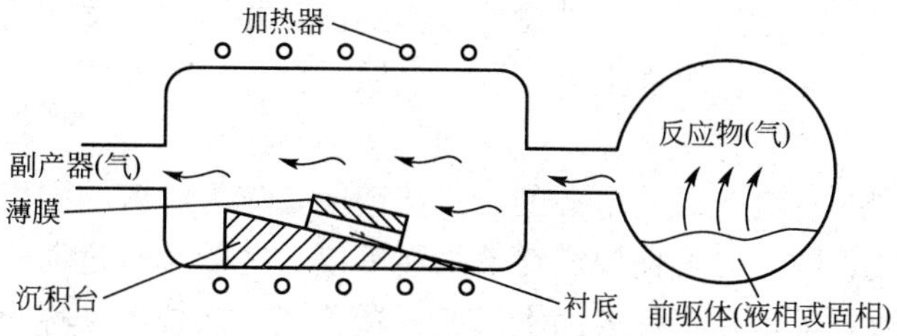

图 2—65 化学气相沉积过程示意图

（1）产生气相活性反应物。

（2）将气相反应物引入反应室。

（3）气相反应物发生气相反应生成中间产物。

（4）气相反应物在加热的衬底表面上吸附，并在气－固界面（即加热的衬底表面）上发生非均匀形核反应，导致固相薄膜沉积和气相副产品的产生。

（5）沉积产物沿着加热衬底表面扩散，形成结晶中心，并使薄膜生长。

（6）产生的气相副产品依靠扩散或对流穿越边界层。

（7）没有反应的气相前驱体和副产品被输运到反应室外。

3. 化学气相沉积的特点

（1）广泛的可镀材质：如金属膜、非金属膜及复合膜，可进行钛、钽、锆、铌等碳化物和氮化物的沉积。

（2）高的沉积速率，每分钟可达几微米至几百微米。

（3）绕射性和覆盖性好，可以在深孔、阶梯、洼面、三维形体或其他复杂工件上沉积。

（4）膜层厚，结合强度高。

此外与物理气相沉积相比，化学气相沉积还可以在很宽广的范围控制所制备薄膜的化学计量比，这与其他方法相比是很突出的。另外化学气相沉积技术还具有设备成本和操作费用相对较低等特点，既适合于批量生产，也适合于连续生产，与其他加工过程有很好的相容性。可用于装饰涂层、耐磨涂层、刀具和模具涂层等。

近几年来，一些结合了物理气相沉积和化学气相沉积的复合方法也已经出现。从 20 世纪 70 年代起，CVD 就已经成为一个举足轻重的产业，仅仅在美国，目前市场规模就达数十亿美元。

2.3.4 电刷镀技术

电刷镀技术是表面工程技术的重要组成部分，是电镀技术的发展方向之一。它已在机械、电子、交通、矿山、纺织、化工等民用领域以及军事装备维修尤其是野外抢修中得到广泛的应用，并创造了巨大的经济效益和军事效益。

电刷镀发展到今天，已经从传统的维修工作向表面强化、表面防护、表面装饰、功能性涂层制备等方向发展。在镀液、工艺、复合电刷镀、强化机理等方面做了大量工作。

2.3.4.1 电镀与电刷镀

1. 电镀

电镀是用电化学的方法在固体表面上电沉积一层金属或合金的过程。当具有导电表面的工件与导电的电解质溶液接触时，被镀件作为阴极，要镀的金属作为阳极，在外电流的作用下，就可在部件（阴极）表面上沉积一层金属、合金或半导体等。

2. 电刷镀

电刷镀则是采用一直流电源，电源的正极接镀笔，作为刷镀的阳极，电源的负极接工件，作为刷镀的阴极。刷镀时，使浸满镀液的镀笔以一定的相对运动速度在工件表面上移动，并保持适当压力，于是在工件表面上形成一覆盖层。该技术又称为接触镀、选择镀和无槽电镀。

从上面的定义我们可以看出，电刷镀与电镀有着相同的工作原理，只是在具体应用过程中采用的工具有所不同。因而使得电刷镀相对于电镀，具有镀层均匀，沉积速度快等优点。

2.3.4.2 电刷镀的原理

如图 2—66 所示为电刷镀工作示意图，图 2—67 所示为电刷镀原理图。电刷镀技术采用专用的直流电源设备，电源的正极接镀笔，负极接工件。镀笔通常采用高纯石墨块作为阳极材料，外包棉花涤棉套。在适当压力下，镀液的镀笔以一定的相对运动速度在工件表面上移动。镀液中的金属阳离子在镀液与工件接触的部位，在电场和溶液对流的作用下传输到工件表面并在此得到电子而还原成金属原子，这些金属原子结晶就形成镀层，镀层厚度与电刷镀时间、电流密度等相关。

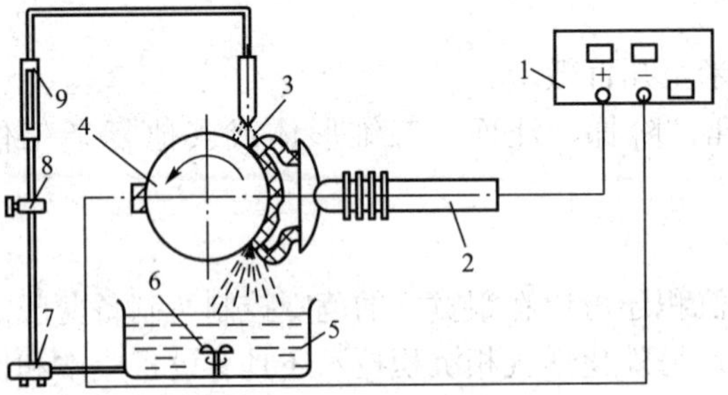

图 2—66 电刷镀工作示意图

1—电源；2—镀笔（阳极）；3—电刷镀液；4—工件（阴极）；5—搅拌池；6—搅拌器；7—循环泵；8—阀门；9—流量计

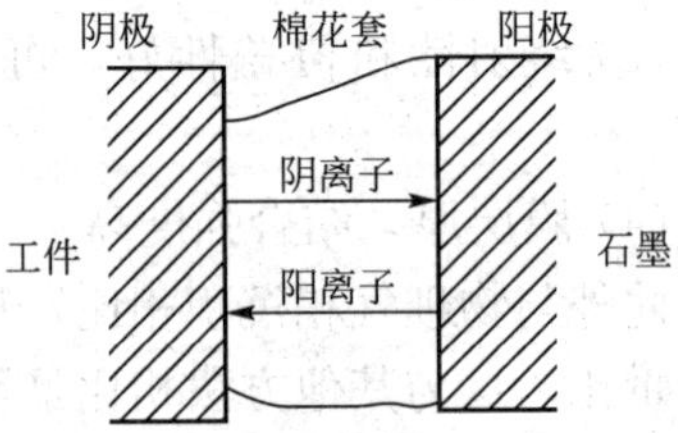

图 2—67 电刷镀原理示意图

电刷镀技术的基本原理如下：

(1) 金属离子在液相中传质，到达阴极表面边界层。

(2) 金属离子穿过阴极表面边界完成表面化。

(3) 与阴极交换电子，金属原子被还原成吸附态金属原子。

(4) 后续表面转化，金属原子结晶。

2.3.4.3 电刷镀的设备

电刷镀设备一般包括电源设备、电刷镀镀笔等。

1. 电刷镀电源设备

电刷镀的电源设备在选择时，应满足如下特点：

(1) 应具有直流平外特性，即随负载电流的增大，电源输出电压应下降很少。

(2) 应能实现无极调节。

(3) 为选取最佳电压值和测量镀层厚度，还应带有安培小时镀层厚度计。

(4) 电源应设有正负极性转换装置，以满足电镀、活化、电净等不同工艺的需要。

(5) 电源应设有过载保护装置，在出现意外时，保护电源和被镀零件不受损坏。

(6) 电源设备应体积小、重量轻、工作可靠、计量精度高、操作简单、维修方便，以适应现场修理或野外修理的需要。

2. 电刷镀镀笔

电刷镀镀笔如图 2—68 所示，根据电刷镀的需要，有外圆镀笔、内孔镀笔、平面镀笔、旋转镀笔和微型镀笔等，镀笔和阳极的尺寸，根据被镀工件形状和尺寸而定。镀笔中阳极的材料，根据不同的电刷镀需要，可选用石墨阳极、铂铱合金阳极、不锈钢阳极、可溶性阳极等。

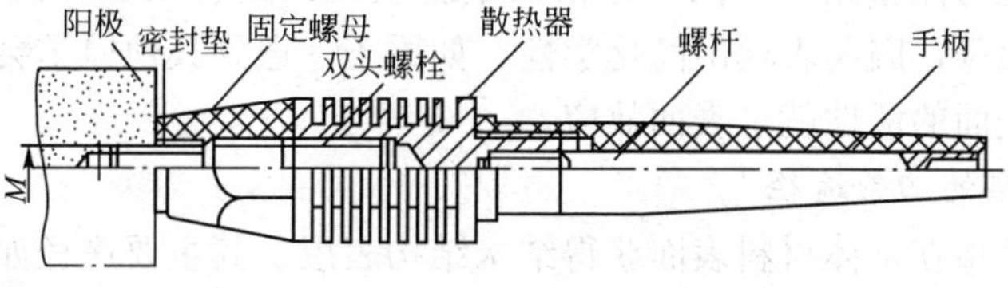

图 2—68 电刷镀镀笔的结构与形状

2.3.4.4 电刷镀的特点

电刷镀工艺区别于普通电镀的最大特点在于镀笔与工件必须保持一定的相对运动速度。正是由于这一特点，使电刷镀具有一系列优点。

(1) 由于镀笔与工件有相对运动，散热条件好，在使用大电流密集施镀时，不易使工件过热。其镀层的形成是断续电结晶，镀液中的金属离子只是在镀笔与工件接触的那些部位放电还原结晶。镀笔的移动限制了晶粒的长大和排列，因而镀层中存在大量超细晶粒和高密度位错，这是镀层强化的重要原因。

(2) 镀液能随镀笔及时供应到工件表面，大大缩短了金属离子的传输路径，不易产生金属离子贫乏现象，加上镀液中金属离子含量高，因而允许使用比电镀镀槽大的多的电流密度，镀层的沉积速度快。

(3) 使用手工操作，方便灵活，尤其对于复杂表面，凡是镀笔能够触及的地方均可镀上。非常适用于大型设备不解体现场修理。

2.3.5 其他表面处理技术

近几年来，随着科学技术的不断发展，一些新的物理、化学技术和新工艺技术不断的融入表面工程技术领域，使表面工程技术在原有技术的基础上得到了新的发展，本节结合一些新的工艺方法，介绍一些表面工程技术方面的新技术。

2.3.5.1 纳米表面工程

◆ 纳米技术是 20 世纪 80 年代末期诞生并正在崛起的新技术。1990 年 7 月，在美国召开了国际首届纳米科学技术会议（Nano - ST）。纳米科技研究范围是过去人类很少涉及的非宏观、非微观的中间领域，它的研究开辟了认识世界的新层次。纳米材料与技术的发展得到了世界各国的高度重视。

1. 纳米材料的特性

超微细固体材料包括：具有原子簇和原子束结构的零维纳米材料；具有纤维结构的一维纳米材料；具有层状结构的二维纳米材料；粒度尺寸至少一个方向上在 100nm 范围内的三维纳米材料。

纳米材料具有很多异乎寻常的特性，有着极为广泛的应用前景，是目前材料科学的前沿，是一个开拓性的新领域。以原子或分子为起点，在材料表面设计构筑更强、更轻、更薄、可以自修复的纳米结构材料、纳米结构涂层等，或在材料表面制造出更微小、更精巧的纳米图形、纳米器件、纳米机器、纳米计算机等，可大大提高材料表面性能，增加表面功能，拓宽材料的应用领域。

纳米微粒由于尺寸小，比表面积大，导致位于表面的原子占有相当大的比例，由于表面原子的化学环境与体相完全不同，存在大量悬空键，具有很多 Miller 指数晶面、晶格缺陷、台阶、折扭等，因而表现出高化学性，如原子一遇到其他原子会很快结合，使其稳定化，这种原子表面的活性就是表面效应。

2. 纳米化表层的四条途径

纳米化表层是指在基体材料表面获得纳米结构表层，其主要途径如图 2—69 所示，有四种：

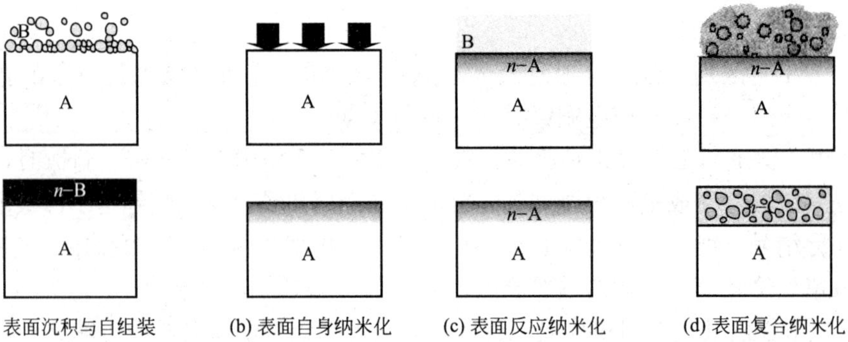

图 2—69　纳米化表层的四种途径

（1）表面沉积与自组装。

表面沉积与自组装方法是指利用溶胶—凝胶等涂覆技术，PVD、CVD、电解等沉积技术以及分子组装技术等在基体材料表面制备纳米结构或纳米尺度的表面层。

（2）表面自身纳米化。

对于多晶材料，采用非平衡处理方法增加材料表面的自由度，可以使粗晶组织逐渐细化至纳米量级，这种材料的主要特征是：晶粒尺寸沿厚度方向逐渐增大；纳米结构表层与基体之间没有明显的界面；处理前后材料的外形尺寸基本不变。

（3）表面反应纳米化。

表面反应纳米化借助表面渗入或离子注入等技术，通过渗（注）入物质（原子、离子或纳米颗粒）和基体金属材料表面的化学反应，生成纳米结构表层。

（4）表面复合纳米化。

表面复合纳米化是指在传统表面涂层中掺杂纳米颗粒，利用表面涂层制备技术在基体材料表面制备粗纳米颗粒复合涂层。

3. 纳米表面工程的优越性

纳米表面材料和纳米技术在表面工程中的应用存在巨大的机遇，同时面临严峻的挑战。纳米表面工程必须同时具备两个条件。其一是应用的固体颗粒直径必须处于纳米尺度（1～100nm），其二是纳米材料在表面性能上有大幅度的改善或发生突变。

与传统表面工程技术相比，纳米表面工程的优越性如下：

(1) 赋予表面新的性能：纳米材料的奇异特性保证了纳米表面工程涂覆层的优异性能。一是体现在涂覆层本身性能的提升，如涂覆层的抗拉强度、屈服极限和抗接触疲劳强度的性能大幅度提升；二是体现在涂覆层的功能提升方面。纳米表面工程的出现，解决了许多传统表面工程技术解决不了的表面问题。例如，高性能纳米声、光、电、磁膜及超硬膜的制备等。

(2) 使零件设计时的选材发生重要变化：在纳米表面工程中，在许多情况下，传统意义上的基体材料有时只起载体作用，纳米表面工程涂覆层成为实现其功能的或性能的主体。例如：高速钢刀具可以改变强度、韧性高的材质，通过在刀刃表面沉积纳米超硬膜来实现切削功能等。

(3) 为表面技术的复合提供新途径：纳米表面工程能够为表面工程技术的复合提供一条全新的途径，具有广泛的应用前景。例如：金属表面的纳米化，赋予了基质表层的优异性能。

4. 实用纳米表面工程技术

(1) 纳米颗粒复合电刷技术。

电刷镀技术是表面工程的重要组成部分，该技术具有设备轻便、工艺灵活、镀覆速度快、镀层种类多等优点。近年来，纳米颗粒材料在电刷镀技术中的应用，使复合电刷镀技术在高温耐磨及抗接触疲劳载荷领域呈现出强大的生命力。

在电刷镀镀液中添加纳米颗粒材料时制备的复合镀层的摩擦性能有较大改善。例如在快速镍镀层中分别添加纳米 Al_2O_3、SiC、金刚石颗粒，通过对纳米颗粒表面进行改性处理，有效地提高了纳米颗粒在镍基镀层中的均匀程度。在不同的加热温度下，表现出比传统快速镍刷镀镀层更好的显微硬度和抗振动磨损性能。

(2) 纳米热喷涂技术。

热喷涂技术是表面工程领域中应用十分广泛的技术，在各种新型热喷涂技术不断涌现的同时，纳米热喷涂技术已成为热喷涂技术新的发展方向。

热喷涂纳米涂层组成可分为三类：单一纳米材料涂层体系；两种（或多种）纳米材料构成的复合涂层体系；添加纳米颗粒材料的复合体系，特别是陶瓷或金属陶瓷颗粒的复合体系具有重要的作用和意义。目前，完全的纳米材料涂层离普及应用还有相当的距离，大部分的开发工作集中在第三种，即在传统涂覆层技术基础上添加复合纳米材料，可在较低成本情况下，使涂覆层功能得到显著提高。例如：美国纳米材料公司通过特殊黏结处理制成专用热喷涂纳米粉，用等离子喷涂方法获得了纳米结构的 Ai_2O_3/TiO_2 涂层，该涂层致密度达 95%～98%，结合强度比传统喷涂粉末涂层提高 2～3 倍，表明纳米结构涂层具有良好的性能。

(3) 金属表面纳米化。

金属表面纳米化可以通过不同方法实现。例如，应用超声冲子冲击工艺，可在铁或不锈钢表面获得晶粒平均尺寸为10～20nm的表面层。超声冲子冲击450s后，纯Fe表面层的显微组织形成了结晶位向为任意取向的纳米结晶，晶粒平均尺寸为10nm，而Fe的原晶粒尺寸约为50μm。该技术的优点之一是可在复杂形状零件表面获得纳米晶表面层。

2.3.5.2　激光表面处理

1. 激光表面处理的原理及特点

◆ 激光是一种经受激辐射产生的加强光。其强度高，方向性、相干性和单色性好，通过光学系统可将激光束聚焦成直径为几十微米的极小光斑，从而获得极高的能量密度。当高功率密度聚焦金属时，金属表面吸收激光能量并以极高的加热速度被加热、熔化乃至汽化。由于热效应只是集中在材料表面很薄的局部区域内，因此在被加热的表层与金属基体之间将形成极高的温度梯度。当激光停止作用时，金属的良好导热性将导致表面以高的速度冷却。

因为激光具有上述优点，因此当把激光引用于表面处理时，可达到精确控制，工件变形小，可处理形状或结构复杂的工件，易于控制，劳动生产率高。因此，激光表面处理在现代的表面改性处理中得到了越来越广泛的应用。激光表面处理具有下列特点：

(1) 加热速度快，处理效率高。

(2) 激光能量、光斑大小和形状以及激光作用时间可以精确控制，处理效果好。

(3) 只在需要的部位进行处理，热输入低，工件热变形小甚至基本无变形。

(4) 激光束易于传输和导向，因此可以对复杂零件表面进行处理，如深孔和沟槽表面。

(5) 易于实现自动化控制，劳动生产率高。

(6) 节省能源，不产生环境污染。

2. 激光表面处理的应用

(1) 激光熔覆。

激光熔覆技术是激光表面处理中的一种。其第一项工业应用是Rolls Royce公司于1981年对RB211涡轮发动机壳体结合部件进行硬面熔覆，其后，这一工艺被广泛应用于涡轮机叶片、阀体部件、阀杆、阀座等的表面处理之中。近几年，激光熔覆技术还被应用于快速制造金属原型零件等中。

激光熔覆按照合金的供给方式，可以分为两种，如图2—70所示，合金预置式与合金同步供给式激光熔覆。

1) 合金预置激光熔覆。

合金预置激光熔覆分为两个过程，即先在基材的熔覆部位预置熔覆材料，而后用激光辐射扫描将其熔化。同时，通过热传导将表面热量向内部传递，使整个合金预置层及一部分基材熔化。激光束离开后，熔化的金属快速凝固而在基材表面形成冶金结合的合金熔覆层。由于这种方法将熔覆材料以粉末层、箔片、丝材、板材或厚涂层的形式预置于基材表面，固其亦可称为激光涂覆。

2) 合金同步供给式激光熔覆。

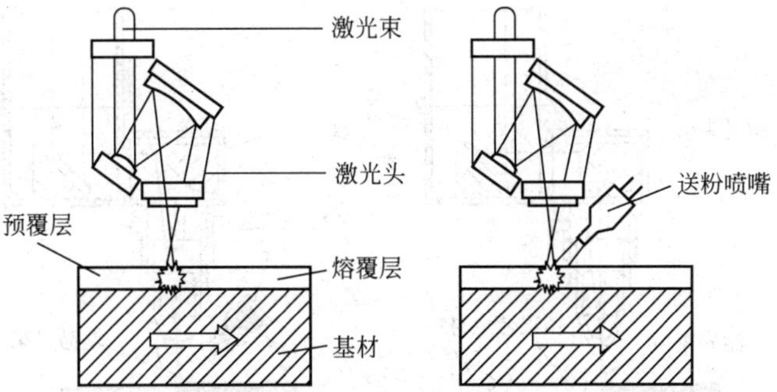

(a) 合金预置式　　(b) 合金同步供给式

图 2—70 激光熔覆原理示意图

合金同步供给式激光熔覆即熔覆材料的进给和激光辐射同时进行。合金同步供给熔覆工艺简单，合金利用率高，可控性好，可以熔覆甚至直接成形复杂三维形状的工件。熔覆材料的进给以粉末或丝、条等方式进行。由于激光熔覆的材料多为粉末形式，同步送粉激光熔覆技术得到广泛的应用。

激光熔覆是作为激光表面改性处理的一个方面，是一种重要的材料表面改性技术，亦被称为激光镀覆或激光表面硬化。它是以高能密度的激光作为热源在基材表面熔覆一层熔覆材料，使之与基材实现冶金结合，在基材表面形成与基材具有完全不同成分和性能的合金层的表面改性方法。材料的大面积熔覆可依单道熔覆的搭接来实现。

(2) 激光表面合金化。

激光表面合金化是一种通过改变材料表面成分来实现激光表面改性的技术。它应用激光辐照加热工件，使之熔化至所需深度，同时添加适当合金化元素来改变基材表面组织，形成新的非平衡微观结构从而提高材料的耐磨损、耐疲劳和耐腐蚀性能。

表面合金化常用的激光光源有 CO_2 激光、Nd：YAG 激光等，调 Q-开关型激光可在瞬间获得高峰值功率脉冲，也可采用。选择激光源时需要考虑激光的输出功率、光束直径、光束模式、波长、脉冲宽度和频率。

由于金属材料的光反射和高热导率，表面合金化所用的激光功率要求较高。对如陶瓷和聚合物的非金属材料而言，激光功率则可相应降低。合适的激光表面合金化的功率密度为 $10^4 \sim 10^6 W/Cm^2$。

在实际应用中，激光表面合金化包括重熔合金化和熔化合金化两种过程，如图 2—71 所示。重熔合金化是一个两步的过程，即先在基材表面预置合金化材料，而后进行激光辐照使其和基材表层重熔；而激光熔化合金化则是单一的过程，即在激光束辐照加热基材产生熔池的同时加热合金化元素，合金化元素可以是全部或部分固溶于基材的固体颗粒（粉末或膏体）或气体。需要指出的是，上述两种方法虽然过程不尽相同，但它们的目的是统一的，都是为了获得一层性能优于基材的和合金化材料的合金表面。

与普通电弧表面合金化和等离子喷涂合金化想比，激光表面合金化的优越性主要体现在可以准确地控制功率密度和加热深度，工件的变形量小；可实现材料局部和难于接近部位的合金化；可在不规则的工件上获得均匀的合金化深度，加工过程快。

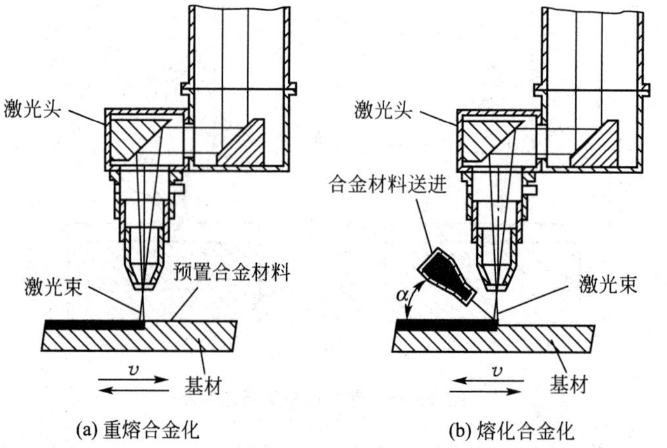

图 2—71　激光表面合金化示意图

模块 3　黑色金属材料

3.1　钢铁基础知识

学习目标

★　生铁的冶炼原理和过程，炼铁和炼钢的主要产品。

★★　炼钢的基本原理和方法、钢材的种类及生产方法。

★★★　钢材的规格及化学成分。

★★★★　钢的分类及牌号表示方法。

注：★了解。★★理解。★★★掌握。★★★★重点掌握。

黑色金属材料是指铁和铁的合金，如钢、生铁、铸钢、铸铁等，它们都是以铁为基础，以碳为主要添加元素的合金，统称为铁碳合金。

3.1.1　钢铁的生产

钢铁材料是由铁、碳及硅、锰、磷、硫等杂质元素及各种合金元素所组成的金属材料。要获得钢，首先要炼得生铁。

3.1.1.1　生铁的冶炼

钢铁材料中的基本元素铁必须从矿石中冶炼。铁矿石的主要成分是铁和氧、硫、碳等化合形成的各种化合物，其种类见表 3—1。

表 3—1　　铁　矿　石

铁矿石名称	化学式	ω (Fe)/%	铁矿石名称	化学式	ω (Fe)/%
磁铁矿	Fe_3O_4	60～70	褐铁矿	$Fe_2O_3 \cdot H_2O$	30～50
赤铁矿	Fe_2O_3	40～60	菱铁矿	$FeCO_3$	30～45

因此，炼铁的过程，实质上就是把铁矿石中的氧等杂质还原出来的过程。使用的还原剂一般为焦炭。

1. 高炉炼铁过程

炼铁是在高炉中进行的。生铁冶炼系统和高炉设备见图 3—1 和图 3—2。高炉里的冶炼过程简述如下：

（1）在预热区：铁矿石进行脱硫和脱水。

（2）在还原区：上升的一氧化碳气体使铁矿石还原成氧化亚铁。

（3）在碳化区：氧化亚铁被继续还原成金属铁，同时，铁吸收碳、硅、锰、硫和磷。

（4）在熔化区：铁矿石完全熔化，各种杂质和石灰石作用形成炉渣排出，铁水则流入炉缸。

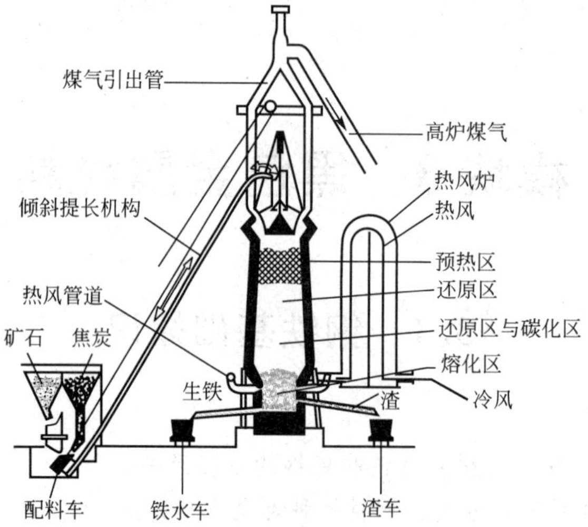

图 3—1　生铁冶炼系统

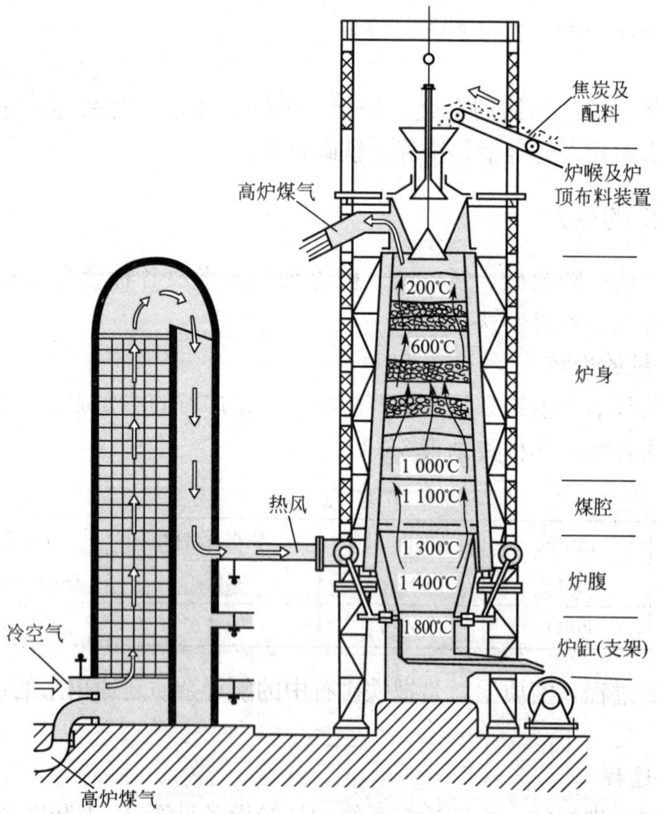

图 3—2　高炉设备

2. 高炉炼铁的产品

(1) 高炉的主产品是生铁，它是以铁碳为主（其碳的质量分数大于 2.11%），并含有少量硅、锰、磷、硫等杂质元素的合金。生铁分为白口铁和灰口铁，或铸造生铁和炼钢生铁。

◆ 白口铁：含有锰、硫、磷等，碳与铁形成碳化三铁 Fe_3C，是冶炼钢、冷硬铸铁和可锻铸铁的原料。

◆ 灰口铁：含有硅、硫、磷等，碳以石墨形式存在，是冶炼铸铁的原料。

（2）高炉的副产品是煤气和炉渣，煤气是良好的燃料，炉渣可用于制造建筑材料等。

3.1.1.2　炼钢

生铁和钢最主要的区别在于含碳量不同，生铁碳的质量分数大于 2.11%，而钢中碳的质量分数小于 2.11%。另外，生铁中的硅、锰、磷、硫等杂质元素的含量也比钢高。因此，要将生铁炼成钢，必须减少生铁中碳及硅、锰、硫、磷的含量。而有效的方法就是氧化，所以炼钢实质上是利用氧化进行脱碳和清除杂质的过程，它是一个严格控制成分的精炼过程。常见的炼钢方法有：

1. 氧气顶吹炼钢法（也称 LD 法，由奥地利 Linz 和 Donawitz 两钢铁厂联合发明）

图 3—3 所示是用氧和添加剂处理生铁的一种炼钢方法。通过一个可以上下调节的氧气喷枪，把压力为 5～12 巴的氧气吹入转炉。在这个过程中，磷被氧化成五氧化二磷，硫氧化成二氧化硫，硅氧化成二氧化硅，锰氧化成二氧化锰，碳被氧化成二氧化碳。实现了精炼过程，其主要特点是冶炼速度快，生产率高，钢的品种、质量与平炉钢大致相当。该方法主要用于生产碳素钢和低合金钢。

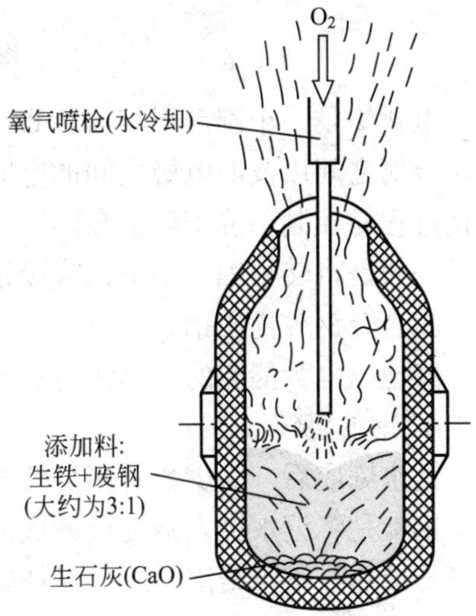

图 3—3　氧气顶吹炼钢法

2. 平炉炼钢法（西门子—马丁炉炼钢法）

图 3—4 所示的平炉炼钢法的特殊意义在于可直接从废钢中重新获得优质钢。其特点是容量大，炉料可以全部是废钢，也可以全部是生铁，也可是二者任意比例的混合，冶炼周期长，工艺过程容易控制。主要生产碳素钢和低合金钢。

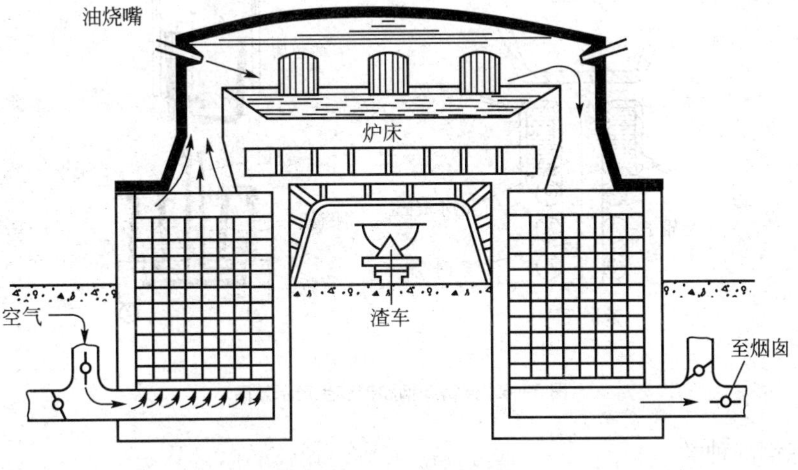

图 3—4　平炉炼钢示意图

3. 电弧炉炼钢法（见图 3—5）

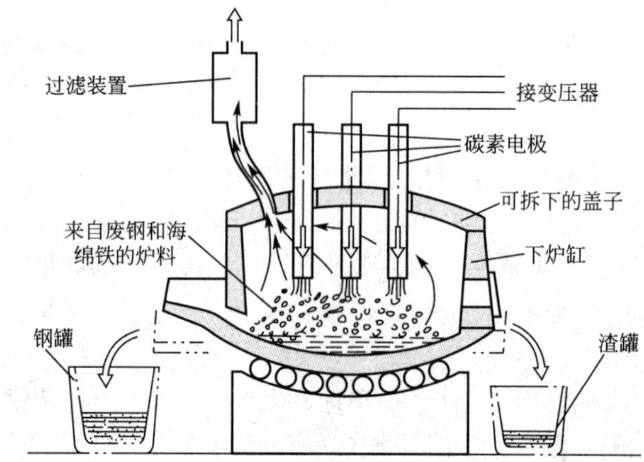

图 3—5　电弧炉炼钢示意图

电弧炉是一个圆筒形容器，石墨电极竖直地插入其中，电流以电弧的形式跳过电极与熔化金属之间以及两电极之间的空间。这过程中电能转换成热能，加热速度快，温度高，炼钢过程易控制，炼钢质量高。

一般是将转炉钢、平炉钢或废钢送入电弧炉中进行精炼。适于精炼各种合金钢、工具钢、高合金钢等优质钢。

其他以电为能源的炼钢法还有电炉炼钢法、感应电炉炼钢法等。

4. 钢的浇铸

钢水炼成后，除少数直接浇铸成铸件外，大部分要浇铸成钢锭或连铸成条钢。

钢锭是将钢水浇入钢锭模铸成的。连铸条钢是在一个有开口的水冷模子中铸成的。由于模子散热，钢水凝固，故在保持辊和支承辊之间形成条钢，如图 3—6 所示。

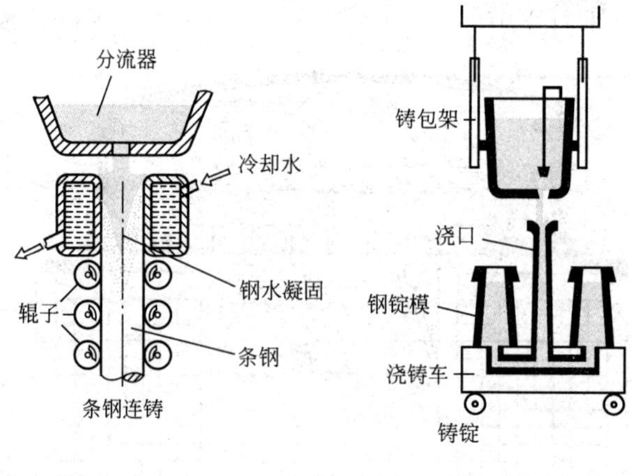

图 3—6　连铸条钢和钢锭生产示意图

5. 冶炼钢的种类

(1) 按冶炼炉种和方法分类。

◆ 平炉钢：酸性平炉钢、碱性平炉钢。

◆ 转炉钢：酸性转炉钢、碱性转炉钢；或底吹转炉钢、侧吹转炉钢、顶吹转炉钢。

◆ 电炉钢：电弧炉钢、电渣炉钢、感应炉钢、真空自耗炉钢、电子束炉钢。

(2) 按脱氧程度和浇注制度分类。

◆ 沸腾钢：脱氧不充分浇铸的钢。

◆ 半镇静钢：脱氧程度居中浇铸的钢。

◆ 镇静钢：脱氧充分浇铸的钢。

◆ 特殊镇静钢：脱氧非常充分浇铸的钢。

3.1.1.3 钢材的生产及分类

炼钢炉炼出的钢水被铸成钢坯、钢锭等，然后将被加工成钢材（钢铁产品）。

◆ 钢材：是钢锭、钢坯等通过压力加工制成市场所需要的各种形状、尺寸和性能的材料。

1. 钢材的生产方法

大部分钢材加工都是通过压力加工，使被加工的钢（坯、锭等）产生塑性变形，生产出的各种形状、尺寸的材料。根据钢材加工温度的不同加工分冷加工和热加工两种。其主要加工方法有：

(1) 轧制：使金属坯料通过一对旋转轧辊的间隙（各种形状），因受轧辊的压力使材料截面减小，长度增加的压力加工方法，这是生产钢材最常用的生产方式，主要用来生产型材、板材、管材。分冷轧、热轧两种方法。

(2) 拉拨：是将已经轧制的金属坯料（型、管、制品等）通过模孔拉拨使截面减小，长度增加的加工方法。一般为冷加工，主要用来生产线材、丝材等。

(3) 锻造：利用锻锤的往复冲击力或压力机的压力使坯料改变成所需的形状和尺寸的一种压力加工方法。一般分为自由锻和模锻，常用作生产大型材、零件毛坯等截面尺寸较大的材料。

(4) 挤压：是将金属放在密闭的挤压筒内，一端施加压力，使金属从规定的模孔中挤出而得到与模孔形状和尺寸相同的成品的加工方法，多用于生产塑性较好的金属材料。

2. 钢材种类

钢材根据断面形状的不同，一般分为型材、板材、管材和金属制品四大类，为了便于组织钢材的生产、营销和管理，我国目前将钢材又分为十六大品种：详情见表3—2。

表 3—2 钢材四大类、十六品种明细表

类别	品种	说　明
型材	重轨	每米重量大于 30 千克的钢轨（包括起重机轨）
	轻轨	每米重量小于或等于 30 千克的钢轨
	大型型钢	普通钢圆钢、方钢、扁钢、六角钢、工字钢、槽钢、等边和不等边角钢及螺纹钢等。按尺寸大小分为大、中、小型
	中型型钢	
	小型型钢	
	线材	直径 5～10mm 的圆钢和盘条

（续前表）

类别	品种	说　明
型材	冷弯型钢	将钢材或钢带冷弯成形制成的型钢
	优质型材	优质圆钢、方钢、扁钢、六角钢等
	其他钢材	包括重轨配件、车轴坯、轮毂等
板材	薄钢板	厚度等于和小于4mm的钢板
	厚钢板	厚度大于4mm的钢板。可分为中板（厚度4～20mm）、厚板（厚度20～60mm）、特厚板（厚度大于60mm）
	钢带	也叫带钢，实际上是长而窄并成卷供应的薄钢板
	电工硅钢薄板	也叫硅钢片或矽钢片
管材	无缝钢管	用热轧、热轧—冷拔或挤压等方法生产的管壁无接缝的钢管
	焊接钢管	将钢板或钢带卷曲成形，然后焊接制成的钢管
金属制品	金属制品	包括钢丝、钢丝绳、钢绞线等

3. 常见钢材的规格

（1）型材类。

◆ 角钢：俗称角铁，是两边互相垂直成角形的长条钢材。有等边角钢和不等边角钢之分。等边角钢的两个边宽相等。其规格以边宽×边宽×边厚的毫米数表示。如“∠30×30×3”，即表示边宽为30mm、边厚为3mm的等边角钢。

角钢可按结构的不同需要组成各种不同的受力构件，也可作构件之间的连接件。广泛用于各种建筑结构和工程结构中，如房梁、桥梁、输电塔、起重运输机械、船舶、工业炉、反应塔、容器架以及仓库货架等。

◆ 圆钢：圆钢是指截面为圆形的实心长条钢材。其规格以直径的毫米数表示，如“50”或ϕ50，即表示直径为50mm的圆钢。

圆钢分为热轧、锻制和冷拉三种。热轧圆钢的规格为5.5～250mm。其中：5.5～25mm的小圆钢大多以直条成捆供应，常用作钢筋或加工螺栓及各种机械零件；大于25mm的圆钢，主要用于制造机械零件或作无缝钢管坯。

◆ 槽钢：是截面为凹槽形的长条钢材。其规格表示方法，如120×53×5，表示腰高为120mm，腿宽为53mm，腰厚为5mm的槽钢，或称12＃槽钢。腰高相同的槽钢，如有几种不同的腿宽和腰厚也需在型号右边加a、b、c予以区别，如25a＃、25b＃、25c等。

槽钢分普通槽钢和轻型槽钢。热轧普通槽钢的规格为5—40＃。槽钢主要用于建筑结构、车辆制造和其他工业结构中，槽钢还常和工字钢配合使用。

◆ 螺纹钢：钢筋混凝土用钢筋是指钢筋混凝土配筋用的直条或盘条状钢材，其外形分为光圆钢筋和变形钢筋两种，交货状态为直条和盘圆两种。

光圆钢筋就是普通低碳钢的小圆钢和盘圆。变形钢筋是表面带肋的钢筋，通常带有2道纵肋和沿长度方向均匀分布的横肋。横肋的外形为螺旋形、人字形、月牙形3种。变形钢筋用公称直径的毫米数表示。变形钢筋的公称直径相当于横截面相等的光圆钢筋的公称直径。钢筋的公称直径为8～50mm，推荐采用的直径为8、12、16、20、25、32、40mm。

钢筋广泛用于各种建筑结构，特别是大型、重型、轻型薄壁和高层建筑结构中。

(2) 板材类。

◆ 钢板：其规格表示方法：厚度×宽度×长度，如钢板 10mm×1000mm×2000mm，(若长度和宽度无要求则只写厚度)。

◆ 带钢：其规格表示方法：厚度×宽度，如带钢 0.5mm×100mm。

(3) 管材。

◆ 无缝钢管：其规格表示方法：外径×壁厚×长度，如无缝钢管32mm×2.5mm×3000mm。

◆ 有缝钢管：其规格表示方法：公称口径（内径近似值），一般采用英制，如：焊管 6mm 或 1/4 英寸。

3.1.2　钢的成分

钢是含碳量在 0.04%～2%之间的铁碳合金，含碳量小于 0.04%的铁碳合金称为工业纯铁。钢中主要元素是铁和碳，另外还含有硅、锰、磷、硫等杂质元素，这只是碳钢。如为了提高某些性能而加入了各种合金元素则构成了合金钢。

3.1.2.1　钢中的常存杂质元素

碳钢除铁和碳以外，还含有少量锰（Mn)、硅（Si)、硫（S)、磷（P)、氧（O)、氮（N）和氢（H）等元素。这些元素并非为改善钢材性能特意加入的，而是由矿石及冶炼过程中带入的，故称为常存杂质元素。这些杂质对钢性能会产生影响，为了保证钢材的质量，在国家标准中对各类钢的杂质元素含量都做了严格的规定。

1. 锰（Mn)

锰在钢中作为杂质存在时，一般小于 0.8%。它来自作为炼钢原料的生铁及脱氧剂锰铁。锰有很好的脱氧能力，还能与硫形成 MnS，以消除硫的有害作用。这些反应产物大部分进入炉渣而被除去，小部分残留于钢中成为非金属夹杂物。此外，在室温下锰能溶于铁素体，对钢有一定强化作用。锰也能溶于渗碳体中，形成合金渗碳体。但锰作为少量杂质存在时，它对钢的性能影响不显著。

2. 硅（Si)

硅也是炼钢时作为脱氧剂而加入钢中的一种有益的元素。硅与钢水中的 FeO 能结成密度较小的硅酸盐炉渣而被除去。硅在钢中溶于铁素体内可使钢的强度、硬度增加，塑性、韧性降低。镇静钢中的含硅量通常为 0.1%～0.37%，沸腾钢中只含有 0.03%～0.07%。由于钢中硅含量一般不超过 0.5%，因此对钢性能影响不大。

3. 硫（S)

硫是由生铁及燃料带入钢中的杂质，一般是以 FeS 的形态存在于钢中。FeS 的塑性差，会使钢的脆性增大。另外，FeS 与 Fe 可形成低熔点（985℃）的共晶体，分布在奥氏体的晶界上。当钢在 1150～1250℃进行热加工时，晶界上的共晶体已熔化，晶粒间的结合被破坏，使钢材在加工过程中沿晶界开裂，这种现象称为热脆。而且硫化物是非金属夹杂物，会降低钢的机械性能，并在轧制过程中形成热加工纤维组织。因此，硫一般是有害的杂质。但含硫量较多的钢，可形成较多的 MnS，在切削加工中，MnS 能起断屑作用，可改善钢的切削加工性，这是硫有利的一面。

4. 磷（P）

磷由生铁带入钢中，在一般情况下，钢中的磷能全部溶于铁素体中。磷有强烈的固溶强化作用，使钢的强度、硬度增加，但塑性、韧性则显著降低。这种脆化现象在低温时更为严重，故称为冷脆。一般希望冷脆转变温度低于工件的工作温度，以免发生冷脆。而磷在结晶过程中，由于容易产生晶内偏析，使局部地区含磷量偏高，导致冷脆转变温度降低，从而发生冷脆。冷脆对在高寒地带和其他低温条件下工作的结构件具有严重的危害性，此外，磷的偏析还使钢材在热轧后形成带状组织。因此，磷一般也是有害的杂质。但含磷量较多时，由于脆性较大，在制造炮弹钢以及改善钢的切削加工性方面则是有利的。

5. 氧（O）

氧在钢中是有害元素。它是在炼钢过程中自然进入钢中的，尽管在炼钢末期要加入锰、硅、铁和铝进行脱氧，但不可能除尽。氧在钢中以 FeO、MnO、SiO_2、Al_2O_3 等形式存在，使钢的强度、塑性降低。尤其是对疲劳强度、冲击韧性等有严重影响。

6. 氮（N）

铁素体溶解氮的能力很低。当钢中溶有过饱和的氮时，在放置较长一段时间后或在200～300℃加热时就会析出氮化物，并使钢的硬度、强度提高，塑性下降，发生时效。在钢液中加入 Al、Ti 或 V 进行固氮处理，使氮固定在 AlN、TiN 或 VN 中，可消除时效倾向。

7. 氢（H）

钢中溶有氢会引起钢的氢脆、白点等缺陷。白点常在轧制的厚板、大锻件中发现，在纵断面中可看到圆形或椭圆形的白色斑点；在横断面上则是细长的发丝状裂纹。锻件中有了白点，使用时会发生突然断裂，造成不测事故。氢产生白点冷裂的主要原因是因为高温奥氏体冷至较低温时，氢在钢中的溶解度会急剧降低。当冷却较快时，氢原子来不及扩散到钢的表面而逸出，就在钢中的一些缺陷处由原子状态的氢变成分子状态的氢。并在局部地区产生很大压力，这压力超过了钢的强度极限而在该处形成裂纹，即白点。

3.1.2.2 合金元素在钢中的作用

钢的合金化是提高其各种性能的重要举措。而钢的性能取决于钢中相的组成、成分、结构、数量、大小、形态和分布等因素，合金元素主要是通过影响上述因素而起作用的。而合金钢组织和性能变化的基础则是合金元素与钢的基本组元铁和碳的相互作用。

1. 合金元素与铁、碳的作用

合金元素按照其与钢中碳的作用可分为碳化物形成元素和非碳化物形成元素两类：非碳化物形成元素元素包括 Ni、Si、Al、Co、Cu 等，碳化物形成元素有（按强弱次序排列）：钛（Ti）、锆（Zr）、铌（Nb）、钒（V）、钨（W）、钼（Mo）、铬（Cr）、锰、铁等，它们一部分与铁形成固溶体，一部分与碳形成碳化物、合金渗碳体或少量存在于夹杂物中，在高合金钢中还可能形成金属间化合物。产生的影响表现在如下几方面：

（1）强化铁素体或奥氏体。

◆ 非碳化物形成元素都能溶于 α－Fe 形成合金铁素体，产生固溶强化，提高铁素体的强度和硬度。强化效果较为显著的元素有镍（Ni）、硅（Si）、铝（Ai）、钴（Co）、铜（Cu）等。

◆ 当合金元素溶于 γ－Fe 时，也会使奥氏体产生固溶强化效果，使合金钢锻造、热轧等热压力加工性能降低。

（2）形成合金渗碳体和特殊碳化物。

◆ 强碳化物形成元素钛（Ti）、锆（Zr）、铌（Nb）、钒（V）等，一般形成特殊碳化物，如TiC、ZrC、NbC、VC等，这类碳化物具有较高的熔点、硬度和稳定性，当其均匀弥散分布在钢的基本相中时，可大大提高钢的硬度、强度、耐磨性、红硬性、热强性等性能。还可以强烈阻碍奥氏体晶粒的长大，起到细化晶粒的作用。

◆ 中强碳化物形成元素钨（W）、钼（Mo）、铬（Cr）等，在钢中可形成合金渗碳体，如（Fe、Cr）$_3$C、（Fe、W）$_3$C等，也可形成特殊碳化物，如Mo_2C、MoC、W_2C、WC、Cr_23C_6等，这类碳化物的强度、硬度、熔点、耐磨性和稳定性等都比渗碳体高。它们在加热时若能溶入奥氏体中，可以提高钢的高温强度、淬透性和回火稳定性等。

◆ 弱碳化物形成元素锰（Mn），一般形成合金渗碳体（Fe、Mn）$_3$C，其熔点、硬度和稳定性等不如上述碳化物，但是它易溶于奥氏体，会对钢的淬透性和回火抗力产生较大的影响。

2. 对Fe－Fe_3C相图和相变点产生影响

（1）使Fe－Fe_3C相图中的奥氏体区增大：扩大γ相（奥氏体）区的元素有锰、镍、氮、铜、锌等，它们使A_3点下降，A_4点（δ－Fe　r－Fe的转变点）上升，从而扩大γ－相的存在范围。超过一定量之后，可使钢在室温下得到奥氏体组织，获得奥氏体钢，这对高锰耐磨钢、奥氏体不锈钢、耐热钢有重要的意义。

（2）缩小奥氏体区，扩大铁素体相区：主要元素有铬、钒、钼、钨、钛、铝、硅、硼、铌、锆等，它们一般使A_3点上升，A_4点下降，按其作用不同可分为完全封闭γ相区的元素（如Cr、Mo、W、V、Ti、Al、Si等）和部分缩小γ相区的元素（如B、Nb、Zr等），其中完全封闭γ相区的元素（为Cr、Ti、Si等）超过一定含量后，可使钢在室温获得单相铁素体组织，如1Cr17Ti高铬铁素体不锈钢等。

（3）改变相变点位置：一般扩大奥氏体区的元素均使共析点、共晶点向左下方移动，凡缩小或封闭奥氏体相区的元素，如Cr、Mo、Si等，均能使共析点、共晶点向左上方移动。

3. 合金元素对钢的热处理产生影响

（1）合金元素对钢加热转变的影响。

◆ 除钴（Co）、镍（Ni）以外，大多数合金元素均抑制奥氏体的形成过程。为了得到比较均匀的、含有足够数量合金元素的奥氏体，充分发挥合金元素的有益作用，在热处理时需要用比碳钢更高的加热温度和更长的保温时间。

◆ 合金元素会影响奥氏体晶粒的大小，强碳化物形成元素Ti、V、Nb与碳形成的碳化物能强烈地阻止晶粒长大，有细化奥氏体晶粒的作用；W、Mo、Cr作用中等；非碳化形成元素Ni、Si、Cu等作用轻微；而Mn、P、B则有促进奥氏体晶粒长大的倾向。其加热温度不应过高，保温时间也应较短。

（2）合金元素对过冷奥氏体冷却转变的影响。

◆ 除Co外，几乎所有合金元素都增强过冷奥氏体的稳定性，推迟珠光体类型组织的转变，使C曲线右移，即提高钢的淬透性，这是钢中加入合金元素的主要目的之一（只有合金元素溶入奥氏体中时，才有这种作用）。常用提高淬透性的元素有：Mo、Mn、Cr、Ni、Si、B等。两种或多种元素共同使用，提高钢淬透性的效果更佳，微量硼（质量分数为0.000 5%～0.003%）就能明显提高淬透性，但其作用不稳定。仅对低、中碳钢有效，对高碳钢完全无效。另外，合金元素还会使C曲线的形状发生变化，如强碳化物形成元素 Ti、V、Nb 等能强烈推迟珠光体转变，对贝氏体转变推迟较少，因此，出现两个 C 曲线。其他变化在此不作详细叙述。

◆ 除 Co、Al 外，多数合金元素都使 M_s 和 M_f 点下降。其作用大小的次序是：Mn、Cr、Ni、Mo、W、Si。其中 Mn 的作用最强，Si 实际上无影响。M_s 和 M_f 点的下降，会使淬火后钢中残余奥氏体量增多，硬度和疲劳强度下降，需做冷处理或多次回火来解决。

(3) 合金元素对回火转变的影响。

◆ 提高回火稳定性：回火稳定性是淬火钢在回火时抵抗软化的能力。

合金元素在回火过程中推迟马氏体的分解和残余奥氏体的转变，提高铁素体的再结晶温度，使碳化物难以聚集长大，因此提高了钢对回火软化的抗力，即提高了钢的回火稳定性。提高回火稳定性作用较强的合金元素有：V、Si、Mo、W、Ni、Co 等。

回火稳定性较高也表明钢在较高温度下的强度和硬度也高，或在达到相同强度的条件下，可在更高温度下回火，因而钢的韧性更好，能使钢获得较高的综合性能。

◆ 产生二次硬化：钢在回火时，随回火温度升高出现硬度回升的现象称为二次硬化。

Mo、W、V 含量较高的高合金钢回火时，一般在 400℃左右硬度开始增大，550℃左右达到峰值，产生二次硬化现象。它与回火析出物的性质有关。当回火温度低于 450℃时，钢中析出渗碳体；在 450℃以上渗碳体溶解，钢中开始沉淀出弥散稳定的难熔碳化物 Mo_2C、W_2C、VC 等，使硬度重新升高，称为沉淀硬化。回火时冷却过程中残余奥氏体转变为马氏体的二次淬火也有二次硬化效果。二次硬化现象有利于提高钢的红硬性和热强性。

◆ 产生第二类回火脆性。

合金钢几乎都有第二类回火脆性，只是程度不同而已。一般 Mn、Si、Cr、Al、V、P 等增大回火脆性较明显；Ti、Ni 在单独存在时影响不明显。这是一种可逆回火脆性，回火后快冷（通常用油冷）可防止其发生。钢中加入适当 Mo 或 W（0.5%Mo，1%W）也可降低这类脆性。

4. 合金元素对钢力学性能的影响

提高钢的强度是加入合金元素的主要目的之一。如何有效提高强度，就需要充分运用各种强化机制。如固溶强化、位错强化、细晶强化、第二相（沉淀和弥散）强化。

(1) 对退火态钢材。

其组成相是铁素体和碳化物，合金元素溶入铁素体，产生固溶强化，提高钢的强度、硬度，但同时降低塑性和韧性。退火状态的性质决定了其强化效果并不明显。

(2) 对正火态钢材。

合金元素的影响明显增强。由于过冷奥氏体稳定性增大，合金钢在正火状态下可能得到层片距离更小的珠光体、贝氏体等组织，通过细晶强化和第二相强化，使强度大大增加。Mn、Cr、Cu 的强化作用较大，而 Si、Al、V、Mo 等影响较小。

(3) 对淬火、回火状态下的钢。

合金元素的强化作用最显著，因为它充分利用了全部的四种强化机制。淬火形成马氏体时，马氏体中的位错密度增高，有利于位错强化。马氏体形成时，一个奥氏体晶粒内会产生许多马氏体束或片，有细晶强化的作用。马氏体中的合金元素也有固溶强化作用，马氏体回火时析出碳化物，使固溶强化效应降低，但使韧性改善，同时析出的碳化物颗粒能产生强烈的第二相强化。所以，淬火后回火是钢最经济和最有效的综合强化方法。

5. 合金元素对钢化学性能的影响

铬、镍是不锈钢和耐热钢的主要合金元素，当达到一定含量时会大幅度提高钢的耐蚀和抗氧化性能。铝、硅等元素，能提高钢的抗氧化性和抗高温气体的腐蚀性能，但过量的铝和硅则会使钢的热塑性降低。钼能提高对含有氯离子的溶液及其他非氧化性介质的耐腐蚀能力。钛、铌能提高钢抗晶间腐蚀能力。铜和磷配合使用时，可提高钢的耐大气腐蚀性能。

钢的耐腐蚀和抗氧化机理将在不锈钢和耐热钢章节中作详细叙述。

6. 合金元素对钢工艺性能的影响

（1）合金元素对钢铸造性能的影响。

铸造性能是指钢在铸造时的流动性、收缩性、偏析倾向等方面的综合性能。合金元素对铸造性能的影响，主要取决于它们对 $Fe-Fe_3C$ 相图的影响。另外，许多元素，如 Cr、W、Mo、V、Ti、Al 等在钢中形成高熔点碳化物或氧化物质点，增大钢的黏度，降低流动性，使铸造性能降低。一般来说，合金钢和合金铸铁的铸造性能较差。

（2）合金元素对钢变形加工性能的影响。

热加工工艺性能通常由热加工时钢的塑性和变形抗力、可加工温度范围、抗氧化能力、对锻造后冷却的要求等来评价。多数合金元素会强化钢的基体，或形成碳化物，使钢的热变形抗力提高、热塑性下降。因此，钢容易锻裂。但有些元素（如 Nb、Ti、V 等），其碳化物在钢中弥散分布时，对塑性影响不大。合金元素一般都降低钢的导热性和使钢的淬透性提高，为了防止开裂，合金钢锻造时加热和冷却都必须缓慢。总之，多数合金元素不利于热加工。

冷加工工艺性能包括钢的冷变形能力和钢件的表面质量两方面。多数合金元素能提高钢的冷加工硬化率，使钢变硬、变脆，易开裂或难于继续变形，碳含量越高，钢的延展性越差。因此，冷冲压钢都是低碳钢。Si、Ni、Cr、V、Cu 等能降低钢的深冲性能，Nb、Ti、Zr 和 Re 能改善碳化物的形态，可提高钢的冲压性能。

（3）合金元素对钢焊接性能的影响。

焊接性能是指钢焊接的难易程度和焊接区的使用性能，主要由焊后开裂的敏感性和焊接区的组织及硬度来评判。合金元素提高钢的淬透性，有利于马氏体的形成，使焊接性能降低。碳质量分数越低，焊接性能越好。合金元素质量分数越高，焊接性能越差。但钢中含有少量 Ti 和 V，形成稳定的碳化物，使晶粒细化并降低淬透性，可改善钢的焊接性能。

（4）合金元素对钢切削性能的影响。

切削性能包括钢切削加工的难易程度、工件的表面加工质量。通常由切削抗力大小、刀具寿命、表面粗糙度和断屑性等因素来衡量。钢最适于切削加工的硬度为 170～230HB。硬度过低，切削时易黏刀，易形成刀瘤，加工表面质量差；硬度过高，切削抗力大，刀具易磨损。合金钢的切削性能比碳钢差。但适量加入 S、P、Pb 等可以改善钢的切削性能。

（5）合金元素对钢热处理工艺性能的影响。

热处理工艺性能反映钢热处理的难易程度和热处理产生缺陷的倾向。主要包括淬透性、过热敏感性、回火脆性化倾向和氧化脱碳倾向等。合金钢的淬透性高，淬火时可以采用比较缓慢的冷却方法，另外，钛、锆、铌、钒等能细化组织，都有利于减少工件变形、开裂倾向，提高热处理工艺质量的稳定性。硅、镍、钼增强钢的氧化脱碳倾向。锰、硅增大钢的过热敏感性，易使晶粒粗大，增大工件变形、开裂的倾向。

综上所述，合金元素对钢有利的作用主要有：能提高钢的硬度、强度、韧性、弹性、耐磨性、红硬性、热强性；能提高钢的淬透性、回火稳定性；能细化晶粒；能提高钢的耐蚀性、抗大气氧化性能和抗高温氧化性能。能改善钢的切削性能、焊接性能和热处理工艺性能等。

不利的作用主要有：有的合金元素降低钢的塑性和韧性，降低铸造、焊接、热变性加工、冲压、切削和热处理工艺性能，有的合金元素产生回火脆性、使钢组织粗大等。

上述的合金元素在钢中的作用，大都是定性地指单一合金元素的影响。实际上合金钢中往往存在多种合金元素，因相互作用和复合的影响，效果要复杂得多。

常用合金元素的主要作用可见表 3—3

表 3—3　常用合金元素的主要作用

合金元素	主要作用	应用
铬（Cr）	提高钢的强度、硬度、淬透性、耐磨性，红硬性、耐腐蚀性、抗氧化性、回火稳定性	广泛应用于各种合金钢中，如合金结构钢、合金工具钢、不锈钢等
钼（Mo）	提高钢的强度、硬度、淬透性、耐磨性、热强性、回火稳定性。提高刀具使用寿命，防止回火脆性	主要应用于合金调质钢、合金工具钢等
锰（Mn）	提高钢的强度、淬透性、耐磨性，削弱和消除硫的热脆性，降低切削性和冷成形性	主要应用于合金结构钢、合金工具钢、高锰耐磨钢等
钨（W）	提高钢的强度、硬度、淬透性、耐磨性、红硬性、热强性、回火稳定性，提高刀具使用寿命，防止回火脆性	主要应用于合金工具钢
钒（V）	提高疲劳强度、硬度、耐磨性、红硬性、热强性、回火稳定性，细化晶粒	主要应用于合金结构钢、合金工具钢
镍（Ni）	提高钢的强度、韧性、淬透性、抗氧化性、耐腐蚀性	主要应用于合金结构钢、合金工具钢、不锈钢等
铝（Al）	提高抗氧化性、疲劳强度、耐磨性，促进渗氮，细化晶粒	主要应用于氮化钢、耐热钢等
硅（Si）	提高钢的屈服强度、硬度、抗氧化性、回火稳定性，可塑性和韧性下降	主要应用于合金弹簧钢、工具钢、耐热钢等
钛（Ti）	细化晶粒，提高钢的强度、韧性、抗晶间腐蚀能力	主要应用于合金渗碳钢、不锈钢等
铌（Nb）	细化晶粒，提高钢的耐磨性、红硬性、抗晶间腐蚀能力	主要应用于合金刃具钢、不锈钢等
钴（Co）	提高钢的硬度、耐磨性、红硬性、回火稳定性，提高刀具使用寿命	主要应用于合金刃具钢
铜（Cu）	改善钢的抗大气腐蚀性能，和磷配合使用时更为明显	主要应用于低合金高强度结构钢
硼（B）	微量（0.001%～0.005%）大幅提高钢的淬透性	主要应用于合金结构钢

3.1.3　钢的分类及牌号表示方法

钢是经济建设中极为重要的金属材料，由于钢材品种繁多，为了便于生产、管理与研究，按钢材的用途、化学成分、质量的不同，将钢分为许多类，并规定了它们牌号的表示方法，以示统一和便于采纳、选用。

3.1.3.1 钢的分类

钢按化学成分一般分为碳素钢（简称碳钢）与合金钢两大类。如按 GB/T 13304—1991 标准则分为非合金钢、低合金钢和合金钢。

1. 按钢的化学成分类

(1) 碳钢：按含碳量可分为低碳钢（含碳量≤0.25%）；中碳钢（0.25%＜含碳量＜0.6%）；高碳钢（含碳量≥0.6%）。

(2) 合金钢：按合金元素含量又可分为低合金钢（合金元素总含量≤5%）；中合金钢（合金元素总含量 5%～10%）；高合金钢（合金元素总含量＞10%）。此外，根据钢中所含主要合金元素种类不同，也可分为锰钢、铬钢、铬镍钢、铬锰钛钢等。

2. 按钢的质量分类

(1) 普通钢（S≤0.045%、P≤0.050%）。

(2) 优质钢（结构钢 S、P 含量分别≤0.035%；碳素工具钢 S≤0.030%、P≤0.035%）。

(3) 高级优质钢（碳素结构钢 S、P 含量分别≤0.030%；合金结构钢 S、P 含量分别≤0.025%）。

(4) 特级优质钢（碳素结构钢 S≤0.020%、P≤0.025%；合金结构钢 S≤0.015%、P≤0.025%）。

注：合金工具钢一般达到高级优质水平即（S、P 含量分别≤0.030%）。

3. 按钢的用途分类

(1) 结构钢。

结构钢的分类如图 3—7 所示。

(2) 工具钢。

◆ 按成分一般分为碳素工具钢、合金工具钢、高速钢。

◆ 按用途一般分为刃具钢、模具钢（冷作模具钢、热作模具钢、塑料模具钢）和量具钢。

(3) 特殊钢。

主要有不锈钢、耐热钢、耐磨钢、超高强度钢、低温用钢、磁钢、抗磁钢等。

(4) 专业用钢。

指各个工业部门专业用途的钢。如机床用钢、农机用钢、重型机械用钢、汽车用钢、航空用钢、宇航用钢、石油机械用钢、化工机械用钢、锅炉用钢、电工用钢、焊条用钢等。

4. 按冶炼时钢的脱氧程度分类

将钢分为沸腾钢（脱氧不完全）、半镇静钢、镇静钢（脱氧比较完全）及特殊镇静钢。

5. 按冶炼方法分类

◆ 平炉钢：酸性平炉钢、碱性平炉钢。

◆ 转炉钢：酸性转炉钢、碱性转炉钢、底吹

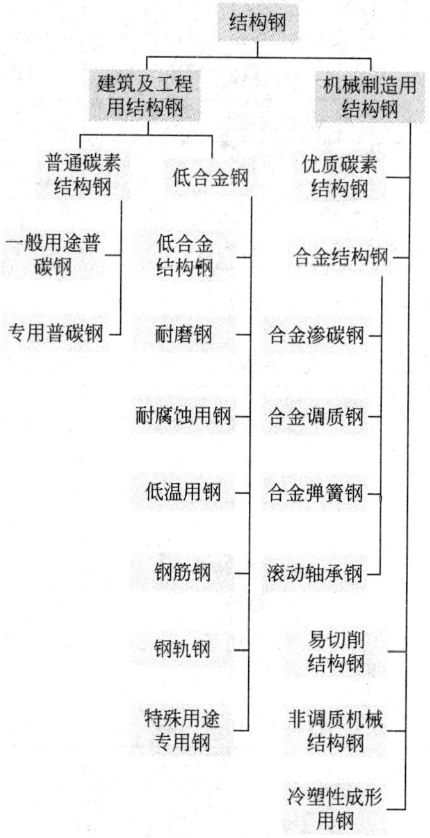

图 3—7 结构钢的分类

转炉钢、侧吹转炉钢、顶吹转炉钢。

◆ 电炉钢：电弧炉钢、电渣炉钢、感应炉钢、真空自耗炉钢、电子束炉钢。

钢的名称在实际应用中，往往将用途、成分、质量这三种分类方法结合起来。根据行业领域等具体情况和场合来综合运用。

3.1.3.2 钢的牌号表示方法（参见 GB/T 221—2000 等）

我国钢的编号方法，由三大部分组成：化学元素符号、汉语拼音字母和阿拉伯数字。

化学元素符号：用以表示钢中所含的合金元素种类。汉语拼音字母：对钢的种类、性质、特点、要求等内容加以说明。缩写字母对应的含义见表 3—4。阿拉伯数字：一般表示碳和其他合金元素的含量，或者是力学性能的指标，或表示材料的分类、排列序号。

表 3—4　　钢号中汉语拼音字母含义说明表

字母	代表含义	位置	举例	字母	代表含义	位置	举例
A、B、C、D、E	质量等级（A 高级、E 特级）	尾	Q235—B 38CrMoAlA	F	热锻用非调质机械结构钢	首	F45V
BL	标准件用碳素钢	首	BL3	G	滚珠轴承钢	首	GCr15
b	半镇静钢	尾	08b	g	锅炉用钢	尾	20g
C	船舶用钢	首	C20	G	高压锅炉用钢	尾	20G
DG	电工用硅钢	首	DG5	H	焊接用钢	首	H08MnSi
DR	电工用热轧硅钢	首	DR400－50	H	保证淬透性结构钢	尾	40CrH
DR	低温压力容器用钢	尾	16MnDR	HP	焊接气瓶用钢	首	HP295
DT	电磁纯铁	首	DT4A	JDR	家用电器用热轧钢	首	JDR540－50
d	低淬透性钢	尾	55Tid	K	矿山用钢	尾	20MnVK
F	沸腾钢	尾	15F	L	汽车大梁用钢	尾	08TiL
LG	铁路用粗制轮毂	首	LG60	T	碳素工具钢	首	T10
LNG	铝镍钴永磁合金	首	LNG34	U	铁路用钢轨	首	U70Mn
M	煤机用钢	首	M540	W	冷轧晶粒无取向磁性硅钢	中部	50W600
ML	冷镦（铆螺）钢	首	ML40	Y	易切削钢	首	Y15Pb
Q	屈服强度	首	Q235	YF	易切削非调质机械结构钢	首	YF35MnV
Q	轻轨钢	尾	55Q	YT	原料纯铁	首	YT2F
q	桥梁用钢	尾	Q345q	Z	镇静钢（可省略）	尾	45AZ
QG	冷轧晶粒取向磁性硅钢	中部	30QG130	ZG	铸钢	首	ZG310－570
R	压力容器用钢	尾	15MnVR	ZGD	低合金铸钢	首	ZGD650－830
S	石油天然气用钢	首	S290	ZU	铸钢轧辊钢	首	Zu70Mn2
SM	塑料模具用钢	首	SM2Cr13	TZ	特镇静钢（可省略）	尾	Q395D

1. 非合金钢（碳素钢）

（1）碳素结构钢（简称普钢）。

碳素结构钢牌号由 Q、屈服强度数值（钢材厚度或直径≤16mm）、质量等级符号

（分 A、B、C、D 四级）和脱氧程度（F、b、Z、TZ，若为 Z 或 TZ，则予以省略）等四部分按顺序组成。例如，Q235－AF 表示屈服强度为 235MPa、沸腾钢、质量等级为 A 级的碳素结构钢。专门用途的在牌号最后附加表示专门用途的字母符号，见表 3—4。

（2）优质碳素结构钢（简称优钢）。

优质碳素结构钢采用两位阿拉伯数字（以万分之几表示平均含碳量）或两位阿拉伯数字和元素符号、表 3—4 中规定的符号组合成牌号。优质碳素弹簧钢牌号表示方法与此相同。

◆ 沸腾钢和半镇静钢，在牌号后分别加符号“F”和“b”。如：平均含碳量为 0.08％的沸腾钢，其牌号表示为“08F”；镇静钢符号“Z”和特殊镇静钢符号“TZ”可以省略。

◆ 较高含锰量（0.8％～1.2％）的优质碳素结构钢，在两位阿拉伯数字后加锰元素符号。例如：平均含碳量为 0.50％，含锰量为 0.70％～1.00％的钢，其牌号表示为“50Mn”。

◆ 高级优质或特级优质碳素结构钢，在牌号后加符号“A”或“E”。

◆ 专用优质碳素结构钢一般冠以（或后缀）专门用途的字母符号，见表 3—4，如：55Q。

（3）碳素工具钢。

其编号是在 T（碳）的后面附以数字来表示，数字代表钢中碳的平均质量分数 ω_C，以 0.1％为单位（以千分之几计）。例如，T12 表示碳的平均质量分数 ω_C＝1.2％的碳素工具钢。

◆ 高级或特级优质碳素工具钢，则在数字后面附以“A”或“E”。例如 T12A 表示平均碳的质量分数 ω_C＝1.2％的高级优质碳素工具钢。

◆ 较高含锰量（0.4％～0.6％）的碳素工具钢在数字后加“Mn”，普通含锰量则不注。

（4）易切削钢。

表示方法：字母 Y＋数字＋（元素符号）数字表示平均含碳量（以万分之几计）。加硫和加硫、磷易切削钢，在符号“Y”和数字后不加易切削元素符号如：平均碳含量为 0.3％的易切削钢，其钢号为 Y30。

◆ 锰含量较高者，亦在钢号后标出“Mn”，例如：Y40Mn。

◆ 含钙、铅等易切削元素的易切削钢，在符号“Y”和阿拉伯数字后加易切削元素符号。例如：Y15Pb、Y45Ca。

2. 合金钢

（1）低合金高强度结构钢。

牌号表示方法与碳素结构钢基本相同即：Q＋屈服强度数值＋（质量等级符号）。但屈服强度级别最小为 Q295，如：Q420C。

◆ 低合金高强度结构钢有镇静钢和特殊镇静钢，但牌号后不加写表示脱氧方法的符号。

◆ 专用结构钢一般在屈服强度数值后加注专门用途的字母符号（见表 3—4），如：Q345R。

（2）合金结构钢（包括合金渗碳钢、合金调质钢和合金弹簧钢）。

牌号表示方法为：两位数字＋主要合金元素符号和数字＋微量合金元素符号＋（质量等级符号），两位数字表示钢的碳含量，以平均碳含量的万分之几表示，如：40Cr。

◆ 合金元素含量表示方法为：平均含量小于 1.50％时，牌号中一般只标出元素符号，而不标明含量，但在特殊情况下易致混淆者，在元素符号后亦可标以数字“1”，例如钢号“12CrMoV”和“12Cr1MoV”，前者铬含量为 0.4％～0.6％，后者为 0.9％～1.2％，其余成分全部相同。平均合金含量为 1.50％～2.49％、2.50％～3.49％、3.50％～4.49％、

4.50%～5.49%、…时，在合金元素后相应写成 2、3、4、5、…，如：20Cr2Ni4A。

◆ 高级或特级优质合金结构钢，则在数字后面附以“A”或“E”。

◆ 专用合金结构钢应在牌号头部（或尾部）加注表 3—4 中规定的代表产品用途的符号。

(3) 滚动轴承钢（分为高碳铬轴承钢、渗碳轴承钢、高碳铬不锈轴承钢和高温轴承钢）。

◆ 高碳铬轴承钢：牌号表示方法为：字母 G＋Cr 元素符号和数字，不标明含碳量。数字为铬含量，以千分之几计，其他合金元素仍用百分数表示。如 GCr15SiMn，表示铬含量为 1.5%，硅、锰含量均小于 1.5%的滚动轴承钢。

◆ 渗碳轴承钢：采用合金结构钢牌号表示方法，另在牌号前加“G”。如：G20CrNiMo。

◆ 不锈轴承钢和高温轴承钢：采用不锈钢和耐热钢的牌号表示方法，牌号头部不加符号“G”。例如：不锈轴承钢“9Cr18”和高温轴承钢“10Cr14Mo”。

(4) 合金工具钢。

合金工具钢的牌号表示方法与合金结构钢相似，其区别在于用一位数字表示平均碳含量的千分数，当碳含量大于或等于 1.00%时则不予标出。如 9SiCr，其平均碳含量为 0.9%，Si、Cr 的含量都小于 1.5%；Cr12MoV，表示平均碳含量大于 1.00%，铬含量约为 12%，Mo、V 的含量都小于 1.5%的合金工具钢。

◆ 低铬（平均含铬量＜1.00%）合金工具钢，在含铬量（以千分之几计）前加数字“0”。例如：平均含铬量为 0.60%的合金工具钢，其牌号表示为“Cr06”。

◆ 高速钢的钢号一般不标出碳含量，只标出各种合金元素平均含量的百分之几。例如：钨系高速钢的钢号表示为“W18Cr4V”。

(5) 不锈钢和耐热钢。

牌号表示方法：一般用一位数字表示平均含碳量（以千分之几计）；当平均含碳量≥1.00%时，用两位数字表示；当含碳量上限＜0.10%时，以“0”表示含碳量；当 $0.03\% \geqslant \omega_C > 0.01\%$ 时，以“03”表示含碳量；当含碳量上限≤0.01%（极低碳）时，以“01”表示含碳量。含碳量没有规定下限时，采用上限数字。合金元素含量表示方法同合金结构钢。如：含碳量上限为 0.12%，平均含铬量为 17%的加硫易切削铬不锈钢，其牌号表示为“Y1Cr17”；平均含碳量为 1.10%，含铬量为 17%的高碳铬不锈钢，其牌号表示为“11Cr17”；含碳量上限为 0.01%，平均含铬量为 19%，含镍量为 11%的极低碳不锈钢，其牌号表示为“01Cr19Ni11”。

2. 其他钢牌号表示方法

(1) 塑料模具钢。

塑料模具钢牌号除在前加符号“SM”外，其余表示方法与优质碳素结构钢和合金工具钢相同。如：平均含碳量为 0.45%的碳素塑料模具钢，其牌号为“SM45”；平均含碳量为 0.34%，含铬量为 1.70%，含钼量为 0.42%的合金塑料模具钢，其牌号表示为“SM3Cr2Mo”。

(2) 非调质机械结构钢。

牌号表示方法：与合金结构钢基本相同，只在牌号头部分别加符号“YF”和“F”表示易切削非调质机械结构钢和热锻用非调质机械结构钢，例如：“YF35V”、“F45V”。

(3) 焊接用钢（包括焊接用碳素钢、焊接用合金钢和焊接用不锈钢等）。

牌号表示方法是在各类焊接用钢牌号前加符号“H”。如：“H08”、“H1Cr18Ni9”、“H08Mn2Si”。高级优质焊接用钢，在牌号后加符号“A”。如：“H08A”、“H08Mn2SiA”。

3.2 结构钢

学习目标

★ 普通碳素结构钢和低合金高强度结构钢的特点。

★★ 普通碳素结构钢和低合金高强度结构钢的常用牌号和应用。

★★★ 优质碳素结构钢的种类、性能特点、常用牌号及应用。

★★★★ 合金结构钢的种类、特点、牌号、应用及热处理。

注：★了解。★★理解。★★★掌握。★★★★重点掌握。

3.2.1 碳素结构钢

碳素结构钢一般指普通碳素结构钢，简称普钢。

3.2.1.1 碳素结构钢的特点

普通碳素结构钢是一种杂质含量较高，质量不高的热轧碳素钢，其产量大，成本低，且具有一定的力学性能。普通碳素结构钢一般在热轧供应状态下使用，大部分用于工程结构，少部分用于机械零件。必要时可进行锻造、焊接等热加工，亦可通过热处理调整其力学性能。

(1) 工作特点：不做相对运动，主要承受压、弯、拉、剪等静载荷的作用。

(2) 性能要求：足够的屈服强度、抗拉强度和刚度，较好的塑性、韧性、冷变形和焊接性。

(3) 成分特点：化学成分要求不甚严格，碳质量分数 ω_C=0.06%～0.38%，钢的磷、硫含量较高（P≤0.045%，S≤0.050%）。

3.2.1.2 碳素结构钢的常见牌号及应用

这类钢主要保证力学性能，故其牌号表现屈服强度的数值。质量等级分A、B、C、D四级，其中A级钢硫、磷质量分数最高，D级钢硫、磷质量分数最低，碳素结构钢的牌号和化学成分如表3—5所示。

表3—5　碳素结构钢的牌号和化学成分（摘自GB/T 700—2006）

牌号	统一数字代号①	等级	厚度（或直径）/mm	脱氧方法	化学成分（质量分数/%）不大于				
					C	Si	Mn	P	S
Q195	U11952			F、Z	0.12	0.30	0.50	0.035	0.040
Q215	U12152	A		F、Z	0.15	0.35	1.20	0.045	0.050
	U12155	B							0.045
Q235	U12352	A		F、Z	0.22	0.35	1.40	0.045	0.050
	U12355	B			0.20②				0.045
	U12358	C		Z	0.17			0.040	0.040
	U12359	D		TZ				0.035	0.035

(续前表)

牌号	统一数字代号①	等级	厚度（或直径）/mm	脱氧方法	化学成分（质量分数/%）不大于				
					C	Si	Mn	P	S
Q275	U12752	A		F、Z	0.24	0.35	1.50	0.045	0.050
	U12755	B	≤40	Z	0.21			0.045	0.045
			>40		0.22				
	U12758	C		Z	0.20			0.040	0.040
	U12759	D		TZ	0.20			0.035	0.035

注：① 表中为镇静钢、特殊镇静钢牌号的统一数字，沸腾钢牌号的统一数字代号如下：

Q195F—U11950；Q215AF—U12150、Q215BF—U12153；

Q235AF—U12350、Q235BF—U12353；Q275AF—U12750

② 经需方同意，Q235B 的含碳量可不大于 0.22%。

各个级别的应用举例详见表 3—6。

表 3—6　碳素结构钢的性能特点与用途

新牌号	等级	旧牌号	力学性能			应用举例
			σ_s/MPa	σ_b/MPa	δ_5/%≥	
Q195	—	A1	195	315～390	33	承受载荷不大的金属结构件、铆钉、垫圈、地脚螺栓、烟筒、薄板、开口销、冲压件及焊接件
Q215	A	A2	215	335～410	31	薄板、镀铸钢丝、钢丝网、焊管、地脚螺栓、螺钉、垫圈、犁板，以及渗碳零件、焊接件等
	B	C2				
Q235	A	A3	235	375～460	26	广泛用于制造薄板、钢筋、钢结构用各种型钢、建筑结构、桥梁、机座、机械零件渗碳或碳氮共渗零件、焊接件、支架、受力不大的拉杆、连杆、销、轴、螺钉、螺母、套圈等。Q235C、D 可用作重要焊接结构件
	B	B3				
	C					
	D					
Q275	—	C5	275	490	20	钢筋混凝土结构配筋、钢构件，要求强度较高的零件，如齿轮、轴、链轮、键、刹车杆、连杆、吊钩、螺栓、螺母、农机用型钢、输送链和链节

3.2.2　优质碳素结构钢

优质碳素结构钢是我国传统钢分类中的一个钢类，也是俗称的碳素钢中的一种。

3.2.2.1　优质碳素结构钢的特点及性能

优质碳素结构钢是碳素钢中硫、磷和其他有害杂质含量较低，纯洁度和化学成分均匀性较高，除含有碳、锰、硅元素外不含其他作为合金元素有意加入的元素；既要保证化学成分，又要保证力学性能；在生产过程中需要控制质量和性能的钢类。

优质碳素结构钢的用途非常广泛，以至于不好按用途分类，一般分为低碳钢、中碳钢、高碳钢；或分为通用优质碳素结构钢和专用优质碳素结构钢。其牌号表示方法上节已有详细描述，各牌号的化学成分参见表 3—7。

表 3—7　　优质碳素结构钢的化学成分（GB/T 699—1999）

序号	统一数字代号	牌号	化学成分/%					
			C	Si	Mn	Cr	Ni	Cu
						不大于		
1	U20080	08F	0.05～0.11	≤0.03	0.25～0.50	0.10	0.30	0.25
2	U20100	10F	0.07～0.13	≤0.07	0.25～0.50	0.15	0.30	0.25
3	U20150	15F	0.12～0.18	≤0.07	0.25～0.50	0.25	0.30	0.25
4	U20082	08	0.05～0.11	0.17～0.37	0.35～0.65	0.10	0.30	0.25
5	U20102	10	0.07～0.13	0.17～0.37	0.35～0.65	0.15	0.30	0.25
6	U20152	15	0.12～0.18	0.17～0.37	0.35～0.65	0.25	0.30	0.25
7	U20202	20	0.17～0.23	0.17～0.37	0.35～0.65	0.25	0.30	0.25
8	U20252	25	0.22～0.29	0.17～0.37	0.50～0.80	0.25	0.30	0.25
9	U20302	30	0.27～0.34	0.17～0.37	0.50～0.80	0.25	0.30	0.25
10	U20352	35	0.32～0.39	0.17～0.37	0.50～0.80	0.25	0.30	0.25
11	U20402	40	0.37～0.44	0.17～0.37	0.50～0.80	0.Z5	0.30	0.25
12	U20452	45	0.42～0.50	0.17～0.37	0.50～0.80	0.25	0.30	0.25
13	U20502	50	0.47～0.55	0.17～0.37	0.50～0.80	0.25	0.30	0.25
14	U20552	55	0.52～0.60	0.17～0.37	0.50～0.80	0.25	0.30	0.25
15	U20602	60	0.57～0.65	0.17～0.37	0.50～0.80	0.25	0.30	0.25
16	U20652	65	0.62～0.70	0.17～0.37	0.50～0.80	0.25	0.30	0.25
17	U20702	70	0.67～0.75	0.17～0.37	0.50～0.80	0.25	0.30	0.25
18	U20752	75	0.72～0.80	0.17～0.37	0.50～0.80	0.25	0.30	0.25
19	U20802	80	0.77～0.85	0.17～0.37	0.50～0.80	0.25	0.30	0.25
20	U20852	85	0.82～0.90	0.17～0.37	0.50～0.80	0.25	0.30	0.25
21	U21152	15Mn	0.12～0.18	0.17～0.37	0.70～1.00	0.25	0.30	0.25
22	U21202	20Mn	0.17～0.23	0.17～0.37	0.70～I.00	0.25	0.30	0.25
23	U21252	25Mn	0.22～0.29	0.17～0.37	0.70～1.00	0.25	0.30	0.25
24	U21302	30Mn	0.27～0.34	0.17～0.37	0.70～1.00	0.25	0.30	0.25
25	U21352	35M	0.32～0.39	0.17～0.37	0.70～1.00	0.25	0.30	0.25
26	U21402	40M	0.37～0.44	0.17～0.37	0.70～1.00	0.25	0.30	0.25
27	U21452	45Mn	0.42～0.50	0.17～0.37	0.70～1.00	0.25	0.30	0.25
28	U21502	50Mn	0.48～0.56	0.17～0.37	0.70～1.00	0.25	0.30	0.25
29	U21602	60Mn	0.57～0.65	0.17～0.37	0.70～1.00	0.25	0.30	0.25
30	U21652	65M	0.62～0.70	0.17～0.37	0.90～1.20	0.25	0.30	0.25
31	U21702	70M	0.67～0.75	0.17～0.37	0.90～1.20	0.25	0.30	0.25

注：所列牌号为优质钢。如果是高级优质钢，在牌号后面加“A”（统一数字代号最后一位数字改为“3”）；如果是特级优质钢，在牌号后面加“E”（统一数字代号最后一位数字改为“6”）；对于沸腾钢，牌号后面为“F”（统一数字代号最后一位数字为“0”）；对于半镇静钢，牌号后面为“b”（统一数字代号最后一位数字为“1”）。

1. 低碳优质碳素结构钢性能

低碳钢的含碳量≤0.25%，由于含碳量低，因而强度低，硬度低，但塑性、韧性高，可锻性和焊接性均好，冷塑性变形能力高。

2. 中碳优质碳素结构钢性能

中碳钢的含碳量为0.25%～0.60%，强度、硬度较高，塑性、韧性稍低，热锻、热压性能良好，冷作变形能力较好，切削性能良好，但焊接性较差。

3. 高碳优质碳素结构钢性能

高碳钢的含碳量>0.60%，经热处理可得到良好的韧性、弹性和高强度，冷作变形塑性差，焊接性能差，切削性能较好。

总之，优质碳素结构钢的性能随含碳量的提高，强度和硬度提高，塑性和韧性下降，焊接性、可锻性和冷作变形能力下降。

3.2.2.2　优质碳素结构钢的常见牌号和应用

1. 含碳量≤0.15%的优质碳素结构钢

(1) 常见牌号：08、08F、10、10F、15、15F。

(2) 特性：强度、硬度很低，塑性和韧性很好，焊接性和冷加工性好，切削性差，淬硬性及淬透性极低，沸腾钢成分偏析较大。适于轧制成薄钢板和钢带。

(3) 应用：适用于制造需要深冲、压延的工件，如汽车车身、驾驶室，家用电器外壳等各类不承受载荷的覆盖件和焊接结构件，也可用于制造要求芯部强度不高的渗碳或碳氮共渗等表面处理零件，如套筒、靠模、挡块、滚子、销子、摩擦片等。

(4) 热处理：冲压件和焊接件一般不做热处理，有可能做再结晶退火消除加工硬化，以便继续冲压成形。有些零件需做渗碳或碳氮共渗处理。

2. 含碳量0.15%～0.25%的优质碳素结构钢

(1) 常见牌号：20、25、15Mn、20Mn、25Mn。

(2) 特性：强度、硬度稍高，塑性和韧性较好，焊接性和冷加工性良好，切削性较好，淬硬性及淬透性较低。含锰偏高的钢淬透性较高。

(3) 应用：适用于制造汽车、拖拉机及一般机械制造业中不太重要的中小型渗碳、碳氮共渗等零件，如汽车上的手刹蹄片、杠杆轴、变速箱拨叉，拖拉机上的凸轮轴、悬挂平衡器轴、齿轮（见图3—8）、活塞销、曲柄轴等，以及锻制或压制的零件如拉杆、辊子、连接器及紧固件等。

图3—8　齿轮

(4) 热处理：可进行渗碳或碳氮共渗处理等。

3. 含碳量0.30%～0.50%的优质碳素结构钢

(1) 常见牌号：30、35、40、45、50、30Mn、35Mn、40Mn、45Mn、50Mn。

(2) 特性：30、35、30Mn、35Mn强度、硬度均较高，具有较好的塑性、韧性，焊接性尚好，切削性良好。40、45、50、40Mn、45Mn、50Mn具有较高的强度和很好的可切削性，冷变形时塑性中等，焊接性不好。也属调质钢，含锰偏高的钢淬透性较高。

(3) 应用：适用于制造承受载荷较大的小截面尺寸调质件，或受力较小的大型正火零件，以及对芯部强度要求不高，表面耐磨的表面淬火件，如曲轴、心轴、传动轴、连杆（见图3—9）、活塞杆、丝杆、链轮蜗杆、齿轮、齿条、键、销子等。

(4) 热处理：可进行淬火、回火、调质和表面淬火等。

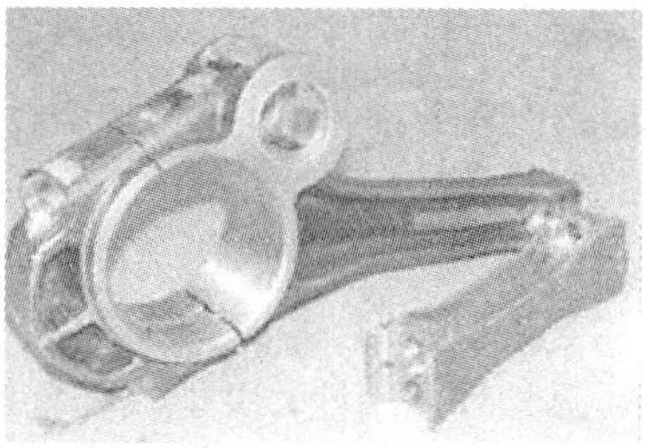
图3—9 连杆

4. 含碳量0.55%～0.85%的优质碳素结构钢

(1) 常见牌号：55、60、65、70、75、80、85、60Mn、65Mn、70Mn。

(2) 特性：具有较高的强度、硬度、弹性，退火后，可切削性良好，但冷变形塑性及焊接性差；常作为弹簧钢来使用。含锰偏高的钢淬透性较高。

(3) 应用：适用于制造截面尺寸不大，承受强度不大的各种扁形和螺旋形弹簧板簧、圆弹簧、弹簧环、弹簧片、发条等，以及要求耐磨损或承受较大载荷的机械零件。

(4) 热处理：典型工艺为淬火后中温回火。

3.2.2.3 碳素钢的不足

随着科学技术的不断发展，各行业对材料提出了更高的要求，如更高的强度，抗高温、高压、低温，耐腐蚀、磨损以及其他特殊物理、化学性能的要求，碳钢就不能完全满足要求了。碳钢的性能主要有以下几方面的不足：

1. 强度和屈强比较低

强度低使工程结构和设备笨重。碳素结构钢屈服强度最高为275MPa，而低合金结构钢最低为295MPa。高的可达460MPa，屈强比低说明强度的有效利用率低。40钢为0.43，而合金钢35CrNi3Mo可达0.74。

2. 淬透性低

碳钢淬透性低，热处理工艺性差。因此，不能制造大尺寸、形状复杂、精度高的零件。

3. 回火稳定性差

由于回火稳定性差，碳钢调质处理后，其综合机械性能水平远低于合金钢。

4. 不能满足特殊性能的要求

碳钢在抗氧化、耐蚀、耐热（红硬性、热强性）、耐低温、耐磨损等方面较差，不能满足特殊使用性能的要求。

材料百科

含硅为1.0%～4.5%，成品含碳量低于0.03%的硅合金钢叫做硅钢。它有特殊的性能，即磁导率高，矫顽力低，电阻系数大，因而磁滞损失很小。主要用作电机、变压器、电阻系数大及电工仪表中的磁性材料。这类钢通常轧成薄板和棒材后使用。

3.2.3 低合金结构钢

低合金高强度结构钢是在低碳钢的基础上加入少量合金元素（合金元素总质量分数一

般小于 3%）而得到的，是具有较高强度的工程结构用钢。

3.2.3.1 低合金结构钢的特点及性能

1. 用途

主要用于制造船舶、车辆、锅炉、高压容器、输油输气管道等。特别适用于各种重型结构、高层结构、大跨度结构及桥梁工程等。用它代替碳素结构钢，可提高工程构件的使用可靠性和耐用性，并能减轻重量，节约钢材。

2. 性能特点

(1) 高强度：一般屈服强度在 300MPa 以上，强度高才能减轻结构自重。

(2) 良好的塑性、韧性及耐低温性：大型工程结构一旦发生断裂，往往会带来灾难性的后果，尤其是在低温工作的构件必须具有良好的韧性。

(3) 良好的焊接性能和冷成形性能：大型工程结构大都采用焊接和冷成形工艺制造，所以具有良好的焊接性能和冷成形性能是这类钢的重要性能特点。

(4) 良好的耐腐蚀性：许多大型结构在大气（如桥梁、容器）、海洋（如船舶）等环境条件下使用，所以要求有良好的抗大气、海水或土壤腐蚀的能力。

3. 成分特点

(1) 低碳：碳的质量分数一般不超过 0.20%，以满足韧性、焊接性和冷成形性能要求。

(2) 加入以锰为主的合金元素：以资源丰富的 Mn 为主要合金元素，节省贵重的 Ni、Cr 等元素。锰可产生较强的固溶强化效果，细化组织，提高钢的强度和韧性。

(3) 加入铌、钛或钒等附加元素：可细化组织，产生沉淀强化效果，提高强度和韧性。

此外，加入少量铜和磷等，可提高抗腐蚀性能，加入少量稀土元素，可以脱硫、去气，净化钢材，改善韧性和工艺性能。

3.2.3.2 低合金结构钢的常见牌号及应用

1. 常见钢种牌号

低合金结构钢，具有代表性的牌号和化学成分如表 3—8 所示。

表 3—8　低合金结构钢的牌号和化学成分（GB/T 1591—2008）

钢号		化学成分 a、b（质量分数）ω/%														
		C	Si	Mn	P	S	Nb	V	Ti	Cr	Ni	Cu	N	M0	B	Al
					不大于											不小于
	A				0.035	0.035										—
	B	≤0.20			0.035	0.035										
Q345	C		≤0.50	≤1.70	0.030	0.030	0.07	0.15	0.20	0.30	0.50	0.30	0.012	0.10	—	
	D	≤0.18			0.030	0.025										0.015
	E				0.025	0.020										
	A				0.035	0.035										—
	B				0.035	0.035										
Q390	C	≤0.20	≤0.50	≤1.70	0.030	0.030	0.07	0.20	0.20	0.30	0.50	0.30	0.015	0.10	—	
	D				0.030	0.025										0.015
	E				0.025	0.020										

（续前表）

钢号		化学成分 a、b（质量分数）ω/%														
		C	Si	Mn	P	S	Nb	V	Ti	Cr	Ni	Cu	N	M0	B	Al
					不大于											不小于
Q420	A				0.035	0.035										
	B				0.035	0.035										
	C	≤0.20	≤0.50	≤1.70	0.030	0.030	0.07	0.20	0.20	0.30	0.80	0.30	0.015	0.20	—	
	D				0.030	0.025										0.015
	E				0.025	0.020										
Q460	C				0.030	0.030										
	D	≤0.20	≤0.60	≤1.80	0.030	0.025	0.11	0.20	0.20	0.30	0.80	0.55	0.015	0.20	0.004	0.015
	E				0.025	0.020										
Q500	C				0.030	0.030										
	D	≤0.18	≤0.60	≤1.80	0.030	0.025	0.11	0.12	0.20	0.60	0.80	0.55	0.015	0.20	0.004	0.015
	E				0.025	0.020										
Q550	C				0.030	0.030										
	D	≤0.18	≤0.60	≤2.00	0.030	0.025	0.11	0.12	0.20	0.80	0.80	0.80	0.015	0.30	0.004	0.015
	E				0.025	0.020										
Q620	C				0.030	0.030										
	D	≤0.18	≤0.60	≤2.00	0.030	0.025	0.11	0.12	0.20	1.00	0.80	0.80	0.015	0.30	0.004	0.015
	E				0.025	0.020										
Q690	C				0.030	0.030										
	D	≤0.18	≤0.60	≤2.00	0.030	0.025	0.11	0.12	0.20	1.00	0.80	0.80	0.015	0.30	0.004	0.015
	E				0.025	0.020										

a：型材及棒材 P、S 含量可提高 0.005%，其中 A 级钢上限可为 0.045%。

b：当细化晶粒元素组合加入时 20(Nb+V+Ti)≤0.20%，20(M0+Cr)≤0.30%。

2. 常见钢种应应用（见表 3—9）

表 3—9　　低合金结构钢的新旧牌号对照及应用举例

新标准	旧标准	用途举例
Q295	09MnV，9MnNb，09Mn2，12Mn	建筑结构、车辆构件及冲压件、冷弯型钢、螺旋焊管、拖拉机轮圈、低压锅炉气包、中低压化工容器、输油管道、储油罐、油船等
Q345	12Mn，14MnNb，16Mn，18Nb，16MnRE	船舶、铁路车辆、桥梁、管道、锅炉、压力容器、石油储罐、起重及矿山机械、电站设备厂房钢架、建筑结构等
Q390	15MnTi，16MnNb，10MnPNbRE，15MnV	中高压锅炉气包、中高压石油化工容器、大型船舶、桥梁、车辆、起重机及其他较高载荷的焊接结构件等
Q420	15MnVN，14MnVTiRE	大型船舶、桥梁、电站设备、起重机械、机车车辆、中高压锅炉及容器、大型工程及焊接结构件等
Q460	14MnMoV，18MnMoNb	大型工程结构如钻井平台要求强度高、载荷大的轻型结构，可淬火加回火后用于大型挖掘机、起重运输机械等结构件

Q295：强度低，塑性、焊接性、冷成形性好，可用于建筑结构、焊接结构、机械结构中。

Q345：应用广泛，强度比碳素结构钢高 20%～30%；耐大气腐蚀性高 20%～38%，低温性能好。用它制造工程结构时，重量可减轻 20%～30%。例如南京长江大桥、广州电视塔等就采用了 Q345（16Mn）钢来制造。

Q390：强度较高，焊接性好。可用于较大型结构件、焊接结构、压力容器等。

Q420 和 Q460：强度高，用于大型结构件、焊接结构、压力容器等。

3. 热处理特点

这类钢一般热轧成各种型材、板材、棒材、管材等来使用，不需进行热处理。如为了改善焊接区性能，可进行一次正火处理。如制作零件可进行淬火、回火及调质处理。

3.2.4 机械制造用合金结构钢

机械制造用合金结构钢主要用于制造各种机械零件。它一般是在优质或高级优质碳素结构钢的基础上加入合金元素制成的合金结构钢。这类钢多数都要经过热处理才能发挥其性能。因此，该类钢的性能与使用都与热处理相关。按用途和热处理特点可分为合金渗碳钢、合金调质钢、合金弹簧钢、滚动轴承钢等。

3.2.4.1 合金渗碳钢

合金渗碳钢通常是指经渗碳淬火、低温回火后使用的低碳合金结构钢。

1. 用途

主要用于制造承受较大的交变和冲击载荷，且在强烈摩擦磨损条件下工作的零件。如：汽车、拖拉机、工程机械中的变速齿轮，内燃机上的凸轮轴、活塞销等机械零件。

2. 性能特点

(1) 表面渗碳层、高硬度：一般洛氏硬度≥60HRC，以保证高耐磨性和接触疲劳强度。

(2) 渗碳件芯部韧性高和足够高的强度：以保证在冲击载荷或过载作用下不断裂，且避免渗碳层因缺乏足够的支撑而易碎裂、剥落。

(3) 良好的热处理工艺性能：高温渗碳时晶粒不易粗大，并具有良好的淬透性。

3. 成分特点

低碳，碳质量分数 ω_C=0.15%～0.25%，以保证零件芯部有足够的塑性和韧性。加入 Cr、Ni、Mn 等提高淬透性，可以提高经热处理后零件芯部的强度和韧性。Cr 还能提高渗碳层的耐磨性，Ni 则对渗碳层和芯部的韧性非常有利，另外，微量硼也能显著提高淬透性。加入少量强碳化物形成元素 Ti、V、W、Mo 等可细化晶粒，提高渗碳层的耐磨性。

4. 合金渗碳钢的种类及应用

合金渗碳钢按其淬透性的大小分为三类，常用钢种的牌号见表 3—10。

表 3—10　　常见合金渗碳钢的牌号、主要成分、热处理工艺

种类	钢号	化学成分 ω/%			毛坯尺寸/mm	热处理工艺/℃			
		C	Mn	Si		渗碳	第一次淬火	二次淬火	回火
低淬透性	20Mn2	0.17～0.24	1.40～1.80	0.17～0.37	15		860 水油	—	200
	15Cr	0.12～0.18	0.40～0.70	0.17～0.37	15		880 水油	780～820 水、油	200
	20Cr	0.18～0.24	0.50～0.80	0.17～0.37	15		880 水油	780～820 水、油	200
	20MnV	0.17～0.24	1.30～1.60	0.17～0.37	15		880 水油	—	200
中淬透性	20CrMnTi	0.17～0.23	0.80～1.10	0.17～0.37	15		880 油	870 油	200
	20MnB	0.17～0.24	1.50～1.80	0.17～0.37	15	930	880 油	—	200
	12CrNi3	0.10～0.17	0.30～0.60	0.17～0.37	15		860 油	780 油	200
	20CrMnMo	0.17～0.23	0.90～1.20	0.17～0.37	15		850 油	—	200
	20MnVB	0.17～0.23	1.20～1.60	0.17～0.37	15		860 油	—	200
高淬透性	12Cr2Ni4	0.10～0.16	0.30～0.60	0.17～0.37	15		860 油	780 油	200
	20Cr2Ni4	0.17～0.23	0.30～0.60	0.17～0.37	15		880 油	780 油	200
	18Cr2Ni4WA	0.17～0.19	0.30～0.60	0.17～0.37	15		950 空气	850 空气	200

(1) 低淬透性合金渗碳钢：这类钢淬透性低，水淬临界淬透直径为 20～35mm，芯部强度较低，渗碳时晶粒易粗大（特别是锰钢），如 20Cr、20MnV 等，只适用于受冲击载荷较小的小型耐磨件，如小轴、活塞销、小齿轮、小凸轮等。

(2) 中淬透性合金渗碳钢：这类钢油淬临界淬透直径为 25～60mm，典型钢种为 20CrMnTi，有良好的力学性能和工艺性能，淬透性较高，渗碳过渡层比较均匀，过热敏感性较低，渗碳后可直接淬火，热处理变形较小。大量应用于承受高速中载、要求抗冲击和耐磨损的零件，特别是汽车、拖拉机、工程机械上的变速传动齿轮。

(3) 高淬透性合金渗碳钢：这类钢的油淬临界淬透直径为 100mm 以上，淬透性高，典型钢种为 18Cr2Ni4WA 和 20Cr2Ni4A，含有较多的 Cr、Ni 等元素，具有很好的韧性，特别是低温冲击韧性。主要用于制造大截面、高载荷的重要耐磨件，如飞机、坦克、大马力车辆、工程机械、矿山机械中的曲轴、齿轮轴及变速传动齿轮等。

5. 合金渗碳钢的热处理

合金渗碳钢的预先热处理一般都是正火。最终热处理工艺一般都是渗碳后直接淬火，再低温回火。对渗碳时容易过热的钢种 20Cr、20Mn2 等，渗碳之后需先正火或退火，以消除过热组织，然后再进行淬火，低温回火。

3.2.4.2　合金调质钢

合金调质钢通常是指经调质获得较高的综合力学性能后使用的中碳合金结构钢。

1. 用途

主要用于制造承受较大交变和冲击的扭转、弯曲、剪切等载荷或承受各种复合应力的零件。如汽车、拖拉机、机床、工程机械、矿山机械和其他机器上的各种重要零件，如齿轮、轴类件、杆类件、销类件、盘套类件、高强度螺栓等。它是机械制造用钢中的主体。

2. 性能特点

(1) 高的综合机械性能：即具有高的强度和良好的塑性、韧性的配合。

（2）良好的淬透性：以保证零件整个截面机械性能的均匀性和高的强韧性。

（3）较高硬度、耐磨性和疲劳强度的淬硬层：以保证如轴类件轴颈处的表面性能，提高抵抗交变和冲击的扭转、弯曲载荷的强度。

3. 成分特点

中碳，碳质量分数 ω_C＝0.25%～0.50%，0.4%左右效果最好，以保证强度、塑性和韧性的最佳配合。主加合金元素为 Cr、Mn、Si、Ni、B 等，可提高淬透性和强度，这对调质钢有十分重要的意义。加入 Mo（0.15%～0.30%）或 W（0.8%～1.2%）等元素可以消除回火脆性。

加入少量 V 可细化晶粒，加入少量 Al 能加速合金调质钢的氮化过程。

4. 合金调质钢的种类及应用

合金调质钢按其淬透性大小分为三类，常用钢种的牌号见表 3—11。

表 3—11　　常见合金调质钢的牌号、主要化学成分、调质工艺和应用

种类	牌号	化学成分 ω/%			热处理		力学性能			用途举例
		C	Mn	Si	淬火温度/℃	回火温度/℃	σ_s/MPa	σ_b/MPa	δ_5/%	
低淬透性合金调质钢	45Mn2	0.42～0.49	0.17～0.37	1.40～1.80	840 油	550 水、油	735	885	10	直径 60mm 以下时，性能与 40Cr 相当，可制造万向接头轴、蜗杆、齿轮、连杆、摩擦盘
	40Cr	0.37～0.45	0.17～0.37	0.50～0.80	850 油	520 水、油	785	980	9	重要调质零件，如齿轮、轴、曲轴、连杆、螺栓
	35SiMn	0.32～0.40	1.10～1.40	1.10～1.40	900 水	570 水、油	735	885	15	除要求低温（－20℃以下）韧性很高情况外，可全面代替 40Cr 作调质零件
	42SiMn	0.39～0.45	1.10～1.40	1.10～1.40	880 油	590 水、油	735	885	15	与 35SiMn 同，并可作淬火零件
	40MnB	0.37～0.44	0.17～0.37	1.10～1.40	850 油	500 水、油	785	980	10	代替 40Cr
	40CrV	0.37～0.44	0.17～0.37	0.50～0.80	880 油	650 水、油	735	885	10	机车连杆、强力双头螺栓、高压锅炉给水泵轴
中淬透性合金调质钢	40CrMn	0.37～0.45	0.17～0.37	0.90～1.20	840 油	550 水、油	835	980	9	代替 40CrNi、42CrMo 作高速载荷而冲击不大的零件
	40CrNi	0.37～0.44	0.17～0.37	0.50～0.80	820 油	500 水、油	785	980	10	汽车、拖拉机、机床、柴油机的轴齿轮连接螺栓、电动机轴
	42CrMo	0.38～0.45	0.17～0.37	0.50～0.80	850 油	560 水、油	930	1080	12	代替含 Ni 较高的调质钢
	30CrMnSr	0.27～0.34	0.90～1.20	0.80～1.10	880 油	520 水、油	885	1080	10	高强度钢、高载荷砂轮轴、齿轮轴联轴器、离合器等调质件
	35CrMo	0.32～0.40	0.71～0.37	0.40～0.70	850 油	550 水、油	835	980	12	代替 40CrNi 制造大断面齿轮和轴、汽轮发电机转子、480℃以下工作的紧固件
	38CrMoAlA	0.35～0.42	0.20～0.45	0.30～0.60	940 水、油	640 水、油	835	980	14	高级氮化钢，制造大于 900HV 的氮化件，如镗床镗杆、蜗杆、高压阀门

（续前表）

种类	牌号	化学成分 ω/%			热处理		力学性能			用途举例
		C	Mn	Si	淬火温度/℃	回火温度/℃	σ_s /MPa	σ_b /MPa	δ_5 /%	
高淬透性合金调质钢	37CrNi3	0.34～0.41	0.17～0.37	0.30～0.60	820 油	500 水、油	980	1130	10	大截面、高强度、高韧性的重要零件，如活塞销、凸轮轴、齿轮、重要螺栓、拉杆
	40CrNiMoA	0.37～0.44	0.17～0.37	0.50～0.80	850 油	600 水、油	835	980	12	受冲击载荷的高强度零件，如锻压机床传动偏心轴、压力机曲轴等大断面重要零件
	25Cr2Ni4WA	0.21～0.28	0.17～0.37	0.30～0.60	850 油	550 水、油	930	1080	11	断面 200mm 以下完全淬透重要零件，与 12Cr4Ni 相同，也可作高级渗碳零件
	40CrMnMo	0.37～0.45	0.17～0.37	0.90～1.20	850 油	600 水、油	785	980	10	同 40CrNiMoA

（1）低淬透性合金调质钢：油淬临界直径为 20～40mm，最典型的钢种是 40Cr，用于制造一般尺寸的中速、中载的重要零件，如机床齿轮、主轴、蜗杆、花键轴等。40MnB 和 40MnVB 是为节约 Cr 而发展的代用钢，淬透性稳定性较差，切削加工性能也较差。

（2）中淬透性合金调质钢：油淬临界直径为 40～60mm，合金元素种类和含量较多，典型牌号有 35CrMo 等，用于制造截面较大、承受较高载荷的零件，例如曲轴、锤杆、连杆等。

（3）高淬透性合金调质钢：油淬临界直径为 60～100mm，尤其是铬镍钼钢，不但具有高的淬透性，还可消除第二类回火脆性。主要用于制造大截面、重载荷的重要零件，如汽轮机主轴、叶轮、航空发动机曲轴等。常用的钢号为 40CrNiMoA 等。

5. 合金调质钢的热处理（参见表 3—12）

（1）预先热处理：在切削加工前进行的预先热处理为正火或退火。

（2）最终热处理：一般采用淬火后高温回火（500～650℃）处理，以获得回火索氏体组织。

有些轴类零件的轴颈或花键部分，要求良好的耐磨性，则可再进行表面淬火或氮化处理。如有些零件要求强度偏高，还可在淬火后低温或中温回火。带有缺口的零件调质后，可在缺口附近采用喷丸或滚压强化，提高疲劳强度。

3.2.4.3 合金弹簧钢

合金弹簧钢是在碳素钢的基础上，通过适当加入一种或几种合金元素来提高钢的力学性能、淬透性和其他性能，以满足制造各种弹簧所需性能的钢。

1. 用途

弹簧钢是专用结构钢，主要制造各种弹簧和弹性元件。弹簧是机器和仪表中的重要零件，主要在冲击、振动和周期性扭转、弯曲等交变应力下工作。

2. 性能特点

（1）高的弹性极限 σ_e，高的屈强比 σ_s/σ_b；

（2）高的疲劳极限 σ_{-1} 和抗松弛性能；

(3) 足够的塑性和韧性，良好的淬透性，一定的耐热、耐低温、抗氧化、耐腐蚀性能。

另外还要求有优良的冶金质量（高的纯洁度和均匀性）和良好的表面质量。

3. 成分特点

(1) 中、高碳：一般为0.45%～0.70%，过高则导致塑性、韧性降低，疲劳抗力也下降。

(2) 主加元素为 Si、Mn、Cr 等：其主要作用是提高淬透性和屈强比，固溶强化基体并提高回火稳定性；辅加元素为 Mo、W、V 等强碳化物形成元素，可防止 Si 引起的脱碳缺陷、Mn 引起的过热缺陷，并提高回火稳定性及耐热性等。

4. 合金弹簧钢的种类及应用

合金弹簧钢的基本组成系列有，硅锰弹簧钢、硅铬弹簧钢、铬锰弹簧钢、铬钒弹簧钢、钨铬钒弹簧钢等。常用钢种的牌号及用途见表 3—12。

表 3—12　　常用主要弹簧钢的牌号、性能特点及用途

种类		钢号	性能特点	主要用途
碳素弹簧钢	普通 Mn 量	65	硬度、强度、屈强比高，但淬透性差，耐热性不好，承受动载和疲劳载荷的能力低	价格低廉，多应用于工作温度不高的小型弹簧（<12mm）或不重要的较大弹簧
		70		
		85		
	较高 Mn 量	65Mn	淬透性、综合力学性能优于碳钢，但对过热比较敏感	价格较低，用量很大，制造各种小截面（<15mm）的扁簧、发条、减振器与离合器簧片，刹车轴等
合金弹簧钢	Si-Mn 系	55Si2Mn	强度高、弹性好，抗回火稳定性佳；但易脱碳和石墨化。含 B 钢淬透性明显提高	主要的弹簧钢类，用途很广，可制造各种中等截面（<25mm）的重要弹簧，如汽车、拖拉机板簧、螺旋弹簧等
		60Si2Mn		
		55Si2MnB		
		55SiMnVB		
	Cr 系	50CrVA	淬透性优良，回火稳定性高，脱碳与石墨化倾向低；综合力学性能佳，有一定的耐蚀性，含 V、Mo、W 等元素的弹簧具有一定的耐高温性；由于均为高级优质钢，故疲劳性能进一步改善	用于制造载荷大的重型大型尺寸（50～60mm）的重要弹簧，如发动机阀门弹簧、活塞弹簧、常规武器取弹钩弹簧、破碎机弹簧；耐热弹簧，如锅炉安全阀弹簧、喷油嘴弹簧、气缸胀圈等
		60CrMnA		
		60CrMnBA		
		60CrMnMoA		
		60Si2CrA		
		60Si2CrVA		

(1) 硅锰弹簧钢：以 Si、Mn 元素合金化的弹簧钢。如 55Si2Mn、60Si2Mn、55Si2MnB 等，这类钢可用作截面尺寸较大的板簧和螺旋弹簧。如汽车、拖拉机、火车的板簧和螺旋弹簧。

(2) 钨铬钒弹簧钢：含 Cr、V、W 等元素的弹簧钢。典型钢种是 50CrVA，这类钢可制作承受重载、较大型的耐热弹簧。如发动机阀门弹簧、耐热弹簧、锅炉安全阀弹簧等。

5. 合金弹簧钢的热处理

(1) 热成形弹簧：用钢棒或钢板热成形，然后淬火和中温回火，适于较大型的弹簧。

(2) 冷成形弹簧：◆ 钢丝油淬和中温回火强化后冷绕成弹簧；◆ 钢丝在熔铅中等温淬火经冷拔后冷卷成形，再去应力退火。适于小型的弹簧。

3.2.4.4 滚动轴承钢

1. 用途

滚动轴承钢主要用来制造滚动轴承的滚动体（如滚珠、滚柱）、内外套圈等，属专用结构钢。也可用于制造精密量具、刃具、冷冲模、机床丝杠等耐磨件。

2. 工作条件

轴承转动时，套圈与滚动体呈点或线接触，接触面上承受极大的压应力和交变载荷，易造成接触疲劳破坏。

3. 工作条件性能特点

(1) 高的接触疲劳强度：轴承元件如滚珠与套圈，运动时为点或线接触，接触处的压应力高达1500～5000MPa；应力交变次数高达几万次，因此，易造成接触疲劳破坏，产生麻点或剥落，所以轴承钢疲劳强度应很高。

(2) 高的硬度和耐磨性：滚动体和套圈之间不但有滚动摩擦，而且有滑动摩擦，轴承也常因过度磨损而失效，因此必须具有高而均匀的硬度，一般为62～64HRC。

(3) 足够的韧性和淬透性。

另外还要求良好的尺寸稳定性，一定的耐低温、抗氧化、耐腐蚀性能。

4. 成分特点

(1) 高碳：一般为0.95%～1.10%，以保证其高硬度、高耐磨性和高强度。

(2) 铬为基本合金元素，可提高淬透性；形成合金渗碳体 $(Fe, Cr)_3C$ 呈细密、均匀分布，提高钢的耐磨性，特别是疲劳强度。铬的适宜含量为 ω_{Cr}=0.4%～1.65%，过高会增大淬火时的残余奥氏体量和碳化物分布不均匀性，钢的硬度和疲劳强度反而降低。

(3) 加入硅、锰、钒等：Si、Mn进一步提高淬透性，便于制造大型轴承。V部分溶于奥氏体中，部分形成碳化物VC，可提高钢的耐磨性并防止过热。

(4) 高的冶金质量：规定S、P含量分别≤0.025%。非金属夹杂严重影响轴承钢的性能尤其是接触疲劳性能。

5. 滚动轴承钢的种类及应用

滚动轴承钢的基本组成系列有：高碳铬轴承钢、渗碳轴承钢、不锈轴承钢和高温轴承钢（GB/T 221—2000）。常用钢种的牌号及用途详见表3—13和表3—14。

表3—13 常用高碳铬轴承钢的牌号、性能特点及用途（GB/T 18254—2002）

牌号	性能特点	用途举例
GCr4	低铬轴承钢，耐磨性比相同碳含量的碳工钢高，冷加工塑性变形和切削加工性能尚好，有回火脆性倾向	用做一般载荷不大、形状简单的机械转动轴上的钢球和滚子
GCr9	耐磨性和淬透性较高，切削性及冷应变塑性中等，白点形成较敏感，焊接性差，有回火脆性倾向，主要在淬火并低温回火状态使用	应用广泛，用于制造传动轴上直径＜20mm的钢球和滚子，一般条件下工作的大套圈及滚动体，用于机床、电机及航空微型轴承和一般轴承，也可制作弹性、耐磨、接触疲劳强度都要求高的重要机械零件

（续前表）

牌号	性能特点	用途举例 8
GCr15	高碳铬轴承钢的代表钢种，综合性能良好，淬火与回火后具有高而均匀的硬度，良好的耐磨性和高的接触疲劳寿命，热加工变形性能和切削加工性能均好，但焊接性差，对白点形成较敏感，有回火脆性倾向	用于制造壁厚≤12mm、外径≤250mm 的各种轴承套圈，也用作尺寸范围较宽的滚动体，如直径为 25～50mm 的钢球、圆锥、圆柱和球面滚子、滚针等；还用于制造模具、精密量具以及其他要求高耐磨性、高弹性极限和高接触疲劳强度的机械零件
GCr15SiMn	在 GCr15 钢的基础上适当增加硅、锰含量，其淬透性、弹性极限、耐磨性均有明显提高，冷加工塑性中等，切削加工性能稍差，焊接性能不好，对白点形成较敏感，有回火脆性倾向	用于制造壁厚≥12mm、外径大于 250mm 轴承套圈、直径＞50mm 钢球、圆锥和圆柱滚子、球面滚子等，轴承零件的工作温度小于180℃；还用于制造模具、量具、丝锥及其他要求硬度高且耐磨的零部件
GCr15SiMo	在 GCr15 钢的基础上提高硅含量，并添加钼而开发的新型轴承钢。综合性能良好，淬透性高，耐磨性好，接触疲劳寿命高，其他性能与 GCr15SiMn 相近	用于制造大尺寸的轴承套圈、滚珠、滚柱，还用于制造模具、精密量具以及其他要求硬度高且耐磨的零部件
GCr18Mo	相当于瑞典 SKE4 轴承钢。是在 GCr15 钢的基础上加入钼，并适当提高铬含量，从而提高了钢的淬透性。其他性能与 GCr15 钢相近	用于制造各种轴承套圈，壁厚从≤16mm 增加到≤20mm，扩大了使用范围；其他用途和 GCr15 钢基本相同

表 3—14　常用渗碳轴承钢的牌号、性能特点及用途（GB/T 3203—1982）

牌号	性能特点	用途举例
G20CrMo	低合金渗碳钢，渗碳后表面硬度较高，耐磨性较好，而芯部硬度低，韧性好，适于制作耐冲击载荷的轴承及零部件	常用于制造汽车、拖拉机的承受冲击载荷的FE 子轴承，也用于制造汽车齿轮、活塞杆、螺栓等
G20CrNiMo	有良好的塑性、韧性和强度，渗碳或碳氮共渗后表面有高硬度，耐磨性好，接触疲劳寿命明显优于 GCr15 钢，而芯部碳含量低，能承受冲击载荷	用于制造承受冲击载荷的汽车轴承和中小型轴承，也用于制造汽车、拖拉机齿轮及牙轮钻头的牙爪和牙轮体
G20CrNi2Mo	渗碳后表面硬度高，耐磨性好，具有中等表面硬化性，芯部韧性好，可耐冲击载荷，钢的冷热加工塑性较好，能加工成棒、板、带及无缝钢管	用于制造承受较高冲击载荷的滚子轴承，如铁路货车轴承套圈和滚子，也用于制造汽车齿轮、活塞杆、万向节轴、圆头螺栓等
G10CrNi3Mo	渗碳后表面碳含量高，硬度高，耐磨性好，而芯部碳含量低，韧性好，可耐冲击载荷	用于制造承受冲击载荷较高的大型滚子轴承，如轧钢机轴承等
G20CrNi4A	常用的渗碳结构钢用于制作轴承。渗碳后表面有相当高的硬度、耐磨性和接触疲劳强度，而芯部韧性好，可耐强烈冲击载荷。焊接性中等，有回火脆性倾向，对自点形成较敏感	制作耐冲击载荷的大型轴承，如轧钢机轴承等，也用于制造其他大型渗碳件，如大型齿轮轴等，还可用于制造要求强韧性高的调质件
G20Cr2Mn2MoA	渗碳后表面硬度高，而芯部韧性好，可耐强烈冲击载荷。与 G20CrNi4A 相比，渗碳速度快，渗碳层较易形成粗大碳化物，不易扩散消除	用于制造高冲击载荷条件下工作的特大型和大、中型轴承零件，以及轴、齿轮等

（1）高碳铬轴承钢：典型钢种 GCr9、GCr15，多用于制造中、小型轴承。使用量占轴承钢的绝大部分。除制造轴承外也可用来制造冷冲模、量具、丝锥等。

（2）添加 Mn、Si、Mo、V 的轴承钢：在铬轴承钢中加入 Si、Mn 可提高淬透性，如

GCr15SiMn、GCr15SiMnMoV 等，用于制造大型轴承。加入 Mo、V 等代替铬可得无铬轴承钢，如 GSiMnMoV、GSiMnMoVRE 等，其性能与 GCr15 相近，但易脱碳，耐腐蚀性较差。

(3) 渗碳轴承钢：对于承受冲击载荷的轴承等，可用渗碳轴承钢制造，如 G20Cr2Ni4 钢等。

(4) 不锈轴承钢：耐蚀性好，如 9Cr18 钢，用于在腐蚀环境条件下工作的轴承（见表 3—15）。

表 3—15 常用不锈轴承钢的牌号、性能特点及用途（YB/T 096—1997）

牌号	性能特点	用途举例
9Cr18 9Cr18Mo	高碳马氏体型不锈钢用于制造轴承，淬火后有较高的硬度和耐磨性，在大气、水及某些酸类和盐类的水溶液中具有优良的不锈与耐蚀性能	用于制造在海水、河水及海洋性腐蚀介质中工作的轴承，工作温度可达 253～350℃；还可用做某些仪器、仪表上的微型轴承
1Cr18Ni9Ti	奥氏体不锈钢用于制造轴承，具有优良的抗腐蚀性能，热加工和冷加工性能优良，焊接性能很好，过热敏感性也低	用于制造耐腐蚀套圈、钢球等，还可用做防磁轴承，经渗氮处理后，可用于制造在高温、高真空、低载荷、高转速条件下工作的轴承

6. 滚动轴承钢的热处理

(1) 预先热处理：为球化退火，其目的是降低钢的硬度，改善切削加工性；获得细的球状珠光体和均匀分布的细粒状碳化物，为最终热处理做好组织准备。

(2) 最终热处理：淬火和低温回火。淬火温度过高会过热，使韧性和疲劳强度下降，且易淬裂和变形；温度过低，则奥氏体中溶解的铬量和碳量不够，钢淬火后硬度不足。淬火回火后的组织为极细的回火马氏体和均匀分布的粒状碳化物以及少量残余奥氏体。表 3—16为常用滚动轴承钢的牌号、成分及热处理工艺。

表 3—16 常用滚动轴承钢牌号、成分及热处理

牌号	化学成分 ω/%				热处理		回火后硬度（HRC）
	C	Cr	Si	Mn	淬火温度℃	回火温度℃	
GCr9	1.00～1.10	0.90～1.20	0.15～0.35	0.25～0.45	810～830 水、油	150～170	62～64
GCr9SiMn	1.00～1.10	0.90～1.20	0.45～0.75	0.95～1.25	810～830 水、油	150～160	62～64
GCr15	0.95～1.05	1.40～1.65	0.15～0.35	0.25～0.45	820～840 水、油	150～160	62～64
GCr15SiMn	0.95～1.05	1.40～1.60	0.45～0.75	0.95～1.25	820～840 水、油	150～170	62～64

(3) 精密轴承必须保证尺寸稳定性，可在淬火后进行冷处理（－60～－80℃），然后再进行低温回火，并在磨削加工后，再予以稳定化低温时效处理（120～130℃，保温 5～10h）。

(4) 渗碳轴承钢进行渗碳淬火和低温回火；马氏体不锈轴承钢进行淬火和低温回火。

3.2.4.5 非调质机械结构钢（简称非调质钢）

1. 非调质钢强化机理

其机理不同于调质钢。调质钢是将轧、锻后的钢材重新加热淬火再经高温回火获得所需组织性能。非调质钢在轧制温度下，使钢中的 V、Nb、Ti 等合金碳氮化合物较充分溶入奥氏体，使奥氏体充分合金化，在轧、锻冷却过程中析出大量微细弥散分布的合金碳氮

化合物，并发生沉淀强化及细晶强化，从而获得相当于调质钢经调质处理后的综合力学性能，由于省去了调质处理工序，因此称之为非调质钢。其优点是降低生产成本、节约能源、减少工件变形和开裂、提高生产效率、减少环境污染等。

2. 成分特点

中碳，一般为0.32%～0.49%，加入微量的钒、铌、钛等合金元素。对易切削非调质钢，适当提高硫的含量，以提高其切削性能。

3. 种类及应用

(1) 按金相组织不同分为：铁素体：珠光体型、低碳贝氏体型、低碳马氏体型。

(2) GB/T 15712—2008中，按加工方法的不同将非调质钢分为锻造和易切削用非调质钢两类，共9个牌号（详见表3—17），它们属于铁素体—珠光体型。低碳贝氏体型和低碳马氏体型没列入标准。非调质钢在汽车、拖拉机、工程机械等行业得到广泛的应用。

表3—17　常用非调质机械结构钢的牌号、性能特点及用途（GB/T 15712—2008）

新牌号	旧牌号	性能特点	用途举例
F35VS F40VS	YF35V YF40V	热轧空冷后具有良好的综合力学性能，加工性能优于调质态的40号钢	用于制造CA15发动机和空气压缩机的连杆及其他零件，可代替40号钢
F45VS	YF45V	属于685MPa级易切削非调质钢，比YF35V钢有更高的强度	用于制造汽车发动机曲轴、凸轮轴、连杆，以及机械行业的轴类、蜗杆等零件，可代替45号钢
F30MnVS F35MnVS	YF30MnV YF35MnV	与F35VS钢相比，有更好的综合力学性能	用于制造CA6102发动机连杆及其他零件，可代替55钢
F38MnVS F40MnVS	YF38MnV YF40MnV	比F35MnVS钢有更高的强度，其塑性和疲劳性能均优于调质态的45号钢，加工性能优于45、40Cr、40MnB钢	可代替45、40Cr和4OMnB钢制造汽车、拖拉机和机床的零部件
F45MnVS	YF45MnV	属于785MPa级易切削非调质钢，F40MnVS钢相比，耐磨性较高，韧性稍低，加工性能优于调质态的45号钢，疲劳性能和耐磨性亦佳	主要取代调质态的45号钢，用来制造拖拉机、机床等的轴类零件
F49MnVS		有良好的综合力学性能，强度与塑性与F45MnVS钢相近，而加工性能略低	用于制造汽车发动机曲轴、半轴和部分拖拉机零件，可代替45号钢

3.2.4.6 超高强度钢

一般是指屈服强度大于1200MPa，抗拉强度大于1500MPa的钢。

1. 种类及常见牌号

(1) 种类：视其合金含量的多少，可分为低合金超高强度钢、中合金超高强度钢和高合金超高强度钢。按强化机理可分马氏体时效钢、二次硬化钢、沉淀强化不锈钢等。

(2) 牌号：35Ni4Cr2MoA、38Cr2Mo2VA、40CrMnSiMoVA、40CrNi2Si2MoVA、16Co14Ni10Cr2MoE。

2. 用途

主要用于制造在航空、飞机、重型机械、化工等机械中承受重载的结构零件，如火箭发动机外壳、飞机骨架和起落架、飞机用轴类件、高压容器、超高强度螺栓等。

3. 防弹钢

是与超高强度钢特点类似的钢种，牌号有：32Mn2Si2MoA、32CrNi2MoTiA。一般以钢板供货，厚6～15mm，主要用于各种飞机的装甲防护结构，如头盔、仪表盘、背靠等。

材料百科

1972年德国Thyssen公司开发了第一个非调质锻钢49MnVS3取代了调质CK45钢制造汽车曲轴，此钢种很快在德国、瑞典等欧洲国家广泛应用。德国奔驰汽车、瑞典沃尔沃汽车、美国福特、意大利菲亚特及俄罗斯伏尔加汽车都相继采用非调质钢制造汽车的曲轴、连杆等零件。

3.3 工具钢

学习目标

★ 碳素工具钢的特点和应用范围。

★★ 碳素工具钢及合金工具钢的热处理工艺。

★★★ 碳素工具钢及合金工具钢的牌号。

★★★★ 碳素工具钢及合金工具钢种类、典型牌号、性能特点和用途。

注：★了解。★★理解。★★★掌握。★★★★重点掌握。

工具钢按化学成分分为碳素工具钢和合金工具钢；按用途分为刃具钢、模具钢和量具钢。当然，实际应用中，也可打破界限，根据具体情况相互代用。

3.3.1 碳素工具钢

碳素工具钢是含碳量（w_C）为0.65%～1.35%，用于制造工具的高碳钢。一般分优质和高级优质碳素工具钢。常见牌号和化学成分见表3—18。

表3—18　碳素工具钢化学成分、性能及淬火工艺（GB/T 1298—2008）

牌号	化学成分（质量分数）/%							退火后钢的硬度HB≤	淬火后钢的硬度	
	C	Mn	Si≤	S≤	P≤	Cr≤	Cu≤		淬火温度（℃）及冷却剂	HRC≥
T7	0.65～0.74	≤0.40	0.35	0.030	0.035	0.025	0.025	187	800～820 水	62
T8	0.75～0.84							187	780～800 水	
T8Mn	0.80～0.90	0.40～0.60						187		
T9	0.85～0.94	≤0.40						192	760～780 水	
T10	0.95～1.04							197		
T11	1.05～1.14							207		
T12	1.15～1.24							207		
T13	1.25～1.35							217		

注：1. 高级优质钢牌号后加A，其硫含量不大于0.020%，磷含量不大于0.030%。
2. 钢中残余元素允许含量，镍和铜不大于0.20%，钨不大于0.30%，钒不大于0.02%。

3.3.1.1 碳素工具钢的特点

碳素工具钢的特点是：生产成本低、冷热加工工艺性能好，淬硬性好。但其淬透性低、组织稳定性差、回火稳定性差、红硬性差、热处理工艺性差、综合力学性能较差。因此，一般只用于尺寸较小、形状简单、要求不高的低速的手用和机用切削工具，也可用于尺寸较小、形状简单、要求不高的模具和量具等。

3.3.1.2 碳素工具钢的种类及用途

碳素工具钢主要的种类牌号系列为 T7～T13，钢的硬度呈缓慢增加，耐磨性明显提高，韧性下降。后缀有 Mn 的牌号，比同类钢淬透性提高。常见碳素工具钢的性能特点与用途详见表 3—19。

表 3—19　碳素工具钢的性能特点与用途

牌号	性能特点	用途举例
T7、T7A	经热处理（淬火、回火）之后，可得到较高的强度和韧性及相当的硬度，但淬透性低，淬火变形大，而且热硬性低	用于制作承受撞击、振动负荷、韧性较好、硬度较高且切削能力一般的各种工具，如小尺寸风动工具（冲头、凿子），木工用的凿和锯、压模、锻模、钳工工具，铆钉冲模，车床顶针、钻头，钻软岩石的钻头，镰刀、剪铁皮的剪子，还可用于制作销轴、杆、垫片等耐磨、承受冲击、的零件，还可制作手用大锤、钳工锤头、瓦工用抹子
T8、T8A	经淬火回火处理后，可得到较高的硬度和良好的耐磨性，但强度和塑性不高，淬透性低，加热时易过热，易变形，热硬性低，承受冲击载荷的能力低	用于制造切削刃口在工作中不变热的、硬度和耐磨性较高的工具，如木材加工用的铣刀、埋头钻、锪钻、斧、凿、纵向手锯、圆锯片，滚子、铅锡合金压铸板和型芯、简单形状的模子和冲头、软金属切削刀具、打眼工具、钳工装配工具、铆钉冲模、虎钳口及弹性垫圈、弹簧片、卡子、销子、夹子、止动圈等
T8Mn、T8MnA	性能和 T8、T8A 相近，由于合金元素锰的作用，淬透性比 T8、T8A 好，能获得较深的淬硬层，可以制作截面较大的工具	
T9、T9A	性能和 T8、T8A 相近	用于制作硬度较高，但不受强烈冲击振动的工具，如冲头、冲模、木工工具、切草机刀片、收割机中切割零件
T10、T10A	钢的韧性较好，强度较高，耐磨性比 T8、T8A、T9、T9A 均高，热硬性低，淬透性不高，淬火变形较大	用于制造切削条件较差，耐磨性较高、且不受强烈振动、要求韧性及锋刃的工具，如钻头、丝锥、车刀、刨刀、扩孔刀具、螺丝板牙、切烟和切纸机的刀刃、锯条、机用细木工具、拉丝模、直径或厚度为 6～8mm、断面均匀的冷切边模及冲孔模、卡板量具，以及用于制作冲击不大的耐磨零件，如小轴、低速传动轴承、滑轮轴、销子等
T11、T11A	较高的强度和硬度，较好的耐磨性，且对晶粒长大和形成碳化物网的敏感性较小，但透性低，红硬性差，淬火变形大	用于制造钻头、丝锥、手用锯金属的锯条、形状简单的冲头和阴模、剪边模和剪冲模
T12、T12A	具有高硬度和高的耐磨性，但韧性较低，热硬性差，淬透性不好，淬火变形大	用于制造冲击小、切削速度不高、高硬度的工具，如铣刀、车刀、钻头、铰刀、扩孔钻、丝锥、板牙、刮刀、切烟丝刀、锉刀、锯片、切黄铜用工具、羊毛剪刀、小尺寸的冷切边模和冲孔模及高硬度但冲击小的机械零件
T13、T13A	在碳素工具钢中，是硬度和耐磨性都最好的工具钢，韧性较差，不能承受冲击	用于制造要求极高硬度但不受冲击的工具，如剃刀、拉丝工具、刻锉刀纹的工具、钻头、硬石加工用的工具、锉刀、雕刻用工具、剪羊毛刀片等

3.3.1.3 碳素工具钢的热处理

(1) 预先热处理：一般为球化退火，其目的是降低硬度（<217HBS）改善切削加工性能，并为淬火做好组织准备。有利于提高耐磨性，减少淬火变形开裂倾向。若锻造组织不良（如出现网状碳化物缺陷），则应在球化退火之前先进行正火处理，以消除网状碳化物。

(2) 最终热处理：为淬火＋低温回火，淬火温度参见表3—19，回火温度一般为180～200℃，正常组织为隐晶回火马氏体＋细粒状渗碳体及少量残余奥氏体。

3.3.2 合金刃具钢

合金刃具钢分为低合金刃具钢和高速钢。由于低合金刃具钢可制作刃具又可兼顾制作量具，因此，新标准（GB/T 1299—2000）中称为量具刃具钢。

3.3.2.1 量具刃具钢（低合金刃具钢）

量具刃具钢是在碳素工具钢的基础上加入少量的合金元素发展起来的一种钢。

1. 应用范围

主要用于制造车刀、铣刀、钻头、丝锥、板牙、铰刀、插刀等切削工具，见图3—10，也用于制造一些手动工具、木工工具等，同时兼顾制造各种量具和一些冷作模具。

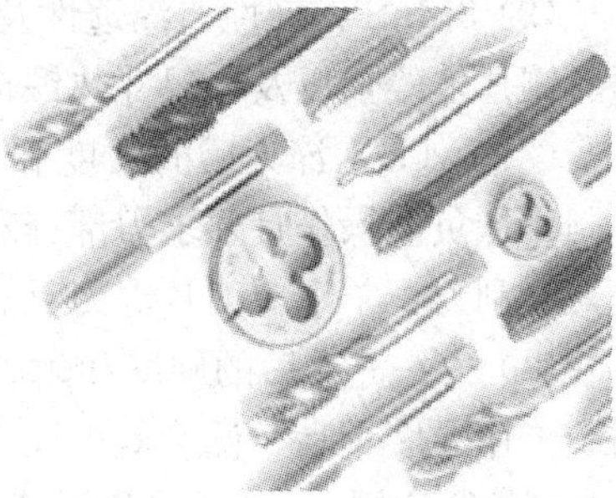

图3—10 丝锥、板牙等刀具

2. 性能特点

(1) 高硬度：金属切削刀具的硬度一般都在60HRC以上。

(2) 较高耐磨性：耐磨性优于碳素工具钢。

(3) 较高红硬性：红硬性是指钢在高温下保持高硬度的能力，一般可达250～350℃。

(4) 足够的强韧性和淬透性。受冲击、振动时不易折断和崩刃。

3. 成分特点

碳的质量分数一般为0.9%～1.1%；加入Cr、Mn、Si、W、V等合金元素，其中Cr、Mn、Si主要是提高钢的淬透性。同时强化马氏体基体，提高回火稳定性；W和V还可以细化晶粒；Cr、Mn等可溶入渗碳体。形成合金渗碳体，有利于钢耐磨性的提高。另外，Si使钢在加热时易脱碳和石墨化。如Si、Cr同时加入钢中则能降低钢的脱碳和石墨化倾向。常见量具刃具钢的牌号和化学成分见表3—20。

表3—20　量具刃具钢的化学成分、性能及淬火工艺（GB/T 1299—2000）

牌号	化学成分（质量分数）/%					试样淬火		退火状态 HBS
	C	Mn	Si	Cr	其他	淬火温度/℃	HRC≥	
Cr06	1.30～1.45	≤0.40	≤0.40	0.50～0.70	—	780～810 水	64	241～187
Cr2	0.95～1.10	≤0.40	≤0.40	1.30～1.65	—	830～860 油	62	229～179
9SiCr	0.85～0.95	0.30～0.60	1.20～1.60	0.95～1.25	—	830～860 油	62	241～179
8MnSi	0.75～0.85	0.80～1.10	0.30～0.60	—	—	800～820 油	62	≤229

(续前表)

牌号	化学成分(质量分数)/%					试样淬火		退火状态HBS
	C	Mn	Si	Cr	其他	淬火温度/℃	HRC≥	
9Cr2	0.85~0.95	≤0.40	≤0.40	1.30~1.70		820~850 油	62	217~179
W	1.05~1.25	≤0.40	≤0.40	0.10~0.30	W0.80~1.20	800~830 水	62	229~187

注:1. 钢中硫和磷的含量不大于 0.030%。
2. 钢中残余元素允许含量,铬不大于 0.25%,镍不大于 0.25%,铜不大于 0.30%。

4. 典型钢种的特点和用途

应用广泛的典型钢种有 9SiCr、8MnSi、CrO6、W 等,还有冷作模具钢系列中的 CrWMn。

(1) 9SiCr:具有较高的淬透性、淬硬性和回火稳定性。热处理变形较小,但脱碳倾向较大。用于制造形状复杂、变形小、耐磨性高、低速切削的刀具,如钻头、螺纹工具、板牙、丝锥、铰刀、搓丝板,以及机用冲模、打印模等模具,还用于制造冷轧辊和细长零件等。

(2) 8MnSi:韧性、淬透性及耐磨性均优于 T8 钢。多用作木工凿子、锯条、盘锯锯片、镶片体等,以及小尺寸热锻模、热压锻模、道钉冲模、拔丝模等模具。

(3) CrO6:淬火后的硬度和耐磨性都很高,淬透性较差,较脆。多经冷轧成薄钢带后制作低负荷操作且要求刃部锋利的刀具,如外科手术刀具、刮脸刀片、剃刀、雕刻刀、锉刀、刮刀、羊毛剪刀片等刀具。

(4) W:淬火后的硬度和耐磨性较碳素工具钢好,热处理变形小,水淬不易开裂。多用于工作温度不高、低速、小尺寸的刀具,如小型麻花钻、丝锥、板牙、铰刀、锯条等。

(5) CrWMn:淬透性和耐磨性及淬火后的硬度比铬钢及铬硅钢高,且韧性较好,淬火变形小,但形成碳化物网状程度严重。多用于制造变形小,长而形状复杂的切削刀具,如拉刀、长丝锥、长铰刀、专用铣刀、量规,以及形状复杂、高精度的冷冲模、样板、量规等。

5. 热处理

(1) 预先热处理:球化退火,其目的是改善切削加工性并为淬火做好组织准备。

(2) 最终热处理:淬火+低温回火,常见量具刃具钢的淬火温度参见表 9—3,回火温度一般为 180~200℃,组织为隐晶回火马氏体+细粒状渗碳体及少量残余奥氏体。

量具刃具钢解决了碳素工具钢淬透性低、耐磨性不足等缺点。但由于其所加合金元素数量仍属于低合金范围,故其红硬性虽比碳素工具钢高,但仍满足不了生产要求。如回火温度达到 250℃时硬度值已降到 60HRC 以下。因此为大幅度提高钢的红硬性,故发展了高速钢。

3.3.2.2 高速工具钢(简称高速钢,俗称风钢、白钢)

高速钢(High Speed Steel,HSS)是一种适于制造高速切削刀具的高碳高合金钢。

1. 应用范围

高速钢刀具制造工艺较简单,刀具易于磨出锋利的切削刃,对机床专项要求不高,在复杂刀具、成形刀具中占有重要地位。高速钢主要用于制造高速切削的机加工刀具,如滚齿刀、铣刀、拉刀、车刀、刨刀、钻头、丝锥、板牙、铰刀、插刀等,还可制造冷作模具等。

2. 性能特点

(1) 高硬度和高耐磨性：硬度一般都在 62HRC 以上。

(2) 高淬透性：热处理变形开裂倾向小，可做大尺寸刀具、模具等。

(3) 较高红硬性：红硬性达 500～650℃，在较高温度下能保持高速切削能力和高耐磨性。

(4) 足够高的强度、韧性和塑性：保证刀刃受冲击、振动时不易折断和崩刃。

3. 成分特点

(1) 高碳：碳质量分数为 0.70%～1.65%，一方面要保证能与 W、Cr、V 等形成足够数量的碳化物；另一方面还要有一定数量的碳溶于奥氏体中，以保证马氏体的高硬度。

(2) 加入质量分数约为 4%的 Cr：能提高钢的淬透性，还能提高钢的抗氧化、脱碳的能力。

(3) 加入大量 W、Mo：一般 W 为 0～18%、Mo 为 0～10%，有利于产生二次硬化，保证高的红硬性和耐磨性。

(4) 加入 V：一般为 1%～5%，能提高钢的硬度和耐磨性。

(5) 加 Co 元素：一般为 0～12%，可显著提高钢的二次硬化能力和红硬性。

其他合金元素如 Al、Nb、Ti、Si 及稀土元素，总量小于 2%，可提高红硬性、耐磨性。

4. 典型钢种的特点和用途（常用高速钢牌号及化学成分见表 3—21）

表 3—21　国内常用高速钢牌号及化学成分（GB/T 9943—2008）

序号	统一数字代号	钢号	化学成分（质量分数）/(%)									
			C	W	Mo	Cr	V	Co	Si②	Mn	S③	P
1	T63342	W3Mo3Cr4V2	0.95～1.03	2.70～3.00	2.50～2.90	3.80～4.50	2.20～2.50	—	≤0.45	≤0.40	≤0.030	≤0.030
2	T64340	W4Mo3Cr4VSi	0.83～0.93	3.50～4.50	2.50～3.50	3.80～4.40	1.20～1.80	—	0.70～1.00	0.20～0.40		
3	T51841	W18Cr4V	0.73～0.83	17.20～18.70	—	3.80～4.50	1.00～1.20	—	0.20～0.40	0.10～0.40		
4	T62841	W2Mo8Cr4V	0.77～0.87	1.40～2.00	8.00～9.00	3.50～4.50	1.00～1.40	—	≤0.70	≤0.40		
5	T62942	W2Mo9Cr4V2	0.95～1.05	1.50～2.10	8.20～9.20	3.50～4.50	1.75～2.25	—	≤0.70	0.15～0.40		
6	T66541	W6Mo5Cr4V2	0.80～0.90	5.50～6.75	4.50～5.50	3.80～4.40	1.75～2.20	—	0.20～0.45	0.15～0.40		
7	T66542	CW6Mo5Cr4V2	0.84～0.94	5.90～6.70	4.70～5.20	3.80～4.50	1.75～2.10	—	0.20～0.45	0.15～0.40		
8	T66642	W6Mo6Cr4V2	1.00～1.10	5.90～6.70	5.50～6.50	3.80～4.50	2.30～2.60	—	≤0.45	≤0.40		
9	T69341	W9Mo3Cr4V	0.77～0.87	8.50～9.50	2.70～3.30	3.80～4.40	1.30～1.70	—	0.20～0.40	0.20～0.40		
10	T66543	W6Mo5Cr4V3	1.15～1.25	5.90～6.70	4.70～5.20	3.80～4.50	2.70～3.20	—	0.20～0.45	0.15～0.40		
11	T66545	CW6Mo5Cr4V3	1.25～1.32	5.90～6.70	4.70～5.20	3.75～4.50	2.70～3.20	—	≤0.70	0.15～0.40		

（续前表）

序号	统一数字代号	钢号	化学成分（质量分数）/(%)									
			C	W	Mo	Cr	V	Co	Si②	Mn	S③	P
12	T66544	W6Mo5Cr4V4	1.25～1.40	5.20～6.00	4.20～5.00	3.80～4.50	3.70～4.20	—	≤0.45	≤0.40	≤0.030	≤0.030
13	T66546	W6Mo5Cr4V2Al	1.05～1.15	5.50～6.75	4.50～5.50	3.80～4.40	1.75～2.20	AL:0.80～0.90	0.20～0.60	0.15～0.40		
14	T71245	W12Cr4V5Co5	1.50～1.60	11.75～13.00	—	3.75～5.00	4.50～5.25	4.75～5.25	0.15～0.40	0.15～0.40		
15	T76545	W6Mo5Cr4V2Co5	0.87～0.95	5.90～6.70	4.70～5.20	3.80～4.50	1.70～2.10	4.50～5.00	0.20～0.45	0.15～0.40		
16	T76438	W6Mo5Cr4V2Co8	1.23～1.33	5.90～6.70	4.70～5.30	3.80～4.50	2.70～3.20	8.00～8.80	≤0.70	≤0.40		
17	T77445	W7Mo4Cr4V2Co5	1.05～1.15	6.25～7.00	3.25～4.25	3.75～4.50	1.75～2.25	4.75～5.75	0.15～0.50	0.20～6.60		
18	T72948	W2Mo9Cr4VCo8	1.05～1.15	1.15～1.85	9.00～10.00	3.50～4.25	0.95～1.35	7.75～8.75	0.15～0.65	0.15～0.40		
19	T71010	W10Mo4Cr4V3Co10	1.20～1.35	9.00～10.00	3.20～3.90	3.80～4.50	3.00～3.50	9.50～10.50	≤0.45	≤0.40		

注：1. 该表中牌号 W18Cr4V、W12Cr4V5Co5 为钨系高速工具钢，其他牌号为钨钼系高速工具钢。

2. 电渣钢的硅含量下限不限。

3. 根据需方要求，为改善钢的切削加工性能，其硫含量可规定为 0.06%～0.15%。

高速钢按性能特点和用途可分为通用型高速钢、超硬型高速钢和粉末冶金高速钢。

（1）通用型高速钢。

通用型高速钢占高速钢总产量的 75%～80%，可满足一般需求，常见的通用型高速钢有钨系高速钢和钨钼系高速钢。

◆ 钨系高速钢：典型牌号为 W18Cr4V 等。

我国长期使用的为 W18Cr4V，具有红硬性良好，磨削加工性好，淬火过热敏感性小等优点，但韧性和热塑性差。可用于制作各种常规高速切削刀具，如车刀、刨刀、钻头、丝锥、板牙等，不宜作大截面及薄刃的刀具。有渐被淘汰的趋势。

◆ 钨钼系高速钢：典型牌号为 W6Mo5Cr4V2、W9Mo3Cr4V、W2Mo9Cr4V2 等。

钨钼系高速钢是指将钨系高速钢中的一部分钨用钼代替所获得的一种高速钢。其典型牌号为 W6Mo5Cr4V2，目前正在取代钨系高速钢，它碳化物颗粒细小、分布均匀，成本低，强度、韧性和高温塑性都比 W18Cr4V 好（韧性及热塑性比 W18Cr4V 提高 50%）。常用于制造各种工具，例如钻头、丝锥、铣刀、铰刀、拉刀、齿轮刀具等，其主要缺点是含钒量稍多，磨削加工性比 W18Cr4V 差，脱碳敏感性大，淬火温度范围较窄。

W9Mo3Cr4V 的热稳定性略高于 W6Mo5Cr4V2，抗弯强度和韧性也都比 W6Mo5Cr4V2 好，具有良好的可加工性。这种钢容易轧制、锻造，热处理工艺范围宽、脱碳敏感性小、磨削性能较好、成本更低。应用同上。

（2）超硬型高速钢。

超硬型高速钢是通过在通用型高速钢成分中再增加一些碳、钒及添加 Co、Al 等元素发展的钢种，具有更高的硬度、红硬性和耐磨性，红硬性达 650℃。耐用性为普通高速钢的 1.5～3 倍，适用于制造加工高温合金、不锈钢、钛合金、高强度钢等难加工材料的刀具。主要品种有高钒系高速钢、钴系高速钢和铝高速钢等。

◆ 高钒系高速钢：典型牌号为 W12Cr4V4Mo 及 W6Mo5Cr4V3（美国牌号 M3）等。

含钒量达 3%～5%，由于碳化钒含量的增加，使钢的耐磨性大大提高，一般用于制造加工高强度钢的车刀、钻头和铣刀。缺点是可磨削性能变差。

◆ 高钴系高速钢：如 W7Mo4Cr4V2Co5、W2Mo9Cr4VCo8（M42）、W6Mo5Cr4V2Co12（M44）等。

这种高速钢硬度、热硬性、耐磨性及可磨性都很好。热处理硬度可达 67～70HRC，600℃时的高温硬度为 54～55HRC，切削性和冲击韧性得到改善，允许切削速度较高。适于制造切削难加工材料的刀具，效果很好，又因其磨削性能好，可制作各种高精度复杂刀具。

◆ 铝高速钢：如 W6Mo5Cr4V2Al 及 W6Mo5Cr4V5SiNbAl 等。

具有高红硬性、耐磨性。热处理硬度可达到 68HRC，600℃时的高温硬度也达到了 54HRC，有较高的强度和韧性。在加工 30～40HRC 的调质钢时，刀具寿命可比通用型高速钢提高 3～4 倍。但是这种钢易氧化及脱碳，加工工艺性稍差，并且过热敏感性大，淬火加热温度范围窄，可塑性、可磨性稍差，适于制造加工各种难加工材料（如高温合金、超高强度钢、不锈钢等）的刀具，如车刀、镗刀、铣刀、钻头、齿轮刀具、拉刀等。

（3）粉末冶金高速钢。

粉末冶金高速钢是将高速钢和硬质合金的特性很好地结合于一身的新型刀具材料。

◆ 特点：可在高速钢中加入较多合金元素而不会损害材料的强韧性或可磨性，从而可制成具有高硬度、高耐磨性、可吸收切削冲击、适合高切除率加工和断续切削加工的刀具。缺点是价格较贵，为普通高速钢的 2～5 倍。

◆ 制备工艺：与普通高速钢的制备工艺不同，熔化的钢水不是直接注入铸模，而是通过一个小喷嘴将其吹入氮气流中进行雾化，喷出的雾状钢水迅速冷却为细小的钢粒（直径小于 1mm）。获得的钢粒中碳化物颗粒细小且分布均匀。将这些钢粉过筛后置入一个钢桶中，并抽成真空状态，密闭烧结达到密度 65%；然后再在 1100℃高温、300MPa 高压下将钢桶中的钢粉压制成形，即可得到致密度为 100%的粉末冶金高速钢毛坯，然后锻轧成钢材。从而解决了熔炼高速钢在铸锭时要产生粗大碳化物偏析的问题，无论其截面多大，其碳化物级别均为一级。碳化物晶粒极细，小于 0.002mm，且不管其合金含量为多少，这些碳化物颗粒都可均匀分布于整个高速钢基体中。

◆ 常见牌号和用途：主要牌号参见表 3—22。

表 3—22　　粉末冶金高速钢的主要牌号和用途

牌号	成分	用途
F15	FW12Cr4V5Co5	可用来制造大尺寸、承受重载、冲击性大的刀具，也可用来制造精密刀具
FR71	FW10Mo5Cr4CoV212	
GF1	W18Cr4V	
GF2	W6Mo5Cr4V2	
PVN	W12Mo3Cr4V3N	

用途：适合制造间断切削条件下易崩刃的刀具、强度高而切削刃要求锋利的刀具，如插齿刀、滚刀、铣刀等。它的碳化物偏析小，晶粒细，可磨性好，红硬性高。适合制造：大尺寸刀具、精密刀具、复杂刀具及难加工材料所用的刀具。

5. 高速钢加工及热处理

（1）锻造：高速钢属莱氏体钢，铸态组织中含有大量呈鱼骨状分布的粗大共晶化合物，大大降低了钢的机械性能，特别是韧性。这些碳化物需靠锻打来击碎，并使其均匀分布。因此高速钢的锻造具有成形和改善碳化物的双重作用。为了得到细小均匀的碳化物，需要多次镦拔。高速钢的塑性、导热性较差，锻后必须缓冷，以免开裂。

（2）预先热处理：高速钢锻造以后必须经过球化退火或等温退火，其目的不仅为了降低钢的硬度，改善切削加工性，而且也为以后的淬火做好组织准备。退火后组织为索氏体基体和在其中均匀分布的细小粒状碳化物。W18Cr4V 钢的退火工艺见图 3—11。

（3）最终热处理：高速钢的淬火回火工艺比较特殊：即经过两次预热、高温淬火，然后再进行三次高温回火（以 W18Cr4V 钢为例，参见图 3—11）。

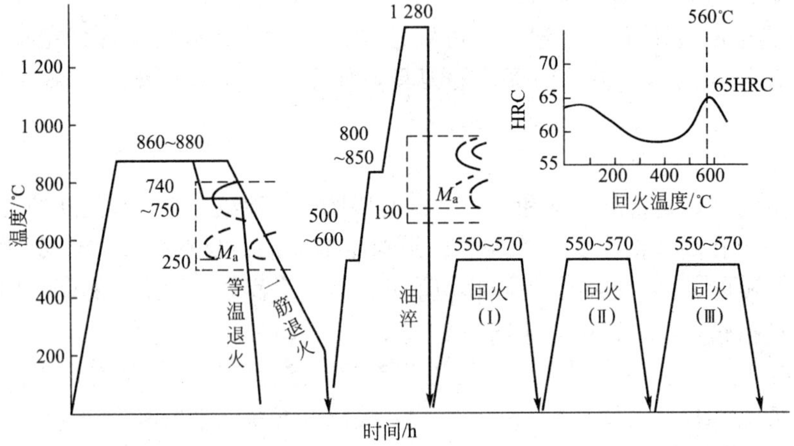

图 3—11 W18Cr4V 钢热处理全过程示意图

高速钢淬火时进行两次预热（500～600℃、800～850℃），其原因在于：高速钢中含有大量合金元素，导热性较差，如直接高温加热会引起工件变形或开裂，特别是大型复杂工件更为突出。高速钢淬火加热温度大多数在 1200℃以上，如果先预热，可缩短在高温处理停留的时间，这样可减少氧化脱碳及过热的危险性。

高速钢中含有大量 W、Mo、Cr、V 的难熔碳化物，它们只有在 1200℃以上才能大量地溶于奥氏体中，以保证钢在淬火、回火后获得高的红硬性，因此其淬火加热温度非常高，一般为 1220～1280℃。淬火后的组织为淬火马氏体、碳化物和大量残余奥氏体。

高速钢一般在二次硬化峰值温度或稍高一些的温度（550～570℃）回火三次。在此温度范围内回火时，W、Mo 及 V 的碳化物从马氏体中析出，产生弥散强化；同时残余奥氏体转变为马氏体，也提高了硬度，由此产生二次硬化现象，保证了钢的硬度和热硬性。

常用高速钢的牌号和热处理工艺见表 3—23。

表 3—23　　常用高速钢的牌号、成分（GB/T 9943—2008）、热处理、硬度及红硬性

种类/代号	牌号	热处理工艺			硬度		红硬性④ HRC
		预热温度/℃	淬火温度/℃	回火温度/℃②	退火① HBS	淬火+回火③ HRC≥	
低合金高速钢/HSS—L	W3Mo3Cr4V2	800～900	1180～1200	540～560	≤255	63	60～61
	W4Mo3Cr4VSi		1170～1190	540～560	≤255	63	60～61
普通高速钢/HSS	W18Cr4V		1250～1270	550～570	≤255	63	61.5～62
	W2Mo8Cr4V		1180～1200	550～570	≤255	63	61.5～62
	W2Mo9Cr4V2		1190～1210	540～560	≤255	64	61.5～62
	W6Mo5Cr4V2		1200～1220	540～560	≤255	64	60～61
	CW6Mo5Cr4V2		1190～1210	540～560	≤255	64	61.5～62
	W6Mo6Cr4V2		1190～1210	550～570	≤262	64	61.5～62
	W9Mo3Cr4V		1200～1220	540～560	≤255	64	64
高性能高速钢/HSS—E	W6Mo5Cr4V3		1190～1210	540～560	≤262	64	64
	CW6Mo5Cr4V3		1180～1200	540～560	≤262	64	64
	W6Mo5Cr4V4		1200～1220	550～570	≤269	64	64
	W6Mo5Cr4V2Al		1220～1240	550～570	≤269	65	65
	W12Cr4V5Co5		1220～1240	540～560	≤277	65	65
	W6Mo5Cr4V2Co5		1190～1210	540～560	≤269	64	64
	W6Mo5Cr4V2Co8		1170～1190	540～560	≤285	65	64
	W7Mo4Cr4V2Co5		1180～1200	540～560	≤269	66	65
	W2Mo9Cr4VCo8		1170～1190	540～560	≤269	66	65
	W10Mo4Cr4V3Co10		1220～1240	550～570	≤285	66	65

注：1. 退火+冷压态的硬度，允许比退火态指标增加 50HBW。
2. 回火温度为 550～570℃时，回火 2 次，每次 1h；回火温度为 540～560℃时，回火 2 次，每次 2h。
3. 试样淬回火硬度供方若能保证可不检验。
4. 红硬性是将淬火回火试样在 600℃加热 4 次，在每次 1h 的条件下测定的。

3.3.3 合金模具钢

模具材料是模具制造业的物质和技术基础，其中模具钢是传统的模具材料，其品种、规格、质量对模具的性能、使用寿命和制造周期起着决定性的作用。常用的模具钢，根据其用途和工作条件分为三大类，即冷作模具钢、热作模具钢和塑料模具钢。

3.3.3.1 冷作模具钢

冷作模具钢是制造在冷状态（室温）条件下进行压制成形的模具所用的钢。

1. 应用范围

主要用于制造冷冲压模具、冷冲裁模具、冷拉伸模具、冷镦模具、冷挤压模具、压印模具、辊压模具、螺纹压制模具和粉末压制模具等。

2. 性能特点

冷作模具钢在工作时，由于被加工材料的变形抗力比较大，模具的工作部分承受很大的压力、弯曲力、冲击力及摩擦力。因此，冷作模具的失效一般是磨损、断裂、崩裂和变

形超差等。其性能要求如下：

(1) 高硬度：根据模具工作条件的不同，其硬度值一般在 54～64HRC 之间。对于韧性要求高的可取下限，耐磨性要求高的宜取上限，要求强韧性好的宜取中值。

(2) 高耐磨性和疲劳抗力：耐磨性是冷作模具钢的基本性能要求，除影响模具使用寿命外，还影响产品的尺寸精度和表面粗糙度。疲劳抗力将影响模具的使用寿命。

(3) 足够的强韧性：冷作模具的韧性应根据其工作条件来考虑，受冲击载荷大的冷镦模、冷冲模、冲头等要求韧性，然而会与耐磨性的要求发生矛盾，需做到强韧性最佳合理配合。

(4) 良好的热处理工艺性：包括热处理变形小，过热敏感性低，回火稳定性好，对大截面尺寸的冷作模具要求有足够的淬透性。

(5) 一定的红硬性和热强性：对于高速冲裁或剧烈摩擦的冷作模具，模具工作表面的温度容易升高，另外对一些温挤压模等，都要求有一定红硬性和热强性。

其他还要求有良好的抗擦伤和抗咬合性能以及良好的工艺性能。

3. 成分特点

(1) 高碳：碳质量分数一般为 0.9%～1.7%；个别达到 2%，以保证高的硬度和高耐磨性。

(2) 加入 Cr、Mo、W、V 等合金元素，形成难熔碳化物，提高耐磨性、淬透性、回火稳定性和红硬性等。常见高碳低合金冷作模具钢的牌号和化学成分见表 3—24。

表 3—24　　高碳低合金冷作模具钢的牌号及化学成分（GB/T 1299—2000）

牌号	化学成分（质量分数）/%						
	C	Mn	Si	Cr	Mo	W	V
9Mn2V	0.85～0.95	1.70～2.00	≤0.40		—		0.10～0.25
9SiCr	0.85～0.95	0.30～0.60	1.20～1.60	0.95～1.25	—		
9CrWMn	1.05～1.25	0.90～1.20	≤0.40	0.50～0.80		0.50～0.80	
CrWMn	0.90～1.05	0.80～1.10	0.15～0.35	0.90～1.20	—	1.20～1.60	
Cr2	0.95～1.10	≤0.40	≤0.40	1.30～1.65			
7CrSiMnMoV	0.65～0.75	0.65～1.05	0.85～1.15	0.90～1.20	0.20～0.50		0.15～0.30

注：钢中硫和磷的含量不大于 0.030%。

4. 典型钢种的特点和用途

国内常用的冷作模具钢牌号很多，除碳素工具钢外，主要有 CrWMn、9SiCr、9Mn2V、6CrW2Si、Cr12 和 Cr12MoV，有时还借用 60Si2MnA、GCr15 以及 W6Mo5Cr4V2、W18Cr4V 等。按钢中合金元素含量及具有的性能特点将其划分为高碳低合金冷作模具钢、抗磨损冷作模具钢（包括高铬钢、基体钢等）、抗冲击冷作模具钢、冷作模具用高速工具钢。

(1) 高碳低合金冷作模具钢。

典型牌号为 CrWMn、9SiCr、9Mn2V、7CrSiMnMoV（代号 CH—1）。它们具有较高的硬度、淬透性、耐磨性等性能，用于制造中、小尺寸，形状复杂，一般负荷的各种冷作模具、量具和刀具等。如 CrWMn 用于制造丝锥、块规及形状复杂的高精度冲模等。

7CrSiMnMoV 为空淬微变形低合金钢，又称火焰淬火钢，可以利用火焰进行局部淬火，淬硬模具刃口部分，可代替 CrWMn、Cr12MoV 钢，制作形状复杂的冲裁模、下料模、镶块模。东风汽车公司采用我国研制的 7CrSiMiMoV 火焰淬火钢制造汽车大型覆盖件镶块冲模刃口材料，取得了很好的使用效果。这类钢的代表性钢号还有日本爱知公司的 SX5（Cr8MoV），大同特殊钢公司的 G05，日本日立金属公司的 HMD1。

（2）抗磨损冷作模具钢（牌号和化学成分见表 3—25）。

表 3—25　　抗磨损冷作模具钢（GB/T 1299—2000）

牌号	化学成分（质量分数）/%						
	V	C	Si	Mn	Cr	Mo	W
6Cr4W3Mo2VNb	0.60～0.70	≤0.40	≤0.40	3.80～4.40	1.80～2.50	2.50～3.50	0.80～1.20
6W6Mo5Cr4V	0.55～0.65	≤0.40	≤0.60	3.70～4.30	4.50～5.50	6.00～7.00	0.70～1.10
7Cr7Mo3V2Si	0.70～0.80	0.70～1.20	≤0.50	6.50～7.50	2.00～3.00		1.70～2.20
Cr4W2MoV	1.12～1.25	0.80～1.10	≤0.40	3.50～4.00	0.80～1.20	1.90～2.00	0.80～1.10
Cr5Mo1V	0.95～1.05	≤0.50	≤1.00	4.75～5.50	0.90～1.40	—	0.15～0.50
Cr6WV	1.00～1.15	≤0.40	≤0.40	5.50～7.00	—	1.10～1.50	0.50～0.70
Cr12	2.00～2.30	≤0.40	≤0.40	11.5～13.0	—	—	—
Cr12MoV	1.45～1.70	≤0.40	≤0.35	11.0～12.5	0.40～0.60	—	0.15～0.30
Cr12Mo1V1	1.40～1.60	≤0.60	≤0.60	11.0～13.0	0.70～1.20	—	≤1.10
4CrW2Si	0.35～0.45	0.80～1.10	≤0.40	1.00～1.30	—	2.00～2.50	—
5CrW2Si	0.45～0.55	0.50～0.80	≤0.40	1.00～1.30	—	2.00～2.50	—
6CrW2Si	0.55～0.65	0.50～0.80	≤0.40	1.00～1.30	—	2.20～2.70	—

注：钢中硫和磷的含量不大于 0.030%。

这类钢具有高淬透性、高耐磨性、高强韧性的特点。

◆ 高碳高铬冷作模具钢：典型牌号有 Cr12、Cr12MoV、Cr12Mo1V1（又称 D2、SKD11）。

Cr12、Cr12MoV 应用广泛，其耐冲击性、韧性、耐磨性显著高于一般钢种，但 Cr12 韧性仍属较差，Cr12Mo1V1 比 Cr12MoV 具有更高的耐磨性、韧性。主要用于制造大尺寸、形状复杂、大负荷、高耐磨性、长寿命的各种冷作模具。如高效落料模、冲模、挤压模、冷墩模、拉伸模、搓丝模等。

◆ 高碳中铬冷作模具钢：典型牌号有 Cr4W2MoV、Cr5Mo1V。

有较高的淬透性、耐磨性和韧性，主要用于制造重载荷、高精度的冷冲模、成形模等。

◆ 基体钢：典型牌号有 6Cr4W3Mo2VNb（代号 65Nb）、6W6Mo5Cr4V（代号 6W6）、7Cr7Mo2V2Si（代号 LD）等。

基本钢又称高韧性高耐磨性冷作模具钢。在高速钢基本成分的基础上添加少量的其他元素，适当增减含碳量，以改善钢的性能，这样的钢种统称基体钢。它们不仅有高速钢的特点，具有高的耐磨性和硬度，而且抗疲劳强度和韧性均优于高速钢，用于制造冷挤压模、冷镦模、螺钉冲头、冷冲模、拉延模等。

（3）抗冲击冷作模具钢。

典型牌号有 4CrW2Si、5CrW2Si、5CrW2Si。

具有较高的淬透性、强韧性，用于制造受冲击载荷且刀口单薄的冷作模具，如切边模、冲裁模、冲模、冷剪机刀片、风动工具等。

(4) 冷作模具用高速工具钢。

常用的有 W6Mo5Cr4V2、W18Cr4V 等，用于制造冷挤压模具等。

5. 热处理

高碳低合金冷作模具钢的热处理特点与量具刃具钢类似。高碳高铬冷作模具钢的热处理特点如下：

(1) 预先热处理：球化退火，其目的是改善切削加工性，并为淬火做好组织准备。

(2) 最终热处理：有两个方案：

◆ 一次硬化法：淬火（950～1000℃加热）＋低温（150～180℃）回火，硬度可达 61～62HRC。适用于要求较高硬度和耐磨性的大型冷作模具。

◆ 二次硬化法：高温（1100～1150℃）淬火＋多次（一般三次）510～520℃回火，产生二次硬化，使硬度达 60～62HRC，红硬性和耐磨性较高（但韧性较差）。适用于在 400～450℃温度下工作的模具，如温挤压模及由于高速冲裁或剧烈摩擦易升温的冷作模具。

3.3.3.2 热作模具钢

热作模具钢是制造在高温条件下工作的模具所用的钢。

1. 应用范围

热作模具钢用于制造各种热锻模（锤锻模、压力机锻模、热顶锻模）、热压模、热挤压模、温热挤压模、热镦模、热剪切模、压铸模，以及中、小型热轧辊等。

2. 性能特点

热作模具的工作条件的主要特点是与热态金属相接触，其模腔表面温度可达 300～400℃以上，热挤压模可达 500～800℃以上；易使模腔表面硬度、耐磨性和强度显著降低，另外热作模具工作时承受很大的负荷变化，即热疲劳、热冲击、热摩擦、熔融金属腐蚀、剧烈的冷热循环所引起的不均匀热变和热应力，以及高温氧化等。其性能要求如下：

(1) 高的热硬性和高温耐磨性：以保证模腔表面硬度、耐磨性不降低，提高摩擦表面的抗疲劳磨损、氧化黏着磨损和磨粒磨损的能力。

(2) 高的热强性和回火稳定性：以减少热塑性变形。

(3) 高的热疲劳抗力和韧性：以保证能承受冲击载荷及在急冷急热反复热冲击下，不发生龟裂。

(4) 高淬透性：以保证大型模具沿整个截面具有均匀一致的力学性能。

(5) 良好的热导性：以保证模具型腔表面的热量尽快传导外散，降低模具的升温，有利于减少热磨损及热疲劳损伤。

(6) 高的抗氧化性能以及良好的工艺性能。

3. 成分特点

(1) 中碳：碳质量分数一般为 0.3%～0.6%；以保证高强度、高韧性、较高的硬度（35～52HRC）和较高的热疲劳抗力。

(2) 加入 Cr 、Ni、Mn、Si 等合金元素，提高淬透性、回火稳定性、韧性、热强性、抗氧化性、耐热疲劳性能等。

（3）加入Mo、W、V等元素，产生二次硬化，提高回火稳定性、热强性，Mo还能防止第二类回火脆性。

4. 典型钢种的特点和用途

热作模具钢大体可分为高韧性和高耐热性两类。如按工作温度和性能特点可分为低耐热性热作模具钢、中耐热性热作模具钢和高耐热性热作模具钢。

（1）低耐热性热作模具钢（常见牌号及化学成分见表3—26）。

表3—26　国内常用低耐热性热作模具钢的牌号及化学成分（质量分数）/%（GB/T 1299—2000）

钢号	C	Si	Mn	Cr	Mo	V	Ni
5CrMnMo	0.50～0.60	0.25～0.60	1.20～1.60	0.60～0.90	0.15～0.30	—	
5CrNiMn	0.50～0.60	≤0.40	0.50～0.80	0.50～0.80	0.15～0.30	—	1.40～1.80
4CrMnSiMoV	0.35～0.45	0.80～1.10	0.80～1.10	1.30～1.50	0.40～0.60	0.20～0.40	
5Cr2NiMoVSi	0.46～0.53	0.60～0.90	0.40～0.60	1.54～2.00	0.80～1.20	0.30～0.50	0.80～1.20

注：钢中硫和磷的含量不大于0.030%。

典型牌号有5CrNiMn、5CrMnMo、4CrMnSiMoV、5Cr2NiMoVSi等。

有较高的强韧性和耐磨性，良好的耐热疲劳性和淬透性，适于的工作温度高达300～400℃。主要用于制造各种尺寸的锤锻模、平锻机锻模、大型压力机锻模等。

（2）中耐热性热作模具钢（常见牌号及化学成分见表3—27）。

表3—27　国内常用中耐热性热作模具钢的牌号及化学成分（质量分数）/%（GB/T 1299—2000）

钢号	C	Si	Mn	Cr	Mo	V	W
4Cr5MoSiV	0.33～0.43	0.80～1.20	0.20～0.50	4.75～5.50	1.10～1.60	0.30～0.60	—
4Cr5MoSiV1	0.32～0.42	0.80～1.20	0.20～0.50	4.75～5.50	1.10～1.75	0.80～1.20	
4Cr5W2VSi	0.32～0.42	0.80～1.20	≤0.40	4.75～5.50	—	0.60～1.00	1.60～2.40
8Cr3	0.76～0.85	≤0.40	≤0.40	3.20～3.80	—	—	—

注：钢中硫和磷的含量不大于0.030%。

典型牌号有4Cr5MoSiV（H11）、4Cr5MoSiV1（H13）、4Cr5W2VSi、8Cr3等。

具有高的高温强度、韧性、耐热疲劳性、耐磨性和回火稳定性。适于的工作温度高达400～550℃。主要用于制造平锻模、顶锻模、精锻模、热挤压模和有色金属压铸模。

（3）高耐热性热作模具钢（常见牌号及化学成分见表3—28）。

表3—28　国内常用高耐热性热作模具钢的牌号及化学成分（质量分数）/%（GB/T 1299—2000）

钢号	C	Si	Mn	Cr	Mo	V	W
3Cr2W8V	0.30～0.40	≤0.40	≤0.40	2.20～2.70	—	0.20～0.50	7.50～9.00
3Cr3Mo3W2V	0.32～0.42	0.60～0.90	≤0.65	2.80～3.30	2.50～3.00	0.80～1.20	1.20～1.80
5Cr4Mo2W2VSi	0.45～0.55	0.80～1.10	≤0.50	3.70～4.30	1.80～2.20	1.00～1.30	1.80～2.20
5Cr4Mo3SiMnVAl	0.47～0.57	0.80～1.10	0.80～1.10	3.40～4.40	2.80～3.40	0.80～1.20	—
5Cr4W5Mo2V	0.40～0.50	≤0.40	≤0.40	3.70～4.30	1.50～2.10	0.70～1.10	4.50～5.30
6Cr4Mo3Ni2WV	0.55～0.64	≤0.40	≤0.40	3.80～4.30	2.80～3.30	0.90～1.30	0.90～1.30
4Cr3Mo3SiV	0.35～0.45	0.80～1.20	0.25～0.70	3.00～3.75	2.50～3.00	0.25～0.75	—

注：钢中硫和磷的含量不大于0.030%。

典型牌号有3Cr2W8V、3Cr3Mo3W2V（HM1)、5Cr4W5Mo2V（RM2)、5Cr4Mo3SiMnVAl（012Al)、4Cr3Mo3SiV（H10)、6Cr4Mo3Ni2WV（CG—2)。

具有更高的高温强度、韧性、耐热疲劳性和耐磨性，高的模具使用寿命，适于的工作温度高达550～650℃。用于制造高速锤锻模、精密锻模、压铸模、热挤压模具、热冲模等。

如其中的基体钢5Cr4Mo3SiMnVAl（012Al)、6Cr4Mo3Ni2WV（CG—2）既保持了高速钢的高抗压强度、红硬性和高耐磨性能，又提高了韧性和抗疲劳性能，实现了强韧性、红硬性和耐磨性较好的统一。这类钢主要用于强韧性、红硬性和耐磨性较高的场合，如：加工难变形材料的热作模具及大型、复杂、受冲击载荷大的热作模具。

5. 热处理

不同用途、不同性能要求、不同种类的钢其热处理工艺有所不同，主要区别在淬火温度和回火温度，有些要求氮化。常见国产热作模具钢的热处理工艺参见表3—29。

表3—29　常见国产热作模具钢的热处理

钢号	退火		淬火		回火	
	硬度/HRC	温度/℃	硬度/HB	温度/℃	冷却介质	温度/℃
5CrMnMo	780～800	197～241	830～850	油	490～640	30～47
5CrNiMo	780～800	197～241	840～860	油	490～660	30～47
4Cr5MoSiV	840～900	109～229	1000～1025	油	540～650	40～54
3Cr3Mo3V	845～900		1010～1040	空气	550～600	40～54
5Cr4W5Mo2V	850～870	200～230	1130～1140	油	600～630	50～56

(1）预先热处理：退火。其目的为了降低钢的硬度，改善切削加工性，并为以后的淬火做好组织准备。

(2）最终热处理：

◆ 热锻模钢的热处理和调质钢相似，淬火后高温（550℃左右）回火，以获得回火索氏体或回火屈氏体组织。

◆ 热挤压模钢和压铸模钢的热处理与高速钢类似，淬火后在略高于二次硬化峰值的温度（600℃左右）下作三次回火，以提高热硬性、热强性和耐磨性。

3.3.3.3　塑料模具钢

塑料模具钢是用于制造塑料成形的模具所用的钢。

1. 应用范围

塑料模具钢用于制造各种尺寸大小的热塑性塑料和热固性塑料的注塑模、压塑模、挤塑模、吹塑成形模、注射模、胶木模、印刷线路板凹模、压模和精密塑料模具等。

2. 性能特点

由于塑料模具钢的使用条件不同，对塑料模具钢的使用性能要求也不尽相同。

(1）高的综合力学性能：具有一定的强度、硬度、韧性和耐磨性。

(2）有良好的镜面抛光性、花纹图案蚀刻性：这些性能将直接影响透明塑料制品的质量，如光学仪器、透镜和镜片的质量。这就要求塑料模具钢的硬度、纯净度、组织致密度、均匀度等有利于镜面抛光工艺的进行。

(3）良好的耐蚀性和耐热性：当较大批量地生产聚氯乙烯、氟化塑料、阻燃塑料等塑料制品时，模具需耐氟、氯等卤族元素气体的腐蚀。

（4）良好的热处理工艺性能：良好的淬透性，氧化、脱碳及变形倾向小，尺寸稳定性好。

（5）良好的切削加工性和补焊性能：塑料模具钢中有很多预硬型钢和时效硬化型钢，良好的切削加工性能，对模具成形加工有很重要的意义。

3. 影响镜面抛光性的因素

（1）钢材的冶金质量：钢中的非金属夹杂物、气泡、氧化物、硫化物等是影响模具钢镜面抛光和研磨时形成针眼和孔洞的主要原因。因此，采用真空冶炼或电渣重熔等工艺，将有效地提高钢的纯净度，从而提高钢材的抛光性能。

（2）钢中组织的致密度和均匀度：组织不均匀和带状偏析等可能使得钢在镜面加工时出现很细的发纹、研磨斑和坑等缺陷，为了防止偏析，必须掌握好出钢后的浇注技术和钢锭的结晶质量，另外要进行充分锻造，以保证钢材的致密度，如果能进行均匀化热处理或电渣重熔冶炼，也可以有效地减少这种偏析，从而提高钢的抛光性能。

（3）较高的硬度：有利于镜面抛光性能的提高。

（4）抛光技术：抛光技术的运用将直接影响抛光质量，如足够的冷却，选择正确的砂轮和抛光工具，避免表面压力过高，抛光面的清洁，抛光面质量的研判等。

4. 典型钢种的特点和用途

塑料模具钢按化学成分和性能特点可分为碳素塑料模具钢、预硬型塑料模具钢、渗碳型塑料模具钢、时效硬化型塑料模具钢和耐腐蚀型塑料模具钢。

（1）碳素塑料模具钢（常见牌号及化学成分见表3—30）。

表3—30　碳素塑料模具钢的牌号及化学成分（质量分数）/%（GB/T 1299—2000）

钢号	日本JIS	C	Si	Mn	S	P
SM45	S45C	0.42～0.48	0.17～0.37	0.50～0.80	≤0.30	≤0.30
SM50	S50C	0.47～0.53	0.17～0.37	0.50～0.80	≤0.30	≤0.30
SM55	S55C	0.52～0.58	0.17～0.37	0.50～0.80	≤0.30	≤0.30

由于碳素钢具有价格便宜、加工性能好、原料来源方便等优点，因此对于制造形状简单的小型塑料模具或精度要求不高、使用寿命不需要很长的塑料模具，多采用这类钢制造。

（2）预硬型塑料模具钢（典型牌号及化学成分详见表3—31）。

表3—31　预硬化型塑料模具钢的牌号及化学成分（质量分数）/%（GB/T 1299—2000）

钢号	C	Si	Mn	Cr	Mo	Ni	Ca和其他
3Cr2Mo（P20）	0.28～0.40	0.20～0.80	0.60～1.00	1.40～2.00	0.30～0.55	—	—
3Cr2NiMo	0.32～0.40	0.20～0.40	0.60～0.80	1.70～2.00	0.25～0.40	0.85～1.15	—
3Cr2NiMnMo	0.32～0.40	0.20～0.80	1.00～1.50	1.70～2.00	0.25～0.40	0.85～1.15	—
5CrNiMnMoVSCa	0.50～0.60	—	0.80～1.20	0.80～1.20	0.30～0.60	0.80～1.20	0.002～0.008
40Cr	0.37～0.45	0.17～0.37	0.50～0.80	0.80～1.10	—	≤0.25	Cu≤0.30
42CrMo	0.38～0.45	0.17～0.37	0.50～0.80	0.90～1.20	0.15～0.25	≤0.30	—
30CrMnSiNi2A	0.26～0.33	0.90～1.20	1.00～1.30	0.90～1.20	—	1.40～1.80	Cu≤0.20

注：1. 除5CrNiMnMoVSCa的硫含量在0.06%～0.15%外，其他钢中硫和磷含量不大于0.030%。
2. 5CrNiMnMoVSCa摘自JB/T 6057—1992。40Cr和42CrMo摘自JB/T 3077—1999。
3. 30CrMnSiNi2A非标准模具钢。

典型牌号有 3Cr2MnNiMo、5CrNiMnMoVSCa（简称 5NiSCa）、42CrMo 等。

该类钢一般是中碳低合金钢，指将热加工的模块预先进行调质处理，以获得所要求的使用性能，再进行刻模加工，待模具成形后，不再进行最终热处理就可以直接使用。从而避免由于热处理而引起的模具变形和裂纹问题。该类钢的使用硬度一般在 30～42HRC 范围内，是在高硬度区（36～42HRC），切削性能较差。在钢中加入了 S、Ca、Pb 等元素以改善预硬钢的加工性能。主要用于制造复杂、精密和长寿命的大、中型塑料模具。

（3）渗碳型塑料模具钢（典型牌号及化学成分详见表 3—32）。

表 3—32　渗碳型塑料模具钢的牌号及化学成分（质量分数）/%（GB/T 1299—2000）

钢号	C	Si	Mn	Cr	Ni
20Cr	0.18～0.24	0.17～0.37	0.50～0.80	0.70～1.00	—
12CrNi3A	0.10～0.17	0.17～0.37	0.30～0.60	0.60～0.90	2.75～3.25

注：钢中硫和磷的含量不大于 0.030%。

渗碳型塑料模具钢的含碳量一般都在 0.1%～0.25%范围内，退火后具有良好的切削加工性能，切削加工成形的模具渗碳后经淬火、低温回火后不仅具有较高的强度，而且芯部具有较好的韧性，模具的表面硬度高，耐磨性好，亦可以保证良好的抛光性能。另一优点是塑性好，可以采用冷挤压成形法制造模具，无须进行切削加工，适于大批量生产同一形状工件的模具。缺点是模具热处理工艺较复杂、变形大。

（4）时效硬化型塑料模具钢（典型牌号及化学成分详见表 3—33）。

表 3—33　时效硬化型塑料模具钢的牌号及化学成分（质量分数）/%（GB/T 1299—2000）

钢号	C	Si	Mn	Cr	Mo	Ni	V	Al	Ti	Cu
06Ni6CrMoVTiAl	≤0.06	≤0.60	≤0.50	1.30～1.60	0.90～1.20	5.50～6.50	0.08～0.16	0.50～0.90	0.90～1.30	—
1Ni3Mn2CuAlMo（PMS）	0.06～0.30	≤0.35	1.40～1.70	—	0.20～0.50	2.80～3.40	—	0.70～1.20	—	0.80～1.20

注：钢中硫和磷的含量不大于 0.030%。

时效硬化型塑料模具钢在固溶处理变软（一般 28～34HRC）后可进行切削加工，并具有优良的镜面加工性能，待冷加工成形后进行时效处理，可获得高的综合力学性能，时效热处理变形很小，而且这类钢一般具有焊接性能好以及可以进行表面氮化等优点，所以适用于制造高镜面、高精度、高寿命、复杂的热塑性塑料制品模具。如光学仪器、透镜和镜片模具，电话机、石英钟、车辆灯具等塑料壳体模具。

（5）耐腐蚀型塑料模具钢（典型牌号及化学成分详见表 3—34）。

表 3—34　耐腐蚀型塑料模具钢的牌号及化学成分（质量分数）/%（GB/T 1299—2000）

钢号	C	Si	Mn	Cr	Mo	V	Ni
2Cr13	0.16～0.25	≤1.00	≤1.00	12.0～14.0	—	—	—
4Cr13	0.36～0.45	≤0.60	≤0.80	12.0～14.0	—	—	—
9Cr18	0.90～1.00	≤0.80	≤0.80	17.0～19.0	—	—	—
9Cr18Mo	0.90～1.00	≤0.80	≤0.80	16.0～18.0	0.40～0.70	—	—
Cr14MoV	0.95～1.10	≤0.60	≤0.60	13.4～15.0	3.75～4.25	0.10～0.20	—
1Cr17Ni2	0.11～0.17	≤0.80	≤0.80	16.0～18.0	—	—	1.50～2.50

注：1. 钢中硫含量≤0.030%，磷≤0.035%。
　　2. Cr14MoV 为非标准模具钢。

耐腐蚀型塑料模具钢主要用于生产以含氯、氟或混入阻燃剂等化学性腐蚀塑料（如聚氯乙烯或聚苯乙烯等）为原料的塑料制品的模具。耐腐蚀型塑料模具钢分高碳高铬型耐蚀钢、中碳高铬型耐蚀钢、低碳铬镍型耐蚀钢。

（6）其他塑料模具钢。

◆ 整体淬硬型塑料模具钢：用于压制热固性塑料、复合强化塑料（如尼龙型强化或玻璃纤维强化塑料）产品的模具，以及生产批量很大，要求模具使用寿命很长的塑料模具。一般选用高淬透性的冷作模具钢和热作模具钢材料制造，这些材料通过最终热处理，可保证使用状态具有高硬度、高耐磨性和长的使用寿命。

◆ 无磁塑料模具钢：如 18—8 不锈钢，其型腔经氮化处理后使用，或采用 ZGMn13 型耐磨奥氏体钢，或无磁模具钢如 7Mn15Cr2Al3V2WMo 等，用于压制磁性塑料的模具。

5. 塑料模具钢的热处理

塑料模具钢的热处理要根据其种类和性能要求来确定。碳素塑料模具钢一般是做调质；渗碳型塑料模具钢一般是渗碳淬火后低温回火；时效硬化型塑料模具钢则是固溶处理加时效处理；耐腐蚀型塑料模具钢一般是淬火后低温回火或固溶处理。

3.3.4 量具钢

用于制造游标卡尺、千分尺、样板、塞规、卡规、块规、螺旋测微仪等各种测量工具的钢被称为量具钢。

3.3.4.1 量具钢的特点和性能

1. 工作特点和性能要求

量具在使用过程中经常会与工件发生摩擦和碰撞，而量具本身又必须具备非常高的尺寸精确性和恒定性。因此，其性能要求如下：

（1）高硬度和高耐磨性：以此保证在长期使用中不致被很快磨损，而失去精确度，其硬度值一般在 56～66HRC 之间。

（2）高的尺寸稳定性：以保证量具在使用和存放过程中保持其形状和尺寸的恒定。

（3）足够的韧性：以保证量具在使用时不致因偶然因素如碰撞而损坏。

（4）良好的热处理工艺性：包括热处理变形小，过热敏感性低，对大尺寸的量具要求有足够的淬透性。

在特殊腐蚀环境下工作的量具还要求具有抗腐蚀性。

2. 成分特点

（1）高碳：碳质量分数一般为 0.9%～1.5%，以保证高的硬度和高耐磨性。

（2）加入 Cr、Mn、W、V、Si 等合金元素，形成难熔碳化物，提高耐磨性、淬透性、回火稳定性等。降低 M_s 点，使热应力和组织应力减小，减少淬火变形。

3.3.4.2 量具钢的种类和用途

我国目前没有专用的量具钢，因为有很多钢能满足量具钢的使用性能要求。

1. 量具用渗碳钢

常用牌号为 15、20、15Cr、20Cr 等。量具经渗碳、淬火及低温回火等处理后。表面具有高硬度、高耐磨性，芯部保持足够的韧性。适用于形状简单、精度不高、使用中易受冲击的量具，如简单平样板、卡规、直尺及大型量具等。

2. 量具用中碳钢

常用牌号为45、50、55、60、65、65Mn等。须经调质处理及高频淬火回火后使用。适用于要求综合性能好，表面又具有较高硬度的量具和量具结构件，如卡尺尺身、尺框、千分尺刻度套管等。

3. 量具用碳素工具钢

常用牌号为T10A、T11A、T12A等。由于碳素工具钢的淬透性低，水淬会引起较大的变形。因此只适用于尺寸小、形状简单、精度要求较低的卡尺、样板、量规等量具。

4. 量具用高碳低合金钢（量具刃具钢）

常用牌号有量具刃具钢：Cr2、CrMn、9Mn2V、CrWMn、9CrWMn及轴承钢GCr15等。由于这类钢是在高碳钢中加入Cr、Mn、W等合金元素，故可以提高淬透性、减少淬火变形、提高钢的耐磨性和尺寸稳定性。Cr2、CrMn、GCr15可用于精度较高的一般量规、块规等，9Mn2V、CrWMn、9CrWMn用于高精度、形状复杂的量具。

5. 量具用高合金工具钢

常用牌号有冷作模具钢：Cr12、Cr12MoV，高速钢：W6Mo5Cr4V2等。适用于大尺寸、高硬度、高耐磨性的量具。

6. 量具用不锈钢

常用牌号有4Cr13、9Cr18、9Cr18MoV等。经淬火、回火处理后可使其硬度达56～64HRC，同时可保证量具具有良好的耐腐蚀性和足够的耐磨性。适用于在腐蚀条件下工作的精密量具。

7. 量具用氮化钢

常用牌号有38CrMoAl、38CrMoAlA等。钢经调质处理后精加工成形，然后氮化处理，最后进行研磨。可使量具具有高耐磨性、高抗腐蚀性和高尺寸稳定性。适用于高硬度、高耐磨性、高精度、耐腐蚀的量具。

3.3.4.3 量具钢的热处理

不同性能要求、不同用途、不同种类的量具钢其热处理工艺有所不同。量具钢热处理的主要特点是在保持高硬度和高耐磨性的前提下，尽量提高量具在长期使用中的尺寸稳定性。

1. 量具时效效应

量具在使用过程中随时间延长而发生尺寸变化的现象称为量具的时效效应。原因如下：

(1) 用于制造量具的过共析钢淬火后含有一定数量的残余奥氏体，残余奥氏体转变为马氏体会引起体积的膨胀。

(2) 量具在使用过程中，马氏体会继续分解，导致正方度降低引起体积收缩。

(3) 残余内应力的存在和重新分布，使弹性变形部分地转变为塑性变形引起尺寸变化。

因此，量具的热处理主要是为了在保证获得高硬度和高耐磨性的前提下，如何减少变形及残余奥氏体的数量，稳定组织和消除残余内应力。

2. 量具热处理

(1) 调质处理和表面处理：其目的是获得回火索氏体组织，以减少淬火变形和提高机械加工的光洁度。然后可做表面淬火加低温回火，或做氮化处理。主要用于量具用调质中碳钢和量具用氮化钢。

(2) 淬火和低温回火：量具钢一般为过共析钢。通常采用不完全淬火加低温回火处理，在保证硬度的前提下，尽量降低淬火温度并进行预热，以减少加热和冷却过程中的温差及淬火应力。量具的淬火方式为油冷（20～30℃），不宜采用分级淬火和等温淬火。只有在特殊情况下才予以考虑。一般采用低温回火，回火温度为150～160℃，回火时间不应小于4～5h。

(3) 冷处理：高精度量具在淬火后必须进行冷处理。以减少残余奥氏体量。从而增加尺寸稳定性。冷处理温度一般为－70～－80℃并在淬火冷却到室温后立即进行，以免残余奥氏体发生陈化稳定。冷处理后再做低温回火。

(4) 时效处理：为了进一步提高尺寸稳定性，淬火、回火后。再在120～150℃进行4～36h的时效处理，可做两次，这样可消除残余内应力，大大增加尺寸稳定性而不降低其硬度。总之。量具钢的热处理除了要进行一段过共析钢的正常热处理（不完全淬火＋低温回火）之外。还需要有三个附加的热处理工序。即淬火之前进行调质处理、正常淬火处理后的冷处理、正常热处理之后的时效处理。

例如高精度块规，用作校正其他量具的长度标准，要求有极高的尺寸稳定性。常采用GCr15（或CrWMn）钢制造。其热处理工艺较复杂。经过处理的块规，一年内每10mm长度的尺寸变量不应超过0.1～0.2μm。其热处理工艺过程见图3—12和图3—13。

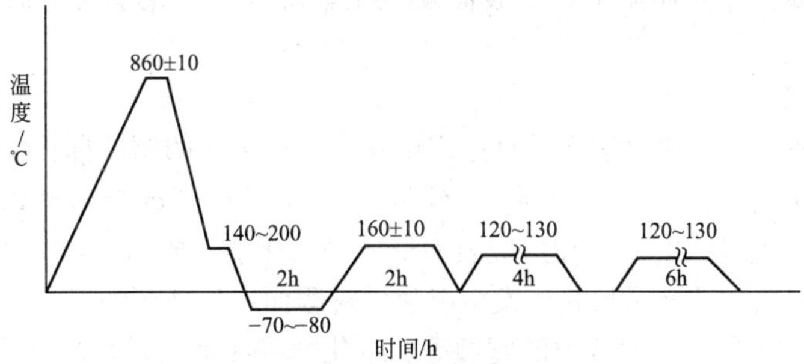

图3—12 GCr15钢块规热处理工艺曲线

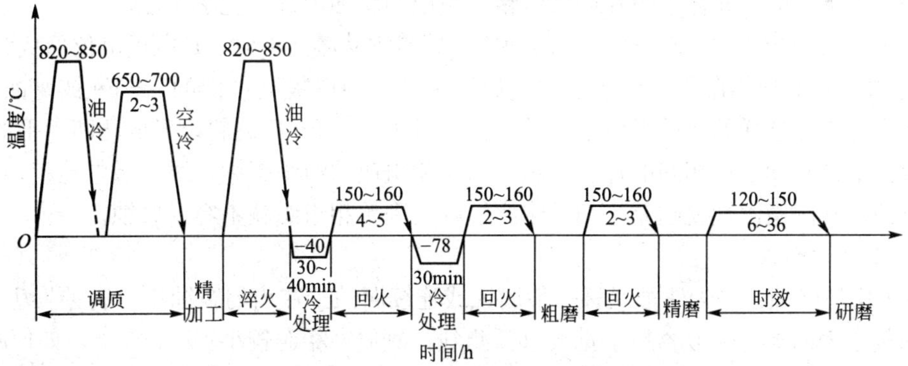

图3—13 CrWMn钢高精度量具热处理工艺过程

3.4 特殊钢

学习目标

★ 腐蚀的概念、类型和形式。

★★ 不锈钢的耐蚀机理。

★★★ 不锈钢、耐热钢和耐磨钢的种类、特性及热处理。

★★★★ 不锈钢、耐热钢和耐磨钢的典型牌号及用途。

注：★了解。★★理解。★★★掌握。★★★★重点掌握。

特殊钢是指具有特殊的化学成分（合金化）、采用特殊的工艺生产、具备特殊的组织和性能、能够满足特殊需要的钢类。一般分为不锈钢、耐热钢、耐磨钢等。

3.4.1 不锈钢

不锈钢是反映在大气，水和酸、碱、盐溶液等腐蚀性介质中具有很高化学稳定性的合金钢的总称。在酸、碱、盐等浸蚀性较强的介质中能抵抗腐蚀作用的钢，又进一步称为耐蚀钢，或称耐酸钢。不锈钢在石油、化工、船舶、原子能、宇航、海洋开发、国防工业和一些尖端科学技术及日常生活中都得到广泛应用，主要用来制造在各种腐蚀性介质中工作的要求耐腐蚀的零件、结构件、五金件、器械、刀具、量具和容器等。

3.4.1.1 金属腐蚀的基本概念

腐蚀是指金属在介质作用下，其表面发生化学反应或电化学反应而逐渐受到破坏的现象。

1. 腐蚀的类型

(1) 化学腐蚀：金属和化学介质直接产生化学反应造成的腐蚀称化学腐蚀。

如铁在高温下的氧化：$4Fe+3O_2 \longrightarrow Fe_2O_3$　　　$Fe+2H_2O \longrightarrow Fe(OH)_2+H_2\uparrow$

这种反应不产生腐蚀电流，在反应表面形成一层化学生成物。

(2) 电化学腐蚀：是金属与介质发生电化学过程而产生破坏的腐蚀。

如大气腐蚀、在各种电解液中的腐蚀等。电化学腐蚀是金属腐蚀更重要、更普遍的形式，它是由于不同金属或金属的不同相之间，电极电位不同，构成原电池而产生的。

如：碳钢中的珠光体组织在硝酸酒精溶液中的腐蚀就是电化学腐蚀。

将组织为珠光体 P（$F+Fe_3C$）的钢置于硝酸酒精溶液中时，F 电极电位低成为阳极，Fe_3C 电极电位高成为阴极，构成了一个腐蚀电池，使电极电位低的 α-Fe 被腐蚀，由于珠光体中有无数这样的腐蚀微电池，结果使 F 片凹陷，Fe_3C 突起，形成凸凹不平的表面，在显微镜下则看到黑白相间的片状组织。由两相组成的组织越细，腐蚀微电池越多，越容易被腐蚀，其耐腐蚀性就越差，相反耐腐蚀好，则单相组织就不容易腐蚀。

2. 腐蚀的形式

(1) 均匀腐蚀：均匀腐蚀又称一般腐蚀或连续腐蚀。在均匀腐蚀中，腐蚀发生在金属裸露的整个表面上，一般容易察觉或可预测到，故危害相对较小。

(2) 点腐蚀：点蚀又称缝隙腐蚀、孔蚀，它是由不锈钢的钝化膜局部破坏所引起的。

蚀孔一旦形成，便迅速发展，直至穿透构件，点蚀也是危害较大和较常见的腐蚀破坏形式。

(3) 晶间腐蚀：由于晶界、晶粒内电位差加大所引起的晶界的深腐蚀，称为晶间腐蚀。晶间腐蚀是一种危害很大的，容易造成设备事故的腐蚀破坏形式。

(4) 应力腐蚀：是指在静拉应力和腐蚀介质共同作用下，材料发生破裂的现象，它是处于张应力状态下的合金在特定的腐蚀介质中，沿某种显微路径发生腐蚀而导致的破坏。

(5) 磨损腐蚀：在同时存在腐蚀和机械磨损时，两者相互加速的腐蚀称为磨损腐蚀。腐蚀产生的保护膜不断被破坏、磨去，成膜和去膜交替进行，腐蚀被加速。

3. 提高钢耐蚀性的途径

(1) 使钢形成单相组织，避免电化学腐蚀，减少微电池的数量。

(2) 提高不锈钢基体的电极电位，减少两极的电极电位差，降低原电池的电动势。

(3) 形成致密的钝化保护膜，使金属材料与介质隔离。

3.4.1.2 不锈钢的性能和成分

不锈钢其工作条件不同，则性能要求不同。主要围绕下列几方面：

1. 性能要求

(1) 具备尽可能高的耐腐蚀性。

根据工作环境和介质的具体腐蚀性，不锈钢应具备相应的耐腐蚀性，对该介质要有尽量高的耐腐蚀性。

(2) 良好的力学性能。

不锈钢不仅要耐腐蚀，还要承受或传递载荷，需要有较好的力学性能。机械性能好还可减轻结构重量，节约成本。钢的屈服强度高也有利于抗应力腐蚀。

(3) 良好的工艺性能。

不锈钢材料有板、管、型材等各种类型，需要有良好的热加工成形性以及冲压、弯曲、拔丝等冷成形性；对需要经过切削加工的零件，要求有良好的切削加工性能，对需要焊接的各种结构件，则要求有良好的焊接性。

(4) 好的经济性。

由于不锈钢都是高合金钢，价格较高，因此要求尽可能使用价格低廉、资源较丰富的元素，尽量降低冶炼成本，以适应不锈钢用量增加的需要。

2. 成分特点

(1) 碳含量越低，耐蚀性越好：大多数不锈钢都是低碳钢，碳含量一般为 0.1%～0.2%。对要求高强度和硬度的不锈钢可提高含碳量，最高可达 0.85%～0.95%，但需相应地提高铬含量。否则耐蚀性将下降。这是因为碳与铬能形成一系列碳化物，造成局部贫铬现象，使不锈钢的耐蚀性降低；另外，碳会降低不锈钢的加工性能和焊接性能。

(2) 加入大量主加元素铬：铬能提高钢基体的电极电位。随铬含量的增加，尤其当超过 12%时，钢的电极电位急剧升高。因此，大多数不锈钢的铬质量分数都大于 12.5%。如铬质量分数大于 12.7%时，又促进钢形成单相铁素体组织。另外，铬在氧化性介质（如水蒸气、大气、海水、氧化性酸等）中极易钝化，生成致密的氧化膜，使钢的耐蚀性大大提高。并且氧化膜破坏后又会产生新的钝化膜，具有自我修复能力。可见铬对不锈钢的重要性。

(3) 加入另一重要元素镍：镍（Ni）是奥氏体稳定化元素，可促使获得单相奥氏体组织，显著提高耐腐蚀性。

（4）加入钼、铜等：铬（Cr）在非氧化性酸（如盐酸、稀硫酸和碱溶液等）中的钝化能力较差，加入Mo、Cu等元素，可提高钢在非氧化性酸中的耐腐蚀能力。

（5）加入钛、铌等：Ti、Nb能优先同碳形成稳定碳化物，使Cr保留在基体中，避免晶界贫铬，从而减轻钢的晶界腐蚀倾向。提高不锈钢的抗晶界腐蚀能力。

（6）加入锰、氮等：部分代替镍以获得奥氏体组织，并能提高铬不锈钢在有机酸中的耐腐蚀性。

3.4.1.3 不锈钢的种类及用途

不锈钢按正火状态的组织可分为马氏体不锈钢（包括马氏体＋铁素体不锈钢）、铁素体不锈钢、奥氏体不锈钢和奥氏体＋铁素体双相不锈钢。

1. 马氏体不锈钢

因γ稳定化元素少，M_s点高，淬火能产生马氏体，故称为马氏体不锈钢。典型牌号：1Cr13、2Cr13、3Cr13、4Cr13、1Cr17Ni2（431）、9Cr18等。

（1）性能特点：力学性能好，具有高的强度、硬度和耐磨性，在氧化性介质中耐腐蚀性好，有较好的机械性能和耐腐蚀性。但在非氧化性介质中，耐腐蚀性很低。总体在耐腐蚀性、塑性、焊接性方面要低于其他种类的不锈钢。

（2）用途：可用于制造机械零件、泵阀、医疗器械、量具、不锈轴承、弹簧、模具等。

（3）热处理：预先热处理为完全退火或球化退火。最终热处理有调质（适用于结构件）、淬火＋低温回火（适用于要求高硬度和耐磨性的不锈钢），见表3—35。

表3—35　常见马氏体不锈钢的成分、热处理、特性及用途

类别	钢号（美AISI）	化学成分（质量分数%）		热处理	特性及用途
马氏体型	1Cr13（410）	0.08～0.15	12～14	1000～1050℃ 油或水淬 700～790℃回火	制作能抗弱腐蚀性介质、能受冲击载荷的零件，如汽轮机叶片、水压机阀、结构架、螺栓、螺帽等
	2Cr13（420）	0.16～0.24	12～14	1000～1050℃油或水淬 700～790℃回火	
	3Cr13（420）	0.25～0.34	12～14	1000～1050℃油淬 200～300℃回火	制作较高硬度和耐磨性的医疗工具、量具、滚珠轴承等
	4Cr13	0.35～0.45	12～14	1000～1050℃油淬 200～300℃回火	
	9Cr18	0.90～1.00	17～19	950～1050℃油淬 200～300℃回火	不锈机械刃具、剪切刃具、手术刀，以及高耐磨、耐腐蚀件

2. 铁素体不锈钢

由于铬稳定α相的作用，在铬含量到达13%时，铁铬合金将无γ相变，从高温到低温一直保持铁素体。故称为铁素体不锈钢。

典型牌号：0Cr13Al、1Cr17（430）、1Cr17Mo（434）、00Cr27Mo等，见表10—21。

（1）性能特点：铁素体的耐蚀性（对硝酸、氨水等）和抗氧化性均较好，特别是抗应力腐蚀性能较好，但力学性能及工艺性能较差。

（2）用途：多用于受力不大的耐酸结构件如化工设备、容器和管道等，还作抗氧化钢使用。

(3) 热处理：可在退火或正火状态下使用，强度较低、塑性很好，可用形变强化提高强度。

3. 奥氏体不锈钢

奥氏体不锈钢是含有铬和较多的稳定奥氏体元素镍、锰、氮，使用状态为奥氏体的一种不锈钢。钢中常加入 Ti 或 Nb，以防止晶间腐蚀。加入 Mo 提高耐硫酸性能。

典型牌号：0Cr18Ni9、1Cr18Ni9、1Cr18Ni12Mo2Ti、00Cr19Ni10 等（见表 3—36）。

表 3—36 常见铁素体和奥氏体不锈钢的成分、热处理、特性及用途

类别	GB 钢号（美 AISI）	化学成分（质量分数%）				热处理	特性及用途
		C	Cr	Ni	Ti		
铁素体型	1Cr17 (430)	≤0.12	16～18	—	—	750～800℃ 空冷	制作硝酸工厂设备，如吸收塔、热交换器、酸槽、输送管道以及食器工厂设备等
奥氏体型	0Cr18Ni9 (304)	≤0.08	17～19	8～12	—	1050～1100℃ 水淬（固溶处理）	具有良好的耐腐蚀及耐晶间腐蚀性能，为化工用的良好耐腐蚀材料
	1Cr18Ni9 (302)	≤0.14	17～19	8～12	—	1100～1150℃ 水淬（固溶处理）	制作耐硝酸、冷磷酸、有机酸及盐、碱溶液腐蚀的设备零件
	0Cr18Ni9Ti 1Cr18Ni9Ti (321)	≤0.08 ≤0.12	17～19 17～19	8～11 8～11	5×(w_C/%－0.02)～0.8	1100～1150℃ 水淬（固溶处理）	耐酸容器及设备衬里，输送管道等设备和零件，抗磁仪表，医疗器械，具有较好的耐晶间腐蚀性

(1) 性能特点：碳含量很低（一般小于 0.1%），高的耐腐蚀性、塑性、韧性和低温韧性，易于加工成形为各种形状的钢材，具有良好的焊接性能，无磁性等。钢中常加入 Ti 或 Nb，以防止晶间腐蚀。

(2) 用途：是应用最广泛的耐酸钢，约占不锈钢总产量的 2/3。可用于制造耐酸容器、化工设备、泵阀、各种制酸设备、抗磁仪表等。

(3) 热处理：

◆ 固溶处理：将奥氏体不锈钢加热至 1050～1150℃，保温，使碳化物充分溶解，然后快速水冷。其目的是为了获得均匀的单相奥氏体组织，提高钢的耐腐蚀性。

◆ 稳定化处理：对含钛、铌的钢，在固溶处理后，将钢加热至 850～880℃保温，使钢中铬的碳化物充分溶解，而钛、铌的碳化物不完全溶解，然后缓慢冷却。其目的是为了将碳化铬转变成特殊碳化物 TiC 或 NbC，这样也就消除了晶间腐蚀的倾向。

◆ 去应力退火：将钢加热至 300～350℃保温，然后缓慢冷却，以消除焊接等应力。

4. 奥氏体—铁素体型双相不锈钢

这类钢是在奥氏不锈钢的基础上，适当增加 Cr 含量或加入其他铁素体形成元素，并减少 Ni 含量，并与固溶处理相配合，获得具有奥氏体和铁素体的双相组织（含 40%～60%铁素体）的不锈钢。

典型钢号有 0Cr26Ni5Mo2、1Cr18Ni11Si4AlTi、00Cr18Ni5Mo3Si2 等（见表 3—37）。

表 3—37　常见奥氏体—铁素体不锈钢的成分、热处理、特性及用途

<table>
<tr><th rowspan="2">类别</th><th rowspan="2">钢号</th><th colspan="5">化学成分（质量分数%）</th><th rowspan="2">热处理</th><th rowspan="2">特性及用途</th></tr>
<tr><th>C</th><th>Cr</th><th>Ni</th><th>Mo</th><th>其他</th></tr>
<tr><td rowspan="3">奥氏体＋铁素体型</td><td>0Cr26Ni5Mo2
(SUS329J1)</td><td>≤0.08</td><td>23～28</td><td>3～6</td><td>1～3</td><td>Ti0.4～0.7</td><td>950～1100℃水淬</td><td>抗氧化性、耐点蚀性好，强度高，作耐海水腐蚀构件用</td></tr>
<tr><td>1Cr18Ni11Si4AlTi</td><td>≤0.10</td><td>17.5～19.5</td><td>4～6</td><td>—</td><td>Si3.4～4.0
Al0.1～0.3
Ti0.4～0.7</td><td>950～1050℃水淬</td><td>制作抗高温浓硝酸介质的零件和设备</td></tr>
<tr><td>00Cr18Ni5Mo3Si2</td><td>≤0.03</td><td>18～19.5</td><td>4.5～5.5</td><td>2.5～3.0</td><td>Si1.3～2.0
Al0.1～0.3
Ti0.4～0.7</td><td>950～1050℃水淬</td><td>耐应力腐蚀、耐点蚀性好，适于含氯离子的环境，如生产尿素的设备及零件，其他化工、化肥等部门的设备及零件</td></tr>
</table>

兼有奥氏体和铁素体不锈钢的特点，与铁素体相比，塑性、韧性更高，无室温脆性，耐晶间腐蚀性能和焊接性能均显著提高，同时还保持有铁素体不锈钢的 475℃脆性以及导热系数高，具有超塑性等特点。与奥氏体不锈钢相比，强度高且耐晶间腐蚀和耐氯化物应力腐蚀性能有明显提高。双相不锈钢具有优良的耐孔蚀性能，也是一种节镍不锈钢。广泛用于石油、化肥、造纸、炼油、化工等行业设备及零件。在诸多领域中可替代奥氏体不锈钢，炼油工业是使用双相不锈钢较多的领域之一，主要用在常减压蒸馏、催化裂化加氢脱硫等装置中，另外应用于废水处理的换热器、热水管、热水器等污染控制设备，酿酒厂的管道装置，化学品的贮槽等。

5. 沉淀硬化型不锈钢

按其组织形态可分为三类：沉淀硬化半奥氏体型、沉淀硬化马氏体型和沉淀硬化奥氏体型不锈钢。列入我国国家标准的钢板牌号的有 0Cr17Ni7A、0Cr17Ni4Cu4Nb 和 0Cr15Ni7M02Al 三种，可见表 3—38，属于沉淀硬化半奥氏体型不锈钢。该钢的组织特点是在固溶处理或退火状态时具有奥氏体加体积分数为 5%～20%的铁素体组织。这种钢经过系列的热处理或变形加工处理后奥氏体转变为马氏体，再通过时效处理达到所需要的高强度。这种钢有很好的成形性能和良好的焊接性，可作为超高强度的耐腐蚀材料在核工业、航空和航天工业中，得到应用。

表 3—38　常见沉淀硬化型不锈钢的成分、热处理、特性及用途

<table>
<tr><th rowspan="2">类别</th><th rowspan="2">钢号</th><th colspan="5">化学成分（质量分数%）</th><th rowspan="2">热处理</th><th rowspan="2">特性及用途</th></tr>
<tr><th>C</th><th>Cr</th><th>Ni</th><th>Mo</th><th>其他</th></tr>
<tr><td>沉淀硬化型</td><td>0Cr17Ni7Al</td><td>≤0.09</td><td>16～18</td><td>6.5～7.75</td><td>—</td><td>Al0.75～1.5</td><td>1000～1100℃水淬
510～565℃时效</td><td>较高强度、耐腐蚀的弹簧、热圈等机械零件</td></tr>
</table>

（续前表）

类别	钢号	化学成分（质量分数%）					热处理	特性及用途
		C	Cr	Ni	Mo	其他		
沉淀硬化型	0Cr17Ni4Cu4Nb	≤0.07	15.5～17.5	3.0～5.0	—	Cu3.0～5.0 Nb0.15～0.45	1000～1100℃水淬 510～565℃时效	高强度、耐腐蚀的轴类件、汽轮机部件
	0Cr15Ni7Mo2Al	≤0.09	14～16	6.5～7.5	2.0～3.0	Al0.75～1.5	1000～1100℃水淬 510～565℃时效	耐腐蚀的高强度容器、零件和结构件

3.4.2 耐热钢

耐热钢是指在高温下具有高的热化学稳定性和热强性的特殊钢。

3.4.2.1 耐热钢的机理及成分

钢的耐热性主要包含热化学稳定性，尤其是抗氧化性，再就是热强性。

1. 抗氧化性

抗氧化性是指金属在高温下的抗氧化能力，即在高温下不起氧化皮的能力。

金属在高温下工作，最容易氧化，一般钢铁在较高温度（560℃以上）时表面容易氧化，主要是由于在高温下会生成松脆多孔的FeO，它较易剥落，最终导致零件和结构件的破坏。

2. 热强性

热强性是指钢在高温下保持高强度的能力。

金属在高温下的强度有两个特点：一是温度升高，金属原子间结合力减弱、强度下降；二是在再结晶温度以上，即使金属受的应力不超过该温度下的弹性极限，它也会缓慢地发生塑性变形，且变形量随时间的延长而增大，最后导致金属破坏，这种现象称为蠕变。产生的原因是：在高温下金属原子扩散能力增大、晶界强度下降，使那些在低温下起强化作用的因素逐渐减弱或消失。

3. 提高钢抗氧化性的途径

(1) 加入Cr、Al、Si合金元素，可优先形成致密、稳定的氧化膜，不利于铁和氧原子在氧化膜中的扩散。氧化膜与金属基体有较好的结合，不容易破坏和脱落。

(2) 加入Cr、Al、Si合金元素，还可提高FeO的形成温度，提高抗氧化性。

(3) 加入少量稀土元素，可净化晶界，减少晶界优先氧化现象。

因此，实际应用的抗氧化钢，大多数就是不锈钢，或是在不锈钢的基础上添加硅、铝制成的。和不锈钢一样，含碳量增多，会降低钢的抗氧化性。故一般抗氧化钢为低碳钢。

4. 提高钢热强性的途径

(1) 增加Cr、Mo等元素，产生固溶强化效果。

(2) 加入Mo、W、V、Ti等元素，在钢中形成细小弥散的碳化物，产生弥散强化的作用，提高室温和高温强度。

(3) 加入B、Ti、Zr进行晶界强化。

(4) 降低S、P等杂质元素的含量。

3.4.2.2 耐热钢的种类及应用

耐热钢根据不同的工作条件、成分及性能要求，分为热化学稳定性钢和热强钢两大类：

1. 热化学稳定性钢

热化学稳定性钢是指在高温下有良好的抗氧化性及一定强度的钢，又称抗氧化不起皮钢。

该类钢一般长期在高温下工作，因此，要求具有良好的抗高温氧化性能和耐高温气体腐蚀的能力，以及良好的抗蠕变能力、较好的耐腐蚀性、良好的加工和焊接性能。

抗氧化钢的类型主要有铁素体型和奥氏体型：

◆ 铁素体型的典型牌号有0Cr13Al、00Cr12、1Cr17、2Cr25N等，见表3—39。

表3—39　常见铁素体型耐热钢的牌号、特性及用途

牌号	用途举例
2Cr25N	耐高温腐蚀性强，1082℃以下不产生易剥落的氧化皮，用于燃烧室
1Cr17	900℃以下的耐氧化部件、散热器、炉用部件、油喷嘴
0Cr13A1	作燃气透平压塑机叶片、退火箱、淬火台架
00Cr12	耐高温氧化，作要求焊接的部件、锅炉燃烧室、喷嘴、汽车排气阀净化装置

◆ 奥氏体型的典型牌号有3Cr18Ni25Si2、3Cr18Mn12Si2N、0Cr23Ni13、2Cr25Ni20等。最高工作温度可达1000℃左右，多用于制造承受载荷较低而要求有高温抗氧化性的部件，如加热炉的受热构件、燃烧室、锅炉中的吊钩等。一般以铸件的形式使用，主要热处理是固溶处理。

2. 热强钢

热强钢是指高温下有一定抗氧化能力和较高强度以及良好组织稳定性的钢，是在高温下工作，承受较大载荷的一类钢。要求在高温下具有较高的蠕变极限和高温持久强度，以及良好的高温疲劳性能和抗断裂能力，良好的热强性和抗氧化能力，必要的韧性以及加工性能。

热强钢按其正火组织可分为珠光体型、马氏体型和奥氏体型热强钢。

(1) 珠光体型热强钢。

合金元素以铬、钼为主，总量一般不超过5%。其组织除珠光体、铁素体外，还有贝氏体。一般在正火和回火状态下使用。这类钢在500～600℃有良好的高温强度及工艺性能，价格较低，广泛用于制作600℃以下的耐热部件。如锅炉钢管、汽轮机叶轮、转子、紧固件及高压容器、管道等。

典型钢种有：15CrMo，12Cr1MoV，12Cr2MoWVTiB，10Cr2Mo1，25Cr2Mo1V，20Cr3MoWV等。

(2) 马氏体型热强钢（见表3—40）。

表 3—40 常见马氏体型热强钢的牌号、特性及用途

牌号	用途举例
1Cr5Mo	以经受高温强度为主的汽油及柴油机用排气阀
4Cr10Si2Mo	有较高的热强性，用于内燃机进气阀、轻负荷发动机排气阀
1Cr11MoV	以抗氧化为主的汽油及柴油机用排气阀
2Cr12NiMoWV (616)	作高温结构部件，汽轮机叶片、盘、叶轮轴、螺栓
2Cr12MoVNbN	作汽轮机叶片、盘、叶轮轴、螺栓
8Cr20Si2Ni (443)	作耐磨性为主的吸气阀、排气阀、阀座

含铬量一般为7%～13%，最高工作温度与珠光体型热强钢相近，但热强性高得多，在650℃以下有较高的高温强度、抗氧化性和耐水汽腐蚀的能力，有良好的淬透性，但焊接性较差。多在调质状态下使用。

典型钢种有：含铬12%左右的1Cr13、2Cr13、1Cr13Mo，以及在此基础上发展出来的钢号如1Cr11MoV、1Cr12WMoV、2Cr12NiMoWV、2Cr12MoVNbN等，通常用来制作汽轮机叶片、轮盘、轴、紧固件等（见图3—14）。此外，作为制造内燃机进气阀和排气阀用的4Cr9Si2、4Cr10Si2Mo、8Cr20Si2Ni等也属于马氏体型热强钢。

图 3—14 汽轮机

(3) 奥氏体型热强钢。

含有较多的镍、锰、氮等奥氏体形成元素，既是不锈钢又可作热强钢使用。在600℃以上时，有较好的高温强度和组织稳定性，其热化学稳定性和热强性都比珠光体和马氏体型热强钢高，工作温度可高达750～800℃。焊接性能良好。一般进行固溶处理或固溶加时效处理。通常用作在600℃以上工作的要求高温强度的零件的材料。

典型钢种有1Cr18Ni9Ti、2Cr23Ni13、1Cr25Ni20Si2、5Cr21Mn9Ni4N、4Cr14Ni14W2Mo、1Cr16Ni35、3Cr18Mn12Si2N等。

常见热强钢的牌号、特性及用途参见表3—41。

表 3—41 常见奥氏体热强钢的牌号、特性及用途

牌号	用途举例
5Cr21Mn9Ni4N	以经受高温强度为主的汽油及柴油机用排气阀
Y5Cr21Mn9Ni4N	以经受高温强度为主的汽油及柴油机用排气阀
2Cr21Ni12N	以抗氧化为主的汽油及柴油机用排气阀
2Cr23Ni13 (309)	承受980℃以下反复加热的抗氧化钢，用于加热炉部件、重油燃烧器
2Cr25Ni20 (310)	承受1035℃以下反复加热的抗氧化钢，用于炉用部件、喷嘴、燃烧室
1Cr16Ni35	抗渗碳、氮化性大的钢，1035℃以下反复加热，用于炉用料钢、石油裂解装置
0Cr15Ni25Ti2MoA1VB (660)	耐700℃高温的汽轮机转子、螺栓、叶片、轴
0Cr18Ni9 (304)	通用耐氧化钢，可承受870℃以下反复加热
0Cr23Ni13 (309S)	比0Cr18Ni9耐氧化性好，可承受980℃以下反复加热，炉用材料

(续前表)

牌号	用途举例
0Cr25Ni20 (310S)	比 0Cr23Ni13 抗氧化性好，可承受 1035℃加热，炉用、汽车净化装置用材料
0Cr17Ni12Mo2 (316)	高温具有优良的蠕变强度，作热交换用部件、高温耐腐蚀类螺栓
4Cr14Ni14W2No	有较高的热强性，用于内燃机重负荷排气阀
3Cr18Mn12Si2N	有较强的高温强度和一定的抗氧化性，并且有较好的抗硫及抗增碳性，用于吊挂支架、渗碳炉构件、加热炉传送、料盘、炉爪
2Cr20Mn9Ni2N	特性和用途同 3Cr18Mn12Si2N，还可用作盐浴坩埚和加热炉管道等
0Cr19Ni13Mo3 (317)	高温具有良好的蠕变强度，作热交换用部件
1Cr18Ni9Ti	有良好的耐热性及抗腐蚀性，作加热炉管、燃烧室筒体、退火炉罩
0Cr18Ni10Ti (321)	作在 400～900℃腐蚀条件下使用的部件，高温用焊接结构部件
0Cr18Ni11Nb (347)	作在 400～900℃腐蚀条件下使用的部件，高温用结构部件
0Cr18Ni13Si4 (XM15)	具有与 0Cr25Ni20 相当的抗氧化性，汽车排气净化装置用材料

3.4.3 耐磨钢

耐磨钢又称高锰耐磨钢或高锰钢，是一类历史悠久的耐磨钢。

3.4.3.1 耐磨钢的性能特点及机理

1. 性能特点

高锰耐磨钢具有抵抗强冲击载荷及较大接触应力的能力，高的耐磨性、优良的韧性及无磁性。而且外来冲击载荷越大，其自身表层耐磨性越高，随着表面硬化层的逐渐磨损，新的加工硬化层会连续不断形成，即使零件磨损到很薄，仍能承受较大的冲击载荷而不致破裂，有极强的加工硬化现象，不适宜切削加工，一般为铸造成形。

2. 机理

铸态高锰耐磨钢力学性能极差，没有使用价值，必须经过水韧处理后才能使用。

水韧处理——将钢加热到 1000～1100℃，保温，使碳化物全部溶解，然后在水中快冷，使碳化物来不及从奥氏体中析出，从而获得单一均匀的奥氏体组织的工艺。

奥氏体组织有良好的塑性和韧性，硬度一般为 200～220HB，此时并不具备耐磨性，但在使用中承受较大冲击载荷或接触应力发生变形时，其表面层将迅速产生加工硬化，并有马氏体及 ε 相沿滑移面形成，从而产生高耐磨的表面层，表面硬度可达 450～550HB，即使零件不断磨损，但在外力的作用下将会有新的硬化层不断出现，而内层始终保持优良的韧性。

3.4.3.2 耐热钢的成分、牌号及用途

1. 成分特点

(1) 高碳：一般为 0.90%～1.50%，保证钢的耐磨性和强度。但碳过高时，淬火后韧性下降，且易在高温时析出碳化物。因此，其碳含量一般不会超过 1.5%。

(2) 高锰：一般为 11%～14%，锰是扩大奥氏体区的元素，它和碳相配合，可保证完全获得奥氏体组织。锰和碳的含量比值为 10～12 (锰含量为 11%～14%)。

(3) 一定量的硅：硅可改善钢水的流动性，并起固溶强化的作用。但其含量太高时，

易导致晶界出现碳化物。故其含量为0.3%～0.8%。

2. 牌号

典型牌号为ZGMn13，后加序号，详情参见表3—42。

表3—42　　常见耐磨钢的牌号、特性及用途（GB/T 5680—1998）

<table>
<tr><th rowspan="2">牌号</th><th colspan="4">化学成分（质量分数%）</th><th colspan="3">力学性能</th></tr>
<tr><th>HB</th><th>C</th><th>Mn</th><th>Si</th><th>S</th><th>σ_b MPa</th><th>δ5%</th></tr>
<tr><td>ZGMn13—1</td><td>1.10～1.45</td><td rowspan="5">11.0～14.0</td><td rowspan="2">0.30～1.00</td><td rowspan="2">≤0.040</td><td>635</td><td>20</td><td rowspan="4">≤300</td></tr>
<tr><td>ZGMn13—2</td><td>0.90～1.35</td><td>685</td><td>25</td></tr>
<tr><td>ZGMn13—3</td><td>0.95～1.35</td><td rowspan="2">0.3～0.80</td><td>≤0.035</td><td>735</td><td>30</td></tr>
<tr><td>ZGMn13—4</td><td>0.90～1.30</td><td rowspan="2">≤0.040</td><td>735</td><td>35</td></tr>
<tr><td>ZGMn13—5</td><td>0.75～1.30</td><td>0.3～1.00</td><td>—</td><td>—</td><td>—</td></tr>
</table>

3. 用途

高锰钢不是在任何条件下都是耐磨的，只有使用时在外来的冲击力或压应力作用下迅速产生加工硬化，形成硬化层，才能显示出优良的耐磨性。因此高锰钢是制造长时间承受强冲击载荷及较大接触应力等恶劣工况下工作的零件的理想材料。长期以来广泛应用于冶金、矿山、建材、铁路、电力、煤炭等机械设备中。如球磨机、棒磨机的铁板，钢球，锤式和反击式破碎机的锤头，腭式破碎机的齿板，圆锥式破碎机的轧壁挖机斗齿，车辆履带，挖掘机铲斗，铁轨分道叉，保险箱钢板等。随着现代工业的高速发展和科学技术的突飞猛进，高锰钢已成为磁悬浮列车、凿岩机器人、新型坦克等先进设备中首选的耐磨材料。许多新型材料和现代表面工程技术在性价比上无法与高锰钢相比。

3.5　铸钢与铸铁

学习目标

★　铸钢的概念和特点，铸铁的分类和成分特点。

★★　铸铁的组织构成和石墨化及影响因素。

★★★　铸钢的种类、牌号和用途，铸铁的性能特点。

★★★★　各种铸铁的组织、生产工艺特点及热处理，各种铸铁的典型牌号及用途。

注：★了解。★★理解。★★★掌握。★★★★重点掌握。

铸造铁碳合金材料包括铸钢与铸铁。

3.5.1　铸钢

铸造是机械零件成形的一种工艺形式，以铸造形式生产的钢件称为铸钢件，其材料则称为铸钢。

3.5.1.1 铸钢的特点

1. 性能特点

铸钢与铸铁相比，强度、塑性和韧性较高，但钢水的流动性差，收缩率较大，因此铸造性能较差，铸件质量不易保障，生产成本较高，其应用不如铸铁广泛。

2. 铸钢的应用

铸钢主要用于制造形状复杂，需要一定强度、塑性和韧性的零件，例如机车车辆、船舶、重型机械齿轮、轴、外壳（见图3—15）、机座、缸体、轧辊、阀体等。尤其适合制造承受重载荷的大型钢件，如万吨水压机底座、大型轧钢机立柱、火车挂钩及车轮等。

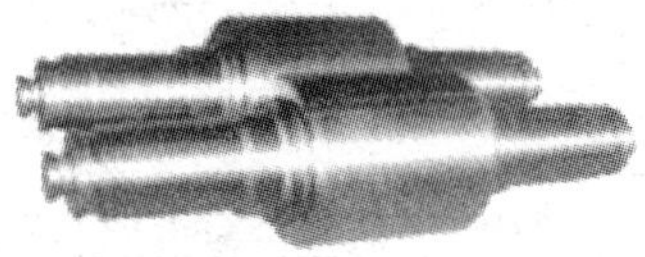

图3—15 外壳

3.5.1.2 铸钢的种类和用途

根据化学成分，铸钢可分为铸造非合金钢（碳钢）、铸造低合金钢。

1. 铸造非合金钢

碳含量是影响铸钢件性能的主要元素，随着碳含量的增加屈服强度和抗拉强度均增加，且抗拉强度比屈服强度增加得更快，但超过0.45%时，屈服强度很少增加，而塑性、韧性却显著下降。从铸造性能来看，适当提高碳含量，可降低钢的熔化温度，增加钢水的流动性，钢中气体和夹杂也能减少。所以在生产中使用最多的含碳量一般在0.25%～0.60%之间，是为了保证其有良好的强度、塑性和韧性，且铸造性能相对较好。

(1) 牌号："ZG"表示铸钢，后面两组数字分别表示屈服点和抗拉强度值（详见表3—43）。

表3—43 铸钢牌号、成分、性能及用途（GB/T 11352—2009）

铸钢牌号	化学成分（质量分数%）不大于 C	Mn	Si	S	P	力学性能（≥）R_{eH}(R_p0.2)/MPa	R_m/MPa	A_s/%	Z/%	A_{kV}/J	A_{kU}/J	应用举例
ZG200—400	0.20	0.80				200	400	25	40	30	47	机座、变速箱壳等
ZG230—450	0.30					230	450	22	32	25	35	砧铁、机座、锤座、箱体，工作温度在450℃以下的管路附件等
ZG270—500	0.40	0.90	0.60	0.035		270	500	18	25	22	27	飞轮、机身、蒸汽锤和水压机工作缸、横梁、连杆、箱体等
ZG310—570	0.50					310	570	15	21	15	24	联轴器、气缸、大齿轮、缸体、机架、轴、辊子等重载荷零件
ZG340—640	0.60					340	640	10	18	10	16	起重运输机中的齿轮、联轴器、车轮、棘轮及重要的机件等

注：1. 表中所列各牌号性能，适应于厚度为100mm以下的铸件，当铸件厚度大于100mm时，表中R_{eH}（R_p0.2）仅供设计使用。
2. 表中冲击吸收功A_{kU}的试样缺口为2mm。

(2) 组织特征和热处理。

为了改善钢水的流动性，铸钢在浇注时采取了较高的浇注温度，而且冷却较慢，所以容易得到粗大的奥氏体晶粒。在冷却过程中，铁素体首先沿着奥氏体晶界呈网状析出，然后沿一定方向以片状生长，形成“魏氏组织”。其特点是铁素体沿晶界分布并呈针状插入珠光体内，使钢的塑性和韧性下降。铸钢需要经过退火或正火处理，以细化晶粒，消除魏氏组织和铸造应力，改善机械性能。退火或正火后的组织为较细小的珠光体和铁素体。

2. 铸造低合金钢

在铸造非合金钢中加入少量合金元素后，铸钢的强度、耐磨性明显提高。

(1) 牌号：“ZG”表示铸钢，后面的数字表示平均含碳量的万分数，平均 $w_c>1\%$时不标出，平均 $w_c<0.1\%$时，第一位数字为“0”，后面依次为主加元素及其质量分数。当主加元素的质量分数小于 0.9% 时不标。锰系铸钢，如 ZG40Mn、ZG50Mn2、ZG35SiMn、ZG55CrMnMo；铬系铸钢，如 ZG40Cr、ZG35CrMo、ZG50CrMo。

(2) 用途：用于制造高强度齿轮、轴、水压机工作缸、水轮机转子等重要零件。

近年来，高强度低合金铸钢已经应用于生产，出现了屈服点达到 420MPa 以上的高强度铸钢和 750MPa 以上的超高强度铸钢。它们同时具有较高的强度和韧性。

3.5.2 铸铁

铸铁是 $w_c>2.11\%$（通常 $w_c=2.11\%\sim4\%$），并常含有较多的硅、锰、硫、磷等元素的铁碳合金。实用的铸铁是 Fe—C—Si 为主的多元合金。铸铁具有许多优良性能，且制造简单，成本低廉，是工程上最常用的金属材料之一。可用于制造各种机器零件，如机床的床身、床头箱；发动机的气缸体、活塞环、缸套、曲轴、凸轮轴；轧机的轧辊及机器的底座等。

3.5.2.1 铸铁的基础知识

1. 铸铁的种类

铸铁中的碳一般以化合态的渗碳体和游离态的石墨（G）以及溶于铁晶格的间隙中形成间隙固溶体三种形式存在，根据碳在铸铁中存在形式的不同，铸铁可分为三类：

(1) 白口铸铁：碳主要以 Fe_3C 的形式存在，断口呈银白色。其性能硬而脆，得难进行切削加工，因此，工业上很少用它来制造机械零件，主要用作可锻铸铁的毛坯，有时也利用白口铸铁硬度高、耐磨损的特点，制造一些要求表面耐磨的机件和工具，如轧辊、犁铧等。

(2) 麻口铸铁：碳部分以石墨、部分以 Fe_3C 的形式存在，断口呈黑白相间的麻点。性能硬而脆，很少应用。

(3) 灰口铸铁：碳全部或大部分以石墨的形式存在，断口呈暗灰色。它是机械制造中应用最多的一种铸铁。根据石墨形态的不同，一般可分为四种：

◆ 灰铸铁——石墨呈片状。 ◆ 可锻铸铁——石墨呈团絮状。

◆ 球墨铸铁——石墨呈球状。 ◆ 蠕墨铸铁——石墨呈蠕虫状。

下面讲述的内容都围绕灰口铸铁来进行。

2. 铸铁的组织构成

铸铁的组织是由不同的基体组织和不同形态的石墨组成的。

基体组织的种类：根据铸铁性能的需要，基体组织一般有铁素体、铁素体＋珠光体、珠光体，经热处理后还可有索氏体、贝氏体、回火索氏体、回火马氏体等。

石墨形态的种类：有片状、团絮状、球状、蠕虫状、蟹状、开裂状等。

而铸铁的性能取决于基体组织和石墨形态的种类以及它们的大小、数量和分布。

3. 铸铁的性能特点

铸铁的性能取决于铸铁的组织和成分。因此，铸铁的力学性能主要取决于铸铁基体组织以及石墨的数量、形态、大小及分布特点。石墨力学性能很低，硬度仅为 3～5HB，抗拉强度为 20MPa，延伸率接近零，而且，石墨减小铸铁件的有效承载截面积，其尖端易使铸件在承载时产生应力集中，形成脆性断裂。因此，铸铁的抗拉强度、塑性和韧性要比碳钢低，不能用压力加工方法成形零件。一般情况下，石墨的数量越少，分布越分散，形状越圆滑，而铸铁的强度、塑性和韧性越高。

虽然铸铁的机械性能不如钢，但由于石墨的存在，却赋予铸铁许多为钢所不及的性能。如良好的耐磨性和减磨性、高的消振性和吸振性、低的缺口敏感性以及优良的切削加工性。此外，具有良好的铸造性能，铸造收缩率小，生产简单，价格便宜，经合金化后具有良好的耐热性或耐腐蚀性。因此铸铁在工业生产中获得广泛的应用。

4. 铸铁的石墨化

铸铁中的碳以石墨形式析出的过程称为石墨化过程。铸铁组织形成的基本过程就是铸铁中的石墨的形成过程。

石墨为稳定相，具有特殊的简单六方晶格，见图 3—16，其底面原子呈六方网格排列，原子间距小（1.42×10^{-10}m），结合力很强；而底面之间的间距较大（3.04×10^{-10}m），结合力较弱。所以石墨的强度、硬度和塑性都很差。

在不同条件下，铁碳合金可以有亚稳定平衡的 Fe—Fe_3C 相图和稳定平衡的 Fe—G 相图，即铁碳合金相图应该是复线相图，图 3—17 中实线部分为 Fe—Fe3C 相图，虚线部分为 Fe—G 相图。铁碳合金究竟按哪种相图变化，取决于加热、冷却条件或获得的平衡性质。

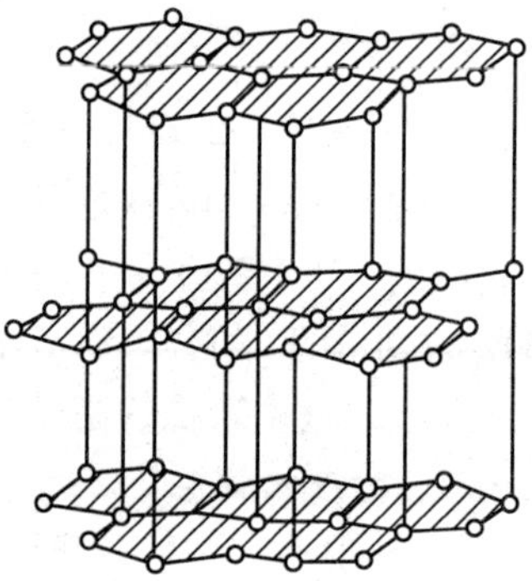

图 3—16 石墨晶体结构

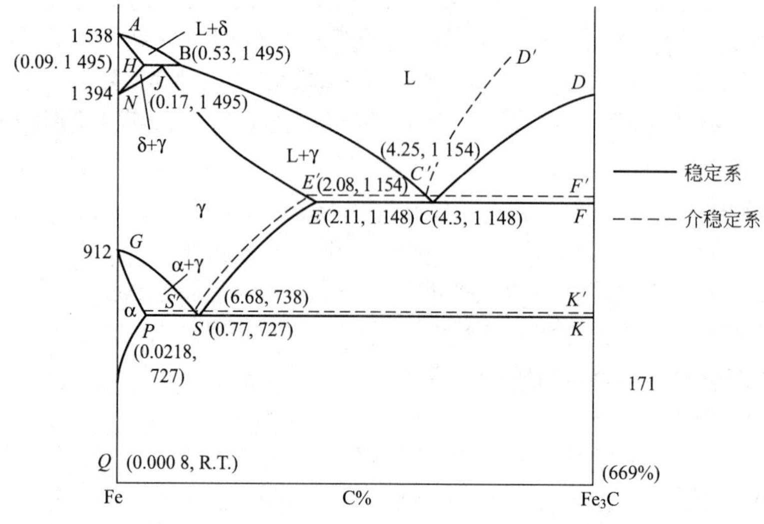

图 3—17 铁碳合金复线相图

当 w_C＝2.5％～4.0％的铸铁全部按 Fe—G 相图结晶时，其石墨化过程可分以下三个阶段：

◆ 石墨化第一阶段：铸铁液体结晶出一次石墨和在 1154℃（$E'C'F'$线）通过共晶反应形成共晶石墨。

◆ 第二阶段石墨化：在 1154～738℃温度范围内奥氏体沿 $E'S'$线析出二次石墨。

◆ 第三阶段石墨化：在 738℃（$P'S'K'$线）通过共析反应析出共析石墨。

通常，第一阶段因石墨化温度高，扩散条件好，容易完全析出石墨。而第二阶段石墨化常因受到成分及冷却条件的限制而只是部分进行或全部被抑制，从而得到三种不同组织：F＋G、F＋P＋G 和 P＋G。各种铸铁的详细变化见表 3—44。

表 3—44　　铸铁经不同程度石墨化后所得到的组织

铸铁名称	显微组织	石墨化程度	
		第一阶段	第二阶段
灰铸铁	F＋G 片 F＋P＋G 片 P＋G 片	完全进行	完全进行 部分进行 未进行
球墨铸铁	F＋G 球 F＋P＋G 球 P＋G 球	完全进行	完全进行 部分进行 未进行
蠕墨铸铁	F＋G 蠕虫 F＋P＋G 蠕虫	完全进行	完全进行 部分进行
可煅铸铁	F＋G 团絮 P＋G 团絮	完全进行	完全进行 未进行

铸铁的石墨化过程决定了铸铁的组织和性能。因此，要控制铸铁的组织和性能，就必须控制铸铁的石墨化过程。

5. 影响石墨化的因素

(1) 化学成分。

◆ 促进石墨化的元素：有 C、Si、Al、Cu、Ni、Co 等。

碳是产生石墨的基础，硅是强烈促进石墨化的元素。铸造生产中主要通过调整碳、硅的含量控制铸铁组织及石墨化过程，碳硅含量过低，石墨化则进行困难，易形成白口；碳硅含量过高，石墨数量多、尺寸大，基体铁素体化，会使力学性能显著下降。一般 w_C 为 2.5％～3.5％，w_{Si}为 1.5％～2.5％为宜。

◆ 抑制石墨化的元素：有 Cr、W、Mo、V、Mn、S 等。

一般情况下，碳化物形成元素阻碍石墨化，硫是强烈阻碍石墨化的元素，能促进铸铁白口化，形成热脆性，并降低流动性，增大收缩。因此，应严格控制其含量在 0.1％以下。

(2) 冷却速度。

冷却速度越慢，越有利于石墨化过程的进行。实际生产中，对冷却速度的影响包括铸件壁厚、铸型材料、铸型温度及浇注温度等因素。在诸因素中，铸件壁厚的影响最突出。薄壁件容易得到白口组织，要获得灰口组织就应增加碳、硅含量。相反，厚大铸件，为避免出现过多、过粗的石墨，应适当减少碳、硅含量。

(3) 加热温度和保温时间。

铸铁加热温度越高，保温时间越长，越有利于石墨化过程的进行，因此当铸铁出现白口时，可采用较高的加热温度和较长的保温时间进行石墨化退火，来消除白口。

工业上常用的灰口铸铁有灰铸铁、可锻铸铁、球墨铸铁、蠕墨铸铁等。

3.5.2.2 灰铸铁

灰铸铁是价格便宜、应用最广泛的铸铁材料。

1. 灰铸铁的成分特点

灰铸铁中的碳含量为2.5%～4.0%，硅含量一般控制在1.0%～2.0%之间。属于有利于石墨化的成分条件。锰含量一般为0.5%～1.4%。锰是阻碍石墨化的元素，促进珠光体的形成。锰还能与硫生成MnS，减少硫的有害作用。磷是促进石墨化的元素，要求铸铁有较高强度时，要限制磷的含量，一般在0.12%以下，而耐磨铸铁则要求有一定的磷含量，可达0.3%以上。硫是有害元素，它强烈促进白口化，产生热脆，因此限定硫的含量在0.15%以下。

2. 灰铸铁的组织和性能

灰铸铁的组织由钢的基体和片状石墨所组成，按基体组织不同，灰铸铁分为铁素体型、铁素体+珠光体型和珠光体型三种，见图3—18。

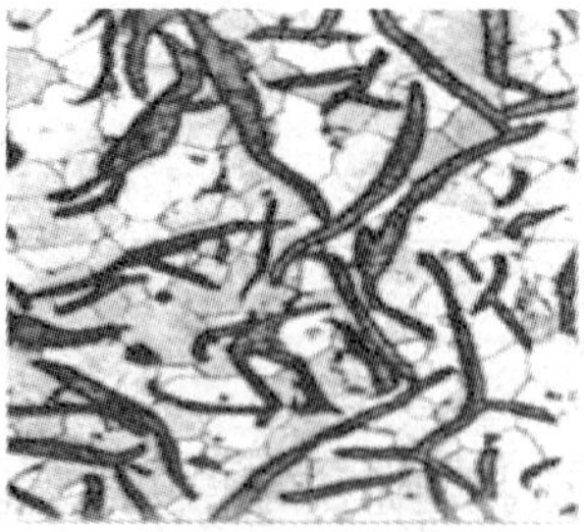

F+G片

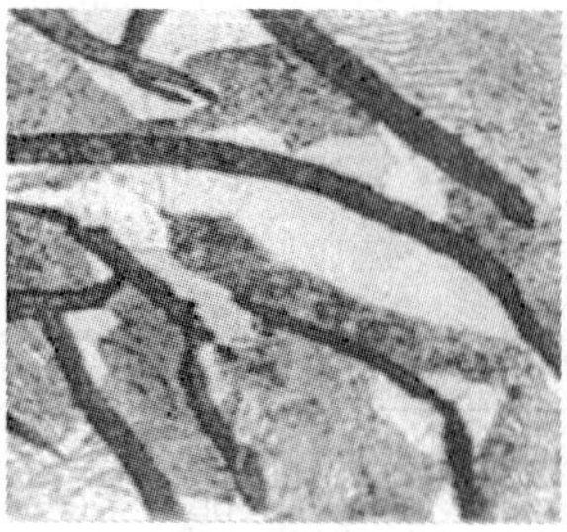

F+P+G片

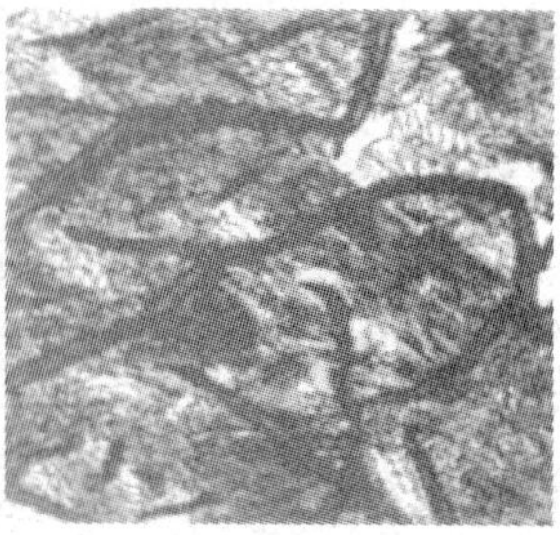

P+G片

图3—18

性能特点：灰铸铁抗拉强度远低于钢，而塑性、韧性近于零，是典型的脆性材料。但其抗压强度与钢相似；铸造性好，灰铸铁的碳当量接近共晶成分，结晶温度区间小、熔点低，故流动性好，收缩率也小，有自身补缩能力；减振性好，灰铸铁的减振能力为钢的5～10倍，是制造床身、机座的优选材料；减摩性好，石墨是良好的润滑剂，可起润滑作用，石墨脱落后留下的显微凹坑可以贮存润滑油，保持油膜的连续性；缺口敏感性低，外来缺口如孔洞、沟槽、刀痕、夹渣等对铸铁的强度影响很小；铸铁切削加工性能好，但焊接性能差，不能进行锻造，不能通过热处理改变石墨的形态与分布，因而不能改变灰铸铁强度。

孕育铸铁：经孕育处理（亦称变质处理）后的灰口铸铁。

孕育处理：是在出铁槽内加入孕育剂，随铁液流入浇包，处理后立即浇注的工艺方法。

应用最多的孕育剂是含硅75%的硅铁。孕育处理的目的：加入孕育剂可促进石墨形核和结晶，使石墨片变得细小而均匀，并细化基体组织，提高灰铸铁强度；避免铸件边缘及薄断面处出现白口组织，提高断面组织的均匀性。

孕育铸铁具有较高的强度和硬度，可用来制造机械性能要求较高的铸件，如气缸、曲轴、凸轮、机床床身等，尤其是截面尺寸变化较大的铸件。

3. 灰铸铁的牌号种类及用途

灰铸铁牌号冠以“HT”表示“灰铁”，后面数字表示最低抗拉强度（σ_b）。灰铸铁的牌号、成分、力学性能及用途举例，如表3—45所示。

表3—45 灰铸铁的牌号、成分、力学性能及用途（摘自GB/T 9439—2010）

牌号	铸铁类别	化学成分%		单铸 ϕ30 试棒最小抗拉强度 A_m/MPa	用途举例
		C	Si		
HT100	F型	不控制	不控制	100	低载荷和不重要零件，如盖、外罩、手轮、支架、重锤钢锭模、下水管、底座等
HT150	P+F型	3.3～3.6	1.8～2.2	115	承受中等应力（抗弯应力小于100MPa）的零件，如机床底座、支柱、齿轮箱、溜板、工作台、刀架、端盖、阀体、水泵壳、管路附件及一般无工作条件要求的零件
HT200/ HT225	P型	3.1～3.4	1.5～2.0	200 225	承受较大应力（抗弯应力小于300MPa）和要求气密性的重要零件，如汽缸体、齿轮、机座、飞轮、床身、缸套、活塞、刹车轮、联轴器、齿轮箱、轴承座、液压缸等
HT250/ HT275	P型	2.9～3.2	1.4～1.8	250 275	气缸体、齿轮、机座、飞轮、床身、缸套、机床底座、支柱、齿轮箱、磨床转体、液压缸泵体等
HT300	孕育铸铁	2.8～3.2	1.3～1.7	300	承受高弯曲应力（小于500MPa）、抗拉应力及高气密性的重要零件，如齿轮、凸轮、车床主轴箱体、卡盘、剪床和压力机的机身、床身、高压油缸、泵阀壳体等
HT350	孕育铸铁	2.7～3.1	1.0～1.4	350	大型发动机气缸体、缸盖、衬套；水泵缸体、阀体、凸轮等；机床导轨、工作台等摩擦件；需经表面淬火的铸件；轧钢滑板、辊子、支承轮座等

4. 灰铸铁的热处理

热处理不能改变灰铸铁中石墨的形态和分布，对提高其整体机械性能作用不大，因此生产中主要用来消除铸件内应力，改善切削加工性能和提高表面耐磨性等。

(1) 去应力退火：加热500～600℃，保温、缓冷，消除铸件中的残余应力，防止铸件变形或开裂，保证铸件的加工精度。适于一些形状复杂和尺寸稳定性要求较高的重要铸件。

(2) 高温退火：加热850～950℃，使 Fe_3C 分解成铁和石墨，改善铸件的切削加工性。

(3) 表面淬火：提高表面硬度和耐磨性。如机床导轨面可进行表面淬火处理，如高频表面淬火，火焰表面淬火和激光加热表面淬火等。淬火后表面硬度可达50～55HRC。

3.5.2.3 可锻铸铁

可锻铸铁是由白口铸铁经石墨化退火后得到的一种强韧铸铁。

1. 可锻铸铁的成分特点

可锻铸铁中的碳含量为2.2%～3.1%，硅含量一般控制在0.3%～1.6%之间。属不利于石墨化的成分条件。锰含量一般为0.3%～0.6%。硫的含量一般小于0.2%。

2. 可锻铸铁的生产过程（分两步）

(1) 先铸造纯白口铸铁：不能有石墨出现，否则在随后的退火中，碳将在已有的石墨上沉淀，得不到团絮状石墨。

(2) 进行石墨化退火：将白口铸铁加热到900～960℃，长时间保温，使共晶渗碳体分解为团絮状石墨，完成第一阶段的石墨化过程。随后快速（100℃/h）冷却通过共析转变温度区，得到珠光体基体的可锻铸铁。第一阶段石墨化保温后慢冷，使奥氏体中的碳充分析出，完成第二阶段石墨化，并在冷至720～760℃后继续保温，使共析渗碳体充分分解，完成第三阶段石墨化，在650～700℃出炉冷至室温，可得到铁素体基体的可锻铸铁，见图3—19。

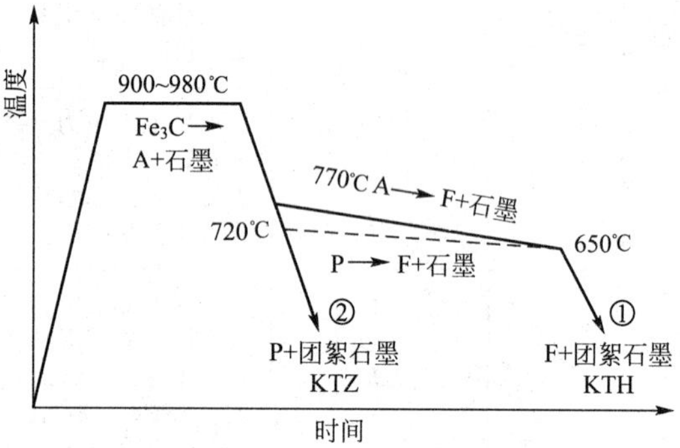

图3—19 可锻铸铁的石墨化过程

石墨化退火的时间常常要几十小时，为了缩短时间，并细化组织，提高机械性能，可在铸造时采取孕育处理。孕育剂能强烈阻碍凝固时形成石墨和退火时促进石墨化。采用0.001%硼、0.006%铋和0.008%铝的孕育剂，可将退火时间由70多小时缩短至30小时。

3. 可锻铸铁的组织和性能

◆ 按组织特征可锻铸铁可分为三种：黑心可锻铸铁、珠光体可锻铸铁及白心可锻铸铁。

黑心可锻铸铁：是指铁素体基体上分布团絮状石墨的铸铁，又称铁素体可锻铸铁，见图3—20。

珠光体可锻铸铁：是指珠光体基体上分布团絮状石墨的铸铁，见图3—21。

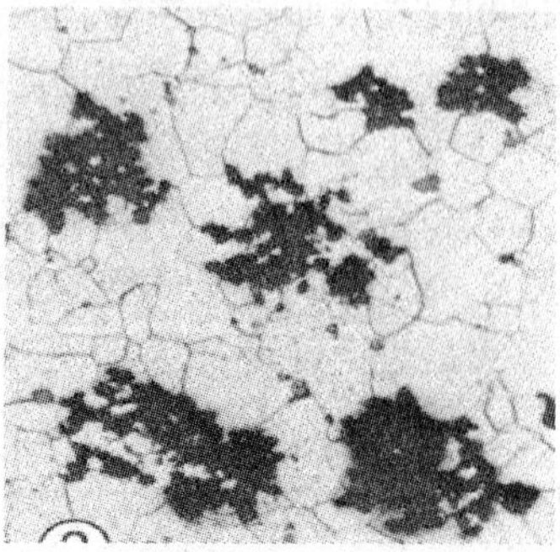

图3—20 黑心可锻铸铁

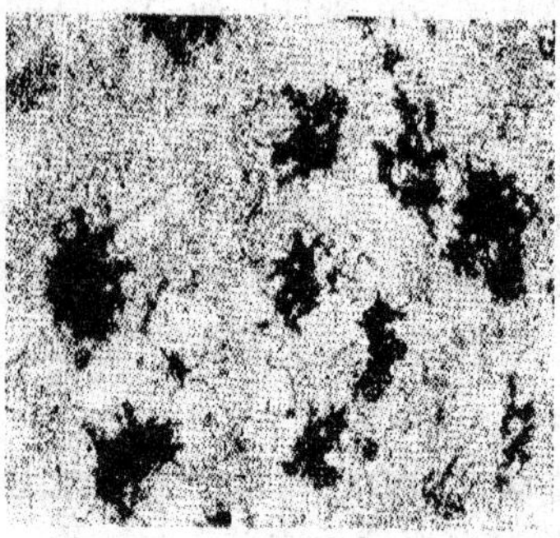

图3—21 珠光体可锻铸铁

白心可锻铸铁：在氧化性介质中加热，形成表层铁素体，芯部珠光体的铸铁。由于性能差，生产周期长，工艺复杂，已很少使用。只适合一些薄壁铸件。

◆ 性能特点：由于团絮状石墨对基体破坏作用大为减弱，因而可锻铸铁强度、塑性、韧性比灰铸铁明显提高。可以部分代替碳钢，但远未达到“可锻”的程度。与球墨铸铁相比，可锻铸铁具有成本低、质量稳定、铁水处理简单、容易组织流水生产等优点。尤其适于制造形状复杂、薄壁、承受冲击和振动载荷的零件，如汽车拖拉机的后桥外壳、低压阀门等。

4. 可锻铸铁的牌号、种类及用途

可锻铸铁牌号冠以“KT”表示“可铁”，铁素体可锻铸铁以“KTH”表示，珠光体可锻铸铁以“KTZ”表示。其后的两组数字表示最低抗拉强度和延伸率，见表3—46。

表3—46 黑心可锻铸铁和珠光体可锻铸铁的牌号、性能及用途（GB/T 9440—2010）

<table>
<tr><th rowspan="3">种类</th><th rowspan="3">牌号</th><th rowspan="3">试样直径/mm</th><th colspan="4">力学性能</th><th rowspan="3">用途举例</th></tr>
<tr><th>σ_b/MPa</th><th>$\sigma_{0.2}$/MPa</th><th>δ/%</th><th rowspan="2">HBS</th></tr>
<tr><th colspan="3">不小于</th></tr>
<tr><td rowspan="4">黑心可锻铸铁</td><td>KTH300—06</td><td rowspan="4">12或15</td><td>300</td><td></td><td>6</td><td rowspan="4">≤150</td><td>弯头、三通管件、中低压阀门等</td></tr>
<tr><td>KTH330—08</td><td>330</td><td></td><td>8</td><td>扳手、犁刀、车轮壳等</td></tr>
<tr><td>KTH350—10</td><td>350</td><td>200</td><td>10</td><td rowspan="2">汽车、拖拉机后桥外壳、减速器壳、转向节壳、制动器及铁道零件等</td></tr>
<tr><td>KTH370—12</td><td>370</td><td></td><td>12</td></tr>
<tr><td rowspan="4">珠光体可锻铸铁</td><td>KTZ450—06</td><td rowspan="4">12或15</td><td>450</td><td>270</td><td>6</td><td>150～200</td><td rowspan="4">载荷较高的耐磨损零件，如曲轴、凸轮轴、连杆、齿轮、活塞环、轴套、耙片、万向接头、棘轮、扳手、传动链条等</td></tr>
<tr><td>KTZ550—04</td><td>550</td><td>340</td><td>4</td><td>180～250</td></tr>
<tr><td>KTZ650—02</td><td>650</td><td>430</td><td>2</td><td>210～260</td></tr>
<tr><td>KTZ700—02</td><td>700</td><td>530</td><td>2</td><td>240～290</td></tr>
</table>

3.5.2.4 球墨铸铁

1. 球墨铸铁的生产过程

就是熔炼优质铁水，并进行有效的球化处理＋孕育处理的生产过程。

成分特点：在高碳含量的前提下，保证高碳、低硅的原则，此外还要低锰、低磷、低硫。成分要求比较严格，碳含量在3.6%～3.9%，硅含量在2.2%～2.8%。属于有利于石墨化的成分条件。锰含量为0.6%～0.8%，磷含量<0.08%，硫含量<0.025%。硫与球化剂亲和力强，生成的硫化物不仅消耗球化剂，还会产生球化衰退和皮下气孔，因此要求硫的含量越低越好。

球化处理＋孕育处理：是在铁水中同时加入一定量的球化剂和孕育剂，促使石墨形成细小球状的过程。我国普遍使用稀土镁合金球化剂。镁是强烈阻碍石墨化的元素，使球墨铸铁易产生白口组织。孕育处理的目的是促进石墨化，消除白口倾向，使石墨细化、圆整，提高球墨铸铁的力学性能。孕育剂一般为75%硅铁和硅钙合金等。

2. 球墨铸铁的组织和性能

在铸态下，球墨铸铁基体通常是铁素体—珠光体的混合组织，铁素体位于石墨球周围，呈现“牛眼状”，见图3—22。通过各种工艺手段或热处理还可得到铁素体基体、珠光体基体或下贝氏体基体等球墨铸铁，见图3—22。

F型

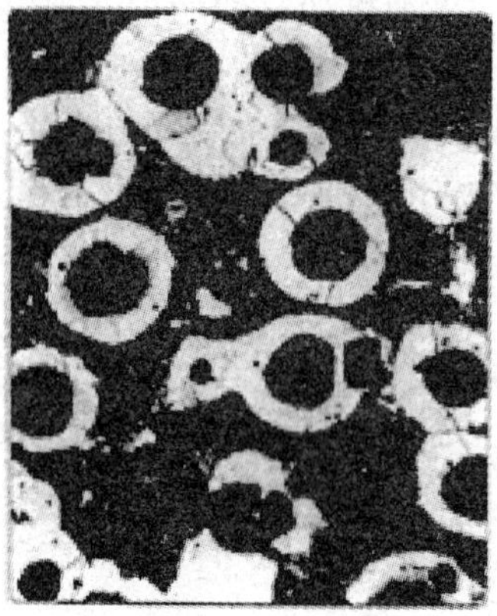

P+F型

P型

图3—22 球墨铸铁

◆ 性能特点：由于球状石墨对基体的割裂作用小，其力学性能远远超过灰铸铁，抗拉强度可与钢媲美，塑性、韧性明显提高，尤其是屈强比（$\sigma_{0.2}/\sigma_b$）高，故增加了使用的可靠性。球墨铸铁仍具有良好的铸造性能、减振性、耐磨性、切削加工性能及低的缺口敏感性。

球墨铸铁的力学性能主要决定于基体组织的类型和球状石墨的形状、数量、大小和分布。一般石墨球越细、球的直径越小、分布越均匀，则球墨铸铁的力学性能越高。以珠光体为基体的球墨铸铁的抗拉强度、屈服点和疲劳强度高于45钢（正火），特别是屈强比（$\sigma_{0.2}/\sigma_b$）高于45钢，硬度和耐磨性远高于高强度灰铸铁，但其伸长率低于45钢，如表3—47所示。

表3—47 珠光体球墨铸铁和45钢力学性能比较

性能	45钢（正火）	珠光体球墨铸铁（正火）
抗拉强度σ_b（MPa）	690	815
屈服强度$\sigma_{0.2}$（MPa）	410	640
屈强比$\sigma_{0.2}/\sigma_b$	0.59	0.785
伸长率δ（%）	26	3
疲劳强度（带缺口试样）σ_{-1}（MPa）	150	155
硬度HBS	<229	299～321

3. 球墨铸铁的牌号、种类及用途

球墨铸铁牌号冠以“QT”表示“球铁”，其后两组数值表示最低抗拉强度和延伸率。常见球墨铸铁的牌号、性能及用途见表3—48。

表 3—48　　球墨铸铁的牌号、性能及用途（GB/T 1348—2009）

牌号	基体组织	力学性能				用途举例
		R_m/MPa	$R_p0.2$/MPa	A/%	HBW	
		不小于				
QT350—22L	铁素体	350	220	22	≤160	承受冲击、振动的零件，如汽车拖拉机的驱动桥壳、离合器壳、差速器壳、拨叉、轮毂，中低压阀门的阀体、阀盖，管道、农机零部件等
QT350—22R	铁素体	350	220	22	≤160	
QT350—22	铁素体	350	220	22	≤160	
QT400—18L/R	铁素体	400	240/250	18	120～175	
QT400—18	铁素体	400	250	18	120～175	
QT400—15	铁素体	400	250	15	120～175	
QT450—10	铁素体	450	310	10	160～210	
QT500—7	铁素体＋珠光体	500	320	7	170～230	机座、传动轴、飞轮、电动机架、油泵齿轮、机车轴瓦等
QT550—5	铁素体＋珠光体	550	350	5	180～250	
QT600—3	珠光体＋铁素体	600	370	3	190～270	载荷大、受力复杂的零件，如汽车、拖拉机的曲轴、连杆、凸轮轴、气缸套、部分机床的主轴、机床蜗杆、蜗轮、轧钢机轧辊、大齿轮、小型水轮机主轴、气缸体、起重机大小滚轮等
QT700—2	珠光体	700	420	2	225～305	
QT800—2	珠光体或回火索氏体	800	480	2	245～335	
QT900—2	贝氏体或回火马氏体	900	600	2	280～360	高强度齿轮，如汽车后桥螺旋锥齿轮，大减速器齿轮，内燃机曲轴、凸轮轴等

注：1. 字母“L”表示该牌号有低温（－20～－40℃）下的冲击性能要求，字母“R”表示该牌号有室温（23℃）下的冲击性能要求。

2. 伸长率是从原始标距 $L_0=5d$ 上测得的。

◆ 铁素体型球墨铸铁：强度较低，塑性、韧性较高。可代替可锻铸铁制造承受振动和冲击的零件，如汽车、拖拉机底盘、后桥壳，自来水及煤气管道等，能比灰铸铁管承受更高的管压，比钢管具有更好的耐腐蚀能力。

◆ 铁素体＋珠光体球墨铸铁：强度和韧性配合较好，用于制造汽车、农机、冶金设备的零件。

◆ 珠光体球墨铸铁：强度高，耐磨性好，但塑性、韧性较低。可代替非合金钢制造承受交变载荷及耐磨损的零件。如内燃机曲轴、连杆、齿轮，及车床主轴等机床耐磨件。

◆ 贝氏体球墨铸铁：具有强度、塑性、韧性都很高的综合力学性能。抗拉强度高达900～1400MPa，明显优于珠光体球墨铸铁，并具有一定的伸长率及高的弯曲疲劳性能和良好的耐磨性，可制造承受重载荷的齿轮、大功率内燃机的曲轴、连杆、凸轮轴等。

4. 球墨铸铁的热处理

(1) 退火：加热温度 900～950℃、保温 2～5h。目的在于获得铁素体基体。球化剂增大铸件的白口化倾向，当铸件薄壁处出现自由渗碳体和珠光体时，退火是为了获得塑性好的铁素体基体，并改善切削性能，消除铸造应力。

(2) 正火：加热温度880～920℃，空冷。目的在于得到珠光体基体（占基体75%以上），并细化组织，提高强度和耐磨性。

(3) 调质：加热到850～900℃，保温，在油中淬火得到马氏体，然后经550～600℃回火，空冷，获得回火索氏体+球状石墨。回火索氏体基体不仅强度高，而且塑性、韧性比正火得到的珠光体基体好。可达到QT800级别。

(4) 等温淬火：加热到840～900℃，保温后在300℃左右的等温盐溶中冷却并保温，使基体在此温度下转变为下贝氏体+球状石墨。等温处理后，其强度可达1200～1450MPa，冲击韧性为300～360kJ/m²，硬度为38～51HRC。等温盐溶的冷却能力有限，一般只能用于截面不大的零件，例如受力复杂的齿轮、曲轴、凸轮轴等。

3.5.2.5 蠕墨铸铁

1. 蠕墨铸铁的生产过程

蠕墨铸铁的生产过程就是熔炼优质铁水，并进行有效的蠕化处理+孕育处理的生产过程。

成分特点：蠕墨铸铁的成分和球墨铸铁基本相似，即高碳、低硅、低锰、低硫、低磷。

蠕化处理+孕育处理：蠕化处理与球化处理相似，采用冲入法。利用球化元素和反球化元素制成复合蠕化剂，使石墨变成非球非片的蠕虫状。蠕化剂采用稀土镁钛、稀土镁锌等。由于蠕化剂的作用，蠕墨铸铁也会出现白口倾向，仍需进行孕育处理。

2. 蠕墨铸铁的组织和性能

蠕墨铸铁的组织由基体和蠕虫状的石墨组成。石墨短而厚，头部较圆，形似蠕虫（见图3—23）。其基体组织在铸态下具有50%左右的铁素体，通过正火处理可使珠光体含量提高到80%～85%。

◆ 性能特点：蠕墨铸铁的性能介于灰铸铁和球墨铸铁之间，强度、塑性、韧性优于灰铸铁，接近于铁素体球墨铸铁，壁厚敏感性比灰铸铁小得多，故厚大截面上的力学性能均匀。突出的优点是屈强比在铸造合金中最高（0.72～0.82），导热性、铸造性能、切削加工性能优于球墨铸铁接近于灰铸铁，耐磨性优于孕育铸铁及高磷耐磨铸铁，与磷铜钛耐磨铸铁相近。

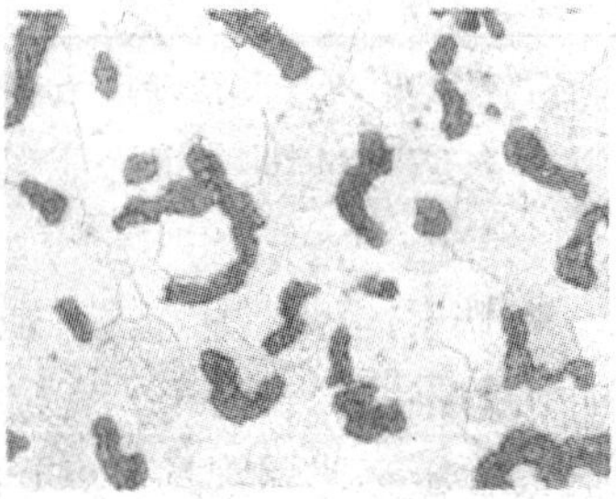

图3—23 蠕墨铸铁石墨形态

3. 球墨铸铁的牌号种类及用途

蠕墨铸铁的牌号冠以“RuT”表示“蠕铁”，其后的数字表示最低抗拉强度，见表3—49。

表3—49 蠕墨铸铁的牌号、性能及用途（JB/T 4403—1999）

牌号	力学性能				用途举例
	σ_b/MPa	$\sigma_{0.2}$/MPa	δ/%	HBS	
	不小于				
RuT260	260	195	3	121～197	增压器进气壳体、汽车底盘零件等
RuT300	300	240	1.5	140～217	排气管、变速箱体、气缸盖、液压件、纺织机零件、钢锭模等

（续前表）

牌号	力学性能				用途举例
	σ_b/MPa	$\sigma_{0.2}$/MPa	δ/%	HBS	
	不小于				
RuT340	340	270	1.0	170～249	重型机床件大型齿轮箱体、盖、座，飞轮，起重机卷筒等
RuT380	380	300	0.75	193～274	活塞环、气缸套、制动盘、钢珠研磨盘、吸淤泵体等
RuT420	420	335	0.75	200～280	

蠕墨铸铁保留了灰铸铁工艺性能优良和球墨铸铁力学性能优良的优点，克服了灰铸铁力学性能差和球墨铸铁工艺性能差的缺点，特别适合制造工作温度较高而又要求强度高、耐磨性好、形状复杂的及承受热循环应力的大型铸件。如高压热交换器、大型柴油机和内燃机缸体、气缸套、缸盖、排气管（见图3—24）、制动盘、钢锭模、液压阀等。蠕墨铸铁的缺点在于生产技术尚不成熟和成本偏高。

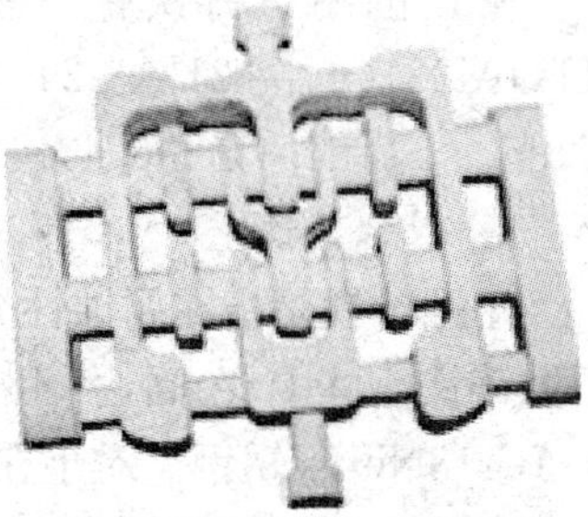

图3—24 排气管

3.5.2.6 特殊性能铸铁

随着生产的发展，不仅要求铸铁具有较高的力学性能，而且有时还要求具有某些特殊的性能。为此，在熔炼时有意加入一些合金元素，制成合金铸铁（或称特殊性能铸铁）。合金铸铁与合金钢相比，熔炼简单，成本低廉，基本上能满足特殊性能的要求，但力学性能较差，脆性较大。

常用的合金铸铁有耐磨铸铁、耐热铸铁和耐蚀铸铁。

1. 耐磨铸铁

（1）冷硬铸铁（或称激冷铸铁）：即用金属型铸造铸件上要求耐磨的表面，而其他部位用砂型，同时适当调整铁液化学成分，利用高碳低硅，保证白口层的深度，而芯部为灰口组织，使整个铸件既有较高的强度和耐磨性，又能承受一定的冲击。这种铸铁称冷硬铸铁。

（2）中锰球墨铸铁：即在稀土镁球墨铸铁中加入Mn5.0%～9.5%，w_{Si}控制在3.3%～5.0%，并适当调整冷却速度，合金铸铁基体获得马氏体、大量残余奥氏体和渗碳体。这种铸铁具有高的耐磨性能和抗冲击性，可代替高锰钢或锻钢，适用于制造农用耙片、犁铧、饲料粉碎机锤片、球磨机磨球、衬板、煤粉机锤头等。

（3）合金高磷铸铁：在润滑条件下工作的耐磨铸铁，其组织应为软基体上分布有硬的组织组成物，使软基体磨损后形成沟槽，保持油膜。珠光体灰铸铁可满足这样的要求，其中铁素体为软基体，渗碳体层片为硬的组织组成物，石墨片可起储油和润滑作用。为进一步改善其耐磨性，通常将w_P提高到0.4%～0.6%，做成高磷铸铁。由于普通高磷铸铁的强度和韧性较差，故常在其中加入铬、钼、钨、铜等合金元素，做成合金高磷铸铁，用于制造机床床身、气缸套、活塞环等。此外，还有高铬耐磨铸铁（KmTBCr26）、铬钼耐磨铸铁（KmTBCr15Mo）、铬耐磨铸铁（KmTBCr9Ni5）等。

2. 耐热铸铁

铸铁的耐热性主要是指在高温下的抗氧化和抗热生长能力。在高温下工作的铸铁件，如炉底板、换热器、坩埚、炉内运输链条和钢锭模等，要求有良好的耐热性，应采用耐热铸铁。

在铸铁中加入 Al、Si、Cr 等元素，使表面形成一层致密的 SiO_2、Al_2O_3、Cr_2O_3 等，保证内部不继续氧化。此外，可提高铸铁的临界温度，使基体变为单相铁素体，不发生石墨化过程，从而改善铸铁的耐热性。球墨铸铁中，石墨为孤立分布，互不相连，不形成气体渗入通道，故其耐热性更好。

常用的耐热铸铁有中硅球墨铸铁 RTQSi5（w_{Si}＝5.0%～6.0%）、高铝球墨铸铁 RTQAl22（w_{Al}＝21%～24%）、铝硅球墨铸铁 RTQAl4Si4 和 RTQAl5Si5（w_{Al}＝4.0%～5.0%、w_{Si}＝4.4%～5.4%）、高铬耐热铸铁 RTCr16（w_{Cr}＝15%～18%）等。

3. 耐蚀铸铁

耐蚀铸铁是指在腐蚀性介质中工作时具有耐腐蚀能力的铸铁。目前应用最广的是高硅耐蚀铸铁，其中 w_{Si} 高达 14%～18%，在含氧酸（如硝酸、硫酸等）中的耐腐蚀性能不亚于 1Cr18Ni9 不锈钢。对于在碱性介质中工作的零件，可采用 w_{Ni}＝0.8%～1.0%、w_{Cr}＝0.6%～0.8%的抗碱铸铁。为改善在盐酸中的耐腐蚀性，可加入质量分数为 2.5%～4.0%的钼。此外，为提高高硅耐蚀铸铁的力学性能，还可以在铸铁中加入微量的硼和进行球化处理。

耐蚀铸铁主要用于化工机械，如用于容器、管道、泵、阀门等的制造。

模块4　有色金属材料

随着近代机电制造工业如航空、航海、汽车、电子、电器、石油化工、电力和原子能以及空间技术等新型工业的发展，有色金属及其合金的使用量正在日益增加，其地位也越来越重要。

有色金属的分类：

(1) 有色纯金属分为：重金属、轻金属、贵金属、稀有金属和半金属五类。

(2) 有色合金分为：重有色金属合金、轻有色金属合金、贵金属合金、稀有金属合金等。

(3) 按合金用途分为：变形合金、铸造合金、轴承合金、硬质合金、焊料、金属粉末等。

(4) 按形状分类分为：板、条、带、箔、管、棒、线、型等品种。

4.1　轻有色金属材料

本单元学习目标

★　有色金属的分类，铝、钛、镁及其合金的性能特点。

★★　铝合金的强化方法，固溶时效强化机理。

★★★　铝、钛、镁及其合金牌号的表示方法。

★★★★　铝合金、钛合金和镁合金的种类、典型牌号和用途。

注：★了解。★★理解。★★★掌握。★★★★重点掌握。

轻有色金属材料是指密度小于 $5g/cm^3$ 的有色金属材料，如铝、镁、钠、钾、钙、锶、钡等纯金属及其合金。重有色金属材料是指密度大于 $5g/cm^3$ 的有色金属材料，如铜、锌、铅、镍、锡、锌、钴、镉等纯金属及其合金。本节只重点介绍铝及铝合金、铜及铜合金、钛及钛合金和轴承合金。

4.1.1　铝及铝合金

4.1.1.1　概述

1. 铝及铝合金的性能特点

(1) 物理性能：密度小，熔点低，导电性好，导热性好，磁化率低。

纯铝是一种银白色的轻金属，熔点为 660℃，具有面心立方晶格，没有同素异构转变。其密度小（只有 $2.72g/cm^3$）；导电性好，仅次于银、铜和金；导热性好，比铁几乎大三倍。

铝及铝合金的磁化率极低，属于非铁磁材料。

(2) 化学性能：良好的抗大气腐蚀性能。

铝和氧的化学亲和力大，在大气中，表面很快生成一层薄而致密并与基体金属牢固结合的氧化膜，阻止氧向金属内部扩散而起保护作用。但在碱和盐的水溶液中铝的氧化膜会很快被破坏，故铝在碱和盐的溶液中抗腐蚀性不好。

（3）力学性能：良好的塑性（纯铝 $\delta=30\sim50\%$，$\psi=80\%$）和韧性，硬度和强度不如钢，但强密比（比强度）较高。力学性能与其成分、加工状态、热处理等因素有关。

（4）工艺性能：良好的加工及成形性能。易于压力加工成形，可锻造、冲压、铸造、切削加工；可焊接、铆接；可以加工硬化和热处理强化。

2. 强化方法

（1）细晶强化：纯铝和铝合金在浇注前进行变质处理，即在浇铸前向合金注液中加入变质剂，可有效地细化晶粒，从而提高合金强度，称为细化晶粒强化。常用的变质剂有Ti、B、Nb、Zr等元素，它们所起的作用就是形成外来晶核，从而细化铝的晶粒。

（2）固溶强化：纯铝中加入合金元素，形成铝基固溶体，造成晶格畸变，阻碍了位错的运动，提高塑性变形抗力，可使铝合金的强度提高。如Al-Cu、Al-Mg、Al-Si、Al-Zn、Al-Mn等二元合金一般都能形成有限固溶体，具有较大的固溶强化效果。

（3）热处理强化：又称固溶处理＋时效处理强化。简称固溶时效强化，或淬火时效强化。

1）固溶处理：将成分位于相图（图4—1）中 $D-F$ 之间的合金加热到 α 相区，经保温获得单相固溶体后迅速水冷，在室温获得过饱和 α 固溶体的处理方式。也可称为淬火。

2）时效处理：将固溶处理后获得的过饱和 α 固溶体，在室温下放置或低温加热时，强度和硬度会明显升高。这种现象称为时效或时效硬化。在室温下进行的称自然时效；在加热条件下进行的称人工时效。

3）固溶时效强化机理：图4—2是Al-Cu合金相图，现以含4% Cu的Al-Cu合金为例说明铝合金的时效强化。纯铝无同素异构转变，因此铝合金的热处理机理与钢不同。铝合金淬火加热时由（$\alpha+CuAl_2$）→α，淬火时则转变成单相的过饱和 α 固溶体，但无同素异构转变。所以，铝合金的淬火处理又称为固溶处理。由于硬脆的第二相消失，故塑性有所提高。然而，淬火后的过饱和固溶体，在随后重新加热到一定温度并保温一定时间后，强度、硬度会显著提高，而塑性明显降低。这是因为固溶处理后得到的组织是不稳定

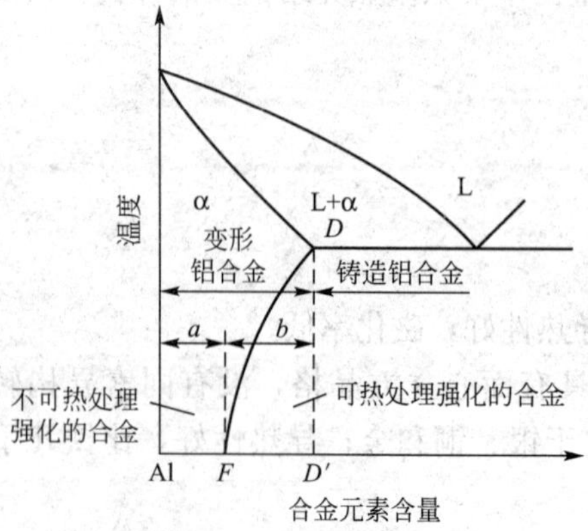

图4—1　铝合金相图的一般形式

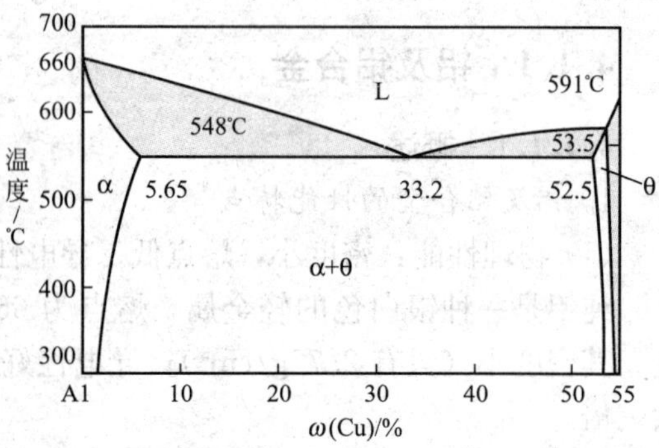

图4—2　Al-Cu合金相图

的，有分解出强化相过渡到稳定状态的倾向。因此在时效处理过程中，首先溶质原子发生富集，形成富集区，使晶格畸变加大，使位错运动阻力增大，强度提高，其次随时间的延长，富集区的原子趋于有序化，趋于形成第二相，但还没形成第二相，其与原晶格保持共格关系，晶格畸变进一步增大，使强度进一步提高，随时间的继续延长，第二相形成并逐渐脱离与母体的共格关系，这时晶格畸变减小，强度下降。

4）时效强化过程的几个规律：

◆ 时效温度越高，强度峰值越低，强化效果越小。因此时效温度不宜过高。

◆ 时效温度越高，时效速度越快，强度峰值出现所需时间越短。

◆ 低温使固溶处理获得的过饱和固溶体保持相对的稳定性，抑制时效的进行。

5）孕育期：室温时效初期的几个小时内，强度不发生明显变化，这一时间称为孕育期。

孕育期合金塑性很高，极容易进行铆接、弯曲和校直等操作，而过了孕育期则不宜进行操作。时效温度越高，孕育期越短，时效速度越快，达到最高强度的时间越短，最大强度值越低，强化效果越小。当温度低于−50℃时，孕育期很长，甚至可以保持相对稳定，即低温可以抑制时效的进行。具体见图 4—3 和图 4—4。

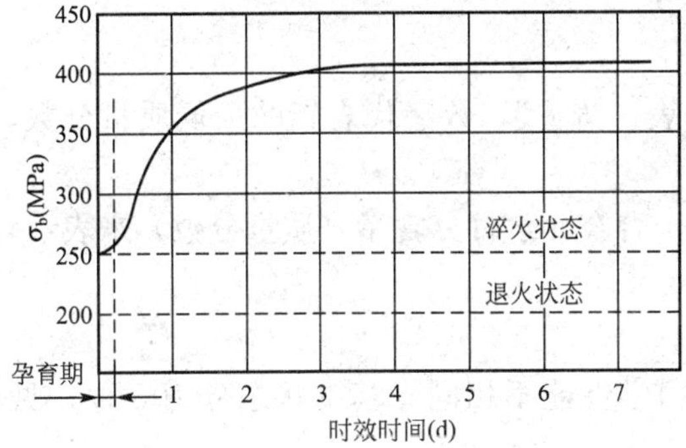

图 4—3 Al－Cu 合金的自然时效时效曲线

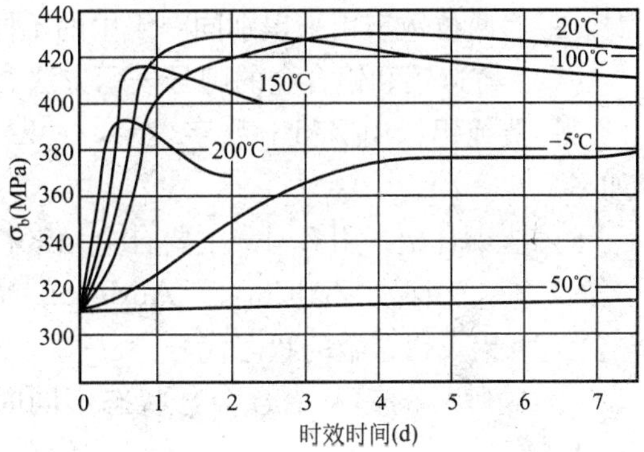

图 4—4 含 4%Cu 铝合金不同温度下的时效曲线

6）回归：自然时效后的铝合金，在 230～250℃短时间（几秒至几分钟）加热后，快速水冷至室温时，可重新变软。如再在室温下放置，则又能发生自然时效的现象。

时效后的铝合金可在回归处理后的软化状态进行各种冷变形。利用这种现象，可随时进行飞机的铆接和修理等。一般能时效硬化的合金都有回归现象。但自然时效后的铝合金在反复回归处理和再时效时强度会有所降低。

3. 铝及铝合金的种类和牌号表示方法（GB/T 16474—1996）

铝及铝合金的种类一般分为变形铝和铝合金、铸造铝和铝合金。

（1）变形铝和铝合金的牌号表示方法。

我国目前采用的是四位数字体系和四位字符体系牌号命名方法：前者适合铝合金化学成分与国际四位数字体系牌号吻合的牌号，后者适用不完全吻合的牌号，更适合国情。

◆ 第一个数字为组别代号：表示铝及铝合金的类别（以铝合金系为主），其含义如表 4—1 所示。

表 4—1　　第一个数字含义

	1×××系列	2×××系列	3×××系列	4×××系列	5×××系列	6×××系列	7×××系列	8×××系列
类别	纯铝	Al-Cu、Al-Cu-Mn	Al-Mn 合金	Al-Si 合金 Al-Cu-Mg-Si	Al-Mg 合金	Al-Mg-Si 合金	Al-Cu-Mg-Zn 合金	其他
举例	1A99	2AO1	3A21	4A11	5A03	6A02	7A04	8A06

◆ 四位数字体系后三位数字：1×××组表示纯铝（其铝含量不小于99.00%），其最后两位数字表示最低铝百分含量众小数点后面的两位，牌号的第 2 位数字表示合金元素或杂质极限含量的控制情况，如果第 2 位为 0，则表示其杂质极限含量无特殊控制；如果是 1～9，则表示对一项或一项以上的单个杂质或合金元素极限含量有特殊控制。

2×××～8×××牌号中的最后两位数字没有特殊意义，仅用来识别同一组中的不同合金，其第 2 位表示改型情况，如果第 2 位为 0，则表示为原始合金；如果是 1～9，则表示为改型合金。

◆ 四位字符体系后三位：如果第二位字符为 A 表示纯铝，B～Y 表示铝合金的改型情况。最后两位数字用来识别同一组中的不同合金。

(2) 铸造铝和铝合金的牌号表示方法。

铸造纯铝：用 ZAl＋数字表示，“Z”代表“铸造”，数字代表铝的最低质量分数，如 ZAl99.5。

铸造铝合金：用 ZAl＋主要合金元素符号＋合金元素百分含量（质量分数）来表示。例如：$ZAlSi_7Mg$、$ZAlCu_{10}$、$ZAlMg_5Si_1$ 等。

(3) 铝及铝合金的状态代号。

相同牌号的铝及铝合金，状态不同时，力学性能不相同。基本状态分为 5 种，见表 4—2。

表 4—2　　铝、镁及其合金加工产品的状态代号

代号	名称	说明与应用
F	R 自由加工状态	R 适用于在成形过程中，对于加工硬化和热处理条件有特殊要求的产品，该状态产品的力学性能不作规定。
O	R 退火状态	R 适用于经完全退火获得最低强度的加工产品。
H	R 加工硬化状态	R 适于通过加工硬化提高强度的产品，产品在加工硬化后可经过（也可不经过）使强度有所降低的附加热处理。分为 H××状态和 H×××状态。如 H12；第一位数表示：H1—单纯加工硬化处理状态；H2—加工硬化及不完全退火的状态；H3—加工硬化及稳定化处理的状态。H 后的第 2 位数字表示产品的加工硬化程度。
W	R 固溶热处理状态	R 处理状态是一种不稳定状态，仅适用于经固溶热处理后，室温下自然时效的合金，该状态代号仅表示产品处于自然时效阶段。
T	R 热处理状态（不同于 F、O、H 状态）	R 适用于热处理后，经过（或不经过）加工硬化达到稳定的产品。T 代号后面必须跟有一位或多位阿拉伯数字。如 T4—固溶处理后自然时效状态；T5—高温成形过程冷却后人工时效状态；T6—固溶处理后人工时效状态。

4.1.1.2 铝及铝合金的种类和应用

1. 纯铝

纯铝按其纯度分为工业高纯铝和工业纯铝，性能特点与用途见表 4—3。

表 4—3 国内常用纯铝的牌号、性能特点与用途

类别	牌号		性能特点	用途举例
	新	旧		
纯铝	1A85、1A90、1A93、1A97、1A99	LG1、LG2、LG3、LG4、LG5	工业高纯铝	主要用于生产各种电解电容器用箔材、抗酸容器等，产品有板、带、筒、管等
	1060、105OA 1035、1200 8A06	L2、L3、L4、L5、L6	工业纯铝都具有塑性高、耐腐蚀、导电性和导热性好的特点，但强度低，不能通过热处理强化，切削性不好。可接受接触焊、气焊	多利用其优点制造一些具有特定性能的结构件，如铝箔制成垫片及电容器、电子管隔离网、电线、电缆的防护套、网、线芯及飞机通风系统零件及装饰件
	1A30	L4-1	特性与上类似，但其 Fe 和 Si 杂质量控制严格，工艺及热处理条件特殊	主要用做航天工业和兵器工业纯铝膜片等处的板材
	1100	L5-1	强度较低，但延展性、成形性、焊接性和耐腐蚀性优良	主要生产板材、带材，适于制作各种深冲压制品或旋压凹形器皿、焊接零部件、热交换器、印刷版、铭牌、反光器具

(1) 工业高纯铝：铝含量为 99.99%～99.85%。牌号有 1A85、1A90、1A93、1A95、1A97、1A99。

(2) 工业纯铝：铝含量为 99.80%～99.0%。牌号有 1A80、1070、1060、1050、1035、1200、8A06 等。

2. 铝合金

根据铝合金的成分、组织和工艺特点，可将其分为变形铝合金与铸造铝合金两大类。变形铝合金是将铝合金铸锭通过压力加工（轧制、挤压、模锻等）制成半成品或模锻件，所以要求有良好的塑性变形能力。铸造铝合金则是将熔融的合金直接浇铸成形状复杂的甚至是薄壁的成形件，所以要求合金具有良好的铸造性能。

(1) 变形铝合金。

按其成分和性能特点可分为不能热处理强化铝合金和可热处理强化铝合金，根据图 4—1 铝合金相图可以看出，不能热处理强化铝合金是合金元素含量小于 F 点成分的合金，这类合金由于具备良好的抗腐蚀性，故称为防锈铝。可热处理强化铝合金的合金元素含量比防锈铝要高一些，成分对应于状态图中 F 与 D 之间，通过热处理能显著提高机械性能，这类铝合金包括硬铝、超硬铝和锻铝。

1) 防锈铝：防锈铝合金中的主要合金元素是锰和镁。加入锰可提高抗腐蚀能力，并起固溶强化作用。镁可固溶强化，同时降低比重。即防锈铝主要是 Al-Mn，Al-Mg 合金，特点为耐腐蚀性高，塑性和焊接性好，切削加工性差。不能进行固溶时效强化，属于不可热处理强化的铝合金，但可冷变形，利用加工硬化提高强度。常见牌号、性能特点与用途见表 4—4。

表 4—4　　防锈铝合金加工产品的牌号、性能特点与用途

类别	牌号 新	牌号 旧	性能特点	用途举例
防锈铝	5A02	LF2	铝镁系防锈铝，强度、塑性、耐腐蚀性高，有较高的抗疲劳强度，热处理不可强化，可用接触焊、氢原子焊良好焊接，冷作硬化态下可切削加工，退火态下切削性不良，可抛光	油介质中工作的结构件及导管，中等载荷的零件装饰件、焊条、铆钉等
	5A03	LF3	铝镁系防锈铝，性能与 5A02 相似，但焊接性优于 5A02，可气焊、氩弧焊、点焊、滚焊	液体介质中工作的中等负载件、焊件、冷冲件
	5A05 5B05	LF5 LF10	铝镁系防锈铝，抗腐蚀性高，强度与 5A03 类似，不能热处理强化，退火状态塑性好，半冷作硬化状态可进行切削加工，可进行氢原子焊、点焊、气焊、氩弧焊	5A05 多用于在液体环境中工作的零件，如管道、容器等，5B05 多用做连接铝合金、镁合金的铆钉，铆钉应退火并进行阳极氧化处理
	5A06	LF6	铝镁系防锈铝，强度较高，耐腐蚀性较高，退火及挤压状态下塑性良好，可切削性良好，可氩弧焊、气焊、点焊	焊接容器、受力零件、航空工业的骨架及零件、飞机蒙皮
	5A12	LF12	镁含量高，强度较好，挤压状态塑性尚可	多用于航天工业及无线电工业用的各种板材、棒材及型材
	5B06、5A13 5A33	LF14、LF13 LF33	镁含量高，且加入适量的 Ti、Be、Zr 等元素，使合金焊接性较高	多用于制造各种焊条的合金
	5A43	LF43	系铝、镁、锰合金，成本低，塑性好	多用于民用制品，如铝制餐具用具
	3A21	LF21	铝锰系合金，强度低，退火状态塑性高，冷作硬化状态塑性低、耐腐蚀性好，焊接性较好，不可热处理强化，是一种应用最为广泛的防锈铝	用于在液体或气体介质中工作的低载荷零件，如油箱、导管及各种异形容器
	5083 5056	LF4 LF5－1	铝镁系高镁合金，在不可热处理合金中强度良好，耐腐蚀性、切削性良好，阳极氧化处理外观美丽，且电焊性好	广泛用于船舶、汽车、飞机、导弹等方面，民用多生产自行车、挡泥板、车架等结构件

2）硬铝：硬铝合金的主要合金元素是铜、镁，此外还含有锰和一些杂质元素铁、硅、镍、锌等。不同牌号的硬铝合金具有不同的化学成分，其性能特点亦不同。含铜、镁量低的硬铝强度较低而塑性高；含铜、镁量较高的硬铝则强度高而塑性较低。Cu∶Mg＝2.61，强化效果最好。按合金含量高低可分为低合金硬铝、标准硬铝和高合金硬铝。

◎ 低合金硬铝：如 2A01、2A10 等，Mg、Cu 含量较低，塑性好，强度低。采用固溶处理和自然时效提高强度和硬度，抗拉强度达 300MPa 左右。主要用于制作铆钉，常称铆钉硬铝。

◎ 标准硬铝：如 2A11 等，合金元素含量中等，强度和塑性属中等水平。采用固溶处理和自然时效后，抗拉强度可达 420MPa 左右，也可进行变形强化。一般用于中等强度的零件、结构件、铆钉等。

◎ 高合金硬铝：如 2A06、2A12 等，合金元素含量较多，强度和硬度较高，塑性及

变形加工性能较差。采用固溶处理和自然时效后，抗拉强度可达480MPa左右。用于制作航空结构件、模锻件和重要的销、轴等零件。

三种硬铝的常见牌号、特性和用途可详见表4—5。硬铝的缺点是抗腐蚀性差，特别是在海水等环境中。另外固溶处理的加热温度范围很窄，这对其生产工艺带来一定难度。

表4—5 硬铝合金加工产品的牌号、性能特点与用途

类别	牌号		性能特点	用途
	新	旧		
硬铝	2A01	LY1	强度低，塑性高，耐腐蚀性低，点焊焊接良好，切削性尚可，工艺性能良好，在制作铆钉时应先进行阳极氧化处理	是主要的铆接材料，用来制造工作温度小于100℃的中等强度结构用铆钉
	2A02	LY2	强度高，热强性较高，可热处理强化，耐腐蚀性尚可，有应力腐蚀破坏倾向，切削性较好，多在人工时效状态下使用	一种主要承载结构材料，用作高温200～300℃工作条件下的叶轮及锻件
	2A04	LY4	剪切强度和耐热性较高，退火及淬火（4～6h内）塑性良好，淬火及冷作硬化后切削性尚好，耐腐蚀性不良，需进行阳极氧化，是一种主要铆钉合金	用于制造125～250℃工作条件下的铆钉
	2B11 2B12	LY8 LY9	剪切强度中等，退火及刚淬火状态下塑性尚好，可热处理强化，剪切强度较高	用做中等强度铆钉，但须在淬火后2h内使用，用于高强度铆钉制造，但须在淬火后20min内使用
	2A10	LY10	剪切强度较高，焊接性一般，用气焊、氧弧焊有裂纹倾向，但点焊焊接性良好，耐腐蚀性与2A01、2A11相似，用做铆钉不受热处理后的时间限制，是其优越之处，但需要阳极氧化处理，并用重铬酸钾填充	用做工作温度低于100℃的要求较高强度的铆钉，可替代2A01、2B12、2A11、2A12等合金
	2A11	LY11	一般称为标准硬铝，中等强度，点焊性良好，以其作焊料进行气焊及氩弧焊时有裂纹倾向，可热处理强化，在淬火和自然时效状态下使用，耐腐蚀性不高，多采用包铝、阳极氧化和涂料作表面防护，退火态切削性不好，淬火时尚好	用做中等强度的零件，空气螺旋桨叶片，螺栓胡钉等，用做铆钉应在淬火后2h内使用
	2A12	LY12	高强度硬铝，电焊焊接性良好，氩弧焊及气焊有裂纹倾向，退火状态切削性尚可，可作热处理强化，耐腐蚀性差，常用包铝、阳极氧化及涂料提高耐腐蚀性	用来制造高负荷零件，其工作温度在150℃以下的飞机骨架、框隔、翼梁、翼肋、蒙皮等
	2A06	LY6	高强度硬铝、点焊焊接性与2A12相似，氢弧焊较2A12好，耐腐蚀性也与2A12相同，加热至250℃以下其晶间腐蚀倾向较2A12小，可进行淬火和时效处理，其压力加工、切削性与2A12相同	可作为150～250℃工作条件下的结构板材，但对于淬火自然时效后冷作硬化的板材，不宜在高温长期加热条件下使用
	2A16	LY16	属耐热硬铝，即在高温下有较高的蠕变强度，合金在热态下有较高的塑性；无挤压效应切削性良好，可热处理强化，焊接性能良好，可进行点焊、滚焊和氩弧焊，但焊缝腐蚀稳定性较差，应采用阳极氧化处理	用于在高温下（250～350℃）工作的零件，如压缩机叶片圆盘，及焊接件，如容器

3）超硬铝：主要为 Al－Cu－Mg－Zn 系合金，含有少量的铬和锰。牌号有 7A03、7A04、7A10 等。锌、铜、镁与铝可形成固溶体和多种复杂的第二相（例如 $MgZn_2$、Al_2CuMg、AlMgZnCu 等），合金经固溶处理和人工时效后，可获得很高的强度和硬度，抗拉强度可达 620MPa 左右。但这类合金的耐腐蚀性较差，高温下软化快。用包铝法可提高其耐腐蚀性。主要用来制造受力大的重要结构件，如飞机大梁、起落架等。常见牌号、特性和用途可详见表 4—6。

表 4—6　超硬铝合金加工产品的牌号、性能特点与用途

类别	牌号		性能特点	用途
	新	旧		
超硬铝	7A03	LC3	铆钉合金，淬火人工时效状态可以铆接，可热处理强化，抗剪强度较高，耐腐蚀性和切削性能尚好，铆钉铆接时，不受热处理后时间限制	用做承力结构铆钉，工作温度在125℃以下，可作 2A10 铆钉合金代用品
	7A04	LC4	系高强度合金，在刚淬火及退火状态下塑性尚可，可热处理强化，通常在淬火人工时效状态下使用，这时强度较一般硬铝高很多，但塑性较低，合金点焊焊接性良好，气焊不良，热处理后可切削性良好，但退火后的可切削性不佳	用于制造主要承力结构件，如飞机上的大梁、加强框、蒙皮、翼肋、接头、起落架等
	7A09	LC9	属高强度铝合金，在退火和刚淬火状态下的塑性稍低于同样状态的 2A12、稍优于 7A04，板材的静疲劳、缺口敏感、应力腐蚀性能优于 7A04	制造飞机蒙皮等结构件和主要受力零件
	7A10	LC10	属 Al－Cu－Mg－Zn 系合金	主要生产板材、管材和锻件等，用于纺织工业及防弹材料

4）锻铝：锻铝合金为 Al－Mg－Si－Cu 或 Al－Cu－Mg－Ni－Fe 等系合金。牌号有 6A02、2A70、2A80、2A14 等，合金元素的种类多但用量少，有良好的热塑性、铸造性能和锻造性能，并有较高的机械性能。主要用于制造承受中等载荷、要求高塑性和高耐腐蚀性，且形状复杂的锻件和模锻件，常见牌号、特性和用途可详见表 4—7。

表 4—7　锻铝合金加工产品的牌号、性能特点与用途

类别	牌号		性能特点	用途
	新	旧		
锻铝	6A02	LD2	具有中等强度，退火和热态下有高的可塑性，淬火自然时效后塑性尚好，且这种状态下的耐腐蚀性可与 5A20、3A21 相比，人工时效状态合金具有晶间腐蚀倾向，可切削性淬火后尚好，退火后不好，合金可点焊、氢原子焊、气焊	制造承受中等载荷、要求高塑性和高耐腐蚀性，且形状复杂的锻件和模锻件，如发动机曲轴箱、直升飞机桨叶
	6B02	LD2－1	系 Al－Mg－Si 系合金，与 6A02 相比其晶间腐蚀倾向要小	多用于电子工业装箱板及各种壳体等
	6070	LDZ2	系 Al－Mg－Si 系合金，由美国的 6070 合金转化而来，其耐腐蚀性很好，焊接性能良好	可用于制造大型焊接结构件、高级跳水板等

（续前表）

类别	牌号		性能特点	用途
	新	旧		
锻铝	2A50	LD5	热态下塑性较高，易于锻造、冲压。强度较高，在淬火及人工时效时与硬铝相近，工艺性能较好，但有挤压效应，因此纵横向性能差别较大，耐腐蚀性较好，但有晶间腐蚀倾向，切削性良好，接触焊、滚焊良好，但电弧焊、气焊性能不佳	用于制造要求中等强度且形状复杂的锻件和冲击件
	2B50	LD6	性能、成分与2A50相近，可互换通用，但热态下其可塑性优于2A50	制造形状复杂的锻件
	2A70	LD7	热态下具有高的可塑性，无挤压效应，可热处理强化，成分与2A50相近，但组织较2A80要细，热强性及工艺性能比2A80稍好，属耐热锻铝，其耐腐蚀性、可切削性尚好，接触焊、滚焊性能良好，电弧焊及气焊性能不佳	用于制造高温环境下工作的锻件，如内燃机活塞及一些复杂件如叶轮，板材制造高温下的焊接冲压结构件
	2A80	LD8	热态下可塑性较低，可进行热处理强化，高温强度高，属耐热锻铝，无挤压效应，焊接性与LD7相同，耐腐蚀性，可切削性尚好，有应力腐蚀倾向	用途与2A70相近
	2A90	LD9	有较好热强性，热态下可塑性尚好，可热处理强化，耐腐蚀性、焊接性和切削性与2A70相近，是一种较早应用的耐热锻铝	用途与2A70、2A80相近，且渐被2A70、2A80所代替
	2A14	LD10	与2A50相比，含铜量较高，因此强度较高，热强性较好，热态下可塑性尚好，可切削性良好，接触焊、滚焊性能良好，电弧焊和气焊性能不佳，耐腐蚀性不高，人工时效状态时有晶间腐蚀倾向，可热处理强化，有挤压效应，因此纵横向性能有所差别	用于制造承受高负荷和形状简单的锻件

(2) 铸造铝合金。

根据图12—1铝合金相图，凡位于D点成分以右的合金，因含有共晶组织，液态流动性较高，适用于铸造，所以称为铸造铝合金。

铸造铝合金按照主要合金元素的不同，可分为四类：铸造铝硅合金、铸造铝铜合金、铸造铝镁合金、铸造铝锌合金，常见牌号、特性和用途可详见表4—8。

表4—8　常见铸造铝合金的牌号、性能特点与用途

类别	新牌号（旧）	主要特点	典型应用
铸造铝硅合金	ZAlSi12 (ZL102)	铸造性能好，有集中缩孔，吸气性大，需变质处理，耐腐蚀性、焊接性好，可切削性差，不能热处理强化，强度不高，耐热性较低	适用铸造形状复杂，耐腐蚀性和气密性高，承受较低载荷，≤200℃的薄壁零件，如仪表壳罩、盖，船舶零件等
	ZAlSi5CulMg (ZL105)	铸造性能和气密性良好，无热裂倾向，熔炼工艺简单，不需变质处理，可热处理强化，强度高，塑性、韧性低，焊接性能和切削性能良好，耐热性、耐腐蚀性能一般	在航空工业中应用广泛，铸造形状复杂，承受较高静载荷，<225℃的零件，如气缸体、盖，发动机曲轴箱等

(续前表)

类别	新牌号（旧）	主要特点	典型应用
铸造铝硅合金	ZAlSi12Cu2Mg1（ZL108）	密度小，热膨胀系数小，热导率高，耐热性好，铸造性能优良，气密性高，线收缩小，可得到尺寸精确铸件，无热裂倾向，强度高，耐磨性好，需变质处理	常用的活塞铝合金，用于铸造汽车、拖拉机的活塞和其他工作温度低于250℃的零件
铸造铝铜合金	ZAlCu5Mn（ZL201）	铸造性能不好，热裂、缩孔倾向大，气密性低，可热处理强化，室温强度高，韧性好，耐热性能高，焊接快，切削性能好，耐腐蚀性能差	工作温度在300℃以下承受中等负载，中等复杂程度的飞机受力铸件，亦可用于低温承力件，用途广泛
	ZAlCu4（ZL203）	典型Al-Cu二元合金，铸造性能差，热裂倾向大，不需变质处理，可热处理强化，有较高的强度和塑性，切削性好，耐热性一般，人工时效状态耐腐蚀性差	形状简单，中等静载荷或冲击载荷，工作温度低于200℃的小零件，如支架、曲轴等
	ZAlRE5Cu3Si2（ZL207）	含有4.4%～5.0%混合稀土，是Al-RE-Cu系合金，耐热性高，可在300～400℃下长期工作，铸造性能和气密性良好，热裂倾向小，不能热处理强化，室温力学性能较低，焊接性能好，耐腐蚀能力低于Al-Si，Al-Mg系，而优于Al-Cu系合金	耐热性最好的铸造铝合金。适于铸造形状复杂，在300～400℃长期工作，承受气压和液压的零件
铸造铝镁合金	ZAlMg10（ZL301）	典型Al-Mg二元合金，铸造性能差，气密性低，熔炼工艺复杂，可热处理强化，耐热性不高，有应力腐蚀倾向，焊接性差，可切削性能好，其最大优点是耐大气和海水腐蚀	承受高静载荷或冲击载荷，工作温度低于200℃、长期在大气或海水中工作的零件，如水上飞机、船舶零件
	ZAlMg5Si1（ZL303）	铸造性能较ZL301好，耐腐蚀性能良好，可切削性为铸造铝合金中最佳者，焊接性能好，热处理不能明显强化，室温力学性能较低，耐热性一般	低于200℃承受中等载荷的耐腐蚀零件，如海轮配件，航空或内燃机车零件
铸造铝锌合金	ZAlZn11Si7（ZL401）	铸造性能优良，需进行变质处理，在铸态下具有自然时效能力，不经热处理可达到高的强度，耐热，焊接性和切削性优良，耐腐蚀性低，可采用阳极化处理以提高耐腐蚀性能	适于大型、形状复杂、承受高静载荷、工作温度不超过200℃的铸件，如汽车零件，仪表零件，医疗器械、日用品等
	ZAlZn6Mg（ZL402）	铸造性能良好，铸造后有自然时效能力，较高的力学性能，耐腐蚀性能良好，耐热性能低，焊接性一般，可加工性能良好	高静载荷或冲击载荷、不能进行热处理的铸件，如空气压缩机活塞，精密仪表零件等

1）铸造铝硅合金（硅铝明）：分简单硅铝明和复杂硅铝明，是航空业应用最广的材料。

简单硅铝明：牌号ZAlSi12（ZL102），含10%～13%Si，铸造后几乎全部得到由粗针状硅晶体和固溶体构成的共晶体组织（α+Si）。

复杂硅铝明：牌号有ZL101、ZAlSi5Cu1Mg（ZL105）、ZL104和ZAlSi12Cu2Mg1（ZL108）等，在合金中加入一些能形成强化相$CuAl_2$（θ相）、Mg2Si（β相）、Al2CuMg（s相）的Cu、Mg等元素，以获得能进行时效硬化的特殊硅铝明。

2）铸造铝铜合金：牌号有ZAlCu5Mn（ZL201）、ZAlCu4（ZL203）、ZAlRE5Cu3Si2（ZL207）等。Al－Cu合金的强度较高，耐热性好，但铸造性能不好，有热裂和疏松倾向，耐腐蚀性较差。

3）铸造铝镁合金：牌号有ZAlMg10（ZL301）、ZAlMg5Si1（ZL303）等。强度高，密度小（为$2.55\times10^3kg/m^3$），有良好的耐腐蚀性，但铸造性能不好，耐热性低。可进行时效处理（自然时效），用于制造承受冲击载荷，在腐蚀性介质中工作的，外形不太复杂的零件。

4）铸造铝锌合金：牌号有ZAlZn11Si7（ZL401）、ZAlZn6Mg（ZL402）等。价格便宜，铸造性能优良，经变质处理和时效处理后强度较高，但耐腐蚀性差，热裂倾向大，用于制造汽车、拖拉机的发动机零件及形状复杂的仪器元件。

4.1.2 钛及钛合金

4.1.2.1 概述

1. 钛及钛合金的性能特点

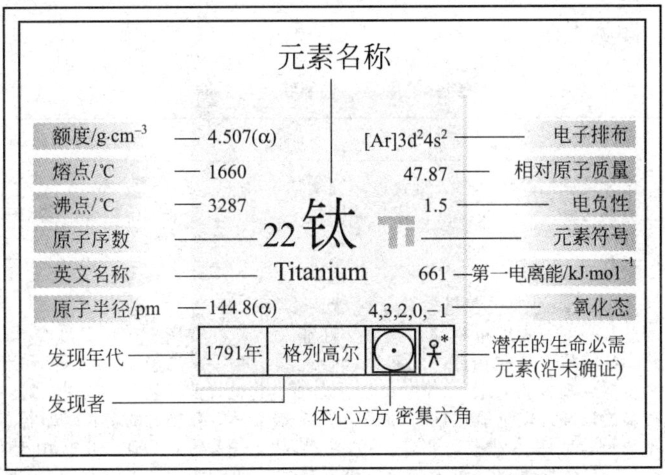

（1）物理性能：纯钛是一种银灰色的轻金属，熔点为1660℃，密度小（只有$4.5g/cm^3$）；钛的导热性和导电性能较差，近似或略低于不锈钢，钛具有超导性，是顺磁性物质，有同素异构转变。钛在固态有两种结构，882.5℃以下为密排六方晶格，称α－Ti；882.5℃以上直到熔点为体心立方晶格，称β－Ti。

（2）化学性能：良好的化学稳定性。

钛在大气和海水中有优良的耐腐蚀性，在硫酸、盐酸、硝酸、氢氧化钠等介质中都很稳定，具有优异的抗酸碱腐蚀性能；钛的抗氧化能力优于大多数奥氏体不锈钢。

（3）力学性能：纯钛有良好的塑性（高纯钛$\delta=50\%\sim60\%$，$\psi=80\%$），但强度低。钛中杂质的存在，对其机械性能影响极大，因而钛合金具有高的强度和硬度，强密比（比强度）很高。耐高温及良好的低温韧性，在－253～500℃宽的温度范围内能保持高强度，耐冲击。

（4）工艺性能：纯钛有良好的塑性成形性能和焊接性，易于压力加工成形；而钛合金加工硬化较强烈，切削加工性较差；可焊接，β型和α+β型钛合金可热处理强化。不同的钛合金其工艺性能有一定差异。液态钛几乎能溶解所有的金属，因此可以和多种金属形成合金。钛加入钢中制得的钛钢坚韧而富有弹性。可提高耐腐蚀性，可细化晶粒等。

2. 钛及钛合金的种类和牌号表示方法

(1) 纯钛牌号：用 TA+序号表示，序号有 0、1、2、3。数字越大，杂质含量越高。

(2) 钛合金牌号：

根据使用状态的组织，钛合金可分为三类：α钛合金、β钛合金和（α+β）钛合金。

◆ α钛合金牌号：用 TA+序号表示，序号有 4、5、6、7、8、9、10。

◆ β钛合金牌号：用 TB+序号表示，序号有 1、2、3、4。

◆（α+β）钛合金牌号：用 TC+序号表示，序号有 1～12。

4.1.2.2 钛及钛合金的种类和应用

1. 纯钛

纯钛提纯工艺复杂，生产成本高。一般分为化学纯钛（碘法钛）和工业纯钛。常见牌号、特性和用途可详见表 4—9。

表 4—9　纯钛的牌号、性能特点与用途

分类	牌号	性能特点	用途举例
化学纯钛（碘法钛）	TA0	化学纯钛是以碘化物法所获得高纯度钛，又称腆法钛，其主要特性：化学性能稳定，强度低	工业中应用较少，多用于科学试验等工作中
工业纯铁	TA0 TA1 TA2 TA3	工业纯钛的杂质含量较化学纯钛要多，因此其强度、硬度也稍高，其力学性能及化学性能与不锈钢相近，比起钛合金纯钛强度低、塑性好，且可焊接、切削加工、耐腐蚀较好，在抗氧化性方面优于奥氏体不锈钢，但耐热性差，TA1、TA2、TA3杂质含量依次增高，机械强度、硬度依次增强，但塑性、韧性依次下降	主要用于工作温度在 350℃以下，受力不大，但要求高塑性的冲压件和耐腐蚀结构零件，如飞机骨架、蒙皮、船用阀门、管道、海水淡化装置等，化工上的泵、冷却器、搅拌器、蒸馏塔、叶轮等等。TA1、TA2 由于有良好的低温韧性及低温强度，可作为 253℃以下低温结构材料

2. 钛合金

合金元素溶入α-Ti中，形成α固溶体，溶入β-Ti中形成β固溶体。α稳定化元素有铝、碳、氮、氧、硼等，它们使同素异构转变温度升高。β稳定化元素有铁、钼、镁、铬、锰、钒等，它们使同素异构转变温度下降。

(1) α钛合金。

钛中加入铝、硼等α稳定化元素可获得α钛合金，此类合金不能热处理强化，主要依靠固溶强化，提高力学性能，室温下其强度低于β型和α+β型铁合金，但在 500～600℃其高温强度是三类钛合金中最好的，α型铁合金还具有组织稳定，抗氧化性、耐腐蚀性、抗蠕变性好，焊接性及切削加工性良好，塑性低，压力加工性较差等特点。常见牌号、成分和用途可详见表 4—10。

表 4—10　　α钛合金的牌号、成分与用途

分类	牌号	化学成分	用途举例
α型钛合金	TA4	Ti-3Al	可用做中等强度范围的结构材料
	TA5 TA6	Ti-4Al-0.005B Ti-5Al	400℃以下腐蚀性介质中工作的零件及焊接件如：飞机蒙皮、骨架零件、压气机叶片等
	TA7	Ti-5Al-2.5Sn	500℃以下长期工作的结构件及模锻件，也是一种优良的超低温材料，可用于制造导弹的燃料罐、超声速飞机的涡轮机匣等
	TA8		可用于制造500℃以下长期工作的零件，如压气机盘及叶片，由于组织稳定性较差，使用受到一定限制

（2）β钛合金。

钛中加入钼、铬、钒等β稳定化元素得到β钛合金。钛合金有较高的强度、优良的冲压性能，并可通过淬火和时效进行强化。在时效状态下，合金的组织为β相和弥散分布的细小α相粒子。焊接性、压力加工性良好，但性能不稳定，且熔炼工艺复杂。常见牌号、成分和用途可详见表 4—11。

表 4—11　　β钛合金的牌号、成分与用途

分类	牌号	化学成分	用途举例
β钛合金	TB1	Ti-3Al-8Mo-11Cr	主要用于350℃以下工作的零件，如压气机叶片、轴、轮盘等重载的回转件及飞机构件（见图 4—5）等
	TB2	Ti-5Mo-5V-8Cr-3Al	

（3）（α+β）钛合金。

钛中主要加入α稳定化元素，再加入一些β稳定化元素所得到的（α+β）钛合金，塑性良好，容易锻造、压延和冲压，TC1、TC2、TC7不能热处理强化，其他可通过淬火和时效进行强化。热处理后强度可提高50%～100%。可切削加工，室温强度高，在150～500℃以下有较好的耐热性、综合力学性能良好。常见牌号、成分和用途可详见表 4—12。

图 4—5　螺旋桨构件

表 4—12　　α+β钛合金的牌号、成分与用途

分类	牌号	化学成分	用途举例
α+β型钛合金	TC1 TC2	Ti-2Al-1.5Mn Ti-3Al-1.5Mn	400℃以下工作的冲压件、焊接件及模锻件，也可用做低温材料
	TC3 TC4	Ti-5Al-4V Ti-6Al-4V	400℃以下长期工作的零件、结构锻件、各种容器、泵、低温部件、坦克履带、舰船耐压壳体，TC4是α+β型钛合金中产量最多，应用最广的一种
	TC6	Ti-6Al-1.5Cr-2.5Mo-0.5Fe-0.3Si	450℃以下使用，可作飞机发动机结构材料
	TC7 TC9	Ti-6.5Al-3.5Mo-2.5Sn-0.3Si	500℃以下长期使用的零件，如飞机发动机叶片等
	TC10	Ti-6Al-6V-2Sn-0.5Cu-0.5Fe	450℃以下长期工作的零件，如飞机结构件、起落支架、导弹发动机外壳、武器结构件等

4.1.3 镁及镁合金

4.1.3.1 概述

1. 镁及镁合金的性能特点

纯镁有金属光泽，呈亮白色，镁合金的外观及触摸质感极佳，使产品更具豪华感；纯镁密度小（只有 1.738g/cm³），熔点是 650℃，沸点为 1090℃。在空气中加热时，金属镁在 632～635℃开始燃烧。因此决定了镁的制备及合金冶炼工艺比较复杂；镁具有良好的导热性和电磁屏蔽性，对手机及电脑能提供优越的抗电磁保护作用；镁具有高的比强度、比刚度及高阻尼减振性，在相同载荷下，减振性是铝的 100 倍，钛合金的 300～500 倍；可回收性好。另外还具有良好的塑性、可加工性、焊接性和耐腐蚀性等。

2. 镁及镁合金的牌号表示方法

(1) 国内旧牌号：用 MB＋序号表示，M 为纯镁，MB 为变形镁合金，ZM 为铸造镁合金。牌号后缀状态代号，如 M—退火态；R—热加工状态；Y—加工硬化状态；C—淬火状态；CZ—淬火、自然时效状态；CS—淬火、人工时效状态。新旧原始状态代号的对照见表 4—13。

表 4—13　　新旧原始状态代号对照表（GB/T 16475—1996）

旧代号	新代号	旧代号	新代号	旧代号	新代号	旧代号	新代号	旧代号	新代号
M	O	Y2	HX4	CS	T6	MCS	T62	CGS3	T74
R	H112 或 F	Y4	HX2	T	HX9	MCZ	T42	RCS	T5
Y	HX8	T	HX9	CZY	T0	CGS1	T73	CSY	TX51
Y1	HX6	CZ	T4	CSY	T9	CGS2	T76	CSY	TX52

注：原以 R 状态交货的，提供 CZ、CS 试样性能的产品，其状态可分别对应新代号 T62、T42。

(2) 美国 ASTM 标准牌号：是目前市场上应用较多的牌号表示方法。

用加入的合金元素字母代号＋数字组＋A（B、C）表示，合金元素字母代号见表 4—14；数字组表示合金编号；A、B、C 字母表示对杂质含量有不同要求。例如：AM60A、AS41A、AZ91C。

表 4—14　　合金元素字母代号及名称

代号	名称	代号	名称	代号	名称	代号	名称	代号	名称
A	铝	E	稀土	K	锆	P	铅	T	锡
B	铋	F	铁	L	锂	Q	银	Y	锑
C	铜	G	镁	M	锰	R	铬	Z	锌
D	镉	H	钍	N	镍	S	硅		

3. 镁及镁合金的应用领域

镁是继钢铁、铝之后的第三大金属工程材料，被誉为“21 世纪绿色工程材料”，具有许多优良的性能，镁合金的应用主要在航空工业、交通运输业、3C 产品、铸造、化工电子、通信、仪器、机械制造、交通、蓄能材料、建筑装饰、球墨铸铁、焰火、军事照明弹及镁阴极保护防腐蚀材料等领域。用此材料加工制造的产品可 100%回收再利用，符合环保概念。

航空航天：镁合金主要用于航空发动机零件、飞机壁板、汽油和润滑油系统零件、油箱隔板、油泵壳体等，这些零件使用镁合金材料减重带来了燃油费用的大幅节省。

交通运输业：因为镁合金的轻质耐振性能，在自行车、汽车、摩托车等领域得到广泛应用。镁合金材料用于制造汽车变速箱和离合器壳、摩托车发动机部件、自行车轮毂和框架等。

3C 产品（是指通信、电脑、消费类电子三类产品的简称）：3C 产品是当今全球发展最为快速的产业，在 3C 产品朝着轻、薄、短、小、高集成化方向发展趋势的推动下，镁合金材料越来越多地应用于笔记本电脑、PDA、手机、MP3 播放器等的外壳制造。

4.1.3.2 镁及镁合金的种类和应用

1. 纯镁

镁粉是当今世界高科技领域发展较快，用途较广的有色金属材料，国内外主要用于国防工业：如火箭头、导弹点火头、航天器元部件及照明弹等；用于冶金工业的铸造、钢铁脱硫；还可用于制造香精、单晶硅、制药等其他工业中。

2. 镁合金

按化学成分可分成镁—锰系、镁—铝—锌系、镁—锌—锆系等合金。按加工状态也可分为变形镁合金和铸造镁合金。常见牌号、成分和用途可详见表 4—15。

表 4—15　　常见镁合金的牌号、性能特点与用途

类别	牌号		性能特点	用途
	新	旧		
镁锰系镁合金	M2M	MB1	这类合金强度较低，但有良好的耐腐蚀性，在镁合金中它的耐腐蚀性能最好，在中性介质中无应力腐蚀破裂倾向；室温塑性较低，高温塑性高，可进行轧制、挤压和锻造；不能热处理强化；焊接性能良好，易于用气焊、氩弧焊、点焊等；有良好的可加工性，与 MB1 相比，MB8 的强度较高，且有较好的高温性能。	用于制造承受力不大，但要求焊接性和耐腐蚀性好的零件如汽油和润滑油系统的附件等
	ME20M	MB8		常用来代替 MB1，其板材可制飞机蒙皮、壁板及内部零件，板材和管材可制造汽油和润滑油系统的耐腐蚀零件，模锻件可制造外形复杂的零件
镁铝锌系镁合金	AZ40M	MB2	这类合金强度高，可热处理强化；铸造性能良好，耐腐蚀性较差，MB2 和 MB3 的应力腐蚀破裂倾向较小，而 MB5、MB6、MB7 的应力腐蚀破裂倾向较大。可加工性良好；热塑性以 MB2 和 MB3 合金为佳，可加工成板材、棒材、锻件等各种模材。MB6、MB7 的热塑性较低，主要用做挤压件和锻材。MB2 和 MB3 合金焊接性较好，可气焊和氩弧焊；MB5 焊接性低，MB7 焊接性尚好，但需进行消除应力退火。	用于制造形状复杂的锻件、模锻件及中等载荷的机械零件
	AZ41M	MB3		用做飞机内部组件、壁板
	AZ61M	MB5		主要用于制造承受较大载荷的零件
	AZ62M	MB6		主要用于制造承受较大载荷的零件
	AZ80M	MB7		可代替 MB6，用做承受高载荷的各种结构零件
	ZK61M	MB15	具有较高的强度和良好的塑性及耐腐蚀性，是目前应用最多的变形镁合金之一。无应力腐蚀破裂倾向，热处理工艺简单，可加工性良好，能制造形状复杂的大型锻件，但焊接性能差	用做室温下承受高载荷和高屈服强度的零件，如机翼长桁、翼肋等，零件的使用温度不能超过 150℃

4.2 重有色金属材料

本单元学习目标

★ 重有色金属的分类，镍、锌及其合金的性能特点。

★★ 镍、锌及其合金的种类、典型牌号和用途。

★★★ 铜、镍、锌及其合金牌号的表示方法。

★★★★ 铜及其合金的性能特点、种类、典型牌号和用途。

注：★了解。★★理解。★★★掌握。★★★★重点掌握。

重有色金属材料是指密度大于 4.5g/cm^3 的有色金属材料，如铜、锌、铅、镍、锡、锌、钴、镉等纯金属及其合金。本章只重点介绍铜及铜合金及轴承合金。

4.2.1 铜及铜合金

4.2.1.1 概述

1. 铜及铜合金的性能特点

(1) 物理性能：铜色泽美观，熔点为 1083℃，具有面心立方晶格，没有同素异构转变。密度为 8.98g/cm^3；导电性、导热性好，仅次于银；磁化率极低，属于抗磁材料。

(2) 化学性能：铜及铜合金对大气和水的抗腐蚀能力很高。但纯铜在含有二氧化碳的湿空气中表面将产生 $CuCO_3 \cdot Cu(OH)_2$ 或 $2CuCO_3 \cdot Cu(OH)_3$ 的绿色铜膜，称为铜绿。

(3) 力学性能：良好的塑性（纯铝 $\delta=35\sim50\%$，$\psi=80\%$）和韧性，硬度和强度不如钢，具有某些特殊机械性能，如优良的减摩性和耐磨性（如青铜及部分黄铜），高的弹性极限和疲劳极限（如铍青铜等）。

(4) 工艺性能：良好的加工及成形性能。容易冷、热成形；铸造铜合金有很好的铸造性能，可锻造、切削加工；可焊接、铆接；可以加工硬化和热处理强化。

由于以上优良性能，铜及铜合金在电子电气工业、仪器仪表工业、造船工业及机械制造工业等行业获得了广泛的应用。

2. 铜及铜合金的分类和牌号表示方法

(1) 纯铜牌号：工业纯铜：用 T+序号表示，有 T1 (99.95%)、T2 (99.90%)、T3 (99.70%)。

无氧铜：用 TU+序号表示，有 TU0 (99.99%)、TU1 (99.97%)、TU2 (99.95%)。

磷脱氧铜：用 TP+序号表示，有 TP1 (99.90%)、TP2 (99.85%)。

(2) 铜合金牌号：根据加入合金元素的不同，分为黄铜、青铜和白铜。

普通黄铜：用 H+铜百分含量（质量分数）来表示，如 H90、H70 等。“H”表示黄铜。

复杂黄铜：用 H（黄）+第一添加合金元素符号+铜质量分数+第一添加合金元素质量分数+第二添加合金元素质量分数来表示，余数为锌的含量。如 HAl59-3-2。（第一添加合金元素是指在普通黄铜即铜和锌二元合金的基础上添加的第一合金元素）。

青铜：用 Q（青）+第一添加合金元素符号及其含量+辅加元素含量来表示，

如 QAl5。

普通白铜：用 B（白）＋镍的质量分数来表示，如 B30。

特殊白铜：用 B（白）＋其他合金元素符号＋镍的质量分数＋其他合金元素质量分数来表示，如 BMn3 - 12。

(3) 铸造铜合金牌号的表示方法。

铸造黄铜合金：用 ZCuZn＋Zn 百分含量（质量分数）＋其他合金元素符号及其含量来表示。例如：ZCuZn16Si4（16 - 4 硅黄铜）、ZCuZn31Al2（31 - 2 铝黄铜）、ZCuZn40Mn2 等。

铸造青铜合金：用 ZCu＋第一添加合金元素符号及其含量＋其他合金元素符号及其含量来表示。例如：ZCuSn10Pb1（10 - 1 锡青铜）、ZCuAl9Mn2（9 - 2 铝青铜）、ZCuPb15Sn8 等。

如有后缀的状态代号应与有色金属状态代号含义一致。

4.2.1.2 铜和铜合金的种类和应用

1. 纯铜

纯铜是玫瑰红色金属，表面形成氧化铜膜后，外观呈紫红色，故常称为紫铜。按其纯度和生产方法不同分为工业纯铜、无氧铜和磷脱氧铜。一般用于制作电导体、管件及配制合金等。纯铜的强度低，不宜作结构材料。常用纯铜的牌号、性能特点与用途见表 4—16。

表 4—16　国内常用纯铜的牌号、性能特点与用途

牌号	性能特点	用途举例
T1 T2	有良好的导电、导热、耐腐蚀和加工性能，含降低导电、导热性的杂质较少，可以焊接和钎焊，但微量的氧易引起“氢病”，因此不宜在高于 370℃环境中加工（如退火焊接等）和使用	常用做导电、导热、耐腐蚀器材，如导线、电缆、蒸发器、储藏器等
T3	与 T1、T2 相比，含降低导电、导热的杂质多，含氧量更高，更易引起“氢病”，不能在高温还原性环境中应用、加工	仅用做一般铜材，如电气开关、垫、钉、油管及其他管件
TU1 TU2	纯度高，导电、导热性极好，几乎无“氢病”，加工性能和焊接、耐腐蚀、耐寒性均好	多用做电真空仪器仪表器材
TP1 TP2	焊接、冷弯性能好，可在还原性环境中加工、使用，但不宜在氧化环境中加工、使用，TP1 的导电、导热性比 TP2 好	主要以管材供应，偶尔也有以棒、板、带、线供应，多用来制造各种输送管、冷凝管、蒸发器、热交换器等

(1) 工业纯铜：铜含量为 99.95%～99.70%，牌号有 T1、T2、T3。

(2) 无氧铜：铜含量为 99.99%～99.95%，牌号有 TU0、TU1、TU2。

(3) 磷脱氧铜：铜含量为 99.90%～99.85%，牌号有 TP1、TP2。

2. 黄铜

黄铜是铜锌合金或以锌为第一主添加合金元素的铜合金。黄铜具有良好的塑性和耐腐蚀性，良好的变形加工性能和铸造性能，在工业中有很重要的应用价值。按化学成分的不同，黄铜可分为普通黄铜和特殊黄铜两类。

（1）普通黄铜。

普通黄铜是铜锌二元合金。随含锌量的增加，其色泽由金红向黄、金黄、白色逐渐变化。图 4—6 是 Cu－Zn 合金相图。α 相是锌溶于铜中的置换固溶体，具有面心立方晶格，塑性好，适于进行冷、热加工，并有优良的铸造和焊接性能。β 相是以电子化合物 CuZn 为基的固溶体，具有体心立方晶格，塑性好。当温度在 456～468℃以下时，转变为有序固溶体 β′，性能硬而脆。γ 相是以电子化合物 $CuZn_3$ 为基的固溶体，六方晶格，塑性较差，当温度低于 270℃时，转变为有序固溶体 γ′，硬而脆。Zn 对黄铜机械性能的影响很大。当 Zn 含量小于 30%～32%时，为单相 α 固溶体，强度和塑性较高；当 Zn 含量大于 32%时，为双相 α＋β′，塑性降低，强度和硬度提高，Zn 含量等于 45%时，强度最大；当 Zn 含量大于 47%时，为双相 β′＋γ′，强度和塑性急剧降低，使用价值大大降低，因此普通黄铜含锌量一般不超过 47%，见图 4—7。

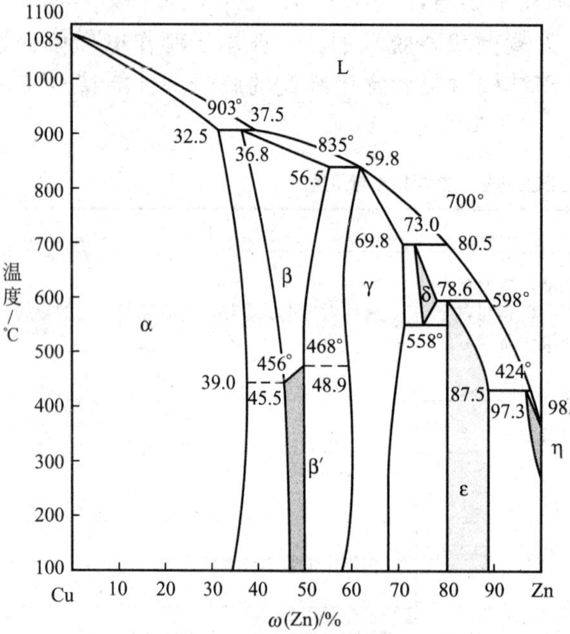

图 4—6　Cu－Zn 合金相图

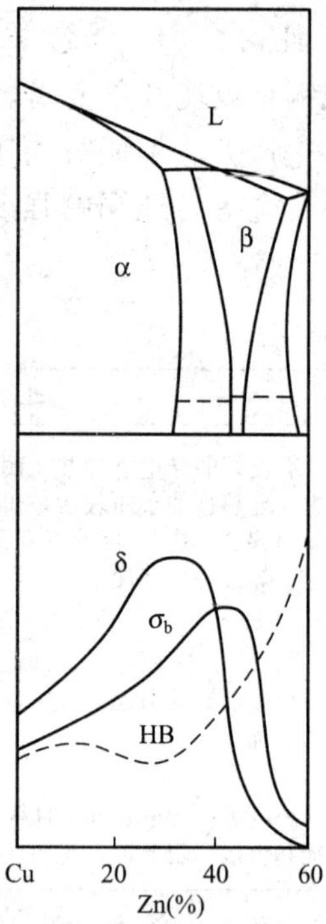

图 4—7　力学性能与 Zn%的关系

α 单相黄铜（冷加工）：100%～62.4%Cu，良好的冷、热加工性，塑性很好，常用的有 H80、H70、H68 等。适于制作冷轧板材、冷拉线材、管材及形状复杂的深冲零件。由于冷加工产生残余应力，在含氨气或二氧化硫等介质的环境中，会产生沿晶或穿晶破裂。此现象称为应力腐蚀破裂或季节裂纹（季裂），可用低温退火消除。

α＋β 双相黄铜（热加工）：56.0%～62.4%Cu，良好的热加工性，常用的有 H59、H62 等。通常热轧成棒材、板材。可铸造，强度较高。

常见普通黄铜牌号、性能特点与用途见表 4—17。

表 4—17　　普通黄铜合金加工产品的牌号、性能特点与用途

牌号	性能特点	用途举例
H96	强度低（但比紫铜高），导热、导电性好，在大气及淡水中耐腐蚀性好、塑性好，易于冷、热压力加工，易于焊接及锻造和镀锡，无应力腐蚀破裂倾向	一般用途的导管、冷凝管、散热管（片）及导电片等
H90	和 H96 性能类似，强度稍高，可镀金属及涂敷珐琅，被称为金色黄铜	各种给排水管，双金属片及奖章、艺术品等
H85	强度较高，塑性良好，适合冷、热加工，焊接性及耐腐蚀性良好	冷凝和散热用管、蛇形管、虹吸管、冷却设备制件
H80	和 H85 性能类似，强度较高，塑性也较好、耐腐蚀性较高	薄壁管、皱纹管、造纸网及房屋建筑用品
H70	塑性优良，强度较高，切削加工性好，焊接、耐腐蚀性好，又称“三七”黄铜，弹壳黄铜	变换器，造纸用管，机械、电子用零件，弹壳、套管和复杂深冲零件
H68 H68A	性能与 H70 极相似，但冷作时有“季裂”倾向，是黄铜中用途最广泛的一种。H68A 是 H68 中加微量砷，以提高耐腐蚀性	复杂的冷冲件和深冲件，如波纹管、套管
H65	性能介于 H68 与 H63 之间，有良好的力学性能，能承受冷、热加工	用于制作小五金、日用品、螺钉等零件
H63 H62	有良好的力学性能，热态下塑性良好，切削性良好，焊接性、耐腐蚀性良好，价格便宜	各种深引伸和弯折的受力件，如销钉、螺帽、气压表弹簧、散热件、环形件
H59	强度、硬度高而塑性差，可良好承受热压加工、耐腐蚀性一般，价格最低	一般机制零件、焊接件及热加工件

（2）复杂黄铜。

为了获得更高的强度、耐腐蚀性和良好的铸造性能，在铜锌合金中加入铝、铁、硅、锰、镍等元素，形成各种特殊黄铜。如铅黄铜、锡黄铜、铝黄铜、锰黄铜、硅黄铜等。

◆ 铅黄铜：铅改善切削加工性能，提高耐磨性，对强度影响不大，略微降低塑性。用于要求良好切削性能及耐磨性能的零件，如钟表零件等。常见牌号、性能与用途见表 4—18。

表 4—18　　铅黄铜加工产品的牌号、性能特点与用途

牌号	性能特点	用途举例
HPb63-3	切削加工性能优良，有高的减摩性能，不可热态加工，其他性能与 HPb59-1 相似	钟表结构件及汽车拖拉机零件
HPb63-0.1 HPb63-0.8	切削加工性略差，其他性能与 HPb63-3 相同	结构零件
HPb60-1	切削加工性好，强度高，其他性能与 HPb59-1 相似	高强度的结构零件
HPb59-1	是一种广泛应用的铅黄铜，具有良好的力学性能，且切削加工性好，可承受冷热压力加工，可钎焊和焊接，对一般性腐蚀有较好的抗力，但有腐蚀开裂倾向	适用于切削加工及冲压加工的各种零件，如垫片、衬套等

◆ 锡黄铜：锡显著提高黄铜在海洋大气和海水中的抗腐蚀性，并使强度提高。广泛用于制造舰船零件，如船舶热工设备和螺旋桨等，故称海军黄铜。常见牌号、性能与用途见表 4—19。

表 4—19　锡黄铜加工产品的牌号、性能特点与用途

牌号	性能特点	用途举例
HSn70-1	在大气、蒸汽、海水和油类里有高的耐腐蚀性，有良好的力学性能，在冷、热态压力加工性良好，可切削性尚好，可焊接易钎焊，但有腐蚀开裂倾向	多用于舰船上的耐腐蚀零件及与蒸汽、油类等介质接触的零件及导管
HSn62-1	力学性能及切削性能良好，只宜在热态下压力加工，在海水中的耐腐蚀性高，可焊接和钎焊，但有腐蚀开裂倾向	与海水接触的船舶零件或其他零件
HSn60-1	性能与 HSn62-1 相似	多以线材供应，用做船舶焊接用焊条
HSn90-1	性能与 H90 普通黄铜相似，但具有高的耐腐蚀性和减摩性，是唯一可用做减摩合金使用的锡青铜	船舶等用冷凝管及其他耐腐蚀零件

◆ 铝黄铜：铝提高黄铜的强度和硬度，但使塑性降低，改善在大气中的耐腐蚀性。制作海船零件及其他机器的耐腐蚀零件。铝黄铜中加入适量的镍、锰、铁后，还可得到高强度、高耐腐蚀性的复杂黄铜，制造大型蜗杆、海船螺旋桨等重要零件。常见牌号、性能与用途见表 4—20。

表 4—20　铝黄铜加工产品的牌号、性能特点与用途

牌号	性能特点	用途举例
HAl77-2	强度、硬度高，塑性良好，可在冷、热态下进行压力加工，海水中耐腐蚀性良好，但有腐蚀开裂倾向，是一典型的铝黄铜	船舶等用做冷凝管及其他耐腐蚀零件
HAl67-2.5	耐磨性好，对海水耐腐蚀性尚好，可在冷、热态下承受压力加工，对腐蚀开裂敏感，钎焊性不好	舰船抗蚀零件
HAl60-1.1	强度高，可在热态下承受压力加工，冷态下塑性略差，在大气、淡水、海水中耐腐蚀性好，腐蚀开裂敏感	用做各种耐腐蚀结构零件，如齿轮、轴、料套等
Hal59-3-2	强度高、耐腐蚀性非常好，在热态下压力加工性好，腐蚀敏感性较小	船舶业及发动机和其他常温下工作的高强度耐腐蚀件
HAl66-6-3-2	具有高强度、硬度及耐磨性，耐腐蚀性良好，但塑性较差，有腐蚀开裂倾向。多用做耐磨合金	大型蜗杆及重荷工作条件下的螺母，可代替 QAl10-4-4

◆ 其他黄铜：还有锰黄铜、硅黄铜、铁黄铜、镍黄铜等，硅能显著提高黄铜的机械性能、耐磨性和耐腐蚀性。硅黄铜具有良好的铸造性能，并能进行焊接和切削加工。锰能提高黄铜的强度，不降低塑性，也能提高在海水中及过热蒸汽中的耐腐蚀性。锰黄铜常用于制造海船零件及轴承等耐磨部件。黄铜中加入铁，同时加入少量的锰，可起到提高黄铜再结晶温度和细化晶粒的作用，使机械性能提高，同时使黄铜具有高的韧性、耐磨性及在大气和海水中优良的耐腐蚀性，因而铁黄铜可以用于制造受摩擦及受海水腐蚀的零件。镍可提高黄铜的再结晶温度和细化其晶粒，提高其机械性能和耐腐蚀性，降低应力腐蚀开裂

倾向。镍黄铜的热加工性能良好，在造船工业、电机制造工业中广泛应用。常见牌号、特性和用途可详见表 4—21。

表 4—21　　其他黄铜合金加工产品的牌号、性能特点与用途

类别	牌号	性能特点	用途
锰黄铜	HMn57-3-1	强度、硬度高，但塑性差，只宜在热态下进行压力加工，在大气、海水及蒸汽中耐腐蚀性好于普通黄铜，但有腐蚀开裂倾向	耐腐蚀的结构零件、海船零件及轴承等耐磨部件
	HMn58-2	力学性能良好，热态下压力加工性好，冷态下压力加工性尚可，导电、导热性低，在海水、蒸汽、氯化物中耐腐蚀性好，但有腐蚀开裂倾向，是一种应用较广的黄铜	耐腐蚀的重要零件及弱电工业用零件
	HMn55-3-1	性能相似于 HMn57-3-1	耐腐蚀结构件
铁黄铜	HFe59-1-1	强度高、韧性好，热态下塑性良好，减摩性能良好，在大气、海水中耐腐蚀性高，但有腐蚀开裂倾向	用来制造腐蚀状态下摩擦工作的结构零件
	HFe58-1-1	强度、硬度高，塑性差，只宜在热态下进行压力加工，切削性好，耐腐蚀性尚好，但有腐蚀开裂倾向	高强度耐腐蚀零件
硅黄铜	HSi80-3	力学性能良好，切削性良好，冷、热态下压力加工性好，易焊接和钎焊，耐磨性好，导电、导热性低，耐腐蚀性高，且无腐蚀开裂倾向	船舶用零件、蒸汽水管及管配件
镍黄铜	HNi65-5	力学性能良好，冷态及热态下压力加工性均很好，有高的耐腐蚀性和减磨性，导电、导热性低，价格较贵	压力表管、造纸网、船用冷凝管

（3）铸造黄铜合金。

常见牌号、特性和用途可详见表 4—22。

表 4—22　　常见铸造黄铜合金的牌号、性能特点与用途

类别	代号或牌号	铸造方法	力学性能		主要特征	用途举例
			σ_b/MPa	δ/%		
铸造黄铜	ZCuZn$_3$8	S J	295 295	30 30	良好的铸造性和可加工性；力学性能较高，可焊接，有应力腐蚀开裂倾向	一般结构件，如螺杆、螺母、法兰、阀座、日用五金等
铸铝黄铜	ZCuZn$_3$1Al2 YZCuZn$_3$0Al3	S J	295 390	12 15	铸造性能良好，在空气、淡水、海水中耐腐蚀性较好，易切削，可焊接	适于压力铸造，如电机、仪表压铸件及造船和机械制造业的耐腐蚀
铸锰黄铜	ZCuZn40Mn2	S J	345 390	20 25	有较高的强度和耐腐蚀性，铸造性能好，受热时组织稳定	在水、蒸汽、液体燃料中的耐腐蚀件，需镀锡或浇注巴氏合金的零件
铸硅黄铜	ZCuZn16Si4	S J	345 390	15 20	具有较高的强度和良好的耐腐蚀性，铸造性能好、流动性高，铸件组织致密，气密性好	接触海水的管配件、水泵、叶轮，在空气、淡水、油、燃料及压力为 4.5MPa 和＜250℃蒸汽中工作的铸件

注：J 金属型，S 砂型

3. 青铜

青铜原指铜锡合金，但是，工业上习惯把铜与铝、镍、锰、硅、铍、铅等特殊元素组成的合金也叫青铜。所以青铜实际上包含锡青铜、铝青铜、铍青铜和硅青铜等。一般将除黄铜和白铜以外的铜合金都称为青铜。青铜也可分为压力加工青铜和铸造青铜两类。

用量最大的是锡青铜和铝青铜，强度最高的是铍青铜。与黄铜相比，青铜具有更高的弹性极限、疲劳极限、硬度、强度、耐磨性、耐腐蚀性和抗磁性，但价格较贵。与白铜相比，青铜的力学性能较高，但在某些条件下，耐腐蚀性不如白铜。在铜合金中青铜的综合性能较好，常用于制造耐腐蚀性好和强度高的零件、耐腐蚀弹性元件、导电和抗蠕变性能好的零件等。

(1) 锡青铜。

以锡为主加元素的铜基合金称为锡青铜。锡青铜是我国历史最悠久的有色合金，应用非常广泛。工业上用的锡青铜的含锡量一般为3%～14%。含锡量<5%的锡青铜适宜于冷加工使用，含锡5%～7%的锡青铜适宜于热加工，含锡量大于10%的锡青铜适合铸造。除Sn以外，锡青铜中一般含有少量Zn、Pb、P、Ni等元素。Zn能提高低锡青铜的机械性能和流动性。Pb能改善青铜的耐磨性能和切削加工性能，但降低机械性能。Ni能细化青铜的晶粒，提高机械性能和耐腐蚀性。P能提高青铜的弹性极限、疲劳极限、硬度、耐磨性和流动性，改善铸造性能。

◆ 性能：锡青铜的铸造收缩率很小，可铸造形状复杂的零件。但铸件易生成分散缩孔，使密度降低，在高压下容易渗漏。锡青铜在大气、海水、淡水以及蒸汽中的耐腐蚀性比纯铜和黄铜好，但在盐酸、硫酸和氨水中的耐腐蚀性较差。具有高的耐磨性、弹性，抗磁性良好。

◆ 应用：在造船、化工、机械、仪表等工业中应用广泛，主要制造轴承、轴套等耐磨零件和弹簧等弹性元件，以及耐腐蚀、抗磁零件等。常见牌号、特性和用途可详见表4—23。

表4—23　　常见锡青铜合金的牌号、性能特点与用途

类别	牌号	主要特点	典型应用
锡青铜	QSn4.3	有高的耐磨性、弹性，抗磁性良好，冷态、热态加工性能良好，切削性、焊接性好，大气、淡水、海水中的耐腐蚀性好	化工设备的耐腐蚀件、耐磨件、弹簧及各种弹性元件、抗磁元件
	QSn4－4－2.5 QSn4－4－4	具有高的耐磨性、良好的切削性和焊接性，大气、淡水中的耐腐蚀良好，压力加工只应在冷态时进行，因含铅，热加工有热脆	主要用来制造摩擦条件下工作的轴承、轴套、衬套及圆盘等，QSn4－4－4是一种热强性良好的锡青铜
	QSn6.5－0.1	具有高的强度、弹性、耐磨性和抗磁性，冷态、热态下压力加工性良好，切削性、焊接性好，大气及淡水中耐腐蚀性好	制作精密仪器中的耐磨件和抗磁件、弹簧及需导电性良好的弹性接触片
	QSn6.5－0.4	性能与QSn6.5－0.1类似，因含磷量较QSn6.5－0.1要高，所以抗疲劳强度、弹性、耐磨性均较好，但只适合冷加工	除用做弹簧及耐磨件外，主要用于制造造纸工业用的耐磨铜网
	QSn7－0.2	强度高，弹性、耐磨性好，焊接性好，可切削加工，在大气、淡水和海水中耐腐蚀性好，可热加工	制作中等负荷、中等滑动速度下承受摩擦的零件，如轴承、轴套、蜗轮、抗磨圆垫及各种簧片

（2）铝青铜。

以铝为主加合金元素的铜合金称铝青铜。其耐腐蚀性优良，在大气、海水、碳酸及大多数有机酸中的耐腐蚀性，均比黄铜和锡青铜高。铝青铜的耐磨性亦比黄铜和锡青铜好。

◆ 应用：制造齿轮、轴套、蜗轮等在复杂条件下工作的高强度抗磨零件，以及弹簧和其他高耐腐蚀性弹性元件。

常见牌号、特性和用途可详见表4—24。

表4—24　常见铝青铜和铍青铜合金的牌号、性能特点与用途

类别	牌号	主要特点	典型应用
铝青铜	QAl5 QAl7	具有较高强度、弹性和耐磨性，可很好地在冷态及热态下承受压力加工，不易钎焊，不能淬火、回火强化。QAl7的强度高于QAl5	制作弹簧及其他耐腐蚀元件，如蜗轮等，也可作为QSn6.5-0.4、4-3和4-4-4的代用品
	QAl9-2	具有高强度，热态、冷态下压力加工性良好，不易钎焊，大气、淡水、海水中的耐腐蚀性良好	高强度耐腐蚀零件，以及250℃下蒸汽中工作的管件及零件
	QAl10-3-1.5	具有高的强度及耐磨性，淬火、回火后，可提高强度、硬度，可切削加工，不易钎焊，热态下压力加工性良好，有较高抗氧化性和耐腐蚀性	制作高温条件下的耐磨件和标准件，代替高锡青铜制作重要机件，如齿轮轴承、飞轮等
	QAl10-4-4 QAl11-6-6	具有高强度，高温力学性能良好（400℃以下），具有良好的减摩性，可热处理强化，可切削加工，可热态下压力加工，不易钎焊，耐腐蚀性良好	制作高强度的耐磨零件和高温条件下的工件，如轴衬、轴套、法兰盘、齿轮及其他重要耐腐蚀零件、耐磨零件。 QAl11-6-6工作温度可提高至500℃
	QSn7-0.2	强度高，弹性、耐磨性好，焊接性好，可切削加工，在大气、淡水和海水中耐腐蚀性好，可热加工	制作中等负荷、中等滑动速度下承受摩擦的零件，如轴承、轴套、蜗轮、抗磨圆垫及各种簧片
铍青铜	QBe2	是理化综合性能优良的合金，热处理后有高的强度、硬度、弹性、耐磨性、耐热性及疲劳极限，还具有高导电性、导热性和耐寒性，无磁性，易于焊接，且耐腐蚀性良好	制作各种精密弹性元件、耐磨件及苛刻条件下工作的轴承、衬套
	QBe1.7 QBe1.9	与QBe2的性能相近，在弹性、迟滞性、疲劳强度、弹性稳定性等性能对时效温度敏感及价格等方面优于QBe2	可代替QBe2
	QBe1.9-0.1	因加有Mg，因此细化了晶粒，提高了合金的力学性能及时效后的弹性极限和力学性能稳定性	可代替QBe1.9

（3）铍青铜。

以铍为基本合金元素的铜合金（铍含量1.7%～2.5%）称为铍青铜。铍青铜在淬火状态下塑性好，可进行冷变形和切削加工，制成零件经人工时效处理后，可获得很高的强度和硬度：σ_b 达1200～1500MPa，硬度达350～400HB，超过其他铜合金。

铍青铜的弹性极限、疲劳极限都很高，耐磨性和耐腐蚀性也很优异。具有良好的导电性和导热性，并有无磁性、耐寒、受冲击时不产生火花等一系列优点，但价格较贵。

◆ 应用：制作精密仪器的重要弹簧和其他弹性元件，钟表齿轮，高速高压下工作的轴承及衬套等耐磨零件，以及电焊机电极、防爆工具、航海罗盘等重要机械零件。常见牌号、特性和用途可详见表 4—25。

（4）硅青铜。

以 Si 为主加元素的铜合金称为硅青铜，其机械性能优于锡青铜，具有良好的冷、热加工性能，铸造性能，价格低廉。低温性能好，可制作输酸管道、低温容器等。

另外还有锰青铜、铬青铜等，常见牌号、特性和用途可详见表 4—25。

表 4—25　硅青铜、锰青铜、铬青铜的牌号、性能特点与用途

类别	牌号	主要特点	典型应用
硅青铜	QSi1－3	强度高、耐磨性极好，经热处理后强度和硬度可大幅度提高，切削性、焊接性良好，耐腐蚀性良好	用于工作温度 300℃以下，工作条件较差或腐蚀性介质中的零件制造
	QSi3－1	强度高，弹性、耐磨性、塑性均好，可在冷、热态下压力加工，可与异类合金良好焊接，对大气、淡水、海水、氯化物及强碱的作用非常稳定，不能热处理强化	用于制造腐蚀介质中工作的弹性元件，以及蜗轮、蜗杆、轴套和焊接构件
	QSi3.5－3－1.5	性能与 QSi3－1 相似，但耐热性较好	多用于制造高温环境工作的轴套、轴衬
锰青铜	QMn5	具有高的强度、硬度和良好的塑性，热态、冷态压力加工性良好，耐腐蚀性好，400℃以下力学性能不变	用于制造各种高温耐蚀零件，如管接头、阀门等
	QMn1.5 QMn2	与 QMn5 相比强度、硬度稍下降，塑性略升	同 QMn5 的用途外，还可制造电气仪表零件
铬青铜	QCr0.5	具有较高的强度和硬度，较好的导电性、导热性、耐磨性、减摩性，冷态、热态压力加工性良好，焊接性好，可时效硬化处理，缺点是对缺口敏感性较强	用于制造各种在高温下工作，要求有高强度、高硬度、导电性和导热性的零件，也可以双金属形式用于刹车元件
	QCr0.5－0.2－0.1	与 QBe2 性能相近，但在弹性、迟滞性、疲劳强度、弹性稳定性等性能对时效温度敏感性及价格等方面优于 QBe2	可代替 QBe2

（5）铸造青铜。

铸造锡青铜：牌号有：ZCuSn10，用于耐腐蚀管件、轴承等；ZCuSn10Zn2，用于耐腐蚀阀门、泵体、齿轮等；ZCuSn10Pb1，用于中速中载轴承、螺母等耐磨、耐腐蚀零件及各种管件。

铸造铝青铜：牌号有：ZCuAl10－3－2、ZCuAl9－4，用于较高载荷的轴承、轴套和齿轮。

铸造铅青铜：牌号有：ZCuPb30，用于高速高压下工作的航空发动机及高速柴油机的轴承；ZCuPb12－8，用于冷轧机轴承；ZCuPb10－10，用于中载轴承、轴套及双金属耐磨件、耐酸件。

4. 白铜

以镍为主加合金元素的铜合金称为白铜。在固态下，铜与镍无限固溶，因此工业白铜的组织为单相 α 固溶体。铜中加镍能显著提高耐腐蚀性、强度、硬度、电阻、热电势，并降低电阻率温度系数。在铜合金中，白铜因耐腐蚀性优异，且易于塑性加工和焊接，而广泛用于造船、石油、化工、电力、精密仪表、医疗器械等部门作耐腐蚀结构件、仪器零

件、化工机械零件及医疗器械等。某些白铜还有特殊的电学性能，可制作电阻元件、热电偶材料和补偿导线。

白铜可分为简单白铜和复杂白铜两类。按用途又可分为结构白铜和电工白铜。

(1) 结构白铜：常用的是B30、B19、B5和锌白铜BZn15－20、BZn15－21－1.8，另外，还有铝白铜BAl3－3、BAl6－1.5；铁白铜BFe30－1.1、BFe10－1－1等。B30在白铜中耐腐蚀性最强，但价格较贵。铝白铜的性能同B30接近，价格低廉，可作B30的代用品。锌白铜俗称为“中国银”，镍银或德银也属此类锌白铜。这种合金具有高的强度和耐腐蚀性，弹性也较好，外表美观，价格低廉。

(2) 电工白铜：常用的有锰白铜BMn3－12、BMn40－1.5、BMn43－0.5以及以锰代镍的新康铜（又称无镍锰白铜，含锰10.8%～12.5%、铝2.5%～4.5%、铁1.0%～1.6%)。这类合金具有高的电阻率和低的电阻率温度系数，适于制作标准电阻和精密电阻元件。BMn40－1.5、BMn43－0.5的热电势高，还可用于热电偶和补偿导线、热电仪器和变阻器。

4.2.2 其他重有色金属材料

4.2.2.1 镍及镍合金

1. 纯镍

(1) 性能特点：纯镍熔点高（1455℃），力学性能和冷热压力加工性能好；特别是耐腐蚀性优良，是耐热浓碱溶液腐蚀的最好材料，耐中性和微酸性溶液以及有机溶剂，且耐果酸，在大气、淡水和海水中化学性稳定好，但不耐氧化性酸和高温含硫气体的腐蚀，无毒。

(2) 常见牌号及用途。

◆ 纯镍牌号：有N2（99.98%）、N4（99.9%）、N6（99.5%）、N8（99%）。

用途：机械、化工设备的耐腐蚀主构件，精密仪器结构件，电子管及无线电设备零件，医疗器械及食品工业餐具器皿等。

另外还有电真空用镍：DN（99.35%），加入少量硅、镁元素，提高电真空性能，用于电子管阴极芯子等。阳极镍：NY1（99.7%）、NY2（99.4%）、NY3（99.0%），属于电镀用镍。

2. 镍合金

(1) 镍锰合金。

◆ 性能特点：有较高的室温和高温强度，耐热、耐腐蚀性好，加工性能优良。这类合金在温度较高的含硫气氛中的耐腐蚀性比纯镍高，热稳定性和电阻率也比纯镍高。

◆ 牌号及用途：有NM3、NM3。用于内燃机火花塞电极、电阻灯泡灯丝、电子管的栅极等。

(2) 镍铜合金。

NCu40－2－1：耐蚀性高，无磁性，用于抗磁性零件。

NCu28－2.5－1.5（蒙乃尔合金）：耐腐蚀性与镍、铜相似，但在一般情况下更优越些，特别是对氢氟酸的耐腐蚀性非常好。合金强度比纯镍高，且具有良好的加工工艺性能；耐高温性能好，在750℃以下的大气中是稳定的，在500℃时还有足够的强度。主要用于高强度、高耐腐蚀零件，高压充油电缆，供油槽、加热设备和医疗器械零件。

(3) 电子用镍合金。

◆ 镍镁合金和镍硅合金：有 NMg0.1 和 Nsi0.19。具有高的电真空性能，耐腐蚀性好；主要用于无线电真空管氧化物阴极芯，但用这类合金制造的氧化物阴极芯，在电子管工作过程中，氧化物层与芯金属接触面上往往产生两层高电阻的化合物，因而降低阴极的发射能力，缩短电子管的寿命，因此不制造用于长寿命、高性能电子管的阴极芯。

◆ 镍钨合金：有 NW4 - 0.15、NW4 - 0.1、NW4 - 0.07。有好的高温强度和耐振强度，还有优良的电子发射性能；用这类合金制造的电子管氧化物阴极芯，在工作温度下，氧化层有高的稳定性。主要用于制造要求长寿命、高性能的无线电真空管氧化物阴极芯及其他零件。

(4) 热电合金。

◆ 镍硅合金：如 NSi3 在 600～1250℃范围内有足够大的热电势与热电势率，耐腐蚀性好。主要用作热电偶负极材料。

◆ 镍铬合金：如 NCr10。在 0～1200℃温度范围内有足够大的热电势与热电势率，测温比较灵敏、准确，且互换性强、便于更换使用，辐射效应小、电势比较稳定，制造简易、成本低，测温范围宽、抗氧化性强，此外，电阻率高、电阻温度系数小、耐腐蚀性好。主要用于热电偶正极和高电阻仪器。镍铬合金是目前最典型、最基本的热电偶材料之一。

4.2.2.2 锌及锌合金

1. 纯锌

性能特点：纯锌熔点为 419℃，具有密排六方晶格，没有同素异构转变。密度为 7.31g/cm^3，有良好的耐腐蚀性能，抗拉强度小于 140MPa、硬度仅为 26.3HBS，脆性大，在 120℃热态容易加工，但到 250℃又重新变脆，镀锌时，锌很容易与基体金属结合。可用作表面防护材料。

◆ 纯锌牌号：

一号锌 Zn1（99.99%）：用于电镀锌、高级氧化锌、医药和化学试剂。

二号锌 Zn2（99.96%）：用于电池锌片、黄铜和压铸锌合金用主加元素。

三号锌 Zn3（99.90%）：锌板、热镀锌和铜合金用元素。

四号锌 Zn4（99.50%）：锌板、热镀锌、氧化锌和锌粉。

五号锌 Zn5（98.70%）：制嵌线锌板，用于印刷嵌线条，普通氧化锌和普通铸件。

2. 锌合金

(1) 锌铜合金：牌号有：ZnCu1.5、ZnCu1.2、ZnCu1、ZnCu0.3。用于轧制和挤制，可作 H68、H70 等黄铜的代用品，制作拉链、千层锁、日用五金等。

(2) 锌铝合金：牌号有：ZnAl5、ZnAl10 - 5、ZnAl10 - 1；用于挤压，可作黄铜的代用品。ZnAl4 - 1 用于轧制和挤制，可作 H59 黄铜的代用品。

(3) 铸造锌铝合金：牌号有：ZZnAl10 - 5、ZZnAl19 - 1.5。铸造性好，有一定的力学性能和耐磨性，可代替锡青铜和低锡巴氏合金制作低速、轻负荷的一般滑动轴承或轴瓦。

ZZnAl4：熔点低，流动性好，适于压铸大尺寸、中等强度、中等耐腐蚀性的零件，如机架、支架、齿轮箱等。ZZnAl4 - 1、ZZnAl4 - 0.5：特点同上，适于压铸小尺寸、高强度、高耐腐蚀的零件，如汽车汽化器、机油泵体、仪器仪表外壳及零件等。

4.3 专用合金

本单元学习目标

★ 滑动轴承合金的工作条件和性能特点。

★★ 滑动轴承合金的组织特点和机理。

★★★ 滑动轴承合金的分类和牌号表示方法，典型牌号和用途。

★★★★ 硬质合金的性能特点、种类、典型牌号和用途。

注：★了解。★★理解。★★★掌握。★★★★重点掌握。

4.3.1 滑动轴承合金

4.3.1.1 概述

滑动轴承是汽车、工程机械、农机、机床及其他机器中用以支撑轴进行工作的零件。滑动轴承与滚动轴承相比，具有承载面积大，工作平稳，无噪声，装拆方便等优点。它由轴承体和轴瓦组成，轴瓦一般是在钢制轴瓦内侧浇注或者轧制一层耐磨合金（内衬）而制成。用于制造轴瓦内衬的耐磨合金称为滑动轴承合金。

1. 滑动轴承合金的工作条件

工作条件：轴瓦（见图4—8）是包在轴颈外面的套圈，它直接与轴颈相接触，当轴不运转时，轴停放在轴承上，对轴瓦施以静压力；当轴高速旋转时，轴瓦和轴颈之间产生强烈摩擦，并承受轴颈传给它的交变载荷和冲击载荷，造成轴颈和轴瓦的磨损和疲劳损坏。

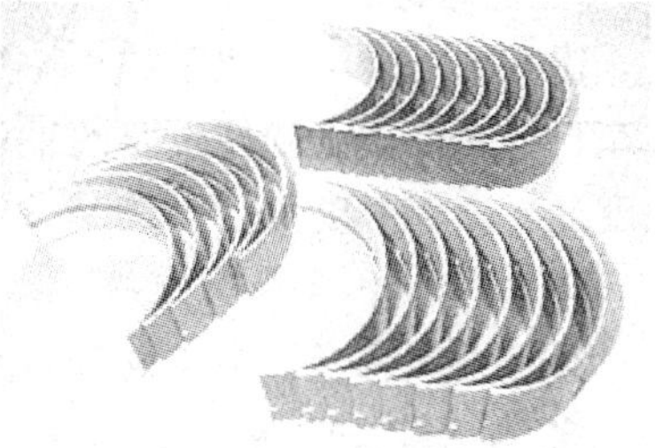

图4—8 轴瓦

2. 滑动轴承合金的性能要求

(1) 足够的抗压强度和疲劳强度，以便承受轴颈所施加的载荷；

(2) 足够的塑性和韧性，以保证与轴配合良好并承受冲击和振动；

(3) 高的耐磨性，与轴的摩擦系数小，并能保留润滑油，以减少轴颈的磨损；

(4) 具有小的膨胀系数和良好的导热性和耐腐蚀性，以防止因摩擦升温而发生咬合，并能抵抗润滑油的侵蚀；

(5) 具有良好的磨合能力（指在不长的工作时间后，轴承与轴能自动吻合，使载荷均匀作用在工作面上，避免局部磨损的能力），以使载荷均匀分布；

(6) 容易制造，价格低廉，便于更换轴瓦，确保轴的长期使用。

3. 滑动轴承合金的组织特点

如要满足上述性能要求，轴瓦材料不能是纯金属或单相合金；不能选用高硬度的金属，以免轴颈受到磨损；也不能选用软的金属，防止承载能力过低。必须配以软硬不同的多相合金。因此，其机理的组织特点表现在两个方面：

(1) 在软基体上分布硬质点：则轴运转时轴瓦软基体受磨损而凹陷，硬质点将凸出于基体上，使轴和轴瓦的接触面积减小，而凹坑能储存润滑油，降低轴和轴瓦之间的摩擦系数，从而减少轴和轴承的磨损。另外，软基体能承受冲击和振动，并使轴与轴瓦很好地磨合，而且偶然进入的外来硬质点也能被压入软基体内，不致擦伤轴颈。该类组织不适于高速、重载荷的轴瓦，属于该类组织的轴承合金有巴氏合金，如锡基与铅基轴承合金。

（2）在硬基体上分布软质点：同样也能达到较理想的摩擦条件，而且其抗压强度、疲劳强度和耐磨性等方面要优于前者。该类组织适于承受高速、重载荷的轴瓦，属于该类组织的轴承合金有铜基和铝基轴承合金。

4. 滑动轴承合金的分类和牌号表示方法

（1）滑动轴承合金的分类：按其主要化学成分可分为锡基、铅基、铝基、铜基、铁基等轴承合金，应用最广的是前两类。

（2）牌号表示方法：轴承合金一般在铸态下使用，牌号表示方法与铸造有色金属及其合金牌号表示方法相同。

牌号：Z（铸）＋基本元素符号＋主加元素符号＋主加元素含量＋辅加元素＋辅加元素含量。

如锡基轴承合金：ZSnSb11Cu6；铜基轴承合金：ZCuSn10Pb1。

4.3.1.2 锡基轴承合金

锡基轴承合金是以 Sn 为主并加入少量 Sb（锑）、Cu 等元素的合金，是一种软基体硬质点类型的轴承合金。又称为锡基巴氏合金。

1. 性能特点

锡基轴承合金摩擦系数小，塑性和导热性好，膨胀系数小，耐腐蚀性较好，是优良的减摩材料，常用于制作重要的轴承，如汽轮机、发动机等大型机械的高速轴瓦。但其疲劳强度低，工作温度低（<150℃），价格昂贵。

2. 锡基轴承合金的组织

锡基轴承合金最常用的牌号是 ZSnSb11Cu6（含 11%Sb 和 6%Cu，余量为 Sn）。根据 Sn－Sb 合金相图（见图 4—10）来分析，其组织为：α＋β＋Cu6Sn5。α 固溶体是 Sb 溶入 Sn 中所形成的固溶体；β′固溶体是以 SnSb 化合物为基的固溶体；Cu6Sn5 为化合物，其中 α 固溶体为软基体，β′固溶体以及化合物 Cu6Sn5 为硬质点。显微组织如图 4—11 所示，图中暗色基体为 α 固溶体，白点方块状为 β′固溶体，白色针状或星状为化合物 Cu6Sn5。铸造时，由于 β 相较轻，易发生严重的比重偏析，所以加入铜，生成 Cu6Sn5，使其作树

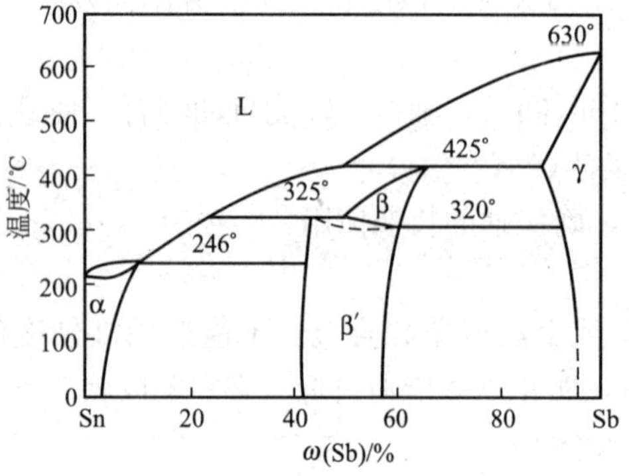

图 4—10　Sn－Sb 合金相图

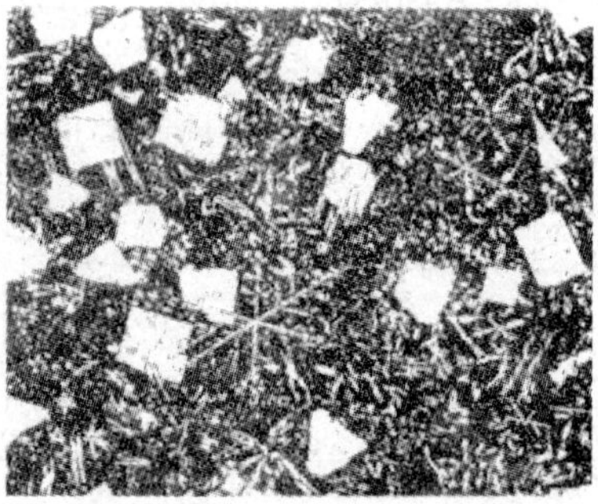

图 4—11　ZSnSb11Cu6 显微组织（100×）

枝状分布，阻止β相上浮，可有效地减轻比重偏析。Cu6Sn5 的硬度比β相高，也起硬质点作用，进一步提高合金的强度和耐磨性。

3. 锡基轴承合金的常见牌号、特性和用途

锡基轴承合金的常用牌号有 ZSnSb11Cu6、ZSnSb12Pb10Cu4、ZSnSb8Cu4、ZSnSb4Cu4。

其性能特点与用途见表 4—26，其与其他轴承合金性能的比较见表 4—27。

表 4—26　常用锡基轴承合金的牌号、性能特点与用途（GB/T 1174—1992）

牌号	性能特点	用途举例
ZSnSb12Pb10Cu4	为含锡量最低的锡基轴承合金，其特点是：性软而韧、耐压、硬度较高，因含铅，浇铸性能较其他锡基轴承合金差，热强性也较低，但价格比其他锡基轴承合金低	适用浇铸一般中速、中等载荷发动机的主轴承，但不适于高温部分
ZSnSb11Cu6	应用较广，其特点是：锡含量较低，铜、锑含量较高。有一定的韧性、硬度适中（27HB）、抗压强度较高、可塑性好，所以它的减摩性和抗磨性均较好，其冲击韧度虽比 ZSnSb8Cu4、ZSnSb4Cu4 锡基轴承合金差，但比铅基轴承合金高。此外，还有优良的导热性和耐腐蚀性、流动性能好，线胀系数比其他巴氏合金都小。缺点是：疲劳强度较低，故不能用于浇铸层很薄和承受较大振动载荷的轴承。此外，工作温度不能高于 110℃，使用寿命较短	适于浇铸重载、高速、工作温度低于 110℃的重要轴承，如：2000（735.5W）以上的高速蒸汽机、500（735.5W）的涡轮压缩机和涡轮泵，1200（735.5W）以上的快速行程柴油机、750kW 以上的电动机、500kW 以上发电机，高转速的机床主轴的轴承和轴瓦
ZSnSb8Cu4	除韧性比 ZSnSb11Cu6 较好，强度及硬度比 ZSnSb11Cu6 较低之外，其他性能与之近似，但因含锡量高，价格较 ZSnSb11Cu6 更贵	适于浇铸工作温度在 100℃以下的一般负荷压力大的大型机器轴承及轴衬、高速高载荷汽车发动机薄壁双金属轴承
ZSnSb4Cu4	这种合金的韧性是巴氏合金中最高的，强度及硬度比 ZSnSb11Cu6 略低，其他性能与 ZSnSb11Cu6 近似，但价格也最贵	用于要求韧性较大和浇铸层厚度较薄的重载高速轴承，如：内燃机、涡轮机、特别是航空和汽车发动机的高速轴承及轴衬

表 4—27　锡基轴承合金与其他轴承合金性能的比较

合金名称	抗咬合性	磨合性	耐腐蚀性	抗疲劳性	合金硬度/HBS	轴的最小硬度/HBS	最大容许压力/MPa	最高容许工作温度/℃
锡基轴承合金	优	优	优	劣	20～30	150	6～10	150
铅基轴承合金	优	优	中	劣	15～30	150	6～8	150
铸铁	差	劣	优	优	160～180	200～250	3～6	150
锡青铜	中	劣	优	优	50～100	200	7～20	200
铅青铜	中	差	差	良	40～80	300	20～32	220～250
黄铜	中	劣	优	优	80～150	200	7～20	200
铝合金	劣	中	优	良	45～50	300	20～28	100～150

4.3.2 铅基轴承合金

铅基轴承合金是以铅为主并加入少量 Sb、Sn、Cu 等元素的合金，也是一种软基体硬质点类型的轴承合金。又称为铅基巴氏合金。

1. 性能特点及应用

该合金硬度、强度、韧性、导热性、耐腐蚀性均较锡基合金低，且摩擦系数较大；但价格便宜。常用于制作低速、低载荷或静载中载荷机器的轴瓦。如汽车、拖拉机的曲轴轴瓦等。

2. 铅基轴承合金的组织

铅锑系的铅基轴承合金应用很广，典型牌号有 ZPbSb16Sn16Cu2，根据 Pb－Sb 合金相图（见图 4—12）来分析，其组织为（α＋β）＋β，其中 α 相是 Sb 溶于 Pb 中的固溶体，很软，β 相是以 SnPb 化合物为基的含铅固溶体。软基体为（α＋β）共晶体，硬质点为初生的 β 相及 Cu2Sb，显微组织如图 4—13 所示，图中暗色基体为（α＋β）共晶体，白色方块状为 β 相，白色针状晶体为 Cu2Sb。

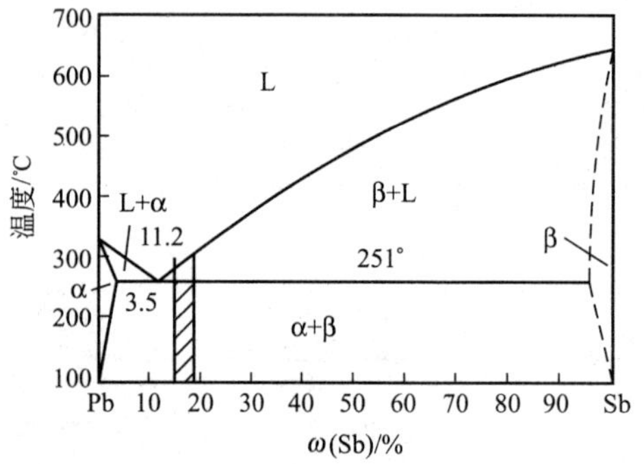

图 4—12 Pb－Sb 合金相图

图 4—13 ZPbSb16Sn16Cu2 显微组织（100×）

3. 铅基轴承合金的常见牌号、特性和用途

锡基轴承合金的常用牌号有 ZPbSb16Sn16Cu2、ZPbSb15Sn5Cu3Cd2、ZPbSb15Sn10、ZPbSb15Sn6、ZPbSblOSn6。其性能特点与用途见表 4—28。

表 4—28 常用铅基轴承合金的牌号、性能特点与用途（GB/T 1174—1992）

牌号	性能特点	用途举例
ZPbSb16Sn16Cu2	这种合金和 ZSnSb11Cu6 相比，它的摩擦系数较大，硬度相同，抗压强度较高，在耐磨性和使用寿命方面也不低，尤其是价格便宜得多；但其缺点是冲击韧度低，在室温下是比较脆的。当轴承经受冲击负荷的作用时，易形成裂缝和剥落；当轴承经受静负荷的作用时，工作情况比较好	适用于工作温度＜120℃承受无显著冲击载荷、重载高速的轴承，如：汽车拖拉机的曲柄轴承和 1200（735.5W）以内的蒸汽或水力涡轮机、750kW 以内的电动机、500kW 以内的发电机、500（735.5W）以内的压缩机以及轧钢机等轴承
ZPbSb15Sn5Cu3Cd2	这种合金的含锡量比 ZPbSb16Sn16Cu2 约低 2/3，但因加有 Cd（镉）和 As（砷），它们之间的性能却无多大差别。它是 ZPbSb16Sn16Cu2 很好的代用材料	用以代替 ZPbSb16Sn16Cu2 浇铸汽车拖拉机发动机的轴承，以及船舶机械、100～250kW 电动机、抽水机、球磨机和金属切削机床齿轮箱轴承

（续前表）

牌号	性能特点	用途举例
ZPbSb15Sn10	冲韧韧度比 ZPbSb16Sn16Cu2 高，摩擦系数虽较大，但具有良好的磨合性和可塑性，所以应用广泛。合金经后，塑性、韧性、强度和减磨性能均大大提高，而硬度则有所下降，故在浇铸后均进行退火	用于浇铸承受中等压力、中速和冲击负荷机械的轴承，如汽车、拖拉机发动机的曲轴轴承和连杆轴承。此外，也适用于高温轴承
ZPbSb15Sn6	这是一种性能较好的铅基低锡轴承合金，和锡基轴承合金 ZSnSb11Cu6 相比，耐压强度相同，塑性和导热性较差，在高温高压和中等冲击负荷的情况下，它的使用性能比锡基轴承合金差；但在温度不超过 80～100℃和冲击载荷较低的条件下，这种合金完全可以适用，且其使用寿命并不低于 ZSnSb11Cu6	可用于低速、轻压力条件下工作的机械轴承。一般多用于浇铸矿山水泵轴承，也可用于汽轮机、中等功率电动机、拖拉机发动机、空压机等轴承和轴衬
ZPbSblOSn6	是 ZSnSb4Cu4 理想的代用材料，其特点是：（1）强度与弹性模量的比值 σ_b/E 较大，抗疲劳剥落的能力较强；（2）由于铅的弹性模量较小，硬度较低，因而具有较好的顺应性和嵌藏性；（3）铅有自然润滑性能，并有较好的油膜吸附能力，故有较好的抗咬合性能；（4）铅和钢的摩擦系数较小；硬度低，对轴颈的磨损小；（5）软硬适中，韧性好，装配时容易刮削加工，使用中容易磨合；（6）原材料成本低廉，制造工艺简单，浇铸质量容易保证。缺点是耐腐蚀性和合金本身的耐磨性不如锡基轴承合金	可代替 ZSnSb4Cu4 用于浇铸工作层厚度不大于 0.5mm、工作温度不超过 120℃，承受中等负荷或高速低负荷的机械轴承。如：汽车汽油发动机、高速转子发动机、空压机、制冷机、高压油泵等主机轴承，也可用于金属切削机床、通风机、真空泵、离心泵、燃气泵、水力透平机和一般农机上的轴承

注：铸造铅基轴承合金常用于制造铅基双金属滑动轴承。

4.3.3 铜基轴承合金

铜基轴承合金是以铜为主并加入少量 Pb、Sn 等元素的合金。有锡青铜和铅青铜。是一种硬基体软质点类型的轴承合金。

1. 铅青铜的性能特点及应用

常用牌号有 ZCuPb10Sn10、ZCuPb15Sn8、ZCuPb20Sn5、ZCuPb30 等。Cu－Pb 的合金相图见图 4—14，铜和铅在固态时互不溶解，室温显微组织为 Cu＋Pb。Cu 为硬基体，粒状 Pb 为软质点。该合金与巴氏合金相比，具有高的疲劳强度和承载能力，优良的耐磨性、导热性和低的摩擦系数，能在较高温度（250℃）下正常工作，因此可制造大载荷、高速度的重要轴承，例如航空发动机、高速柴油机的轴承等。

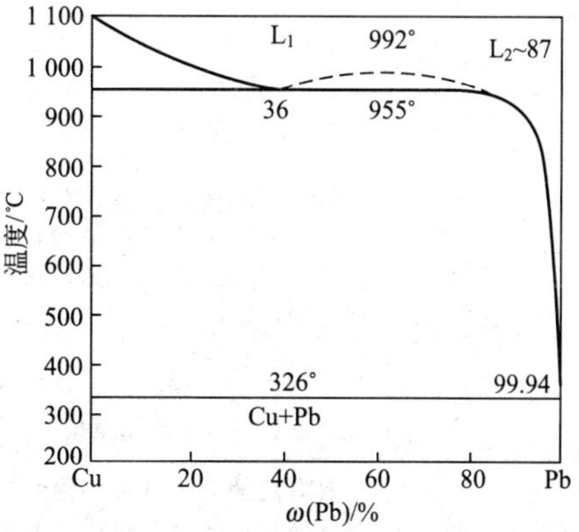

图 4—14 Pb－Sb 合金相图

2. 锡青铜的性能特点及应用

常用牌号有 ZCuSn5Pb5Zn5、ZCuSn10P1 等。如 ZCuSn10P1 的显微组织为 α+δ+Cu3P。α 固溶体为软基体，δ 相和 Cu3P 为硬质点。该合金具有高的强度、耐磨性和耐腐蚀性，适于制造高速度、高载荷的柴油机轴承及耐磨、耐腐蚀零件。

锡基、铅基轴承合金和不含锡的铅青铜的强度较低，承受不了大的压力，所以使用时必须将其镶铸在钢的轴瓦上，形成一层薄而均匀的内衬，做成双金属轴承。而含锡的铅青铜，由于锡溶于铜中使合金强化，获得高的强度，所以可不做成双金属，而是直接做成轴承或轴套来使用，见图 4—15 和图 4—16。常用铜基轴承合金的性能特点与用途见表 4—29。

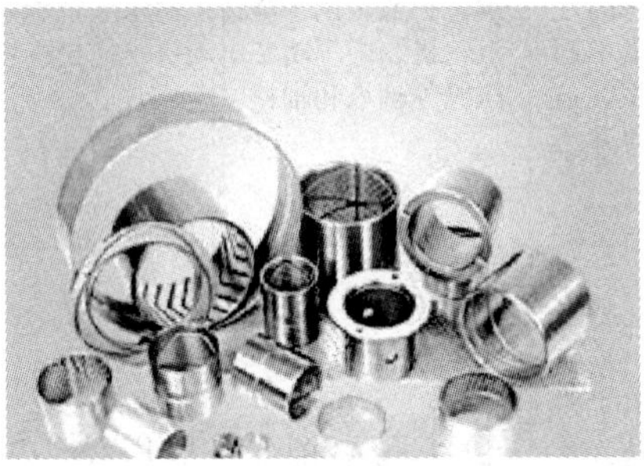

图 4—15　双金属轴承

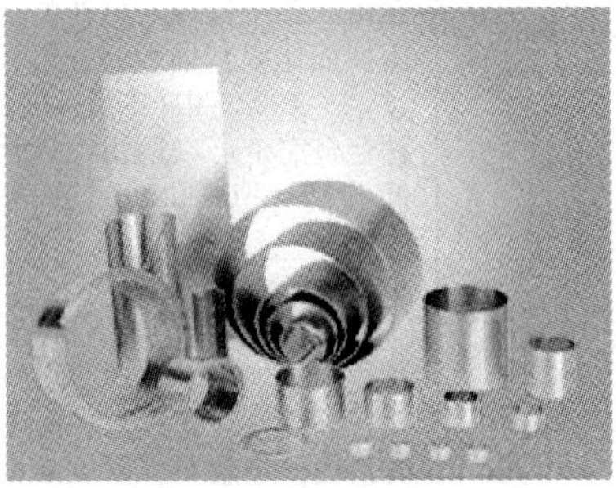

图 4—16　锡青铜轴承

表 4—29　　常用铜基轴承合金的牌号、性能特点与用途（GB/T 1174—1992）

合金牌号	性能特点	用途举例
ZCuSn5Pb5Zn5	耐磨性和耐腐蚀性好，易加工，铸造性能和气密性较好	在较高负荷、中等滑动速度下工作的耐磨、耐腐蚀零件，如轴瓦、衬套、缸套、活塞、离合器、泵件压盖、蜗轮等
ZCuSn1OP1	硬度高，耐磨性极好，不易产生咬死现象，有较好的铸造性和可加工性，在大气和淡水中有良好的耐腐蚀性	可用于高负荷（20MPa 以下）和高滑动速度（8m/s）下工作的耐磨零件，如连杆、衬套、轴瓦、齿轮、蜗轮等
ZCuPb10Sn10	润滑性能、耐磨性能和耐腐蚀性能好，适合用做双金属铸造材料	表面压力高、又存在侧压力的滑动轴承，如轧辊、车辆轴承、负荷峰值 60MPa 的受冲击的零件，以及最高峰值达 100MPa 的内燃机双金属轴瓦，以及活塞销套、摩擦片等
ZCuPb15Sn8	在缺乏润滑剂和用水质润滑剂条件下，滑动性和自润滑性能好，易切削，铸造性差，对稀硫酸耐腐蚀性能好	表面压力高、又有侧压力的轴承，冷轧机的铜冷却管，耐冲击负荷达到 50MPa 的零件，内燃机的双金属轴承，最大负荷达 70MPa 的活塞销套，耐酸配件
ZCuPb20Sn5	有较高的滑动性能，在缺乏润滑介质和以水为介质时有特别好的自润滑性能，适用于双金属铸造材料，耐硫酸腐蚀，易切削，铸造性能差	高滑动速度的轴承及破碎机、水泵、冷轧轴承，负荷达 40MPa 的零件，耐腐蚀零件，双金属轴承，负荷达 70MPa 的活塞销套
ZCuPb30	有良好的自润滑性，易切削，铸造性能差，易产生比重偏析	要求高滑动速度的双金属轴瓦、减摩零件等
ZCuAl10Fe3	具有高的力学性能，耐磨性和耐腐蚀性能好，可以焊接，不易钎焊，大型铸件自 700℃空冷可以防止变脆	要求强度高、耐磨、耐腐蚀的重型铸件，如轴套、螺母、蜗轮以及 250℃以下工作的管配件

4.3.3.1 铝基轴承合金

它是指以 Al 为主并加入 Sb、Sn、Cu、Mg、C 等元素的合金。

1. 性能特点

特点是密度小，导热性好，承载强度和疲劳强度高，热强性高，优良的耐腐蚀性和减磨性。原料丰富，价格低廉。缺点是热膨胀系数大，易与轴发生咬合。广泛用于高速、高载荷下工作的轴瓦，可以代替铜基轴承合金，节约工业用铜。其常见的类型有铝锑镁轴承合金和低锡、高锡铝基轴承合金等。

2. 种类及应用

(1) 铝锑镁（Al - Sb - Mg）轴承合金。

成分 3.5%～5.5%Sb，0.3%～0.7%Mg，Fe≤0.75%，Si≤0.5%，其余为 Al，是软基体上分布硬质点的合金。室温组织为 α（Al）软基体＋β（AlSb）硬质点。Mg 的作用是形成 Mg3Sb2，使针状 AlSb 变为片状，提高合金的屈服强度。

该合金用 08 钢作衬背，一起轧制成双金属轴瓦材料，因此改进了轴瓦生产工艺，并提高了轴瓦的承载能力。这种合金有高的抗疲劳性能和耐磨性，但承载能力不大，适于制造在载荷不超过 20MPa、滑动速度不大于 10m/s 的条件下工作的轴承，例如制造汽车、拖拉机受中等载荷的内燃机轴承等。

(2) Al - Sn 轴承合金。

低锡铝基轴承合金：是硬基体上分布软质点的合金。牌号有 ZLSn1、ZLSn2：用于高速高载荷的轴承；ZLSn3：用于中速中载荷的轴承。

高锡铝基轴承合金：是硬基体上分布软质点的合金。常用的有 20 高锡和 30 高锡。锡含量分别是 20%和 30%。室温组织为初晶 α（Al）＋共晶（α＋Sn），但（α＋Sn）呈离异形式，Sn 呈网状分布于 α 晶界上。组织是硬的铝基上均匀分布软的粒状 Sn 质点。

由于在固态时锡在铝中的溶解度极小，合金经轧制与再结晶退火后，显微组织为铝的硬基体上均匀分布着软的锡质点。合金中加入铜，溶于铝可使基体强化。该合金也用 08 钢为衬背，轧制成双金属轴瓦材料。性能特点是疲劳强度高，耐热性、耐磨性及耐腐蚀性良好，可代替巴氏合金、铜基轴承合金和铝锑镁合金，适于制造载荷为 28MPa，滑动速度在 13m/s 以下的轴承，目前已在汽车、拖拉机各种内燃机上广泛使用。

4.3.4 硬质合金

硬质合金是用高硬度、高熔点的金属碳化物，如碳化钨（WC）、碳化钛（TiC）、碳化钽（TaC）、碳化铌（NbC）等粉末和金属黏结剂（如 Co、Ni、Mo 等）经高压压制成形后，再在高温下烧结而成的粉末冶金制品。

4.3.4.1 概述

1. 性能特点

硬质合金中的金属碳化物熔点高、硬度高、化学稳定性与热稳定性好，因此，硬质合金具有高硬度、高耐磨性、高红硬性、高热稳定性和抗氧化性，硬度高达 74～82HRC，红硬温度达 800～1000℃，允许的切削速度远高于高速钢，可达 100～300m/min，甚至更高，为高速钢的 4～10 倍。加工效率高且能切削诸如淬火钢等硬材料。硬质合金的不足是与高速钢相比，其抗弯强度较低，只相当于高速钢的1/2～1/4；脆性较大，冲击韧性差，为W18Cr4V的1/4～1/30，抗振动性能也较差。故硬质合金刀具一般是将合金刀片焊接或夹固在刀柄（刀体）上使用的。

2. 应用范围

硬质合金可用于制造各种刀具，如车刀、切断刀、螺纹刀、刨刀的刀片等。一些较复杂的刀具，如立铣刀、端铣刀、孔加工刀具等也可用硬质合金制造，见图4—17。尤其适用于一些高精度的数控刀具。另外还应用于冷作模具及各种高温下工作的耐磨件等。

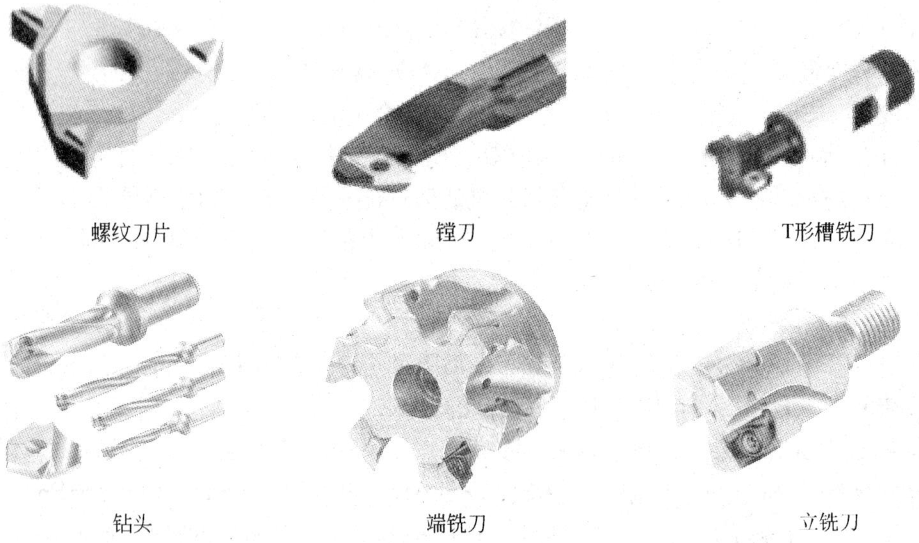

图4—17　硬质合金刀具

4.3.5　硬质合金的种类、牌号和用途

目前大部分硬质合金是以“碳化钨（WC）”为基体或以“碳化钛（TiC）”为基体制成的。主要有以下四种（见表4—30～表4—32）。

1. 钨钴类硬质合金（WC-Co）

钨钴类硬质合金由钴Co和碳化钨WC的混合粉末压制烧结而成。

牌号：YG+Co的质量分数，如：YG3、YG6、YG8。牌号字母含义见表4—30，YG类对应国际标准ISO的K类。

表4—30　硬质合金牌号中字母的含义

前缀字母的含义					后缀字母的含义				
Y	G	T	W	N	X	C	A	N	R
硬质合金	钴	钛	通用硬质合金	无钴，以镍和钼作结合剂的硬质合金	细颗粒硬质合金	粗颗粒硬质合金	含少量TiC硬质合金	含少量NbC硬质合金	加入稀土元素

表 4—31　常用钨钴类硬质合金的性能特点与用途（GB/T 18376—2008）

类别	新牌号（旧牌号）	性能特点	用途举例
钨钴类硬质合金	K01（YG3X）	属细颗粒钨钴类合金，有极高的耐磨性，是钨钴合金中最好的一种合金；但使用强度、耐冲击性、耐振动性和耐崩裂性较差	适用于铸铁、有色金属及其合金的精加工及半精加工，也可用于合金钢、淬火钢的精加工以及钢材、有色金属及其合金线材的细丝拉伸模；此外，还适用于制作在强烈磨粒磨损条件下工作的工具和耐磨零 F（如喷砂机喷嘴和类似工具）
	K10（YG6X）	属细颗粒钨钴类合金，其耐磨性较 YG6 高，而使用强度、耐冲击、耐振动、耐崩刃性较 YG6 稍差，在加工灰铸铁时耐磨性较 YG6 合金优越	适于加工冷硬合金铸铁与耐热合金钢．也适用于普通铸铁的精加工以及钢材、有色金属材料的细丝拉伸模具
	K15（YG6）	耐磨性较高，但低于 YG3 及 YG3X 合金，对冲击和振动没有 YG3、YG3X 合金敏感能使用较 YG8 合金为高的切削速度，	适用于铸铁、有色金属及其合金、不锈钢与非金属材料连续切削时的粗加工，间断切削时的半精加工和精加工、小断面精加工，粗加工螺纹，旋风车丝，连续断面的精铣与半精铣，孔的粗扩与精扩
	K10（YG6A）	是一种含有少量碳化铌的细颗粒钨钴类合金，代替了原有的 YG6X，它的耐磨性高，使用强度和其他性能均比 YG6X 有所提高，并具备一定的通用性	适用于冷硬铸铁、球墨铸铁、有色金属及其合金的半精加工，也适于高锰钢、淬火钢、不锈钢、耐热钢的半精加工及精加工
	K30（YG8）	使用强度较高，抗冲击、抗振动性能较 YG6 合金好，但耐磨性和允许的切削速度较 YG6 低	适用于铸铁、有色金属及其合金、非金属材料加工中，不平整断面和间断切削时的粗加工，一般孔和深孔的钻孔和扩孔．亦可用作钢材、有色金属及其合金的棒材管材的拉伸和校准模具
	YG8C	属粗晶粒钨钴合金，耐磨性比 YG8 低．但有较高的使用强度，耐冲击性、耐振动性和耐崩裂性	主要用做凿岩工具，亦可用于压缩率大的铜管、钢棒拉伸模，耐热钢和奥氏体不锈钢的大负荷粗车以及钢和钢铸件的刨削
	YG15	使用强度较以上合金均高，抗冲击性最好，但耐磨性较低	适于用做凿岩工具，也可用于制造压缩率大的钢棒和铜管拉伸模具、冲压模具等

表 4—32　其他常用硬质合金的性能特点与用途（GB/T 18376—2008）

类别	新牌号（旧牌号）	性能特点	用途举例
钨钴钛合金	P30（YT5）	在钨钴钛合金中，强度最高，抗冲击和抗振性能最好，不易崩刃，但耐磨性较差，允许的切削速度较低	适用于碳钢及合金钢（钢锻件、冲压件及铸件表皮）加工中，不平整断面与间断切削的粗车、粗刨、半精刨和非连续面的粗铣以及钻孔
	P20（YT14）	使用强度高，抗冲击和抗振性能好，但较 YT5 稍次，而耐磨性和允许的切削速度较高	适用于碳钢与合金钢加工中，不平整断面和连续切削时的粗加工、间断切削时的半精加工与精加工，铸孔和锻孔的扩钻与粗扩
	P20（YT14）	使用强度高，抗冲击和抗振性能好，但较 YT5 稍次，而耐磨性和允许的切削速度较高	适用于碳钢与合金钢加工中，不平整断面和连续切削时的粗加工、间断切削时的半精加工与精加工，铸孔和锻孔的扩钻与粗扩

（续前表）

类别	新牌号（旧牌号）	性能特点	用途举例
通用合金	M10（YW1）	红硬性较好，能承受一定的冲击负荷，是一种通用性较好的合金	适于铸铁及钢件加工，两者通用，亦适用于耐热钢、高锰钢、不锈钢等难加工钢材的加工
	M20（YW2）	耐磨性稍次于YW1，其使用强度较高，能承受较大的冲击负荷，允许采用较高的切削速度	适于铸铁及钢件加工，两者通用。亦适用于耐热钢、高锰钢、不锈钢等难加工钢材的加工。作粗加工、半精加工等工序使用
碳化钛镍钼合金	YN10	是TiC基以Ni－Mo为黏结剂的硬质合金，价格低于以钴作黏结剂的合金。性能与YT30基本相同，其特点是耐磨性，优良，是硬质合金中耐磨性最好的；但焊接性能差，通常作成可换式机械夹固式刀具使用	可代YT30，用于碳素钢、合金钢、工具钢、淬火钢等连续切削时的精加工；对于尺寸较大的工件和表面粗糙度要求高的工件，精加工的效果尤为显著

性能特点：该类硬质合金制造的刀具具有较好的韧性、耐磨性、导热性等，较高的硬度、红硬性，Co的含量越高，其韧性越好。

用途：制作切削黑色金属、铸铁、有色金属和非金属材料等脆性材料的刀具。如：YG8刀具适合粗加工铸铁，YG3刀具适合精加工铸铁，YG6刀具适合半精加工铸铁。

2. 钨钛钴类硬质合金（WC－TiC－Co）

它是以碳化钨WC为基体加钴Co和TiC粉末混合压制烧结而成的。

牌号：YT＋TiC的质量分数，如：YT5、YT14、YT30。TiC含量越低，其韧性越好。YT类对应国际标准ISO的P类。

性能特点：由于材料中加入了TiC，使材料的硬度和耐磨性有所提高，但抗弯强度有所降低。该类硬质合金具有高硬度和高耐热性，抗黏结、抗氧化能力较好，硬度和红硬性高于YG类，韧性、强度低于YG类。

用途：制作切削各种钢的刀具。如：YT5刀具适合粗加工钢，YT30刀具适合精加工钢，YT15刀具适合半精加工钢。

3. 钨钛钽（铌）钴类硬质合金（WC－TiC－TaC（NbC)－Co）

它由钴Co＋WC＋TiC＋TaC混合粉末压制烧结而成。属碳化钨为基体的硬质合金。

牌号：YW＋序号，如：YW1和YW2。ISO称为M类，可覆盖P类、K类合金的应用范围。

性能特点：兼具YG，YT优点，在上述两种硬质合金中加入适量的稀有金属碳化物，如碳化钽和碳化铌等，使其晶粒细化，提高其常温硬度和高温硬度、耐磨性、黏结温度和抗氧化性，能使合金的韧性有所增加，因此，这类硬质合金刀具有较好的综合切削性能和通用性，又称通用硬质合金及万能硬质合金。

用途：特别适于制作切削各种高强度钢、耐热钢、不锈钢、耐热合金、各种合金铸铁等难加工材料的刀具。YW1用于精加工，YW2用于粗加工或半精加工。

4. 镍钼钛类硬质合金（TiC－WC－Ni－Mo）

以镍和钼代替钴作结合剂与WC和TiC混合压制烧结而成。属碳化钛基类硬质合金。

牌号：YN+序号，如：YN10、YN5（非标准）。对应于ISO的P01类。

性能特点：耐磨性优良，性能与YT30基本相同，焊接性较差。价格低于上述硬质合金。

用途：一般用于精加工和半精加工钢件，对于大长零件且加工精度较高的零件尤其适合，但不适于有冲击载荷的粗加工和低速切削。

硬质合金有粗晶粒、中晶粒、细晶粒和超细晶粒之分。一般硬质合金（如YG8、YG6、YG3）均为中晶粒。细晶粒比中晶粒的硬度和耐磨性高些，强度和韧性低些，适用于切削硬度高的材料。粗晶粒比中晶粒强度和韧性高些，但硬度低些，尤其是高温硬度降低很多，只用于少数情况下承受较大冲击载荷的刨刀刀片。

模块 5　非金属材料

非金属材料是指除金属材料以外的其他一切材料，工程上主要包括高分子材料、陶瓷材料。随着科学技术的迅速发展，尤其是航空、汽车、电子、计算机等行业的快速发展，各种适应行业发展的新型材料不断涌现，正朝着高性能化、功能化、复合化方向发展。如复合材料、功能材料、纳米材料、超导材料等。各种新型材料的出现将使原来传统材料的分类界限变得模糊起来。它们将会成为未来社会发展的重要推动力量。

5.1　高分子材料

本单元学习目标

★　高分子材料的基本概念，合成纤维的种类及应用。

★★　高分子材料的分类和命名，黏结剂的种类及应用。

★★★　高分子材料的合成和结构，塑料的组成和分类，橡胶的种类和应用。

★★★★　塑料的性能和应用，常用塑料的代号、性能特点和应用。

注：★了解。★★理解。★★★掌握。★★★★重点掌握。

5.1.1　高分子材料概述

高分子材料是以高分子化合物为主要组分的有机材料。高分子化合物是指相对分子质量在 5000 以上的化合物，如聚乙烯、有机玻璃等。分子量小于 500 称为低分子化合物。工业上使用的高分子材料其聚合物分子质量往往在几万至几百万，并具备一定的使用性能。

高分子化合物的每个分子都是由一种或几种低分子一个个连接起来的，组成高分子化合物的低分子化合物称作单体，即高分子化合物是由单体合成的，单体是高分子化合物的合成原料。如聚乙烯是由乙烯（CH2＝CH2）单体聚合而成的，高分子化合物是由许许多多结构相同的基本单元通过共价键重复连接而成的长链大分子化合物，组成大分子链的这种特定结构单元称作链节，而大分子链中链节的重复次数称作聚合度，链节的结构和成分代表高分子化合物的结构和成分。表 5—1 列出了一些高分子化合物的单体和链节。

表 5—1　　几种高分子化合物的单体和链节

材料名称	原料（单体）	重复结构单元（链节）
聚乙烯	乙烯 $CH_2—CH_2$	$—CH_2—CH_2—$
聚苯乙烯	苯乙烯 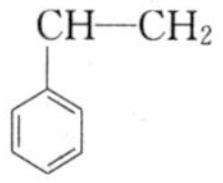	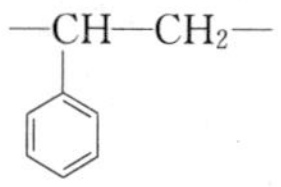
聚四氟乙烯	四氟乙烯 $CF_2═CF_2$	$—CF_2—CF_2—$
顺丁橡胶	丁二烯　$CF_2═CH—CH═CH_2$	$—CH_2—CH═CH—CH_2—$

5.1.1.1 高分子材料的分类和命名

1. 高分子材料的分类

高分子材料根据来源不同分为天然高分子材料和合成高分子材料两大类。天然高分子材料包括蚕丝、羊毛、纤维素、油脂、天然橡胶、淀粉和蛋白质等，而合成高分子材料包括塑料、合成橡胶、合成纤维、胶黏剂和涂料等。工程上使用的主要是合成的高分子材料。

2. 高分子材料的命名

（1）按高聚物的原料单体命名。

由一种单体合成的聚合物，其命名是在单体名称前冠以“聚”字。由两种单体合成的聚合物，缩聚反应的常取两个单体的简名，后缀“树脂”命名，加聚反应的一般在词尾加“共聚物”即可。橡胶一般也是在原料简名后加“橡胶”，如丁苯（丁二烯与苯乙烯）橡胶、丁腈（丁二烯与丙烯腈）橡胶、氯丁（氯乙烯与丁二烯）橡胶等。

（2）按聚合物结构特征命名。

不同品种的聚合物大分子链，具有不同的特征基团。例如聚酯类含有酯基（—COO—），聚酰胺类含有酰胺基（—NH—CO—），又称尼龙，聚醚类含有醚键（—O—）等。

（3）按英文缩写命名。

如聚乙烯简写为PE，聚氯乙烯简写为PVC，聚碳酸酯简写为PC，丙烯腈—丁二烯—苯乙烯共聚物简写为ABS等。

5.1.1.2 高分子材料的合成和结构

1. 高分子材料的合成

将低分子化合物（单体）聚合形成高分子化合物（聚合物、高聚物）的过程称为聚合反应。

高分子化合物的聚合反应主要有以下几种：

（1）加聚反应（加成聚合反应）：由一种或多种单体相互加成而连接成聚合物的反应，其生成物（加聚物）具有同其单体相同的成分（无副产物）。又分均加聚和共加聚，如图5—1和图5—2所示。

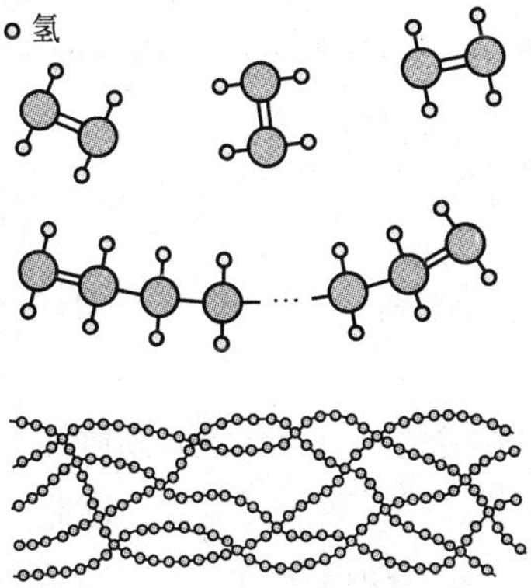

图5—1 均加聚聚合物

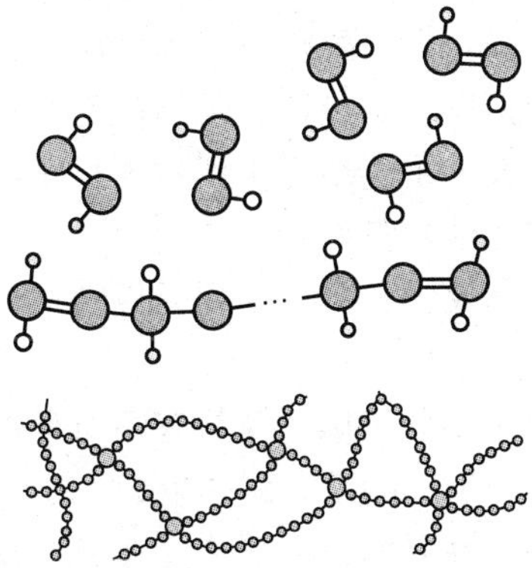

图5—2 共加聚聚合物

均加聚（均聚）：由一种单体进行的加聚反应，产物为均聚物，如乙烯均加聚成聚乙烯。

共加聚（共聚）：由两种或两种以上单体进行的加聚反应。产物为共聚物，如丁二烯（单体）与苯乙烯（单体）共聚合成丁苯橡胶（共聚物）。

(2) 缩聚反应：由一种或多种单体相互混合而连接成聚合物，同时析出（缩去）某种低分子物质（如水、氨、醇、卤化氢等）的反应。其生成的聚合物（缩聚物）成分与单体不同，如图 5—3 所示。

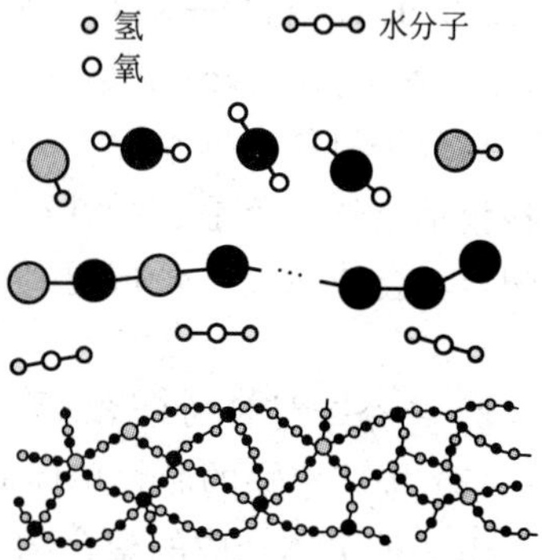

图 5—3　共缩聚网形聚合物

缩聚反应也分为均缩聚和共缩聚。其产物如尼龙、环氧树脂、酚醛树脂等。

2. 高分子材料的结构

组成高分子链的化学元素，主要是碳、氢、氧，另外还有氮、氯、氟、硼、硅、硫等元素，其中碳是形成高分子链的主要元素。

高分子材料的大分子链结构形态在空间排列可呈现不同的几何形状，主要有线形、支化形和体形（或网型）三类。

(1) 线形分子链：链节是线形排列，分子间没有化学键结合，整个分子是细长线条状，见图 5—1。通常卷曲成不规则线团，但受拉时可以伸展为直线。分子间可互相移动而发生流动。因此线形高聚物具有高弹性和热塑性，可以溶解在某些溶剂中，加热可熔融，可制成纤维和薄膜。如高密聚乙烯、聚氯乙烯等热塑性塑料。

(2) 支化形分子链：在大分子主链上有一些或长或短的小支链，整个分子呈枝状，见图 5—2。支化形高分子的性能与线形高分子的性能相似，但由于支链的存在，分子不易规整排列，分子间作用力较弱，分子链容易卷曲，从而提高了高聚物的弹性和塑性，降低了成形加工温度和强度。如高压聚乙烯、接枝形 ABS 树脂和耐冲击型聚苯乙烯，也属热塑性高聚物。

(3) 体形（网形）分子链：线形主链之间的支链彼此交联变成网形结构，网形支链向三维空间发展并交联形成网体形结构，见图 5—3。整个高聚物是一个（由共价键固结起来的）大规模网状大分子，非常稳定。体形分子链构成的高聚物称为体形高聚物，又称为热固性高聚物，如酚醛塑料、环氧树脂、硫化橡胶等。具有不溶解、不熔融的特性，一般具有较高的强度、耐热性及化学稳定性，脆性大，塑性和韧性低。

如按照大分子链结构排列是否有序，高聚物的聚集态结构可分为晶态、部分晶态和非晶态（无定形体）三种。

非晶态高聚物：分子排列无规则，分子链的活动能力大，其弹性、塑性和韧性较好，见图 5—4。

晶态高聚物分子排列规整有序而紧密，分子间吸力大，分子链运动困难，故其熔点、相对密度、强度、刚度、耐热度、耐腐蚀性和抗熔性等性能好，弹性、塑性、韧性较低。

部分晶态高聚物：性能介于上述二者之间，且随结晶度增加，熔点、相对密度、强度、刚度、耐热度和抗熔性均提高，而弹性、延伸率和韧性则降低。在实际生产中控制影响结晶的诸因素，可以得到不同聚集态的聚合物，满足所需的性能要求，见图 5—5。

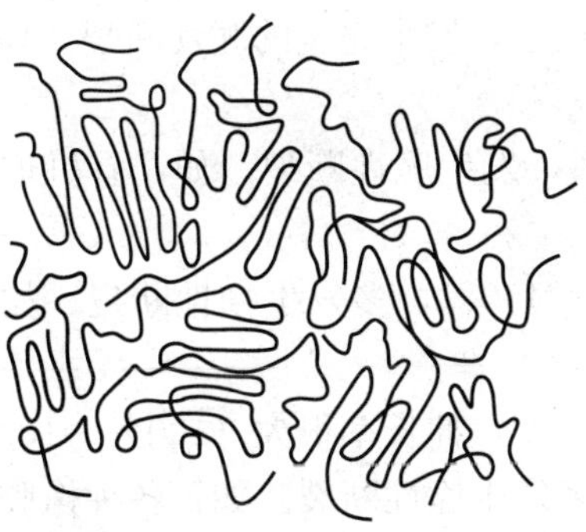

图 5—4 非晶态

图 5—5 部分晶态

在实际生产中不易获得完全晶态的聚合物，大多数聚合物都是部分晶态或完全非晶态。通常用聚合物中结晶区域所占的百分数即结晶度来表示聚合物的结晶程度。聚合物的结晶度变化范围很宽，一般为 31%～90%，特殊情况下可达 98%。

5.1.1.3 高分子材料的性能

(1) 重量轻：一般密度在（0.9～2.0g/cm^3）。

(2) 高弹性：弹性变形量大，可达 100%～1000%，而金属材料一般为 0.1%～1.0%。但弹性模量低，为 2～20MPa，而一般金属材料为 1×10^3～2×10^5MPa。

(3) 黏弹性：应变不随作用力即时建立平衡，而有所滞后的现象。黏弹性的主要表现有蠕变、应力松弛和内耗等。

蠕变：在应力保持恒定的情况下，应变随时间的增长而增加的现象。

应力松弛：高聚物受力变形后所产生的应力随时间而逐渐衰减的现象就叫应力松弛。

滞后与内耗：高分子材料在交变应力（周期载荷）作用下，应变的响应与应力的变化不同步，出现应变的滞后现象。由于应变对应力的滞后，在重复加载时，就会出现上一次变形还未来得及回复，就施加了下一次载荷，于是造成分子间的内摩擦，产生所谓内耗，内耗的存在会导致高聚物温度的升高，加速其老化，但内耗能吸收振动波，有利于高聚物的减振性能。

(4) 强度低：高聚物的强度平均为 100MPa，比金属低得多，但由于其重量轻、密度小，许多高聚物的比强度还是很高的，某些工程塑料的比强度比钢铁和其他有色金属还高。

(5) 塑性：高聚物屈服点所对应的屈服应变较大，比金属大得多。大多数金属材料的屈服应变约为 1%，甚至更小，而高聚物的可达 20%以上。

(6) 韧性：高聚物的内在韧性较好，即在断裂前能吸收较大的能量，但由于强度低，高聚物的冲击韧性比金属小很多，因此不适于作重要的工程结构材料。

(7) 高分子材料的拉伸断裂行为差异较大。

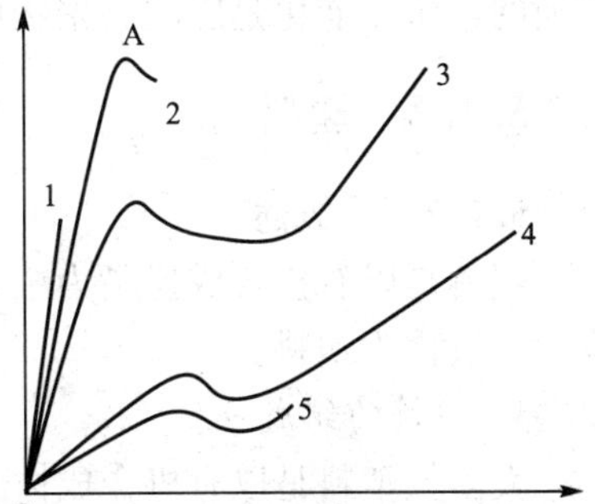

图 5—6 高聚物应力—应变曲线

如图 5—6 所示为五类高分子材料的拉伸应力—应变曲线。1 为硬脆类；2 为强硬类；3 为强韧类；4 为柔韧类；5 为软弱类。

硬脆类：弹性模量高，强度高，断裂伸长率很小，发生完全的脆性断裂。如：聚苯乙烯、苯酚树脂和脲醛树脂等。

强硬类：弹性模量和强度较高，伸长率≤2%，发生脆性断裂。如：有机玻璃、硬聚氯乙烯、韧性聚苯乙烯等。

强韧类：弹性模量和强度较高，伸长率较大≤100%，多发生韧性断裂。如：软聚氯乙烯、聚碳酸酯、聚酰胺等。

柔韧类：弹性模量和屈服极限低，有一定的强度，伸长率很大（100%～1000%），拉伸时分子链趋向于定向分布，出现结晶化细颈，多发生脆性断裂。如：各种橡胶、高压聚乙烯等。

软弱类：弹性模量和强度都很低，有一定的伸长率，发生完全的塑性断裂。如：天然橡胶。

(8) 减摩、耐磨性：大多数塑料对金属或对塑料的摩擦系数值一般在 0.2～0.4 范围内，但有一些塑料的摩擦系数很低。如聚四氟乙烯对聚四氟乙烯的摩擦系数只有 0.04，几乎是所有固体中最低的。另外更重要的是磨损率低，在无润滑和少润滑的摩擦条件下，它们的耐磨、减摩性能优于许多金属材料，所以是很好的轴承材料及耐磨件材料。

(9) 绝缘性及隔热隔声性良好：高聚物是良好的绝缘体，绝缘性能与陶瓷相当，对热、声也有良好的隔离性能，如塑料的导热性不足金属的百分之一。

(10) 耐热性差：同金属相比，高聚物的耐热性较差，这是高聚物的一大不足。

热固性塑料的耐热性比热塑性塑料高。常用热塑性塑料如聚乙烯、聚氯乙烯、尼龙等，长期使用温度一般在 100℃以下；热固性塑料如酚醛塑料为 130～150℃；耐高温塑料如有机硅塑料等，可在 200～300℃使用。

(11) 耐腐蚀性好：高聚物的化学稳定性很高，对酸—碱及有机试剂、水等均有良好的抗腐蚀能力。如聚四氟乙烯，不仅耐强酸、强碱等强腐蚀剂，甚至在沸腾的王水中也很稳定。

(12) 抗老化性：老化是指高聚物在长期使用和存放过程中，由于受光、热、氧、化学介质和微生物等各种因素的作用，性能随时间不断恶化，逐渐丧失使用价值的过程。其主要表现为：橡胶变脆、龟裂或变软、发黏；塑料退色、失去光泽和开裂。这些现象是不可逆的，所以老化是影响高聚物应用的一个主要缺点。

5.1.2 塑料

5.1.2.1 概述

塑料是以有机合成树脂为主要组成的高分子材料，它通常可在加热、加压条件下塑制成形，故称为塑料。

1. 塑料的组成

大多数塑料是以有机合成树脂为基础，再加入各种添加剂所组成的。

(1) 合成树脂：是由低分子化合物通过缩聚或加聚反应合成的高分子化合物，是塑料的主要组成，也起黏结剂作用。树脂占塑料的 40%～100%，决定了塑料的类型和基本性能，因此塑料的名称也多用其原料树脂的名称来命名。如聚苯乙烯塑料、酚醛塑料等。

(2) 添加剂：根据塑料的性能要求而加入的其他组成，主要有：

1) 填料：加入填料的目的是为了增强性能或降低成本等。增强剂有石墨、三硫化钼、石棉纤维和玻璃纤维等。

2) 增塑剂：加入增塑剂的目的是为了更好地改进塑料的可塑性、流动性和柔软性。

3) 固化剂：又称为硬化剂、交联剂。其作用在于通过交联使树脂由线形结构转变为体形结构，提高塑料的坚硬性和稳定性。

4) 稳定剂：用以防止受热、光等的作用使塑料过早老化。提高塑料的耐热性和抗老化性。

5) 润滑剂：加入润滑剂的目的是为了防止塑料在成形过程中黏在模具或其他设备上。

除上述添加剂外，还有抗氧剂、着色剂、发泡剂、稀释剂、抗磁剂等，并非各种塑料都要加入上述添加剂，而是根据塑料品种和使用要求加入所需的添加剂。

2. 塑料的性能和应用

(1) 塑料密度小，一般为 $0.9\sim2.0g/cm^3$，如是泡沫塑料则更小；比强度高，属轻型材料，广泛应用于需要减轻产品重量的行业，如航空、电器、汽车、机车等运输车辆的行业。

(2) 有些塑料减摩、耐磨性好，可用于机械、仪器仪表、机电等行业的耐磨和减摩零件。

(3) 塑料绝缘性好，因此广泛用作电子、电器、仪器仪表、机电等行业的绝缘材料。

(4) 塑料耐腐蚀性好、化学稳定性高，广泛应用于化工、化肥、船舶、石油、医药等行业。

(5) 塑料表面密实光滑，着色性好，防水、气密性好，适于制作对外观颜色有要求的家电、通信、电子、计算机等产品的外壳和各种日用品，及各种防水雨布、包装材料等。有的塑料无色透明、透光率高，作为透明材料可制作汽车和飞机座窗、电视电脑屏幕等。

(6) 塑料塑性好、加工成形性好，可以模压、压延、挤塑、吹塑、注塑。有的塑料可切削加工、焊接等。广泛应用于形状复杂的制品、容器、外壳、箱体、阀体、管件、零件等。

(7) 塑料多是碳的化合物，原料资源丰富；加工效率高，成本低廉。加上上述性能，因此在各行各业以塑料代替金属等材料，已成为一种发展趋势。

(8) 塑料隔热、隔声、消声吸振，可做各种保温材料、包装材料、装饰材料等。

塑料的缺点是强度和硬度低、耐冲击差、耐热性差、易老化、热膨胀系数大、易变形。这些是束缚塑料发展应用的瓶颈，也是塑料趋向复合材料发展的重要原因。

3. 塑料的种类

常用的塑料分类方法有下述两种：

(1) 按塑料受热时的行为特点分类。

1) 热塑性塑料：这类塑料的特点是受热时软化或熔融，冷却时又会变硬，再加热时又会变软，该过程只有物理变化，而没有化学变化，因此可以反复进行加工。其分子结构为线形或支链形。优点是加工成形简便，具有较高的力学性能，废品回收后可以再利用，缺点是耐热性和刚性较差。常见的热塑性塑料有聚乙烯、聚丙烯、聚氯乙烯、聚苯乙烯、ABS、聚酰胺（尼龙）、聚碳酸酯、聚甲醛、热塑性聚酯、氟塑料、聚砜、聚醚醚酮、聚芳酯、聚酚氧、聚苯醚、聚苯砜醚、氯化聚醚、聚乙烯醇缩醛、纤维素塑料等。

2）热固性塑料：这类塑料的特点是开始受热时软化或熔融，可塑制成形；经过一定时间的加热或加入固化剂后，化学结构发生了变化，由线形变为体形，即固化成形。固化后的塑料质地坚硬、性质稳定，不再溶于溶剂中，也不能加热软化再成形，因而热固性塑料只可一次成形，废品不可回收利用。其优点是耐热性好，坚硬、抗压性好，缺点是性能较脆，韧性差，常常需加入增强剂增强。热固性塑料主要有酚醛树脂、氨基树脂、环氧树脂、有机硅塑料、不饱和聚酯等。

（2）按塑料的功能和应用范围分类。

1）通用塑料：主要指产量大、用途广、价格低的塑料。主要有聚乙烯、聚氯乙烯、聚苯乙烯、聚丙烯、酚醛塑料（电木）和氨基塑料（电玉）等六大品种。它们的产量占塑料总产量的75%以上，构成塑料工业的主体，是一般工农业生产和日常生活不可缺少的廉价材料。

2）工程塑料：指综合性能较好，能作为结构材料在较宽温度范围和较长使用时间内，承受载荷并保持优良性能的一类塑料。这类塑料耐热性高、低温性能好、耐腐蚀，自润滑性和尺寸稳定性良好，有较高的强度和刚度，可代替金属材料作某些机械构件及其他特殊用途。

一般按长期连续使用温度（多用美国保险业研究室确定的UL相对温度指数表示），将工程塑料划分为两类：长期使用温度在100～150℃的称通用工程塑料，如五大工程塑料聚酰胺、聚碳酸酯、聚甲醛、聚苯醚、聚酯等；长期使用温度在150℃以上的称高性能工程塑料，主要有聚苯硫醚（PPS）、聚酰亚胺类（PI）、聚醚类、聚醚酮类、聚芳酯、氟塑料等。其特点是强度高、抗蠕变、耐热、耐磨损、化学稳定性高、抗老化等。

3）特种塑料（功能塑料）：指具有特殊性能和用途的塑料。这种塑料产量少、价格较高。如某些导电塑料、导磁塑料、导热塑料、感光性塑料、医用高分子材料、离子交换树脂等。

5.1.2.2 常见塑料的特性及用途

1. 热塑性通用塑料

（1）聚乙烯（PE）：是乙烯为单体的高聚物，其分子结构式为：$\left[CH_2—CH_2 \right]_n$

聚乙烯具有优良的电绝缘性能、耐化学腐蚀性能、耐低温性能和加工流动性能；原料乙烯资源丰富、价格低，是世界上产量最大的树脂品种。产量约占塑料树脂总产量的1/3。

按密度的不同分为高密度聚乙烯（HDPE）、中密度聚乙烯（MDPE）、低密度聚乙烯（LDPE）。

低密度聚乙烯（高压）：相对分子质量、结晶度和相对密度较低，质地柔软，常用来制作塑料薄膜、软管、食品包装袋和塑料瓶等。

高密度聚乙烯（低压）：分子量大，结晶度、相对密度较高，质地刚硬，耐磨性、耐腐蚀性及电绝缘性较好，常用来制造塑料管（见图5—7）、板材、绳索以及承载不高的零件，适于用中空吹塑、注塑和挤出法制成各种塑料制品，如各种瓶、罐、桶等容器，如日常生活中使用的塑料茶杯、塑料碗、塑料水壶等。并已取代LDPE成为最主要最通用的电线、电缆绝缘材料，各种高频电缆、海底电缆的绝缘层和保护层。

（2）聚丙烯（PP）：是丙烯单体在催化作用下聚合而成的高聚物。

其分子结构式为：

$$\left[CH_2-\underset{\displaystyle CH_3}{\underset{|}{CH}} \right]_n$$

PP具有优良的力学性能，耐弯曲疲劳性能优于其他一般塑料，比PE更坚韧、耐磨、耐热，并有卓越的介电性能和化学惰性，无毒、无味，在100℃下几乎不受一般无机酸、碱、盐溶液的破坏。室温下对极性有机溶剂稳定，最大的缺点是耐老化性能比PE差，成形收缩率大，耐低温和抗冲击性能差，必须通过复合及共混改性加以改善。

PP可以用挤出、注塑、吹塑、模压和真空成形等各种方法加工成形，可用于制造各种包装与阻隔性薄膜，如针刺网膜，电线电缆中金属与橡胶包皮间的隔离膜，电容器薄膜，各种单、双向拉伸包装膜。各种改性PP可用于制造汽车保险杠（见图5—8）、编织带、吸塑薄片、棉纺粗纱管和低压配电箱等；可用于制作某些零部件，如法兰、齿轮、风扇叶轮、泵叶轮、把手及壳体等，还可制作化工管道、容器、医疗器械等。

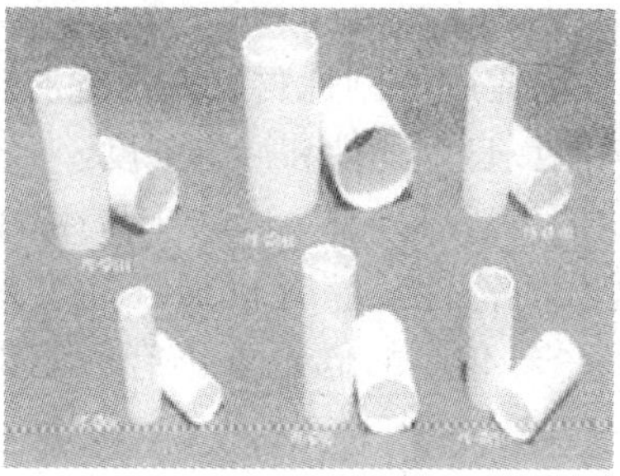

图5—7　PE管材

图5—8　改性PP汽车保险杠

（3）聚氯乙烯（PVC）：聚氯乙烯是由乙炔气体和氯化氢合成氯乙烯，再聚合而成。

其分子结构式为：

$$\left[CH_2-\underset{\displaystyle Cl}{\underset{|}{CH}} \right]_n$$

聚氯乙烯为无定形高聚物，具有良好的阻燃性和化学稳定性，机械强度较高，透水率很低，其刚度、硬度和强度均比聚乙烯高。聚氯乙烯在120～150℃时可塑化，但由于热稳定性差，加工过程中必须加入热稳定剂。添加增塑剂可降低PVC的熔融温度和熔体黏度，调节增塑剂用量可获得软、硬差别很大的PVC产物，根据其软硬程度不同又可以分别采用压延、模压、挤出、注塑和吹塑等不同成形方法来加工各种产品。

硬PVC：密度小，抗拉强度较好，耐水、耐油、耐化学用品腐蚀性能良好。可用于制作化工、纺织等工业的废气排污排毒塔、气体液体输送管，还可代替其他耐腐蚀材料制造贮槽、离心泵、通风机和接头等。可制作各种管道的管件。

软PVC：当增塑剂加入量达30%～40%时，便制得软质聚氯乙烯，其延伸率高，制品柔软，并有良好的耐腐蚀性和电绝缘性，常制成薄膜，用于工业包装（不能包装食品）、农业育秧和日用雨衣、台布等，还可用于制作耐酸碱软管、电缆包皮、绝缘层等。

（4）聚苯乙烯（PS）：是苯乙烯为单体的高聚物。

其分子结构式为：

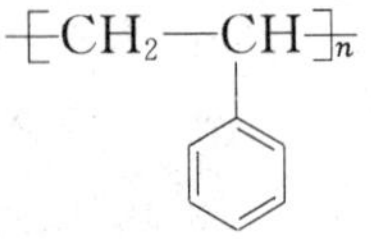

性能特点：PS 为硬脆性塑料，拉伸强度和弯曲强度等较好；电绝缘性优良，一般不受温度影响；耐老化性、化学稳定性良好，能耐一般的酸、碱盐类介质的腐蚀。透光率仅次于有机玻璃。缺点是抗冲击性差，易脆裂，耐热性不高，耐油性有限。

用途：PS 制品成形方法以注塑法为主，主要用于光学玻璃和仪器、灯罩、日用器皿；包装、保温及装潢泡沫材料；电子工业中的仪表零件、设备外壳；化工中的储槽、管道、弯头；纺织工业中的纱管、纱锭、线轴等。

2. 热塑性工程塑料

（1）ABS：ABS 树脂为丙烯腈、丁二烯、苯乙烯三元共聚物。

其分子结构式表示为：

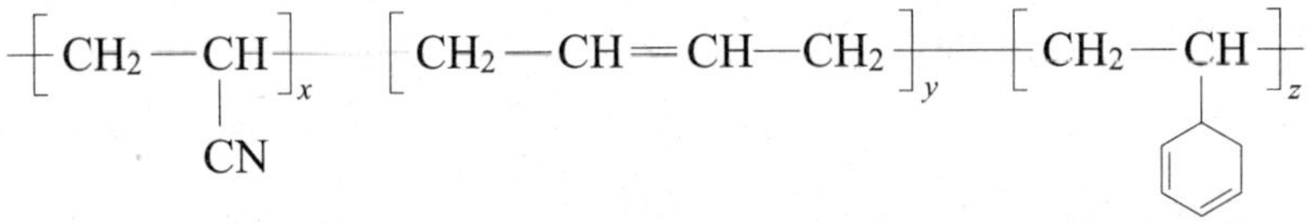

ABS 树脂具有三种成分的综合性能，为坚韧质硬的刚性材料。丙烯腈使树脂具有耐化学腐蚀性和一定的表面硬度；丁二烯赋予树脂以良好弹性和冲击强度，而苯乙烯则使树脂具有刚性和加工性能。用改变三种成分配比的方法可控制 ABS 树脂的特性。

性能特点：ABS 树脂具有“硬、韧、刚”的特性，综合机械性能良好，尺寸稳定性高，容易电镀和易于成形，耐热性较好，在－40℃的低温下仍有一定的强度，应用甚广。

用途：可制造齿轮（见图 5—9）、泵叶轮、轴承、把手、管道、储槽内衬、电机外壳、仪表壳、仪表盘、蓄电池槽、水箱外壳等。也可用于制造汽车上的挡泥板、扶手、热空气调节导管、小轿车车身等。还可用于制造纺织器材、电讯器件等。

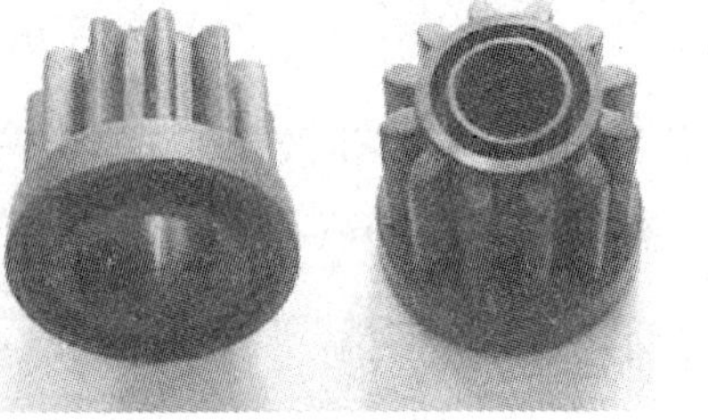

图 5—9　ABS 塑料制品

（2）聚酰胺（PA）：商品名叫尼龙（锦纶），是由二元胺与二元酸缩合而成的，是工程塑料中发展最早的品种，产量居工程塑料之首。常用的尼龙品种为尼龙 6 和尼龙 66，此外还有尼龙 11、12、610、612、1010 等。

尼龙 6 的分子结构式为：

$$\left[NH - (CH_2)_5 - \overset{\overset{\displaystyle O}{\|}}{C} \right]_n$$

性能特点：尼龙是结晶性高聚物，因而具有良好的力学性能。虽然刚性逊于金属，但比抗拉强度高于金属，比抗压强度与金属相近，因此可作为替代金属的材料。其特点是韧性、耐磨性、自润滑性良好，摩擦系数为0.1～0.3，强度较高（因吸水不同而异）；耐腐蚀性好，如耐水、油、一般溶剂、许多化学药剂，抗霉、抗菌，无毒；长期使用温度可达80℃，短时间内可达100℃；其缺点是抗蠕变性能较差、热膨胀系数大，尺寸稳定性较差。

用途：尼龙成形性能好，以注射成形为主，约占2/3，还可挤出、模压、吹塑、浇铸、烧结及冷加工等。尼龙广泛地用于制造各种机械、电气部件，尤其是耐磨、耐腐蚀的零件，如轴承、齿轮（见图5—10）、辊轴、滚子、滑轮、涡轮、风扇叶片、绳索、砂轮胶黏剂等。

图5—10 尼龙制零件

(3) 聚碳酸酯（PC）：一般指双酚A型聚碳酸酯。

其分子结构式为：

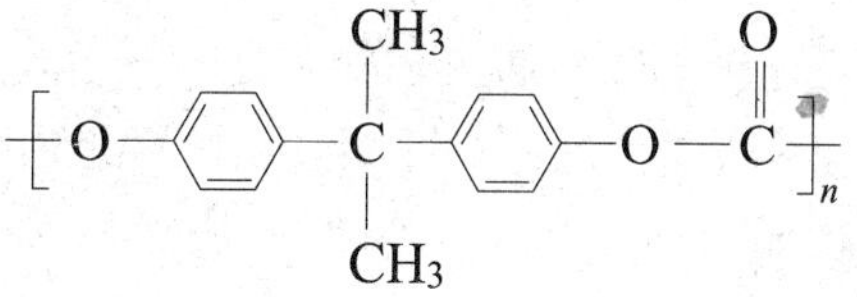

性能特点：PC誉称“透明金属”，具有优良的综合性能。冲击韧性和延展性突出，在热塑性塑料中是最好的；弹性模量较高，不受温度的影响；抗蠕变性能好，尺寸稳定性高。透明度高，透光率为75%～90%，接近有机玻璃；无毒，着色性能好；吸水性小；绝缘性能优良，但低于PE、PS和聚四氟乙烯。其缺点是制品容易产生应力开裂，耐溶剂、耐碱性能差，高温易水解，摩擦系数大，无自润滑性，耐磨性和耐疲劳性都较低。

用途：PC成形性能好，可注射、挤出、吹塑、压延，亦可黏合、焊接和冷加工等。广泛应用在电气、机械、光学、医药等工业部门，主要用于制造精密齿轮、蜗轮、蜗杆、泵叶轮、齿条等。利用其高的电绝缘性能，制造垫圈、垫片、套管、电容器等绝缘件，并可作电子仪器仪表的外壳、护罩等。由于透明性好，PC层压板广泛用于银行、使馆、拘留所和公共场所的防护窗，在航空及宇航工业中，是一种不可缺少的制造信号灯、挡风玻璃、座舱罩、帽盔等的重要材料。目前PC已取代聚酯成为用量最大的光盘基体材料。

(4) 聚甲醛（POM）：是一种高熔点、高结晶的热塑性工程塑料，分共聚甲醛和均聚甲醛两种。均聚甲醛分子的结构式为：$CH_3—\underset{\underset{O}{\|}}{C}—O\!\left[CH_2—O\right]_n\underset{\underset{O}{\|}}{C}—CH_3$

共聚甲醛是三聚甲醛与少量二氧五环的共聚物。

分子结构式为：$\left[\left(CH_2—O\right)_x\left(CH_2—CH_2—O\right)_y\right]_n$

均聚甲醛力学性能稍高，但热稳定性不及共聚甲醛，并且共聚甲醛合成工艺简单，易于成形加工，所以共聚甲醛目前在产量和发展趋势上都占有优势。

性能特点：聚甲醛力学性能优异，是塑料中力学性能最接近金属材料的品种之一，可在 100℃下长期使用。其比强度接近金属材料，达 50.5MPa，比刚度达 2650MPa，可在许多领域中代替钢、锌、铝、铜及铸铁。POM 具有优良的耐疲劳性和耐磨性，耐疲劳性是热塑性工程塑料中最高的，蠕变小、电绝缘性好且有自润滑性，尺寸稳定性好，耐水、耐油。其缺点是密度较大，耐酸性和阻燃性较差。

用途：聚甲醛可用一般热塑性塑料成形方法加工，如注塑、挤出、吹塑、喷涂等。注塑是主要的加工方式。聚甲醛可代替金属和合金在汽车、机床、化工、电气、仪表中应用，用来制造轴承、齿轮、垫圈、法兰、凸轮、辊子、各种仪表外壳、容器等。特别适用于某些不允许用润滑油情况下使用的轴承、齿轮等。由于聚甲醛对钢材的静、动摩擦系数相等，没有滑黏性，故更扩大了其应用范围。例如目前塑料钟表中大量的零件均采用聚甲醛代替金属材料。

（5）聚苯醚（PPO）。

分子结构式为：

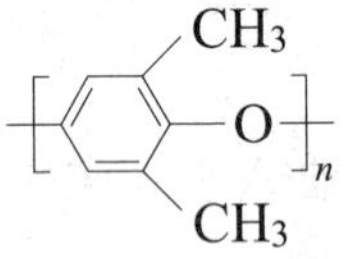

性能特点：聚苯醚的介电性能居工程塑料之首，介电常数是工程塑料中最小的，体积电阻率高达 1017，是工程塑料中最高的，且几乎不受温度、湿度及频率常数的影响。聚苯醚具有较高的耐热性和机械强度。其长期使用温度为 120℃，硬而坚韧，硬度高于尼龙、PC 和 POM，且蠕变较小、成形收缩率亦小很多。

用途：聚苯醚主要用注射、挤出、压制方法成形各种制品。适用于在潮湿而有载荷情况下需具备优良电绝缘性、力学性能和尺寸稳定性的场合，如电器零部件、滤材、阀座、潜水泵零件、医疗器械、蒸煮消毒器具，较高温度下工作的凸轮、齿轮、泵叶轮、轴承、水泵零件、化工设备部件、紧固件及连接件等。

（6）氟塑料。

氟塑料是各种含氟塑料的总称，有聚氟乙烯（F－1）、聚偏氟乙烯（F－2）、聚三氟氯乙烯（F－3）、聚四氟乙烯（F－4），其中最重要的是聚四氟乙烯，它用途最广泛，产量占氟塑料的 90%左右。聚四氟乙烯的分子结构式为：

$$\text{-}[CF_2—CF_2]\text{-}_n$$

性能特点：聚四氨乙烯最突出的特点是耐化学腐蚀性极强，除金属纳、氟元素及其化合物对它有侵蚀作用外，其他诸如强酸、强碱、油脂、有机溶剂等对它均无作用，能耐沸腾的王水及氢氟酸，故有“塑料王”之称。耐高、低温，耐老化，电绝缘性能很好；F－4 可在－180～60℃内长期使用；摩擦系数仅为 0.04；不沾水、不吸水；缺点是强度低，冷流性强。F－3 的成形加工性能好，F－2 的耐候性更好，F－1 的抗老化性能更好。

图 5—11　氟塑料制隔膜阀

用途：聚四氟乙烯广泛用于制造化工机械耐腐蚀零件（见图 5—11）和容器，特别是防腐衬里和涂层。还广泛用于制作减摩密封零件、热交换器，以及高频或潮湿条件下的绝缘材料。由于它与其他物质具有不粘性，所以在塑料加工及食品工业上广泛用作脱膜剂。

（7）聚甲基丙烯酸甲酯（PMMA）：俗称有机玻璃。是以甲基丙烯酸甲酯为单体，经加聚反应合成的线形高分子化合物。

性能特点：最突出的性能是透光性非常好（透光率达92%），仅次于普通玻璃（透光率95%）。相对密度也只有后者的一半，为1.18g/cm^3。与普通玻璃相比，它透过紫外线的能力更强，普通玻璃只能透过百分之几的紫外线，而有机玻璃却能透过百分之七十的紫外线；有机玻璃质轻、耐冲击力强、不易碎裂，并且易于着色和加工成形；缺点是耐热性差，易燃、易溶于丙酮、氯仿等有机溶剂。表面硬度低，易起毛，生产成本较高。

用途：常用来制作光学工业透镜、医用导光管、隐形眼镜、飞机驾驶舱的玻璃罩、轮船和飞机驾驶室的挡风玻璃等。在生产有机玻璃时加入各种颜料、荧光粉（如硫化锌）、珍珠粉（如碱式碳酸铅），便可得到彩色、乳白、荧光或珠光等有机玻璃板材，在日常生活中用于制作照明灯具、广告招牌、防护罩及各种装饰品。

（8）热塑性聚酯（PET、PBT）：目前的主要品种有聚对苯二甲酸乙二醇酯（PET）：

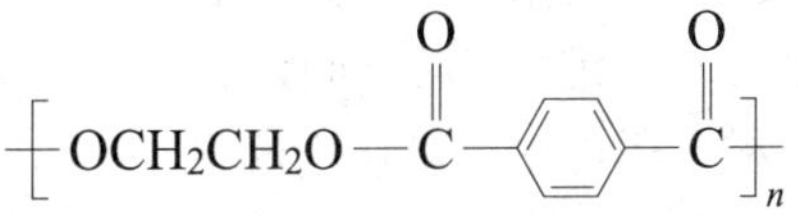

聚对苯二甲酸丁二醇酯（PBT）：

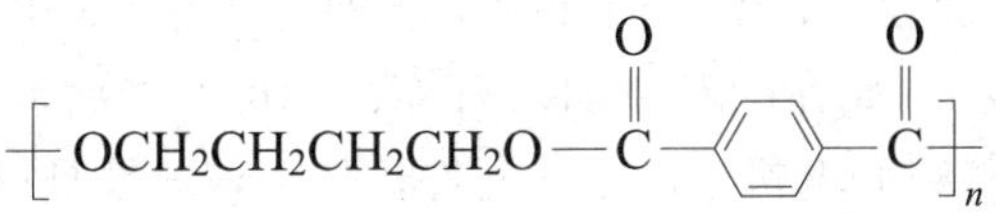

性能特点：PET和PBT为高结晶性树脂，具有较高的强度，突出的耐化学试剂性、耐热性和优良的电性能。尤其是玻璃纤维增强的聚酯，其力学强度大大提高，耐热性和使用寿命也有极大的提高。PET和PBT的耐老化性能突出，长时间暴露于高温条件下，其物理性能几乎不下降而且性能很稳定。PBT摩擦系数小。

用途：PET和PBT成形以注射、挤出、吹塑为主。也可进行涂装、黏结、超声波焊接、攻丝及其他机械加工等多种二次加工。PBT主要用作制造电子电器、汽车、机械设备以及精密仪器的零部件；各种传动、滑动的耐磨零件。以取代铜、锌、铝及铸铁等金属材料。

（9）聚酰亚胺（PI）：主链上含有的高聚物统称为聚酰亚胺（PI）。分子式为：

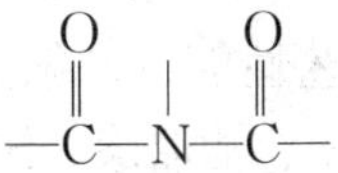

可分为三类，不溶性、可溶性和改性聚酰亚胺。聚酰亚胺是目前使用温度最高的高分子材料，除了可制作自润滑、耐磨、密封的机电产品的零件外，在高温环境，如喷气式发动机的零件等方面还没有其他材料可以代替。

3. 常见热固性塑料

（1）酚醛塑料（PF）：由酚类和醛类在酸或碱的催化剂作用下缩聚合成酚醛树脂，再加入添加剂而制得的高聚物。俗称电木。PF树脂原料来源丰富，合成工艺简单，价格便宜，产品又具有优良的性能，目前仍然是世界上产量最大的热固性塑料。

PF 树脂按原料单体配比和催化剂不同分为两种类型，热塑性酚醛树脂和热固性甲阶酚醛树脂，热塑性酚醛树脂单纯受热时不会失去塑性流动性，而必须加入专门的固化剂才能固化。热固性树脂单用加热即可逐渐交联固化而失去流动性，此为不可逆变化过程。

电木制作：将酚醛树脂和锯木粉、滑石粉（填料）、乌洛托品（固化剂）、硬脂酸（润滑剂）、颜料等充分混合，并在混炼机中加热混炼，即得电木粉。将电木粉在模具中加热压制成形后得到热固性酚醛塑料制品。

电木应用：电木具有较高的强度、良好的绝缘性，耐热、耐腐蚀，因此常用于制造电器材料，如开关、灯头、旋钮、耳机、电话机壳、仪表壳等，“电木”由此而得名，见图 5—12。

图 5—12　酚醛塑料制品

以酚醛树脂为基础的塑料制品种类很多，性能优良，用途极广，如玻璃纤维增强的层压玻璃钢制品强度大，耐热、耐腐蚀性能优良；PF 树脂用于纤维复合增强材料，如层压片、胶合板、纤维板和装饰板等。PF 树脂也是防腐蚀和装饰材料。还可用于制作内燃机曲轴皮带轮、纺织机和仪表中的无声齿轮、化工用耐酸泵、日用用具等。

PF 的缺点是力学性能较差，不耐油和化学腐蚀，如在 PF 中加入不同的填料可得到功能各异的改性酚醛塑料，如在配料中加入石棉、云母，能增加它的耐酸、耐碱、耐磨性，可用作化工设备的材料和电机、汽车的配件；加入玻璃纤维可增加硬度，制作机器零件等；用丁腈橡胶改性后耐油性能和抗冲击性大大提高；用聚氯乙烯改性后则能提高强度和耐酸性。

(2) 环氧塑料（EP）：分子中含有环氧基团的高聚物称环氧树脂，环氧树脂加入固化剂后形成的热固性塑料即为 EP。目前 90%的产量为双酚 A 型环氧树脂（E 系列），其分子结构式为：

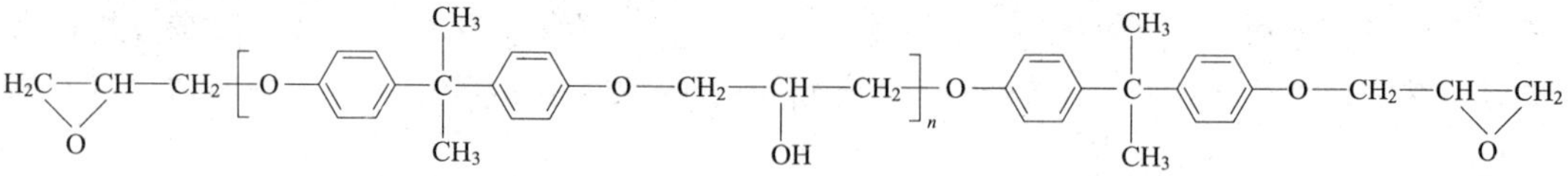

环氧塑料强度较高，韧性较好；尺寸稳定性高和耐久性好；具有优良的绝缘性能；耐热、耐寒；化学稳定性很高；成形工艺性能好。缺点是有某些毒性。可用于制作塑料模具、精密量具，灌封电器，配制飞机漆、油船漆、罐头涂料，印刷线路。

环氧树脂除作塑料外，另外的重要应用是作胶黏剂，有“万能胶”之称。是当前使用最广泛的黏结剂之一，由于体系中含有大量的环氧基团和羟基，因此具有优良的黏结能力，对大部分材料如金属、木材、玻璃、陶瓷、橡胶、纤维、塑料、皮革等都有很好的黏结作用。

(3) 氨基树脂：氨基树脂目前主要指脲醛树脂（UF）和三聚氰胺—甲醛树脂（MF）。

脲醛树脂具有耐燃、耐电弧、易着色、表面硬度高、耐溶剂，以及无毒、无臭、无味等特点。纯净的脲醛树脂是无色透明的，加入二氧化钛或其他颜料，便可变成乳白色或其他颜色的半透明或不透明的塑料。脲醛塑料像美玉一样绚丽多彩，又因其绝缘性能好，可用做电器材料，故得名“电玉”。可制成表面光洁、色彩鲜艳的玉状制品。如纽扣、装饰品、瓶盖、门拉手、琴键、电话机、钟表的外壳、灯罩等。也可用于电器、仪表等工业配件；可专门用于制造汽车、摩托车等引擎中的发火零件；但其耐湿性差、易受潮气和水的影响而发生变形和裂纹，而且耐热性较差，长期使用温度在70℃以下。

三聚氰胺—甲醛树脂（MF）：又称蜜胺塑料，是由三聚氰胺与甲醛缩聚而成的热固性塑料。不但具有脲醛树脂类似的优点，且具有更高的耐热性、耐湿性和力学强度；可在沸水下长期使用。MF塑料制品表面硬度较高、耐污染，外观像瓷器，因此被人们誉为塑料瓷器。用蜜胺制作的碗、盘、茶杯等不但看上去与瓷器相仿，而且不易碎，无味、无毒、耐热，可用开水煮沸消毒。所以常用来制作高级餐具、医疗器具以及耐电弧制品。

5.2 陶瓷材料

本单元学习目标

★ 陶瓷材料的分类和结构，普通陶瓷的种类及应用。

★★ 陶瓷材料的生产过程及应用领域。

★★★ 陶瓷材料的性能特点。

★★★★ 特种陶瓷的种类、性能特点和用途。

注：★了解。★★理解。★★★掌握。★★★★重点掌握。

5.2.1 陶瓷材料概述

传统意义上的陶瓷主要指瓷器和陶器，还包括玻璃、搪瓷、耐火材料和砖瓦等。它们是以黏土、长石、石灰石、石英等天然硅酸盐矿物为原料，成形后经高温烧制而成的一类制品。现代意义上的陶瓷材料在成分、性能、应用等方面已大大超出硅酸盐类材料的范畴。一般把陶瓷材料定义为以离子键及共价键为主要结合力的无机非金属材料的总称。

5.2.1.1 陶瓷材料的分类和生产过程

1. 陶瓷材料的分类和应用领域

现代意义上的陶瓷材料分类方法很多，按照组织形态可分为玻璃、玻璃陶瓷和工程陶瓷；按原料和组成不同可分为传统陶瓷和新型陶瓷；也可分为普通陶瓷和特种陶瓷；按性能和用途不同，分为结构陶瓷和功能陶瓷；按化学成分不同，可分为氧化物陶瓷、碳化物陶瓷、氮化物陶瓷和硼化物陶瓷等。

普通陶瓷：普通陶瓷是以黏土等天然的硅酸盐矿物为原料制造而成，主要应用于日常生活和工业生产。有普通日用陶瓷和普通工业陶瓷两类。

结构陶瓷：作为结构材料用来制造结构零部件，主要利用具热力学和化学性能等，有耐磨陶瓷、高强度陶瓷、耐热陶瓷、耐酸陶瓷、硬质材料、低膨胀材料、隔热陶瓷等，应用在化工、机械、冶金、交通运输车辆等行业。

功能陶瓷：利用其电、磁、声、光、催化、生物化学等性能，来制造功能器件，主要有绝缘材料、电解质材料、压电陶瓷、磁性陶瓷、半导体、超导材料、光导纤维和透光性陶瓷等电子材料，具有生物化学功能的生物医用陶瓷材料、抗菌陶瓷材料等。广泛应用于电子、通信、航空、海洋技术、医疗卫生、无损检测、广播电视等领域。

从现代陶瓷材料不断发展的意义上来说，无论何种分类方法都不是绝对的。如结构陶瓷和功能陶瓷有时并无严格界限，金属陶瓷又属复合材料等。

2. 陶瓷材料的生产过程

陶瓷材料的生产过程一般包含原料制备、坯料成形、干燥与排胶和制品烧成或烧结工序。

(1) 原料制备。

陶瓷用原料有天然原料和化工原料两类。根据在陶瓷中的作用不同，分为主要原料和辅助原料。主要原料有黏土、膨润土、滑石、菱镁矿、方解石、长石、石英、氧化物、碳化物等。辅助原料用来改善坯料的性能，满足陶瓷的成形等生产工艺要求。常用的辅助原料：黏结剂原料有甲基纤维素、聚乙醇、聚苯乙烯等；塑化剂原料有石蜡、甘油等；悬浮剂原料有水玻璃、碳酸钠等。原料制备是将所需各种原料经拣选、粉碎后配料、混合、磨细、塑化等得到坯料的过程。坯料有浆料、可塑泥料和粉料等。

(2) 坯料成形。

坯料成形是将坯料加工成一定形状和尺寸并有必要机械强度和致密度的陶瓷半成品的过程。其成形方法主要有：

注浆成形：适用于大型、薄壁、形状复杂、精度要求高的普通陶瓷制品。

塑性成形：包括挤压成形和轧膜成形等方法，常用于制造棒、管及片状制品。

压制成形：又称干压成形，是在粉料中加入少量黏结剂，造粒，装模，然后加压形成一定形状的坯体的过程。常用于特种陶瓷和金属陶瓷制品。

(3) 干燥与排胶。

干燥：利用热能使坯体中的水分汽化，并排出坯体以外的过程。

排胶：利用热能使坯体中的有机黏结剂和塑化剂等排除的过程。为后面工艺创造条件。

(4) 烧成或烧结（瓷化）。

它是指将干燥后的坯料加热到高温，进行一系列的物理、化学变化而使材料强度提高、材料致密化的成瓷过程。

烧成是指制品开口气孔率较高，致密度较低，工艺温度一般在（1250～1450℃）的瓷化过程。适用于普通日用陶瓷制品。

烧结是指烧成的制品开口气孔率极低、而致密度很高的瓷化过程。适用于特种陶瓷和金属陶瓷等。有无压烧结和热压烧结等方法。

原料的纯度和细度、坯料混合的均匀性、成形密度及均匀性、烧成或烧结温度、炉内气氛、升降温速度等都会对陶瓷制品的质量产生影响。

5.2.1.2 陶瓷材料的结构

1. 陶瓷材料的结合键

固体无机化合物大多数属于离子键化合物，陶瓷材料中的刚玉型结构便是典型的离子化合物；典型的共价化合物是氧化锌和金刚石；实际化合物中常存在一种或多种结合键，如硅酸盐的结合键为离子键和共价键；非氧化合物如碳化物大多数是共价键和金属键间的过渡键。

2. 陶瓷材料的显微结构

从陶瓷材料的显微结构分析，陶瓷的显微组织由晶相、玻璃相和气相组成。各组成相的结构、数量、形态、大小及分布对陶瓷的性能有显著影响。

(1) 晶相：晶相是陶瓷的主要组成相，其结构、数量、形态、大小及分布，决定陶瓷的主要性能和应用。晶相主要有硅酸盐的 [SiO_4] 四面体结构、氧化物的紧密立方或紧密六方排列结构、氮化物的六方晶格及碳化物的紧密立方或复杂晶体结构等。

(2) 玻璃相：是一种非晶态的固体，玻璃的成分为氧化硅和其他氧化物，玻璃相是陶瓷材料中不可缺少的组成相。其作用是黏结分散的晶相，提高材料的致密度，降低烧结温度，抑制晶相的晶粒长大和填充气孔，获得一定程度的玻璃特性，如透光性等。但玻璃相的熔点低对陶瓷的强度，介电性能，耐热性能等是不利的，因此，不能成为陶瓷的主导组成相，陶瓷中玻璃相的体积分数一般为 20%～40%。

(3) 气相：是指陶瓷孔隙中的气体即气孔，它是陶瓷生产工艺过程中不可避免地形成并保留下来的，气孔对陶瓷性能有显著的影响，它使陶瓷密度减少，并能吸收振动，这是有利的，但它又使其强度降低，电击穿强度下降，绝缘性下降，这是不利的，因此对陶瓷中的气孔数量、形状、大小和分布应有所控制。一般普通陶瓷的气孔率为 5%～10%；特种陶瓷在 5%以下；金属陶瓷低于 0.5%。

5.2.1.3 陶瓷材料的性能

陶瓷材料的性能受许多因素影响，波动范围很大，但具有一些共同的特性。

1. 力学性能

(1) 高硬度：陶瓷也是各类材料中的硬度最高的，故其耐磨性也好。这是它的最大特点。如各种陶瓷的硬度多为 1000～5000HV，淬火钢仅为 500～800HV，高聚物最硬不超过 20HV，如表 5—2 所示。陶瓷的硬度随温度的升高而降低，但在高温下仍有较高的数值，具有高的红硬性。

表 5—2 常见材料的弹性模量和硬度

材料	弹性模量/MPa	硬度/HV	材料	弹性模量/MPa	硬度/HV
橡胶	6.9	很低	钢	207 000	300～800
塑料	1380	～17	氧化铝	400 000	～1500
镁合金	41300	30～40	碳化钛	390 000	～3 000
铝合金	72300	～170	金刚石	1171000	6 000～10 000

(2) 高的弹性模量：弹性模量反映结合键的强度，具有强大化学键的陶瓷都有很高的弹性模量，是各类材料中最高的。因此陶瓷材料具有很高的刚度，见表 5—2 和表 5—3。

表 5—3 几种典型陶瓷的弹性模量和强度

陶瓷	弹性模量/MPa	强度/MPa
滑石瓷	69×10^3	138
莫来石瓷	69×10^3	69
氧化硅玻璃	72.4×10^3	107

（续前表）

陶瓷	弹性模量/MPa	强度/MPa
热压碳化硼（～5%气孔率）	290.2×10^3	345.5
氧化铝瓷（90%～95%Al_2O_3）	365.5×10^3	345
烧结氧化铝（～5%气孔率）	365.5×10^3	207～345
烧结尖晶石（～5%气孔率）	237.9×10^3	90
烧结碳化钛（～5%气孔率）	310.3×10^3	1103
烧结硅化钼（～5%气孔率）	406.9×10^3	690
热压碳化硼（～5%气孔率）	289.7×10^3	345
热压氮化硼（～5%气孔率）	82.8×10^3	48～103
致密碳化硅（～5%气孔率）	470×10^3	172.8
烧结稳定化氧化锆（～5%气孔率）	152×10^3	82.9

（3）强度：陶瓷材料的抗压强度一般远大于抗拉强度，抗压强度约为抗拉强度的10倍。抗弯强度为抗拉强度的1～2倍。从理论上讲，陶瓷材料的抗拉强度应该很高，应为弹性模量的1/5～1/10，而实际上一般只有1/100～1/1000，有时甚至更低。原因主要是在陶瓷的晶界上不同程度地存在着气孔、裂纹及非晶相，即使在晶粒内也会产生气孔、层错、位错及各种缺陷。另外材料本身的成分、种类及温度也会影响材料的实际强度。材料中气孔率约为10%时，强度即下降为没有气孔时的50%。

（4）塑性和韧性差、脆性大：陶瓷是典型的脆性材料，受载时不发生塑性变形就在较低的应力下断裂，因此韧性极低或脆性极高，断裂韧性值也很低，见表5—4。陶瓷的脆性对表面状态特别敏感，陶瓷的表面和内部由于各种原因，如表面划伤、化学侵蚀、冷热涨缩不均等，很容易产生细微裂纹并很快扩张，表现出很高的脆性。这是陶瓷材料应用的主要障碍。

表5—4　几种陶瓷和金属的断裂韧性值

材料	断裂韧性/MPa·m^2	材料	断裂韧性/MPa·m^2SrO_2
马氏体时效钢	100	Si_3N_4	4.4SrO_2
7075铝合金	50	Al_2O_3	4.0～4.6SrO_2
Ti6Al4V	45	ZrO_2	1～2SrO_2
水泥	0.186	MgO	1.8SrO_2
钠玻璃	0.62～0.78	ZrO_2-MgO	5～6SrO_2
SiC	4.1	ZrO_2-CaO	8～10

2. 陶瓷的物理和化学性能

（1）导热性差、热膨胀系数低：陶瓷的导热性比金属小，一般多为较好的绝热材料。热膨胀系数比高聚物、金属低很多。

(2) 化学稳定性好：陶瓷的结构非常稳定，对酸、碱、盐等腐蚀性很强的介质均有较强的耐腐蚀能力，不老化，在千度以上的高温下，仍具有很好的抗氧化性。

(3) 导电性：陶瓷的导电性变化范围很广，多数陶瓷是良好的绝缘体；但不少陶瓷既是离子导体又有一定的电子导电性；许多氧化物，如 $ZnO \cdot NiO \cdot Fe_3O_4$ 等又是重要的半导体材料。

(4) 热性能：多数陶瓷具有高熔点、高的高温强度；具有不可燃烧性、高耐热性、高化学稳定性。因此广泛应用于高温材料和耐火材料。但热稳定性低，热稳定性是指陶瓷抵抗温度急剧变化而不破坏的能力。一般用急冷到水中破裂所能承受的最高温度来表达。如日用瓷的热稳定性为 220℃。温度急变抗力很低，远不如金属材料。

5.2.2 普通陶瓷

普通陶瓷又称传统陶瓷，其主要原料是黏土（$Al_2O_3 \cdot 2SiO_2 \cdot 2H_2O$）、石英（$SiO_2$）和长石（$K_2O \cdot Al_2O_3 \cdot 6SiO_2$）。组分的配比不同，陶瓷的性能会有所差异。如长石含量高时，熔化温度低，使陶瓷致密，表现在性能上是抗电性能高，耐热性能及力学性能差；黏土或石英含量高时，烧结温度高，使陶瓷的抗电性能差，但有较高的热性能和力学性能。

普通陶瓷的性能特点是硬度高、脆性大、绝缘性和耐腐蚀性极好。由于其制造工艺简单、成本低廉，因而广泛应用于建筑、卫生、化工、医疗、电工等行业，在各种陶瓷中用量最大。

5.2.2.1 普通日用陶瓷

1. 特点和应用

一般具有良好的光泽度、透明度、白度；硬度高和化学稳定性良好；具有一定的热稳定性和强度。主要用于日用器皿和瓷器，如餐具、茶具、装饰美术瓷器等。

2. 分类

根据瓷质，日用陶瓷通常分为长石质瓷、绢云母质瓷、骨质瓷、日用滑石质瓷、高石英质日用瓷等五类，详细见表 5—5。

表 5—5　各类日用陶瓷的配料、性能特点和应用

日用陶瓷类型	原料配比%	烧结温度/℃	性能特点	主要应用
长石质瓷 $K_2O \cdot Al_2O_3 \cdot 6SiO_2$	长石 20～30 石英 25～35 黏土 40～50	1250～1350	瓷质洁白，半透明，不透气，吸水率低，坚硬强度高，化学稳定性好	餐具、茶具、陈设陶瓷器、装饰美术瓷器和一般工业制品
绢云母质瓷 $K_2O \cdot 3Al_2O_3 \cdot 6SiO_2 \cdot 2H_2O$	绢云母 30～50 高岭土 30～50 石英 15～25 其他矿物 5～10	1250～1450	同长石质瓷，但透明度、外观色调较好	餐具、茶具、工艺美术制品
骨质瓷 含大量 $Ca_3(PO_4)_2$	骨灰 20～60 长石 8～22 高岭土 25～45 石英 9～20	1220～1250	白度高，透明度好，瓷质软，光泽柔和，但较脆，热稳定性差	高级餐具、茶具、高级工艺美术瓷器

（续前表）

日用陶瓷类型	原料配比%	烧结温度/℃	性能特点	主要应用
日用滑石质瓷 $3MgO \cdot 4SiO_2 \cdot H_2O$	滑石约 73 长石约 12 高岭土约 11 黏土约 4	1300～1400	良好的透明度、热稳定性，较高的强度和良好的电性能	高级日用器皿、一般电工陶瓷

（1）长石质瓷：是国内外常用的日用瓷，也可作一般工业瓷制品。

（2）绢云母质瓷：是我国传统的日用瓷，广泛用于各种瓷器。

（3）骨质瓷：瓷质细腻通透、釉面光润洁白、造型雅致，主要作高级日用瓷制品，如5—13～图 5—15 所示。

（4）滑石质瓷：主要原料是滑石、色泽洁白。它具有介质损耗低、绝缘电阻高，以及较好的机械强度等优点。是一种良好的装置瓷材料，在电子产品中被用作线圈骨架、安装板、支架、绝缘子等，是我国发展的综合性能较好的新型高质日用瓷，见图 5—16。

图 5—13　骨质瓷餐具

图 5—14　骨质瓷茶具

图 5—15　瓷瓶

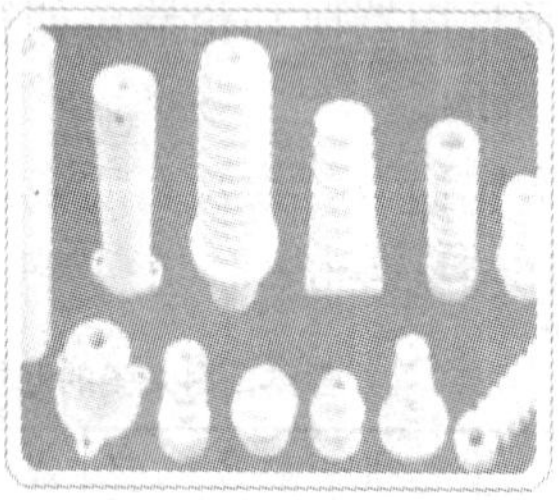

图 5—16　滑石质瓷电子器件

（5）高石英质日用瓷：石英质量分数在 40%以上，具有瓷质细腻、色调柔和、透光度好、强度和热稳定性好等优点。

5.2.2.2　普通工业陶瓷

工业陶瓷按用途可分为建筑卫生瓷、电工瓷、化学化工瓷等。

1. 建筑卫生瓷

它用作瓷砖、装饰板、卫生间浴盆（见图 5—17）等洁具，通常尺寸较大，要求强度和热稳定性好，有良好的光泽度和白度。

2. 化学化工瓷

化学化工瓷用作化工、制药、食品等工业及实验室中的管道设备、耐腐蚀容器及实验器皿等，通常要求耐各种化学介质腐蚀的能力要强，见图 5—18。

图 5—17 浴盆

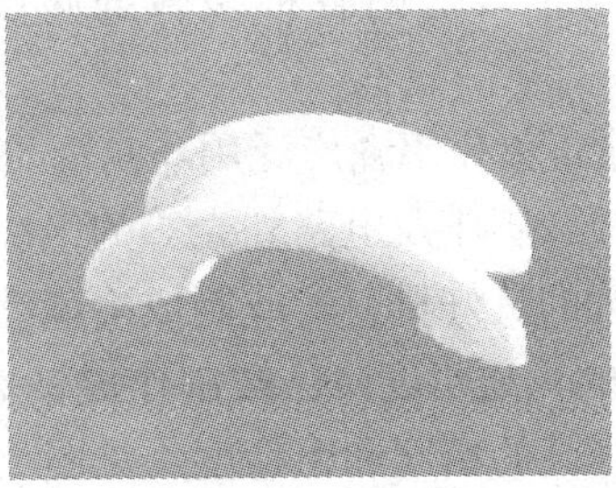

图 5—18 化工瓷件

3. 电工瓷

它主要指电器绝缘用瓷，有高压陶瓷、高频瓷等，要求机械性能高、介电性能和热稳定性好，见图 5—19。

为改善各种工业陶瓷的特殊性能，生产中通常通过加入 MgO、ZnO、BaO、Cr_2O_3 等氧化物，或者增加莫来石晶体相（$3Al_2O_3 \cdot 2SiO_2$）来提高陶瓷的机械强度和耐碱抗力；加入 Al_2O_3、ZrO_2 等提高强度和热稳定性；加入滑石或镁砂降低热膨胀系数；加入 SiC 提高导热性和强度。

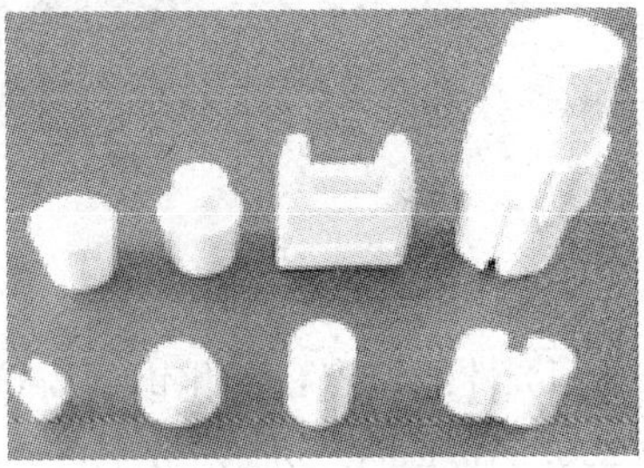

图 5—19 电工瓷器件

5.2.3 特种陶瓷

特种陶瓷也叫现代陶瓷、精细陶瓷或高性能陶瓷。按用途可分成结构陶瓷和功能陶瓷。工业上最重要的是高温结构陶瓷，按化学成分可分为氧化物陶瓷、碳化物陶瓷、氮化物陶瓷和硼化物陶瓷等。一般都具有优异的高温强度、耐化学腐蚀、耐高温氧化、耐磨损、比重小等优点。

5.2.3.1 氧化物陶瓷

常用的氧化物陶瓷包括 Al_2O_3、ZrO_2、MgO、CaO、BeO 等，其熔点大多在 2000℃以上，烧成温度在 1800℃左右。氧化物陶瓷的强度随温度的升高而降低，但在1000℃以下一直保持较高的强度，随温度变化不大。纯氧化物陶瓷都具有高的高温抗氧化性。

1. 氧化铝（刚玉）陶瓷

这种陶瓷以 Al_2O_3 为主要成分，含量在 45%以上。根据含杂质的多少，氧化铝可呈红色（如红宝石）或蓝色（如蓝宝石）。氧比铝陶瓷按 Al_2O_3 含量不同分为刚玉瓷、刚玉 莫来石瓷和莫来石瓷（$3Al_2O_3 \cdot 2SiO_2$）三种。其中刚玉瓷含 Al_2O_3 的量最高，高达 99%。

(1) 性能特点：熔点高达 2050℃，而且抗氧化性好，耐高温性好，如刚玉瓷能在 1600℃的高温下长期使用；有较高的强度，烧结产品抗弯强度达到 250MPa，热压产品达到 500MPa；硬度及耐磨性好，微晶刚玉莫氏硬度为 9，仅次于金刚石，其红硬性达 1200℃。陶瓷的力学性能随着氧化铝含量的增加而提高；另外具有很高的电阻率和低的热导率，是很好的电绝缘材料和绝热材料。还具有良好的绝缘性、化学稳定性及优良的光学性能，能耐各种酸碱的腐蚀。缺点是脆性大，抗热振性能差，工艺复杂，成本高。

（2）用途：氧化铝瓷广泛用作高温炉管、炉衬、喷嘴、坩埚、内燃机的火花塞等的高温材料；基板、管座及电路外壳等的绝缘材料；轴承、磨料、磨具、切削刀具的材料及热电偶绝缘套管的良好材料；或制成冶炼纯金属和单晶生长的坩埚。氧化铝能耐钠蒸气侵蚀和具有 90%的光透明度，已被制作成钠蒸气照明灯泡。好的耐磨性可保证制作的活塞能够加工到相当高的精度和粗糙度，见图 5—20。

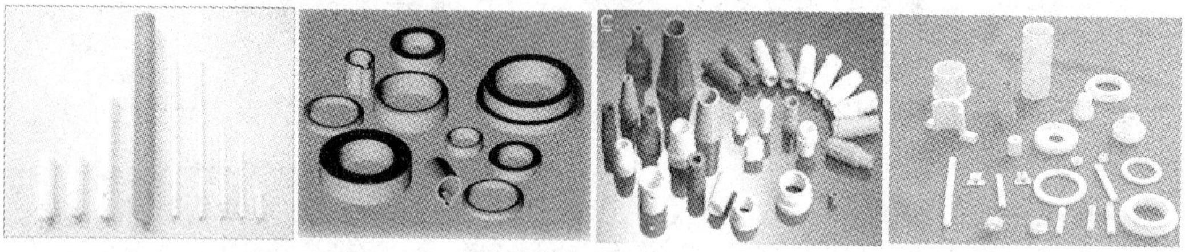

图 5—20 氧化铝陶瓷

2. 氧化铍陶瓷

（1）性能特点：氧化铍（BeO）陶瓷最突出的性能是导热系数大，与金属铝相近，约为 209.3W/mk，膨胀系数不大，20～1000℃时平均为 $(5\sim8.9)\times10^{-6}$/℃，具有很高的热稳定性，抗热冲击性较高；消散高能辐射的能力强；高温绝缘性良好。氧化铍陶瓷耐碱性侵蚀能力强，具有良好的核性能，对中子减速能力强，对 X 射线有很高的穿透力，缺点是强度较低。

（2）用途：可以制作散热器件，有高温绝缘要求的电子元件，气体激光管、晶体管散热片和集成电路的基片和外壳等；冶炼稀有金属和高纯金属铍、铂、钒的坩埚及作为原子反应堆中的中子减速剂和防辐射材料等，见图 5—21。

图 5—21 氧化铍陶瓷器件

3. 氧化锆陶瓷

（1）性能特点：氧化锆（ZrO_2）的熔点在 2700℃以上，能耐 2300℃的高温，其推荐使用温度为 2000～2200℃；耐火度高，比热和导热系数小，是理想的高温绝热材料；化学稳定性好，高温时仍能抗酸性和中性物质的腐蚀，能抗熔融金属的侵蚀；硬度高，莫氏硬度 6.5；强度高，韧性好，室温抗压强度达 2100MPa，1000℃时为 1190MPa。最好的韧化陶瓷抗弯强度达2000MPa；氧化锆加到其他陶瓷中，有良好的增韧效果。

（2）用途：用来制造发动机构件，如推杆、连杆、轴承、气缸内衬、活塞帽、柱塞、缸套等（见图 5—22 和图 5—23）；可用作铂、锗等金属的冶炼坩埚和 1800℃以上的发热体及炉子、反应堆的绝热材料；氧化锆增韧陶瓷可替代金属制造模具、拉丝模、泵叶轮、推剪刀片、陶瓷刀具、陶瓷针规、陶瓷标准块（规）、塞规等。

图 5—22 氧化锆陶瓷件

图 5—23 氧化锆陶瓷轴承

4. 氧化镁陶瓷

氧化镁属立方晶系，熔点为 2800℃，但在 2300℃以上易挥发；氧化镁的热膨胀系数大，具有良好的绝缘性，是典型的碱性陶瓷。氧化镁陶瓷使用温度比氧化铝陶瓷高，其使用温度在氧化气氛下高达 2200℃，还原气氛下高达 1700℃，在真空中可以达到 1600～1700℃。在潮湿的空气中，氧化镁陶瓷极易水化成工业 $Mg(OH)_2$，在制造时应特别注意；高纯氧化镁陶瓷对金属和碱性溶液有很强的抗侵蚀能力，可制作熔化高纯铁及合金，镍、钍、铀、锡、铅、锌、铜、钴及其合金等的坩埚（见图 5—24）；盛装熔融氧化铝和铝盐的容器；用氧化镁制造的热电偶保护管用于测量 2000℃以上的高温。氧化镁陶瓷还可以作高温炉炉衬。

图 5—24 氧化镁陶瓷坩埚

5.2.3.2 碳化物陶瓷

碳化物陶瓷包括碳化硅、碳化硼、碳化铈、碳化钼、碳化铌、碳化钛、碳化钨、碳化钽、碳化钒、碳化锆等。该类陶瓷的突出特点是具有很高的熔点、硬度（近于金刚石）和耐磨性（特别是在侵蚀性介质中），缺点是耐高温氧化能力差（900～1000℃）、脆性极大。

1. 碳化硅陶瓷

碳化硅陶瓷是以 SiC 为主要成分的陶瓷。通常以石英和碳为原料经过高温烧结而成。

（1）性能特点：碳化硅陶瓷在碳化物陶瓷中应用最广泛。其密度为 $3.2\times10^3 kg\cdot m^{-3}$，高温强度大，弯曲强度和抗压强度分别为 200～250MPa 和 1000～1500MPa，硬度为莫氏 9.2（高于氧化物陶瓷中最高的刚玉和氧化铍的硬度）。它的抗氧化性是碳化物中最好的，碳化硅陶瓷还有良好的化学稳定性，高的强度、抗热振性能及耐磨性。该种材料热导率很高，仅次于氧化铍陶瓷，而热膨胀系数很小，但在 900～1300℃时会慢慢氧化。

（2）用途：碳化硅陶瓷的主要用途是制造高温强度比较高的结构零件：如火箭尾喷管的喷嘴、炉管等高温耐火材料；热传导能力比较强的零件：如高温下工作的热交换器零件、核燃料的包封材料等；耐磨耐腐蚀的零件（见图 5—25）：如泵的密封圈等；高温下导电构件：如电热元件等；石墨表面保护层以及砂轮（见图 5—26）和磨料等。

图 5—25　碳化硼零件

图 5—26　碳化硅砂轮

2. 碳化硼陶瓷

(1) 性能特点：碳化硼陶瓷 (B_4C) 是斜方六面体，熔点 2450℃。其显著特点是硬度高，仅次于金刚石和立方氮化硼，抗磨粒磨损能力很强；研磨能力达到金刚石的 60%～70%，大于 SiC 50%，是刚玉研磨能力的 1～2 倍；耐酸碱性能好，热膨胀系数小 (4.5×10^{-6}/℃)，能吸收热中子。缺点是抗冲击性能差，在高温下会快速氧化，并且与热或熔融黑色金属发生反应，因此其使用温度限定在 980℃以下。

(2) 用途：广泛应用于机械、冶金、化工、航空航天、军工和核工业等领域。作磨料用，有时用作超硬质工具材料，可以加工宝石、陶瓷、刀具、轴承、车轴等；作耐火材料应用在冶金各个领域。致密化的碳化硼还可制成喷嘴、机械密封件、耐磨零件（见图 5—27）、防弹材料；可以制造高温热交换器、核反应堆的控制剂；以及制作盛放酸碱的化学器皿、熔融金属坩埚等。

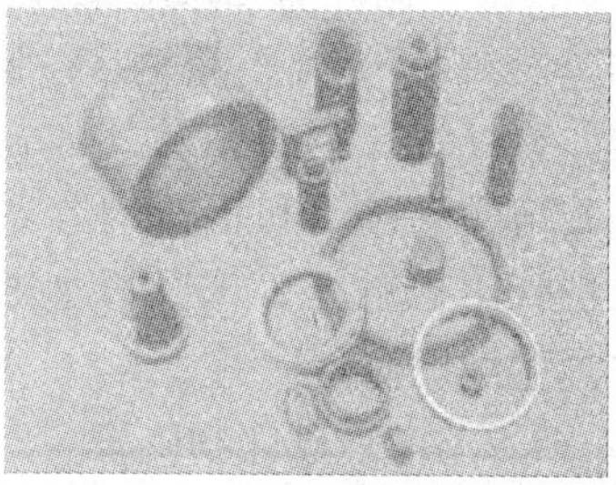

图 5—27　碳化硅零件

3. 碳化钛陶瓷

(1) 性能特点：碳化钛陶瓷属面心立方晶体，熔点高达 3080℃，硬度高 (2850HV)，强度较高，导热性较好，化学稳定性好，抗高温氧化性仅次于碳化硅，且室温下不与酸起反应，但溶于硝酸与氢氟酸的混合物，在 1000℃的氮气中能形成氮化物。

(2) 用途：碳化钛陶瓷是硬质合金生产的重要原料，可作耐磨材料、切削刀具材料、机械零件等，可制作熔炼锡、铅、镉等金属的坩埚。透明氧化钛陶瓷还是良好的光学材料。

5.2.3.3　氮化物陶瓷

1. 氮化硼陶瓷 (BN)

(1) 性能特点：氮化硼具有石墨类型的六方晶体结构，因而也叫“白色石墨”。其特点是：硬度较低，可与石墨一样进行各种切削加工；导热和抗热性高，耐热性好，有自润滑性能；高温下耐腐蚀、绝缘性好。所以，该种材料主要用于高温耐磨材料、电绝缘材料、耐火润滑剂等。在高压和 1360℃时，六方氮化硼会转化为立方 β－BN (CBN)，其密度为 $3.45\times10^3kg/m^3$，硬度接近金刚石的硬度，CBN 微粉的显微硬度为 8000～9000HV；热稳定性高，CBN 的耐热可达到 1300～1500℃，比金刚石高出近一倍。而且在 1925℃以下不会氧化。

（2）用途：可作金刚石代用品来制作耐磨切削刀具、磨具、高温模具和磨料等，见图 5—28。

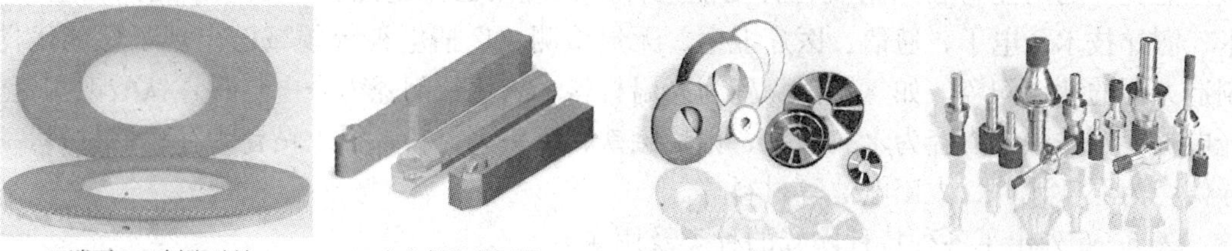

双端面CBN树脂砂轮　　立方氮化硼刀具　　(CBN)端面磨砂轮　　(CBN)内圆磨砂轮

图 5—28　立方氮化硼制品

2. 氮化硅陶瓷

（1）性能特点：氮化硅（Si_3N_4）是键能高、稳定的共价键晶体。其特点是硬度高、摩擦系数低，具有自润滑作用，所以是优良的耐磨减摩材料；氮化硅的耐热温度比氧化铝低，而抗氧化温度高于碳化物和硼化物；在 1200℃以下具有较高的机械性能和化学稳定性，并且热膨胀系数小，抗热冲击，所以可做优良的高温结构材料。另外，氮化硅陶瓷能耐各种无机酸（氢氟酸除外）和碱溶液侵蚀，是优良的耐腐蚀材料。

（2）用途：氮化硅的制造方法不同，得到陶瓷的应用领域也各不一样。用反应烧结法得到的 $\alpha-Si_3N_4$，主要用于制造各种泵的耐腐蚀、耐磨密封环等零件；而用热压烧结法得到的 $\beta-Si_3N_4$，主要用于制造高温螺栓、工模具、柱塞泵、高温轴承、转子叶片、静叶片以及加工难切削材料的刀具等。在 Si_3N_4 中加一定量 Al_2O_3 烧制成的陶瓷可制造柴油机的气缸、活塞和燃气轮机的转动叶轮。另外氮化硅陶瓷还用于制造冶金和热加工工业使用的热电偶套管、铸模、坩埚、马弗炉炉膛、燃烧嘴、炼铝炉炉衬；电子、军事和核工业上的开关电路基片、薄膜电容器、高温绝缘体雷达天线罩、炮筒内衬、核反应堆的支承、隔离件及核裂变物质的载体等，如图 5—29 所示。

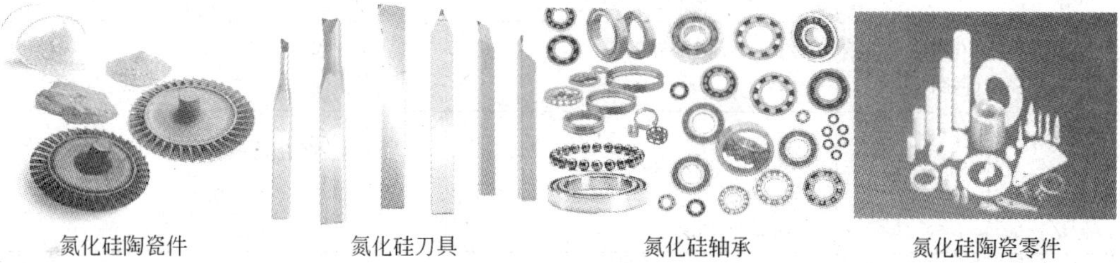

氮化硅陶瓷件　　氮化硅刀具　　氮化硅轴承　　氮化硅陶瓷零件

图 5—29　氮化硅制品

5.2.3.4　硼化物陶瓷

最常见的硼化物陶瓷有硼化铬、硼化钼、硼化钛、硼化钨和硼化锆等。其特点是高硬度，同时具有较好的耐化学侵蚀能力。其熔点范围为 1800～2500℃。比起碳化物陶瓷，硼化物陶瓷具有较高的抗高温氧化能力，使用温度达 1400℃。硼化物陶瓷主要用于高温轴承、内燃机喷嘴、各种高温器件、处理熔融非铁金属的器件等。此外，还用作电触点材料。

陶瓷材料种类繁多，各有特色，其发展日新月异。新型陶瓷由单一的氧化物陶瓷发展到了碳化物、氮化物、硼化物等多种陶瓷；就品种而言，新型陶瓷也由传统的烧结体发展到了单晶、薄膜、纤维等，而且形式多种多样。陶瓷材料不仅可以做结构材料，而且可以做性能优异的功能材料，制成各种功能元件。其应用已渗透到各个领域，尤其在空间技术、海洋技术、电子、通信、医疗卫生、无损检测、广播电视等领域已出现了性能优良、制造方便的功能陶瓷。如氧化锂陶瓷为高温材料，氧化钍陶瓷为介电材料，钛酸钡陶瓷为光电材料，铁氧体陶瓷为永久磁铁、记忆磁铁、磁头等材料，稀土钴瓷为存贮器材料，半导体瓷为亚敏元件、太阳电池等材料等。

表 5—6 列出了各种特种陶瓷的种类及用途。

表 5—6　　特种陶瓷的种类及用途。

种类	组成	用途
烧结刚玉（氧化铝瓷） 高氧化铝瓷 莫来石瓷 氧化镁瓷 氧化锆瓷	Al_2O_3 $\alpha-Al_2O_3$ $3Al_2O_3\cdot2SiO_2$ MgO ZrO_2	火花塞、物理化学设备、人工骨、牙等 绝缘子、电器材料、物理化学设备 电器材料、耐热耐酸材料 物理化学设备 物理化学设备、电器材料、人工骨、关节
氧化铍瓷 氧化钍瓷 尖晶石瓷	BeO ThO_2 $MgO\cdot Al_2O_3$	物理化学设备、电器材料 物理化学设备、炉材 物理化学设备、电器材料
氧化锂瓷（耐热高强度陶瓷）	$Li_2O\cdot Al_2O_3\cdot2SiO_2$ $Li_2O\cdot Al_2O_3\cdot4SiO_2$ $Li_2O\cdot Al_2O_3\cdot8SiO_2$	高温材料、物理化学设备
块滑石（滑石瓷）	$MgO\cdot SiO_2$	高频绝缘材料
氧化钛瓷	TiO_2 $CaSi\cdot TiO_5$	介电材料
钛酸钡系陶瓷	BaO，TiO_2；SrO_2，TiO_2， PbO，ZrO_2 等的固溶体 PZT，PLZT，PLLZT	铁点材料 电光材料
氧化物、碳化物、硼化物、氮化物、硅化物系陶瓷	ZrO_2，SiC，Si_3N_4 BN	超高温材料
铁氧体系瓷 软磁铁氧体 硬磁体氧体 记忆铁氧体	 MnZn，NiZn 系 Co，Ba MgZn，Li 系	 无线电设备用磁头 永久磁铁 记忆磁心
稀土钴系	SmCo MnBi，CdCo 膜	永久磁铁 存储器
半导体陶瓷	ZnO，SiC，ZrO_2，SnO2，$BaTiO_3$， $\gamma-Fe_2O_3$，CdS，$MgCr_2O_4$	非线性电阻、气体传感器、热敏元件、 湿度传感器、太阳电池、自控温发热体
锆质瓷 蛇纹岩系瓷 钡长石瓷 多孔陶瓷	$ZrSiO_2$ $FeO\cdot MgO\cdot Al_2O_3\cdot SiO_2$ 系 $BaO\cdot Al_2O_3\cdot2SiO_2$	短路器 耐碱性 X 射线设备用 过滤、电解用

5.3 复合材料

本单元学习目标

★ 复合材料的概念和优势。

★★ 复合材料的组成、分类和复合原则。

★★★ 复合材料的性能特点，金属基复合材料的种类、性能特点及用途。

★★★★ 非金属基复合材料的种类、性能特点及用途。

注：★了解。★★理解。★★★掌握。★★★★重点掌握。

5.3.1 复合材料概述

复合材料是由有机高分子、无机非金属或金属等几类不同材料通过复合工艺组合而成的新型材料。它是材料科学技术不断发展的必然产物，随着航天航空、交通运输、电子通信等行业的快速发展，单一材料的性能特性已不能满足一些产品对强度、韧性、刚度、质量、耐磨、耐热及耐腐蚀性等方面的综合需要。就需要将不同性能特性的材料结合起来，扬长避短，优势互补。因此就出现了一种前景广阔的新型材料——复合材料。

5.3.1.1 复合材料的优势

(1) 复合材料可优势互补、改善不足。

从前面章节有关金属材料、高分子材料和陶瓷等单一材料的知识内容可以看出，各种材料都有自己的性能优势和不足。如相互结合，则可扬长避短，优势互补。例如：金属陶瓷、玻璃钢、夹层玻璃、多层板等。

(2) 可按构件的性能需要进行材料的最佳组合设计。

复合材料具有可设计性，可按零件的结构、工作条件、受力情况等按预定的、合理的配套性能进行最佳设计。从而极大地提高工程结构的效能。

(3) 可创造单一材料不易具备的性能或功能。

复合材料中各组元不但保持各自的固有特性，而且可最大限度发挥各种材料组元的特性，可赋予和创造单一材料不具备的双重或多重性能或功能，或者在不同时间或条件下发挥不同的功能。如玻璃纤维复合材料：单独使用玻璃会太脆，单独使用聚合物材料则强度低，但强度和韧性都不高的这两种单一材料复合后则得到了高强度、高韧性的新材料，而且很轻。

5.3.1.2 复合材料的结构组成和分类

1. 复合材料的结构组成

结构组成：复合材料的结构通常是一个相为连续相，成为基体；而另外一个相是以独立的形态分布在整个连续相中的分散相，它显著增强材料的性能，故常称为增强相。因此复合材料都是以基体＋增强相组合而成的。可以有选择地从金属材料、高分子材料和陶瓷材料中选两种或几种来组合制备成复合材料。在基体和增强相之间一般存在着界面。

2. 复合材料的分类（见图 5—30）

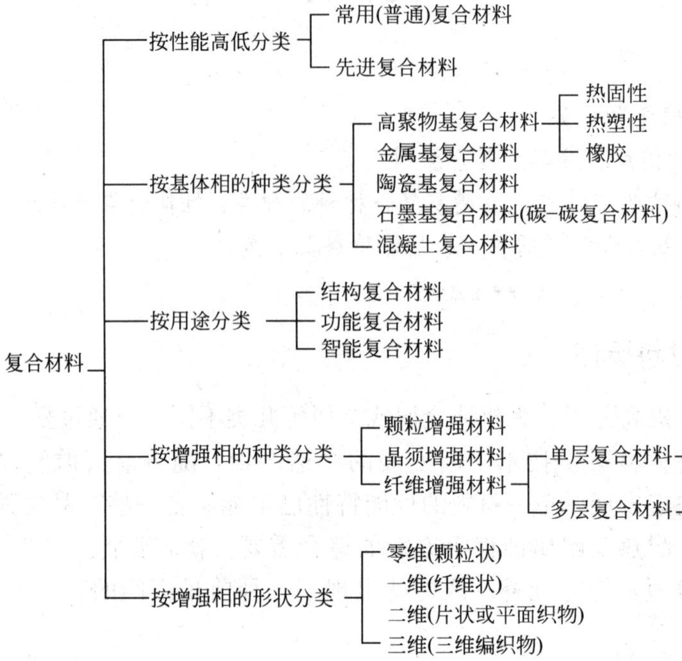

图 5—30　复合材料的分类

复合材料种类繁多，分类方法也不尽统一。常用的复合材料是指以普通玻璃纤维、合成或天然纤维等增强的普通高分子复合材料；先进复合材料是以碳、芳纶、陶瓷、纤维、晶须等高性能增强材料与耐高温聚合物、金属、陶瓷等组合成的复合材料。常见分类方法如下：

（1）按基体类型分类。可分为非金属复合材料：如树脂基复合材料、橡胶基复合材料、陶瓷基复合材料等，以及金属基复合材料。

（2）按增强相材料分类。

◆ 纤维增强复合材料：如纤维增强橡胶（轮胎）、纤维增强塑料（玻璃钢、碳纤维增强塑料）、纤维增强陶瓷、纤维增强金属（碳纤维/铝锡合金）等。

◆ 颗粒增强复合材料：陶瓷颗粒—金属基（硬质合金），金属颗粒—塑料基等。

另外还有晶须增强、层片增强和骨架增强等复合材料。晶须是指具有一定长径比（一般大于 10）和截面积小于 $52\times10^{-5}cm^2$ 的单晶纤维材料。具有实用价值的晶须直径为 $1\sim10\mu m$，长度与直径比在 10～1000 之间。

（3）按用途分类。

◆ 结构复合材料：是指用于结构零件的复合材料，常见的是纤维增强聚合物基复合材料。

◆ 功能复合材料：是指具有特殊物理、化学等方面性能的复合材料。

◆ 智能复合材料：是指具有自诊断、自适应、自愈合和自决策功能的高级复合材料。其他分类方法可详见图 5—30。

5.3.1.3 复合材料的复合原则

复合材料的复合过程包含着复杂的物理、化学、力学甚至生物学等过程，并不是单一的机械组合。基体材料和增强相的类型和性质以及两者之间的结合力，决定着复合材料的性能。同时，增强相的形状、数量、大小、分布以及制备过程等也大大影响复合材料的性能。

1. 纤维增强复合材料的复合原则

(1) 增强机制：高分子基复合材料中，纤维增强相能有效阻止基体分子链的运动；而在金属基复合材料中，纤维增强相的作用就是有效阻止位错的运动，从而达到强化基体的作用。

纤维增强相在基体内部，彼此分离并得到基体的保护，因而在受载过程中不易产生裂纹，使承载能力提高。如有裂纹出现，则具有良好韧性、塑性的基体也会阻止裂纹的扩展。如产生断裂，要想使材料整体断裂，则必须从基体中拔出大量纤维相，而基体与纤维相之间的黏结力会使材料的断裂强度提高。

(2) 复合原则：

1) 纤维增强相是材料主要的承载体，所以纤维相应具有高的强度和弹性模量。

2) 基体相能把纤维有效地结合起来，起到黏结剂的作用；基体相还应具有一定的塑性和韧性，阻止裂纹的扩展，保护纤维相表面，以防止纤维损伤或断裂。

3) 纤维相与基体间应有合适的结合强度，结合力过小，受载时，纤维和基体间易产生裂纹；结合力过高，会使复合材料失去韧性而易发生脆性断裂。

4) 基体和增强相的热膨胀系数不能相差过大，防止热胀冷缩削弱相互间的结合强度。

5) 纤维相必须有合理的含量、尺寸和分布。连续纤维的增强效果高于短纤维。

6) 纤维和基体有良好的相容性，在高温下成形制备过程中不能发生有害的化学反应，以免损害相互间的结合强度。

2. 颗粒增强复合材料的复合原则

(1) 增强机制：

当颗粒复合材料的基体承受载荷时，颗粒的作用是阻碍分子链或位错的运动，使塑性变形抗力增大。增强的效果同样与颗粒的体积含量、分布、尺寸等密切相关。

(2) 复合原则：

1) 颗粒应高度弥散均匀地分布在基体中，提高阻碍分子链或位错运动的效果。

2) 颗粒大小要适当：颗粒过大本身易断裂，还会引起应力集中，导致材料的强度降低；颗粒过小，位错容易绕过，起不到强化的作用。颗粒直径一般为几微米到几十微米。

3) 颗粒的数量要大于20%，数量太少，达不到最佳的强化效果。

4) 颗粒与基体之间应有一定的结合强度。

5.3.1.4 复合材料的性能

1. 高的比强度和比模量

比强度、比模量是指材料的强度或弹性模量与其密度之比。比值越大，结构效率越高，作为轻型材料的应用意义就越大，也是航天航空材料的重要使用性能。常见材料的强度性能见表 5—7。

表 5—7　各类材料强度性能的比较

材料	密度 $\rho/10^3kg\cdot m^{-3}$	拉伸强度 σ_b/MPa	弹性模量 E/MPa	比强度（σ_b/ρ）/（$MPa\cdot m^3\cdot kg^{-1}$）	比弹性模量（E/ρ）/（$MPa\cdot m^3\cdot kg^{-1}$）
钢	7.8	1010	206×10^3	0.129	26
铝	2.3	461	74×10^3	0.165	26
钛	4.5	942	112×10^3	0.209	25
玻璃钢	2.0	1040	39×10^3	0.520	20
碳纤维Ⅰ/环氧树脂	1.6	1050	235×10^3	0.656	147
碳纤维Ⅱ/环氧树脂	1.45	1472	137×10^3	1.015	95
有机纤维 PRD/环氧树脂	1.4	1373	78×10^3	0.981	56
硼纤维/环氧树脂	2.1	1344	206×10^3	0.640	98
硼纤维/铝	2.65	981	196×10^3	0.370	74

2. 良好的抗疲劳性能和抗断裂性能

复合材料中的纤维缺陷少，本身抗疲劳能力高；而基体的塑性和韧性好，能够消除或减少应力集中，不易产生微裂纹并减缓其扩展；使复合材料具有很好的抗疲劳性能。

纤维增强复合材料在较大载荷下，当部分纤维断裂时，载荷由韧性好的基体重新分配到未断裂的纤维上，使构件不至于在瞬间失去承受能力而断裂，所以，复合材料具有好的抗断裂能力。

3. 良好的耐高温性能

如聚合物基复合材料的使用温度为 100～350℃；金属基复合材料按不同基体，使用温度为 350～1100℃；SiC 纤维、Al_2O_3 纤维与陶瓷的复合材料在 1200～1400℃仍能保持高频强度；碳纤维复合材料在非氧化气氛下可在 2400～2800℃长期使用。

4. 良好的减摩性、耐磨性和减振性能

如碳纤维增强高分子材料的摩擦系数比高分子材料本身低得多，在热塑料中加少量短切纤维，可大大提高其耐磨性。纤维和基体可吸收振动能量起减振作用。

5. 良好的化学稳定性

如树脂基复合材料、橡胶基复合材料、陶瓷基复合材料等都具有良好的耐腐蚀性，陶瓷基复合材料还具有高温抗氧化性和抗老化性等。

6. 其他特殊性能

复合材料具有很好的可设计性，可根据性能需要设计制造各种性能的复合材料，如高韧性和高抗热冲击性能（金属基复合材料）；优良的电绝缘性能、不受电磁作用，不反射无线电波（玻璃纤维增强塑料）；耐烧蚀性、耐辐射性、耐蠕变性以及特殊的光、电、磁性能。

5.3.2 非金属基复合材料

非金属基复合材料主要包括：聚合物基复合材料、陶瓷基复合材料、石墨基复合材料等。

5.3.2.1 聚合物基复合材料

聚合物基复合材料按基体性质可分为热固性树脂类、热塑性树脂类和橡胶类复合材料。其他分类方法见图 5—31。

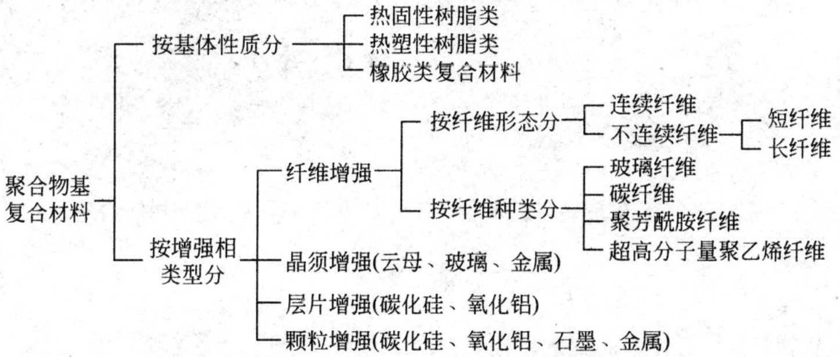

图 5—31 聚合物基复合材料的分类

1. 玻璃纤维增强塑料（玻璃钢）

（1）玻璃纤维增强热固性塑料（代号 GFRP）——热固性玻璃钢。

玻璃纤维增强热固性塑料是指玻璃纤维（包括长纤维、布、带、毡等）作为增强材料，热固性树脂（包括环氧树脂、酚醛树脂、聚酯树脂等）作为基体的纤维增强塑料，俗称玻璃钢。

◆ 性能特点：密度小、比强度高。密度为 1.6～2.0，比铝还要轻，而比强度比高合金钢还高。“玻璃钢”这个名称便由此而来。GFRP 还具有良好的耐腐蚀性，在酸、碱、有机溶剂、海水等介质中均很稳定；良好的电绝缘性；不受电磁作用的影响，不反射无线电波；具有保温、隔热、隔声、减振等性能。缺点是刚性差，弹性模量低（1/5～1/10 结构钢）、耐热性差，一般连续使用温度在 250℃以下，易老化。表 5—8 所示为玻璃钢的性质与应用范围。

表 5—8 典型热固性树脂基玻璃纤维复合材料的性质与应用范围

基体树脂	聚酯树脂	环氧树脂	酚醛树脂	双马来酰亚胺	聚酰亚胺
工艺性 力学性能 耐热性 价格 韧性 成形收缩率	好 比较好 80℃ 低 差 中	好 优秀 120～180℃ 中 比较好～差 小	比较好 比较好 ～180℃ 低 差 大	好 好 ～230℃ 中 比较好	比较好～差 好 240～310℃ 高 比较好
应用范围	用于绝大部分玻璃纤维增强制品一般要求的结构，如汽车、船舶、化工、电器、电子等	适用范围广，性能最好，用于主承力结构或耐腐蚀性制品等，如飞机、宇航等	发烟率低，用于烧蚀材料、飞机内部装饰、电工材料等	具有良好的性能、中等使用温度、部分代替环氧，用于飞机结构材料	具有最好的耐热性，用于耐高温结构，如卫星等空间飞行器的构件

◆ 用途：主要用于机器护罩、车辆车身、绝缘抗磁仪表、耐腐蚀耐压容器和管道、各种形状复杂的机器构件和车辆配件，以及建筑材料和体育用品等，如图 5—32～图 5—35 所示。

图 5—32　环氧玻璃钢罐体

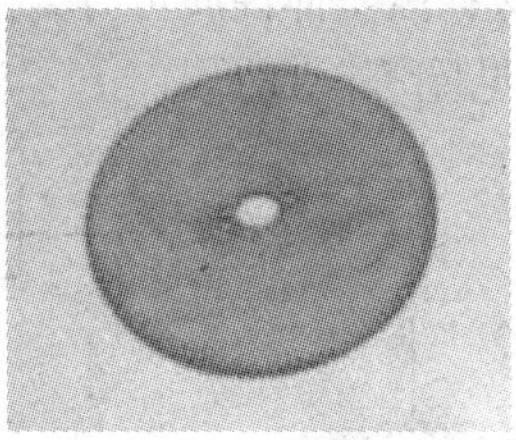

图 5—33　酚醛树脂齿轮

图 5—34　聚酯安全帽

图 5—35　玻璃钢乒乓球台

(2) 玻璃纤维增强热塑性塑料（代号 FR－TP）——热塑性玻璃钢。

所有的热塑性树脂，如聚烯烃、聚醚、聚酰胺、聚酯、聚砜等都可作为复合材料基体。普通的热塑性基体包括通用塑料，如聚丙烯（PP）、ABS 树脂和工程塑料如聚甲醛（POM）、聚酰胺（PA）、聚苯醚（PPO）、聚酯（PET，PBT）等，它们通常用 20%～40%的短纤维增强，拉伸强度和弹性模量可提高 1～2 倍，可明显改善蠕变性能，提高热变形温度和导热系数，降低线膨胀系数，增加尺寸稳定性，降低吸湿率，抑制应力开裂，提高疲劳性能。如表 5—9 所示为常见热塑性玻璃钢的性能及用途。

表 5—9　常见热塑性玻璃钢的性能及用途

材料	密度 ρ/(10^3kg·m^{-3})	抗拉强度/MPa	弯曲模量/(10^2MPa)	特性及用途
尼龙 66 玻璃钢	1.37	182	91	刚度、强度、减摩性好，作轴承、轴承架、齿轮等精密件、电工件、汽车仪表、前后灯等
ABS 玻璃钢	1.28	101	77	化工装置、管道、容器等
聚苯乙烯玻璃钢	1.28	95	91	汽车内装、收音机机壳、空调叶片等
聚碳酸酯玻璃钢	1.43	130	84	耐磨、绝缘仪表等

热塑性玻璃钢强度不如热固性玻璃钢，但成形性好、生产率高，且比强度不低。介电性能、耐热性和抗老化性能较好，因此广泛应用于汽车、化工、电器、仪表、建筑、体育运动器材等领域，如化工装置、管道、容器；汽车内装、家电机壳、叶片等，如图 5—36～图 5—39 所示。

图 5—36 玻璃钢型材

图 5—37 ABS 汽车翼子板

图 5—38 玻璃钢风叶片

图 5—39 有机玻璃钢篮板

2. 碳纤维树脂复合材料（CFRP）

(1) 碳纤维特点：强度和弹性模量高、密度小；具有很好的耐酸性；热膨胀系数小，甚至为负值；具有很好的耐高温蠕变性能，一般碳纤维在 2000℃以上强度和弹性模量基本不变；低温性能好，−180℃以下时脆性也不会增大；摩擦系数小、润滑性好、导电性高。碳纤维的缺点：价格昂贵，比玻璃纤维贵 25 倍以上；抗氧化能力较差，在高温下有氧存在时会生成二氧化碳。脆性大，与树脂的结合力不如玻璃纤维，但表面氧化处理可改善其与基体的结合力。

(2) 种类和应用：常用的有碳纤维环氧树脂、碳纤维酚醛树脂、碳纤维聚四氟乙烯和碳纤维尼龙等。由于碳纤维的优异性能，使这些材料的比强度、比弹性模量、高低温性能、疲劳强度、冲击韧性、化学稳定性等方面要远优于树脂玻璃钢。因此应用前景广阔。

广泛应用于航空、航天、军工、机械、化工、纺织、电器、体育用品、建筑加固等领域的结构材料；利用其尺寸稳定性，应用于宇宙机械、电波望远镜和各种成形品；利用其耐疲劳性，应用于直升飞机的叶片；利用其振动衰减性，应用于音响器材；利用其耐高温性，应用于飞机刹车片和绝热材料；利用其耐药品性，应用于密封填料和滤材；利用其电气特性，应用于电极材料、电磁波屏蔽材料、防静电材料；利用其生体适应性，应用于人工骨、韧带；利用其 X 光透过性，应用于 X 光床板等。尤其在以下行业应用广泛：

航空工业：用于主承力结构材料，如主翼、尾翼和机体；次承力构件，如方向舵、起落架、副翼、扰流板、发动机舱、整流罩及座板等，此外还有起落架、发动机舱门等。

宇航工业：用作导弹防热及结构材料如火箭喷管、鼻锥、大面积防热层，卫星构架、天线、太阳能翼片底板、卫星-火箭结合部件；航天飞机机头、机翼前缘和舱门等制件；太阳能电池板和无线电天线。如图 5—40～图 5—42 所示。

交通运输：用作汽车传动轴、构架和刹车片等制件；船舶和海洋工程：用于制造渔船、鱼雷快艇、快艇和巡逻艇，以及赛艇的桅杆、航杆、壳体及划水浆；海底电缆、潜水艇、雷达罩、深海油田的升降器和管道。

体育用品方面：可以制造动力雪橇用的弹簧板、滑雪板、网球拍、高尔夫球杆、弓箭、跳竿、冰球棒、游艇、赛艇、赛艇桨、帆船桅杆、摩托车零件、自行车、登山用品以及滑翔机、人力飞机等。

图 5—40　雷达罩

图 5—41　飞机发动机舱

图 5—42　航天飞机

图 5—43　游艇

3. 硼纤维树脂复合材料

(1) 硼纤维的特点：具有很高的弹性模量和强度，比强度与玻璃纤维相近，但比弹性模量却比玻璃纤维高 5 倍，硼纤维的密度为 2.4～2.65g/cm^3，拉伸强度为 3.2～5.2GPa，弹性模量为 350～400GPa；耐高温，无氧化条件下可达 1000℃；但其性能要受沉积条件和纤维直径的影响，工艺复杂，不易大量生产，价格昂贵。

(2) 种类和应用：主要有硼纤维增强环氧树脂、聚苯并咪唑和聚酰亚胺树脂。该种材料突出的优点是刚度好，它的强度和弹性模量均高于碳纤维环氧树脂和聚酰亚胺树脂，是高强度高模量纤维增强塑料中性能最好的。抗压强度和剪切强度都很高（优于铝合金、钛合金），且蠕变小、疲劳强度很高，耐辐射及导热极好。

多用于航空航天器、宇航器的翼面、仪表盘、转子、压气机叶片、螺旋桨的传动轴等。

5.3.2.2　陶瓷基复合材料

陶瓷基复合材料（ceramic matrix composite，CMC）：是以陶瓷材料为基体，并以纤维、晶须、颗粒状陶瓷、碳等为增强、增韧相，通过适当的复合工艺所构成的复合材料。

1. 陶瓷基复合材料的种类

(1) 按基体相分类：分为氧化物基和非氧化物基复合材料，前者包括玻璃、玻璃—陶瓷和氧化物陶瓷（如氧化锆和氧化铝），后者包括碳化物（如碳化硅）、氮化物、碳和硼化物等。

(2) 按增强相分类：有金属纤维（如钨丝、钽丝、钼丝等）、玻璃纤维和陶瓷纤维（如碳、碳化硅、氧化铝、氧化锆等纤维）。制造陶瓷纤维的方法中，常用的有三种：化学气相沉积、聚合物热解和溶胶法。

目前常用的种类有颗粒增韧复合材料：Al_2O_3 - TiC；晶须增韧复合材料：SiC - Al_2O_3；晶须纤维增韧复合材料：SiC-硼硅玻璃纤维等。

2. 特点及应用

◆ 性能特点：具有高强度、高模量、低密度、极耐高温等优点，一般使用温度范围为1000～1600℃；同时耐磨、热膨胀系数低、耐腐蚀性和韧性良好。

◆ 用途：应用领域广泛，包括宇航、国防、能源、汽车工业、环保、生物、化学工业等，作为高温材料和耐磨耐腐蚀材料用于制造高速切削工具和内燃机部件：如大功率内燃机的增压涡轮、航空航天器的热部件、滑动构件、发动机制件、能源构件等。以及代替金属制造车辆发动机、石油化工容器、废物垃圾焚烧处理设备等。另外CMC被认为是高性能涡轮发动机高温区的关键结构材料，可用于燃烧室、火焰稳定器、机匣、涡轮叶片和喷尾口调整片等。图5—44所示为CMC制作。

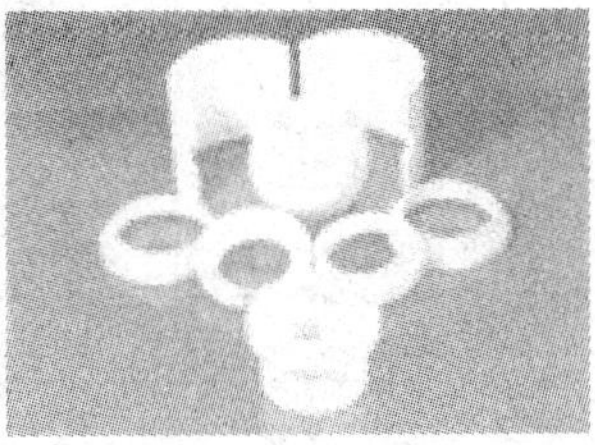

图5—44 CMC制件

5.3.2.3 碳基复合材料

碳基复合材料（Carbon Matrix Composite）是指以碳纤维（织物）或碳化硅等陶瓷纤维（织物）为增强体，以碳为基体的复合材料的总称。

1. 碳基复合材料的制备

(1) 浸渍法：即用增强体浸渍熔融的石油或煤沥青，再经碳化和石墨处理。碳基复合材料的基体是石墨碳，呈层状条带结构，性能是各向异性的。还有用增强体浸渍糠醇或酚醛等热固性树脂，只经碳化处理，它的基体是玻璃碳，即无定形碳结构，性能是各向同性的。

(2) CVD法：即把烃类化合物的热解碳沉积在增强体上来进行复合，这种方法的碳基体是类似玻璃碳的热解碳。碳/碳复合材料不耐氧化，所以有时需要加抗氧化涂层。

2. 特点及应用

◆ 性能特点：具有许多碳和石墨的特点，如密度小、导热性高、膨胀系数低以及对热冲击不敏感；具有优越的力学性能：强度和冲击韧性比石墨高5～10倍，高的比强度；随温度升高强度升高；断裂韧性高、蠕变低；化学稳定性高，耐磨性极好，是耐温最高的高温复合材料（达2800℃）。

◆ 用途：主要用于航空航天、军事和生物医学等领域，如：导弹弹头、固体火箭发动机喷管、飞机刹车盘、赛车和摩托车刹车系统、航空发动机燃烧室、人体骨骼替代材料等。

5.3.3 金属基复合材料

金属基复合材料（metal matrix composite，MMC）：是以金属及其合金为基体，通过颗粒、晶须、纤维来增强金属基体的复合材料。

5.3.3.1 概述

1. 金属基复合材料的种类

(1) 按基体相分类：有铝及铝合金、镁合金、钛合金、镍合金、铜与铜合金、锌合金、高温合金、钢、铅、钛铝、镍铝合属等为基体的复合材料。

（2）按增强相分类：增强纤维包括碳（石墨）、碳化硅、硼、氧化铝、不锈钢及钨等纤维；增强颗粒包括碳化硅、氧化铝、氧化锆、硼化钛、碳化钛、碳化钨、碳化硼等；增强晶须包括碳化硅、氧化硅、硼酸铝、钛酸钾等。

目前应用较多的主要有铝基、镍基、钴基、镁基等颗粒、晶须、纤维增强复合材料。

表 5—10 列出了几种典型金属基复合材料的性能。

表 5—10　　典型金属基复合材料的性能

材料	硼纤维增强铝	CVD 碳化硅增强铝	碳纤维增强铝	碳化硅晶须增强铝	碳化硅颗粒增强铝
增强相含量/(体积分数)	50%	50%	35%	18%～20%	20%
拉伸强度/MPa	1200～1500	1300～1500	500～800	500～620	400～510
拉伸模量/GPa	200～220	210～230	100～150	96～138	110
密度/10^3kg·m^{-3}	2.6	2.85～3.0	2.4	2.8	2.8

2. 性能特点及应用领域

金属基复合材料具有比强度和比模量高，耐磨性、阻尼性及导热性好，热膨胀系数小等优异性能，它还能耐高温，同时不燃、不吸潮、导电性好、抗辐射。是令人注目的航空航天用高温材料之一，加入陶瓷颗粒增强相可具有高硬度、高耐磨性、高红硬性等性能。因此广泛应用于航空、航天和军事领域及汽车、电子信息、高速机械和刀具等民用领域。

5.3.3.2　常用金属基复合材料

1. 纤维增强金属基复合材料

这类复合材料的基体一般为铝及铝合金、镁合金、钛合金和镍合金等。增强纤维一般为硼纤维、碳化硅纤维、氧化铝纤维以及高强度金属丝等。

（1）性能特点：比强度高、比模量高和比刚度高，具有高的结构效率；耐高温性能好，有良好的抗氧化、抗蠕变、耐疲劳和高温力学性能。制造工艺复杂、造价昂贵。

（2）用途：适用于制作航天飞机主舱骨架支柱，发动机叶片、尾翼，空间站结构件，卫星、空间望远镜部件；另外在汽车构件、保险杠、活塞连杆、自行车车架、体育运动器械上也得到了应用（见图 5—45）。也可按工作温度分别选用：

刹车盘　　活塞连杆组件　　发动机叶片　　空间站

图 5—45　纤维增强金属基复合材料的应用

◆ 工作温度 450℃以下：目前应用最广泛、最成熟的是铝基和镁基复合材料，用于航天飞机、人造卫星、空间站、汽车发动机零件、刹车盘等。

◆ 工作温度 450～700℃：可用钛合金基复合材料制造航空发动机等零件。

◆ 工作温度 1000℃以上：可用镍基、铁基耐热合金的复合材料作为耐高温材料。

2. 颗粒和晶须增强金属基复合材料

颗粒和晶须增强金属基复合材料是目前应用最广泛的一类金属基复合材料，这类材料多以铝、镁和钛合金为基体，以碳化硅、碳化硼、氧化铝细颗粒或晶须为增强相。

(1) 性能特点：极高的比强度、比弹性模量和结构效率，良好的抗氧化、抗蠕变、耐疲劳、耐磨损性能；阻尼性及导热性好，热膨胀系数小。

目前，碳化硅颗粒铝合金复合材料发展的最快。这种金属基复合材料的比重只有钢的 1/3，为钛合金的 2/3，与铝合金相近。它的强度比中碳钢好，与钛合金相近而又比铝合金略高。其耐磨性也比钛合金、铝合金好。

(2) 用途：广泛应用于航空、航天和军工行业，如制造轻质装甲、导弹飞翼、飞机部件。碳化硅颗粒铝合金复合材料已应用于汽车工业和机械工业，如汽车发动机活塞、制动机部件、高速列车制动盘、喷油嘴件、连杆、机器人部件、计算机部件、运动器材等，如图 5—46、图 5—47 所示。

图 5—46 汽车发动机活塞

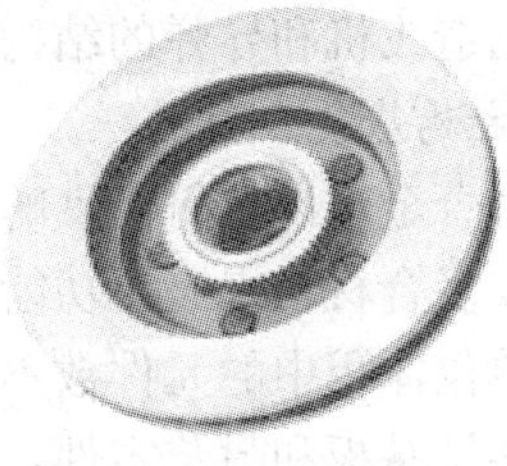

图 5—47 制动盘

3. 金属陶瓷

金属陶瓷是一种由金属或合金与一种或几种陶瓷相所组成的非均质复合材料，其中后者占 15%～85%（体积），是一类非常重要的工具材料和结构材料，一般是颗粒增强型的复合材料。广义的金属陶瓷还包括难熔化合物合金、硬质合金、金属黏结的金刚石工具材料等。

金属通常为钛、镍、钴、铬等及其合金，陶瓷通常为氧化物、碳化物、硼化物和氮化物等。根据各组成相所占百分比不同，金属陶瓷分为以陶瓷为基和以金属为基两类。按性能需要可组成工具材料（陶瓷为主）、高温结构材料（金属为主）和特殊性能材料，见图 5—48。

(1) 性能特点：金属陶瓷既具有金属的韧性、可塑性、高导热性和良好的热稳定性，又具有陶瓷的高强度、高硬度、耐磨损、耐高温、抗氧化和化学稳定性等特性。

(2) 种类及用途：陶瓷基金属陶瓷主要有：

◆ 氧化物基金属陶瓷：以氧化铝、氧化锆、氧化镁、氧化铍等为基体，与金属钨、铬或钴复合而成，具有耐高温、热稳定性和抗氧化能力较好、抗化学腐蚀、导热性好、强度较高等特点，可用作高速切削工具材料，还可做高温下工作的耐磨件，如喷嘴、热拉丝模以及耐腐蚀环规、机械密封环等；可用作导弹喷管衬套、熔炼金属的坩埚等。

◆ 碳化物基金属陶瓷：以碳化钛、碳化硅、碳化钨等为基体，与金属钴、镍、铬、

金属陶瓷热挤压模具　金属陶瓷汽车摩擦片　金属陶瓷刀片　金属陶瓷复合滚刀

图 5—48　金属陶瓷制品

钨、钼等金属复合而成，具有高硬度、高耐磨性、耐高温等特点，用于制造切削刀具、高温轴承、密封环、拉丝模套及透平叶片。又称为“硬质合金”。

◆ 氮化物基金属陶瓷：以氮化钛、氮化硼、氮化硅和氮化钽为基体，具有超硬性、抗热振性和良好的高温蠕变性，可用作超硬工具材料和高温材料及耐磨件等。

金属基金属陶瓷：是在金属基体中加入氧化物细粉制得的，又称弥散增强材料。主要有烧结铝（铝—氧化铝）、烧结铍（铍—氧化铍）、TD镍（镍—氧化钍）等。烧结铝中的氧化铝含量为5%～15%，与合金铝比，其高温强度高、密度小、易加工、耐腐蚀、导热性好。常用于制造飞机和导弹的结构件、发动机活塞、化工机械零件等。

4. 功能用金属基复合材料

单靠金属与合金难以获得优良的综合物理性能，而要靠优化设计和先进制造技术将金属与增强物做成复合材料来满足功能需求。如电子领域的集成电路，由于电子器件的集成度越来越高，单位体积中的元件数不断增多，功率增大，发热严重，需用热膨胀系数小、导热性好的材料做基板和封装零件，以便将热量迅速传走，避免产生热应力，来提高器件的可靠性。主要的金属基体是纯铝及铝合金、纯铜及铜合金、银、铅、锌等金属。

(1) 性能特点：要求材料和器件具有优良的综合物理性能，如同时具有高力学性能、高导热、低热膨胀、高电导率、高抗电弧烧蚀性、高摩擦系数和耐磨性等。

(2) 用途：主要用作微电子技术的电子封装材料、高导热和耐电弧烧蚀的集电材料和触头材料、耐高温摩擦的耐磨材料、耐腐蚀的电池极板材料等。

◆ 用于电子封装的金属基复合材料有：高碳化硅颗粒增强的铝基、铜基复合材料，高模、超高模石墨纤维增强铝基、铜基复合材料，金刚石颗粒或多晶金刚石纤维增强铝基、铜基复合材料，硼/铝基复合材料等，其基体主要是纯铝和纯铜。

◆ 用于耐磨零部件的金属基复合材料有：碳化硅、氧化铝、石墨颗粒、晶须、纤维等增强铝、镁、铜、锌、铅等金属及其合金的金属基复合材料。

◆ 用于集电和电触头的金属基复合材料有：碳（石墨）纤维、金属丝、陶瓷颗粒增强铝、铜、银及合金等金属基复合材料。

模块 6　材料的选用

6.1　机械零件的失效与选用

本单元学习目标

★　失效的概念、零件失效的原因。

★★　零件失效的主要形式，零件失效的分析方法。

★★★　机械零件的选材原则及选材步骤。

★★★★　齿轮、轴类、弹簧的加工工艺路线分析，典型零件的选材。

注：★了解。★★理解。★★★掌握。★★★★重点掌握。

6.1.1　机械零件的失效

6.1.1.1　失效概念

各种机械设备都是由一些零件、部件和结构件组成的，它们都有自己的一定的功能，或完成规定的运动，或传递力、力矩或能量，或承受各种各样的载荷。

失效：主要指某些零件由于某种原因，导致其尺寸、形状或材料的组织与性能发生变化而不能完满完成指定功能的现象。

一个机械零件的失效，一般包括以下几种情况：

(1) 零件完全破坏，不能继续工作；

(2) 零件虽然能安全工作，但不能满意地起到预期的作用；

(3) 零件严重受损，继续工作不安全。

6.1.1.2　零件的失效形式

机械零件常见的失效形式主要有畸变失效、断裂失效、表面损伤失效三类。

1. 畸变失效

在外力作用下零件发生整体或局部的过量弹性变形或塑性变形导致整个机器或设备无法正常工作，或者能正常工作但保证不了产品质量的现象，称为畸变失效。

畸变是指在某种程度上减弱了零件规定功能的变形。有尺寸或体积畸变和形状畸变。

畸变具体体现：不能承受规定载荷，不能起到规定的作用，与其他零件的运转发生干扰。

畸变失效的主要形式有以下三种：

(1) 弹性畸变失效：机械零件在外力作用下，因刚度不足产生的弹性变性使其不能完成指定功能的现象。如机床传动轴因刚度不足，产生过大的弹性变形后，会使轴上零件(如齿轮)不能正常啮合，轴承发生偏磨、偏载，甚至咬死等，使整个机器运转不良，导致传动失效。

对于复合变形的框架及箱体类零件，要其具有合适的、足够的刚度以保证系统的刚度，特别要防止刚度不当而造成系统振动，降低设备、特别是产品的精度。

影响弹性畸变的主要因素是零件形状、尺寸，材料的弹性模量，零件工作的温度和载荷的大小。在一定的材料和外载荷的条件下，零件的结构（形状、尺寸）因素对弹性变形的大小影响最大。如等量相同的材料，在相同的载荷下，工字形刚度最大，矩形次之，方形更次，薄板最差。当采用不同材料时，相同结构的零件，材料的弹性模量 E 越大，则其相应变形就越小，如采用碳钢所发生的弹性变形就小于铜、铝合金。

（2）塑性畸变失效：是指当外力超过零件材料的屈服极限时发生明显的塑性变形，使其不能完成指定功能的现象。

引起零件塑性畸变的因素，除在弹性畸变中所讨论的有关影响因素外，常见的还有材料缺陷、使用不当、设计有误等，其中热处理不良最为突出。实际上往往是多种原因的综合结果。

（3）翘曲畸变失效：是一种产生复杂规律的变形而最终产生蠕变而形成了翘曲的外形，并导致零件功能失效的现象。

翘曲畸变往往由温度、外加载荷、受力截面、材料组成等因素所引起，其中以温度变化，特别是高温所导致的形状翘曲最为严重。在高温下长期工作、受力复杂的零件较容易发生翘曲畸变失效。

2. 断裂失效

断裂失效是机械零件的主要失效形式。根据断裂的性质、断裂的原因以及断裂前所产生的宏观塑性变形的大小，可将断裂类型分为以下几种：

（1）韧性断裂是指零件在受到外载荷作用时，某一截面上的应力超过了材料的屈服强度，产生很大的塑性变形后发生的断裂。

韧性断裂是金属材料破坏的主要方式之一。当韧性较好的材料所承受的载荷超过该材料的强度极限时，将经过一个缓慢的断裂过程而发生韧性断裂。在断裂过程中需要不断地消耗相当多的能量，并产生大量的塑性变形。塑性变形方式和大小取决于应力状态和材料性质。

◆ 韧性断裂的特征：（1）宏观特征：宏观变形方式为颈缩，典型断口为杯锥状断口，底部呈纤维状剪切断口，其平面和拉伸轴大致成 45°角。（2）微观特征：蛇形滑移和延伸，间距不等、短而且平行、不连续的条纹韧窝，大小相当于显微空洞裂纹的一半。如图 6—1、图 6—2 所示。

图 6—1　韧性（塑性）断裂实物

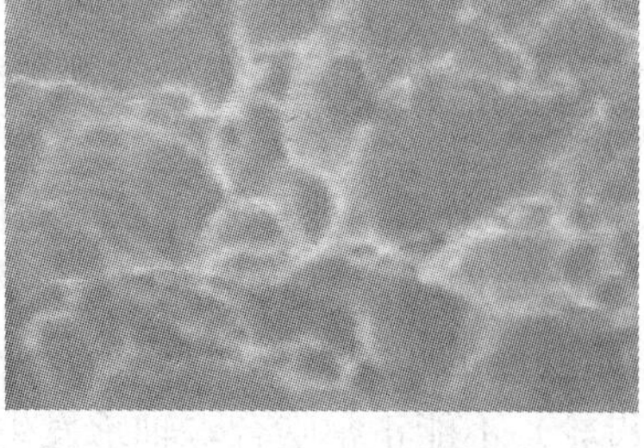

图 6—2　断口韧窝电镜照片

(2) 脆性断裂是指材料在断裂之前不发生或发生很小的宏观可见的塑性变形的断裂。

脆性断裂发生时，承受的工作应力通常远低于材料的屈服强度，所以又称为低应力脆断。这种断裂经常发生在有尖锐缺口或裂纹的零件中，另外，零件结构中的棱角、台阶、沟槽及拐角等结构突变处也易发生，特别是在低温或冲击载荷作用的情况下易发生。脆性断裂发生前无明显征兆，裂纹长度一旦达到临界长度，即以声速扩展，并发生瞬间断裂。因此，往往会带来灾难性的后果。通常把金属材料塑性变形量小于2%～5%的断裂，均称为脆性断裂。

◆ 脆性断裂的特征：(1) 宏观特征：脆性断口在断裂前没有可以观察到的塑性变形，断口一般与正应力垂直，断口表面平齐，断口边缘没有剪切“唇口”(或很小)。断口的颜色比较光亮，有时稍有灰暗，但仍亮于韧性断裂时的纤维状断口。(2) 微观特征：是解理花样和沿晶断口形态。解理花样中典型的是河流花样，河流的流向与裂纹扩展方向一致，如图6—3～图6—5所示。

图6—3 脆性断裂实物

图6—4 沿晶断口

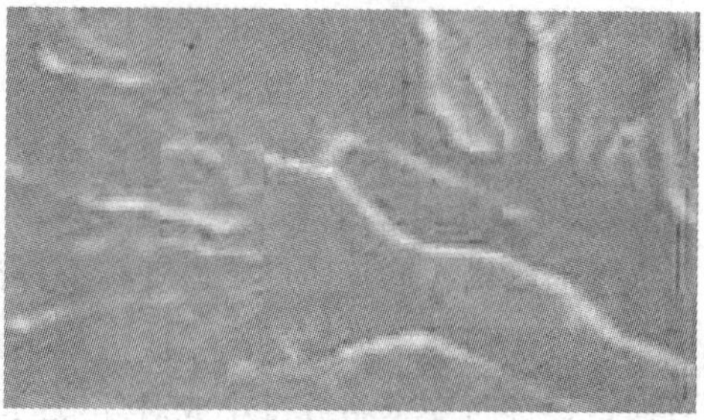

图6—5 河流花样

(3) 韧性—脆性断裂：是一种塑性和脆性混合的断裂，又称为准脆性断裂。一般可分为沿晶断裂、穿晶断裂和混晶断裂三种类型。

(4) 疲劳断裂：是在交变应力反复作用下发生的断裂。疲劳的最终断裂是瞬时的，因此危害性较大，常在齿轮、弹簧、轴、模具、叶片等零件中发生。材料的类别、组织，载荷的类型，零件的尺寸、形状及表面状态等对零件的疲劳强度都有影响。

其他断裂失效形式还有蠕变断裂失效和介质加速断裂失效等。

3. *表面损伤失效*

(1) 磨损失效：主要是相互接触的两个零件在机械力的作用下，其相对运动表面的材料以细屑磨耗，从而使零件的表面状态和尺寸改变的一种现象。

磨损失效的基本类型有：黏着磨损、磨料磨损、冲刷磨损等。在实际的分析中往往遇到多种磨损类型的复合状况，即“复合磨损失效”。

◆ 黏着磨损：也称擦伤、磨伤、咬住、结疤等。两个金属表面的微凸部分在局部高压下产生局部黏结，使材料转移到另一个表面或撕下作为磨料留在两个表面之间的现象。

黏着磨损使摩擦副降低了零件的使用性能，严重时可产生“咬合”现象，完全丧失了滑动的能力。如轴承颈部件润滑失效时，可发生擦伤甚至咬死等磨损。

◆ 磨料磨损：是配合表面之间在相对运动过程中，因外来硬颗粒或表面微突体的作用造成表面损伤的磨损现象。其主要特征是表面被犁削形成沟槽。

◆ 冲刷磨损：是由于含固态粒子的流体（常为液体）冲刷而造成表面材料损失的磨损现象。

冲刷流体中所带固体粒子的相对运动方向与被冲刷表面相平行的冲刷称为研磨冲刷。如风机中带硬粒气流对叶片的纵向冲刷；液体中固态粒子的相对运动方向与被冲刷表面近于垂直的冲刷称为碰撞冲刷。

(2) 接触疲劳失效：相互接触的两个运动表面（特别是滚动接触或滑动复合摩擦），在工作过程中随交变接触应力的作用，使表层材料发生疲劳破坏而脱落的现象叫接触疲劳失效。接触疲劳可分为麻点剥落和表层压碎两大类。

齿轮副、凸轮副、滚动轴承的滚体与外座圈、轮箍与钢轨等都可能产生表面疲劳磨损。

其主要特征是产生表面裂纹或亚表面裂纹（一般是夹杂物处），裂纹沿表面平行扩展而引起表面金属小片的脱落，在金属表面形成麻坑。

(3) 腐蚀失效：金属在摩擦过程中，同时与周围介质发生化学或电化学反应，产生表层金属的损失或迁移现象。化学反应也会增强机械磨损的作用。

腐蚀失效的基本类型包括均匀腐蚀、点腐蚀和晶间腐蚀。

6.1.1.3 零件失效的原因

1. 零件设计不合理

零件的结构、形状、尺寸设计不合理最容易引起失效。如键槽、孔或截面变化较剧烈的尖角处或尖锐缺口处容易产生应力集中，出现裂纹。另外对零件在工作中的受力情况判断有误，设计时安全系数过小或对环境的变化情况估计不足造成零件实际承载能力降低等均属设计不合理。又如，坚持以强度条件为主，辅之以韧性要求的传统设计方法，不能有效地解决脆性断裂，尤其是低应力脆断的失效问题。

2. 选材不合理

选材不合理即选用的材料性能不能满足工作条件要求，或者所选材料名义性能指标不能反映材料对实际失效形式的抗力。另外，所用材料的化学成分、组织不合理，质量差；淬透性和淬硬性低也会造成零件的失效。例如用65Mn钢制造的长度为2048mm的剪刀板，淬火后伸长3～6mm，使安装孔距超差而报废，后改用CrWMn或Cr12Mo钢，淬火后伸长变形为1～2mm，满足了尺寸要求。

3. 工艺不合理

零件在加工和成形过程中，因采用的工艺方法、工艺参数不合理，操作不正确等会造成失效。如热成形过程中温度过高所产生的过热、过烧、氧化、脱碳；热处理过程中工艺参数不合理造成的变形和裂纹、硬度不足、回火脆性、组织缺陷及由于淬火应力不均匀导致零件的棱角、台阶等处产生拉应力；化学热处理后渗层和淬硬层过深、过浅，使零件的抗冲击性和疲劳抗力降低；铸件中的气孔、夹渣及成分偏析；焊接过程未焊透、偏析、冷热裂纹；机加工中表面粗糙度值过大，存在较深的刀痕或磨削裂纹等均是导致零件早期失效的原因。

4. 装配调试不正确

机器在安装过程中，配合过紧、过松、对中不准、固定不牢或重心不稳，密封性差以及装配拧紧时用力过大或过小等，均易导致零件过早失效。如啮合传动件（齿轮、蜗杆等）的间隙不合适（过松或过紧，接触状态没调整好）；连接零件必要的“防松”不可靠；润滑与密封装置不良；在初步安装调试后，未按规定进行逐级加载跑合等。

5. 运转维修保养不良

在超速、过载、润滑条件不良的情况下工作；工作环境中有腐蚀性物质，维修、保养不及时或不善；对运转工况参数（载荷、速度等）的监控不准确，定期大、中、小检修的制度不合理；润滑条件无保证，包括润滑剂和润滑方法选得不合适，润滑装置以及冷却、加热和过滤系统功能不正常等均会造成零件过早失效。

6.1.1.4 零件失效的分析方法

为了防止机械构件的损坏，特别是突然断裂损坏现象的发生及提高材料的使用寿命，有必要对机械构件损坏的原因进行分析和研究，并据此提出防止类似事故再度发生的改进措施。这样就形成了一门新的分析技术，称为“失效分析”。

1. 失效分析程序

机械构件多数是在运行过程中发生断裂失效的，每当一个零部件断裂损坏时，它和别的零部件、周围环境和操作人员等均有着十分密切的关系。查找原因时要收集原始资料，如构件服役前的全部经历、构件的服役历史和断裂时的现场情况等。此外，还要从散落的失效残骸中选择有分析价值的断口和供做其他检测用的试样材料，从设计水平、材料质量、加工状态、维修情况、装配精度、工作环境、服役条件和操作方法等因素中找出造成损坏的主要原因，并根据损坏的原因、机理、类型和阶段，进行分析判断，制定出改进措施。

2. 失效分析方法

断口是断裂的静态反映，如果对断口进行仔细观察和分析就能找出断裂的原因、机理等。因为断口如实地反映了机械构件断裂的全过程以及机械构件裂纹的萌生与扩展过程，因此断口分析是机械构件断裂失效分析的一个重要手段。

为了取得更好的分析效果，对这一分析手段还必须辅以一系列其他的检验方法，如无损检测、机械性能试验、金相检验、化学分析、X射线分析、断裂韧性试验、电子能谱分析、模拟试验等。最后将上述分析和试验的结果与数据进行综合分析，并提出改进措施，写出失效分析报告。

6.1.2 机械零件的选材

机械设计不仅包括零件结构、尺寸的设计，同时也包括所用材料和制造工艺的设计。正确合理选材是机械设计的一项重要任务，它必须使选用的材料保证零件在使用过程中具有良好的工作能力和使用寿命，保证零件便于加工制造，同时保证零件的总成本尽可能低。优异的使用性能、良好的加工工艺性能和经济性是机械零件选材的基本原则。

6.1.2.1 机械零件的选材原则

1. 满足使用性能原则

使用性能是保证零件完成规定功能的必要条件。主要是指零件在使用状态下材料应该具有的机械性能、物理性能和化学性能。对于机器零件和工程构件，则主要是机械性能。对于一些特殊条件下工作的零件，则必须根据要求考虑到材料的物理、化学性能。

使用性能是在分析零件工作条件和失效形式的基础上提出来的。

(1) 分析零件的工作条件。

工作条件是指受力形式（拉伸、压缩、弯曲、扭转、剪切或弯扭复合等）、载荷性质（静载、动载、冲击、载荷分布等）、受摩擦磨损情况；工作环境条件（如环境介质、工作温度等）；以及导电、导热、磁性、热膨胀、密度、外观等特殊要求。

(2) 判断失效形式。

零件的失效形式与其特定的工作条件是分不开的。要深入现场，收集整理有关资料，进行相关的实验分析，判断失效的主要形式及原因，找出原设计的缺陷，提出改进措施，确定所选材料应满足的主要力学性能指标，为正确选材提供具有实用意义的信息，确保零件的使用效能和提高零件抵抗失效的能力。零件的失效形式则如前所述，主要包括过量变形、断裂和表面损伤三个方面。常用零件的工作条件、失效形式及力学性能要求见表6—1。

表6—1　　常用零件的工作条件、失效形式及要求的力学性能

零件	工作条件			常见的失效形式	要求的主要机械性能
	应力种类	载荷性质	受载状态		
紧固螺栓	拉，剪应力	静载	—	过量变形，断裂	强度，塑性
传动轴	弯，扭应力	循环，冲击	轴颈摩擦，振动	疲劳断裂，过量变形，轴颈磨损、咬蚀	综合机械性能
传动齿轮	压，弯应力	循环，冲击	摩擦，振动	齿折断，磨损，疲劳断裂，接触疲劳（麻点）	表面高硬度及疲劳极限，芯部强度、韧性
弹簧	扭，弯应力	交变，冲击	振动	弹性失稳，疲劳破坏	弹性极限，屈强比，疲劳极限
冷作模具	复杂应力	交变，冲击	强烈摩擦	磨损，脆断	硬度，足够的强度，韧性

通过对零件工作条件和失效形式的全面分析，确定零件对使用性能的要求，然后利用使用性能与实验室性能的相应关系，将使用性能具体转化为实验室性能指标，这是选材最关键的步骤，也是最困难的一步。之后，根据零件的几何形状、尺寸及工作中所承受的载荷，计算出零件中的应力分布，再由工作应力、使用寿命或安全性与实验室性能指标的关系，确定对实验室性能指标要求的具体数值。

(3) 合理选用材料的性能指标。

1) 正确选用材料的强度、塑性、韧性等指标。

一般情况下，材料的强度越高，其塑性、韧性越低。片面地追求高强度以提高零件的承载能力不一定就是安全的，因为材料塑性过多降低，遇有短时过载等因素时，应力集中的敏感性会增强，有可能造成零件的脆性断裂。所以在提高屈服强度的同时，还应考虑材料的塑性指标。塑性和韧性指标一般不直接用于设计计算，较高的 δ 和 Ψ 值能削减零件应力集中处（如台阶、键槽、油孔、内部夹杂等处）的应力峰值，提高零件的承载能力和抗脆断能力。

2）巧用硬度与强度等力学指标间的关系。

实际零件的力学性能，如σ_s、σ_b、σ_{-1}、δ、Ψ、A_K等数值是很难测得的。由于硬度的测定方法简单，又不损坏零件，且材料硬度与强度及其他力学性能之间存在着一定的关系，所以大多数零件在图纸上只标出所要求的硬度值，来综合体现零件所要求的全部力学性能。一般硬度值确定的规律为：对承载均匀，截面无突变，工作时不发生应力集中的零件，可选较高的硬度值；反之，有应力集中的零件，则需要有较高的塑性，硬度值应适当降低；对高精度零件，为提高耐磨性，保持高精度，硬度值要大些；对相互摩擦的一对零件，要注意两者的硬度值应有一定的差别，易磨损件或重要件应有较高的硬度值。例如：轴颈与滑动轴承的配合，轴颈应比滑动轴承硬度高；一对啮合传动齿轮，一般小齿轮齿面硬度应比大齿轮高；螺母硬度应比螺栓低些。多数热作模具和某些冷作模具、切削刀具等，选材时还应考虑其较高的热硬性要求。

3）综合考虑多种因素。

若零件在特殊的条件下工作，则选材的主要依据也应视具体条件而定，如像贮存酸碱的容器和管路等，应以耐腐蚀性为依据，考虑选用不锈钢、耐腐蚀尼龙和聚砜等；作为电磁铁材料，软磁性又是重要的选材依据；精密镗床镗杆的主要失效形式为过量弹性变形，则关键性能指标为材料的刚度；零件要求弹性、密封、减振防振等，可考虑选择能在－50～150℃温度范围内具有高弹态和优良伸缩性的橡胶材料，如耐热橡胶板等；重要螺栓的主要失效形式为过量的塑性变形和断裂，则关键性能指标为屈服强度和疲劳强度；在600～700℃工作的内燃机排气阀可选用耐热钢等；汽车发动机的气缸可选用导热性好，比热容大的铸造铝合金等。选用高分子材料（如用尼龙绳作吊具等），还要考虑在使用时，温度、光、水、氧、油等周围环境对其性能的影响，所以防老化则必须作为其重要的选材依据。

4）合理利用材料的淬透性。

淬透性对钢的力学性能有很大的影响，未淬透钢的芯部，其冲击韧度、屈强比和疲劳强度较低。对于截面尺寸较大的零件、在动载荷下工作的重要零件，以及承受拉、压应力而要求截面力学性能一致的零件（如连接螺栓、锻模等）应选用能全部淬透的钢。大截面或结构复杂的零件，要保证足够而适当的淬透性，保证沿整个截面有良好的综合机械性能，同时，减少变形，防止开裂。对某些承受弯曲和扭转等复合应力作用的轴类零件，由于它们截面上的应力分布是不均匀的，最大应力发生在轴的表面，而芯部受力较小，则可用淬透性较低的钢，但要保证淬硬层深度。焊接件等不可选用淬透性高的钢，避免造成焊接变形和开裂。承受冲击和复杂应力的冷镦凸模，其工作部分常因全部淬硬，造成韧性不足而脆断。所以选材及热处理时，不能盲目追求材料淬透性和淬硬性的提高。

（4）确定使用性能选材时应注意的问题。

1）注意性能数据的可靠性和使用范围。

在确定了具体机械性能指标和数值后，即可利用手册选材。但是，零件所要求的机械性能数据，不能简单地同手册、书本中所给出的完全等同对待，还必须注意材料的性能不但与化学成分有关，也与加工、处理后的状态有关，而且化学成分、加工处理的工艺参数本身都有一定的波动范围。一般手册中的性能，大多是波动范围的下限值。因此，在尺寸和处理条件相同时，手册数据是偏安全的。

2）充分考虑材料的尺寸效应。

零件尺寸越大，内部热容量越大，淬火时零件的冷却速度越慢，因此，淬透层越薄，性能越差，这种现象叫做“钢材的尺寸效应”。所以，不能将小尺寸的性能数据用于大尺寸零件的强度计算，而必须考虑钢材的淬透性。须考虑零件尺寸与手册中试样尺寸的差别，并进行适当的修正。

3）力学性能指标与预期寿命的关系。

零件的力学性能指标受预期寿命的影响，寿命越长，要求的指标越高，零件的生产和使用成本也会越高，所以要辩证处理制造成本与寿命的关系。例如，对滑动轴承而言，由于轴承的结构较简单，容易加工，更换方便，因此应把轴颈的强度和表面硬度指标规定得比轴瓦高，使轴瓦寿命短于轴，维修时只更换轴瓦，降低维护费用。

4）工作环境对不同材料的组织和性能的影响。

如工程塑料、橡胶等，不仅其力学性能受环境条件的影响很大，而且其物理、化学性能也会随环境条件的变化而变化；复合材料、特殊功能材料等是针对特殊、复杂工作环境而发展的新材料，其力学及物理、化学性能不同于一般的金属材料和非金属材料，所以在选材时，应充分了解其特殊性及其适用范围。

5）注意材料种类与工艺的关系。

如对于碳钢零件，由于碳钢的淬透性低，在设计大尺寸时，正火和调质效果相似，而正火可降低成本，不必要求调质。

2. 兼顾工艺性能原则

材料的工艺性能一般是指材料适应某种加工的能力，或加工成零部件的难易程度。在选材中，同使用性能比较，工艺性能常处于次要地位。在某些特殊情况下，工艺性能也可成为选材考虑的主要依据。另外，一种材料即使使用性能很好，但若加工极困难，或者加工费用太高，则也是不可取的。任何一个零件都要通过若干加工工序制作而成。加工的难易程度必然要影响到生产率和加工成本以及产品质量。所以，材料的工艺性能应满足生产工艺的要求，这是选材必须考虑的问题。金属材料的工艺性能包括铸造性、压力加工性、焊接性、切削加工性、热处理工艺性等。

（1）高分子材料的工艺性能。

高分子材料的切削加工性能较好，与金属基本相同。不过它的导热性差，在切削过程中不易散热，易使工件温度急剧升高，使其变焦（热固性塑料）或变软（热塑性塑料）。

高分子材料的成形工艺主要有热压、挤塑、注塑、吹塑、喷射、真空成形、切削加工等，如表 6—2 所示。

表 6—2　　高分子材料主要成形工艺的比较

工艺	适用材料	形状	表面光洁度	尺寸精度	模具费用	生产率
热压成形	范围较广	复杂形状	很好	好	高	中等
喷射成形	热塑性塑料	复杂形状	很好	非常好	很高	高
热挤成形	热塑性塑料	棒类	好	一般	低	高
真空成形	热塑性塑料	棒类	一般	一般	低	低

(2) 陶瓷材料的工艺性能。

陶瓷材料的加工工艺路线也比较简单，主要工艺就是成形，其中包括粉浆成形、压制成形、挤压成形、可塑成形等。陶瓷材料成形后，除了可以用碳化硅或金刚石砂磨加工外，几乎不能进行任何其他加工。

陶瓷材料的生产过程包含原料制备、坯料成形、干燥与排胶和制品烧成或烧结等工序。

陶瓷材料各种成形工艺的比较见表6—3。

表6—3 陶瓷材料各种成形工艺比较

工艺	优 点	缺 点
粉浆成形	可做形状复杂件、薄塑件，成本低	收缩大，尺寸精度低，生产率低
压制成形	可做形状复杂件，有高密度和高强度，精度较高	设备较复杂，成本高
挤压成形	成本低，生产率高	不能做薄壁件，零件形状需对称
可塑成形	尺寸精度高，可做形状复杂件	成本高

(3) 金属材料的工艺性能。

金属材料的加工工艺种类多，且工艺路线复杂，要求的工艺性能较多，如铸造性能、锻造性能、焊接性能、切削加工性能、热处理工艺性能等。零件选材时要满足零件加工对各种金属材料的工艺性能要求。降低工艺难度，提高生产效率和产品质量。

一般说来，碳钢的锻造、切削加工等工艺性能较好，其机械性能可以满足一般零件工作条件的要求，因此碳钢的用途较广，但它的强度不够高，热处理工艺性差、淬透性较差。所以，制造大截面、形状复杂和高强度的淬火零件，常选用合金钢，因为合金钢热处理工艺性好，淬透性好，强度高。可是合金钢的锻造、切削加工等工艺性能较差。

金属材料的加工工艺路线远较非金属材料复杂，而且变化多，典型工艺路线有三类：

◆ 性能要求不高的一般金属零件：

工艺路线：毛坯→正火或退火→切削加工→零件。

如是加工钢厂来的正火或退火状态的钢材，可不必再进行热处理。正火不单是为了消除铸造、锻造的组织缺陷和改善加工性能，还可作为最终热处理提高机械性能。由于零件性能要求不高，可采用工艺性能较好的普通金属材料，如铸铁或碳钢制造。

◆ 性能要求较高的金属零件：

工艺路线：毛坯→预先热处理（正火、退火）→粗加工→最终热处理（淬火、回火，固溶时效或渗碳处理等）→精加工→零件。

预先热处理是为了改善机加工性能，并为最终热处理作好组织准备。大部分性能要求较高的零件，如各种合金钢、高强铝合金制造的轴、齿轮等，均采用这种工艺路线。

◆ 性能要求较高的精密金属零件：

工艺路线：毛坯→预先热处理（正火、退火）→粗加工→半精加工→最终热处理（淬火、低温回火，固溶、时效、氮化或渗碳）→稳定化处理→精加工→稳定化处理→零件。

这类零件除了要求有较高的使用性能外，还要有很高的尺寸精度和表面光洁度。由于加工路线复杂，性能和尺寸的要求很高，应充分保证零件所用材料的工艺性能。这类零件有精密丝杠、镗床主轴、滚动轴承、精密齿轮、量具等。

3. 充分考虑经济性的原则

材料的经济性是选材的根本原则。采用便宜的材料，把总成本降至最低，取得最大的经济效益，使产品在市场上具有最强的竞争力，始终是设计工作的重要任务。

(1) 尽量降低材料及其加工成本。

在满足零件对使用性能与工艺性能要求的前提下，能用铁不用钢，能用非合金钢不用合金钢，能用硅锰钢不用铬镍钢，能用型材不用锻件。

(2) 用非金属材料代替金属材料。

非金属材料的资源丰富，性能也在不断提高，应用范围不断扩大，尤其是发展较快的聚合物具有很多优异的性能，在某些场合可代替金属材料，既改善了使用性能，又可降低制造成本和使用维护费用，见表6—4。

表6—4　　用塑料代替金属的应用实例

零件类型		产品	零件名称	原用材料	现用材料	工作条件	使用效果
摩擦传动零件	轴承	4t载货汽车	底盘衬套轴承	轴承钢	聚甲醛	低速、重载、干摩擦	1万km以上不用加油保养
		柴油机	推力轴承	巴氏合金	喷涂尼龙1010	油中工作，平均滑动线速度7.1m/s	磨损量小，油温低了10℃
		水压机	轴承	铝青铜	尼龙	～100℃往复运动	良好，投入生产
	齿轮	转塔车床	传动齿轮	45钢	聚甲醛	平稳性摩擦	噪声小，磨损小
		起重机	吊索绞盘传动蜗轮	磷青铜	铸型尼龙	最大起吊6～7吨	零件轻80%，磨损减小
		万能磨床	油泵圆柱齿轮	40Cr	铸型尼龙 氯化聚醚	转速高（1440r/min） 载荷大、油压1.5MPa	噪声小，压力稳定，磨损小
一般结构零件	螺母	铣床	丝杠螺母	锡青铜	聚甲醛	对丝杠不磨损，一定的强度和刚度	良好
	油管	万能外圆磨床	液压系统油管	纯铜	尼龙1010	耐压0.8～2.5MPa，换向精度高	良好，已推广
	紧固件	外圆磨床	管接头	45钢	聚甲醛	＜55℃，而20℃油压0.3～8.1MPa	良好
		摇臂钻床	上、下部管体螺母	HT150	尼龙1010	室温，冷却液，300MPa	密封性好，不渗漏水
	壳体件	万能外圆磨床	罩壳衬板	镀锌钢板	ABS	电器按钮盒	外观好易制作
		D26型电压表	开关罩	铜合金	聚乙烯	40～60℃，保护仪表	良好，便于装配
		电风扇	开关外罩	铝合金	改性PMMA	美观，有一定的强度	良好

6.1.2.2 机械零件的选材步骤

(1) 分析零件的工作条件及可能的失效形式，确定控制失效的关键性能指标（使用性能和工艺性能），以此作为选材的依据。

(2) 针对所确定的零件性能要求，通过力学计算或辅以试验等方法确定选材方案。

(3) 对同类或相近零件的用材情况进行调查研究，可从其使用性能、材料供应、材料价格、加工工艺性能等方面进行综合分析以供参考，拟定较为合理的选材方案。

(4) 针对具体情况，灵活运用选材原则。一般在经济性、工艺性相近或相同时，应选用使用性能最优的材料。但在加工工艺上无法实现而成为突出的制约因素时，所选材料的使用性能也可以不是最优的。此时需找到使用性能与制约因素之间恰当的平衡点。如某产品采用 1Cr18Ni9Ti 钢制造，按设计要求需钻 ϕ1.6mm 的细小深孔，用高速钢钻头钻孔时，由于奥氏体不锈钢黏刀严重，使钻头折断，无法加工，后改用易切削不锈钢 Y1Cr18Ni9 钢制造，获得了较理想的效果。

(5) 根据所选材料及使用性能要求，确定热处理方法或其他强化方法。对于关键零件，投产前应对所选材料进行试验，以考查所选材料及其热处理工艺方法能否满足使用性能要求。

6.1.3 典型零件的选材及工艺路线分析

6.1.3.1 齿轮类零件的选材

齿轮是机械工业中应用最广泛的重要零件之一，它的主要功能是传递动力和运动，改变速度和方向。

就齿轮传动装置的密封形式来说，分为开式、半开式及闭式三种；就使用情况来说，有低速、高速及轻载、中载、重载之别；就齿轮热处理的不同，齿轮又分为硬齿面齿轮（如经整体或渗碳淬火、表面淬火或氮化处理，齿面硬度＞55HRC）、中硬齿面齿轮（经过整体淬火或表面淬火，齿面硬度为 38～55HRC，＞350HB）和软齿面齿轮（经调质、正火的齿轮，齿面硬度＜350HB）。

1. 齿轮的工作条件

(1) 由于传递扭矩，齿根承受很大的交变弯曲应力；

(2) 齿面相互接触产生相对滚动与滑动，承受大的接触应力并产生强烈的摩擦；

(3) 在换挡、启动和啮合不良时，轮齿会承受一定的冲击载荷；

(4) 因加工、安装不当或齿、轴变形等引起的齿面接触不良，以及外来灰尘、金属屑等硬质微粒的侵入，都会造成附加载荷而使工作条件恶化。

因此，齿轮的工作条件和受力情况是较复杂的。

2. 齿轮的失效形式（见图 6—6）

(1) 轮齿折断：包括疲劳断裂和过载断裂。

齿轮经长期使用，在载荷多次重复作用下引起的轮齿折断，称为疲劳断裂；由于短时超过额定载荷（包括一次作用的尖峰载荷）而引起的轮齿折断，称为过载断裂。两者损伤机理不同，断口形态各异。

断裂主要从根部发生，这是因为轮齿相当于一个悬臂梁，受力后其齿根部位弯曲应力最大，并受应力集中影响。局部折断，主要由载荷集中造成，通常发生于轮齿的一端。

(2) 齿面磨损：包括齿面胶合和齿面磨粒磨损。

齿面胶合：是指相啮合轮齿的表面，在一定压力下直接接触发生黏着，并随着齿轮的

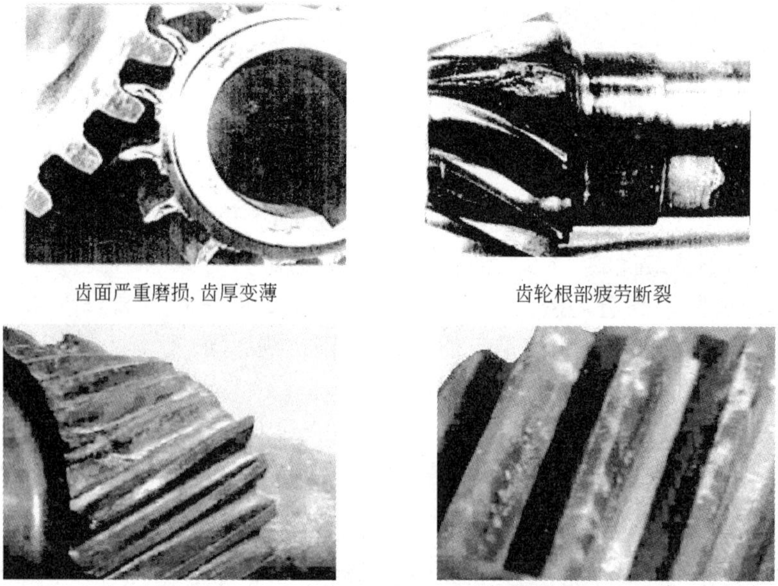

齿面严重磨损，齿厚变薄　　齿轮根部疲劳断裂

轮齿根部折断　　齿轮轮齿的疲劳点蚀

图 6—6　齿轮失效的几种形式

相对运动，发生齿面金属撕脱或转移的一种黏着磨损现象。一般说，胶合总是在重载条件下发生的。按其形成的条件，又可分为热胶合和冷胶合。

热胶合发生于高速、重载的齿轮传动中。由于重载和较大的相对滑动速度，在轮齿间引起局部瞬时高温，导致油膜破裂，从而使两接触齿面金属间产生局部“焊合”而形成胶合。

冷胶合则发生于低速、重载的齿轮传动中。它是由于齿面接触压力过大，直接导致油膜压溃而产生的胶合，由于齿面接触区摩擦，使齿厚变小。

齿面磨粒磨损：当铁屑、粉尘等微粒进入齿轮的啮合部位时，将引起齿面的磨粒磨损。闭式齿轮传动，只要经常注意润滑油的更换和清洁，一般不会发生磨粒磨损。开式齿轮传动，由于齿轮外露，其主要失效形式为磨粒磨损。磨粒磨损不仅导致轮齿失去正确的齿形，还会由于齿厚不断减薄而最终引起断齿。

(3) 齿面接触疲劳破坏：轮齿工作时，其工作齿面上的接触应力是随时间而变化的脉动循环应力。齿面长时间在这种循环接触应力的作用下，产生微裂纹，微裂纹的发展，引起点状剥落（或称麻点、点蚀），这种现象称为齿面点蚀。齿面点蚀通常发生在润滑良好的闭式齿轮传动中。实践证明，点蚀的部位多发生在轮齿节线附近靠齿根的一侧。这主要是由于该处通常只有一对轮齿啮合，接触应力较高的缘故。

(4) 齿面塑性变形：重载时，在摩擦力的作用下，齿轮可能产生齿面塑性变形（也称齿面塑性流动），从而使轮齿原有的正确齿形遭受破坏。在主、从动齿轮上由于齿面摩擦力方向不同，其齿面变形的表现形式也不同。对于主动齿轮，在节线附近形成凹槽；对于从动齿轮，在节线附近形成凸脊。

3. 齿轮的性能要求

(1) 高的弯曲疲劳强度，特别是齿根处要有足够的强度；

(2) 高的接触疲劳强度、齿面硬度和耐磨性；

(3) 较高的强度和冲击韧性。

此外，还要求有良好的切削加工性能及热处理工艺性能，如热处理变形小等。

4. 齿轮类零件的选材原则

齿轮材料的种类很多，在选择时应考虑的因素也很多，可参考以下几个原则：

(1) 齿轮材料必须满足工作条件的要求：如用于飞行器上的齿轮，要满足质量小、传递功率大和可靠性高的要求，因此必须选择机械性能高的合金钢；矿山机械中的齿轮传动，一般功率很大、工作速度较低、周围环境中粉尘含量极高，因此往往选择铸钢或铸铁等材料；家用及办公用机械的功率很小，但要求传动平衡、低噪声或无噪声，以及能在少润滑或无润滑状态下正常工作，因此常选用工程塑料作为齿轮材料。

(2) 应考虑齿轮尺寸的大小、毛坯成形方法及热处理和制造工艺：大尺寸的齿轮一般采用铸造毛坯，可选用铸铁作为齿轮材料。中等或中等以下尺寸要求较高的齿轮常选用锻造毛坯，可选择锻钢制作。尺寸较小而又要求不高时，可选用圆钢作毛坯。

齿轮的表面硬化的方法有：渗碳、氮化和表面淬火。采用渗碳工艺时，应选用低碳钢或低碳合金钢作为齿轮材料；采用氮化工艺时，选用氮化钢最好；采用表面淬火时，对材料没有特别的要求。

(3) 正火碳钢，不论毛坯的制作方法如何，只能用于制作在载荷平稳或轻度冲击下工作的齿轮，不能承受大的冲击载荷；调质碳钢可用于制作在中等冲击载荷下工作的齿轮。

(4) 合金钢常用于制作高速、重载并在冲击载荷下工作的齿轮。

(5) 飞行器中的齿轮传动，要求齿轮尺寸尽可能小，应采用表面硬化处理的高强度合金钢。

(6) 金属制的软齿面齿轮，配对两轮齿面的硬度差应保持为30～50HBS或更多。当小齿轮与大齿轮的齿面具有较大的硬度差（如小齿轮齿面为淬火并磨削，大齿轮齿面为正火或调质），且速度又较高时，在运转过程中较硬的小齿轮齿面对较软的大齿轮齿面，会起较显著的冷作硬化效应，从而提高了大齿轮齿面的疲劳极限。因此，当配对的两齿轮齿面具有较大的硬度差时，大齿轮的接触疲劳许用应力可提高约20%，但应注意硬度高的齿面，粗糙度值也要相应地减小。

5. 齿轮类零件的常用材料及选用

(1) 渗碳齿轮用钢。

这主要是指碳质量分数在0.15%～0.25%的碳素渗碳钢和合金渗碳钢。国内应用较多的有：20Cr、20CrMnTi、20CrMnMo、20Cr2Ni4A等。该类钢经渗碳淬火和低温回火后可满足齿轮的各项机械性能要求。不同产品上的齿轮对合金渗碳钢的选用可详见表6—5。

表6—5　不同产品上的齿轮对合金渗碳钢的选用

齿轮种类	钢　号
汽车变速箱、分动箱、起动机及驱动桥的各类齿轮	20Cr、20CrMnTi、20CrMnMo、25MnTiB、20MnVB、20CrMo
拖拉机传动装置中的各类齿轮	
机床变速箱、龙门铣电动机中的高速、重载、受冲击的齿轮	
起重、运输、矿山、通用、化工、机车等机械的变速箱中的小齿轮	

（续前表）

齿轮种类	钢　　号
化工、冶金、电站、铁路、宇航、海运等设备中的汽轮发电机、工业汽轮机、燃气轮机、高速鼓风机、头平压缩机等的高速齿轮	12Cr2Ni4、20Cr2Ni4、20CrNi2、18Cr2Ni4W、20CrWMn2Mo
大型轧钢机减速器齿轮、大型皮带运输机传动轴、锥齿轮、大型挖掘机传动箱主动齿轮、井下采煤机传动齿轮、坦克齿轮等低速重载并受冲击载荷的传动齿轮	12Cr2Ni4、20Cr2Ni4、20CrNi2、18Cr2Ni4W、20CrWMn2Mo

（2）调质及表面淬火齿轮用钢。

这主要是指碳质量分数在 0.25%～0.50%的碳素调质钢和合金调质钢。国内应用较多的有：45、40Cr、40CrMo、20CrMnMo、20Cr2Ni4A 等。不同种类的齿轮对合金调质钢的选用可详见表 6—6。

表 6—6　　不同种类的齿轮对合金调质钢的选用

<table>
<tr><th colspan="2">齿轮种类</th><th colspan="2">钢号</th><th>备注</th></tr>
<tr><td colspan="2">汽车、拖拉机及机床中的不重要齿轮</td><td colspan="2">45</td><td>调质</td></tr>
<tr><td colspan="2">中速、中载车床变速箱、钻床变速箱次要齿轮及高速、中载磨床砂轮齿轮</td><td colspan="2">45</td><td>调质＋高频淬火</td></tr>
<tr><td colspan="2">中速、中载较大截面机床齿轮</td><td colspan="2" rowspan="2">40Cr、42SiMn、35SiMn、45MnB</td><td>调质</td></tr>
<tr><td colspan="2">中速、中载并带一定冲击的机床变速箱齿轮及高速、重载并要求齿面硬度高的机床齿轮</td><td>调质＋高频淬火</td></tr>
<tr><td rowspan="4">起重机械、运输机械、建筑机械、水泥机械、冶金机械、矿山机械、工程机械等设备中的低速重载大齿轮</td><td>一般载荷不大、截面尺寸也不大、要求不太高的齿轮</td><td>Ⅰ</td><td>40Mn、50Mn2、40Cr、35SiMn、42SiMn</td><td rowspan="4">1. 少数直径大、负荷低、转速不高的末级传动大齿轮可采用 SiMn 钢正火。2. 根据齿轮截面尺寸大小及重要程度分别选用各类钢材（从Ⅰ到Ⅴ淬透性逐渐提高）。3. 根据设计，要求表面硬度大于 40HRC 者应采用调质＋表面淬火。</td></tr>
<tr><td>截面尺寸较大、承受较大载荷、要求较高的齿轮</td><td>Ⅱ</td><td>35CrMo、42CrMo、40CrMnMo、35CrMnSi、40CrNi、40CrNiMo、45CrNiMoV</td></tr>
<tr><td rowspan="2">截面尺寸很大、承受载荷大并要求有足够韧性的重要齿轮</td><td>Ⅲ</td><td>35CrNi2Mo、40CrNi2Mo</td></tr>
<tr><td>Ⅳ</td><td>30CrNi3、34CrNi3Mo、37SiMn2MoV</td></tr>
</table>

（3）氮化齿轮用钢。

这主要是指可进行氮化或碳氮共渗的钢，如一些合金渗碳钢和合金调质钢。不同种类的齿轮对氮化齿轮用钢的选用可详见表 6—7。

表 6—7　　不同种类的齿轮对氮化齿轮用钢的选用

齿轮种类	性能要求	钢　　号
一般齿轮	表面耐磨	20Cr、20CrMnTi、40Cr
在冲击载荷下工作的齿轮	表面耐磨、芯部韧性高	18CrNiWA、35CrMo、18Cr2Ni4WA、30CrNi3
在重载荷下工作的齿轮	表面耐磨、芯部强度高	30CrMnSi、35CrMoV、25Cr2MoV、42CrMo
重及冲击载荷下工作的齿轮	表面耐磨、芯部强度高、韧性高	30CrNiMoA、40CrNiMoA、30CrNi2Mo
精密耐磨齿轮	表面高硬度、变形小	38CrMoAlA、30CrMoAl

说明：1. 渗氮齿轮在渗氮前采用调质处理，渗氮可以获得高的、优于渗碳淬火的表面硬度。
2. 渗氮温度较低，一般在 480～580℃下进行，因此，热处理变形小。
3. 渗氮深度一般在 0.15～0.6mm。

(4) 齿轮用铸铁。

对于一些轻载、低速、不受冲击、精度和结构紧凑要求不高的不重要的齿轮，常采用灰铸铁制造并适当热处理。灰铸铁强度低、塑性差，常用来制作对强度要求不高、但需耐磨的齿轮。常用牌号有 HT200、HT250、HT300、HT350、HT400。

对于润滑条件差而要求耐磨的齿轮及要求耐冲击、高强度、高韧性和耐疲劳的齿轮，可用球墨铸铁代替渗碳钢。球墨铸铁具有较高的强度和一定的塑性和韧性，适合于制作开式齿轮，有较高的抗磨性；还可以用来制造某些对噪声控制要求较严的齿轮。常用球铁牌号有：QT400－17、QT500－5、QT700－2、QT1200－1 等。

(5) 齿轮用有色金属。

承受载荷较轻，速度较小的齿轮，如仪器仪表齿轮常选用黄铜、青铜等；铜合金多为蜗轮选用，如：铸锡青铜、铸铝铁青铜。

锡青铜：是较理想的蜗轮材料。它是由铜（约 90%）和锡（约 10%）软硬两相组成的合金。软组织易于磨合，硬组织则用以承载。磨合后使接触表面能相互适配，增加支承面积。锡青铜中亦可加入锌、铅、磷等元素。铸锡青铜用作蜗轮齿圈的国产牌号为 ZCuSn10Pb1、ZCuSn6Zn6Pb3。国内蜗轮大多用前者。

铸铝铁青铜：这类含铝青铜铸成后有较高强度，如再进行热处理，强度还能提高，且价廉。缺点是抗胶合性能差，当温度超过 75℃时，点蚀强度和磨损强度将显著下降，表面硬度也较高，跑合困难，接触适配性能差，影响效率的提高。因此仅适用于滑动速度 $v_s \leqslant 4$m/s 的场合，相配的蜗杆硬度须≥45HRC。国产牌号有 ZCuAl10Fe3Mn2 等。

(6) 齿轮用非金属材料（见表 6—8）。

对高速、轻载及精度不高的齿轮传动，为了降低噪声，常用非金属材料如工程塑料和复合材料等做小齿轮，大齿轮仍用钢或铸铁制造。为使大齿轮具有足够的抗磨损及抗点蚀的能力，齿面的硬度应为 250～350HBS。

表 6—8　　常用制作齿轮的工程塑料的性能特点和适用范围

工程塑料种类	性能特点	适用范围
尼龙 6、尼龙 66	有较高的疲劳强度和耐振性，但吸湿性较大	在中等或较低负荷，中等温度（80℃以下），少润滑或无润滑条件下工作
尼龙 610、尼龙 1010、尼龙 9	强度与耐热性较尼龙 6 比略差，但吸湿性小、尺寸稳定性好	在中等或较低负荷，中等温度（80℃以下），少润滑或无润滑条件下工作，并可在湿度波动较大情况下工作
铸型尼龙（MC 尼龙）	强度、刚性较前两种高，耐磨性也更好	适宜于铸造大型齿轮
玻纤增强尼龙	强度、刚性、耐热性均优于未增强者，尺寸稳定性也显著提高	在高负荷、高温下使用，传动效率高。速度较高时，应用油润滑
聚甲醛	耐疲劳，刚性高于尼龙，吸湿性小，而耐磨性好，但成形收缩率较大	在中等或较低负荷，中等温度（100℃以下），少润滑或无润滑条件下工作
聚碳酸酯	成形收缩率小，精度高，但耐疲劳强度较小，且有应力开裂倾向	大量生产，一次加工。当速度高时，应用油润滑
玻纤聚碳酸酯	强度、刚性、耐热性与增强尼龙相同，但尺寸稳定性更好，而磨性稍差	在较高负荷和温度下使用，适宜于制备精密齿轮。速度较高时，应用油润滑

（续前表）

工程塑料种类	性能特点	适用范围
改性聚苯醚	强度、耐热性较好，成形精度高，耐蒸汽性优异，但有应力开裂倾向	在高温水或蒸汽中工作的精密齿轮
聚酰亚胺	强度和耐热性最高，但成本较高	在 260℃以下长期工作

6. 典型齿轮选材实例

(1) 机床齿轮。

机床齿轮主要用于传递动力，改变运动速度和方向，载荷不大，工作平稳，无强烈冲击，转速也不很高，工作条件较好，见图 6—7。一般选用调质钢制造，如 40 钢、45 钢、40Cr、42SiMn 等，经调质（或正火）、高频感应加热淬火、低温回火即可达到使用要求。对机床中高速且承受冲击载荷较大的重要齿轮（如立式车床上的一些齿轮），也可选 20CrMnTi 钢、20Cr 钢等合金渗碳钢制造，经渗碳、淬火、低温回火处理使之达到使用要求。

图 6—7　各种机床齿轮

◆ 以某车床主轴箱中三联齿轮为例（见图 6—8、图 6—9）：

图 6—8　机床三联齿轮

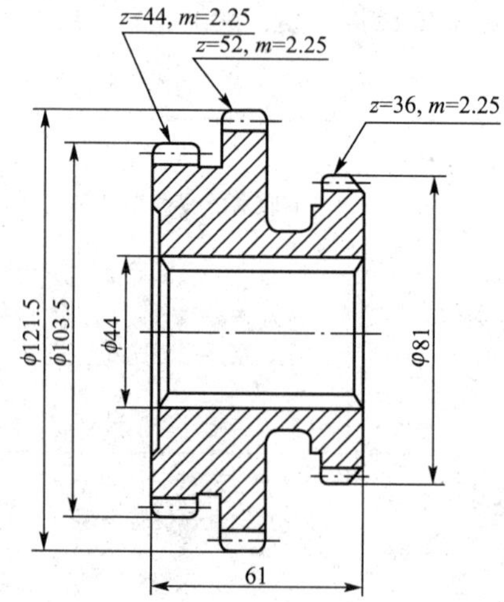

图 6—9　机床三联齿轮

工作中，通过拨动主轴箱外手柄使齿轮在轴上滑移，利用与不同齿数的齿轮啮合，可得到不同的转速，工作时转速较高。其热处理技术条件是：轮齿表面硬度为 50～55HRC，齿芯部硬度为 20～25HRC，整体强度 σ_b＝780～800MPa。

分析及选材：该齿轮是普通车床主轴箱滑动齿轮，是主传动系统中传递动力并改变转速的齿轮。该齿轮受力不大，在变速滑移过程中，虽然同与其相啮合的齿轮有碰撞，但冲击力不大，转动过程平稳。由于轮齿表面硬度只要求50～55HRC，故不必采用渗碳等化学热处理，整体的强度、韧性由调质就可以达到。因此，选用淬透性适当的调质钢经调质、高频感应加热淬火和低温回火即可达到要求。因为该齿轮较厚，为提高其淬透性，可选用合金调质钢，油淬即可使截面大部分淬透，同时也可尽量减少淬火变形量，回火后基本上能满足性能要求。因此，从所给钢种中选择40Cr钢比较合适。

确定加工工艺路线：下料→齿坯锻造→正火（850～870℃空冷）→粗加工→调质（840～860℃油淬，600～650℃回火）→精加工→高频感应加热淬火（860～880℃高频感应加热，乳化液冷却）→低温回火（180～200℃回火）→精磨。

正火处理可消除锻造应力，均匀组织，使同批坯料具有相同的硬度，便于切削加工，改善齿轮表面加工质量。对于一般齿轮，正火也可作为高频淬火前的最后热处理工序。

调质处理可使齿轮具有较高的综合力学性能，芯部有足够的强度和韧性，能承受较大的交变弯曲应力和冲击载荷，并可减少齿轮的淬火变形。

高频淬火及低温回火是决定齿轮表面性能的关键工序。通过高频淬火，轮齿表面硬度可达52HRC以上，提高了耐磨性，并使轮齿表面有残余压应力存在，从而提高了抗疲劳破坏的能力。低温回火可消除高频淬火应力和脆性。

机床齿轮的其他选材：对冲击载荷小的低速齿轮也可采用HT250、HT350、QT500－5、QT600－2等铸铁制造。机床齿轮除选用金属齿轮外，有的还可改用塑料齿轮（见图6—10），如用聚甲醛（或单体浇铸尼龙）齿轮，工作时传动平稳，噪声少，长期使用无损坏，且磨损很小。

图6—10 机床塑料齿轮

各种机床齿轮用材及热处理可参见表6—9。

表6—9 各种机床齿轮用材及热处理

齿轮工作条件	钢号	热处理工艺	硬度要求
在低载荷下工作，要求耐磨性高的齿轮	15（20）	900～950℃渗碳，直接淬冷或780～800℃水淬，180～200℃回火。	58～63HRC
低速（＜0.1m/s），低载荷下工作的不重要变速箱齿轮和挂轮架齿轮	45	840～860℃正火	156～217HB
低速（＜0.1m/s），低载荷下工作的齿轮（如车床溜板上的齿轮）	45	820～840℃水淬 500～550℃回火	200～250HB
中速，中载荷或大载荷下工作的齿轮（车床变速箱中的次要齿轮）	45	860～900℃高频感应加热，水淬，350～370℃回火	40～45HRC
速度较大或中等载荷下工作的齿轮，齿部硬度要求较高（钻床变速箱中的次要齿轮）	45	860～900℃高频感应加热，水淬，280～320℃回火	50～55HRC
高速、中等载荷、要求齿面硬度高的齿轮（磨床砂轮箱齿轮）	45	860～900℃高频感应加热，水淬，180～200℃回火	52～58HRC

（续前表）

齿轮工作条件	钢号	热处理工艺	硬度要求
速度不大、中等载荷、断面较大（铣床工作台变速箱齿轮、立车齿轮）	40Cr、42SiMn	840～860℃油淬，600～650℃回火	200～230HB
中等速度、中等载荷、不大的冲击下工作的高速机床走刀箱、变速箱齿轮	40Cr、42SiMn	调质后860～880℃高频感应加热，乳化液冷却，280～320℃回火	45～50HRC
高速、重载荷、齿部要求高硬度的齿轮	40Cr、42SiMn	调质后860～880℃高频感应加热，乳化液冷却，180～200℃回火	50～55HRC
高速、中载荷、受冲击、模数＜5（机床变速箱齿轮、龙门铣床的电动机齿轮）	20Cr、20SiMn	900～950℃渗碳，直接淬火或800～820℃再加热油淬，180～200℃回火。	58～63HRC
高速、重载、受冲击、模数＞6的齿轮（如立车上重要的螺旋伞齿轮）	20CrMnTi、20SiMnVB、12CrNi3	900～950℃渗碳，降温至820～850℃淬火，180～200℃回火。	58～63HRC
在不高载荷下工作的大型齿轮	50Mn2、65Mn	820～840℃空冷	＜241HB
传动精度高，要求具有一定耐磨性的大齿轮	35CrMo	850～870℃空冷，600～650℃回火（热处理后精切齿形）	255～302HB

（2）汽车齿轮。

汽车齿轮（见图6—11）主要分装在变速箱和差速器中。在变速箱内，齿轮用于传递转矩和改变转速；在差速器中，齿轮主要用来增加转矩、调节左右两车轮的转速，并将发动机的动力传给驱动轮，推动汽车行驶。因实际路况、工作条件很复杂，这些齿轮承载较重，频繁受冲击，所以要求其耐磨性、疲劳强度、芯部强度以及冲击韧度等均比机床齿轮高很多。采用调质钢高频淬火不能保证要求。实践证明，选用低碳钢或合金渗碳钢制造，经渗碳（或碳氮共渗）、淬火及低温回火处理，能满足使用要求。我国应用最多的是合金渗碳钢20CrMnTi。

图6—11　各种汽车齿轮

确定加工工艺路线：

下料→锻造→正火→切削加工→渗碳、淬火及低温回火→喷丸→磨削加工。

正火作用同上例，渗碳后表面碳含量大大提高，保证淬火后得到高硬度，提高耐磨性和接触疲劳抗力。合金元素提高淬透性，淬火、回火后可使芯部获得较高的强度和足够的冲击韧性。为了进一步提高齿轮的耐用性，渗碳、淬火、回火后，还可采用喷丸处理，增大表层压应力，有利于提高疲劳强度，并清除氧化皮。

拖拉机、工程机械等变速箱、差速器和驱动桥齿轮（见图6—12）与汽车齿轮用材基本类似。

图 6—12　汽车后桥齿轮

各种汽车齿轮用材及热处理工艺和技术要求见表 6—10。

表 6—10　各种汽车齿轮用材及热处理工艺和技术要求

齿轮类型	钢 号	热处理工艺	热处理技术要求
汽车变速箱和差速箱齿轮	20CrMnTi 20CrMo 等	渗碳	层深：m_n①<3 时，0.6～1.0mm 3<m_n<5 时，0.9～1.3mm m_n>5 时，1.1～1.5mm 齿面硬度：58～64HRC 芯部硬度：m_n≤5 时，32～45HRC m_n>5 时，29～45HRC
	40Cr	（浅层） 碳氮共渗	层深：>0.2mm，表面硬度：51～61HRC
汽车驱动桥主动及从动圆柱齿轮	20CrMnTi 20CrMo	渗碳	齿面硬度：58～64HRC 芯部硬度：m_n≤5 时，32～45HRC m_n>5 时，29～45HRC
汽车驱动桥主动及从动圆锥齿轮	20CrMnTi 20CrMnMo	渗碳	层深：m_s②≤5 时，0.9～1.3mm 3<m_s<8 时，1.0～1.4mm m_s>8 时，1.2～1.6mm 齿面硬度：58～64HRC 芯部硬度：m_s≤8 时，32～45HRC m_s>8 时，29～45HRC
汽车驱动桥差速器行星及半轴齿轮	20CrMnTi、20CrMo 20CrMnMo	渗碳	同汽车变速箱和差速箱齿轮要求一样
汽车发动机凸轮轴齿轮	HT180、HT200	～	170～229HB
汽车曲轴正时齿轮	35、40、45、40Cr	正火	149～179HB
		调质	207～241HB
汽车起动电动机齿轮	15Cr，20Cr，20CrMo， 15CrMnMo，20CrMnTi	渗碳	层深：0.7～1.1mm，表面硬度：58～63HRC 芯部硬度：33～43HRC
汽车里程表齿轮	20	（浅层） 碳氮共渗	层深：0.2～0.35mm
汽车油泵齿轮	40、45	调质	28～35HRC

① m_n—法向模数；② m_s—端面模数。

对于汽车中像油泵齿轮、曲轴正时齿轮、里程表齿轮等承受载荷轻、受冲击小的齿轮，可选用调质钢，经调质处理后使用。有些还可采用塑料齿轮。

一些汽车发动机凸轮轴齿轮，可以选用铸铁，如灰铸铁 HT200。

6.1.3.2　轴类零件的选材

轴是组成机器的主要零件之一。主要用于支承传动零件（如齿轮、凸轮等）、传递运动和动力。按照轴线形状的不同，轴可分为曲轴和直轴两大类。直轴按照所受载荷性质的不同，可分为心轴、转轴和传动轴三种。心轴只承受弯矩不承受扭矩；转轴既承受弯矩又承受扭矩；传动轴则主要承受扭矩。直轴根据外形的不同，又可分为光轴和阶梯轴两种。

其他轴还有凸轮轴（即凸轮与轴制成一体）、齿轮轴、后桥半轴、花键轴和钢丝软轴等，见图 6—13。

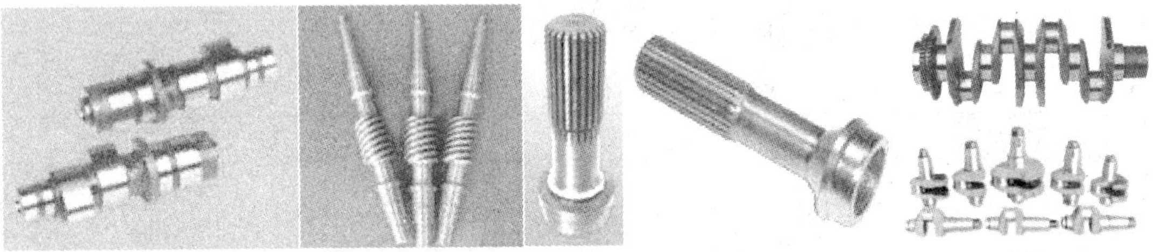

凸轮轴　蜗轮轴　花键轴　花键轴　曲轴

图 6—13　常见轴的种类

1．轴的工作条件

（1）工作时主要受交变弯曲和扭转应力的复合作用；

（2）轴与轴上零件有相对运动，相互间存在摩擦和磨损；

（3）轴在高速运转过程中会产生振动，使轴承受冲击载荷；

（4）多数轴会承受一定的过载载荷。

2．失效方式

（1）长期交变载荷下的疲劳断裂（包括扭转疲劳和弯曲疲劳断裂，见图 6—14）；

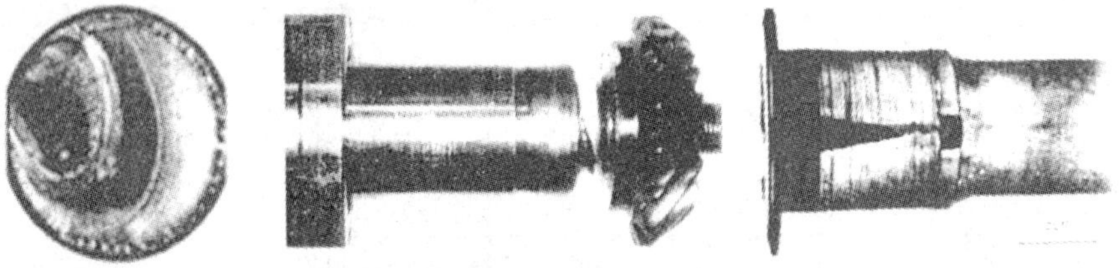

转轴弯曲疲劳断口形貌　直升飞机螺旋桨驱动齿轮轴扭断　轴颈被埋嵌在轴承中的硬粒子磨损

图 6—14　轴的失效方式

（2）大载荷或冲击载荷作用引起的过量变形、断裂；

（3）与其他零件相对运动时产生的表面过度磨损。

3．轴类零件的性能要求

（1）综合机械性能：足够强度、塑性和一定韧性，以防过载断裂、冲击断裂；

（2）高疲劳强度，对应力集中敏感性低，以防疲劳断裂；

（3）足够淬透性，热处理后表面要有高硬度、高耐磨性，以防磨损失效；

（4）足够的刚度，以防工作过程中，轴发生过量弹性变形而降低加工精度。

另外还要求良好的切削加工性能，价格便宜。以及一些特殊性能要求，如高温中工作的轴，抗蠕变性能要好；在腐蚀性介质中工作的轴，要求耐腐蚀性好等。

4. 轴类材料的选用依据

轴类零件选材的主要依据是载荷的性质、大小及转速高低，精度和粗糙度要求，轴的尺寸大小以及有无冲击、轴承种类等。

（1）主要承受弯曲、扭转的轴，如机床主轴、曲轴、汽轮机主轴、变速箱传动轴、卷扬机轴等。这类轴在载荷作用下，应力在轴的截面上分布是不均匀的，表面部位的应力值最大，越往中心应力越小，至芯部达到最小。故不需要选用淬透性很高的材料，一般只需淬透轴半径的1/2～1/3即可。故常选45钢、40Cr钢、40MnB钢和45Mn2钢等，先调质处理，后在轴颈处进行高、中频感应加热淬火及低温回火。

（2）同时承受弯曲、扭转及拉、压应力的轴，如锤杆、船用推进器等，其整个截面上应力分布基本均匀，应选用淬透性较高的材料，故常选用30CrMnSi、40MnB、40CrNiMo钢等。一般也是先调质处理，然后再进行高、中频感应加热淬火，低温回火。

（3）主要要求刚性好的轴，可选用优质非合金钢等材料，如20钢、35钢、45钢，经正火后使用。若还有一定耐磨性要求时，则选用45钢，正火后在轴颈处进行高频感应加热淬火、低温回火。对于受载较小或不太重要的轴，也常用Q235或Q275等普通碳素结构钢。

（4）要求轴颈处耐磨的轴，常选用中碳钢经高频感应加热淬火，将硬度提高到52HRC以上。

（5）承受较大冲击载荷，又要求较高耐磨性的形状复杂的轴，如汽车、拖拉机变速轴等，可选低碳合金钢（18Cr2NiWA、20Cr、20CrMnTi钢等），经渗碳、淬火、低温回火处理。

（6）要求有较好的力学性能和很高的耐磨性，在热处理时变形量要小，长期使用过程中要保证尺寸稳定的轴，如高精度磨床主轴，应选用渗氮钢38CrMoAlA，进行氮化处理，使表面硬度达到1100～1200HV（相当于69～72HRC），芯部硬度达到230～280HBS。

5. 典型轴选材实例

（1）机床主轴。

机床主轴的主要功能是传递扭矩和动力，带动工件或刀具旋转，图6—15举出了几种主轴。

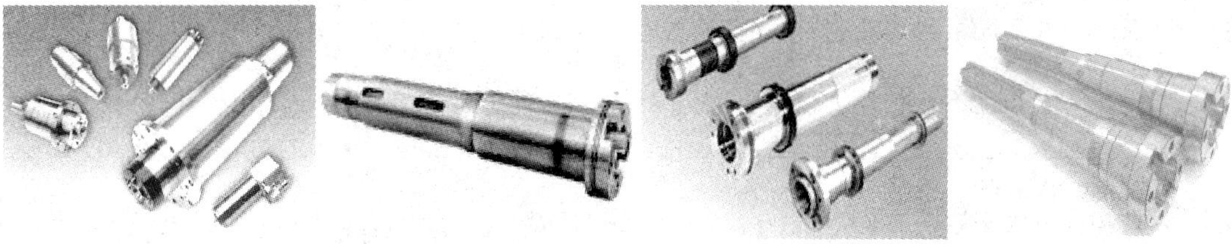

电主轴　　加工中心主轴　　机床主轴　　铣床主轴

图6—15　常见机床主轴

◆ 以车床主轴为例（见图6—16、图6—17）：

分析：该轴工作时受交变弯曲和扭转应力作用，但承受的应力和冲击力不大，运转较平稳，工作条件较好。主轴大端内锥孔、外圆轴颈工作时需经常与顶尖、卡盘有相对摩擦；花键部位与齿轮有相对滑动或碰撞。该主轴在滚动轴承中运转。

根据上述分析判断，主轴应具有良好的综合力学性能，并且花键（经常摩擦和碰撞）和大端内锥孔、外圆轴颈（经常装拆，也有摩擦和碰撞）部位均要求有较高的硬度和耐磨性。而 C6132 车床主轴属于中速、轻载荷、在滚动轴承中工作的主轴。

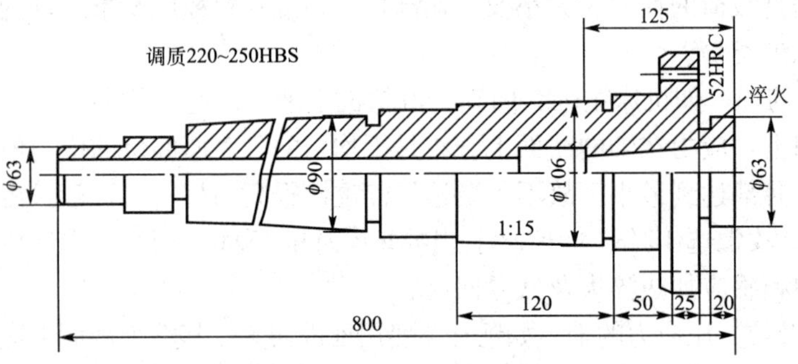

图 6—16 C6132 车床主轴简图

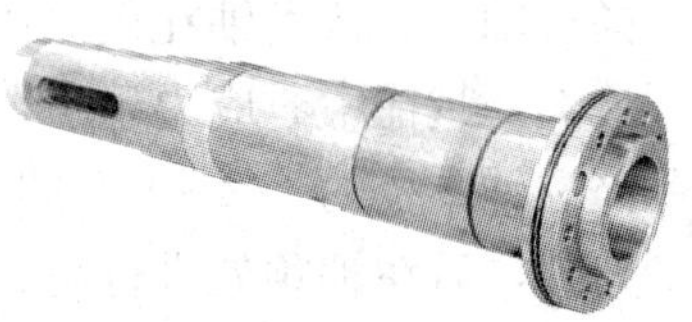

图 6—17 16Z 数控车床主轴

主轴热处理技术条件：主轴整体调质，硬度为 220～250HBS；内锥孔和轴颈局部淬火，硬度为 45～50HRC；花键部位高频感应淬火，硬度为 48～53HRC。

选材：45 钢具有锻造性能和切削加工性能良好，价格低等特点，而且该主轴结构形状相对较简单，工作最大应力处于表层，因此选用 45 钢可满足使用要求。如这类机床主轴的载荷较大，可用 40Cr 钢制造。当承受较大的冲击载荷和疲劳载荷时，则可采用合金渗碳钢制造，如 20Cr 或 20CrMnTi 等。

确定加工工艺路线：下料→锻造→正火（850～870℃空冷）→粗加工→调质（840～860℃盐淬至 150℃左右再空冷，550～570℃回火）→半精加工（花键除外）→局部淬火、回火（锥孔、外锥面 830～850℃盐淬，220～250℃回火）→粗磨（外圆、外锥面、锥孔）→铣花键→花键高频感应淬火、回火（890～900℃高频感应加热，喷水冷却，180～200℃回火）→精磨（外圆、外锥面、锥孔）。

其他机床主轴的工作条件，选材及热处理工艺等列于表 6—11 中。

表 6—11 其他机床主轴的工作条件，选材及热处理工艺

工作条件	材料	热处理	硬度	使用实例
（1）与滚动轴承配合 （2）轻载荷或中等载荷，转速低 （3）精度要求不高 （4）稍有冲击载荷，交变载荷可以忽略不计	45	调质处理	220～250HB	一般机床主轴
（1）与滚动轴承配合 （2）轻载荷或中等载荷，转速略高 （3）装配精度要求不太高 （4）冲击和交变载荷可以忽略不计	45	调质后局部整体淬硬	42～47HRC	龙门铣床、立式铣床、小型立式车床等的主轴
（1）与滚动轴承配合 （2）轻载荷或中等载荷，转速低［PV≤150N·m/(cm²·s)］ （3）精度要求不很高 （4）冲击，交变载荷不大	45	正火	170～217HB	C6150、C6160、C8480 等大重型车床主轴
		调质	220～250HB	
		轴颈部分表面淬硬	48～53HRC	
（1）与滚动轴承配合 （2）承受中等，转速较高 （3）精度要求较高 （4）交变，冲击载荷较小	40Cr （42MnVB）	淬硬 调质后局部淬硬	42～47HRC 或 52～57HRC	齿轮铣床、组合车床等的主轴

（续前表）

工作条件	材料	热处理	硬度	使用实例
(1) 与滚动轴承配合 (2) 承受中等，转速较高 (3) 精度要求较高 (4) 交变，冲击载荷较小 (5) 工作中受冲击载荷	40Cr (42MnVB)	调质	220～250HB	铣床、龙门铣床、车床等的主轴
		轴颈部分表面淬硬	48～53HRC	
(1) 与滑动轴承配合 (2) 承受中等载荷，转速较高［PV＜400N·m/(cm²·s)］ (3) 承受较高的交变和冲击载荷 (4) 精度要求较高	40Cr (42MnVB)	调质处理	220～250HB或250～280HB	车床主轴或磨床砂轮主轴（ϕ80mm以下）
		轴颈部分表面淬火	52～57HRC	
		装拆配件处表面淬硬	48～53HRC	
(1) 与滑动轴承配合 (2) 承受中等载荷，转速较高［PV＜400N·m/(cm²·s)］ (3) 承受较高的交变和冲击载荷 (4) 精度要求更高	40Cr (42CrMn)	调质处理	表面硬度56～61HRC	磨床砂轮主轴
		轴颈部分表面淬火		
		装拆配件处表面淬硬		
(1) 与滑动轴承配合 (2) 承受中等载荷或重载荷［PV＜400N·m/(cm²·s)］ (3) 要求轴颈有更高的耐磨性 (4) 精度要求较高 (5) 承受较高的交变，但冲击载荷较小 (6) 表面硬度和显微组织要求更高	GCr15 9Mn2V	调质	250～280HB ≥59HRC	较高精度的磨床主轴
		轴颈部分表面淬硬		
		装拆配件处表面淬硬		
(1) 与滑动轴承配合 (2) 承受重载荷，转速很高 (3) 精度要求极高，轴隙≤0.003mm (4) 承受很高的疲劳应力和冲击载荷	38CrMoAlA	正火或调质	250～280HB	高精度磨床主轴、镗床主轴、坐标镗床等的主轴
		渗氮	≥900HV	
(1) 与滚动或滑动轴承配合，转速较低 (2) 承受轻载荷或中等载荷	50Mn2	正火	192～241HB	重型机床主轴
(1) 与滑动轴承配合 (2) 承受中等载荷，芯部强度不高，但转速很高 (3) 精度要求不太高 (4) 不大的冲击压力和较高的疲劳应力	20Cr 20MnVB 20Mn2B	渗碳后淬硬	表面硬度56～63HRC	高精度精密车床、内圆磨床等的主轴
(1) 与滑动轴承配合 (2) 承重载荷，高速运转 (3) 承高的冲击力 (4) 承很高的交变载荷	20CrMnTi 12CrNi3	渗碳后淬硬	表面硬度56～63HRC	转塔车床、齿轮磨床、精密丝杆车床、重型齿轮铣床等的主轴

(2) 内燃机曲轴选材。

曲轴是另外一种类型的轴类零件，是内燃机中形状复杂而又重要的零件之一，其作用是输出内燃机功率，并驱动内燃机内其他运动机构，见图 6—18。

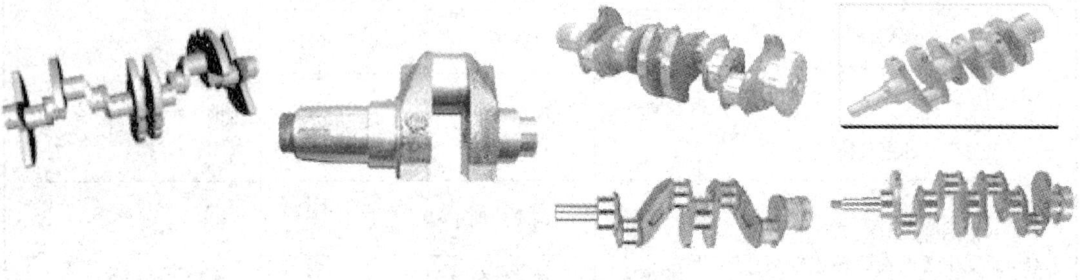

图 6—18　常见各种曲轴

◆ 工作条件：受弯曲、扭转、剪切、拉压、冲击等交变应力；曲轴受扭转和弯曲振动而产生附加应力；应力分布不均匀；曲轴颈与轴承有滑动摩擦。

◆ 失效形式：疲劳断裂和轴颈严重磨损。

◆ 性能要求：材料有高强度，一定的冲击韧性，足够的弯曲、扭转疲劳强度和刚度，轴颈表面有高硬度和耐磨性。

◆ 选材原则：主要根据内燃机的功率大小、转速高低和相应轴承材料等条件而定。同时也需考虑加工条件、生产批量、热处理工艺及制造成本等。

◆ 曲轴材料：

锻钢曲轴：优质中碳钢和中碳合金钢，如 35、40、45、35Mn2、40Cr、35CrMo 钢等；

铸造曲轴：铸钢、球墨铸铁、珠光体可锻铸铁及合金铸铁等，如 ZG230－450、QT600－3、QT700－2、KTZ450－5、KTZ500－4 等。

以 175A 型农用柴油机曲轴（见图 6—19）为例：175 型柴油机为单缸四冲程柴油机，功率仅为 4.4kW。因此曲轴所承受的弯曲、扭转、冲击等载荷也不大。轴颈部位在滑动轴承中工作，要求有较高的硬度及耐磨性。一般性能要求是 $\sigma_b \geqslant 750$MPa，整体硬度为 240～260HBS，轴颈表面硬度≥625HV，$\delta \geqslant 2\%$，$a_{ku} \geqslant 150$kJ/m^2。根据上述要求，曲轴材料可选用球墨铸铁 QT700－2。其工艺路线如下：

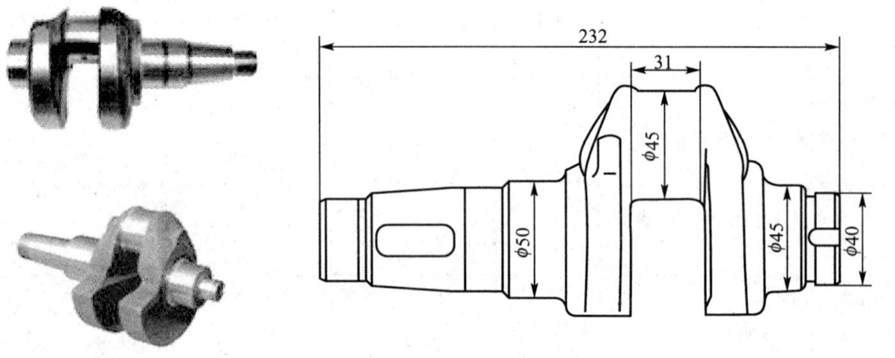

图 6—19　柴油机曲轴

铸造→高温正火→去应力退火→切削加工→轴颈气体渗氮。

高温正火（950℃）是为了获得细珠光体基体的组织，以满足强度要求。正火后的去应力退火（560℃）是为了消除正火时产生的内应力。轴颈气体渗氮（渗氮温度570℃）是在保证不改变组织及加工精度的前提下提高轴颈表面的硬度和耐磨性。

6.1.3.3 弹簧类零件的选材

弹簧的基本原理是利用材料的弹性和弹簧本身的结构特点，在载荷作用下产生变形时，把机械功或动能转变为形变能；在恢复变形时，把形变能转变为动能或机械功。

1. 弹簧的主要用途

(1) 缓冲或减振：如汽车、拖拉机、火车中使用的悬挂弹簧。

(2) 定位：如机床及其夹具中利用弹簧将定位销（或滚珠）压在定位孔（或槽）中。

(3) 复原：外力去除后自动恢复到原来位置，如汽车发动机中的气门弹簧。

(4) 储存和释放能量：如钟表、玩具中的发条。

(5) 测力：如弹簧秤、测力计中使用的弹簧。

2. 弹簧的种类

弹簧种类很多，载荷大小相差悬殊，使用条件和环境各不相同。一般按形状可分为：螺旋弹簧（压缩、拉伸、扭转弹簧）、板簧、片弹簧和蜗卷弹簧等，如图6—20所示。

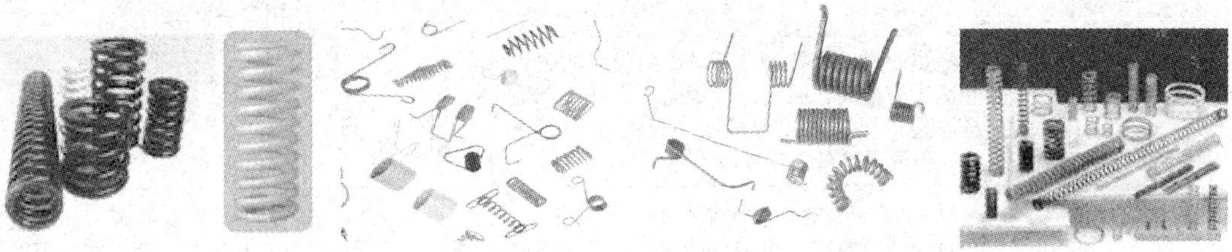

图6—20 各种弹簧

3. 弹簧的工作条件

(1) 弹簧在外力作用下压缩、拉伸、扭转时，材料将承受弯曲应力或扭转应力。

(2) 缓冲、减振或复原用的弹簧承受交变应力和冲击载荷的作用。

(3) 某些弹簧受到腐蚀介质和高温的作用。

4. 弹簧的失效形式

(1) 塑性变形：在外力作用下，材料内部产生的弯曲应力或扭转应力超过材料本身的屈服极限后，弹簧发生塑性变形。外力去除后，弹簧不能恢复到原始尺寸和形状。

(2) 疲劳断裂：在交变应力作用下，弹簧表面缺陷（裂纹、折叠、刻痕、夹杂物）处产生疲劳源，裂纹扩展后造成弹簧断裂失效。

(3) 快速脆性断裂：有些弹簧存在材料缺陷（如过多脆性相）、加工缺陷（如折叠、划痕）、热处理缺陷（晶粒粗大、回火不足）等，当受到较大的冲击载荷时，会发生突然脆性断裂。

(4) 腐蚀断裂及永久变形：在腐蚀性介质中使用的弹簧易产生应力腐蚀断裂失效。高温下使用的弹簧易出现蠕变和应力松弛，产生永久变形。

5. 弹簧材料的性能要求

(1) 高的弹性极限σ_e和高的屈强比σ_s/σ_b。

弹簧工作时不允许有塑性变形，因此其工作应力不能超过材料的弹性极限。弹性极限越大，弹簧可承受的外载荷越大。对于承受重载荷的弹簧，如汽车用板簧、火车用螺旋弹簧等，其材料需要高的弹性极限。碳素弹簧钢比合金弹簧钢屈强比高。

(2) 高的疲劳强度。

弯曲疲劳强度 σ_{-1} 和扭转疲劳强度 τ_{-1} 越大，则弹簧的抗疲劳性能越好。

(3) 好的材质和表面质量。

材料的夹杂物和缺陷少，晶粒细小，组织均匀、表面质量好，可提高弹簧的疲劳寿命和抗脆性断裂的性能。

(4) 有些弹簧要求有良好的耐腐蚀性和耐热性。

良好的耐腐蚀性和耐热性可以保证弹簧在腐蚀性介质和高温条件下的使用性能。

6. 弹簧的选材

制造弹簧的材料很多，金属材料、非金属材料（如塑料、橡胶）都可用来制造弹簧。由于金属材料的成形性好、容易制造，工作可靠，在实际应用中，多选用碳素弹簧钢、合金弹簧钢、不锈钢、铜合金等来制造弹簧。

(1) 弹簧钢（常见弹簧钢的特点和用途见表 6—12）。

表 6—12　常见弹簧钢的特点和用途

钢类	钢号	主要特点	用途举例
碳钢	65 70	经热处理或冷拔硬化后，得到较高的强度和适当的塑性、韧性；在相同表面状态和完全淬透情况下，疲劳极限不比合金弹簧钢差，但淬透性低，尺寸较大，	调压调速弹簧，柱塞弹簧，测力弹簧，一般机器上的圆、方螺旋弹簧或拉成钢丝作小型机械的弹簧
锰钢	65Mn	Mn 提高淬透性，表面脱碳倾向比硅钢小，经热处理后的综合机械性能略优于碳钢，缺点是有过热敏感性和回火脆性	小尺寸扁、圆弹簧，坐垫弹簧，弹簧发条，也适于制造弹簧环、气门簧、离合器簧片、刹车弹簧
硅锰钢	55Si2Mn 55Si2MnB 60Si2Mn	Si 和 Mn 提高弹性极限和屈强比，提高淬透性以及回火稳定性和抗松弛稳定性，过热敏感性也较小，但脱碳倾向较大。	汽车、拖拉机、机车上的减振板簧和螺旋弹簧，气缸安全弹簧，轧钢设备及要求承受较高应力的弹簧。
铬钒钢	50CrVA	良好的工艺性能和机械性能，淬透性比较高，加入 V，使钢的晶粒细化，降低过热敏感性，提高强度和韧性	气门弹簧、喷油嘴簧、气缸涨圈、安全阀用簧、中压表弹簧元件、密封装置等
铬锰钢	50CrMn	较高强度、塑性和韧性，过热敏感性比锰钢低，比硅锰钢高，对回火脆性较敏感，回火后宜快冷	车辆、拖拉机的较重要板簧、螺旋弹簧

根据加工方式的不同，分为两大类：热轧弹簧用材和冷轧（拔）弹簧用材。

◆ 热轧弹簧用材：是将弹簧钢通过热轧方法加工成圆钢、盘条及扁钢，制造尺寸较大、承载较重的螺旋弹簧或板簧的用材。弹簧热成形后要进行淬火及中温回火处理。

◆ 冷轧（拔）弹簧用材：是将弹簧钢冷轧（拔）成盘条、钢丝或薄钢带（片），来制作小型冷成形螺旋弹簧、片簧、蜗卷弹簧等的用材。

(2) 不锈钢。

如 0Cr18Ni9、1Cr18Ni9、1Cr18Ni9Ti 等，一般通过冷轧（拔）加工成带或丝材，制造在腐蚀性介质中使用的弹簧。

(3) 黄铜、锡青铜、铝青铜、铍青铜。

它们具有良好的导电性、抗磁性、耐腐蚀性、抗疲劳性、耐低温性及弹性，用于制造电器、仪器仪表弹簧及在腐蚀性介质中工作的弹性元件。

7. 典型弹簧的选材

(1) 汽车板簧。

◆ 用途和性能要求：

用于汽车颠簸过程中的缓冲和吸振，承受很大的交变应力和冲击载荷的作用，需要高的屈服强度、弹性极限和疲劳强度。其形状见图 6—21。

图 6—21 汽车板簧

◆ 材料选用：

轻型汽车选用 65Mn、60Si2Mn 钢制造；中型或重型汽车，板簧选用 50CrMn、55SiMnVB 钢制造；重型载重汽车大截面板簧选用 55SiMnMoV、55SiMnMoVNb 钢制造。

◆ 工艺路线：热轧钢带（板）冲裁下料→压力成形→淬火→中温回火→喷丸强化。

淬火工艺：加热温度为 850～860℃（60Si2Mn 钢为 870℃），采用油冷。

中温回火：温度为 420～500℃，组织为回火屈氏体。屈服强度 $\sigma_{0.2}$ 不低于 1100MPa，硬度为 42～47HRC，冲击韧性 a_k 为 250～300kJ/m^2。

(2) 火车螺旋弹簧（见图 6—22）。

图 6—22 火车螺旋弹簧

◆ 用途及性能要求：

火车螺旋弹簧用于机车和车厢的缓冲和吸振，其使用条件和性能要求与汽车板簧相近。可选用 50CrMn、55SiMnMoV 等钢制造。

◆ 工艺路线：热轧钢棒下料→两头制扁→热卷成形→淬火→中温回火→喷丸强化→端面磨平。

淬火与回火工艺与汽车板簧相同。

(3) 气门弹簧。

◆ 用途及性能要求：内燃机气门弹簧是一种压缩螺旋弹簧（见图 6—23）。它是发动机的重要零部件，直接影响发动机的功率及使用寿命。其用途是在凸轮、摇臂或挺杆的联合作用下，使气门打开和关闭，承受应力不是很大，但在一定高温下工作。因此除要求较高的屈服强度、弹性极限和疲劳强度外，还要求良好的耐热性。

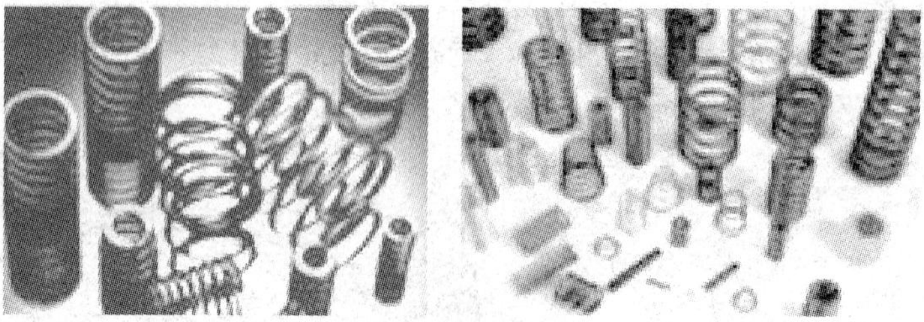

图 6—23　气门弹簧

◆ 材料选用：采用耐热性较好的铬钒合金弹簧钢，如 50CrVA。

◆ 举例：材料 50CrV，硬度 43～50HRC，外径 ϕ31.5，线径 ϕ3.5，总高度 50。

工艺路线：冷卷成形→定形处理→切断修正→淬火→校正回火→检验修正→中温回火→检验、喷丸强化、表面处理。

淬火工艺：850～860℃加热后油淬。

中温回火：520±10℃回火，组织为回火屈氏体。

(4) 继电器簧片。

◆ 用途及性能要求：继电器簧片是一种片簧，其作用是使两电触点接触时，产生一定的压力，以保证触头紧密接触，良好导电。簧片所受弯曲应力很小，要求有好的弹性、导电性和耐腐蚀性。

◆ 材料选用：可用黄铜（H70）、锡青铜（QSn6.5－0.1）、白铜（B19）等制造。

黄铜的导电性好，抗疲劳性能较高，弹性一般，价格较低。锡青铜的导电性稍低，但抗疲劳性能高，弹性好，价格稍高。白铜的导电性好，抗腐蚀性高，抗疲劳性能较高，弹性好，价格较贵。

(5) 橡胶弹簧和复合弹簧（见图 6—24、图 6—25）。

图 6—24　橡胶弹簧

图 6—25　复合弹簧

◆ 橡胶弹簧：是一种高分子弹性体，特点是减振效果好，共振领域小，使用寿命长、成本低，还有良好的耐寒性，优良的气密性、防水性、电绝缘性，是减振的最佳选择。

◆ 复合弹簧；是由金属螺旋弹簧和橡胶复合在一起的圆筒状弹性体。性能优于金属弹簧，具有抗腐蚀性好、寿命长等优点，与其他金属弹簧相比，减振能力强，缓冲效果好，噪声小。

◆ 应用：用于汽车、工程机械、矿山机械、柴油发电机组等振动设备上的减振器。

6.2 刀具的选材

本单元学习目标

★ 刀具的概念、种类及分类方法。

★★ 刀具的工作条件和刀具失效的主要形式。

★★★ 刀具的性能要求及刀具材料的种类、特性及应用。

★★★★ 低速、高速、数控、难加工材料刀具的选材。

注：★了解。★★理解。★★★掌握。★★★★重点掌握。

6.2.1 刀具概述

6.2.1.1 刀具的种类

刀具是机械制造中用于切削加工的工具，又称切削工具。由于机械制造中使用的刀具基本上都用于切削金属材料，所以“刀具”一词一般就理解为金属切削刀具。绝大多数的刀具是机用的，另外还有手用的，切削木材用的刀具则称为木工刀具。数控机床用刀具称为数控刀具，还有普通机床用刀具。从不同角度考虑，刀具还有如下多种分类方法。

1. 刀具按工件加工表面的形式可分为五类（见图6—26）

(1) 加工各种外表面的刀具：包括车刀、刨刀、铣刀、外表面拉刀；

(2) 孔加工刀具：包括钻头、扩孔钻、锪钻、镗刀、铰刀和内表面拉刀等；

(3) 螺纹加工工具：包括丝锥、板牙、自动开合螺纹切头、螺纹车刀和螺纹铣刀等；

(4) 齿轮加工刀具：包括滚齿刀、插齿刀、剃齿刀、锥齿轮加工刀具等；

(5) 切断刀具：包括镶齿圆锯片、带锯、弓锯、切断车刀和锯片铣刀等。

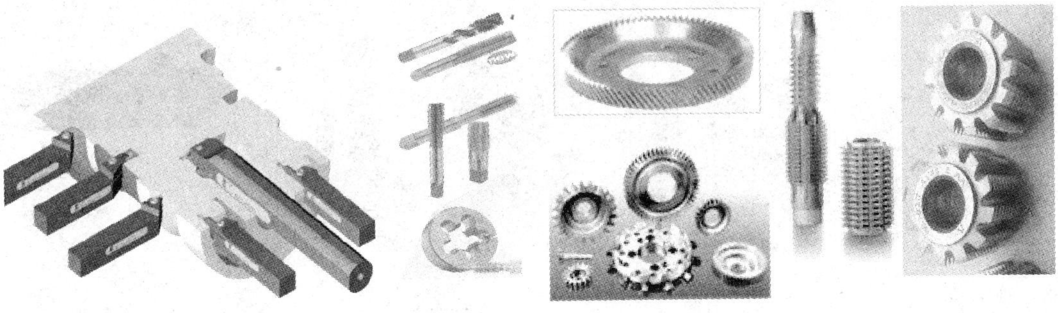

各种车刀　　螺纹刀具　　插齿刀具　　滚齿刀具

图6—26 不同加工形式的刀具

2. 按切削运动方式和相应的刀刃形状分类

(1) 通用刀具：如车刀、刨刀、铣刀（不包括成形的车刀、成形刨刀和成形铣刀）、镗刀、钻头、扩孔钻、锪钻、铰刀和锯等。

(2) 成形刀具：其刀刃具有与被加工工件断面相同或接近相同的形状，如成形车刀、成形刨刀、成形铣刀、拉刀、圆锥铰刀和各种螺纹加工刀具等。

(3) 展成刀具：用展成法加工齿轮的齿面或类似的工件，如滚齿刀、插齿刀、剃齿刀、锥齿轮刨刀和锥齿轮盘铣刀等。

3. 按刀具结构分类（见图 6—27）

（1）整体式：整体式刀具的装夹部分和工作部分都做在刀体上，是在刀体上做出切削刃。

（2）镶齿焊接式：镶齿焊接式刀具的工作部分（刀齿或刀片）焊接在刀体上。

（3）机械夹固式：是把刀片夹固在刀体上，或把钎焊好的刀头夹固在刀体上制成的刀具。机夹式又可分为不转位和可转位两种；可转位刀具是将预先加工好并带有若干个切削刃的多边形刀片，用机械夹固的方法夹紧在刀体上的一种刀具。当在使用过程中，一个切削刃磨钝了以后，只要将刀片的夹紧松开，转位或更换刀片，使新的切削刃进入工作位置，再夹紧就可以继续使用了。

（4）特殊形式，如复合式刀具、专用成套刀具、减振式刀具等。

各种整体式刀具　各种焊接车刀　可转位立铣刀　机夹式钻头

图 6—27　不同结构的刀具

4. 按刀具材料分类

（1）碳素工具钢刀具；（2）低合金刃具钢刀具；（3）高速钢（HSS）刀具；（4）硬质合金（HM）刀具；（5）陶瓷刀具；（6）立方氮化硼（CBN）刀具；（7）金刚石（PCD）刀具等，如图 6—28 所示。

PCD端铣刀　HSS刀具　HM车刀　CBN车刀

图 6—28　各种材料刀具

5. 按刀具装夹形式分类（见图 6—29）

（1）带孔刀具：刀具内孔套装在机床的主轴、刀轴或心轴上，借助轴向键或端面键传递扭转力矩，如圆柱形铣刀、套式面铣刀、盘铣刀、锯片铣刀等。

（2）带柄刀具：主要有矩形柄、圆柱柄和圆锥柄三种。车刀、刨刀等一般为矩形柄；圆锥柄锥度承受轴向推力，并借助摩擦力传递扭矩；圆柱柄一般适用于较小的麻花钻、立铣刀等刀具，切削时借助夹紧时所产生的摩擦力传递扭转力矩。很多带柄刀具的柄部用

45 钢或低合金钢制成，而工作部分则用高速钢制成，通过焊接把两部分对焊成为一个整体。

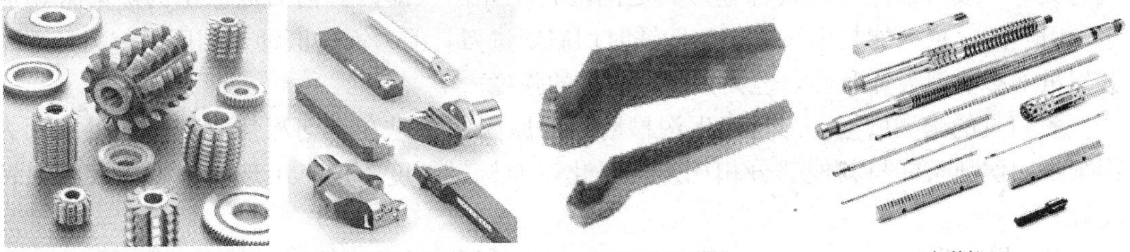

带孔刀具　　矩形和圆柱柄车刀　　矩形柄牛头刨刀　　各种拉刀

图 6—29　不同装夹形式刀具

6.2.1.2　刀具的选材分析

1. 刀具的工作条件

(1) 刀具切削材料时，受到切削材料的强烈挤压，刃部受到很大的弯曲应力，见图 6—30。某些刀具（如钻头、铰刀、丝锥）还会受到较大的扭转应力作用。

(2) 刀具刃部（刀尖和前后刀面）与被切削材料及切屑产生强烈摩擦（磨料磨损、黏结磨损、扩散磨损），同时会产生大量切削热，使刃部温度升高，一般可升到 500～600℃，甚至更高。

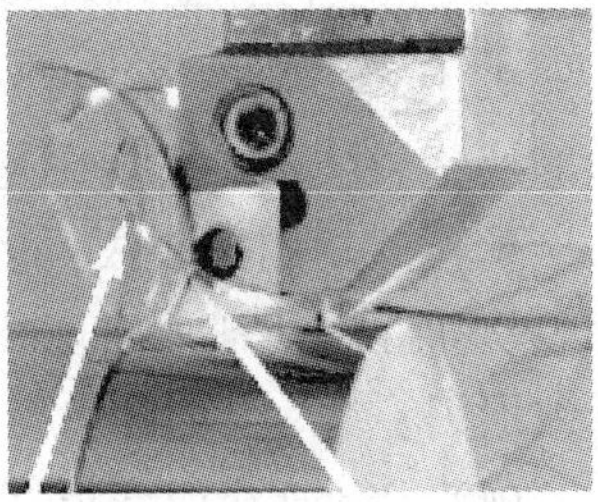

图 6—30　车刀切削工作

(3) 机用刀具在强力切削和断续切削时往往承受较大的冲击与振动。

2. 刀具的失效形式

(1) 磨损（见图 6—31a、f）。

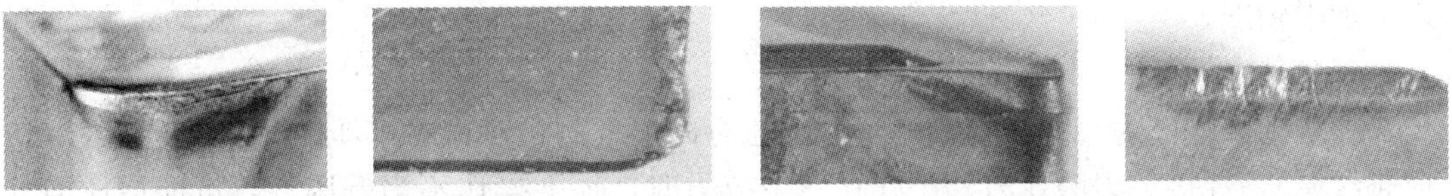

(a) 刃部后刀面磨损　　(b) 微崩刃　　(c) 刃部热变形　　(d) 刃部热裂

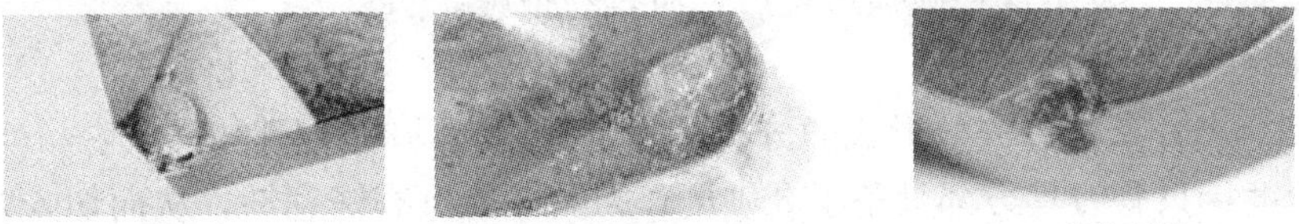

(e) 刃部严重碎裂　　(f) 前刀面月牙洼磨损　　(g) 片状剥落

图 6—31　刀具失效的几种形式

由于摩擦，刀具刃部易磨损，使切削抗力、切削热增大，降低切削零件表面的质量，也由于刃部形状变化，使被加工零件的形状和尺寸精度降低。常见的磨损形式有下面几种：

◆ 磨料磨损：因工件材料摩擦划过刀具的主后刀面而造成的一种较理想的失效模式。在给定的加工中，刀具磨粒磨损具有重复性和可预测性。磨粒磨损正在加大的主要表现为：工件上出现毛刺、被加工表面光洁度发生变化、切削噪声逐渐变化等。

◆ 月牙洼磨损：月牙洼的产生同工件材料与刀具前刀面相互作用引起的各种磨损形式有关。一般为钢件与硬质合金刀具之间的化学作用（即刀具前刀面渗出的碳溶入切屑中）引起的。也可能是由高速切削铸铁时切屑划过刀具前刀面的磨蚀作用所引起。月牙洼磨损虽不影响刀刃锋利性，但大大削弱刀头的强度。

◆ 刀具的沟槽磨损：刀具产生沟槽磨损的原因通常是在全切深情况下被加工工件表面某处的切削条件与其他部分相比发生恶化，如材料硬度不均、出现加工硬化或组织转变等。

（2）崩刃和碎裂（见图 6—31b、e、g）。

由于切削刃的脆性过大，难以承受切削冲击而发生碎片崩裂，它既与切削冲击力、刀具形状、角度等有关，也与切削刃材料种类和性能有关，如硬度高、脆性大的刀具易崩刃。

（3）热裂纹：常见有两种情况（见图 6—31d）。

◆ 干式切削热裂纹：如铣刀切削刃在频繁切入和切出工件材料时由于温度波动而产生的疲劳裂纹，一般裂纹是直而平行的。

◆ 湿式切削热裂纹：因为冷却不均，使切削刃的温度发生波动，引起刀片膨胀和收缩，从而导致切削刃出现裂纹。由于温度的波动随机性较大，所产生的非平行裂纹更容易导致崩刃。

（4）刃部软化或变形（见图 6—31c）。

◆ 刃部软化：高速切削过程中，刀具刃部温度易升高，若刀具材料的红硬性或高温性能不足，使刃部硬度显著下降，刀具会快速磨损，从而丧失切削加工能力。

◆ 变形：是指刀片在切削热和切削压力的作用下发生变形；或者是刀具、刀杆（柄）强度和刚性不足，在过载情况下发生变形。如钻头扭转或弯曲；刀柄夹持刀片位置变形，影响加工精度。

（5）刀片或刀具折断。

当切削条件极为恶劣，切削用量过大，有冲击载荷，刀片或刀具材料中有微裂纹（造成裂纹源），焊接、刃磨在刀片中存在残余应力时，加上操作不当等因素，可能造成刀片或刀具产生“折断”。发生这种破损形式后，刀具易报废。

3. 刀具的性能要求

通过对刀具工作条件和失效形式的分析，确定刀具应具备如下性能：

（1）高硬度：只有刀具刃部具备了高硬度，刀具才能具有锋利性，从而切入各种材料完成切削工作。一般高硬度是指常温下 60HRC 以上的硬度。

（2）高耐磨性：耐磨性是指材料抵抗磨损的能力。耐磨性越好，刀具越抗磨损，其耐用度和使用寿命就越高。一般情况下，刀具材料硬度越高，其耐磨性就越好。另外，各种金属化合物通过第二相强化及涂层等形式也能有效地提高刃具的抗磨损能力。

（3）高的红硬性：红硬性是指刀具材料在高温下保持高硬度的能力。常用红硬温度，即在高速切削条件下，刀具维持高硬度和切削性能的最高温度来评定。刀具的红硬温度越高，红硬性越好，能承受的切削速度就越高，它综合反映了刀具材料在高温下保持硬度、耐磨性、强度、抗氧化、抗黏结和抗扩散的能力。它是机械切削刀具非常重要的一项性能指标。

(4) 强韧性好：在各种形式的切削加工过程中。刀具承受着冲击、振动等作用，因此，要求具有足够的强度、塑性和韧性。以防止使用中崩刃或折断。一般硬度越高，冲击韧性越低，材料越脆。硬度和韧性是一对矛盾，也是刀具材料所应克服的一个关键。

(5) 良好的工艺性能：为便于刀具本身的制造和刃磨，刀具材料还应具备一定的工艺性能（如锻造性能、切削性能、磨削性能、焊接性能及热处理性能等），良好的淬透性可保证刀具淬火变形小、开裂敏感性低。

在不同切削条件下工作的刀具，性能要求也不同，但高硬度及良好的耐磨性和强韧性是刀具的基本性能要求。确定了刀具的性能要求后，就可以根据经济条件、设备条件、工件材料、工艺要求等因素来选择刀具材料。那么都有哪些材料可以制作刀具呢?

6.2.1.3 刀具材料的种类

制造刀具的材料有碳素工具钢、量具刃具钢、高速钢、硬质合金、陶瓷、金刚石等。

1. 碳素工具钢

碳素工具钢是最早发展起来的刃具用钢，含碳量（w_C）为 0.65%～1.35%。其性能除了与冶炼、热塑性变形工艺有关外，主要取决于碳含量。碳是碳素工具钢的主要强化元素。这类钢经热处理后具有较高的硬度和耐磨性，价格较低，用途广泛。但红硬性差、淬透性低。为了提高钢的淬透性，有的牌号在钢中加入 0.40%～0.60%（质量分数）的锰。碳素工具钢主要用于制造较低切削速度，加工硬度和强度不太高材料的刃具，如钳工和木工等工具，以及形状简单、精度要求较低的量具、模具等。

主要的种类牌号系列为 T7～T13，其性能特点及应用范围在前面章节中已有详细描述。

2. 量具刃具钢

量具刃具钢是在碳素工具钢的基础上加入某些合金元素而发展起来的。其目的是克服碳素工具钢的淬透性低、红硬性差、耐磨性不足的缺点。合金刃具钢的合碳量为 0.75%～1.5%，合金元素总量则在 5%以下，所以又称低合金刃具钢。

合金刃具钢有如下特点；淬透性较碳素工具钢好，淬火冷却可在油中进行，热处理变形和开裂倾向小，耐磨性和红硬性也有所提高。但合金元素的加入，提高了钢的临界点，故一般淬火温度较高，使脱碳倾向增大。合金刃具钢广泛用于制作采用碳素工具钢不能满足性能要求的各种工具：如截面尺寸较大且形状复杂的低速刃具；精密的薄壁刀具，例如板牙、滚丝轮、丝锥、铰刀等；也可作量具、冷变形模具等。主要的种类牌号有 Cr、Cr2、9SiCr、CrWMn、Cr06、W、W2 及 CrW5 等钢。

3. 高速钢（HSS）

高速钢是一种高碳且含有大量 W、Cr、Mo、V、Co 等合金元素的高合金工具钢。高速钢经热处理后的硬度为 63～69HRC，热处理变形小，并具有较高的红硬性，在 600℃以下仍保持高的硬度。可达 60HRC 以上，故可在较高温度条件下保持高速切削能力和高耐磨性。同时具有足够高的强度，并兼有适当的塑性和韧性，这是其他超硬工具材料所无法比拟的。高速钢还具有高的淬透性。中小型刃具甚至在空气中冷却也能淬透，故有风钢之称。同碳素工具钢和低合金刃具钢相比，高速钢的切削速度可提高 2～4 倍，刃具寿命提高 8～15 倍。

高速钢广泛用于制造尺寸大、切削速度快、负荷重及工作温度高的各种机加工工具，如车刀、刨刀等。在复杂刀具中，尤其是孔加工刀具、钻头、铣刀、螺纹刀具、拉刀、齿轮刀具等中，高速钢仍占据主要地位。此外，还可应用在冷作模具及一些特殊轴承方面。

4. 硬质合金

硬质合金是由硬度和熔点都很高的碳化物（WC、TiC、TaC、NbC 等），用 Co、Mo、Ni 等元素充当黏结剂而制成的粉末冶金制品。其常温硬度可达 78～82HRC，能够在 800～1000℃的高温下使用，允许的切削速度是高速钢的 4～10 倍。但其冲击韧性与抗弯强度远比高速钢低，抗弯强度只有高速钢的 1/3～1/2，冲击韧性只有高速钢的 1/4～1/35。因此很少做成整体式刀具。在实际使用中，一般将硬质合金刀块用焊接或机械夹固的方式固定在刀体上，或做成可回转式刀片安装在刀杆上。

硬质合金种类包括钨钴类（YG 类）、钨钛钴类（YT 类）、钨钛钽（铌）钴类（YW 类）、镍钼钛类（YN 类）、TiC（N）基硬质合金（即金属陶瓷）等。

5. 陶瓷材料

陶瓷刀具材料是以氧化物、氮化物等陶瓷成分为主要基体组成而制成的一种刀具材料。

目前较成熟的陶瓷刀具材料可分为四大类：CA 氧化铝基氧化物陶瓷（白陶瓷）、CM 氧化铝基金属碳化物复合陶瓷（黑陶瓷）、CN 氮化硅基氮化物陶瓷（非氧化物陶瓷）、CC 陶瓷涂层。目前氧化铝基和氮化硅基陶瓷刀具材料的应用最为广泛。

（1）氧化铝基陶瓷：一般在 Al_2O_3 基体中加入 TiC、WC、SiC、TaC 和 ZrO_2 等成分，经热压制成复合陶瓷。硬度达 93～95HRA，抗弯强度达 0.7～0.9GPa。为提高韧性，常添加少量的 Co、Ni 等金属。氧化铝基陶瓷具有良好的化学稳定性，抗氧化能力强，与铁系金属亲和力很小，因此不易发生黏结磨损。氧化铝在铁中的溶解度只有 WC 在铁中溶解度的 1/5 ，因此，氧化铝基陶瓷扩散磨损小，然而，氧化铝基陶瓷的强度、断裂韧度、导热系数和抗热振性较低。氧化铝基陶瓷刀具在高速切削钢时具有比氮化硅陶瓷刀具更优越的切削性能。

（2）氮化硅基陶瓷：Si_3N_4＋TiC＋Co 的氮化硅基复合陶瓷，其韧性常高于氧化铝基陶瓷，硬度则与之相当。与氧化铝基陶瓷相比，氮化硅基陶瓷具有较高的强度、断裂韧度和抗热振性能，较低的热胀系数和化学稳定性，与铸铁不易发生黏结，因此，氮化硅基陶瓷刀具主要用于高速加工铸铁。

（3）复合氮化硅—氧化铝基陶瓷：化学成分约为 Si_3N_4 77%，Al_2O_3 13%，Y_2O_3 10%，硬度可达 1800HV，抗弯强度可达 1.20GPa。这种陶瓷称赛阿龙（Sialon），赛阿龙陶瓷刀具具有较高的强度、断裂韧度、抗氧化性能、热导率、抗热振性能和抗高温蠕变性能。但是热膨胀系数较低，不适合加工钢，主要用来粗加工铸铁和镍基高温合金。

（4）陶瓷涂层：涂层是在具有高强度和韧性的刀具材料上涂上的一层耐高温、耐磨损的材料。涂层材料主要有：TiN、TiCN、TiAlN、AlTiN、Al_2O_3、CrN 等，目前，常用的刀具涂层方法有化学气相沉积（CVD）、物理气相沉积（PVD）、等离子体化学气相沉积（PCVD）、盐浴浸镀法、等离子喷涂、热解沉积涂层及化学涂敷法等，其中以 CVD 和 PVD 应用最为广泛。

◆ 氮化钛涂层：TiN 涂层应用最广泛，其涂层颜色为金黄色，易辨认。TiN 涂层可增加刀具表面的硬度和耐磨性，降低摩擦系数，减少积屑瘤的产生，延长刀具寿命。TiN 涂层刀具适合于加工低合金钢和不锈钢。

◆ 碳氮化钛涂层：TiCN 涂层表面为灰色，硬度比氮化钛涂层要高，耐磨性更好。与氮化钛涂层相比，碳氮化钛涂层刀具能在更大的进给速度及切削速度下加工（分别比氮化钛涂层高出 40%和 60%），工件材料去除率更高。TiCN 涂层刀具可以加工各种工件材料。

◆ 氮铝化钛涂层：TiAlN 涂层呈现灰色或黑色，主要涂在硬质合金刀具基体表面上，切削温度达 800℃ 时仍能进行加工，适合于高速干切削。干切削时切削区的切屑可以用压缩空气清除。氮铝化钛适合加工淬硬钢、钛合金、镍基合金、铸铁和高硅铝合金等脆性材料。

6. 立方氮化硼（CBN）和聚晶立方氮化硼（PCBN）

立方氮化硼（CBN）是氮化硼（BN）的同素异构体之一，其结构与金刚石相似，化学键类型相同，晶格常数相近，因此具有与金刚石相近的硬度和强度。聚晶立方氮化硼（PCBN）是由 CBN 作为主要成分与结合剂在高温高压下烧结而成的聚晶体，结合剂主要有金属型（以 Co、Ni 为代表）或陶瓷型（以 TiC、TiN、Al_2O_3 为代表）。

（1）PCBN 刀具的性能特点。

◆ 具有高硬度和高耐磨性，CBN 微粉的显微硬度为 8000～9000HV，其烧结体 PCBN 的硬度一般为 3000～5000HV，属超硬材料。在切削耐磨材料时其耐磨性是硬质合金刀具的 50 倍、涂层硬质合金刀具的 30 倍、陶瓷刀具的 25 倍。

◆ 具有很高的红硬性，PCBN 的耐热性可达 1400～1500℃，PCBN 在 800℃时的硬度还高于陶瓷和硬质合金的常温硬度。

◆ 具有良好的导热性，PCBN 的导热性仅次于金刚石，导热系数为 1300W/(m℃)，而且随着温度的升高，PCBN 的导热系数是增加的。

◆ 具有优良的化学稳定性，PCBN 的化学惰性大，在 1200～1300℃时也不与铁系材料发生化学反应，与碳在 2000℃时才发生反应；在中性、还原性的气体中，对酸、碱都是稳定的；其对各种材料的黏结、扩散作用比硬质合金小得多，因此它特别适合加工钢铁材料。但只能进行干切削，水基切削液在高温下将使 CBN 分解。

◆ 摩擦系数低，CBN 的摩擦系数为 0.1～0.3，随着切削速度的提高，摩擦系数减小。这一特性导致切削时切屑间摩擦减小，切削变形减小，切削力降低，加工表面质量提高。

（2）PCBN 刀具的应用。

PCBN 刀具的红硬性、耐磨性在硬态干切削难加工材料中具有很大的优势。PCBN 刀具比陶瓷刀具有较高的冲击强度和抗破碎性能，通常用来加工硬度高于 50HRC 的材料，在切削温度高达 2000℃时仍具有很高的硬度，而在同样条件下金刚石可能会溶解并转化成石墨。此外，一些特制的 PCBN 刀具能抵御高功率粗加工的切削负荷、间断切削的冲击以及精加工时的磨损和切削热。目前 PCBN 刀具已广泛应用于车削、铣削和镗削等加工领域。并能满足特殊工件材料加工过程的要求，特别适合于加工铸铁、耐热合金和硬度超过45HRC的黑色金属（如发动机箱体、齿轮、轴、轴承等汽车零部件）。PCBN刀具适合高速干切削，可以用2000m/min以上的速度高速加工灰铸铁。PCBN刀具在高速硬切削方面的应用也比较广泛，尤其适于精加工汽车发动机上的合金钢零件，如硬度60～65HRC之间的齿轮、轴、轴承，而这些零部件过去是靠磨削来保证尺寸精度和表面质量的。

7. 聚晶金刚石（PCD）

聚晶金刚石（PCD）是由天然或人工合成的金刚石粉末与结合剂（其中含钴、镍等金属）按一定比例在高温（1000～2000℃）、高压（5～10万个大气压）下压制烧结而成的。聚晶金刚石解决了天然金刚石数量稀少、价格昂贵的问题，使金刚石刀具的应用范围扩展到航空、航天、汽车、电子、石材等多个领域。

(1) 性能特点。

◆ PCD的硬度可达8000HV，为硬质合金的80～120倍，属超硬材料；

◆ PCD的导热系数高，为硬质合金的1.5～9倍，因此PCD刀具热量传递迅速；

◆ PCD摩擦系数仅为0.1～0.3（硬质合金为0.4～1），因此PCD刀具可显著减小切削力；

◆ PCD的热膨胀系数小，相当于硬质合金的1/5，因此PCD刀具热变形小，加工精度高；

◆ PCD刀具与有色金属和非金属材料间的亲和力很小，在加工过程中不易形成积屑瘤。

◆ 金刚石与铁亲和力较强，高温下铁对金刚石转化为石墨起催化作用，因而忌切钢铁。

(2) PCD刀具的应用。

PCD刀具的加工范围包括金属切削加工、石材、木材、金属基复合材料、玻璃、工程陶瓷等材料。尤其适用于难加工的有色金属材料和难加工的非金属材料的加工。PCD刀具非常适合对石材、硬质碳、碳纤维增强塑料（CFRP）、人造板材等难加工非金属材料进行加工。

(3) 金刚石涂层刀具：金刚石涂层刀具适合于高速加工铝及其他有色金属，如紫铜、黄铜、青铜；还可以用来加工石墨制品和复合材料（如碳—碳增强塑料、玻璃纤维增强塑料、酚醛树脂等）。金刚石薄膜涂层刀具常作为复杂形状的刀具，如带断屑槽的刀片、整体立铣刀、刨刀、钻头等。金刚石厚膜涂层刀具常用来高速切削过共晶铝合金。

◆ 天然金刚石：是最昂贵的刀具材料，天然金刚石可以刃磨成最锋利的切削刃，主要应用在超精密加工领域，如加工微机械零件、光学镜面、导弹和火箭中的导航陀螺、计算机硬盘芯片等。

综上所述，在各种刀具材料的发展中，硬质合金起着主导的作用，但其他刀具材料的性能也得到了显著的改善，扩大了各自的应用领域，形成了各种刀具材料既有独特优势和使用范围又相互取代补充的整体格局。可以说正是刀具材料的全面的迅速的发展为当今高速、高效率的金属切削加工奠定了基础。

6.2.2　典型刀具选材

各种切削刀具由于刀具结构、切削条件、机床种类、加工对象和耐用度要求等方面的不同，对刀具材料的种类和性能要求也不同，如低速和高速切削刀具、形状简单和复杂切削刀具、单刃和多刃切削刀具、一般机床和数控机床用切削刀具、一般材料和难加工材料用切削刀具等，选用的刀具材料会有所不同。

6.2.2.1　低速切削刀具选材

低速切削刀具主要包括钳工、木工等使用的切削刀具，低速且形状简单的刀具如：手锯锯条、锉刀、木工用刨刀、凿子、錾子、刮刀等，低速但形状复杂的刀具如：钳工用丝锥、板牙、铰刀、钻头等。

1. 低速切削刀具的特点

低速切削刀具一般是在低速下切削硬度较低的材料，切削热小，承受的切削力相对较小。失效的主要形式是磨损、断裂、崩刃和变形。因此，对低速且形状简单的刀具要求高的硬度、高的耐磨性和足够的强韧性。对低速但形状复杂的刀具除要求上述性能外，还要求良好的工艺性能、良好的淬透性、一定的红硬性。

2. 低速切削刀具的选材

根据上述分析，低速且形状简单的刀具选择碳素工具钢可满足使用要求，常见牌号有 T7、T8、T8A、T8MnA、T9、T10、T10A、T11、T12、T13 等，选用的基本原则是：含碳量越低，硬度和耐磨性越低，韧性相对较好。可用于承受冲击的低速刀具，如 T7、T8、T8A、T8MnA 凿子和錾子，含碳量越高，硬度和耐磨性越高，韧性较低。可用于不承受冲击，但硬度和耐磨性要求高的低速刀具，如 T12、T12A、T1A 锉刀和刮刀等。

3. 典型低速切削刀具的选材实例

(1) 板锉（见图 6—32）。

◆ 用途及性能要求：板锉是钳工常用的低速且形状简单的刀具，用于锉削其他金属。其表面刃部要求有高的硬度（64～67HRC），柄部要求硬度＜ 35HRC。

◆ 选用材料：T12 或 T12A 钢。

◆ 工艺路线：热轧钢板（带）下料→锻（轧）柄部→球化退火→机加工→淬火→低温回火。

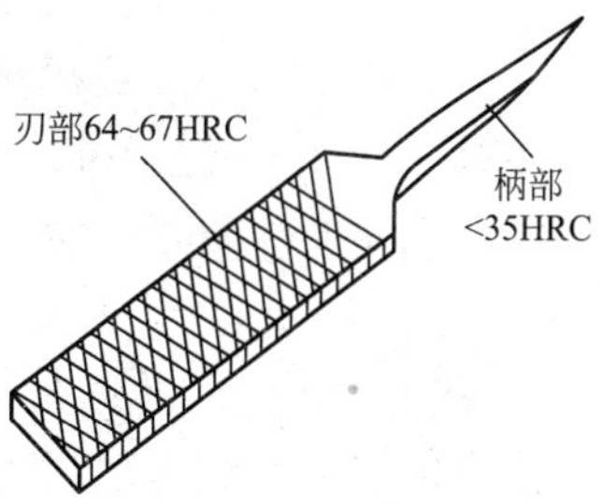

图 6—32　锉刀

球化退火：使钢中碳化物呈粒状分布，细化组织，降低硬度，改善切削加工性能。同时为淬火做好组织准备，使最终组织中含有细小的碳化物颗粒，提高钢的耐磨性。球化退火工艺：将毛坯加热到 760～770℃，保温（2～4h），然后以 30～50℃/h 的速度冷却到 550～600℃，出炉后空冷。处理后组织为球状珠光体，硬度为 180～200HBS。

机加工：刨、磨和剁齿，使锉刀面形成双纹刃齿形。

淬火：加热温度为 770～780℃，可用盐溶加热或在保护气氛炉中加热，以防止表面脱碳和氧化。也可采用高频感应加热。加热后在水中冷却。由于锉刀柄部硬度要求较低，在淬火时先将齿部放在水中冷却，当柄部颜色变成暗红色时才全部浸入水中，并冷却到

150～200℃时，提出水面。若锉刀有弯曲变形，可进行校直。

回火：加热温度为160～180℃，时间45～60min。其目的是消除淬火应力和脆性，若柄部硬度太高，可将柄部浸入500℃的浴盐中进行回火，或用高频加热回火，降低柄部硬度。防止锉刀使用时柄部发生脆断。

（2）圆板牙。

◆ 用途及性能要求：圆板牙是内部有刃、纵向有沟槽，用于切削外螺纹的环形刀具，属低速但形状复杂的刀具（见图6—33）。圆板牙工作时刃部受到弯曲、挤压和摩擦应力的作用。所以要求刃部具有高的强度、硬度和耐磨性，足够的韧性和良好的淬透性，对红硬性要求不高。技术要求为：刃部硬度60～63HRC，刃部金相组织为回火马氏体（＜3级）和细小均匀碳化物颗粒。

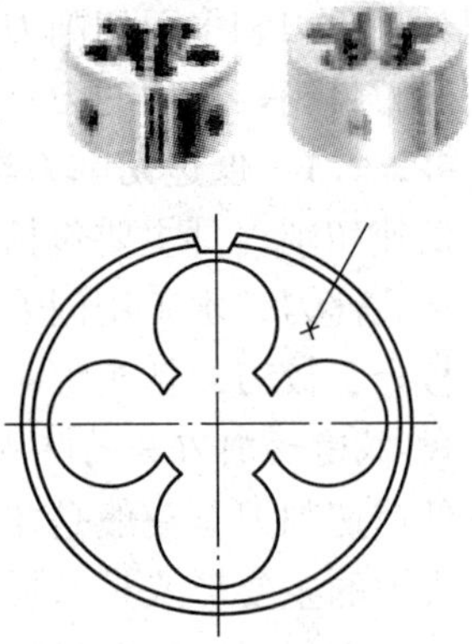

图6—33 圆板牙

◆ 选用材料：低合金刃具钢9SiCr。

◆ 工艺路线：下料→锻造→球化退火→机加工→淬火→低温回火→发黑处理→检验。

球化退火：可采用等温球化退火工艺：将毛坯加热到800～820℃，保温4h，然后炉冷到700～720℃，保温6～8h，出炉后空冷。

淬火：采用盐浴炉加热，先600～650℃预热，淬火加热温度为850～870℃，时间按30～45s/mm估算。

回火：淬火后立即回火，加热温度为170～190℃，时间60～300min。

6.2.2.2 高速切削刀具选材

高速切削刀具主要包括车、铣、刨、镗、拉、钻等机械切削加工使用的刀具，有形状简单的单刃刀具，如：车刀、刨刀、镗刀等。有形状复杂的多刃刀具如：铣刀、钻头、扩孔钻、锪钻、机铰刀、拉刀、滚齿刀、插齿刀、剃齿刀等。

1. 高速切削刀具的特点

高速切削刀具一般是在机床上高速切削硬度适中的材料，切削热大，承受的切削力大。失效的主要形式是磨损、断裂、崩刃、受热软化和变形。对形状简单的单刃刀具要求高硬度、高耐磨性和红硬性，足够的强韧性。对形状复杂的多刃刀具除要求上述性能外，还要求良好的工艺性能、高的淬透性、良好的强韧性。

2. 高速切削刀具的选材

形状简单的连续切削高速单刃刀具由于承受的切削力、切削热和磨损大，对硬度、耐磨性和红硬性要求更高，应首选硬质合金，其次为高速钢。形状复杂的高速多刃刀具和特大型刀具从工艺性角度来看一般首选高速钢，其次为硬质合金等更硬的刀具材料。当然，目前硬质合金刀具的发展速度很快。

高速钢和硬质合金的常见种类、牌号和应用详见前面章节。

3. 典型高速切削刀具选材实例

（1）滚齿刀（见图6—34）。

◆ 用途及性能要求：滚齿刀是加工齿轮的常用刃具，用于加工外啮合的直齿和斜齿渐开线圆柱齿轮。其形状复杂，精度要求高。

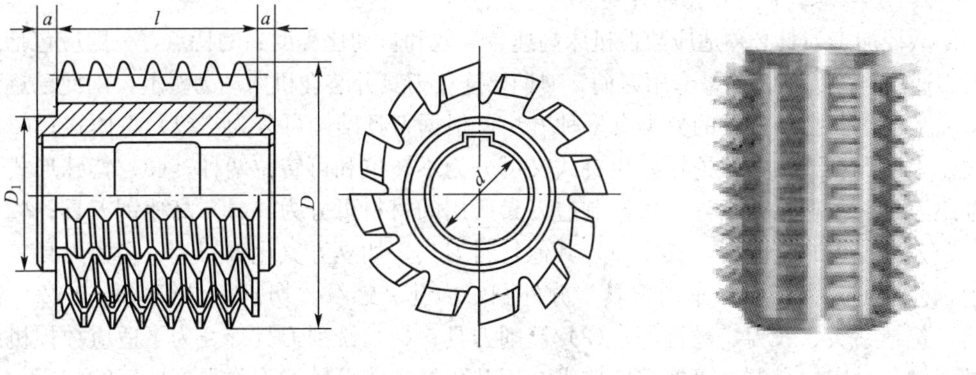

图 6—34　滚齿刀

◆ 选材：高速钢 W18Cr4V。

◆ 工艺路线：下料→锻造→等温退火→机加工→高温淬火→三次高温回火→磨削加工→表面处理。

锻造：W18Cr4V 钢的始锻温度为 1150～1200℃，终锻温度为 900～950℃。锻造的目的是为了成形和细化均匀碳化物组织，防止成品刀具崩刃和掉齿。由于高速钢淬透性很好，因此，锻后应慢冷。

等温退火、淬火和回火工艺详见合金刀具钢章节。

磨削加工：包括磨孔、磨端面、磨齿等磨削加工。加工后刀具可直接使用。

表面处理：为了提高刀具耐磨性及使用寿命，可进行表面处理，如：硫化处理、硫氮共渗，表面涂覆 TiN、TiC 涂层，化学气相沉积（CVD）、物理气相沉积（PVD）涂层等。

（2）圆锯片（见图 6—35）。

◆ 用途及性能要求：圆锯片用来切割钢材、有色金属、石料、塑料等材料。性能要求整体强韧性好，锯齿硬度高、耐磨性好。

◆ 选材：圆锯片可以是整体的，也可以是镶齿的。镶齿式圆锯片的盘体用 60 或 65Mn 钢制造，锯齿采用高速钢刀片或硬质合金刀片可满足使用要求。

◆ 工艺路线：下料→冲孔→调质→机加工→钎焊锯齿→磨齿。

图 6—35　圆锯片

钢板冲压下料、冲孔后进行调质处理。淬火加热温度为 830～840℃，采用油冷。回火温度为 500～550℃。为校正圆锯片淬火变形，回火时可用夹具夹紧。回火后的组织为回火索氏体，强韧性好。热处理后锯片需进行端面磨平、开槽等机加工，用钎焊方法将锯齿焊接在锯片盘体上，最后进行磨齿。

6.2.2.3　数控机床切削刀具的选材

数控刀具特指与加工中心、数控车床、数控镗铣床、数控钻等先进高效的 CNC 制造系统相配套使用的刀具和工具辅具系统。它包括整体合金刀具、超硬刀具、可转位刀片、工具辅助系统、可转位刀具、超硬材料及涂层技术等，属现代金属切削刀具范畴。

1. 数控加工常用刀具的种类

数控加工刀具必须适应数控机床高速、高效和自动化程度高的特点，一般应包括通用刀具、通用连接刀柄及少量专用刀柄。刀柄要连接刀具并装在机床动力头上，因此已逐渐标准化和系列化。数控刀具的分类有多种方法。根据刀具结构可分为：（1）整体式；（2）镶嵌式，采用焊接或机夹式连接，机夹式又可分为不转位和可转位两种；（3）特殊形式，如复合式刀具、减振式刀具等。根据制造刀具所用的材料可分为：（1）高速钢刀具；（2）硬质合金刀具；（3）金刚石刀具；（4）其他材料刀具，如立方氮化硼刀具、陶瓷刀具等。从切削工艺上可分为：（1）车削刀具，分外圆、内孔、螺纹、切割刀具等多种；（2）钻削刀具，包括钻头、铰刀、丝锥等；（3）镗削刀具；（4）铣削刀具等。为了适应数控机床对刀具耐用、稳定、易调、可换等的要求，近几年机夹式可转位刀具得到广泛的应用。

2. 数控加工刀具的特点

数控刀具与普通机床上所用的刀具相比，除要求高硬度、高耐磨性、高红硬性外，还有许多不同的要求（对比见表 6—13），主要有以下特点：

表 6—13　　数控刀具与传统刀具的对比分析

	传统刀具	数控刀具
刀具材料	普通工具钢、高速钢、焊接合金	硬质合金、Co－HSS、陶瓷、CBN、PCBN PCD、粉末冶金高速钢，超硬材料＋涂层
刀具硬度	高速钢：60HRC	可达 90HRC 以上
被加工产品硬度	一般情况下≤28HRC	车削、铣削均可达到淬硬钢 60HRC 以上
切削速度	加工钢、铸铁：$V_c \leqslant 30$m/min 加工铝合金：（70～80m/min）	加工钢、铸铁。可转让涂层含金刀片：$V_{cmax}=$ 380m/min；CBN 刀片：$V_{cmax}=1000\sim2000$m/min；加工铝合金：$V_{cmax}=5000$m/min
刀具制造精度	10 微米级	微米级
刀具和工具系统转速	2000r/min	60000r/min
关键技术	一般机械制造、切削原理、热处理、专机、专用工装及工艺	CAD、CAM、材料科学、力学（动平衡、动刚度等）、精密机械制造、数控加工技术、粉末冶金、纳米技术、涂层技术及 CAX、ERP 等计算机信息化管理技术

（1）刚性好（尤其是粗加工刀具），强度高，精度高，抗振及热变形小；

（2）互换性好，便于快速换刀；

（3）刀具耐用度好，寿命长，切削性能稳定、可靠；

（4）刀具的尺寸便于调整，以减少换刀调整时间；

（5）刀具能可靠地断屑或卷屑，以利于切屑的排除；

（6）刀具呈系列化，标准化，以利于编程和刀具管理。

3. 数控刀具选择应考虑的主要因素

（1）被加工工件的材料种类和性能：其硬度、刚度、塑性、韧性及耐磨性等。

（2）加工工艺类别：车削、钻削、铣削、镗削或粗加工、半精加工、精加工和超精加工等。

（3）工件的几何形状、加工余量、零件的技术指标。

（4）刀具能承受的切削用量，连续切削或断续切削，刀具的主要失效形式。

（5）辅助因数：操作间断时间、振动、电力波动或突然中断等。

4. 数控加工刀具的选材

从以上分析可以看出，选择刚性好、耐用度高、精度高的数控刀具，是充分发挥数控加工生产效率和获得满意加工质量的前提。因此，目前数控加工领域选用刀具材料主要以高速钢（见图6—36）和硬质合金为主，其次是立方氮化硼、陶瓷、金刚石等。而高速钢刀具与硬质合金刀具相比在全世界的销售额以每年约5%的数量在减少，硬质合金刀具的应用越来越多。

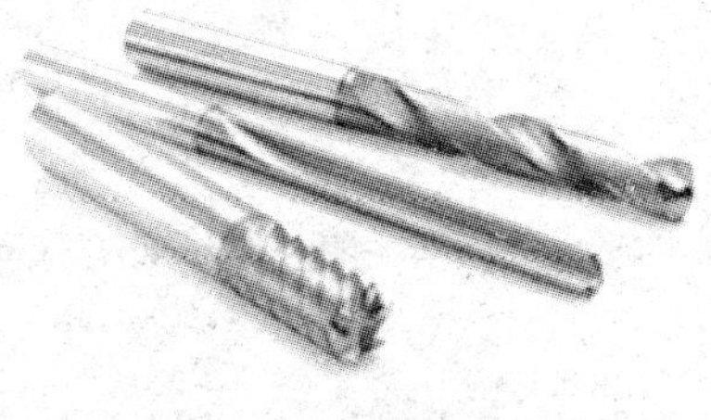

图6—36 高速钢刀具

◆ 高速钢在工艺性和强韧性方面具有一定的优势，一般多应用于孔加工刀具、铣刀、拉刀、齿轮加工刀具等，但由于其硬度、耐磨性、红硬性、耐用度与硬质合金、立方氮化硼、陶瓷等相比不具优势，已难以适应数控加工的发展需要，因而在数控刀具领域的应用日益减少。对于复杂成形数控齿轮刀具，钴高速钢和粉末高速钢则大有取代传统高速钢的趋势。

常用高速钢的性能特点和应用见表6—14。

表6—14 常用高速钢的性能特点和应用

牌号	性能特点和适用范围	硬度/HRC
W18Cr4V	硬度、红硬性（600℃）较高，易于磨削加工，热塑性差，韧性较低，可制作车刀、刨刀、铣刀、铰刀、拉刀、钻头、各种齿轮刀具及丝锥、板牙等，适于加工软的或中等硬度（300～320HBS以下）的材料。	≥63
W18Cr4VCo5	较W18Cr4V的红硬性稍高，但韧性低，用作高速切削刀具、自动化机床的刀具，供切削较高强度材料用的车刀、铰刀、拉刀、钻头等。	≥65
W18Cr4V2Co8	红硬性和高温硬度及耐磨性较W18Cr4VCo5钢高，但韧性低。用作加工材料硬度在400HBS以上的复杂条件（重负荷）下工作的车刀、铣刀、滚刀等。	≥63
W12Cr4V5Co5	为钨系高碳高钒含钴高速钢，具有很高的耐磨性、硬度及抗回火稳定性，并提高了高温硬度和红硬性，耐用度超过一般高速钢2倍以上。适于加工中高强度钢、冷轧钢、铸造合金钢和低合金超高强度钢等难加工材料，不宜制作高精度复杂刀具。此钢强度和韧性较低，成本较贵。	≥65
CW6Mo5Cr4V2	高碳钼系通用型高速钢，耐热性和耐磨性比W6Mo5Cr4V2高。可制作要求切削性能较高的工具，但此钢不能承受大的冲击。	≥65
W2Mo9Cr4VCo8	钨钼系高碳含钴超硬型高速钢的代表钢号，具有高的常温硬度（最高可达70HRC）、高温硬度、高红硬性、易磨削、锋利等优点，但含钴高价格贵，适用制作各种高精度复杂刀具，如成形铣刀、精密拉刀等，也可用作各种高硬度刀头、刀片等。	≥66
W6Mo5Cr4V2Al	为“以铝代钴”的钨钼系超硬型高速钢，其硬度高（可达68～69HRC），耐磨，高温硬度和红硬性高，热塑性好。可制作各种拉刀、齿轮滚刀、插齿刀、车刀、镗刀、刨刀、扩孔钻等切削工具，用于加工高温合金、不锈钢和超强度钢等。	≥65
W2Mo9Cr4V2	钨钼系通用型高速钢，易于热处理，较耐磨，热硬度及韧性较高，可磨削性优良，密度较小，易于氧化脱碳。可制作钻头、铣刀、刀片、成形刀具、车削刀具、丝锥、板牙、锯条及各种冷冲模具等。	≥65
W6Mo5Cr4V2Co5	钨钼系一般含钴型高速钢，较W6Mo5Cr4V2提高了红硬性及高温硬度，改善了耐磨性，有较好的切削性，但强度和冲击韧性较低，易于氧化脱碳，一般用作齿轮刀具、铣削工具以及冲头、刀头等工具，供切削硬质材料用。	≥64

◆ 硬质合金可转位不重磨刀片近年来发展迅速，在数控刀具领域应用日益普及，适用于各种数控车刀、铣刀、加工中心所用刀具等。细颗粒、超细颗粒硬质合金材料的开发是进一步提高刀具使用可靠性的发展方向，涂层刀具的纳米涂层、梯度结构涂层是提高刀具使用性能的发展方向，另外增强型陶瓷、金属陶瓷、氮化硅陶瓷、PCBN、PCD 等刀具材料的韧性也可扩展它们的应用，使数控刀具材料的应用有更多的选择。

图 6—37 为一些硬质合金刀具。常用硬质合金的性能和应用见表 6—15。

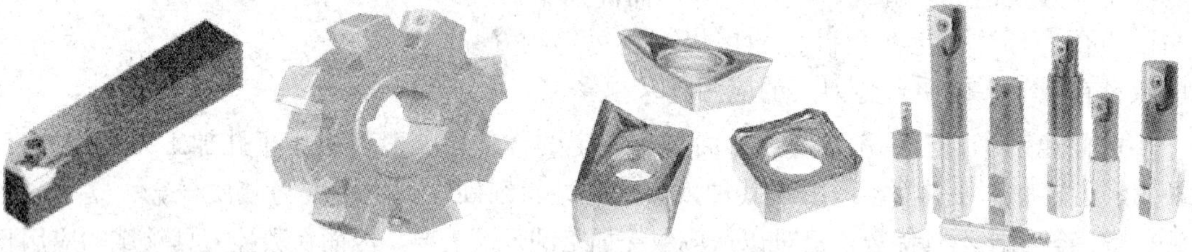

图 6—37　硬质合金刀具

表 6—15　常用硬质合金的性能和应用

牌号	性　能	用　途	相当 ISO
YT30	硬度、耐磨性等级 4，强度、韧性等级 1	适于碳素钢与合金钢工件的精加工，如小断面精车、精镗、精扩等刀具	P01
YT15	硬度、耐磨性等级 3，强度、韧性等级 2	适于在碳素钢与合金钢加工中，连续切削时的粗车、半精车及精车，间断切削时的小断面精车，旋风车螺纹，连续面的半精铣与精铣，孔的粗扩与精扩用刀具	P10
YT14	硬度、耐磨性等级 2，强度、韧性等级 3	适于在碳素钢与合金钢加工中，不平整断面和连续切削时的粗车、间断切削时的半精车与精车、连续断面的粗铣、铸孔的扩钻与粗扩用刀具	P20
YT5	硬度、耐磨性等级 1，强度、韧性等级 4	适于碳钢与合金钢（包括钢锻件、冲压件及铸件的表皮）加工不平整断面与间断切削时的粗车、粗刨、半精刨，非连续面的粗铣及钻孔用刀具	P30
YN05	硬度、耐磨性等级 2，强度、韧性等级 1	适于钢、铸钢件和合金铸铁的高速精加工，及机床—工件—刀具系统刚性特别好的细长件加工用刀具	P01
YN10	硬度、耐磨性等级 1，强度、韧性等级 2	适于碳素钢、各种合金钢、工具钢、淬火钢等钢材的连续精加工用刀具	P01 P05
YW1	硬度、耐磨性等级 2，强度、韧性等级 1	适于耐热钢、高锰钢、不锈钢等难加工钢材及普通钢和铸铁的加工用刀具	M10
YW2	硬度、耐磨性等级 1，强度、韧性等级 2	亦适于耐热钢、高锰钢、不锈钢及高级合金钢等特殊难加工钢材的加工、半精加工以及普通钢材和铸铁的加工	M20
YG3X	硬度、耐磨性等级 11，强度、韧性等级 1	适于铸铁、有色金属及其合金的精镗、精车等，亦可用于合金钢、淬火钢的精加工用刀具	K01
YG6A	硬度、耐磨性等级 10，强度、韧性等级 2	适于铸铁、有色金属及其合金的半精加工，亦适于高锰钢、淬火钢、合金钢的半精加工及精加工用刀具	K10

（续前表）

牌号	性 能	用 途	相当 ISO
YG6X	硬度、耐磨性等级 9，强度、韧性等级 3	经生产使用证明，该合金加工冷硬合金铸铁与耐热合金钢可获得良好的效果，亦适用于普通铸铁之精加工	K10
YG3	硬度、耐磨性等级 8，强度、韧性等级 4	用于无冲击和切削断面均匀的外圆精加工及半精加工、钻孔、扩孔、螺纹车削用刀具	K01
YG6	硬度、耐磨性等级 7，强度、韧性等级 5	适于铸铁、有色金属及其合金与非金属材料连续切削时的粗车，间断切削半精车、精车，粗车螺纹，旋风螺纹，连续断面的半精铣与精铣，孔的粗扩与精扩用刀具	K20
YG8N	硬度、耐磨性等级 6，强度、韧性等级 6	适于硬铸铁、球墨铸铁、白口铁及有色金属的粗加工，亦适于不锈钢的粗加工和半精加工用刀具	K20 K30
YG8	硬度、耐磨性等级 5，强度、韧性等级 7	适于铸铁、有色金属及其合金与非金属材料加工中，不平整断面和间断切削时的粗车、粗刨、粗铣，以及一般孔和深孔的钻孔、扩孔用刀具	K30

6.2.2.4 难加工材料切削刀具选材

随着航空航天、汽车、兵器、船舶、电子、机械等行业的快速发展，对产品零部件材料的性能有着各种各样的高水平要求。各种新型工程材料不断涌现，但同时也带来了一些加工难题，所谓“难加工材料”，一般是指难以切削加工的材料。难加工的原因一般是因为材料具有：高硬度、高强度、高塑性和高韧性或低塑性和高脆性、低导热性、有微观的硬质点或硬夹杂物、化学性质活泼等特性。这些特性一般易使切削过程中的切削力加大，切削温度升高，刀具耐用度下降，加工硬化倾向增大；有时还使已加工表面质量恶化，切屑难以控制；最终则使加工效率和加工质量降低。

1. 难加工材料的种类和特点

难加工材料的界定及品种，随时代及专业领域而各有不同，如：宇航业常用的超耐热合金、钛合金及含有碳纤维的复合材料等，都是该领域的难加工材料。难加工材料的种类主要包括：高强度钢、淬硬钢、不锈钢、高锰钢、高温合金、超硬烧结金属、钛合金、高熔点金属及合金、双金属材料、纯金属（纯铁、纯铜、纯镍）、高密度合金、陶瓷、工程塑料以及复合材料等。

2. 常见难加工材料切削刀具选材

(1) 高强度钢和超高强度钢。

高强度钢是指经调质处理后，具有很好的综合力学性能，其 $\sigma_s>1000$MPa 或 $\sigma_b>1200$MPa的结构钢，称为高强度钢。调质后 $\sigma_s>1200$MPa 或 $\sigma_b>1500$MPa 的结构钢，称为超高强度钢。这类钢的含碳量在 0.30%～0.50%之间，按合金元素含量高低又分为低合金、中合金、高合金高强度和超高强度钢，合金元素含量越高，加工难度越大。

◆ 特性分析：高强度钢和超高强度钢的原始强度和硬度并不高，但是经过调质处理后可获得较高的强度，硬度在 30～50HRC 之间。在切削过程中，刀具与切屑的接触长度小，切削区的应力和热量集中，易造成前刀面月牙洼磨损，增加后刀面的磨损，导致刃口崩缺或烧伤，使刀具的耐用度低；高强度钢和超高强度钢的剪切强度高，变形困难，切削力大；这两种钢的导热性差，切削时切屑集中于刃口附近很小的接触面内，易使切削温度增高；由于它们具有良好的塑性和韧性，所以切削时切屑不易卷曲和折断，切屑常缠绕在工件和刀具上，影响切削的顺利进行。

◆ 刀具选材：

高速钢：选用高性能高速钢切削高强度钢和超高强度钢，应根据工件材料的性能、形状、加工方法和工艺系统刚性等特点来选用。当工艺系统刚性较好、刀具型面简单时，可采用钨系、钨钼系高钒高钴高速钢；型面复杂时，可采用钨钼系、高碳低钒含铝高速钢或钨钼系高碳低钒高钴高速钢；当工艺系统刚性较差时，可采用钨钼系低钒含铝高速钢及钨钼系低钒高钴高速钢；在冲击切削条件下，宜采用钨钼系高钒高速钢、钨钼系含铌高速钢或钨钼系含铝高速钢。不同的切削方式切削高强度钢和超高强度钢时，高速钢牌号的选择见表 6—16。

表 6—16　高速钢牌号的选择

刀具类型	刀具材料	刀具类型	刀具材料
车刀	W9Mo3Cr4V3Co10 W12Mo3Cr4V3Co5Si W2Mo9Cr4VCo8 W10Mo4Cr4V3Co4Nb W10Mo4Cr4V3Al W6Mo5Cr4V2Al W18Cr4V4SiNbAl	拉刀	W2Mo9Cr4VCo8 W12Mo3Cr4V3Co5Si W10Mo4Cr4V3Al W6Mo5Cr4V2Al W6Mo5Cr4V5SiNbAl
铣刀	W2Mo9Cr4VCo8 W12Mo3Cr4V3Co5Si W9Mo3Cr4V3Co10 W10Mo4Cr4V3Co4Nb W10Mo4Cr4V3Al W6Mo5Cr4V2Al W18Cr4V4SiNbAl W6Mo5Cr4V5SiNbAl	齿轮刀具	W6Mo5Cr4V2Al W2Mo9Cr4VCo8 W12Mo3Cr4V3Co5Si W10Mo4Cr4V3Co4Nb W9Mo3Cr4V3Co10
成形铣刀	W2Mo9Cr4VCo8 W12Mo3Cr4V3Co5Si W10Mo4Cr4V3Co4Nb W10Mo4Cr4V3Al W6Mo5Cr4V2Al W6Mo5Cr4V5SiNbAl	螺纹刀具	W6Mo5Cr4V2Al W2Mo9Cr4VCo8 W12Mo3Cr4V3Co5Si W10Mo4Cr4V3Co4Nb W9Mo3Cr4V3Co10

另外，还可选用粉末冶金高速钢和 TiN 涂层高速钢。高速钢刀具 TiN 涂层，可以提高刀具耐用度 2～3 倍，提高切削速度 25%。常用的涂层高速钢刀具有：麻花钻、立铣刀、丝锥、齿轮滚刀、铰刀和插齿刀等。

硬质合金：是切削高强度和超高强度钢的主要刀具材料。根据粗加工、半精加工、精加工的要求，分别采用不同牌号的 YT 类硬质合金，最好是添加钽铌的牌号。高速精加工时，应采用高 TiC 含量的 YT 类合金，也可采用 YN 类合金（金属陶瓷）、涂层合金与 Al_2O_3 基陶瓷。也可选一些新型高性能硬质合金或涂层硬质合金。

陶瓷刀具：它的硬度和耐热性高于硬质合金，允许的切削速度比硬质合金高 1～2 倍。在高强度钢和超高强度钢的切削中，陶瓷刀具主要用于车削和平面铣削的半精加工和精加工中。推荐选用 Al_2O_3～TiC 系列陶瓷。

立方氮化硼（CBN、PCBN）：这种刀具的硬度、耐磨性及耐热性很高，PCBN 的强度也很高，达 1500MPa，适用于高强度钢和超高强度钢的车削和铣削，主要用于半精加工和精加工。

（2）淬硬钢和冷硬铸铁。

◆ 特性分析：淬硬钢的组织为回火马氏体，硬度可达 60HRC 以上。塑性和导热系数均极低。冷硬铸铁的特点是铸铁表面经激冷而产生“白口”（组织为渗碳体加珠光体），硬度亦达 52～60HRC，其他性能与淬硬钢相近。

◆ 刀具选材：宜选用高韧性牌号 YG 类硬质合金（YG 类的弹性模量大于 YT 类合金）。采用圆形硬质合金刀片较为有利，因为圆形强度较高，切削刃不易发生破损，见图 6—38。用 Al_2O_3 或 Si_3N_4 基陶瓷刀具对淬硬钢和冷硬铸铁进行精加工、半精加工，效果比硬质合金好。但刀具前角和主偏角应小，切削速度应低。

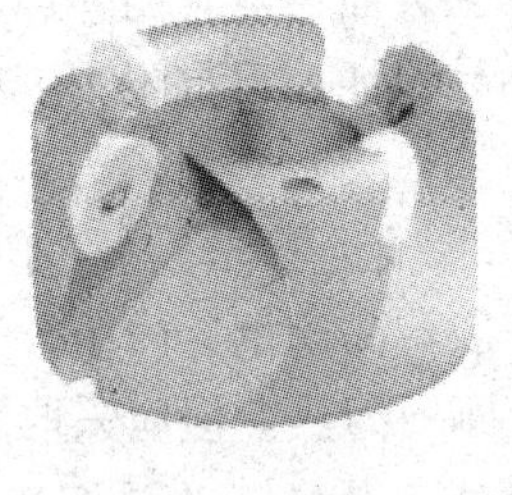

图 6—38　圆形硬质合金刀片

半精加工和精加工时也可用 CBN 刀具。在汽车行业，用 CBN 刀具加工 20CrMo5 淬硬齿轮（60HRC）内孔，代替磨削，已成为国内外汽车行业推广的新工艺。在模具行业用 CBN 刀具高速精铣淬硬钢模具，采取小的走刀步距，中间不接刀，完成形面的精加工，大大减少了抛光的工作量，显著缩短了模具的开发周期，已成为模具制造业的一项新工艺。在机床行业用 CBN 旋风铣精加工滚珠丝杠（64HRC）代替螺纹磨削，用硬质合金滚刀加工淬硬齿轮等都显现出很好的效果。

（3）不锈钢和高温合金。

◆ 特性分析：铁素体、马氏体不锈钢的切削加工并不太难。奥氏体不锈钢加工难度较大，它的硬度、强度都不太高，但塑性、韧性很高，加工硬化严重，且有一定数量的硬质夹杂物，导热系数很小（为 45 钢的 1/3），切削力较大，切削温度较高。高温合金的加工难度更大，其原始硬度、强度偏高，导热系数很小（为 45 钢的 1/3～1/4），硬夹杂物多，加工硬化严重，切削力大，切削温度高。高温合金中含有许多高熔点合金元素，如 Fe、Ti、Cr、Co、Ni、V、Mo、W 等，它们与非金属元素 N、C、B 等结合成比重小、熔点高的高硬度化合物，还能形成有一定硬度和韧性的金属间化合物，这些都能加剧刀具的磨损。

◆ 刀具选材：加工不锈钢和高温合金应采用 YG 类和 YW 类硬质合金，而不能用含 Ti 的 YT 类合金。应采用适当的刀具前角、较低的切削速度、较大的进给量。也可采用高速钢刀具。

（4）高锰钢。

◆ 特性分析：高锰钢的典型牌号有 Mn13、40Mn18Cr3、50Mn18Cr4 等。经过水韧处理，金相组织为均匀的奥氏体。它的硬度虽不高，但其塑性和韧性特别高，加工硬化特别严重。硬化后可达 500HBW。它的导热系数很小，只为 45 钢的 1/4。切削力比加工中碳钢时增大 60%，切削温度很高。

◆ 刀具选材：应选用硬度高、有一定韧性、导热系数较大、高温性能好的刀具材料。一般，粗加工时应选用 YG 类和 YW 类硬质合金；精加工时可用 YW 或 YT14 合金，用 Al_2O_3 基陶瓷刀具进行高速精加工效果很好。宜采用较小的前角和主偏角，较大的后角，切削速度应较低，进给量应较大。

(5) 复合材料和纤维增强材料。

◆ 特性分析：复合材料可以由金属、高聚物和陶瓷三者中的任意两个人工合成。复合材料包括纤维增强材料和颗粒增强材料。纤维增强的有碳纤维（CFRP）、玻璃纤维（GFRP）和Kevlar纤维（KFRP）等。纤维增强材料的弹性模量和导热系数都很小，已加工表面易发生回弹、撕裂，产生毛刺；纤维对刀具切削力有一定擦伤作用。故表面质量不易保证，刀具耐用度亦受影响。切削力和表面粗糙度常因切削方向不同而变化。

◆ 刀具选材：刀具材料宜选用YG类硬质合金或高速钢。颗粒增强复合材料的基体（如铝合金）虽较软，但颗粒（如SiC）很硬，对刀具有冲击和刮伤，故刀具受损伤很大。一般，高速钢、硬质合金和陶瓷刀具切削颗粒增强复合材料均不能胜任，应选用CBN或金刚石刀具，但应采取增强刀具切削力的措施。PCD刀具非常适合对石材、硬质碳、碳纤维增强塑料（CFRP）、人造板材等难加工非金属材料进行加工。金刚石涂层刀具可以用来加工石墨制品和复合材料（如碳—碳增强塑料、玻璃纤维增强塑料、酚醛树脂等）。

(6) 钛合金。

◆ 特性分析：钛合金的导热系数极小（只为45钢的1/6），化学性质活泼，易与大气中的氧、氮等化合而形成硬脆物质，切屑接触界面短，切削温度高，不易排屑，切削热不易散发，加工后零件变形回弹大，造成切削刀具扭矩增大、刃口磨损快，耐用度降低。钛合金化学活性高，在高温下加工易与刀具材料起反应，形成溶敷、扩散，造成粘刀、烧刀、断刀等现象。

◆ 刀具选材：一般采用YG类硬质合金。刀具前角应小，切削速度应低，进给量应较大。还可采用高钴高速钢刀具。含钛的金属材料——钛合金、高温合金、奥氏体不锈钢等，都不能用含钛元素的刀具进行切削。也就是说，P类硬质合金、TiC基与Ti（C、N）基硬质合金、涂层硬质合金（多数涂层材料含钛）均不能使用；应采用K类、M类硬质合金或高速钢。

(7) 工程塑料。

◆ 特性分析：工程塑料的品种非常多，按其性质的不同可分为热塑性塑料和热固性塑料两大类。前者有聚氯乙烯、聚丙烯、有机玻璃等，后者有胶木、玻璃钢等。塑料的硬度、强度虽然不高，但导热系数极小，只为碳钢的1/175～1/450，加工时容易引起烧伤和热变形。弹性模量小，不易保证加工尺寸。

◆ 刀具选材：刀具材料一般选用YG类硬质合金或高速钢。

6.3 模具的选材

本单元学习目标

★ 模具的种类和分类方法。

★★ 模具的基本性能，模具材料与模具寿命的相关知识、模具材料选用的一般原则。

★★★ 冷作模具、热作模具和塑料模具的工作条件、失效形式和性能特点。

★★★★ 典型冷作模具、热作模具和塑料模具的选材。

注：★了解。★★理解。★★★掌握。★★★★重点掌握。

6.3.1 模具概述

模具是成形金属、塑料、橡胶、玻璃、陶瓷等制件的基础工艺装备，是工业生产中发展和实现少无切屑加工技术不可缺少的工具。如汽车、工程机械、电器、电机、仪器仪表、电子等行业有 60%～80% 的制件需用模具加工，模具是一种高效率的工艺装备，用模具进行各种材料的成形，可实现高速度的大批量生产，并能在大量生产条件下稳定地保证制件的质量，节约原材料。因此，在现代工业生产中，模具的应用日益广泛，是当代工业生产的重要手段和工艺发展方向。

6.3.1.1 模具的种类和分类方法

模具分类方法很多，常用的分类方法如：按工艺条件可分为冷作模具和热作模具；按成形材料、成形工艺和设备可分为冷冲模和型腔模。另外还可以按模具结构形式分类；按使用对象分类；按加工材料性质分类；按模具制造材料分类；按工艺性质分类等。

1. 按工艺条件分类

(1) 冷作模具（见图 6—39）。

冷作模具是主要用于材料在冷状态（室温）条件下进行各种形式成形的模具，如冷冲压模、冷拉伸模、拔丝模、冷镦模、冷挤压模、压印模、辊压模、冲裁模（落料模、冲孔模、切边模、无/少废料冲裁、整修、光洁冲裁、深孔冲裁、精冲模等）、弯曲模、单工序模（弯曲、拉深、成形等）、复合冲模、级进冲模、汽车覆盖件冲模、组合冲模、电机硅钢片冲模等。

图 6—39 各种冷作模具

(2) 热作模具（见图 6—40）。

热作模具主要用于材料在高温状态条件下进行成形的模具，如模锻（包括大型压力机用锻模、螺旋压力机用锻模、平锻机锻模、辊锻模等）、热挤压模具、热拉伸模具、压铸模（有色金属压铸模、黑色金属压铸模）等。

图 6—40 各种热作模具

2. 按成形材料性质分类

(1) 塑料模具（见图 6—41）。

图 6—41　各种塑料模具

压塑模具、挤塑模具、吹塑成形模具、注射模具（立式、角式注射模具）、热固性塑料注射模具、挤出成形模具（管材、薄膜扁平机头等）、发泡成形模具等。

（2）金属制品用模具。

黑色金属和有色金属及其合金用冷作模具和热作模具。

（3）其他材料制品用模具。

粉末冶金模具、玻璃制品模具（见图 6—42）、橡胶成形模具（橡胶制品的压胶模、挤胶模、注射模、橡胶轮胎模、O形密封圈橡胶模等）、陶瓷模具等。

图 6—42　各种玻璃模具

3. 其他分类方法

按模具结构形式分类，如单工序模、复式冲模等；按使用对象分类，如汽车覆盖件模具（见图 6—43）、电机模具、手机模具等；按工艺性质分类，如拉深模、粉末冶金模、锻模等。

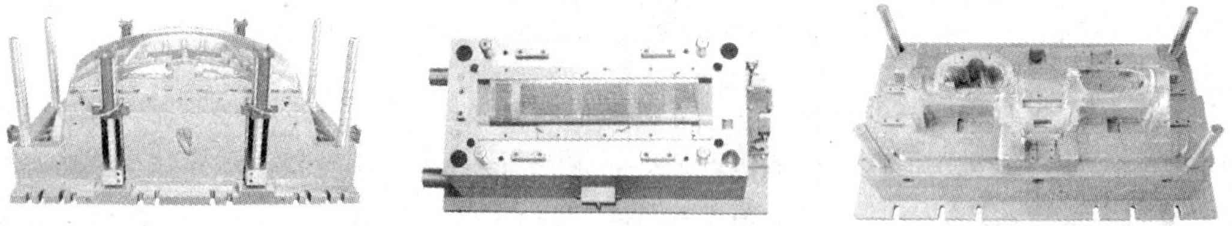

图 6—43　各种汽车模具

6.3.1.2　模具的性能

1. 机械性能

（1）硬度。

硬度是模具钢的主要技术指标，在高应力的作用下欲保持其形状尺寸不变，必须具有足够高的硬度。冷作模具钢在室温条件下一般硬度保持在 60HRC 左右，热作模具钢根据其工作条件，一般要求保持在 40～55HRC 范围内。

（2）红硬性。

在高温状态下工作的热作模具，要求保持其组织和性能的稳定，从而保持足够高的硬度，这种性能称为红硬性。碳素工具钢、低合金工具钢通常能在180～250℃的温度范围内保持红硬性；铬钼热作模具钢一般在550～600℃的温度范围内保持红硬性。

(3) 抗压屈服强度和抗压弯曲强度。

模具在使用过程中往往会承受较高的压力和较强的弯曲作用，因此模具材料应具备一定的抗压强度和抗弯强度。抗压屈服强度和抗弯强度通过进行抗压实验和抗弯实验测得(实验条件接近模具的实际工作条件)。

(4) 韧性。

模具在工作过程中承受冲击载荷，所以为了减少其在使用过程中出现折断、崩刃等形式的损坏，要求模具材料应具备一定的韧性。

(5) 耐磨性。

模具在工作中承受相当大的压力和摩擦力，要求模具能够在强烈摩擦下保持其尺寸精度。模具材料的耐磨性是决定模具寿命的最重要因素。模具的工作条件对钢的磨损有较大的影响。

(6) 抗疲劳能力。

热作模具钢在工作时不仅承受载荷的周期性变化，而且受到高温及周期性的急冷急热的作用。因此评价热作模具钢的断裂抗力应重视材料的热机械疲劳断裂性能。它是一种综合性能的指标，它包括热疲劳性能、机械疲劳裂纹扩展速率和断裂韧性三个方面。

热疲劳性能反映材料在热疲劳裂纹产生前的工作寿命。抗热疲劳性能高的材料，产生热疲劳裂纹的热循环次数较多。

机械疲劳裂纹扩展速率反映材料在热疲劳裂纹产生后，在锻压力的作用下裂纹向内部扩展时，每一应力循环的扩展量。

断裂韧性反映材料对已存在的裂纹发生失稳扩展的抗力。材料的断裂韧性高指的是其裂纹只有在有较大应力或裂纹长度较大的情况下才失稳扩展。也就是说在应力恒定的前提下，若一模具中已经存在疲劳裂纹，若该模具材料的断裂韧性值较高，则裂纹必须扩展得更深，裂纹才进一步失稳扩展。

就是说，抗热疲劳性能决定了疲劳裂纹产生前的那部分寿命；而裂纹扩展速率和断裂韧性决定了当裂纹产生后发生亚临界扩展的那部分寿命。因此，热作模具如要获得高的寿命，模具材料应具备高的抗热疲劳性能、低的裂纹扩展速率和高的断裂韧性值。

(7) 咬合抗力。

咬合抗力实际就是发生“冷焊”时的抵抗力。试验通常在干摩擦条件下，让被试验的工具钢试样与具有咬合倾向的材料进行恒速对偶摩擦运动，以一定的速度逐渐增大载荷，转矩也相应增大，当载荷加大到某一临界数值时，转矩突然急剧增大，该载荷称为“咬合临界载荷”。临界载荷越高，标志咬合抗力越强。

2. 工艺性能

(1) 可加工性。

◆ 热加工性能：指热塑性、加工温度范围等；

◆ 冷加工性能：指切削、磨削、抛光、冷拔等加工性能。

(2) 淬透性和淬硬性。

淬透性主要取决于钢的化学成分和淬火前的原始组织状态；淬硬性则主要取决于钢的

碳含量。对于大部分的冷作模具钢，淬硬性是主要的考虑因素之一。对于热作模具钢和塑料模具钢，一般模具尺寸较大，尤其是制造大型模具，其淬透性更为重要。

（3）淬火温度和热处理变形。

当模具采用火焰加热局部淬火时，由于准确控制温度困难，所以要求模具钢有更宽的淬火温度范围。

模具在热处理过程中产生的翘曲等变形难以修复。为保证模具的质量，要求模具钢的热处理变形小。特别是形状复杂的精密模具，其对于热处理变形的程度要求更为苛刻，应该选用微变形模具钢制造。

（4）氧化、脱碳敏感性。

模具在加热过程中，如果发生氧化、脱碳现象，就会使其硬度、耐磨性、使用性能和寿命降低。因此要求模具钢的氧化、脱碳敏感性好。

表 6—17 为几种常用模具钢的主要性能对比。

表 6—17　　几种常用模具钢的主要性能对比

钢号	耐磨性	韧性	红硬性	尺寸稳定性	可切削性	可磨削性
O1（9CrWMn） A2（Cr5Mo1V） D2（Cr12Mo1V1） D3（Cr12）	42 53 70 85	50 50 32 20	10 20 23 20	55 80 90 65	75 50 35 30	93 55 25 15
H11（4Cr5MoSiV）	38	90	37	85	75	85
H13（4Cr5MoSiV1）	40	88	40	85	70	85
H19（4Cr4W4Co4V2Mo）	45	65	60	55	60	60
M2（W6Mo5Cr4V2）	70	40	75	40	35	35
M42（Mo9W1Cr4VCo8）	88	37	90	40	30	38
M3（W6Mo5Cr4V3）	95	30	85	40	25	10

① 以 100 为最佳；

②（ ）中为我国钢号，（ ）外为 ASTM 钢号。

6.3.1.3　模具材料与模具寿命

为了提高生产效率，提高毛坯精度和材料利用率，发展和采用少、无切削新工艺、新设备，对模具提出了向精密、多型腔、高寿命方向发展的要求。模具寿命的提高，最根本的办法是采用高性能的模具材料和高质量的模具制造工艺。尽管影响模具寿命的因素是多方面的，但模具材料的合理选用是一个关键的因素。

目前，我国已研制出不少新型高效模具钢，如热作模具钢中的 3Cr3Mo3W2V、5Cr4W5Mo2V、4CrMnSiMoV、4Cr2NiMoV、5Cr4Mo3SiMnVAl 等，冷作模具中的 6Cr4W3Mo2VNb、7Cr7Mo3V2Si、7CrSiMnMoV、6CrNiMnSiMoV 等。新钢种的采用，均获得提高模具寿命数倍的效果。如冷作模具钢选用 6Cr4W3Mo2VNb（65Nb）代替 T10、Cr12MoV、W6Mo5Cr4V2 等制作多工位冷镦机用的内六角凸模、十字槽光凸模、螺栓切边模、钢板弹簧冲孔凸模、圆环冷冲模等；热作模具钢选用 3Cr3Mo3W2V（HM1）代替 3CrW8V 钢等制作轴承套圈的热冲压凸模和凹模、连杆辊锻成形模、小型机锻模等都显著提高了模具寿命。因此，正确选用并合理使用模具材料，是保证模具正常使用寿命的必要条件。

模具钢的冶金质量对模具寿命也有很大影响。钢中的非金属夹杂物、中心疏松、白点、成分偏析、碳化物大小、形状及分布不理想，均能降低钢的强韧性及疲劳抗力，从而降低模具使用寿命。

6.3.1.4 模具材料选用的一般原则

(1) 应满足模具的使用性能要求。主要从工作条件、模具结构、产品形状、尺寸、生产批量等方面加以综合考虑，确定材料应具有的性能。凡形状复杂、尺寸精度要求高的模具，应选用低变形材料；承受负荷大的模具，应选用高强度材料；承受强烈摩擦和磨损的模具，应选用硬度高、耐磨性好的材料；承受冲击负荷大的模具，应选用韧性高的材料。

(2) 应具有良好的工艺性。一般应具有良好的锻造性、切削加工性与热处理特性。对尺寸较大、精度较高的重要模具。还要求有较高的淬透性、较小的过热敏感性、较低的氧化脱碳和淬火变形开裂倾向。碳素工具钢由于热处理淬火后内应力大，变形开裂倾向大，因此一般不适于用电火花线切割方法加工的模具。

(3) 适当考虑经济性。在满足前两项要求的情况下，选用材料应尽可能考虑到价格低和资源丰富的品种。

6.3.2 冷作模具选材

6.3.2.1 冷作模具选材分析

1. 冷作模具的工作条件

冷作模具的工作特点是：在一定载荷条件下，使常温金属产生塑性变形或分离并加工成所需的制件。其工作温度较低（一般不超过300℃），工作条件非常复杂，冷作模具在使用过程中承受拉伸、弯曲、压缩、冲击、疲劳等不同应力的作用，刃口或工作表面还会产生剧烈的摩擦与磨损。用于金属冷挤、冷镦、冷拉伸的模具，还要承受300℃左右的交变温度作用。

2. 失效形式

模具的失效是指模具丧失了正常的工作能力，其生产出的产品已成为废品。

模具失效形式主要有断裂及开裂、磨损、疲劳、崩刃、变形、腐蚀等。

3. 冷作模具的性能要求

(1) 硬度。

硬度是模具性能的最主要的指标，高的硬度是保证模具耐磨性的必要条件。通过选择合适的钢材并经过淬火和退火热处理后可获得模具零件的高硬度。为了保证基体硬度在60HRC以上，钢的含碳量不能小于0.5%。此外，钢的残余碳化物的种类、颗粒大小和数量对耐磨性影响很大。

(2) 冲击性能。

抗冲击性能的好坏取决于材料是否具有足够的韧性。钢材的含碳量越低，冲击韧性越高。但含碳量过低，经热处理后，又很难得到较高的硬度，应根据工作条件考虑选材。

(3) 抗弯性能。

模具的抗弯性能即抗弯强度，抗弯强度越高，抗弯性能越好。一般来说，W6Mo5Cr4V2钢的抗弯强度最高，而高碳低合金钢最差。

(4) 抗压性能。

抗压性能对于冷冲模凸模（冲头）的选材及模具设计是非常重要的依据。总体来说，对于同一种钢而言，抗压强度与硬度呈正比，如高速钢 W6Mo5Cr4V2 的抗压强度最高。

(5) 耐磨性。

对于在一定条件下工作的模具钢来说，为了获得高的耐磨性，需要在硬度高的基体上均匀分布有大量细小坚硬的碳化物。提高钢的强度和韧性有助于提高钢的耐磨性，但不同的冷作模具钢，经过热处理淬火和回火后，即使同一硬度下的不同钢种其耐磨性也不一样，如在 60HRC 时，Cr12 钢的耐磨性最好，而 CrWMn 及其他碳素工具钢较低。

(6) 抗疲劳性能。

冷作模具在交变应力作用下，有可能发生疲劳破坏。钢材内部晶粒粗大、碳化物不均匀等都能导致疲劳强度降低，如经淬火后的高碳低合金钢和 Cr12 钢所制作模具都不如高速钢 W6Mo5Cr4V2 的疲劳强度高。

由此看来，冷作模具所要求的性能是非常复杂的。这些性能，有些相互有联系的性能，在某种条件下又是相互矛盾的。因此，需对模具的工作条件与失效形式进行分析后，选择合适的材料和制定合理的热处理工艺。

4. 冷作模具的材料种类

冷作模具的材料主要有碳素工具钢、高碳低合金冷作模具钢、抗磨损冷作模具钢（包括高铬钢、基体钢等）、抗冲击冷作模具钢、冷作模具用高速工具钢、粉末冶金冷作模具钢、硬质合金等。

如冲压模具材料主要有碳钢、合金钢、铸铁、铸钢、硬质合金、钢结硬质合金、锌基合金、环氧树脂、聚氨酯橡胶等。冲压模具中凸、凹模等工作零件所用的材料主要是模具钢，常用模具钢包括碳素工具钢、合金工具钢、轴承钢、高速工具钢、基体钢，另外还有硬质合金和钢结硬质合金等。

冷作模具钢如按工艺性能分类可参见表 6—18。

表 6—18　　冷作模具钢按工艺性能分类

组别	名　称	钢　号
1	低淬透性冷作模具钢	T7A、T8A、T10A、T12A、V、MnSi、Cr2、9Cr2、CrW5
2	低变形冷作模具钢	9Mn2V、9Mn2、CrWMn、MnCrWV、9CrWMn、SiMnMo*
3	微变形冷作模具钢	Cr6WV、Cr12MoV、Cr12、Cr4W2MoV、Cr2Mn2SiWMoV
4	高强度冷作模具钢	W6Mo5Cr4V2、W18Cr4V
5	高强韧冷作模具钢	6W6Mo5Cr4V、CG2、65Nb
6	抗冲击冷作模具钢	40CrW2Si、5CrW2Si、6CrW2Si、60Si2Mn、5CrNiMo、5CrMnMo、5SiMnMoV、9SiCr

* SiMnMo 石墨钢目前仅美国列为标准钢号，由于具有优良的抗咬合能力和耐磨性，欧、美已有许多特殊钢厂列为基本钢号，有普及的趋势，我国已列为推荐用钢。

6.3.2.2　典型冷作模具选材

1. 下料冲孔模具选材

下料冲孔模具主要用于制造对金属或非金属板材进行下料、冲孔用的凸模和凹模。当薄板放在凸模、凹模之间进行冲裁时，薄板在最初阶段产生变形，随着变形量的增加，薄板的下侧表面因受到大的拉应力而产生开裂。在使用过程中，随着凹模和凸模的磨损量的增加，其刃部的尖角逐步变为圆角，导致薄板下侧产生的拉应力降低，薄板厚度方向受到压缩，增加了被冲裁板料的加工硬化和变形、延迟了板料产生裂纹的时间，坯料切断后，其断口周围产生毛刺，随着模具磨损量的增加，工件的毛刺高度增加，当毛刺高度超过规定要求时，模具就需要更换或返修。正常失效主要为磨损，及因结构或热处理不当而产生的刃口剥落、折断等。性能要求：高的弯曲和抗压强度，高的硬度、耐磨性与足够的韧性。

冷冲模材料的选用，应根据被加工工件的材料种类、厚度、生产工件的批量和模具的尺寸精度、形状复杂程度等因素选择钢材。若选材不当。即使有很好的热处理，也不能获得优异的性能和高的耐用度。因此，在选料时，必须尊重下述原则：

(1) 要选用淬透性良好的材料。

在冲模使用中，大多数冲模除要求表面有足够的硬度外，还要求芯部有足够的韧性。特别对于大型模具，若采用淬透性较差的材料，表面淬硬后其芯部没淬透，这样即使在回火后也得不到高的强度和韧性，影响了冲模的质量。所以，为了使模具在淬火后能获得较均匀的应力状态，避免开裂或变形，在选材时一般应选用淬透性能好的钢材。如在冲裁模中，凹模通常要用淬透性较好的材料，而凸模则要求低些。

(2) 要选用抗回火稳定性高的材料。

冷冲模在工作时，由于和被加工材料发生强烈的挤压和摩擦，会形成较高的温度。这就要求冲模材料本身要具有较高的抗回火稳定性，即在一定温度下能有保持硬度的能力。一般来说，碳素钢和低合金钢抗回火能力差，若采用不同程度的含铬和含钼的合金钢，能显著提高冲模的这种性能。

(3) 要选用抗热处理变形的材料。

零件经热处理，尤其淬火过程中会产生体积变化、形状翘曲、畸变等，所以在选用材料时，对一些形状复杂、截面厚薄不均的零件，不宜采用淬透性差的材料，可选用一些高碳、高合金、淬透性较好的钢材。

(4) 要根据制品批量选择冲模的材料。

一般对于制件数量较多的冲模选用优质合金钢制造，而对于制件数量较少的模具可采用价格相对低廉的碳素工具钢制造。当冲压低硬度的纸板，塑料板，铝、镁合金板，铜合金板时，如产品批量不大，可选用碳素工具钢；批量较多时，可选用 CrWMn、9CrWMn、7CrSiMnMoV 等低合金钢，淬火回火硬度为 62～64HRC；生产批量达到 100 万件，可选用 Cr12、Cr12MoV、Cr5Mo1V、7Cr7Mo2V2Si 等钢号，淬火回火硬度为 61～63HRC；当生产批量超过 100 万件时，可选用高速钢或硬质合金制造模具。

(5) 要根据冲模精密程度选择钢材。

如果制造小型精密而复杂的冲模，可选用优质钢材如合金钢制造；而对于简单的冲模，可采用价格便宜的钢材来制作。

(6) 要根据冲模零件作用选择钢材。

冲模的关键零件，如凸模和凹模，可采用优质钢材制作，而其他零件可以采用一般钢材制作。但对于形状较简单的冲裁凸模和凹模以及弯曲模和拉深模，如果是用于冲制数量不多或者厚度不大的有色金属或黑色金属，则多用优质的碳素工具钢来制造。当冲压强度高、变形抗力大的碳素钢板、硅钢钢板、不锈钢板时，要根据材料的强度、厚度、变形抗力，选择合金含量更高、耐磨性更好的高一档模具钢。

此外，大型冲模的凸、凹模可以采用局部镶块结构，以节省贵重钢材。总之，在选用冲模材料时，要综合考虑冲模成本和材料性能进行选取。

推荐的下料冲孔模具钢见表 6—19。

表 6—19　薄板下料冲孔模具用钢的选择

被加工材料	生产批量/件				
	10^3	10^4	10^5	10^6	10^7
铝、镁及铜合金	CrWMn	CrWMn，Cr5Mo1V	CrWMn，Cr5Mo1V，Cr12MoV	Cr12MoV，Cr12Mo1V1，高速钢	硬质合金
碳钢、合金结构钢	CrWMn	CrWMn	CrWMn	Cr12MoV1	硬质合金
铁素体不锈钢		Cr5Mo1V	Cr5Mo1V，Cr12，Cr12MoV	Cr12Mo1V1，高速钢	
奥氏体不锈钢	CrWMn，Cr5Mo1V	CrWMn，Cr5Mo1V，Cr12	Cr12，Cr12MoV，Cr12Mo1V1	Cr12Mo1V1，高速钢	硬质合金
淬回火弹簧钢（≤52HRC）	Cr5Mo1V	Cr5Mo1V，Cr12，Cr12MoV	Cr12Mo1V1，Cr12MoV，高速钢	Cr12Mo1V1，高速钢，粉末高速钢	硬质合金
变压器硅钢	Cr5Mo1V	CrWMn，Cr12，Cr12MoV	Cr2，Cr12Mo1V1，高速钢	Cr12Mo1V1、高速钢粉末高速钢	硬质合金
纸张等软材料	T8，T10	T8，T10	T8，T10，Cr5Mo1V，CrWMn	CrWMn，Cr5Mo1V，Cr12，Cr12MoV	Cr12，Cr12MoV，高速钢
一般塑料板	T10，CrWMn	CrWMn	Cr5Mo1V	高速钢	硬质合金
增强塑料板	CrWMn，Cr5Mo1V	Cr5Mo1V，Cr12MoV（氮化）	Cr5Mo1V，Cr12MoV（氮化）	Cr12，Cr12Mo1V1，高速钢	硬质合金

2. *冷镦模具选材*

冷镦是指金属毛坯在室温下受冲击压力后，高度方向尺寸减小，而与压力垂直方向的横截面尺寸增加的成形方法。冷镦过程中，冷镦模具承受剧烈的冲压载荷，其凹模表面承受很高的压应力和反复冲击磨损，冲头承受反复冲击压缩、冲击疲劳和冲击磨损。失效方式有冲头磨损、镦粗、下陷、崩裂、折断或断裂，凹模模腔内壁拉毛（擦伤后磨损）和冲击疲劳失效。要求模具材料具有足够的抗压屈服强度、弯曲疲劳强度和耐磨性，工作表面必须具有高的硬度（>60HRC）和耐磨性；芯部必须具有足够的韧性。选材时，遵循以下原则：

(1) 生产工件批量不大的冷镦模。

用于生产批量不大的冷镦模具，一般选择碳素工具钢或低合金冷作模具钢。对模具型腔表面进行局部淬火后，使型腔表面硬度达到 60HRC 左右 ，而芯部硬度为 35～45HRC。应根据模具截面尺寸选择具有一定淬透性的模具钢，以得到理想的淬硬层。

(2) 生产工件批量大、要求寿命长的冷镦模。

用于生产批量大、要求寿命长的冷镦模具，则采用高合金模具钢、高速钢、钢结硬质合金或钴含量较高韧性好的硬质合金制造。模具采用镶块式模具结构，外套采用高韧性合金结构钢或 4Cr5MoSiV1 等热作模具钢制造，热处理后硬度为 HRC45 左右；高硬度冷镦模具镶块采用高合金模具钢制造。

推荐的冷镦模具材料见表 6—20 和表 6—21。

表 6—20　　冷镦模具用钢的选择

生产批量/件	1×10^4		5×10^4		25×10^4		1×10^5	
	整体模	镶块模	整体模	镶块模	整体模	镶块模	整体模	镶块模
冷镦模具用钢	T8	Cr5Mo1V	T8	Cr12MoV	T8	Cr12MoV	T8	Cr12-Mo1V1，高速钢
	T10	Cr12MoV	T10	Cr12Mo1-V1	T10	Cr12Mo1V1	T10	CPM10V
	Cr2	Cr12Mo1-V1	Cr2	7Cr7Mo2-V2Si	Cr2	高速钢	Cr2	钢结硬质合金
	T10+V	W6Mo5Cr4V2	T10+V	高速钢	T10+V	7Cr7Mo2-V2Si	7CrSiMnMoV	硬质合金
	7CrSiMn-MoV	7Cr7Mo2-V2Si	7CrSiMnMoV		7CrSiMn-MoV	钢结硬质合金，CPM10V		

注：镶块模具外套可采用中碳合金结构钢或 4Cr4MoSiV1、4Cr5MoSiv1 钢制造。

表 6—21　　冷镦模具材料的选择

<table>
<tr><th colspan="3" rowspan="2">模具类型及零件名称</th><th rowspan="2">工作条件</th><th colspan="2">推荐选用的材料牌号</th><th rowspan="2">硬度（HRC）</th></tr>
<tr><th>中、小批量生产（<10 万件）</th><th>大量生产（>20 万件）</th></tr>
<tr><td rowspan="10">冷作镦头（凹模）</td><td colspan="2" rowspan="2">开口模整体模块</td><td>轻载荷、小尺寸</td><td>T10A、MnSi</td><td>T10A、MnSi</td><td>表面 59～62，芯部 40～50</td></tr>
<tr><td>轻载荷、较大尺寸</td><td>CrWMn、GCr15</td><td>CrWMn、GCr15</td><td>表面>62，芯部<55</td></tr>
<tr><td rowspan="8">闭合模</td><td rowspan="2">整体模块</td><td>轻载荷、小尺寸</td><td>T10A、MnSi</td><td>—</td><td>表面 59～62，芯部 40～50</td></tr>
<tr><td>轻载荷、较大尺寸</td><td>CrWMn、GCr15</td><td>—</td><td>表面>62，芯部<55</td></tr>
<tr><td rowspan="4">嵌镶模块模芯</td><td rowspan="4">重载荷、形状复杂的大、中型模具</td><td>Cr6WV、Cr4W2MoV</td><td rowspan="4">YG15、YG20 或 YG25、YE65、YE50</td><td>58～62</td></tr>
<tr><td>（Cr12MoV）</td><td>58～62</td></tr>
<tr><td>W18Cr4V、W6Mo5Cr4V2</td><td>>62</td></tr>
<tr><td>基体钢</td><td>58～62</td></tr>
<tr><td rowspan="2">嵌镶模块模套</td><td rowspan="2">重载荷、形状复杂的大、中型模具</td><td rowspan="2">42CrMo、40CrMnMo
4Cr5W2VSi
4Cr5MoVSi
4Cr5MoV1Si</td><td>六角螺母冷镦模 T7A、T10A</td><td rowspan="2">48～52</td></tr>
<tr><td>钢球、滚子冷镦模 GCr15、CrWMn</td></tr>
<tr><td colspan="3" rowspan="7">冷作冲头（凸模）</td><td>轻载荷、小尺寸</td><td>T10A、MnSi</td><td rowspan="2">—</td><td>58～60</td></tr>
<tr><td>轻载荷、较大尺寸</td><td>CrWMn、GCr15</td><td>60～61</td></tr>
<tr><td rowspan="5">重载荷</td><td>Cr6WV、Cr4W2MoV</td><td rowspan="5">YG15、YG20、YG25、YE65、YE50（另附模套）</td><td>56～64</td></tr>
<tr><td>（Cr12MoV）</td><td>56～64</td></tr>
<tr><td>W18Cr4V、W6Mo5Cr4V2</td><td>63～64</td></tr>
<tr><td>6W6Mo5Cr4V</td><td>56～64</td></tr>
<tr><td>基体钢</td><td>56～64</td></tr>
</table>

（续前表）

模具类型及零件名称	工作条件	推荐选用的材料牌号		硬度（HRC）
		中、小批量生产（＜10万件）	大量生产（＞20万件）	
切裁工具	—	T10A、Cr4W2MoV、（Cr12MoV）、W6Mo5Cr4V2	—	切断刀片：60～62、63、64～65 滚切刀：61～63、60～61、62～64
顶出杆	冲击载荷较大、要求韧性高的	6W6Mo5Cr4V2、T7A	—	57～59
	中等冲击负荷、要求韧性和耐磨性都好的	9CrWMn、CrWMn		＜60
	冲击负荷不大，但要求高耐磨性的	W6Mo5Cr4V2		62～63

3. 冷挤压模具选材

冷挤压是在常温条件下，利用模具在压力机上对金属以一定的速度施加相当大的压力，使金属产生塑性变形，从而获得所需形状和尺寸的零件。模具将承受很高的压缩应力（可达2500～3000MPa）。脱模时冲头还要承受拉应力。由于挤压一个工件是在一刹那间完成的，所以冲头也承受着冲击负荷。冲头工作过程中，其刃口部分与流动的金属之间有强烈摩擦，常见失效方式是疲劳破坏和擦伤磨损。这要求冷挤压模应具有高的硬度、韧性、耐磨性，尽可能高的弯曲疲劳强度、抗压屈服强度和剪切抗力。此外，工件在变形过程中所产生的热量也部分地被模具吸收，所以模具材料还需要具有一定的红硬性和热强性。为了保证冷挤压模的良好性能，提高使用寿命，选材上应注意以下几点：

（1）模具材料在高温下的性能。

冷挤压模在高压下工作，因此模具必须具有很高的强度和硬度，才能避免本身的塑性变形、磨损和破坏。同时，还应考虑挤压工作过程中工件的温度可高达300℃，因此选材时还应考虑如何在这样的高温下保证足够的强度和硬度。

（2）模具材料应具有相当韧性。

凸模和凹模是在冲击载荷作用下工作的，因此所选用的模具材料应具有相当的韧性，如以Cr12钢为代表的工具钢，因其热处理变形小、淬透性好、耐磨性和韧性都比较好，是正挤压普遍采用的钢种。

（3）凸模应具有较好的抗弯强度。

高速钢具有较高的抗弯强度，特别适宜做承受高挤压负荷的反挤压凸模。

（4）模具材料必须较易于加工。

（5）模具材料在交变应力下的性能。

模具是在冷热交变应力的环境下工作的，因此选用模具材料时应考虑耐热疲劳性能。

推荐的冷挤压模具钢见表6—22、表6—23。

表 6—22　　冷挤压模具用钢的选择

被挤压工件材料		生产批量/件	
		5×10³	5×10⁴
凸模用钢	铝合金　低碳钢（C≤0.10%） 渗碳合金钢	Cr5Mo1V Cr5Mo1V Cr5Mo1V	Cr5Mo1V，Cr12Mo1V1，高速钢 Cr5Mo1V，Cr12Mo1V1，高速钢 高速钢，7Cr7Mo2V2Si
凹模用钢	铝合金　低碳钢（C≤0.10%） 渗碳合金钢	T10 CrWMn，Cr5Mo1V CrWMn，Cr5Mo1V	T10，CrWMn Cr5Mo1V（氮化），Cr12MoV Cr5Mo1V（氮化），Cr12MoV
顶杆用钢	铝合金　低碳钢及渗碳合金钢	Cr5Mo1V Cr5Mo1V	Cr12MoV，Cr12Mo1V1，高速钢 Cr12Mo1V1，高速钢，7Cr7Mo2V2Si

表 6—23　　冷挤压拉伸模具用钢的选择

被加工工件材料		生产批量/件	
		5×10³	5×10⁴
凸模用钢	铝合金	Cr5Mo1V	Cr12，Cr12MoV，Cr12Mo1V1，高速钢
	低碳钢（w_C<0.10%）	高速钢，低碳高速钢	高速钢
	碳钢（w_C=0.20%～0.40%）	高速钢（氮化）	高速钢（氮化），高钒高速钢
	渗碳合金钢	高速钢（氮化）	高速钢（氮化），高钒高速钢
凹模材料	铝合金	Cr5Mo1V	Cr5Mo1V，Cr12MoV，高速钢
	碳钢及合金钢	Cr5Mo1V，6Cr4W3Mo2VNb， 7Cr7Mo2V2Si	Cr12MoV，Cr12Mo1V1， 6W6Mo5Cr4V，高速钢（氮化）

4．冲压成形模具选材

冲压成形是通过弯曲或少量的延伸，将金属薄板压制成与模具轮廓相近的工件。冲压模具的正常失效主要是由于磨损。软的、薄的和强度低的工件成形压力低、磨损少。反之，模具磨损就会加速。选择冲压成形模具材料要依据成形工件的批量、工件的材料及其形状、尺寸、厚度、要求的精度等来决定。生产形状复杂的、较厚工件的模具可采用高一档的模具钢；而形状简单、较薄的工件的成形模具，可选择低一档的模具材料。硬质合金具有很高的耐磨性和抗擦伤性能，但是成本高、脆、不易加工，一般仅用于制造重要模具的镶块。

（1）小型冲压成形模具。

一般多采用高合金模具钢 Cr12MoV 或 Cr12Mo1V1 钢制造（硬度为 58～62HRC）。对于易产生表面擦伤的模具可以进行氮化处理。

（2）大型冲压成形模具。

凸模往往采用 Cr12MoV 或 Cr12Mo1V1 钢制造，凹模主体用铸铁制造，仅在容易磨损的局部采用淬硬的 Cr5Mo1V、Cr12MoV、Cr12Mo1V1 钢的镶块。有时也可以采用经局部淬硬的 7CrSiMnMoV 钢镶块。

推荐的冲压成形模具钢见表 6—24。

表 6—24　　薄板冷冲压成形用模具钢的选择

被加工工件材料	质量要求		生产批量/件				
	表面粗糙度	尺寸偏差/mm	10^2	10^3	10^4	10^5	10^6
铝、铜、黄铜	无	无	环氧树脂，金属聚酯，锌合金	环氧树脂，金属聚酯，锌合金	环氧树脂，金属聚酯，锌合金	合金铸铁 7CrSiMnMoV 镶块	铸铁 Cr5Mo1V 镶块
铝、铜、黄铜	无	±0.1	环氧树脂，金属聚酯，锌合金	环氧树脂，金属聚酯，锌合金	合金铸铁	合金铸铁 7CrSiMnMoV 镶块	铸铁 Cr5Mo1V 镶块
铝、铜、黄铜	低	±0.1	环氧树脂，金属聚酯，锌合金	环氧树脂，金属聚酯，锌合金	合金铸铁	合金铸铁 7CrSiMnMoV 镶块	铸铁 Cr5Mo1V 镶块
低碳钢	无	无	环氧树脂，金属聚酯，锌合金	环氧树脂，金属聚酯，锌合金	合金铸铁	合金铸铁 7CrSiMnMoV 镶块	合金铸铁 Cr5Mo1V 镶块
低碳钢	低	±0.1	锌合金	锌合金	合金铸铁	合金铸铁 Cr5Mo1V，Cr12MoV 镶块	合金铸铁 Cr12MoV 镶块
NiCr 不锈钢	无	无	环氧树脂，锌合金	锌合金	合金铸铁	合金铸铁 Cr5Mo1V 镶块	合金铸铁 Cr12MoV，Cr12Mo1V1 镶块
NiCr 不锈钢，耐热钢	低	±0.1	锌合金	锌合金	合金铸铁	合金铸铁 Cr12MoV（氮化）镶块	合金铸铁 Cr12Mo1V1（氮化）镶块
低碳钢（无润滑）	低	±0.1	锌合金	锌合金	合金铸铁	合金铸铁 Cr12Mo1V1（氮化）镶块	合金铸铁 Cr12Mo1V1（氮化）镶块

5. 拉深模具选材

拉深模具是使金属薄板在凸模和凹模之间被拉伸变形，形成与凸模形状近似的杯状工件。模具的使用寿命与被拉深薄板的材质、厚度，模具的尺寸、形状、材质、硬度、表面状态、制造工艺、拉深变形程度、润滑方式等有关。要求拉深模使用的材料应具有一定抗磨损和抗咬合性能。

当拉深有色金属、碳素钢薄板时，根据工件的生产批量，可分别选用碳素工具钢、低合金冷作模具钢和中合金模具钢。并根据需要，对部分模具表面进行镀铬或氮化处理，以防咬合。

当拉深奥氏体不锈钢或高镍合金钢时，为了防止咬合，除对模具进行氮化处理外，有时采用铝青铜制造凹模或采用硬质合金制造凹模镶块。

推荐的拉深模具钢见表 6—25、表 6—26。

表 6—25　　软薄钢板减薄拉深模具用钢的选择

工件拉伸减薄率/%		生产批量/件			
		10^3	10^4	10^5	10^6
拉深凸模①	<25	T8，T10	CrWMn	Cr5Mo1V	Cr5Mo1V，Cr12MoV，7Cr7Mo3V2Si
	25～35	T8，T10	Cr5Mo1V	Cr5Mo1V	Cr12，Cr12MoV
	35～50	CrWMn，Cr5Mo1V	Cr5Mo1V	Cr12，Cr12Mo1V1，7Cr7Mo3V2Si	Cr12，Cr12Mo1V1
	>50	Cr12MoV，Cr12Mo1V1	Cr12，Cr12MoV，Cr12Mo1V1	Cr12，Cr12Mo1V1，7Cr7Mo3V2Si	Cr12，Cr12Mo1V1，高速钢
拉深凹模	<25	T8，T10	CrWMn	CrWMn	Cr5Mo1V，Cr12MoV
	25～35	T8，T10	CrWMn，Cr5Mo1V	Cr5Mo1V，Cr12MoV	Cr12，Cr12MoV
	35～50	CrWMn	Cr5Mo1V，Cr12MoV	Cr12，Cr12MoV	Cr12，Cr12MoV
	>50	Cr5Mo1V，Cr12，Cr12MoV	Cr12，Cr12Mo1V1	Cr12，Cr12Mo1V1	Cr12，Cr12Mo1V1

① 为便于脱模，凸模可进行镀铬或氮化处理。

表 6—26　　拉深模具材料的选用

零件名称	工作条件		推荐选用的材料牌号			硬度（HRC）
	制品类别	拉深材料	小量生产（<1 万件）	中批量生产（<10 万件）	大量生产（100 万件）	
凹模	小型	铝合金或铜合金 深冲用钢	T10A、GCr15 CrWMn 9CrWMn	CrWMn、9CrWMn Cr6WV	Cr6WV、 Cr4W2MoV Cr12MoV	0～64
		奥氏体不锈钢	T10A（镀铬） 铝青铜 QAl9－4	Cr6WV（氮化）	Cr4W2MoV（氮化） Cr12MoV（氮化） YG 类硬质合金⑥ 钢结硬质合金⑥	
	大、中型⑤	铝合金或铜合金 深冲用钢	低合金铸铁①	低合金铸铁① 镶嵌模块： Cr6WV④、 Cr4W2MoV④	镶嵌模块： Cr6WV④ Cr4W2MoV④	
		奥氏体不锈钢	低合金铸铁② 镶嵌青铜： 铝青铜④ QAl9－4	镶嵌模块： Cr6WV（氮化）④ Cr4W2MoV（氮化）④ 铝青铜 QAl9－4①	镶嵌模块： Cr6WV（氮化）④ Cr4W2MoV（氮化）④ Cr12MoV（氮化）④ W18Cr4V（氮化）④	
冲头（凸模）③	小型		T10A 40Cr（渗碳）	T10A Cr6WV	Cr6WV、Cr4W2MoV Cr12MoV	58～62
	大、中型⑤		低合金铸铁②	CrWMn、9CrWMn	Cr6WV、Cr4W2MoV Cr12MoV	

（续前表）

零件名称	工作条件		推荐选用的材料牌号			硬度（HRC）
	制品类别	拉深材料	小量生产（<1 万件）	中批量生产（<10 万件）	大量生产（100 万件）	
压边圈	小型		T10A、CrWMn 9CrWMn	T10A、CrWMn 9CrWMn	T10A、CrWMn 9CrWMn	54～58
	大、中型⑤		低合金铸铁①	低合金铸铁①	CrWMn、9CrWMn	

① 合金铸铁成分：C3%、Si1.6%、Cr0.4%、Mo0.4%，摩擦面进行火焰淬火。
② 合金铸铁成分同，仅是摩擦面火焰淬火到<420HB
③ 冲头材料，除合金铸铁外，最好镀铬。
④ 镶嵌模块材料，镶嵌于经火焰淬火的低合金铸铁中。
⑤ 大、中型制品系指外径及高度>200mm 者。
⑥ 硬质合金模坯外面必须镶套，模套材料可采用中碳钢或中碳合金钢。

6. 压印模具选材

在压印加工过程中，模具的失效主要是磨损和型面凹陷、龟裂等原因。选择模具材料时，可参考以下原则：

（1）当压印模具尺寸不大，生产工件批量较小时，可采用碳素工具钢作为模具材料；

（2）当模具尺寸较大、形状复杂时或生产工件批量大，或进行不锈钢等难变形材料的压印时，则可分别选用低合金冷作模具钢、空淬微变形钢、中高合金冷作模具钢或高速钢制造。若选用高合金冷作模具钢或高速钢制造压印模具时，可根据需要对模具进行镀铬处理或采用镶块模具。

（3）对于使用过程中易产生裂纹的压印模具，也可以采用 4Cr5MoSiV1 热作模具钢制造，以提高其韧性，硬度为 50～54HRC；此外，粉末高速钢和高合金粉末冶金模具钢也可以用作长寿命压印模具镶块材料。

推荐的压印模具用钢见表 6—27。

表 6—27　压印模具用钢的选择

被加工工件材料	生产批量/件		
	10^3	10^4	10^5
铝合金	T8	T8，CrWMn	Cr12，Cr12MoV
铜合金	T10	T10，CrWMn	Cr12，Cr12Mo1V1
低碳钢	T8，T10	T10，CrWMn，Cr5Mo1V	Cr12，Cr12Mo1V1，7Cr7Mo3V2Si
合金结构钢	CrWMn	Cr5Mo1V	Cr12，Cr12Mo1V1
不锈钢			7Cr7Mo3V2Si
耐热钢			高速钢

6.3.2.3　冷作模具应用案例

1. 硬质合金复合冲裁模

图 6—44 所示为 E 型矽钢片硬质合金复合冲裁模。该模具采用带浮动模柄的滚珠导向模架，凸模 3、凹模 2 及凸凹模 1 均用 YG15 硬质合金制造，结构都为整体式。

2. 汽油发动机化油器柱塞的挤压模具

根据产品（见图 6—45）的设计要求，柱塞使用塑性好的锻铝进行一次挤压成形，毛坯具体尺寸及形状见图 6—46。

模具的结构设计如图 6—47 所示。工作部分由模套（凹模）、上冲头（凸模）和下冲头（反向凸模）组成。

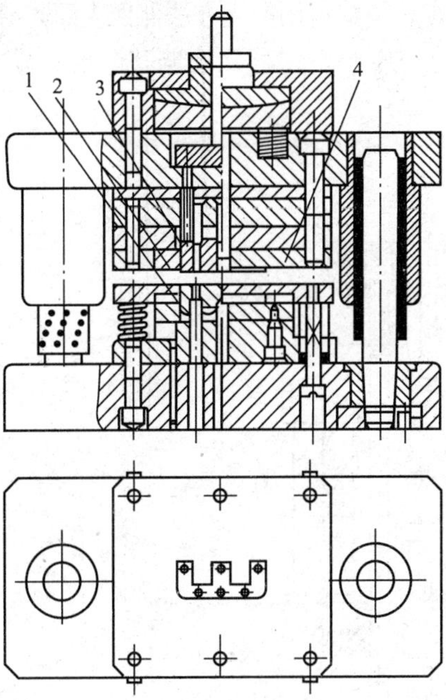

图 6—44　E 型矽钢片硬质合金复合冲裁模

1—凸凹模；2—凹模；3—凸模；4—凹模固定板

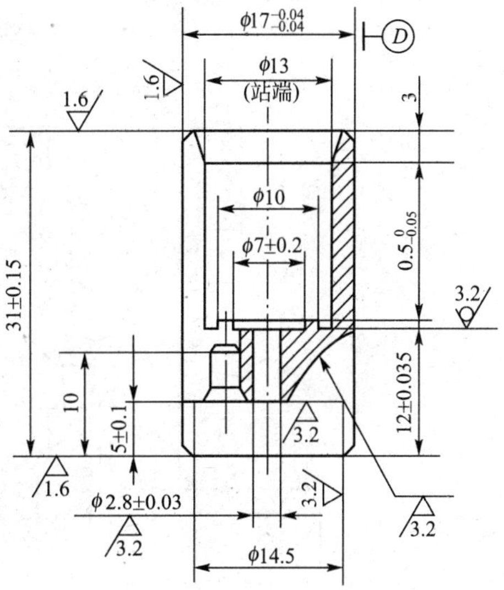

图 6—45　柱塞产品图

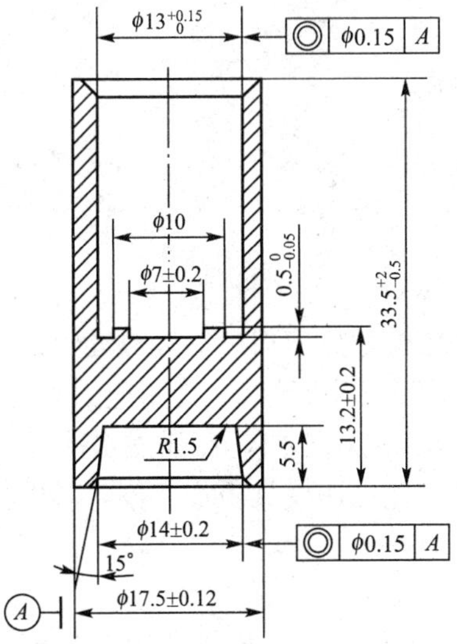

图 6—46　柱塞毛坯图

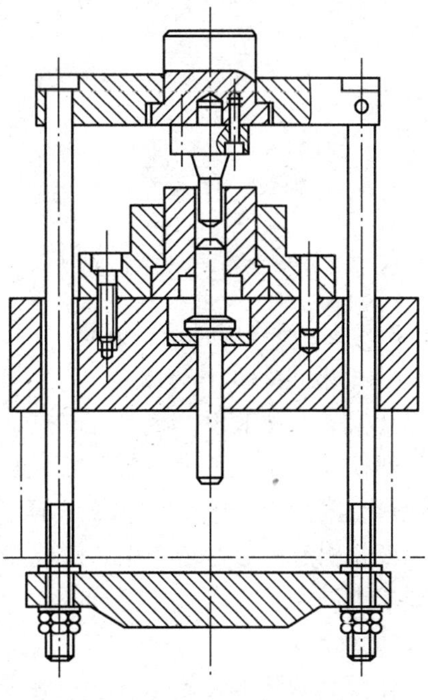

图 6—47　模具结构设计图

由于冷挤压过程中的热效应以及模具工作表面受到的剧烈摩擦作用，挤压件温升高达300～400℃，模具承受着冷热交变应力的作用。要求模具材料具有高强度、高硬度、高耐磨性、一定的韧性以及良好的热硬性、热稳定性、耐热疲劳性等性能。考虑模具的使用寿命及成本，材料选用模具钢 Cr12MoV，淬火硬度为 60～62HRC，精磨后用抛光方法保证表面光滑。

图 6—47 所示的冷挤压模是属于无导向装置的冷挤压模，这种结构调整凸模的导向精度难度大，在此基础上做出改进如图 6—48 所示。

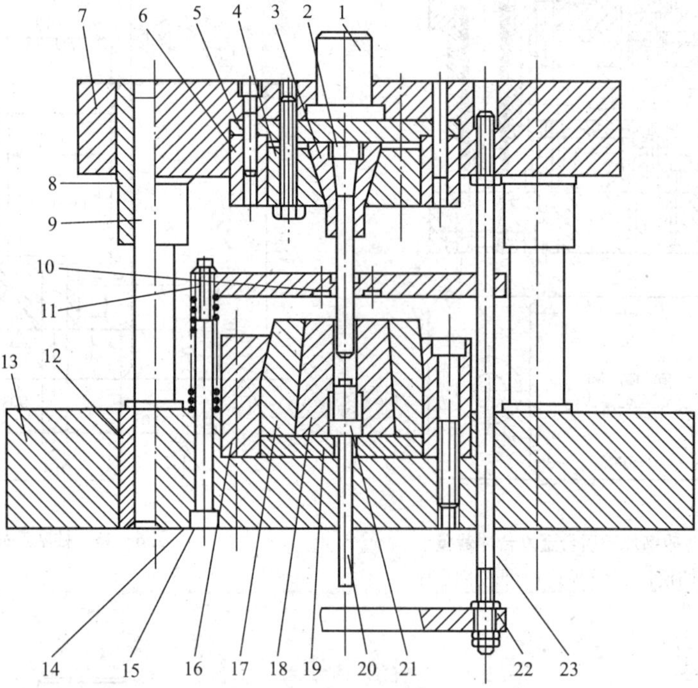

图 6—48　导柱导套导向的冷挤压模具图

1—模柄；2—凸模；3—凸模固定圈；4—压环；5—上压力板；6—固定环；7—上底板；8—导套；9—导柱；10—卸件环；11—卸件板；12—衬套；13—下底板；14—拉杆衬套；15—拉杆；16—外加强圈；17—中加强圈；18—内层凹模；19—压力板；20—顶杆；21—顶出杆；22—顶板；23—反拉杆

6.3.3　热作模具选材

6.3.3.1　热作模具选材分析

1. 热作模具的工作特点

热作模具有锤锻模、压力机锻模、压铸模、热挤压模、热剪切模等。热轧辊也可归入此类。热作模具主要承受高温条件下的金属成形，模具在高温下承受交变应力和冲击力，工件成形温度往往在 1000℃以上，模具还要经受高温氧化及烧损，在强烈水冷条件下经受冷热变化引起的热冲击作用。因此热作模具工作条件比冷作模具更加苛刻，对模具钢的性能要求更高。

2. 失效形式

热作模具的基本失效形式包括断裂、过热、磨损、热疲劳、崩裂、塌陷、龟裂、变形、腐蚀等。

3. 热作模具应具备的力学性能

对热作模具除要求高温条件下的硬度、强度、韧性外，还要求具有某些特殊性能。

(1) 热稳定性。

热稳定性表征钢在受热过程中保持金相组织和性能稳定的能力。

(2) 回火稳定性。

回火稳定性是指随回火温度升高，材料的强度和硬度下降快慢的程度，也称回火抗力或抗回火软化能力。

(3) 热疲劳抗力及断裂韧度。

热疲劳抗力表征了材料热疲劳裂纹萌生前的工作寿命和萌生后的扩展速率。热疲劳抗力通常以20～750℃条件下反复加热冷却时发生裂纹的循环次数或当循环一定次数后测定裂纹长度来确定。热疲劳抗力高的材料不易发生热疲劳裂纹，或当裂纹萌生后，扩展量小、扩展缓慢。

断裂韧度则表征了裂纹失稳扩展抗力，断裂韧度高，则裂纹不易发生失稳扩展。

(4) 高温磨损与抗氧化性能。

高温磨损是热作模具的主要失效形式之一，正常情况下，绝大多数锤锻模及压力机模都因磨损而失效。抗热磨损是对热作模具的使用性能的要求，是多种高温力学性能的综合体现。

实际使用表明，模具材料抗氧化性能的优劣，对模具使用寿命影响很大。因氧化会加剧模具工作过程中的磨损，导致模具型腔尺寸超差而报废。氧化还会使模具表面产生腐蚀沟，成为热疲劳裂纹起源，加剧模具热疲劳裂纹的萌生与扩展。因此，要求模具具备一定的抗氧化性能。

以上性能主要通过合理的选材来实现。本节将介绍锻压模具、热挤压模具和压铸模具的选材。

6.3.3.2　典型热作模具选材

1. 锻压模具选材

锻模在机械载荷和温度均发生循环变化的条件下工作，工作条件非常恶劣。模具在工作过程中经受巨大的冲击负荷，同时经受压应力、拉应力和附加弯曲应力，被锻金属在模具型腔内流动又产生强烈的摩擦力，型腔表面经常与高温金属（黑色金属为1100～1150℃，有色金属温度稍低）接触，被加热至300～400℃，局部高达500～600℃。此外经常受到反复加热和冷却。在工作时模具工作部位不仅会发生塑性变形和型腔堆塌，而且会发生型腔尺寸被磨损和产生纵向、横向裂纹，以及网状裂纹（龟裂），即所谓热疲劳裂纹。影响模具的使用寿命。因此，在选择锻模模具材料时，应该选择热疲劳抗力高并兼有高的屈服点、断裂韧度和抗氧化性能的材料。其材料应具有以下性能：

(1) 材料应在高温下具有较高的力学性能。包括较高的机械强度、硬度、冲击韧性，以便能承受较大的变形抗力和具有良好的耐磨性。

(2) 要具有较好的耐热疲劳性，即使在锻模冷热交变的工作条件下仍能有较高的寿命。

(3) 要有良好的回火稳定性，使锻模在工作时，不致因受热而产生硬度下降的现象。

(4) 材料的淬透性能要好，使锻模整体具有必要的和均匀的力学性能。

(5) 材料要具有良好的导热性能。

(6) 材料应具备良好的机械加工及切屑性能。

对于大多数锤模锻和锻造压力机用的锻模模块，其工作硬度一般不大于50HRC；而在机械压力机上进行高温合金锻造用的模具，由于被锻造材料热强性高，则往往采用铬钼系合金模具钢。锻造模具一般截面较大，应选用淬透性较高的钢种，以提高模块芯部的性能。

锻造压力机承受的冲击载荷较低，但往往承受更高的工作温度，所以锻造压力机用模具一般采用热强性较高、合金含量较高的热作模具钢，其工作硬度也较高；而模锻锤用的锻模，承受冲击载荷较高，工作温度较低，所以多选用合金量较低、冲击韧性高的钢种，相应地多采用较低的工作硬度。

锻模模块用钢的选择见表6—28、表6—29，切边模具用钢见表6—30。

表6—28　　锻模模块及镶块用钢的选择

被加工材料	生产批量/件			
	锻模模块		锻造压力机模块	
	$1\times10^{2}\sim1\times10^{4}$	$>1\times10^{4}$	$1\times10^{2}\sim1\times10^{4}$	$>1\times10^{4}$
碳钢和 低合金钢	5CrMnMo， 5CrNiMo， 5CrNiMoV （341～375HB）	5CrNiMo，5CrNiMoV 整体（369～388HB）； 或4Cr5MoSiV1镶块 （405～433HB）	5CrNiMo，5CrNiMoV 整体（388～429HB）； 或4Cr5MoSiV1镶块 （405～433HB）	5CrNiMo，5CrNiMoV 整体（388～429HB）； 或4Cr5MoSiV1镶块 （405--433HB）
不锈钢和 耐热钢	5CrNiMo，5CrNiMoV 整体（341～375HB）； 或4Cr5MoSiV1镶块 （429～448HB）	5CrNiMo，5CrNiMoV 整体（369～388HB）； 或4Cr5MoSiV1 镶块（429～448HB）	5CrNiMo，5CrNiMoV 整体（388～429HB）； 或4Cr5MoSiV1， 4Cr3Mo3SiV 镶块（429～448HB）	5CrNiMo，5CrNiMoV 整体（388～429HB）； 或4Cr5MoSiV， 4Cr3Mo3SiV 镶块（429～543HB）
铝合金、 镁合金	5CrNiMo，5CrMnMo， 5CrNiMoV （341～375HB）或 4Cr5MoSiV1 （405～433HB）	5CrNiMo，5CrMnMo， 5CrNiMoV （341～375HB） 或4Cr5MoSiV1 （405～433HB）	5CrNiMo，5CrMnMo， 5CrNiMoV （341～375HB） 或4Cr5MoSiV1 （405～433HB）	5CrNiMo，5CrNiMoV （341～375HB）； 或4Cr5MoSiV， 4Cr3Mo3SiV （429～448HB）
铜合金	4Cr5MoSiV， 4Cr5MoSiV1， 4Cr3Mo3SiV （405～433HB）	4Cr5MoSiV， 4Cr5MoSiV1， 4Cr3Mo3SiV （405～433HB）	4Cr5MoSiV， 4Cr5MoSiV1， 4Cr3Mo3SiV （405～433HB）	4Cr5MoSiV1， 4Cr3Mo3SiV （429～448HB）

表6—29　　常用热锻模具用钢举例

模具类型	工作条件		推荐用钢
锤锻模	整体模具		5CrMnMo，5CrNiMo，4CrMnSiMoV，5Cr2NiMoV
	镶块		4Cr5MoSiV1，3Cr2W8V，3Cr3Mo3W2V，4CrMnSiMoV
压力机锻模	整体模具		5CrNiMo，5CrMnMo，4CrMnSiMoV， 4Cr5MoSiV，4Cr5W2SiV，3Cr3Mo3W2V
	镶拼模具	镶块	4Cr5MoSiV1，4Cr5MoSiV，4Cr5W2SiV，5Cr4W2
		模体	5CrMnMo，5CrNiMo，4Cr2MnSiMoV
热顶锻模	—		3Cr2W8V，5Cr4Mo2W2SiV，4Cr5MoSiV，5CrNiMo
高速锤锻模			5CrNiMo，4Cr5MoSiV1，4Cr5MoSi

表 6—30 切边模具用钢的选择

被切边工具材料	冷切边模具				热切边模具	
	一般用		精密切边用		凸模	刃口
	凸模	刃口	凸模	刃口		
碳素钢及合金钢	5CrNiMo，5CrMnMo，5CrNiMoV（341～375HB）	Cr12MoV，Cr12Mo1V1，（54～56HRC）			5CrNiMo，5CrMnMo，8Cr3（341～375HB）	Cr12MoV，Cr12Mo1V1，（58～60HRC）
不锈钢和耐热钢					5CrNiMo，5CrMnMo，8Cr3，5CrNiMoV（388～429HB）	Cr12MoV，Cr12Mo1V1，（58～60HRC）
轻合金和铜合金	5CrNiMo，5CrMnMo，（461～477HB）	CrWMn，Cr12MoV（58～60HRC）	Cr12MoV，Cr12Mo1V1，（58～60HRC）	Cr12MoV，Cr12Mo1V1，（58～60HRC）	5CrNiMo，5CrMnMo，8Cr3（388～429HB）	Cr12MoV，Cr12Mo1V1，（58～60HRC）

2. 热挤压模具选材

很多有色金属和钢的型材、管材和异型材是采用热挤压工艺成形的。热挤压是塑性的金属坯料在压力的作用下通过挤压模具型腔形成所要求形状的型材或管材的过程。常用金属热挤压坯料的加热温度见表 6—31。

表 6—31 常用金属的热挤压坯料加热温度范围

金属种类	坯料加热温度范围/℃	金属种类	坯料加热温度范围/℃
铅合金	90～260	钛合金	870～1040
镁合金	340～430	镍合金	1100～1260
铝合金	340～510	钢	1100～1260
铜合金	650～1100		

热挤压模具主要由挤压筒、压头、挤压顶头、垫块、凹模和心棒（用于挤压管材）等主要部件组成。模具在高温、高压、磨损和热疲劳等恶劣条件下工作，其失效主要是破裂、磨损、冲刷腐蚀、过热和热疲劳裂纹等。这类钢的使用性能要求应以高的高温强度（即高的回火稳定性）和高的耐热疲劳性能为主。

热挤压模具用钢的选择见表 6—32。

表 6—32 热挤压模具用钢的选择

被热挤压工件的材料	铝、镁合金		铜和铜合金		钢	
模具名称	模具材料	硬度/HRC	模具材料	硬度/HRC	模具材料	硬度/HRC
凹模	4Cr5MoSiV1，4Cr5MoSiV	47～51	4Cr5MoSiV，4Cr5MoSiV1，5Cr4W2Mo2SiV，3Cr2W8V	42～44	4Cr5MoSiV，4Cr5MoSiV1，5Cr4W2Mo2SiV，3Cr2W8V	44～48

（续前表）

被热挤压工件的材料	铝、镁合金		铜和铜合金		钢	
模具名称	模具材料	硬度/HRC	模具材料	硬度/HRC	模具材料	硬度/HRC
凹模垫块及凹模环	4Cr5MoSiV1，4Cr5MoSiV	46～50	4Cr5MoSiV1，4Cr5MoSiV	40～44	4Cr5MoSiV1，4Cr5MoSiV	40～44
心棒	4Cr5MoSiV1，4Cr3Mo3SiV	46～50	4Cr5MoSiV1，4Cr3Mo3SiV	46～50	4Cr5MoSiV1，4Cr3Mo3SiV	46～50
心棒头及镶块	W6Mo5Cr4V2，6W6Mo5Cr4V	55～60	6W6Mo5Cr4V，镍基高温合金		Cr5MoSiV1，3Cr2W8V	44～50
挤压缸内套	4Cr5MoSiV1，4Cr5MoSiV	42～47	4Cr5MoSiV1，4Cr3Mo3SiV	42～47	4Cr5MoSiV1，4Cr5MoSiV，4Cr3Mo3SiV	42～47
垫块	4Cr5MoSiV1，4Cr5MoSiV	40～44	4Cr5MoSiV1，4Cr3Mo3SiV	40～44	4Cr5MoSiV1，4Cr3Mo3SiV	40～44

表 6—33　常用热挤压模具用钢举例

模具类型	工作条件	推荐用钢
热挤压模	轻金属及其合金、钢及其合金的凹模、冲头、管材挤压芯棒、穿孔芯棒等	5CrNiMo，3Cr2W8V，3Cr3Mo3W2V，5Cr4Mo2W2SiV，4Cr5MoSiV，4CrMnSiMoV，4Cr5MoSiV1
温热挤压模	—	W18Cr4V，W6Mo5Cr4V2，6W6Mo5Cr4V，6Cr4W3Mo2VNb
热剪切模	—	5CrNiMo，4CrMnSiMoV，4Cr5MoSiV1，6W6Mo5Cr4V，W6Mo5Cr4V2
中、小型热轧工作辊	—	60CrMo，50CrNiMo，50CrMnMo，9Cr，70Cr3Mo，60CrNiMo，

3. 压铸模具选材

合金压铸是指将固态金属合金（铝合金、锌合金、铜合金）加热熔化成液态后注入模具型腔内，经过保压冷却后形成制品零件的工艺过程。在压铸过程中，模具在工作时经受高的压力，反复与炽热金属（有色合金 600℃左右；黑色金属压铸温度更高）接触，被反复加热与冷却，工作型腔易产生热疲劳和磨损，且型腔与炽热的金属相接触，易发生化学作用。由于高温熔融金属冲刷型腔，在机械、热和化学介质作用下，模具型腔变得粗糙，产生裂纹、损伤、磨损与腐蚀等，易使模具发生热疲劳、热溶蚀和变形破坏。所以，模具在冷热交变的侵蚀下，其不同零件所用材料应具备以下性能要求：

（1）模具的成形零件。

模具的成形零件包括动、定模模块，镶块及浇注系统零件（与金属直接接触的零件）。这些零件的材料应具备下述性能：

1）良好的可锻性和切削性能；

2）具有较高的高温强度、高温硬度、抗回火稳定性和冲击韧性；

3）良好的导热性和抗热疲劳性；

4）具有足够的高温抗氧化性，能抵抗液体金属的黏附和腐蚀；

5）具有小的热膨胀系数，以保证铸件的尺寸和模具配合部位的精度；

6）具有高的耐磨性和良好的抗蠕变性；

7）具有良好的淬透性和较小的热处理变形率。

（2）滑动配合零件。

滑动配合零件包括导柱、导套、滑块、楔紧块、斜销、推杆、复位杆等受力零件。这些零件的材料应具备下述性能：

1）具有良好的耐磨性和适当的强度。

2）具有适当的淬透性和较小的热处理变形率。

（3）辅助零件。

模具的辅助零件包括模座，垫块，动、定模模套等零件。其应具有的性能同冷冲模一样，要有足够的强度。

压铸模具常用材料的选择可参考表6—34、表6—35和表6—36。

表6—34　压铸模具用钢的选择

压铸工件的材料	模具用钢	使用硬度/HRC
锌合金（中、小批量生产）	3Cr2Mo	30～32
锌合金（大批量生产）	4Cr5MoSiV1	44～46
铝合金、镁合金	4Cr5MoSiV1，3Cr3Mo3W2V	45～48
铜合金	3Cr3Mo3W2V，3Cr2W8V，4Cr4W4Co4V2（H19），3Cr12W12V（H23）	44～48

表6—35　压铸模具常用材料的选用

零件名称	压铸合金	
	锌合金	铝、镁、铜合金
型腔、型芯、型腔镶块等成形零件	3Cr2W8，5CrNiMo，4CrW2Si，4Cr5MoSiV1，3Cr2W8V	3Cr2W8，3Cr2W8V，4Cr5MoSiV，4Cr3Mo2MnVNbB，4Cr3Mo2NiVNbB，4Cr3Mo2MnVB，4Cr3Mo2MnVSi，2Cr3Mo3VNb
浇道口镶块、浇口套、分流锥及特殊要求的推出零件	3Cr2W8，5CrMnMo，5CrNiMo	
导柱、导套等导向零件，楔紧块、斜销、推杆、复位杆等受力零件	T8A，T10A，GMn2V	
动、定模套板、支承板等零件	45，T8，Q235，Q275	
模座，模脚，垫块，动、定模底板	30，45，Q235，Q275	

注：表中所列材料，先者为优先选用。

表6—36　不同压铸合金模具材料的选用

	锌合金	铝合金	镁合金	铜合金
常用合金	ZZnAl4-1 ZZnAl4-0.5 ZZnAl4	ZL101 ZL102 ZL103 ZL104 ZL105 ZL301 ZL302 ZL401	ZM5	ZHSi80-3 ZHPb59-1 ZHAl67-2.5 ZHMn58-2-2

（续前表）

	锌合金	铝合金	镁合金	铜合金
压铸时合金温度（℃）	410～415	620～710	640～730	910～960
模具工作温度（℃）	150～200 预热：120～150	180～250 预热：130～180	200～300 预热：140～200	300～380 预热：180～250
对模具的要求	耐高温； 具有足够强度及刚性	耐高温、耐冲刷、耐热裂；有足够强度及刚性；能良好排气排渣	与铝合金模具相同；有较大容量溢流槽	对耐高温、耐热裂有更高要求；型腔硬度比铝合金模具低些
模具寿命	20万次以上	中小铸件6～20万次； 中大铸件3～8万次	比铝合金模稍长	1～5万次；通常在数千次后会出现裂纹
选用压铸机	热压室压铸机 冷压室压铸机	冷压室压铸机	冷压室压铸机；热压室压铸机	冷压室压铸机
特点及用途	应用广泛；批量大、表面需电镀的铸件；锌合金易老化，当温度＞100℃或＜－10℃时尺寸不稳定，应用受限制	应用最广泛	应用一般；铸件密度小、力学性能好，用于承受强烈颠簸、起滞振作用的零件；可制造用于低温（－196℃以上）工作的零件	用于抗磁零件、耐磨、导热性能好、受热后尺寸变化较小的零件
型腔镶块材料、型芯材料	4Cr5MoSiV1（H13），3Cr2W8V、5CrNiMo，4CrW2Si 淬火HRC40－48	4Cr5MoSiV1（H13），3Cr2W8V 4Cr5Mo2MnVSi（Y10），3Cr3Mo3VNb （HM3）淬火40～46HRC		3Cr2W8V 3Cr3Mo2MnVNbB （Y4）淬火40～44HRC
浇口套、镶块分流锥材料	材料同上，淬火40～48HRC，必要时氮化500～550HV			同上，淬火40～48HRC
推杆材料	4Cr5MoSiV1（H13），3Cr2W8V，淬火45～50HRC 楔紧块等材料			T8A， 淬火50～55HRC
材料选用说明	1. 3Cr2W8V，渗氮470～530HV或碳氮共渗55～60HRC，缺点：抗热疲劳性能和导热性差，易变形、磨损和热疲劳，最后出现龟裂 2. 4Cr5MoSiV1，淬透性和强度、韧性高，抗氧化和抗热疲劳性能好			同左，淬火，型腔35～40HRC， 型芯40～45HRC （渗氮易龟裂）

6.3.4 塑料模具选材

目前塑料制品的应用日益广泛。尤其是在日常生活用品、电子仪表、电器、3C产品、汽车等行业中应用广泛。已向塑料制品化方向发展。塑料制品大多采用模压成形，因而需要模具。模具的结构形式和质量对塑料制品的质量和生产效率有直接影响。

6.3.4.1 塑料模具选材分析

1. 工作条件

塑料是以高分子合成树脂为主要成分，在一定温度和压力条件下，可塑制成一定形状且在常温下保持形状不变的制品零件的材料。塑料按受热后表现出的性能，大致分为热固性塑料与热塑性塑料两大类，每类又分为不同的品种。热固性塑料的特点是在一定温度下，经一定的时间的加热、加压或加入硬化剂后，发生化学反应而硬化。硬化后的塑料化学结构发生变化，质地坚硬、不溶于溶剂、加热也不再软化，如果温度再高，则就会分解。而热塑性塑料的特点是受热后发生物态变化，由固体软化或熔化成黏流体状态，但冷却后又可变硬而成固体，且过程可以多次反复，塑料本身的分子结构则不发生变化。

工作条件：坯料在模具型腔中塑性变性时，沿型腔表面既流动又滑动，使型腔表面与坯料间产生剧烈的摩擦；模具工作过程中，往往长期处于循环应力的作用下；有些常承受较大的冲击负荷；有些模具在工作过程中处于反复加热和冷却的状态，使型腔表面受拉、压变应力的作用；有些塑料中存在氯、氟等元素，受热后分解析出 HCl、HF 等强侵蚀性气体，会侵蚀模具型腔表面。

2. 失效形式

模具失效形式主要有小能量多次冲击疲劳断裂、拉伸疲劳断裂、接触疲劳断裂及弯曲疲劳断裂、冲击断裂、表面龟裂和剥落，会降低制品尺寸精度，产生磨损、塑性变形和腐蚀等。

3. 性能要求

塑料模具要求具有一定的强度、硬度、韧性、耐磨性、热稳定性、导热性和耐腐蚀性等性能。此外，还要求具有良好的工艺性，如良好的可锻性、切削加工性、淬硬性、淬透性、可磨削性、研磨和抛光性能、补焊性能；还应具有小的氧化、脱碳敏感性和淬火变形开裂倾向，模具尺寸和形状稳定等。另外，钢料要求纯净、夹杂物少、偏析少，表面光洁度高。

4. 塑料模具钢的种类

由于压制塑料的品种不同，以及对塑料制品的尺寸、形状、精度、表面粗糙度等的要求不同，对塑料模具用钢的耐磨性、耐腐蚀性、耐热性、耐压性、磁学性能、微变形和镜面抛光性能等有不同的要求。根据其用途的差异，塑料模具用钢大致分为通用型塑料模具用钢、耐磨塑料模具用钢、渗碳型塑料模具钢、耐腐蚀塑料模具用钢、高镜面塑料模具钢、无磁塑料模具用钢和易切削塑料模具钢等。

6.3.4.2　典型塑料模具选材

1. 通用型塑料模具选材

通用型塑料模具用于生产通用型塑料（如聚乙烯、聚丙烯）工件。

(1) 当生产批量较小时，尺寸精度和表面粗糙度无特殊要求且截面不大时，可以采用碳素结构钢 SM45、SM50、SM55 钢（见表 6—37），采用调质或正火处理；或者可以采用低碳钢 10、15、20、20Cr 钢，采用渗碳加淬火回火处理。由于低碳钢变形抗力低、塑性好，主要适用于采用冷挤压成形的方法压制模具型腔制造模具，其加工工艺路线如下：

表 6—37　　碳素塑料模具钢和渗碳型塑料模具钢的性能特点与用途

牌号	性能特点与用途
SM45 (YB/T 094—1997)	SM45 属优质碳素塑料模具钢，与普通优质 45 碳素结构钢相比，其钢中的硫、磷含量低，钢材的纯净度好。由于该钢淬透性差，制造较大尺寸塑料模具一般用热轧、热锻或正火状态，模具的硬度低，耐磨性较差。制造小型塑抖模具，用调质处理可获较高的硬度和较好的强韧性。钢中碳含量较高，水淬容易出现裂纹，一般采用油淬，该钢优点是价格便宜，切削加工性能好，淬火后具有较高的硬度，调质处理后具有良好的强韧性和一定的耐磨性，被广泛用于制造中、小型的中、低档次的塑料模具。

（续前表）

牌号	性能特点与用途
SM50 （YB/T 094—1997）	SM50属优质碳素塑料模具钢，其化学成分与高强中碳优质结构钢50钢相近，但钢的纯净度更高，碳含量的波动范围更窄，力学性能更稳定。该钢经正火或调质处理后具有一定的硬度、强度和耐磨性，且价格便宜，切削加工性能好，适宜制造形状简单的小型塑料模具或精度要求不高、使用寿命不需要很长的塑料模具等；但该钢焊接性能、冷变形性能差。
SM55 （YB/T 094—1997）	SM55属碳素塑料模具钢，其化学成分与高强中碳优质结构55钢相近，但钢的纯净度更高，碳含量的波动范围更窄，力学性能更稳定。该钢经热处理后具有高的表面硬度、强度、耐磨性和一定的韧性，一般在正火或调质处理后使用。该钢价格便宜、切削加工性能中等，当硬度为179～229HBS时，相对加工性为50%；但焊接性和冷变形性均低，适宜制造形状简单的小型塑料模具或精度要求不高、使用寿命不需要很长的塑料模具等。
20Cr （GB/T 3077—1999）	20Cr钢比相同碳含量的碳素钢的强度和淬透性都明显高，油淬到半马氏体硬度的淬透性为ϕ20～23mm。这种钢淬火低温回火后有良好的综合力学性能，低温冲击韧性良好，回火脆性不明显。渗碳时钢的晶粒有长大倾向，所以要求二次淬火以提高芯部韧性，不宜降温淬火。当正火后硬度为170～217HBS时，相对切削加工性约为65%，焊接性中等，焊前应预热到100～150℃，冷变形时塑性中等。该钢适用于制造中小型塑料模具。为了提高模具型腔的耐磨性，模具成形后需要进行渗碳处理，然后再进行淬火和低温回火，从而保证模具表面具有高硬度、高耐磨性而芯部具有很好的韧性。对于使用寿命要求不很高的模具，也可以直接进行调质处理。
12CrNi3A （GB/T 3077—1999）	12CrNi3A属于合金渗碳钢，比12CrNi2A钢有更高的淬透性，因此，可以用于制造比12CrNi2A钢截面稍大的零件。该钢淬火低温回火或高温回火后都有良好的综合力学性能，钢的低温韧性好，缺口敏感性小，切削加工性能良好，当硬度为260～320HBS时相对切削加工性为70%～60%，另外，钢退火后硬度低、塑性好，因此，可以采用切削加工方法制造模具，也可以采用冷挤压成形方法制造模具。为提高模具型腔的耐磨性，模具成形后需要进行渗碳处理，然后再进行淬火和低温回火，从而保证模具表面具有高硬度、高耐磨性而芯部具有很好的韧性，适宜制造大、中型塑料模具。但该钢有回火脆性倾向和形成白点的倾向。

锻造→退火→粗加工→冷挤压成形→高温回火→加工成形→渗碳→淬火→回火→抛光→镀铬→装配。

(2) 对于中小型、且不很复杂的模具。可用T7A、T10A、9Mn2V、CrWMn、Cr2钢等。

(3) 当生产批量较大时、模具尺寸较大或形状复杂、精度要求高的模具，则采用淬透性较高的合金模具钢，如3Cr2Mo（P20）、3Cr2NiMnMo、4Cr5MoSiV1、5CrNiMnMoVSCa、8Cr2MnSiWMoVS，采用淬火、高温回火处理；当采用冷挤压方法压制模具型腔的生产工艺制造模具时，则采用合金渗碳钢。如美国ASTMA681的标准钢号P2～P6；ISO标准中的5CrMo4、7CrMoNi；我国常用的20Cr、12CrNi2、12CrNi3、20CrMnTi、20Cr2Ni4等。工艺路线如（1）。

2. 耐磨塑料模具选材

用于生产强化工程塑料制品（如尼龙型强化或玻璃纤维强化塑料）的模具或热固性塑料挤压成形用的模具宜采用耐磨性好的模具钢。当生产量较大时，选用4Cr5MoSiV1，Cr12MoV、Cr12Mo1V1等钢种，经淬火回火后使用。另外，可进行表面处理来提高钢的耐磨性。以Cr12MoV为例，其加工工艺路线如下：

锻造→退火→粗加工→调质或高温回火→精加工→淬火→回火→钳工抛光→镀铬→抛光→装配。

3. 耐腐蚀塑料模具选材

生产聚氯乙烯、氟化塑料或添加阻燃剂的阻燃塑料用的模具，由于在压制过程中模具接触腐蚀介质，应选用耐腐蚀性好的塑料模具钢，如马氏体不锈钢，其中常用的有3Cr13、4Cr13、9Cr18、Cr17Mo、Cr14Mo等，模具在950～1000℃油淬。并在200～220℃回火。热处理后其硬度为45～50HRC，这类模具不需要镀铬。表6—38为该类钢的性能特点与用途。

表6—38　耐腐蚀型塑料模具钢的性能特点与用途

牌号	性能特点与用途
2Cr13 (GB/T 1220—1992)	2Cr13为马氏体类型不锈钢，该钢机械加工性能较好，经热处理后具有优良的耐腐蚀性能，较好的强韧性，适宜制造承受高负荷并在腐蚀介质作用下工作的塑料模具和透明塑料制品模具等。
4Cr13 (GB/T 1220—1992)	4Cr13代号S—136，属马氏体类型不锈钢，该钢机械加工性能较好，经热处理（淬火及回火）后，具有优良的耐腐蚀性能、抛光性能、较高的强度和耐磨性，适宜制造承受高负荷、高耐磨且在腐蚀介质作用下的塑料模具、透明塑料制品模具等。但可焊性差，使用时必须注意。
9Cr18 (GB/T 1220—1992)	9Cr18钢属于高碳高铬马氏体不锈钢，淬火后具有高硬度、高耐磨性和耐腐蚀性能，适宜制造承受高耐磨、高负荷以及在腐蚀介质作用下的塑料模具。该钢属于莱氏体钢，容易形成不均匀的碳化物偏析而影响模具使用寿命，所以在热加工时必须严格控制热加工工艺，注意适当的加工比。
9Cr18Mo (GB/T 1220—1992)	9Cr18Mo是一种高碳高铬马氏体不锈钢．它是在9Cr18钢的基础上加Mo而发展起来的，因此它具有更高的硬度、高耐磨性、抗回火稳定性和耐腐蚀性能，该钢还有较好的高温尺寸稳定性，适宜制造在腐蚀环境条件下工作的又要求高负荷、高耐磨的塑料模具。该钢属于莱氏体钢，容易形成不均匀碳化物偏析而影响模具使用寿命，所以在热加工时必须严格控制热加工工艺，并注意适当的加工比。
Cr14Mo4V	Cr14Mo4V钢是一种高碳高铬马氏体不锈钢，经热处理（淬火及回火）后具有高硬度、高耐磨性和良好的耐磨蚀性能，高温硬度也较高。该钢适宜制造在腐蚀介质作用下又要求高负荷、高耐磨的塑料模具。
1Cr17Ni2 (GB/Tl220—1992)	1Cr17Ni2钢属于马氏体型不锈耐酸钢，具有较高的强度和硬度。此钢对氧化性的酸类（一定温度、浓度的硝酸、大部分的有机酸），以及有机酸水溶液都具有良好的耐腐蚀性能，适宜制造在腐蚀介质作用下的塑料模具，透明塑料制品模具等。但该钢焊接性能差，易产生裂纹，制造模具时，不宜进行焊接。

4. 高镜面塑料模具选材

生产精度高和表面粗糙度值要求很低的塑料制品（如光学仪器零件、家用电器零件等），对其成形模具型腔表面的粗糙度值要求很低，则需要采用纯净度和致密度很高的模具钢。往往采用经电渣重熔或真空自耗电极重熔的合金模具钢（如3Cr2Mo、3Cr2NiMnMo、4Cr5MoSiV1、Cr12Mo1V1、25CrNi3MoAl等）或时效硬化型塑料模具钢。时效硬化型塑料模具钢在固溶硬化后变软（一般28～34HRC）可进行切削加工，待冷加工成形后进行时效处理，可获得很高的综合力学性能，时效热处理变形很小，而且这类钢一般具有焊接性能好以及可以进行表面氮化等优点，适于制造复杂、精密、高寿命的塑料模具。

（1）马氏体时效钢具有高的强度/密度比，良好的可加工性和可焊性以及简单的热处理工艺等优点，但其价格较高。如马氏体时效钢［如18Ni（250）、18Ni（300）］

（2）析出硬化钢也是比较新型的钢种之一，它所含的合金元素比马氏体时效钢少，特别是Ni含量少得多。在固溶处理状态下硬度为30HRC左右，可进行切削加工，制成模具之后再进行时效处理，使硬度达 40HRC 左右。而且时效变形量很小（0.01%左右），适宜制造高硬度、高强度和高韧性的精密塑料模具。如低镍马氏体时效钢（06Ni6CrMoVTiAl）等。表 6—39为时效硬化型塑料模具钢的性能特点及选用。

表 6—39　时效硬化型塑料模具钢的性能特点及选用

牌号	性能特点与用途
06Ni6CrMoVTiAl	06Ni6CrMoVTiAl 钢属低合金马氏体时效钢。该钢种的突出特点是固溶处理后变软，可进行冷加工，加工成形后再进行时效硬化处理，从而减少模具的热处理变形。该钢种的优点是热处理变形小，固溶硬度低，切削加工性能好，粗糙度低，时效后硬度为 43～48HRC，综合力学性能好，热处理工艺简便等，适宜制造高精度塑料模具和轻非铁金属压铸模具等。
1Ni3Mn2CuAlMo	1Ni3Mn2CuAlMo 代号 PMS，上海材料研究所研制。属低合金析出硬化型时效钢，一般用电炉冶炼加电渣重熔。该钢热处理后具有良好的综合机械性能，淬透性高，热处理工艺简便，热处理变形小，镜面加工性能好，并有好的氮化性能、电加工性能、焊件性能和花纹图案刻蚀性能等，适于制造高镜面的塑料模具和高外观质量的家用电器塑料模具，如光学系统的各种镜片，电话机、收录机、洗衣机等仪表家电的塑料壳体模具。

5. 无磁塑料模具选材

生产无磁塑料的模具，一般选用无磁模具钢制造，如 18—8 不锈钢，其型腔经氮化处理后使用或采用 Mn13 型耐磨奥氏体钢，或无磁模具钢如 7Mn15Cr2Al3VWMo 等。

6. 预硬钢制塑料模具选材（见表 6—40）

表 6—40　预硬型塑料模具钢的性能特点及选用

牌号	性能特点与用途
4oCr (GB/T 3077—1999)	40Cr 钢是机械制造业使用最广泛的钢种之一。调质处理后具有良好的综合力学性能，良好的低温冲击韧度和低的缺口敏感性。钢的淬透性良好，水淬时可淬透到 ϕ20～ϕ60mm，油淬时可淬透到 ϕ15～ϕ40mm，这种钢除调质处理外还适于渗氮和高频淬火处理，切削性能较好，当硬度为 174～229HBS 时，相对切削加工性为 60%。该钢适于制作中型塑料模具。
8CrMnWMoVS	8CrMnWMoVS 简称 8CrMn，是镜面塑料模具钢，为易切削预硬化钢。该钢热处理工艺简便，淬火可空冷，调质处理后硬度为 33～35HRC，抗拉强度可达 3000MPa，用于大型塑料注射模，可以减小模具体积。
42CrMo (GB/T 3077—1999)	42CrMo 钢属于超高强度钢，具有高强度和韧性，淬透性也较好，无明显的回火脆性，调质处理后有较高的疲劳极限和抗多次冲击能力，低温冲击韧性良好。该钢种适宜制造要求一定强度和韧性的大、中型塑料模具。
30CrMnSiNi2A	30CrMnSiNi2A 钢属超高强度钢，淬透性较高，韧性较好。该钢油淬低温回火（250～300℃）后的强度高于 1700MPa；等温淬火可以在 180～220℃和 270～290℃两个温度范围内进行。为了保证该钢有较高的屈服强度，而且为了最大限度地提高钢的塑性和韧性，钢在等温淬火后应在高于残余奥氏体的分解温度而且尽可能接近回火脆性下限的温度回火，这样可以保证钢有较高的断裂韧性和低的疲劳裂纹扩展速率。该钢主要制造要求强度高、韧性好的大、中型塑料模具
3Cr2Mo (GB/T 1299—2000)	3Cr2Mo 是国际上较广泛应用的预硬型塑料模具用钢，其综合力学性能好，淬透性高，可以使较大截面的钢材获得较均匀的硬度，并具有很好的抛光性能，表面粗糙度低。用该钢制造模具时，一般先进行调质处理，硬度为 28～35HRC（即预硬化），再经冷加工制造成模具后，可直接使用，这样，既保证模具的使用性能，又避免热处理引起模具的变形。因此，该钢种宜于制造尺寸较大或形状复杂、对尺寸精度与表面粗糙度要求较高的塑料模具和低熔点合金如锡、锌、铅合金的压铸模等。

（续前表）

牌号	性能特点与用途
3Cr2NiMo （3Cr2NiMnMo） （GB/T 1299—2000）	3Cr2NiMo（国内市场上也用 3Cr2NiMnMo 表示）简称 P20＋Ni，不是我国研制的钢号，而是国内市场流行的、国际上广泛应用的塑料模具钢，其综合力学性能好，淬透性高，可以使大截面钢材在调质处理后具有较均匀的硬度分布，有很好的抛光性能和低的表面粗糙度。用该钢制造模具时，一般先进行调质处理，硬度为 28～35HRC（即预硬化），之后加工成模具可直接使用，这样既保证大型或特大型模具的使用性能，又避免热处理引起模具的变形。该钢适宜制造特大型、大型塑料模具，精密塑料模具，也可用于制造低熔点合金（如锡、锌、铝合金）的压铸模等。
5CrNiMnMoVSCa （JB/T 6057—1992）	5CrNiMnMoVSCa 简称 5NiSCa，是预硬化型易切削塑料模具钢，华中科技大学等单位研制。该钢经调质处理后，硬度在 35～45HRC 范围内，具有良好的切削加工性能，因此，可用预硬化钢材直接加工成模具，既保证了模具的使用性能，又避免了模具由于最终热处理引起的热处理变形。该钢淬透性高、强韧性好，镜面抛光性能好，有良好的渗氮性能和渗硼性能，调质钢材经渗氮处理后基体硬度变化不大。该钢适宜制造中、大型热塑性塑料注射模、胶木模和橡胶模等。

预硬型塑料模具钢是指将热加工的模块，预先进行调质处理，以获得所要求的使用性能，再进行刻模加工，待模具成形后，不再进行最终热处理就可以直接使用。从而可以避免由于热处理而引起的模具变形和裂纹问题。预硬化钢最适宜制作形状复杂的大、中型精密塑料模具，预硬化塑料模具钢往往在预硬化状态（30～45HRC）下进行加工成形，由于硬度较高，可切削性较差。为了便于切削加工，延长刀具使用寿命，降低加工费用，发展了一些专用的易切削塑料模具钢，如 8Cr2MnSiWMoVS、5CrNiMnMoVCaS、3Cr2MoS、4Cr5MoSiV1S 等。

不同塑料制品塑料模具用钢的选择可参考表 6—41。塑料成形模具及其附件用钢的选择见表 6—42。

表 6—41　　塑料成形模具用钢的选择

类别	塑料名称	生产批量/件			
		$<10^5$	$10^5\sim5\times10^5$	$5\times10^5\sim1\times10^6$	$>1\times10^6$
热固性塑料	通用型（酚醛，密胺，聚酯等）	45 钢，50 钢，55 钢；渗碳钢（渗碳淬火）	4Cr5MoSiV1S；渗碳合金钢（渗碳淬火）	Cr12，Cr12MoV，Cr12Mo1V1，7Cr7Mo2V2Si	Cr12，Cr12Mo1V1
	强化型（上述塑料加入或金属粉强化）	合金钢（渗碳淬火）	合金钢（渗碳淬火）；4Cr5MoSiV1S	Cr12，Cr12MoV，Cr12Mo1V1	Cr12，Cr12Mo1V1
热塑性塑料	工程塑料（尼龙、聚碳酸酯等）	45 钢，55 钢；3Cr2Mo；合金钢（渗碳淬火）	3Cr2Mo；时效硬化钢；合金钢（渗碳淬火）	4Cr5MoSiV1S；5CrNiMnMoVSCa；合金钢（渗碳淬火）	Cr12，Cr12Mo1V1
	通用塑料（聚乙烯、聚丙烯、ABS 等）	45 钢，55 钢；合金钢（渗碳淬火）	合金钢（渗碳淬火）	4Cr5MoSiV1S；5CrNiMnMoVSCa；时效硬化钢	4Cr5MoSiV1S；5CrNiMnMoVSCa；时效硬化钢
	强化工程塑料（工程塑料中加入纤维、金属粉等强化剂）	3Cr2Mo；合金钢（渗碳淬火）	4Cr5MoSiV1S；合金钢（渗碳淬火）	4Cr5MoSiV1S，Cr12MoV	Cr12，Cr12MoV，Cr12Mo1V1，

（续前表）

类别	塑料名称	生产批量/件			
		$<10^5$	$10^5\sim5\times10^5$	$5\times10^5\sim1\times10^6$	$>1\times10^6$
热塑性塑料	阻燃塑料（加阻燃剂）	3Cr2Mo＋镀层	Cr14Mo，Cr18Mo	Cr18Mo	Cr18Mo＋镀层
	聚氯乙烯	3Cr2Mo＋镀层	Cr14Mo，Cr18Mo	Cr18Mo	Cr18Mo＋镀层
	氟化塑料	Cr14Mo，Cr18Mo	Cr14Mo、Cr18Mo	Cr18Mo	Cr18Mo＋镀层

表 6—42　塑料成形模具及其附件用钢的选择

零件名称	钢材选用	热处理要求	说　明
型芯、凸模、型腔板、镶件	45	调质 22～26HRC	用于产量不大的热塑性塑料注射模
	Y55CrNiMnMoV（SM1）	预硬硬度 ≤40HRC	用于有镜面要求的热塑性塑料注射模
	8CrMnWMoVS（8Cr2S） 5CrNiMnMoVSCa（5NiSCa） Y20CrNi3AlMnMo（SM2）	淬硬 40～45HRC	用于形状复杂、精度要求高、产量大的热塑性塑料注射模
	T10A、9Mn2V、CrWMn Cr12、7CrSiMnMoV（CH）	淬硬 46～52HRC	用于热固性塑料模具，小型芯、镶件等
动、定模座板；上、下模座板；动、定模板；上、下模板；支承板；模套；垫块	45	不进行热处理或调质至 230～270HB	
浇品套、拉料杆、分流锥	T10A、9Mn2V、 7CrSiMnMoV（CH）	淬硬 50～55HRC	
导柱、导套、推板导柱、推板导套	20	渗碳淬硬 56～60HRC	
	T8A、7CrSiMnMoV（CH）	淬硬 50～55HRC	
斜销、滑块、锁紧楔	T8A、7CrSiMnMoV（CH）	淬硬 54～58HRC	
推杆、推管	T8A、7CrSiMnMoV（CH）	淬硬 54～58HRC	
复位杆	45	淬硬 43～48HRC	
推杆固定板、推板	45		
加料室、柱塞	T8A、7CrSiMnMoV（CH）	淬硬 50～55HRC	

6.4　量具的选材

本单元学习目标

★　量具的概念、种类及分类方法。

★★　量具的工作条件和量具失效的主要形式。

★★★　量具的性能要求及量具材料的种类、特性及应用。

★★★★　典型量具的选材。

注：★了解。★★理解。★★★掌握。★★★★重点掌握。

6.4.1　量具概述

在机械专业从产品的设计到产品的加工、装配、调试等制造过程中，必须通过测量来保证设计的要求，几何测量必须准确可靠。因此了解测量器具的选材，对合理选用测量器具，选择适当的测量方法，正确使用测量器具是十分必要的。

6.4.1.1　量具的种类

测量器具（简称量具）是指能用直接或间接方法测出被测对象量值的装置。

测量器具一般按用途和设计原理结合分类：也可按测量性质分类。

1. 测量器具按用途和设计原理分成四类

（1）标准器具：通常被用来校准、调整其他计量或作为标准与被测工件进行比较测量。如：量块（见图 6—49）、角度块、多面棱体、线纹尺等。

图 6—49　量块

（2）极限量规：它是一种专用检验量具、这种量具不能给出被检工件的具体尺寸、只能确定被检测工件是否合格。如：光滑极限量规、螺纹极限量规等，如图 6—50 所示。

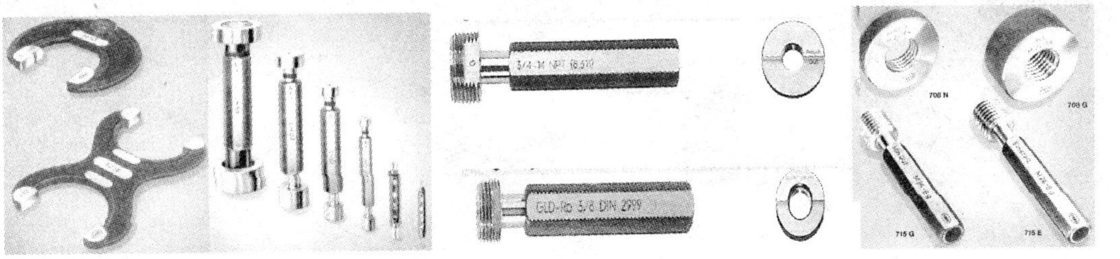

图 6—50　各种极限量规

（3）通用量具：这种量具是能直接表示出长度单位、量值的量具。如：游标卡尺、千分尺、百分表等。

（4）计量仪器：是利用机械、光学、气动、电动或其他原理将长度单位放大或细分的计量器具。如：工具显微镜、测长仪、立（卧）式光学计、接触式干涉仪、浮标式气动量仪等。

2. 测量器具按测量性质分类

分为长度（即：通用量具）、角度、形位误差、表面质量、线纹、齿轮、螺纹等量具。

（1）长度量具（通用量具）：通用于平面内测量长度量的测量器具。

通用量具按原理和用途的不同，分为游标类量具、测微类量具、指示表类量具和其他量具。

◆ 游标类量具：用于测量内外尺寸、高度、深度及尺厚。

按用途及结构分为游标卡尺、高度游标卡尺、深度游标卡尺、尺厚游标卡尺等。按读数形式为分刻度游标卡尺、带表游标卡尺、电子数显游标卡尺，如图 6—51 所示。

◆ 测微类量具：用于测量内（外）尺寸、螺纹中径、齿轮公法线长度等。

按用途及结构分为外径千分尺、杠杆千分尺、深度千分尺、壁厚千分尺、公法线千分尺、螺纹千分尺、内径千分尺、内测千分尺、杠杆式内径千分尺、奇数沟千分尺、三爪内测千分尺、三爪式内径千分尺等，如图 6—52 所示。

◆ 指示表类量具：用于测量内（外）尺寸。可以分为百分表、千分表、内径百分表、杠杆百分表、杠杆千分表、深度百分表、带表外卡规、带表内卡规、测厚规、扭簧比较仪等。

（2）角度测量器具：通用于在平面内测量角度的测量器具。

包括万能角度尺、表式万能角度尺、游标式万能角度尺、矩形角度尺、三角形角度尺、圆柱角度尺、角度块、直角尺、刀口形直角尺、宽座直角尺、正多面棱体、刀具角度样板、方形角度尺、正弦规、圆锥量规、圆锥塞规、圆锥环规、直角尺测量仪、光学分度头、目镜式光学分度头、投影式光学分度头、多齿分度台、分度转台，如图 6—54 所示。

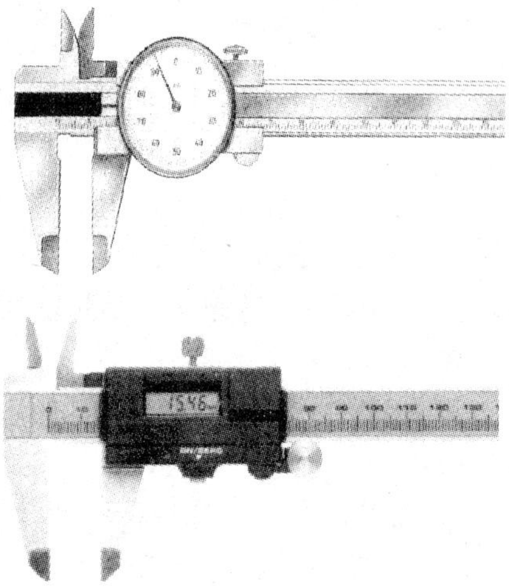

图 6—51　游标卡尺

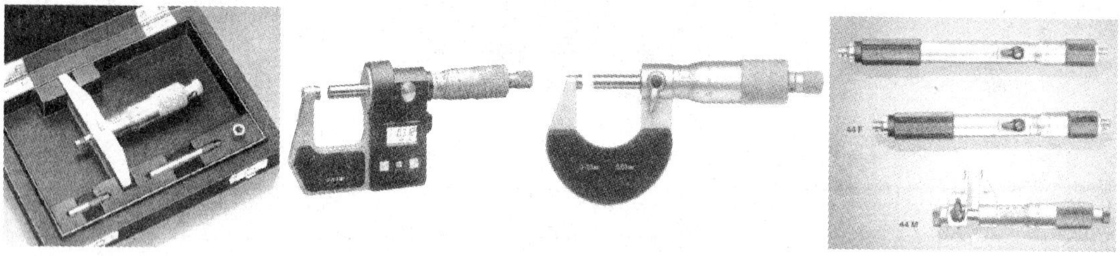

图 6—52　各种测微类量具

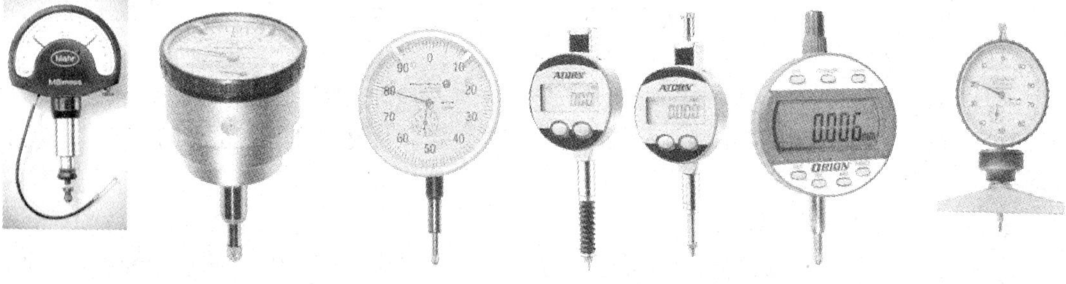

图 6—53　指示表类量具

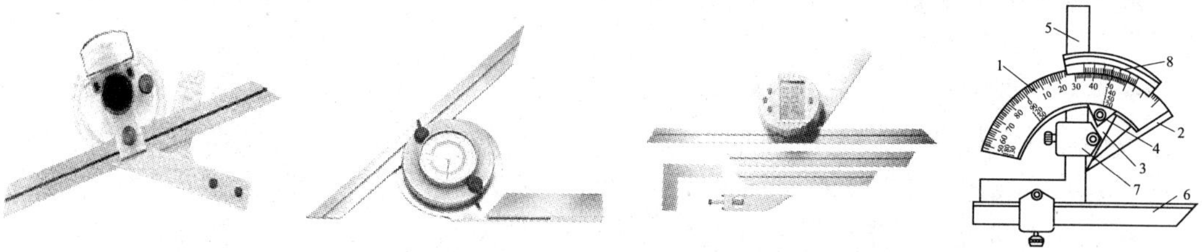

图 6—54　角度测量器具

(3) 形位误差测量器具：专用于测量形状和位误差的测量器具。

包括刀口尺、刀口形直尺、三棱尺、四棱尺、平尺、矩形平尺、工字形平尺、桥形平尺、角形平尺、平板、水准器式水平仪（条式水平仪、柜式水平仪、合像水平仪）、光学倾斜仪、电子水平仪（指示式、数显式）、平直度测量仪（光学式平直度测量仪、光电式平直度测量仪）、圆度测量仪（转轴式圆度测量仪、转台式圆度测量仪）等。

(4) 表面质量测量器具：专用于测量表面粗糙度、波纹度等表面几何参数的测量器具。

包括铸造表面粗糙度比较样块；磨、车、镗、铣、插及刨加工表面粗糙度比较样块；电火花表面粗糙度比较样块；抛光加工表面粗糙度比较样块；便携式表面粗糙度测量仪；台式表面粗糙度测量仪；抛（喷）丸、喷砂加工表面粗糙度比较样块。

(5) 齿轮测量器具：专用于测量齿轮及齿轮刀具几何参数值的测量器具，如图 6—55 所示。

图 6—55　各种齿轮测量仪

◆ 专用器具类：包括测量齿轮（直齿测量齿轮、斜齿测量齿轮）、测量齿条、测量蜗杆（单头测量蜗杆、双头测量蜗杆、三头测量蜗杆）、渐开线样板、螺旋线样板、齿厚游标卡尺、电子数显齿厚卡尺、公法线千分尺、杠杆公法线千分尺、正切齿厚规、矩形花键量规（矩形花键塞规、矩形花键环规）、渐开线花键量规（圆柱直尺渐开线花键塞规、圆柱直尺渐开线花键环规）、三角花键量规（三角花键塞规、三角花键环规）等。

◆ 单项误差测量仪类：便携式齿轮基节测量仪、齿轮跳动测量仪、齿轮螺旋角测量仪、齿轮导程测量仪、万能式齿形测量仪、万能测齿仪、齿轮齿向测量仪、齿轮齿距测量仪、万能渐开线螺旋线测量仪、齿轮测量机、蜗轮测量机等。

◆ 综合误差测量仪类：圆锥齿轮双面啮合综合测量仪、圆柱齿轮双面啮合综合测量仪、圆锥齿轮单面啮合综合测量仪、圆锥齿轮测量机、齿轮单面啮合整体误差测量仪、齿轮测量中心等。

(6) 螺纹测量器具：专用于测量螺纹几何参数值的测量器具。

螺纹样板、量针、螺纹量规、螺纹环规、螺纹千分尺、带计数器螺纹千分尺、丝杆静态测量仪、丝杆动态测量仪等。

(7) 坐标测量机：用于进行空间坐标测量的测量设备。三坐标测量机是近 30 年发展起来的一种高效率的新型精密测量仪器。它广泛地用于机械制造、电子、汽车和航空航天等工业中。它可以进行零件和部件的尺寸、形状及相互位置的检测，例如箱体、导轨、涡轮和叶片、缸体、凸轮、齿轮、形体等空间型面的测量。此外，还可用于划线、定中心孔、光刻集成线路等，并可对连续曲面进行扫描及制备数控机床的加工程序等。由于它的通用性强、测量范围大、精度高、效率高、性能好、能与柔性制造系统相连接，已成为一类大型精密仪器，故有“测量中心”之称。

种类有计量型三坐标测量机、经济型手动三坐标测量仪、全自动高精度三坐标测量仪、活动桥式三坐标测量机、固定桥式三坐标测量机、龙门式三坐标测量机、水平臂式三坐标测量机、柔性三坐标测量机等，如图 6—56 所示。

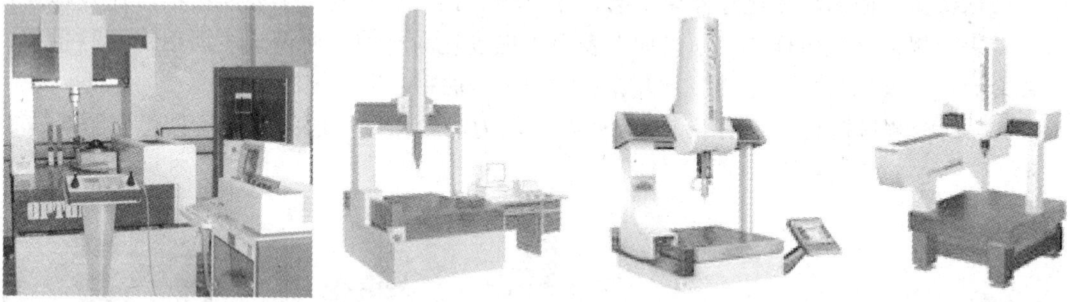

图 6—56　各种三坐标测量仪

6.4.1.2　量具的选材分析

1. 量具的工作条件

量具测量工件时，测量面易受到工件的摩擦、撞击。测量器具有时在不清洁、潮湿、不同温度、振动甚至腐蚀性气体的环境中使用，如图 6—57 所示。

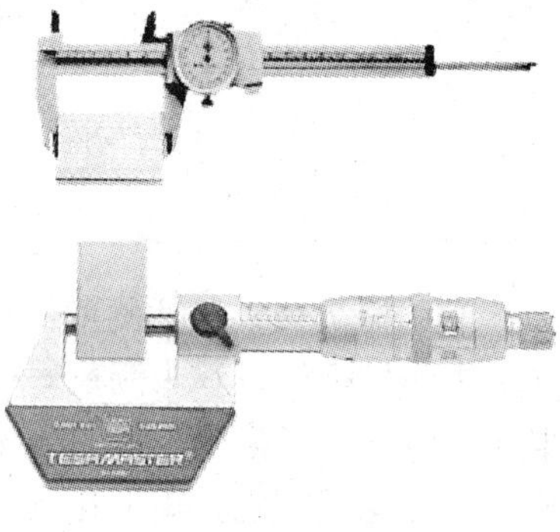

图 6—57　量具在工作

2. 量具的失效形式

量具由于各种原因，将逐渐丧失它的准确度，若继续使用会引起测量误差。量具的失效形式主要有：测量面磨损，测量器具表面碰伤，锈蚀，划痕，裂痕，镀、涂层脱落刻度不清，量具尺寸不稳定，量具变形，各零件的相对运动出现卡滞或松动现象等。

3. 量具的性能要求

通过对量具工作条件和失效形式的分析，确定刀具应具备如下性能：量具应具有良好的尺寸稳定性、高耐磨性、高硬度和一定的韧性，组织稳定以及良好的研磨和加工性能、热处理变形小、膨胀系数小和耐腐蚀性好，良好的淬透性可保证量具淬火变形小、开裂敏感性低。

4. 量具材料的种类

可制造量具的材料有碳素工具钢、低合金刃具钢、弹簧钢、滚动轴承钢、铸铁、硬质合金、陶瓷、金刚石等。

6.4.2　典型量具选材

6.4.2.1　游标类量具选材

在 GB/T 1214.1—1996 中规定了游标类量具的通用技术要求：外观、相互作用、材料、硬度、表面粗糙度、刻度、重合度、平行度、示值误差等。

1. 游标类量具的失效形式和性能要求

游标类量具由于磨损、撞击或保养不当等原因，将逐渐丧失准确度，若继续使用会引起测量误差。量具的失效形式主要有：

(1) 测量器具表面碰伤、锈蚀、划痕、裂痕，镀、涂层脱落刻度不清。

(2) 测量面磨损、平面度超出规定、两测量面的平行度误差失准。

(3) 尺和尺身变形使得测量器具，各零件的相对运动出现卡滞或松动现象。

(4) 量爪碰撞折断。

量具工作时，主要受摩擦、磨损，承受外力很小，因而要求量具用钢要有高的硬度、耐磨性和良好的尺寸稳定性。卡尺的硬度：选择工具钢制造时，其主要测量面的最低硬度为 664HV（≈58HRC）；采用不锈钢制造时，主要测量面的最低硬度为 551HV（≈52.5HRC）；卡尺主要测量面的表面粗糙度的最大允许值为 $Ra0.4\mu m$。

2. 游标类量具的选材

根据上述分析，一般精度尺寸较小的游标类量具选择碳素工具钢和弹簧钢可满足使用要求，常用牌号有 T10、T10A、T11、T12、T12A、60 钢、65Mn 等，精度较高的游标类量具选择合金工具钢和轴承钢：如 GCr15、GSiMn、CrWMn、CrMn、9CrSi 钢等。耐腐蚀的游标类量具选择不锈钢，如 3Cr13、4Cr13、9Cr18 等。

3. 典型游标类量具的选材

(1) 高度游标卡尺。除满足 GB/T 1214.1—1996 规定的通用技术要求外还对带有划线功能的卡尺、划线量爪的材料规定用硬质合金或其他坚硬耐磨材料，其他部分可采用碳素工具钢和合金工具钢，卡尺底座面的最低硬度为 509HV（≈50HRC）。

(2) 深度游标卡尺。可采用碳素工具钢、合金工具钢或不锈钢，尺身和尺框之间测量面的最低硬度为 551HV（≈52.5HRC）。

(3) 齿厚游标卡尺。齿厚游标卡尺主要用于测量直齿和斜齿圆柱齿轮的分度圆齿厚。齿厚游标卡尺的材料采用碳素工具钢或不锈钢，齿厚尺测量面采用硬质合金。齿厚游标卡尺齿厚尺测量面的硬度为 664HV（≈58HRC）；不锈钢为 550（≈52.5HRC）。

(4) 万能角度尺。万能角度尺测量面的材料采用碳素工具钢或合金工具钢。尺测量面的硬度为 664HV（≈58HRC）；不锈钢为 550（≈52HRC）。

4. 游标类量具的热处理方法

量具工作时，主要受摩擦、磨损，承受外力很小，因而要求量具用钢要有高的硬度、耐磨性和良好的尺寸稳定性。

为使量爪具有高的硬度、耐磨性。在测量爪部位，为了便于机械加工，消除内应力，通常先进行调质（回火）处理，机加工、淬火、低温回火后，为保证量具精度和提高尺寸稳定性，常在淬火后立即进行−80℃左右的冷处理。然后进行低温回火处理；当选用 50 钢、60 钢、65Mn 时，应进行高频感应淬火，还可以用 15 钢、20 钢经渗碳、淬火、低温回火处理。

6.4.2.2 测微类量具选材

1. 测微类量具的失效形式和性能要求

测微类量具的失效形式主要有：

(1) 测量器具表面碰伤、锈蚀、划痕、裂痕，镀、涂层脱落刻度不清。

（2）测量面磨损、平面度超出规定、两测量面的平行度误差失准。

（3）尺架、尺身变形使得测量器具、各零件的相对运动出现卡滞或松动现象。

（4）丝杆磨损造成示值误差。

测微量具用钢同样要求高的硬度、耐磨性和良好的尺寸稳定性。

2. 测微类量具的选材

测杆主要选用碳素工具钢、不锈钢，测量面镶硬质合金（YT15、YT30）测砧，尺架应选择钢、可锻铸铁及其他性质类似的材料，校对量杆、校对环规多选用滚动轴承钢等。

3. 典型测微类量具的选材

（1）外径千分尺：其测量面应镶硬质合金，硬度不应低于760HV（≈62HRC），不锈钢材质的测砧，其硬度不低于575HV（≈54HRC）；尺架应选择钢、可锻铸铁或其他性质类似的材料，校对量杆测量面硬度应不低于760HV（≈62HRC）。

（2）内径千分尺：主要用于测量工件的孔径、槽宽、断面之间的距离以及其他内尺寸等。

测量面应鑲硬质合金，主体和接长杆的接触表面硬度应不低于760HV（≈62HRC）。不锈钢测量面的硬度应不小于575HV（≈54HRC）。

（3）公法线千分尺：主要用来测量外啮合直尺和斜齿圆柱齿轮的公法线长度，也可以测量筋、键、翅和成形刀具刃的厚度。尺架选用钢、可锻铸铁或其他类似性能的材料。测微螺杆和测砧选用合金钢、不锈钢或其他材料。合金工具钢测量面的硬度应不低于760HV（≈62HRC）；不锈钢测量面的硬度应不小于575HV（≈54HRC）。

4. 测微类量具的热处理方法

量具工作时，主要受摩擦、磨损，承受外力很小，因而要求测微量具用钢要有高的硬度、耐磨性和良好的尺寸稳定性。

为使测量杆具有高的硬度、耐磨性。选用碳钢时，热处理工艺与卡尺相同。由于校对环规、校对量杆要求尺寸稳定性更高。当选用轴承钢或合金工具钢时要先进行球化处理、机加工淬火、低温回火后、冷处理。为保证量具精度和提高尺寸稳定性，常在淬火后立即进行−80℃左右的冷处理。然后进行低温回火，再经磨削，最后进行稳定化处理。

6.4.2.3 指示表类量具选材

1. 指示表类量具的失效形式和性能要求

指示表类量具的失效形式主要有：

（1）测量器具表面碰伤、锈蚀、划痕、裂痕，镀、涂层脱落刻度不清。

（2）测量头磨损、齿轮、齿条磨损不能保证设计要求的传动比，示值误差超出技术要求。

（3）轴套、测杆变形，各零件的相对运动出现卡滞现象。

（4）丝杆磨损造成示值误差。

指示表类量具用钢同样要求高的硬度、耐磨性和良好的尺寸稳定性。

2. 指示表类量具的选材

测杆主要选用碳素工具钢、不锈钢（4Cr13等），测量面镶硬质合金（YT15、YT30）测砧，尺架应选择钢、可锻铸铁及其他性质类似的材料，校对量杆、校对环规多选用滚动轴承钢或合金工具钢等，如：GCr15、GSiMn、CrWMn、9CrSi钢等。

3. 典型指示表类量具的选材

百分表测杆选用碳素工具钢，测头材料多选用轴承钢等。碳素工具钢：常用的有T10、T10A、T12、T12A。轴承钢：有GCr15钢、GSiMn等。夹板上与轴配合镶钻（宝石）。游丝选用磷铜丝。

4. 百分表的热处理方法

百分表工作时，主要受摩擦、磨损，承受外力很小，因而要求用钢要有高的硬度、耐磨性和良好的尺寸稳定性。

为使测量头具有高的硬度、耐磨性。选用碳钢时，热处理工艺与卡尺相同。当选用轴承钢时要先进行球化处理、机加工淬火、低温回火后、冷处理。为保证量具精度和提高尺寸稳定性，常在淬火后立即进行冷处理，最后进行稳定化处理。当选用合金工具钢时，先淬火、低温回火，最后进行稳定化处理。

表6—43所示为常用量具及其用钢。

表6—43 常用量具及其用钢

量具或量具零件	推荐用钢	硬度/HRC
百分表测杆	9Cr18	53～57
百分表齿轮轴	2Cr13Ni2	50～55
百分表下轴套	T12A	58～62
游标卡尺尺身及尺框	T8A	59～64
外径千分尺	4Cr13	53～58 （非工作部位40～48）
螺纹测杆	GCr15，Cr2	58～62
校对量柱	GCr15，Cr2	62～65
微分筒体	45	170～207HB
淬火量块	GCr15，Cr2	64～66
渗氮量块	3Cr13，4Cr13	≥900HV
螺纹环规	GCr15	≥58
螺纹塞规	GCr15	≥58
各种样板	T10，Cr2	58～64（工作部位） 30～45（非工作部位）
直尺	65Mn，4Cr13	≥40
塞尺	65Mn，T8	≥45
样板平尺 工字形平尺	Cr2，T8A	60～64 ＞52
半径样板	65Mn，T8A	＞45
螺纹样板	65Mn，T8A	＞45
莫氏样柱及样套	GCr15，CrWMn	60～64
	Cr2，T12A	

参考文献

[1] 中国机械工程学会热处理专业学会《热处理手册》编委会. 热处理手册（第2版）. 北京：机械工业出版社，1992

[2] 中国机械工程学会，中国材料研究学会，中国材料工程大典编委会. 中国材料工程大典. 北京：化学工业出版社，2005

[3] 中国机械工程学会热处理专业分会《热处理手册》编委会. 热处理手册（第3版）. 北京：机械工业出版社，2001.

[4] 朱张校. 工程材料. 北京：清华大学出版社，2002

[5] 郑明新. 工程材料. 北京：清华大学出版社，2004

[6] 王纪安. 工程材料与材料成型工艺. 北京：高等教育出版社，2006

[7] 李春胜等. 机械工程材料手册. 北京：电子工业出版社，2006

[8] 何世禹. 机械工程材料. 哈尔滨：哈尔滨工业大学出版社，1995

[9] 王运炎. 金属材料与热处理. 北京：机械工业出版社，1989

[10] 何庆复等. 机械工程材料及其选用. 北京：中国铁道出版社，2002

[11] 王吉会等. 材料力学性能. 天津：天津大学出版社，2006

[12] 赵步青. 模具热处理工艺500例. 北京：机械工业出版社，2008.

[13] 李登超. 钢材质量检验. 北京：化学工业出版社，2007

[14] 王雅然. 金属工艺学. 北京：机械工业出版社，1999

[15] 吕广庶，张远明. 工程材料及成型技术基础. 北京：高等教育出版社，2001

[16] 戴枝荣. 工程材料. 北京：高等教育出版社，1998

[17] 邓文英. 金属工艺学. 北京：高等教育出版社，2000

[18] 邢忠文. 金属工艺学. 哈尔滨：哈尔滨工业大学出版社，1999

[19] 王俊昌. 工程材料及机械制造基础. 北京：机械工业出版社，1998

[20] 陈永. 工程材料与热加工. 武汉：华中科技大学出版社，2001

[21] 吴元徽. 热处理工（高级）. 北京：机械工业出版社，2006

[22] 张洁等. 金属热处理及检验. 北京：化学工业出版社，2005

[23] 熊中实等. 钢材验收手册. 北京：中国建材工业出版社，2003

[24] 陈景榕. 高速钢冷作模具. 机械工业材料，1994（8）

[25] 丛吉远等. 高速钢深冷处理的组织转变及耐磨性. 热加工工艺，1998（3）